新知
文库

117

XINZHI

The Age of Wonder:
How the Romantic Generation
Discovered the Beauty
and Terror of Science

THE AGE OF WONDER:

How the Romantic Generation Discovered

the Beauty and Terror of Science

by RICHARD HOLMES

Copyright © 2018 by RICHARD HOLMES

This edition arranged with David Godwin Associates Ltd. (DGA LTD.)

through Big Apple Agency, Inc., Labuan, Maluysia.

好奇年代

英国科学浪漫史

[英]理查德·霍姆斯 著 暴永宁 译

生活·讀書·新知 三联书店

Simplified Chinese Copyright © 2020 by SDX Joint Publishing Company.
All Rights Reserved.
本作品简体中文版权由生活・读书・新知三联书店所有。
未经许可，不得翻印。

图书在版编目（CIP）数据

好奇年代：英国科学浪漫史／（英）理查德・霍姆斯（Richard Holmes）著；暴永宁译．—北京：生活・读书・新知三联书店，2020.6（2022.3 重印）
（新知文库）
ISBN 978 − 7 − 108 − 06759 − 3

Ⅰ.①好… Ⅱ.①理…②暴… Ⅲ.①科学史－英国－通俗读物 Ⅳ.① G325.619-49

中国版本图书馆 CIP 数据核字（2020）第 021386 号

特邀编辑	张艳华
责任编辑	徐国强
装帧设计	陆智昌　康　健
责任校对	张国荣　常高峰
责任印制	董　欢
出版发行	生活・讀書・新知 三联书店
	（北京市东城区美术馆东街 22 号 100010）
网　　址	www.sdxjpc.com
图　　字	01-2018-7531
经　　销	新华书店
印　　刷	河北松源印刷有限公司
版　　次	2020 年 6 月北京第 1 版
	2022 年 3 月北京第 2 次印刷
开　　本	635 毫米 × 965 毫米　1/16　印张 38.5
字　　数	586 千字　图 69 幅
印　　数	6,001−9,000 册
定　　价	69.00 元

（印装查询：01064002715；邮购查询：01084010542）

《太阳系仪》(又名《一位哲人在讲解太阳系仪,一盏烛灯放在对应于太阳的位置上》)
约瑟夫·赖特作画,1766年。该画现存英国德比郡德比市美术与博物馆

约瑟夫·班克斯

班克斯的这幅雍容华贵的肖像作于他从太平洋远征凯旋归国后不久。画家为乔舒亚·雷诺兹,绘于 1771—1773 年

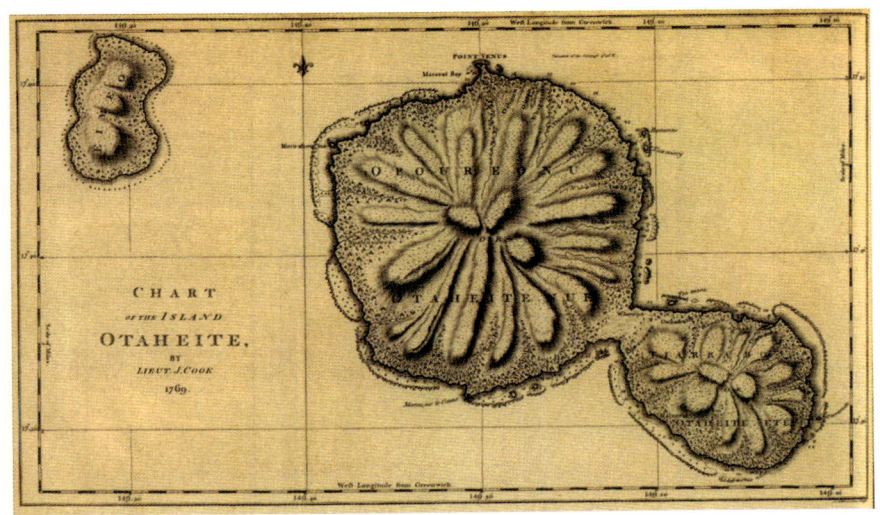

绘有塔希提岛的海图。库克船长 1769 年航行时手绘

岛的北岸上注有玛塔维湾和金星角等字样。另外一个小岛（图左上角）是莫雷阿岛。班克斯就是在该岛上进行金星凌日观测的

（上）悉尼·帕金森的速写肖像

此速写为他去世后出版的《南太平洋海域行记》（1773）一书的卷首图。帕金森在塔希提之行结束后的归国途中夭折，时年仅 19 岁

（左）《塔希提岛上身着当地服饰的妇人与男孩》

T. 钱伯斯根据悉尼·帕金森为其《南太平洋海域行记》所绘插图再创作（版画，1773）

阿迈、班克斯和索兰德（就座者）

这位阿迈所处的地位为何？是尊贵的客人还是稀奇的人种标本？威廉·帕里作画，创作时间约在1775—1776年

班克斯夫人多罗西娅·休格森

小约瑟夫·科利尔根据约翰·拉塞尔的原作再绘制于1790年前后

库克船长

肖像画，由约翰·韦伯绘制于1776年库克船长最后一次远征前不久

青年时代的威廉·赫歇耳（袖珍纪念肖像）
此肖像是威廉于1760年前后即将赴英国定居前，送给他十分疼爱的妹妹卡罗琳·赫歇耳的。时年威廉22岁。承蒙约翰·赫歇耳－肖兰允准发表

（上）青春时代的卡罗琳·赫歇耳（剪影像）

作于1768年前后，18岁的卡罗琳即将去英国同哥哥威廉生活时

（左）威廉·赫歇耳爵士

此肖像的画师为莱缪尔·弗朗西斯·阿博特，作于1785年。此时赫歇耳已因1781年发现了天王星而成为名人，并受到英国王室册封

威廉·赫歇耳与卡罗琳·赫歇耳兄妹

这是一幅有维多利亚时代画风的绘画。威廉在良好的环境中工作,卡罗琳给他送上一杯茶。彩色石板画,作于1890年

约翰·邦尼卡斯尔所著《天文学信札》（1811）的卷首图（版画）

画面上,主司天文知识的缪斯七女神之一乌拉尼亚,向她的学生晓谕天王星的存在

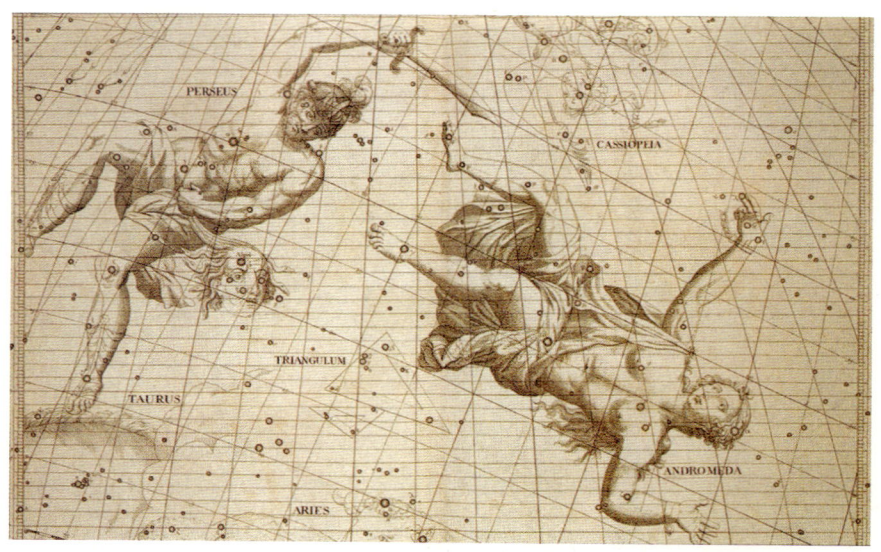

英仙座和仙女座

摘自约翰·弗拉姆斯提德的《星图集》（1729）,仙女座星云——实际上是一个星系——位于仙女图形的右大腿根部的位置（有小圆圈处）

(上)赫歇耳的 7 英尺反射望远镜的细部（照片）

安装在顶部的黄铜装置是视野较宽的定位镜。镜筒侧面的观测口内可安放不同放大率的目镜。剑桥大学惠普尔博物馆展品。理查德·霍姆斯拍摄

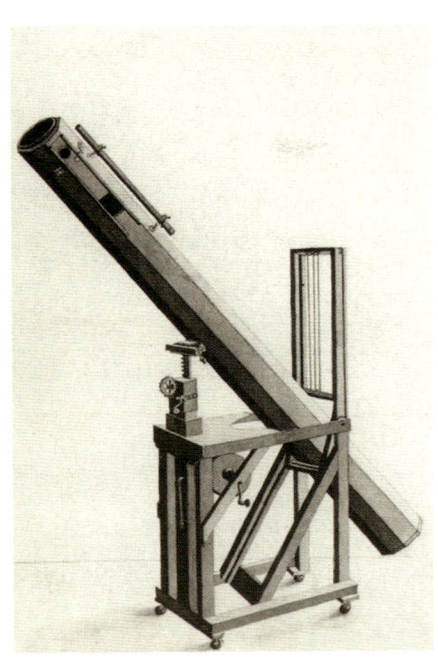

(左)赫歇耳的 7 英尺反射望远镜

赫歇耳就是用这台望远镜,在 1781 年发现了天王星。这是一台反射式望远镜,主反射镜的位置在镜筒底部,观测口开在接近顶部的侧面。请注意它的支架是可移动且可调节的。由威廉·沃森绘制。英国皇家天文学会提供

手持月球图的约瑟夫·班克斯爵士

班克斯与赫歇耳友情的见证。月球图为画家约翰·拉塞尔所绘,赫歇耳向画家提供了月面细节

月球仪

这是一架科学仪器,但又漂亮得足以充当室内装饰。约翰·拉塞尔 1797 年制作于伦敦

济慈的十四行诗《初读查普曼译荷马史诗》(1816) 手稿细部
此稿中的 wond'ring（惊奇）一词（第三行倒数第二词）后来在定稿时改为 eagle（苍鹰）

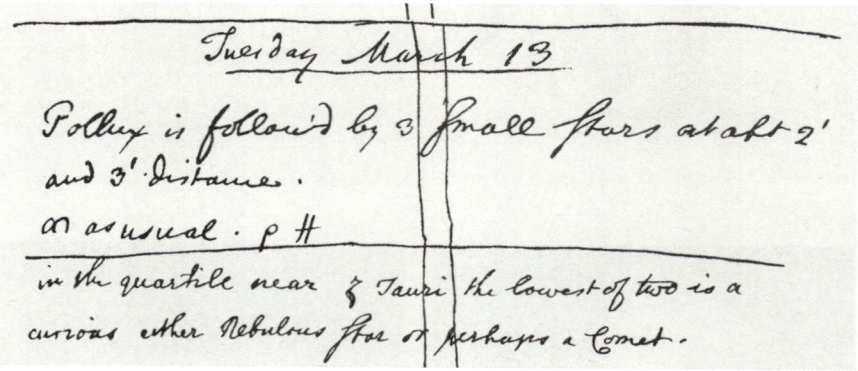

（上）1781 年 3 月 13 日（星期二）赫歇耳在他的天文观测志中所记的内容（手迹）

最下一行文字为"值得注意，可能为云气状星体或者彗星"，实际上正是指新行星天王星

（左）天王星
从哈勃空间望远镜中得到的天王星图像。照片中除了可看到这颗行星之外，还可看到它的光环和六颗卫星。摄于 2003 年 8 月

威廉·赫歇耳的 40 英尺反射望远镜

此版画最初是作为赫歇耳的著名论文《介绍一台 40 英尺反射式望远镜》的附图,发表于《英国皇家学会自然科学汇刊》(1795)

威廉·赫歇耳爵士

赫歇耳站在星空下——浪漫时期的智者站在他永远改变了的星空下。点刻版画。詹姆斯·戈德比根据弗里德里希·雷伯格的肖像画创作于 1814 年

飞越英吉利海峡的第一只气球,1785年1月7日
布朗夏尔和杰弗里斯乘氢气球从肯特郡的多佛海岸升空,向南飞抵加来低地上空。这是对当时场面的戏剧性回顾。此图为爱德华·威廉·科克斯所绘油画的细部,作于1840年前后

第一只载人飞天的热气球,巴黎,1783 年 11 月 21 日

德罗齐尔和达朗德分别站在环圈的两边,以保持这一巨大飞行器的平衡,并向气球下方直径 6 英尺的大火盆(未画出)添加燃料。此图摘自《新闻报》(法国)

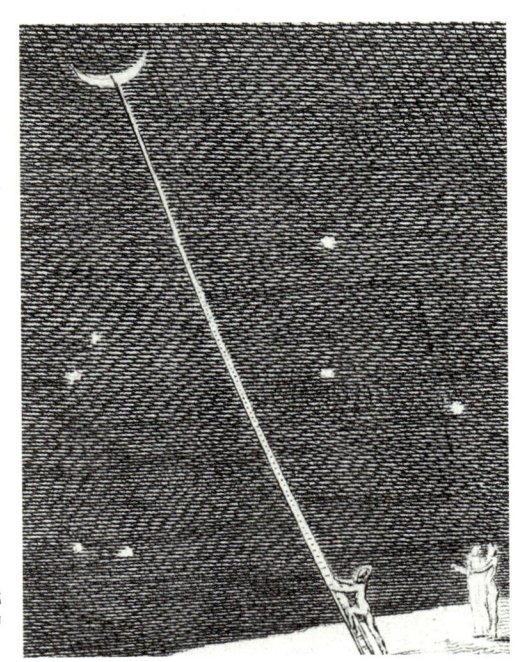

《我要嘛,我就要嘛!》

威廉·布莱克嘲讽科学探索的作品。线雕版画,《给成年人:天堂的大门》中的插图(1793)

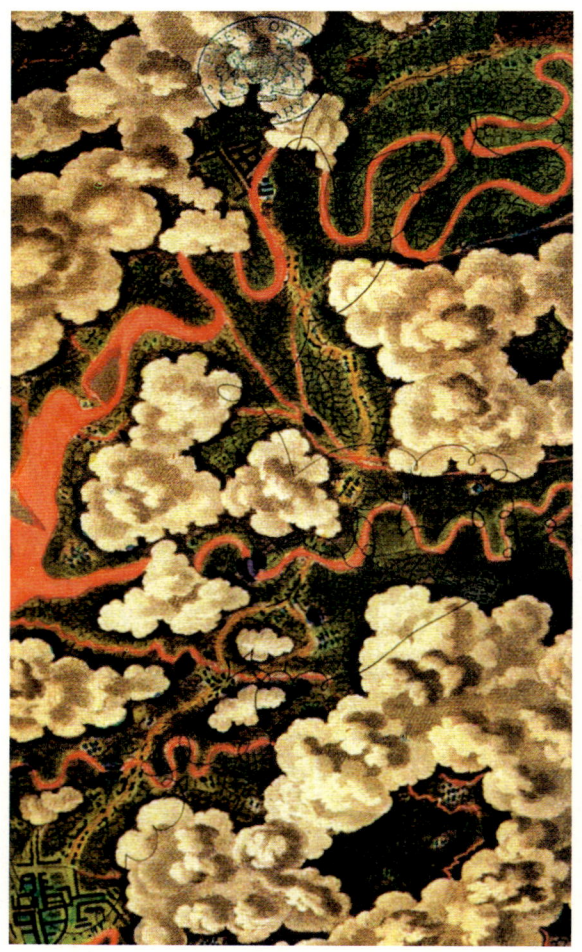

从早期升空的气球上看到的下方景象,1786 年

在一朵朵膨起的积雨云下方,可以清晰地看到蜿蜒的河流(绘成红色)、曲折的乡间土路,以及村庄内的齐整道路。根据托马斯·鲍德温《空瞰图文集》(1786)中的速写再创作的彩色版画。气球的高度约在 4000—5000 英尺

新知文库

出版说明

在今天三联书店的前身——生活书店、读书出版社和新知书店的出版史上，介绍新知识和新观念的图书曾占有很大比重。熟悉三联的读者也都会记得，20世纪80年代后期，我们曾以"新知文库"的名义，出版过一批译介西方现代人文社会科学知识的图书。今年是生活·读书·新知三联书店恢复独立建制20周年，我们再次推出"新知文库"，正是为了接续这一传统。

近半个世纪以来，无论在自然科学方面，还是在人文社会科学方面，知识都在以前所未有的速度更新。涉及自然环境、社会文化等领域的新发现、新探索和新成果层出不穷，并以同样前所未有的深度和广度影响人类的社会和生活。了解这种知识成果的内容，思考其与我们生活的关系，固然是明了社会变迁趋势的必需，但更为重要的，乃是通过知识演进的背景和过程，领悟和体会隐藏其中的理性精神和科学规律。

"新知文库"拟选编一些介绍人文社会科学和自然科学新知识及其如何被发现和传播的图书，陆续出版。希望读者能在愉悦的阅读中获取新知，开阔视野，启迪思维，激发好奇心和想象力。

生活·讀書·新知 三联书店
2006年3月

目 录

序　言 ... 1
　一　缘起 ... 1
　二　主旨 ... 2
　三　定名 ... 7

第一章　班克斯访人间天堂 ... 1
　一　有志于科学的年轻人 ... 1
　二　两种文化交汇碰撞 ... 3
　三　富二代的成长过程 ... 8
　四　进一步体验塔希提 ... 15
　五　独特的文化与风情 ... 24
　六　近于完美的海岛行 ... 37
　七　班克斯小结三月行 ... 39
　八　历经磨难回到英国 ... 42
　九　博物热浪席卷英伦 ... 51
　十　皇家学会的新领军 ... 61

第二章　赫歇耳初建观天业 ... 68
　一　遇伯乐威廉露峥嵘 ... 68

二	两兄妹的平凡家世	72
三	有家难归浪迹英伦	75
四	音乐家的特殊爱好	82
五	卡罗琳迈入新天地	86
六	天文学家兼任技师	92
七	划时代的重大发现	105
八	兄妹合作共同观天	129

第三章　飞行员气球显身手　141

一	气球升空万人瞩目	141
二	人类上天引发狂热	143
三	对飞天的实用考量	148
四	英国人看飞天行止	150
五	意大利人称雄英伦	155
六	亦喜亦忧的气球热	160
七	英国本土的飞天人	162
八	科学得到新型工具	164
九	首次飞越英法海峡	167
十	飞天悲剧刻骨铭心	172
十一	父子先后勇赴苍穹	175
十二	问题不少　意义重大	179

第四章　赫歇耳星空再建功　184

一	哥哥大展宏图	184
二	妹妹另起炉灶	206
三	从观天到问天	214
四	世界性的影响	221
五	文学与天文学	230
六	深度时空概念	236

第五章　孤胆英雄命殒非洲　239
一　帕克找到天命　239
二　艰难完成使命　244
三　探险痴心未泯　251
四　新形势　新探险　252
五　悲剧性的结局　257
六　探险精神永存　262

第六章　青年戴维大放异彩　267
一　边陲少年　267
二　自学化学　278
三　气疗诊所　291
四　初露头角　295
五　兼为诗翁　301
六　影响文坛　305
七　出谷迁乔　315
八　告别家园　316
九　美中不足　320
十　声名大噪　324
十一　重大发现　336
十二　黑子初显　343

第七章　科学引发轩然大波　347
一　科学直面探讨灵魂　347
二　盘根错节的"活力论"　357
三　各派力量纷纷卷入　361
四　文学吹起科学号角　371
五　小说提出根本问题　377
六　无心栽柳柳成荫　382

七　人类社会渗透政治　　　　　　　　　　384

第八章　既是巨人又是凡人　　　　386
　　一　"夫妻走两极"　　　　　　　　　386
　　二　名师收高徒　　　　　　　　　　397
　　三　旅游兼科研　　　　　　　　　　402
　　四　"戴维灯"问世　　　　　　　　　414
　　五　不是象牙塔　　　　　　　　　　421
　　六　旅游加浪漫　　　　　　　　　　429

第九章　门墙内外新老之间　　　　436
　　一　班克斯老骥伏枥　　　　　　　　436
　　二　龃龉后父子同途　　　　　　　　443
　　三　诗人为科学呐喊　　　　　　　　447
　　四　老套路难以为继　　　　　　　　450
　　五　失败的新任会长　　　　　　　　455
　　六　传奇兄妹的归宿　　　　　　　　464
　　七　用笔墨续讲科学　　　　　　　　471
　　八　向浪漫寻找寄托　　　　　　　　479
　　九　"哲人的最后时日"　　　　　　　484

第十章　青年英才继往开来　　　　498
　　一　英国科学正在走下坡路　　　　　498
　　二　《英国科学衰落之我见》　　　　501
　　三　《自然哲学知识精讲》　　　　　505
　　四　英国科学促进会的诞生　　　　　510
　　五　电气时代取代蒸汽时代　　　　　519
　　六　科学进入千家万户　　　　　　　521
　　七　"贝格尔"接续"奋进"宏图　　　528
　　八　小赫歇耳奋战南天　　　　　　　529

    九　非洲之角连着全世界　531
    十　惜别老"40" 迎接新时代　534
结束语　535
参考文献　539
    背景知识　539
    1760—1830年间科学研究与智力探索的基本状况　542
    约瑟夫·班克斯　544
    威廉·赫歇耳和卡罗琳·赫歇耳　546
    专业人士述评　547
    气球飞天人　548
    芒戈·帕克　550
    汉弗莱·戴维　551
    安全矿灯及它引起的争端　553
    弗兰肯斯坦医生与灵魂　554
    导师与弟子；青年科学家　557
参考资料　560
    缩称一览（尾注出处的缩称）　560
    尾注出处　562
致　谢　590

序　言

一　缘起

我14岁那一年开始学化学。就在第一节化学课上，我便成功地析出了一粒单晶。这一成果是通过一个基本化学操作过程实现的，就是向试管内注入一些液体（依稀记得是硫酸铜溶液），用本生灯加热一下，然后静置一夜，第二天早上，试管内便出现了一粒晶体，附着在管壁上，像一粒冰糖，但要薄一些；又凸凹有致，颇像一座古代巴比伦人建造的神庙，只是大大地缩微了，却也可观地撑在了整个试管底部，呈现一种蓝色，还有些透明，看上去既有一股气势，又带着一丝神秘，煞是漂亮。看看同学们的试管，里面都是些细碎的东西。我甚是得意，大有业已取得科学成就的自豪感。

然而，化学老师却不相信这是我取得的业绩。他觉得这粒单晶大得不像是自然形成的，因此断言说——不过言辞倒还客气——我是在弄虚作假，为搞怪在试管里放进了一小块彩色玻璃。我向这位老师恳求道："老师，你不能试试吗？**只要一试不就能知道了？**"然而，我只是徒费口舌。他拒绝了，径自去干别的事情。就在这无可奈何的短暂片刻里，我平生第一次体验到了科学的真谛。若干年后，我对此有了更深刻的体会，这就是英国皇家学会镌刻在其会徽上的拉丁铭文：*Nullius in Verba*（**勿信道听途说**）。此刻的经历是我毕生难忘的，也是我在与科学界的知交们打交道时会一再回想起来的。当初我受到的如此一番"加热"，在"静置"多年后"析出"的结果，便是这里呈献给大家的这本书。

二　主旨

《好奇年代》将所要叙述的在科学领域中接连发生的若干故事缀合在一起，探究一个伟大的历史进程，即18世纪末以迅猛之势席卷整个英国的第二次科学革命，及其在此进程中所产生的一种新的愿景，它被人们恰如其分地称为"浪漫科学"。①[1]

作为文化作用中一支生力军的浪漫主义，通常总会被认定是与科学严重对立的；它的追求完美的主观意愿，被认为与尊重客观的科学理念在立场上是南辕北辙的。然而，作者本人认为，这两者并非永远如是，彼此间也不是势同水火。它们曾一度结合到一起，而导致这一结合的动力就是好奇。时至今日，这种结合也依然能够出现。事实上，正如浪漫诗歌存在着感觉一样，"浪漫科学"也在同样的意义上存在着感觉，而且造成它们存在的原因也都是一致的，也都同样久远。

众所周知，发生在17世纪的第一次科学革命，是与牛顿（Isaac Newton，1643—1727）、胡克（Robert Hooke，1635—1703）、洛克（John Locke，1632—1704）和笛卡儿（René Descartes，1596—1650）联系在一起的，也正是在此期间，英国成立了皇家学会，法国也出现了科学院。此次革命的存在被普遍接受为事实，其领军人物的事迹也广为人知。②但是，本书所讲述的第二次科学革命，与第一次有所不同。"第二次科学革

---

① 最早对"浪漫科学"这一概念进行研究与阐发的著述有，简·戈林斯基（Jan Golinski）：《作为大众文化一部分的科学：英国1760—1820年的化学研究与启蒙运动》（有关原书信息见参考文献部分。——译注）；安德鲁·坎宁安（Andrew Cunningham）、尼古拉斯·贾丁（Nicholas Jardine）：《浪漫主义与科学》（有关原书信息见参考文献部分。——译注）；玛丽·米奇利（Mary Midgley）：《科学与诗歌》（有关原书信息见参考文献部分。——译注），劳特利奇出版社，2001年；蒂姆·富尔福德（Tim Fulford）、黛比·李（Debbie Lee）、彼得·基特森（Peter Kitson）：《浪漫年代的文学、科学与探索活动》（有关原书信息见参考文献部分。——译注）；以及蒂姆·富尔福德编著的五卷文集《1773—1833年的浪漫主义与科学进取》（有关原书信息见参考文献部分。——译注）。——作者原注

② 莉萨·贾丁（Lisa Jardine）在她所著的《独到的求索：科学革命的形成》（有关原书和中译本信息见参考文献部分。——译注）一书中，以缜密的史料生动地描绘出了17世纪发生在整个欧洲的第一次科学革命的场景，其中的一节便出色地归纳了科学在这一新时期所起到的作用。另可参阅本书参考文献部分列于"背景知识"一栏中的著述。——作者原注

命"这一提法,可能最早出现在塞缪尔·泰勒·柯尔律治(Samuel Taylor Coleridge,1772—1834)1819年写成的《哲学讲稿》中。[2] 这场革命的出现,主要的原因是当时一系列突如其来的天文学和化学领域的发现。它虽脱胎于18世纪启蒙时代的理性主义,但在很大程度上改造和影响了这一主义的内涵,给科学活动带来了更大更强的振奋作用和更新更广的想象能力。这场革命的动力,源自人们以个体形式追求发现的意愿,而这些意愿的大方向彼此相同,又表现得十分强烈,甚至可以说是不可遏制的。

"浪漫科学"还是一场转换目标的革命。其转换的高峰期并不很长,大约只持续了两代人的时间,但其影响——具体体现为唤起希望与发现问题——是十分深远的,而且一直持续到今天。"浪漫科学"的发生时期可以大致按其一首一尾明确的重大活动作为表征来划定。前者为库克船长(James Cook,1728—1779)率领"奋进号"进行的第一次环球航行,出发时间为1768年,后者为查尔斯·达尔文(Charles Darwin,1809—1882)搭乘探险船"贝格尔号"来到加拉帕戈斯群岛(Galapagos Islands),时间为1831年。我觉得这两个年份之间的时期可称为"好奇年代"。这是一个科学从多个领域进入社会,既给人们带来轰动与希望,也造成问题与怀疑的年代。

探究行为通常总会同孤寂与危险为伍,而这两点都足以用来形容"浪漫科学"的基本特点。威廉·华兹华斯(William Wordsworth,1770—1850)将艾萨克·牛顿这位启蒙时代的伟大代表,恰如其分地转变为浪漫主义的杰出人物。18世纪80年代,华兹华斯在剑桥大学圣约翰学院求学,在此期间,他的目光经常从学生宿舍的窗内,穿越校园的砖砌围墙,凝聚在伫立于圣三一学院教堂石砌入口处的牛顿全身雕像上。雕像上的牛顿蓄着短发,一如今日进入这座教堂的多数大学生。华兹华斯的印象是这样的——

> 牛顿手持棱镜,
> 面容平静地伫立在教堂前厅。

不过,到了1805年以后,随着华兹华斯的宗教信仰日益强烈,他心目中的这座雕像也从静止的转变成生气勃勃的。此时的牛顿,已然变成一名怀着狂热情愫，在星宿间无休止蹀行的浪漫游历者：

> 静靠枕上，目光仰望，
> 伴着月亮与属意的星辰，
> 我看到了牛顿伫立在教堂前方，
> 手持棱镜，面容安详，
> 大理石所代表着的这个思维的大脑，
> 孤寂地，永恒地，
> 遨游在思考的未知大海上。①[3]

以这一形象为出发点，"浪漫科学"制造出了，或者说浓缩出了另外几个有关科学活动的关键概念——其实说成臆想更适当些。这些臆想一直存在到今天。第一个臆想，是存在着一些令人仰止的科学"天才"；他们孤独奋战，不停歇地追逐知识，但目的只是为了"朝闻道，夕死可矣"这一浮士德博士式的目的②，为歌德（Johann Wolfgang von Goethe，1749—1832）和玛丽·雪莱（Mary Shelley，1797—1851）等当时诸多有丰富想象力的作家写进自己的著述，因此广为世人熟知，成为被"浪漫科学"造就的最重大也最清浊难分的概念，并一直为人们所接受。与此紧密相连的另一臆想，是所谓的"尤里卡瞬间"，亦即来自冥冥中的灵感导致发明或发现的灵光迸现，而此种灵感并不来自事先准备和分析研究。古希腊哲人③

---

① 华兹华斯：《序曲》，中译名《序曲或一位诗人心灵的成长》，丁宏为译，中国对外翻译出版公司，1999年。——译注
② 浮士德是德国传说中的人物，为求得知识将自己的灵魂出卖给魔鬼。此传说广为文学、音乐、歌剧和电影取为蓝本，其中以歌德的剧作《浮士德》（有多个中译本）最为著名。——译注
③ 原文为哲学家（philosopher），本意是研究自然界、社会与人类思维规律的人，范围几乎无所不包，然而其中有一部分人特别注重对自然规律的研究，但其研究过程中又掺杂有多种想当然的指导思想，其研究的方法不尽遵从归纳法，更远地说，其也并未将实验放在举足轻重的地位，因此不能称其为现代意义上的科学家。译者姑且将这一部分人称为哲人，以区别于现代意义上的哲学家这一更广的门类。附带提一句，"科学家"（scientist）这一名词是英国地质学家与博物学家休厄尔于1833年提出，并随后得到普遍接受的（本书第十章提到了这一点）。因此译文中对有关自然科学家的引言，如写于1833年前，都处理为"哲人"。——译注

阿基米德（Archimedes）最早发出的"尤里卡"——"着哇"——这一狂呼，便被浪漫主义视为发生顿悟的表征，也成了标记科学天才人物的印记，结果大凡提到诗意的灵感和创见时，总会伴随有这种"尤里卡"式的情节。"浪漫科学"总是要寻觅科学史中这种独特的、几近于神秘的事件。其中最重大、影响最深远的，当属已经带上了演义色彩的"牛顿与苹果"的故事，即在自家果园里独自陷入深思的牛顿，在看到一只苹果从树上落下时，"说时迟那时快"，瞬间悟出了"万有引力"概念的传说。在解悟出这一概念后的一段时间里，牛顿根本不曾这样提起过这一经历，只是到了18世纪中期以后，这样的叙述才出现在他的若干札记与回忆录中。①

不少人持有一种观点，就是大自然有无穷无尽的秘密等待着人们去发现，吸引着人们去揭开谜底。对此，科研设备发挥着日趋重要的作用，它们不仅能被动地放大人类感官的功能——望远镜、显微镜、气压计等均属此类，更会主动地介入人类的活动——电池、发电机、手术刀、气泵等均属此列。就连热气球，也不但是一种有助于做出发现的科研设备，还可以说是一种吸引人们向此方向努力的事物。

对于宇宙具有某种纯力学结构的观念，对于借助研究实在物质及其作用的牛顿物理学所确立的数学世界，有些人是存在这种或者那种怀疑的。在德国，这种怀疑表现得尤为强烈，并且结晶为一种较为软性的"能动"

---

① 这只苹果是从牛顿的家乡、林肯郡伍尔斯索普［英格兰林肯郡的一个小村庄，在伦敦以北150公里处，为牛顿的出生地。由于在同一个区内有两个村庄都叫伍尔斯索普，为区分起见，各以其相邻的较大村庄的名称相傍，故牛顿出生地的正式称法为科尔斯特沃斯左近伍尔斯索普（Woolsthorpe-by-Colsterworth），另一个则称贝尔沃左近伍尔斯索普（Woolsthorpe-by-Belvoir）。——译注］住家的果园里落下来的。1665年时，剑桥一带流行鼠疫，牛顿便停学回到家中，时年22岁。在他于1727年逝去后，有关这只苹果的不同版本的传闻便流传开来。前面正文中提到的一种，原被写入威廉·斯蒂克利所撰写的有关牛顿的回忆录中（写于1727年，但不曾发表，手稿于1752年送交英国皇家学会）。当牛顿的外甥女婿约翰·孔杜伊特（John Conduit）为这位内舅立传时，便将这则故事纳为一条附注。不过此传也不曾印行。这一传闻首次以文字形式公开发表，是在伏尔泰的《英国书简》（1734）中。此传闻的重大作用之一，是这只苹果取代了《圣经·创世记》中导致夏娃堕落的禁果，使之成为人世间求索知识的一种象征。可参阅帕特里夏·法拉（Patricia Fara）所著的《不世天才牛顿》（2005）（有关原书信息见参考文献部分。——译注）；雅可布·布洛诺夫斯基（Jacob Bronowski）在其科学经典著作《人之上升》（1973）（有关原书及中译本信息见参考文献部分。——译注）中，更对此从宽广的角度进行了诠释。——作者原注

科学。这种科学设想存在着某些未知的力、某些神秘的能量、某些流体、某些转变形式、某些会生长的自在之物乃至某些有机变化的存在。当时的电化学（或者包括它在内的整个化学领域）上升为科学的代表学科，正与这种"能动"思潮不无关系。就连启蒙时代有可圈可点表现的天文学研究，也因受到"浪漫宇宙观"的影响而有所改观。

认为科学是纯粹的、不含功利目的的行为，应当全然摆脱政治观念，甚至不受宗教教义控制的观点，也在这一时期渐渐抬头。强调知识是世俗的、人文的（甚至是无神的），应当用于"造福人类"的观念变得日益强大起来，这在处于大革命时期的法国尤其如此。正因为这样，"浪漫科学"很快便被卷入了新的一类争议，如科学是否应当用于研制武器，从而成为国家机器的工具；是否应当继续顺应当时为许多人持有的意愿，去支持自然神学①的论说，提供上帝创造世界或者世界是智慧之造物的"证据"，从而充当教会的奴仆，等等。

与此同时，科学属于民众的新观念也开始出现了。在17世纪的第一次科学革命时期，科学知识的传播基本上只由一批为数不多的精英人物在私人场合进行，传播形式也很特殊，通用的语言是拉丁文，共同的适用工具是数学，传播对象虽则可能来自各个国家，却又仅限于由学者组成的小圈子。而到如今，"浪漫科学"却给自己确定了一个新任务、新职责，就是与广大公众交流，解释和宣讲科学知识。

面向公众的科学讲演、实验演示和撰写入门书籍（作者中有相当一部分是女性）等重要活动，就是在这个时代开始出现的。儿童们开始学习科学知识，民众生活中出现了一种新的哲学，即认为应当立足于现实世界——无论它是否由神明创造，研究其无穷奇妙，而这个哲学的基础就是实验方法。进入这一时代后，科学第一次将民众领向事关科学的持续讨论。19世纪初发生于英国民众中的"活力论"大讨论，即对"活力论"——认为生命体中含有非生命体中一概没有的非物质性的特殊存在——是否正确、人和/或动物是否有灵魂的大争论，便是这样的例子。

---

① 一种有别于建立在《圣经》经文上的"启示神学"，以及建立在先验理性上的"先验神学"的神学体系。它的根本宗旨是根据理性分析和日常经验证明上帝的存在。——译注

还有一点，就是在这个"浪漫科学"的时期里，英国皇家学会的精英人物对科学知识的垄断受到了挑战。新的科学机构、机械研究单位和自然哲学团体纷纷出现。其中最广为人知的有：英国皇家研究与教育院［1799年创建，院址在伦敦的阿尔伯马尔街（Albemarle Street）］、英国地质学会（1807年创建）、英国皇家天文学会（1820年创建），以及英国科学促进会（1831年创建）。

从"启蒙科学"到"浪漫科学"的转变，在英国画家约瑟夫·赖特（Joseph Wright，1734—1797）的画笔下表现得十分明显。这位与"月光会"①关系密切，同伊拉斯谟·达尔文（Erasmus Darwin，1731—1802）和约瑟夫·普利斯特利（Joseph Priestley，1733—1804）有着亲密友谊的画家，他将18世纪末启蒙时代的科学实验室和试验活动搬上画布，以披露科学活动引致的解悟、开拓见解的神秘与浪漫之瞬间。他运用光影技法，使得强烈而压抑的片片阴影显现出明亮而宁静的理性光芒，颇有乔治·德·拉图尔②的画风。赖特的这一特点在其创作生涯巅峰时期的著名系列画作中表现得尤为突出。这组系列作品的题目分别是：《太阳系仪》（1766年，英国德比市美术与博物馆收藏，见本书卷首图版）、《空气泵的实验》（1767年，伦敦英国国家美术馆收藏）和《炼金术士》（1768年，英国德比市美术与博物馆收藏）。这些杰作固然表现出了"浪漫科学"的奇妙，却也反映出其所内含的一种惊惧感，总而言之，就是显示出一种意愿，即意欲探知在科学发现与发明给世界带来的新希望中，是否含有足堪忧惧的成分。今天的人们无疑传承了这种莫衷一是的混合感觉。

三　定名

作者撰写这部《好奇年代》，目的就是要提出和思考此类问题。不过，本书归根结底仍然只是一部记叙性的人物传记。作者在介绍人物生平时，捕捉人物的科学生涯中若干属于内心世界的内容，也就是既影响到思维也

---

① 18世纪中叶至19世纪初英国的一类私人俱乐部，因每逢月圆的晚间举行聚会（当时英国城镇的街道上还没有路灯，有月光走路才不至于摸黑）而得名。——译注

② Georges de la Tour（1593—1652），法国画家，善画宗教场景和有烛光的环境。——译注

作用于心灵的东西。从最宽广的角度着眼，此书有志于表述一种心理——一种往往被人们将之与童稚挂钩，但其实却有着无比复杂内涵的情感。这种情感就是**好奇**。柏拉图（Plato，约公元前427—前347）的观点是，好奇乃是一切哲学思想的中心。诗人柯尔律治曾这样说过："凡哲学莫不源起于好奇，也收束于好奇……无所知时它引致肇始，终有所知后它形成眷爱。"[4]

这就是说，"好奇"的内容会经历不同的层次，会随着年齿的增长和知识的积累而变化。不过，无论如何变化，其中所包含的如火的激情却不会消减，自发的强烈程度也不会减弱。这大约就是华兹华斯在1802年他的一首著名的抒情诗中所要表述的内容。给他的这首诗带来灵感的是色彩，不过并非来自牛顿的三棱镜，而是自然界中的彩虹：

> 我一见彩虹高悬天上，
> 心儿便欢跳不止；
> 从前小时是这样；
> 如今长大了还是这样；
> 以后老了也要这样，
> 否则，不如死！……①[5]

本书的中心科学人物有两位，一位是天文学家威廉·赫歇耳（William Herschel，1738—1822），另一位是化学家汉弗莱·戴维（Humphry Davy，1778—1829）。这两个人所做出的种种发现，构成了他们所处时代的主线。他们几乎可说是代表了"浪漫科学家"——虽说"科学家"（scientist）这一词语直到1833年才出现，而此时两人均已作古——的两个不同的极端。此书还讲述了这两个人的助手和传人的经历，而这些人后来也都大大地超越了此等地位，并将火炬传递到了与以往大不相同的维多利亚时代②。此

---

① 《无题》，《华兹华斯抒情诗选》，杨德豫译，湖南文艺出版社，1996年。——译注
② 英国近代史上最重要的时期，被认为是英国工业革命和大英帝国的巅峰。它的时限常被定义为1837—1901年，即维多利亚女王的统治时期。亦有学者认为，其开始时间应以《1832年改革法案》（*Reform Act 1832*）为标志，本书正文中也有提及，即《大改革议案》（*Great Reform Bill*，第十章，第一节）获得通过的1832年作为此新时期的开端。——译注

外,本书也提及了其他许多人,并且穿插了不少充分体现出浪漫精神的科学活动和履险行止,如载人气球、远洋探险、研讨生命之本等。这些都是这个伟大的浪漫科学历程的组成部分。

另外还有一位人物,在全书中起着穿针引线的作用,一如在但丁(Dante Alighieri,1265—1321)的《神曲》中那位从始至终一直在为主人公引路的诗人维吉尔(Publius Vergilius Maro,公元前70—前19,英文写为Virgil)。此人在刚刚踏上科学之路时,还只是个年轻稚嫩的跋涉者,所从事的无非是履险、记事等,然而,他最后却成了英国皇家学会会长,而且任期最长、经验最丰富,权威也最高,因此无疑最适合担当贯穿此书的使命。此人就是生物学家、外交家与幕后决策人物约瑟夫·班克斯爵士(Sir Joseph Banks,1742—1820)。青年时代的班克斯曾从1768年起,随同库克船长环游世界,在危险的未知世界里度过了三年时光。这个时期正可谓他对"浪漫科学"切身体验的最早阶段。说是"浪漫",原因之一是在此时期里,他曾在一个美丽然而另类的地方长期逗留。这个地方就是地处南太平洋的塔希提岛(Tahiti),当时的名称是奥塔希特岛(Otaheite)。

第一章
班克斯访人间天堂

一 有志于科学的年轻人

1769年4月13日，在英国皇家海军三桅船"奋进号"上以生物学家身份工作的年轻人约瑟夫·班克斯，第一次看到了地处南纬17°、西经149°的塔希提岛。在此之前，他已听说这里是一处人间天堂——听上去固然令人神往，但他并不怎么相信。

班克斯时年26岁，身材高大，体魄强健，一头漂亮的棕黑色浓密卷发。他天性乐观、自信，而且喜欢探险，堪称启蒙时代的理想产物。除此之外，班克斯还生有一双深沉的眼睛，忧思而专注，射出的目光有时会很深邃，显现出一种与众不同的敏感——一种朦胧的浪漫主义灵性。不过，他并不是那种会轻易陷入这种朦胧的人，因此能与船上的其他人融洽相处。在航行的头8个月里，他一直很注意保持自己良好的健康状态。他相信自己的心理健康和体格健康都是第一流的——"真是老天保佑"。他偶尔也会情绪低落，这时，他就会拼命地在自己房间里跳绳，有一次竟然险些摔断一条腿。[1]

他可以在船上狭小至极的环境里，耐心细致地一连工作多个小时。"奋进号"后甲板上的一间长约10英尺、宽约8英尺的小房间，就是他同好友丹尼尔·索兰德博士（Daniel Solander, 1733—1782）共用的生活空间。班克斯每天的生活十分规律，包括绘制生物图谱、进行电学试验、解剖动物、在甲板上活动身体、捕猎飞鸟（当有此可能时），外加记录航海志。他频频从海里钓起供制作标本用的海洋生物，用枪支或鸟网捕捉飞鸟，并观测美丽的月虹等种种大气现象。每当牙龈出血时——这是坏血病的病征，他总是不声不响地服用一种事先熬得的药汁（名叫"休姆大夫合剂"，内含浓缩的柠檬汁），每天服6盎司，[2]结果是不出一星期就会痊愈。

这位小伙子对科学的热情，偶尔会导致急躁的爆发。在里约热内卢（Rio de Janeiro），"奋进号"船员提出上岸进行生物学考察的要求，却遭到西班牙派驻巴西的执政官的无理拒绝，致使船上的人一连三周滞留港口，待在闷热的船舱里。对此，班克斯曾在写给英国皇家学会朋友的信中绘声绘色地描述道："你是知道身陷地狱的坦塔洛斯①这一神话的，也曾听说过有个法国男人被自己的两个情妇用内衣捆束起来，然后眼睁睁看着她们脱光衣衫竭尽挑逗之能事的遭遇。然而，你绝对不曾听到过，会有谁像我这样处于无法忍受的煎熬之中。呼天抢地、谩骂诅咒、狂呼怪吼、捶胸顿足等种种事情我都做过。"[3]班克斯也曾在入夜后悄悄从船舷溜到岸上，偷偷去采集野生植株和种子，其中就有当地特有的紫茉莉。

当"奋进号"进入波利尼西亚群岛（Polynesian Isles）水域后，班克斯就会爬到最高的桅杆顶上，将大块头身躯窝进小小的瞭望哨位，在热带低密的云天下，搜寻陆地的踪迹，一盯就是好几个小时。入夜后，船员们会听到黑暗中从远处传来的海涛声。终于，班克斯看到了向往已久的蔚蓝色潟湖，看到了黑色的火山沙滩以及一片迷人的椰子树［卡尔·林奈（Carl Linnaeus,1707—1778）将其划归棕榈目、槟榔科］。沙滩后面是陡峻的山岭，有的山峰高达7000英尺，山坡上覆盖着黛绿的植被，白亮的溪水在山谷中流淌。班克斯注意到海图上已经标出了这个所在，还简单地记着两个名称："乔治三世岛"（King George the Third's Island）和"皇家海湾港"（Port Royal Bay）。"铁锚刚刚抛下，我们就将吊船放下水。大家划船来到岸上，同几百号当地人见了面。刚见面时，他们不敢来到离我们很近的地方，不过从这些人的面部表情可以看出，至少他们并不敌视我们这些不速之客。过了不多一会儿，他们就热络起来。其中一个率先来到我们身边，他几乎是匍匐地爬了过来，将一根绿色的树枝递给我们——一种和平的姿态。"

---

① 坦塔洛斯是希腊神话中的众神之王宙斯的儿子，因得罪父亲被打入冥界，罚他站在没颈的水池里，当他口渴想喝水时，水就退去；他的头上有果树，但肚子饿想吃时却够不到果子，因此得永远忍受饥渴的折磨；他头上还悬着一块巨石，因此又得担心它随时砸落下来。——译注

见到这一表示,上岸的所有英国人也纷纷地向周围的椰子树取材,然后一面沿着海滩行走,一面挥舞着这些绿色的枝叶,有如持握在手中的小阳伞。最后,当地人指向溪流附近一个景色诗意十足的地方,示意客人们可以在这里露营。船员们将绿树枝在沙滩上丢成一堆,"和平仪式就此结束"。这些英国人就将这个地方称为"金星角"(Point Venus),又在这里划定一个营区,起名叫作"金星堡"。"接下来,我们便走进林木丛,后面跟着好大一群人。我们给他们小珠子,给他们小礼品。就这样,我们一路走了四五英里,沿途都是可可树和面包果树,树上结着累累的果实,不时地掉到我曾体验过的最宜人的树荫投下。当地人就在这些树下结庐而居,多数住处都只有屋顶而无墙壁。总的印象是,我们所见到的这处所在,其田园牧歌的情调实在浓郁到了极点,而我们在这里过的日子,将是想象中帝王般的生活。"

当这些人顺原路走回营地时,一路都有当地女子向他们抛撒花瓣,有如对待王公贵族般,"搔首弄姿,万般风情",还不断地指着铺在树荫下的棕垫,弄得这些人既如贵族般趾高气扬,也如贵族般无法安分。班克斯的感觉是不大自在,他觉得,这些岛民的住处"根本没有墙壁可言",因此当前未必是"将所有盛情付诸实施"的时候——"如果条件多少合适些",他该是不会放过此类机会的吧。[4]

二 两种文化交汇碰撞

塔希提岛差不多在秘鲁和澳大利亚之间的居中位置上,大体呈东西走向,有点儿像一个歪斜躺倒的"8"字。它地处南纬17°线以南,是如今名为社会群岛(Society Islands)①的一组岛屿中最大的一个。该岛的海岸线总长约120英里,多为宽阔的弯曲海滩,因此从海上很容易登陆。海滩的路上大多铺着黑色的火山沙或者浅粉色的珊瑚沙,滩地的尽头围着椰子树和面包果树。不过,穿过沙滩再向内陆前进几百米,地面就会蓦地升高,地理景观也完全改变,成了峻峭的火山山地,生长着浓密的树林,并一直不断地

---

① 此群岛的中译名是一次误译的结果。当初它的得名,是为了彰显发现此群岛的英国探险队的派遣者英国皇家学会(Royal Society),但在翻译成中文时,将Society理解成了此词的更常见的含义"社会"。——译注

向高处伸展，形成幽深的峡谷，陡立的峭壁和突兀的岩脊，显得十分险恶。

传闻中多提到詹姆斯·库克是率"奋进号"船员登上塔希提岛的第一个欧洲人，其实并非如此。16世纪末时，一名西班牙探险家——也许姓基罗斯（Quiroz），也许姓托里斯（Torres），可能就曾率领一队人马来到此地，并宣布这里为西班牙属地。[5] 另外有两件确凿的史实，一是英国探险船"海豚号"，在船长塞缪尔·沃利斯（Samuel Wallis，1728—1795）带领下，于1767年来此并登陆，认为此岛为"浪漫之地"，并宣称它隶属英国；二是事隔一年后，由法国人路易-安托万·德·布干维尔（Louis-Antoine de Bougainville，1729—1811）率领的探险队也在此岛抛锚停泊，并声言此岛为法国所有。

法国人给这个岛起了个法兰西味道很浓的名字，叫作"新爱岛"①。法国生物学家菲利贝尔·科墨松（Philibert Commerson，1727—1773）——他是随同布干维尔一起远征的，在队里的地位正与班克斯对等，将所罗门群岛（Solomon Islands）中最大的岛屿定名布干维尔岛的就是此人——为杂志《法兰西信使》撰写了一篇颇受关注的文章，将塔希提描述为"性体验的乌托邦"。文中所述支持了让-雅克·卢梭（Jean-Jacques Rousseau，1712—1778）认为"高尚的蒙昧人"有可能存在的观点。其实，这队法国人在这个岛上只待了短短9天。②

库克船长为人谨慎，还在"奋进号"来到塔希提岛之前的4个星期，

---

① La Nouvelle Cythère，为爱琴海上的一座岛屿，基西拉岛（Cythera）的法文写法，是希腊神话中爱神的居住地。——译注
② 布干维尔本人对他率众于1768年4月在塔希提所见所闻的叙述，一直在法国所有浪漫旅游文学中享有最大的名声："老实说，要想在我于下文中所述述的形势下，管住我手下的这400个一连6个月不曾见过一个女人的法兰西小伙子们，简直是不可能的。尽管采取了种种防范措施，一名年轻的塔希提姑娘还是设法溜到船上，来到了后甲板，从此处的楼梯下去，而这里正是水手们出大力推转绞盘机起落船锚的地方。上下这两处地方都是露天的，十分开阔。这姑娘将她身上仅披的一块布随意丢落，一任所有的船员看到她的胴体，有如面对着牧羊人帕里斯（帕里斯是希腊神话中的王子，出生后被迷信的父亲抛弃，得到收养成为牧羊人。机缘使他成为包括爱神在内的三名女神争抢最美称号的裁判，致使她们都在帕里斯面前极尽展现姿容之能事。——译注）的爱神。老实说，这姑娘的身材也真像是爱神本人的。越来越多的水手都挤到楼梯口的绞盘机处——他们操作绞盘机可从来不曾这么利落过。就连船上的军官们，也都很难把持住自己。还是多亏船上有纪律，这些简直有如魔鬼附体的小伙子才没有掀起乱子。"[布干维尔：《环球记游》（Voyage autour du Monde，1771年，第八章）——作者原注

他就指示船医乔纳森·蒙克豪斯（Jonathan Monkhouse，？—1771）对全体船员（包括各级军官在内）进行性病检查。他还发布了若干条登陆指令，强调上岸后的第一条注意事项，就是要举止得当："务必努力奋进，力求使一应行止有利于与当地人形成友谊，并尽全力以人道态度与之相处。"[6]他将自己这艘船的名字"奋进"特别写进指令中，说明了他的重视程度。

约瑟夫·班克斯对天堂的看法则有他自己的理解方式。他在自己负责记录的《奋进航海志》中，将在岛上第一晚的经历做了有趣的记载。他先是坐在岛上女王的一侧，享用了一顿浇汁鱼和面包果的晚餐。而这位女王则"赐我以享受到在她左侧就座的荣光——她不请自来，一屁股坐到了我身边的棕垫上"。只不过这位陛下的尊容"委实丑得找不出可恭维之处"。随后，班克斯发现了一位十分可人的女郎，"**双眸里有火在跳动**"，鬓角上插着一朵木芙蓉花，与门外的"普通众人"混在一起。他打手势邀她走进来，在自己的另一侧坐下，随后就尽自己所能，整整一个晚上向她大献殷勤，又是给珠子项链，又是给别的礼物，对女王再也不去理会。班克斯后来又叙述道："这个晚上会如何了局，本来很难预料。"然而，这个柔情蜜意的晚会却告意外终止，原因是他的朋友索兰德发现衣兜里的鼻烟壶被顺走了，另外一名军官也发现自己丢了一柄看戏用的望远镜。至于此人为什么带着这种物件上岸，班克斯根本不曾提及。

后来船员们发现，偷盗在塔希提岛上竟然是司空见惯之事，其结果是给双方都造成了大量可悲的误解。第一场这样的误解就发生在第二天，有一个当地人，几乎公然拿着船上的一支火枪扬长而去，而船上的岗哨不肯放过，开枪将他打死。班克斯旋即认识到，塔希提人对于财产必定有着不同的观念。对此，他怅然写下了如下的记录："大家回到船上，对于这一天的经历怏怏不乐。一个人这样犯事固然有罪，但即便是最严峻的法律，只要对两造能一视同仁，都不会给予如此的惩处。第二天早上，'奋进号'周围没有出现任何当地人的小船。由于头一天发生的这一事件很可能已经传遍全岛，自然不会有别的结果。这件事肯定不会有助于巩固我们同这些土人的友谊。"不过，不出24小时，友谊便得到了恢复，这很令班克斯感到意外，但也松了一口气。

"奋进号"船员在塔希提的探险进行了3个月。在岛上的主要任务之一是观测金星凌日。(据库克船长说，他们所建立的营区之所以得名为"金星堡"，原因即在于此，只是他手下的下级军官们却对这个名称另有意会。[①])这一天文现象应当在1769年6月3日的清晨发生，而再次发生就得再等上一百多年（1874年）。观测金星凌日是确定太阳视差的绝好机会，而知道了这一视差的数值，也就能算出太阳与地球间的距离。进行这一计算，需要把握好金星球面与太阳球面刚刚相切和这二者结束接触的精确时刻。

就在发生金星凌日的头天晚上，测量所要用到的四分仪竟然遭窃。班克斯并不是天文观测小组的成员，不过面临着这一严重局面，他平素的能干与勇敢便充分地发挥出来。他知道，如果没有这件青铜铸成的标度精确的大型仪器，天文角度就无从得到准确测量，整套观测也就没了意义。他既没有听候船长下令，也没有等待警卫前来，便将船上负责此项观测任务的天文学家威廉·格林（William Green，? —1771）叫起来，两人立即动身，步行去追行窃者。天热得令人昏昏然。班克斯沿着小路一直追进山地深处，格林则不大情愿地跟着，同行的还有一名未带武器的准尉和岛上一名会讲英语的翻译。一行人在岛上的茂密丛林里步行了7英里，深入欧洲探险家们从不曾到达的内陆。"天气热得出奇，我们动身前，帐篷里的温度是91F°，这使得出行非常累人。我们有时走，有时还得跑，特别是我们觉得——这种预感不止一次地产生——窃贼就在前面不远处时。就这样，我们到了一处山顶，这里离我们的帐篷有4英里远。在这里，[翻译]图布莱（Tubourai）告诉我们，离这里3英里处有个地方，据他解释，那件仪器应该就在那里。大家考虑了目前的形势：我们这几个人中，只有我这里有两支手枪，是我一向随身带着的，他们手里都没有武器；在离开营地7英里的远处，当地人就未必会像在我们那里时那样恭顺友好；何况我们将要做的，是拿回对方冒着送命的危险得来的好东西呢。"[7]

于是班克斯写了一个简短的报告，让那名准尉一个人带回去，向库克船长报告局势，"让他知道，我们不可能在天黑前返回"，并说明希望得到武装增援。而在此之前，他自己和格林将向对方施压。

---

① 金星在西方的得名是认为它代表着罗马神话中主宰爱情的女神维纳斯（Venus），故有"另有意会"一说。——译注

拂晓时分，班克斯成功地找到了行窃者。不过，此人所在的地方，却是一个"金星堡"里的人所不知道的村落，而村里的土人看来又有翻脸的可能。一群土人迅速将这一行来人围住，对他们连推带搡，"十分粗鲁"。班克斯赶快按照他刚刚了解到的一种当地习俗行事，告诉自己这几个人在草地上排成一个圆圈，然后面对着"好几百张"面孔一声不吭地坐在地上。随后，班克斯并没有以剑拔弩张的口气叫嚷，而是进行解释和协商。开始时，有好一阵子看不出端倪来，但到了后来，全套四分仪便从装盛它的厚实杉木匣开始，以零件的形式，一件一件地被当地人神态凝重地归还给了原主。"格林先生开始检查，看看是不是缺了什么……他发现支架不在场，不过对方说，窃贼当时并没有将它带走，我们回去后会找见它的……其他就不缺什么了。于是，我们就尽自己的所能，在草地上将它们包装好，然后踏上归途。"

当神色紧张的船员们带着武器、浑身大汗地在小路上奔走了2英里与这几个人会合时，班克斯不但已经完成了任务，还结交了几位新朋友。大家平安无事地返回建在海岸边的"金星堡"。在这次行动中，所有的人都表现得十分沉着与泰然。库克船长对班克斯十分感激，他这样评价说："通常班克斯先生对当地人的种种作为始终高度警觉。"[8]班克斯则在自己的《奋进航海志》中轻描淡写地记下了这样一笔："不难想见，大家对最后结果并不只是小小的开心。"[9]

班克斯与库克船长看上去性格似乎并不相投。两人在家世、教育、社会地位和行为举止上都大不相同。但说来也怪，他俩对"奋进号"的共同管理却惊人地有效。库克船长对塔希提人的冷静沉稳和礼数周到，恰好与班克斯天生的易与人为伍的坦诚和热情相互补足。班克斯在朋友们的协助下，收集到了大量的植物和动物标本，并对塔希提人的风俗习惯进行了初步的人类学研究。他在航海志里记下了大量的有关内容，从着装（或不如说不大着装）到烹调，再到舞蹈，直到文身、性行为、渔猎方式、木雕艺术和宗教信仰，甚至具体到当地人烤食狗肉的习惯以及少女在后腰下方文身等，他都一一予以记载，而且记得切实坦率，令人读后难以忘怀。他还参加塔希提人的种种礼仪活动，在他们的居所过夜，吃他们的食物，记录他们的习俗，还学会了他们的语言，由是成为一门新科学的前驱人物。这正如他在《奋进航海志》中所记的那样，"我发现这些人真是诚实无欺。

置身于他们之中，我能同在自己的家一样放心。我可以接连好多天在他们的林间住处过夜，根本无须与自己的同胞搭伴儿"。[10]

三　富二代的成长过程

约瑟夫·班克斯的学生时代是在哈罗公学①、伊顿公学②和牛津大学基督堂学院③度过的。14岁时，少年班克斯蓦地萌生了对科学和大自然的兴趣。他在去世前不久，向自己的朋友、外科医生埃弗拉德·霍姆爵士（Everard Home）吐露了自己这一类似于"蜕变"的经历，而这一经历又在法国博物学家乔治·居维叶（Georges Cuvier，1769—1832）在法兰西学会悼念班克斯的挽词中得到进一步的升华。那是他在伊顿公学读书时的事情。一个夏日的午后，少年班克斯在学校附近的泰晤士河（River Thames）游过一阵泳后，发现同学们都已经走了，只留下自己一个人在河里。他独自沿着绿色的田间小路返回学校，一路走一路冥想。蓦地，在几道篱笆的左近，他看到了一大片野花，在落日余晖的映照下十分抢眼。它们那从未被他注意到的美丽，突如其来地造成了一种有如醍醐灌顶的感觉。"在一阵思考之后，他给自己立下了了解自然界种种造物的决心，认为这无疑比学希腊语和拉丁文更为合理。然而，这后两门功课却是他父亲责令他学的，是他理应服从的……他立刻开始自学起生物学来。"

尽管上述回忆内容或许会有失实之处——这些字句来自他人，落笔又在事隔五十年后，不过可以看出，年轻的班克斯认为，研究生物学正是对父亲的一种颇为浪漫的叛逆，也是对学校死板的古典课程的抗议。而更为重要的是，通过研究生物学，他接触了不少像他这种地位特殊的名校学生

---

① Harrow School，英国久负盛名的私立学校之一，校址在伦敦西北郊，招收年龄在13—18岁之间的男生，该校还附设海外分校，包括2005年在中国北京开设的一处"北京哈罗国际学校"（男女兼收）。——译注
② Eton College，英国著名的男子私立学校，在1440年创建时本为一所平民学校，为一些贫穷学生提供免费教育，作为进入剑桥大学的预备学校，故得名为公学。此校在17世纪以后（即班克斯在该校就读之前）逐渐贵族化，成为私立学校，但名称一直未变。英国有19名首相为该校毕业生，还有诗人雪莱、经济学家凯恩斯等大批名人也曾就读于此校。该校目前只招收13—18岁的男生，学费高昂。——译注
③ 牛津大学最贵族化的学院。——译注

通常不会去接近的人，如在乡间小路上和篱笆后面见到的有见识的村妇、为温莎（Windsor）和斯劳（Slough）一带的药剂师采集草药的吉卜赛人等。对于班克斯，这些人虽陌路，不过很有知识和经验，他便去接近和尊重他们。除此之外，每当他向这些人学来一条"有关生物学的知识"，他都会付给对方6个便士[1]的报酬。

班克斯还告诉霍姆说，他的母亲——不是父亲——还将一本翻看得很旧了的《草药集》传给了他。这是她很喜欢的一本书，"一向总是放在她的梳妆室里"，书上印着精美的版画插图，作者是约翰·杰勒德[2]。年轻的班克斯很喜欢翻看这本书。家里有一幅他的肖像画［大概是约翰·佐法尼（Johann Zoffany，1733—1810）作品］，画中的约瑟夫是位漂亮的少年，长腿长发，精神抖擞，神色略带着一丝高傲，安然地坐在一把皮面椅子上，面前有一摞植物图谱。颇有些预言色彩的是，在他的左肘下面有一只置于红木支架上硕大的地理学家的地球仪，一抹阳光正射在球面的赤道上，打出了一块菱形光斑。

从那个夏日的黄昏时分起，班克斯便将成为博物学家立为自己的人生目标了。他开始不懈地搜集稀有的自然标本——树木、野花、草药、贝壳、石块、鸟兽、昆虫、鱼虾、化石都在他的搜集范围内。他的这次"蜕变"，还反映出了由家境与性格所决定的其他特点：自信、富有、难以置信的敏感、不为世俗所动的率真，以及对异性的眷顾。

进入大学后，他成为杰出的瑞典博物学家、启蒙时代欧洲生物学研究的领军人物卡尔·林奈的积极追随者。正是这位林奈，对植物分类法做了重大改进，根据它们的生殖器官之特点一一分类，并按照植物的属和种以拉丁文重新记名。他还在乌普萨拉大学里辟出一座植物园，园内种了大量植物，品种之广一时无人能及。

当班克斯发现，牛津大学里竟然无人讲授林奈的生物学，之后便再一次以自己特有的方式行事。他骑马来到剑桥（Cambridge），求见剑桥大学的生物学教授约翰·马丁（John Martyn），开门见山地请他将自己引见给

---

[1] 便士为英国货币中的辅币单位。——译注
[2] John Gerard（1545—1611），英国民间医生，广识与善用草药，并且自己辟有草药园。——译注

当时最出色的青年生物学家。当他回到牛津（Oxford）时，已经如愿以偿，带回来一位有才华的生物学家，是名年轻的犹太人，名叫伊斯拉埃尔·莱昂斯（Israel Lyons），莱昂斯同意向班克斯和一批与他有同样旨趣的牛津人传授林奈的生物学知识；而作为回报，班克斯自掏腰包支付可观的薪酬。莱昂斯是班克斯的第一名幕僚，后来还被班克斯推荐参加了英国海军部组织的一场探险活动，两人一生都保持着友谊。班克斯除了表现出招人喜欢的天性之外，也从一开始便显露出富人往往会有的好发号施令的脾气。他父亲于1761年去世，使这位只有18岁的小伙子成了林肯郡（Lincolnshire）和约克郡（Yorkshire）两地大批田产和地产（总共200多处）的唯一继承人，岁入达6000英镑（后来又增加到3万英镑），在当时是极为可观的。这使他的这一性格更加不羁地表现出来。

　　来自家庭的财富，使班克斯有了富贵闲人的地道资格，而这种资格是很可能引致祸害的。他和他一向敬爱有加的母亲和唯一的妹妹索菲娅（Sophia Banks，1744—1818）搬入伦敦中区切尔西（Chelsea）地段的一栋豪宅，就在著名的"医药植物园"①附近。要是换成别人，腰缠万贯的青年恐怕就会同他的一群富家子弟朋友一样，去参加什么"××豪华游"之类的活动了，然而他并不这样。这位22岁的班克斯谋到了英国皇家海船"尼日尔号"上的一个职务，准备参与为期7个月艰苦的生物学之旅，考察北美洲北端的拉布拉多（Labrador）和纽芬兰（Newfoundland）一带的荒凉海岸。听到这一消息，当时的爱丁堡大学的一位生物学教授写信给班克斯，惊奇地表示说："我听到一个传闻，说你准备去因纽特人生活的地方，目的就是要满足对博物学知识的追求。"

　　在这次探险旅行中，班克斯以他表现出的干劲与认真负责的精神，博得了船上全体海军军官的赞许。这些人中就有他的两位朋友，一是船长约翰·康斯坦丁·菲普斯（John Constantine Phipps），一是詹姆斯·库克——就是后来的库克船长，当时为海军上尉，负责绘制海图。班克斯在写给妹妹索菲娅的信中表现出自己的睿智，行文中也少有粗言鄙语。

---

① 英国第二古老的植物园（仅次于牛津大学植物园），建于1673年，地处伦敦市中心，目前已不限于搜集、繁育和展出医用和药用植物。——译注

就是在这次探险中,他记录下了第一套航海志,而且以后一直这样做,留下不少文字传世,以其活泼不羁的风格、极不规范的拼写方式和自造的标点而广为人知。这次旅行于1766年11月结束,他带回了大量植物标本(还有一些来自葡萄牙属地的天然橡胶)。随后,班克斯便入选为英国皇家学会会员,时年仅23岁。他开始大规模搜集植物的脱水标本、筹建科学图书馆,还到处搜集种种生物的图画和印刷品。这些后来都成为他的重要贡献。他与科学界人士的交往圈子也迅速扩大,风流倜傥、后来担任海军大臣的桑维奇伯爵(Earl of Sandwich,John Montagu,1718—1892)和稳重并富有献身精神的大块头瑞典生物学家、曾在乌普萨拉大学就教于林奈门下、后来当上了大英博物馆自然历史分部①负责人的丹尼尔·索兰德,都成了他的知交。

又过了两年,班克斯听到了"奋进号"即将进行环球航行的消息。"奋进号"是由海港城市惠特比(Whitby)的一艘近海航船特别改造的,船体很宽,船壳极其坚牢,吃水不深,容易拉上岸修理保养。这艘船载重量很大,甲板下面有极大的存储空间可以储物,也可以饲喂牲畜(甲板上面也可如此);船体长100英尺有余,不过供船员生活的空间很有限。将负责指挥这艘船的是,原海军上尉、现已升任船长职务的詹姆斯·库克。这位新船长来自约克郡的小海港斯台兹(Staithes),时年40岁,身材瘦削,不善言辞,吃苦耐劳,有着丰富的航海经验。在不久前的北美纽芬兰沿海之行中,他因在绘制海图方面的成绩声名鹊起。

这次远征是由英国海军部组织的,英国皇家学会为其天文观测项目提供了资金支持,计4000英镑。主要目的有四个:其一,在塔希提观测金星凌日;其二,调查位于南美大陆以西的波利尼西亚群岛并绘制相应海图;其三,探查已知存在于南纬30°—40°平行线之间的两块陆地——一是新西兰(据信可能是某块陆地的尖角部分),二是范迪门地(Van Diemen's Land)〔即塔斯马尼亚岛(Tasmania),据信可能是澳大利亚的一部分〕;其四,在南半球的各个所到之处搜集植物和动物标本。此外还有一个与医学有关的

---

① 此分部后于1881年从大英博物馆分出独立成馆,即目前的英国自然历史博物馆。——译注

目的，就是通过在饮食中添加泡菜和柑橘类水果，以避免当时航海者罹患足以致命的坏血病。

英国皇家学会委派皇家天文学家内维尔·马斯基林（Nevil Maskelyne，1740—1811）的助手威廉·格林为这次远征中天文观测项目的负责人。班克斯也随即毛遂自荐，请缨负责生物学项目，并表示愿为本人名下的"全班人马"——共计八个，有他的朋友丹尼尔·索兰德、科学秘书赫尔曼·施佩林（Herman Spöring，1733—1771）、美术家亚历山大·巴肯（Alexander Buchan，？—1769）和悉尼·帕金森（Sydney Parkinson，1745—1771）、两名从约克郡自家庄园带来的黑人仆从，外加（自然是班克斯一贯作风的表现）两条猎犬——支付开销。这笔开销再加购置的不少仪器，让班克斯花了一笔巨款——1万英镑，几乎是他两年的进项。对他来说，这次航行的目的全然是获取知识。他为此目的购置的专门仪器，引起了不小的轰动。据说他的一位同事很是赞叹——说不定也掺杂有嫉妒之意，在寄到乌普萨拉（Uppsala）送呈林奈的信中写下了这样的字句："从来不曾有哪个为了研究博物学而参与航海旅行的人，会有如此的气派，会拥有此等的装备。这些人整了一个像模像样的博物图书馆，弄来了捕捉和加工昆虫的种种器具，各种扣网、捞网、拖网、钓钩，真是巨细咸备。他们甚至还有一架很特别的望远镜，能在水下看得很远。"此人还在最后肯定地向林奈表示："这一切都源自您和您的著述。"[11]

当然，这次航行也含有列强间的竞争因素在内。库克船长从海军部得到了一道密令，要求"奋进号"在离开塔希提后，前去南纬30°—40°之间的海上，寻找可能存在的"失落的南大陆"①。当时，荷兰航海家已然发现了大洋洲东部的部分陆地②，而库克船长拟搜寻的部分位置更要靠南，这

---

① "南大陆"的存在是古希腊人提出的，但完全是出于臆想性的"推理"结果——世界是一个球体，而根据对称原则和力学原理，南半球便应当与北半部一样，有一块很大的陆地，否则地球就会"失去平衡"。这块"平衡物"便被称为南大陆，还被后人画进地图，但在17世纪之前一直未被欧洲人找到，因此又被称为"失落的南大陆"。——译注
② 指荷兰商人与航海家阿贝尔·塔斯曼（Abel Tasman，1603—1659）。他于1642年和1644年两次在南太平洋寻找这一"失落的南大陆"，结果到达了塔斯马尼亚岛、新西兰的南岛、汤加群岛（Tonga Islands）、斐济群岛（Fiji Islands）、所罗门群岛等地。但他始终未能踏上大洋洲的最大陆地。——译注

是因为当时有人认为，新西兰可能是一块新大陆的北端部分，而在这块新大陆上，可能蕴藏着丰富的自然资源。如果此大陆当真存在，英国人就希望抢在法国人前面宣称享有其主权，并率先绘制出地图来。英国海军部当时看来并没有意识到南极洲的存在。

其实，这道命令并非做到了密不透风。航行还没有开始，班克斯就知道了此行的这一目的，索兰德也知道了。就连林奈也有所耳闻。[12]再说，无论是班克斯，还是库克船长，都并不大相信当真存在着这个神秘的"失落的南大陆"。对此，班克斯于1769年3月"奋进号"横跨太平洋的途中，在其航海志中写下了长长一段文字表示怀疑，其结论是这样的："不过，能够指出纸上谈兵的一帮人其实根本不知所云，总是乐事一桩。其实，这些人所题（提）的海呀洋的，自己从来就不曾到过。他们总认为，凡是船只不曾到过的地方，就都应当有陆地，但除了一些含糊其词的报告，拿不出真东西来支持——就算有也微乎其微……"不过，他自己很清楚，当时的人们对整个南太平洋海域所知甚少。他也意识到环球航行的危险，特别是在塔希提和印度尼西亚之间的海域。就在前一年，布干维尔的船队几乎就在那里全军覆没。

在班克斯的众多朋友中，有一位名叫詹姆斯·李（James Lee）的生物学家与园艺家，是索兰德的同事。出自职业兴趣，他对"奋进号"的太平洋之旅十分关心，但本人并未亲自参加。他在泰晤士河沿岸的哈默史密斯镇（Hammersmith）经营着几家苗圃，还写了一本多次再版的畅销书，是一种植物学手册，书名是《以林奈学说为基础的植物学导论》(1760)。对于班克斯的植物搜集，詹姆斯·李提出了不少建议，另外还在自己的苗圃里培养了一些青年博物学家。他的助手中有一位悉尼·帕金森，是一名年方18岁的贵格派①教徒，为人沉静、观察力敏锐，为班克斯看中，聘他参加"奋进号"之旅，是两名美术家中的第二个。班克斯并没有选错人，但他却引致了悲剧结局。

在詹姆斯·李手下工作的年轻人中，有一位是他的法定受监护人，是

---

① 贵格派是基督新教的一个支派，成立于17世纪的英国。该派反对任何形式的战争和暴力，不尊称任何人也不要求别人尊称自己，不起誓，主张平等、和平与宗教自由，并坚决反对奴隶制。——译注

一名女性，叫作哈丽雅特·布洛塞（Harriet Blosset），当年芳龄20，师从自己的监护人学习植物学。这位女子渴望参加"奋进号"的远征，只是按照当时的习俗，执行任务的海船上是不准有女人的（虽说在此之前，法国生物学家菲利贝尔·科墨松曾在参加布干维尔率领的航行时，偷偷将自己的情人乔装打扮成男听差带到船上）。据苗圃里的人说，这位哈丽雅特·布洛塞"爱恋班克斯先生都到了发狂的份儿上"，种种风言风语一直传到"奋进号"离港时。[13]据另外一位生物学家罗伯特·桑顿（Robert Thornton）认为，此位年轻的布洛塞"美貌倾城、教养完美，还有万镑家资。班克斯先生在参观苗圃里的稀有植物品种时频频与她见面，并认为她是所有鲜花中最美丽的一朵"。[14]

事实上，班克斯对这位还有两个姐妹、三人同寡母一起居住在伦敦中区霍本区段（Holborn）的哈丽雅特，可能并没有什么特别的爱慕之情。随后发生的事实表明，这两人只是知交而已。哈丽雅特的监护人詹姆斯·李却认为他们两人已经私下订了终身，只是打算等到班克斯完成太平洋之旅平安归来后再正式宣布。有人还给哈丽雅特编了笑话，说在班克斯航行期间，她给他织了一堆毛背心，上面都织出野花图案——想必是每季一种吧。[15]

处在事业发展期的班克斯，对婚姻无疑持谨慎态度。他曾要言不烦地对一位朋友说，他固然喜欢搞实验，但婚姻却是"结果不确定的一类"，并且通常难以带来一辈子的幸福。鉴于重大航行在即，无疑不适合进行此类活动。[16]他还在航海志中记下了一段披露内心情感的话，而这在他是少有的。他写道，自己一旦出行，或许以后就再也看不到欧洲了，如果真是这样，整个世界上会真心怀念他的只会有两个人："今天，大家在非洲用了第一餐，离开欧洲会有多久，只有上帝知道——说不定会永远离开呢。想到远方的亲朋们，叹息是很自然的，大家也都这样做了。不过有两个人，可并不是我只叹息一番便可了结的。我的叹息未必会给对方送去慰藉，却会使自己倍感痛苦。对这两个人，我是十分思念的，唯愿对方不要太强烈地想念我，因为我是个长期在外的游子，命运掌握在风和浪的手中。"[17]

如果这两个人是指他的母亲和妹妹索菲娅，那么，他就是不打算为思念哈丽雅特·布洛塞所苦了——率真的直言，不是吗？当有人问班克斯，他为什么不去参加安全的"18世纪之伟大之旅"——对这个词语，塞缪尔·约翰逊（Samuel Johnson，1709—1784）的解释是沿着地中海海岸游逛一圈，浏览一下古代文明遗址之类，班克斯给出了直率的回答："哪怕是块木头也能这样转悠，我心目中的'伟大之旅'，是沿着整个地球走上一遭。"[18]

登上"奋进号"之前的最后一个晚上，班克斯去看了歌剧。随后，他同哈丽雅特一起来到后者家里吃晚餐。在座的还有一位瑞士地质学家奥拉斯·德索叙尔（Horace de Saussure）。根据这位地质学家的观察，从这对年轻人的举止上看，他们应当是"订了婚的"。德索叙尔认为哈丽雅特人既漂亮，又很会察言观色，只是有些啰，但并不很过分；而班克斯则对近在眼前的分别表现得很泰然，而且喝了太多的香槟。[19]

当英国博物学家吉尔伯特·怀特（Gilbert White，1720—1793）在汉普郡（Hampshire）乡间自己的舒适住处，听到班克斯已经奔赴海洋的消息后，写信给与他和班克斯同为挚友的托马斯·彭南特（Thomas Pennant，1726—1798），说了如下一番很有见地的考语："想到这个年轻且富有的人有如此的事业心，赞叹之情不禁油然而生。他对危险是何等的蔑视！对心仪的研究是何等的热爱！力争卓尔不群的愿望是何等的强烈！这种种性格又都何等的鲜明！……如果他能活下来，我们将以极大的喜悦，拜读他写成的航海志，研究他带回来的动物和植物；如果他事业未竟而殂谢，我会景仰他的坚毅和享乐不能淫的品格，并将永远悼念他的逝去。"[20]

四　进一步体验塔希提

凭着库克船长卓绝的航海本领和出色的领导能力，"奋进号"到达塔希提后，只用了六周多一些的时间，便对来这个岛上的主要任务——金星凌日观测——做好了准备。而且，在他之前，若进行同样的长时间航海，船员人数往往会减少十分之一，但"奋进号"上只减员四人，而且并无一人死于疾病。库克船长和船员的饮食中包括每天一份泡菜，"天天都新鲜得像是一大早从菜市场买来的"。只要有可能，班克斯总会猎杀一些飞鸟以提供鲜肉。他曾打下来几只很大的信天翁，翼展足足有九英尺。

"奋进号"上的第一例减员发生在马德拉岛（Madeira）附近的海域，是一场锚链事故导致的。接下来的两起死亡都发生在陆地上，而且都与班克斯有关。当他率领一队人在火地岛（Tierra del Fuego）考察时，遇到了一场暴风雪。有关的经过并不令人愉快，事后大家的记忆也不全然一致，不过倒是能从中看出班克斯处理危机的能力。这一支考察队伍共有12人，有格林、索兰德，还有几名水手。他们的麻烦是从班克斯小组的青年美术家亚历山大·巴肯羊角风发作开始的。此时他们在山上，离"奋进号"有几小时的脚程。接下来，一场暴风雪突如其来，截断了他们的退路。夜幕降临后，这些人在一片白桦林里各自找到地方过夜。

夜里极冷，班克斯的那两名黑人仆从觉得无法抵御寒冷，便喝了一瓶偷偷带来的甘蔗烧酒，然后便躺倒在雪地上，说什么也不肯走了。块头虽很大但并不健壮的索兰德也垮了下来。整个考察活动面临瓦解和灾变的前景。夜色越来越深，温度也越来越低，班克斯力图将人心拢在一起。他先是让分散在山坡较低处的人都聚到格林这里，生起一堆篝火，还用树枝草草搭起一个小棚子，让巴肯躺进去将养一二。随后，班克斯又顶着零下严寒回到高处，在剩下的人员中努力动员起几个，将陷入半昏迷状态的索兰德拖出桦树林，带到下面较安全的地带。这一举动从此加强了班克斯和索兰德的友谊。班克斯还让大家去救那两名黑人，但他们"醉成一摊泥"，不能（或者是不肯）走动半步。

子夜时分过后，人人几乎都冻僵了。这时，班克斯又挺身出来，再做一番拯救这两名黑人的努力。"李奇蒙（Richmond）倒是站了起来，但迈不动步子；另一个黑人仍躺在地上，石头般地根本没有反应"。班克斯想生起篝火来，但纷纷的雪片使他没能成功，他想将这两个黑人拖到下面，更是"根本没门儿"。最后，他只好离开这两个人，但在走开之前将他们放倒在一些铺好的树枝上，再用另外一些树枝盖好，指望着这一措施再加上酒精的力量，能使他们熬过这一夜。然而清晨，班克斯再来到这里时，却发现两个黑人都已咽了气。[21]

当全体幸存者终于都回到"奋进号"后，库克船长注意到，所有的人都躺到自己的铺位上休息去了，只有班克斯一个人没有这样做。他先是报告了情况，接着又分类整理好每件标本，然后又坚持独自划着"奋进号"

上的一艘小船来到海滩一带，俯身在船舵上，用围网捞鱼整整一天。库克船长并没有因出现死亡事故责备班克斯，不过可能正是这一事件，使他开始意识到自己肩上所担的责任是何等的重大。

第三桩死亡事故是发生在太平洋上的一起自杀事件。此事故揭示出了班克斯性格中的另一个侧面。经过认真准备后，他写下了一篇长长的记录，将这个自杀的年轻人描绘成能干的水手，"沉默寡言、工作勤恳"，他之所以从船舷投水自尽，无疑是因为受到指控，说他从船长舱室偷了一只海豹皮的烟草荷包。这一悲惨事件给班克斯以很大的震撼，他很有感触地表示说："那些体会不到羞辱对年轻心灵会起何等作用的人，无疑会很难相信此种可能性。"库克船长本人并没有追踪调查这一事件，但从班克斯在航海志里留下的记录来看，这位船长怀疑该青年人的自杀，是因为受到了船上一名年长同性船员的性骚扰。[22]

初到塔希提时，船员无疑都情绪高涨，但也夹杂着好奇的紧张。在岛上的第一个星期里，便发生了那次不幸的枪击事件。四分仪失窃引发的那场可怕体验出现在第三周。接下来是亚历山大·巴肯这位青年再次病倒且夭亡，这很可能是在火地岛时羊角风的多次发作所致。班克斯在航海志里是这样说的："索兰德博士、施佩林先生、帕金森先生，以及船上其他一些军官出席了葬礼。他是个好人。我真诚地为这位有才能的年轻人的离去而惋惜。不过在我自己这一方面，我的梦——让我在英国的朋友们体验我所能看到的景物的梦，却因为他的离去而梦碎难圆了。"难以理解的是，班克斯接下来的议论却显得有些不近人情，似乎表明他有一种天生的优越感："在描述人们的形体和衣着时，不用图无论如何也是表达不好的。如果老天能让他多活一个月，对我的工作可就太有利了。如今我只好认命。"[23]

类似的表述在他的航海志中出现过不止一次。不过，船上的另一名美术家，20岁的悉尼·帕金森，对自己雇主的人情味是有明确看法的。他亲眼见证了班克斯在火地岛形势几近崩溃的状况下对巴肯的照料。为此，他也在自己的工作日志中写下了长长的感触，其中涉及班克斯对船上枪杀偷盗火枪的那名塔希提人的过火行动的反应："班克斯先生听到此事时十分不快，说'与这些土人过不去，简直就是与天使过不去'。他还力排众议，自己涉河去到土人那里，找来一位老人做中间人，说服了多数土人，带着他们用以表征和平的芭蕉树前来我们这里,一路走,一路用手拍着胸膛,嘴里还不停地喊着表示友好的号子'提奥!提奥!'这些人在我们身边就座。有人送上椰子,我们便同饮椰汁。"[24]

　　肩负着远征安全重任的库克船长,无疑一直保持着高度警惕的心态。他决定将"金星堡"建成永久性的武装要塞。这座要塞就建在岸边,以保证在陆地上的考察活动,并借以显示这支队伍的权威。据班克斯说,塔希提人同意建造这样的营地,并愿意为此建筑工程帮忙出力。建筑图纸是帕金森完成的。以这里遍地棕榈树的环境来说,建筑本应当是田园风格,但图纸上给出的却是由一圈木栅栏围起的方形土堡,堡顶上安设着一排转轴海炮。"金星堡"长50码、宽30码,能控制岛内很长的一段沿河地区。堡前沿着海岸的地段是与土人交换物资的地方。"奋进号"上的小船和塔希提人的独木舟都可进入这片水面。至于船上所有的物资和一应武器,都被运入这一土堡内存放起来,只有储存淡水的木桶放在河岸上。白天"金星堡"的栅栏上木制大门是开着的,一到晚上便关闭起来,并有哨兵持枪守卫。

　　在"金星堡"里面,库克船长开辟了一处对外接待区,立起一根旗杆,升起一面很大的英国"米"字国旗。接待区里支起一顶矩形大帐篷,供聚会与宴饮之用。接待区四周是一些小帐篷,有的存放物资,有的供寝起之用。此外还有一处面包坊、一座铁匠炉,以及一个观测站。班克斯自己备有一顶帐篷,是扣钟形的,直径只有15英尺,不过它无疑是最舒适的,装备也是最高档的。塔希提人很快就喜欢到这里来拜望,还为争取来这里宴饮和过夜屡起争执。班克斯在航海志里这样写道:"我们的小要塞现已建成,左右两侧都是齐胸高的隔栏,前后两侧都是河水,河岸上放着装满水的大桶。每个拐角处都有一尊转轴海炮和两挺连发枪,枪炮口都对着小树林——土人可能发动进攻的地方。有了这样正规之至的要塞,我们的哨兵总算可以松口气了。"[25]

　　库克船长认为,只有在能够保障安全的前提下,同当地人的友好才能得以维系。在设计上,这座城堡满足了对内保护船员和对外防御塔希提人的双重目的。库克船长还强化了英国海军部有关女人不得上船的规定,指派一名能干的水手,手持长斧在后甲板扮演门神的角色,阻止塔希提妇女上船。[26] 到了晚上，自然不准有人上下船，不过这一规定并未得到严格遵守，军官阶层中的违规现象还特别严重。

英国人的物品不断遭窃，给双方关系蒙上了抹不掉的阴影。金属制品是丢失的大宗。这一现象也特别说明了双方文化间存在的严重差异。在欧洲人看来，行窃是对个人财产拥有权的侵犯，而在塔希提人眼中，此类行为是在有效地强调资源的共享，是借以使显然富得流油的欧洲人和穷得可怜的自己多少平等些的手段。在塔希提人生活的这个岛上，根本找不到金属资源，他们打猎用的刀子是木制的，鱼钩是贝壳磨的，炊具都是些陶器。而欧洲人那里却到处都是闪闪亮、叮咚响的金属物件。

库克船长知道，他的"奋进号"可是个巨大的金属宝库，从铁钉、锤子和木工工具，到功能奇妙的怀表、望远镜和科学仪器，可以说是无所不有。在塔希提人眼中，这些东西都完全是重新分配的目标。一向对自己的仪器大力看管，特别是紧紧盯住其中的种种解剖工具和两台反光式光学显微镜的班克斯，对塔希提人的这种行为是这样评论的："真不知道是怎么搞的，我竟然一直没有提到这些人对偷窃的热衷。今天我就来补叙一下。岛上的人们，不管是大头目、小管事，还是平头百姓，都持有一个坚定的信念，那就是不管什么东西，一旦能拿到自己手里，那就是他们的了。"①[27]

探讨此类有关群体意识的问题，并没有使班克斯忽视具体事务。无处不在的苍蝇便是其中之一："自从登陆伊始，苍蝇便始终是个麻烦，而我们对此却可以说是一筹莫展。我们的画家要画图，它们却会将颜色吃掉，

---

① 有关社会公平、财富和所有权的观念，是涉及伦理与哲学的重大问题。对于此类问题，看来班克斯和库克船长都是有所思考的。在他们之后的近三十年时间里，让-雅克·卢梭、亚当·斯密、威廉·戈德温和托马斯·潘恩（Thomas Paine）[英-美思想家、作家和政治活动家。生于英国诺福克郡，曾以裁缝为业，37岁后移居英属北美殖民地，之后参加了美国独立运动。美利坚合众国（United States of America）这一国名便出自潘恩的建议。——译注]等都提出了自己的观点，而此时，帝国主义和殖民主义行将成为现实，纷乱纠结而又蓬勃发展的维多利亚时代也即将来临。它们都有如初现于在地平线处的乌云。对于在这次远征中塔希提人的直率表现和英国人的评论，为班克斯作传的帕特里克·奥布赖恩（Patrick O'Brian）有如下的精辟见解："总而言之，行窃并不是单方面的。沃利斯船长拿走的是整个（塔希提）岛的土地与当地人的独立。这不禁使人想到一则偷鹅的故事——偷鹅人是从公地上拿走了一只鹅，而其他人其实是拿走了那只鹅身下的整块地。"（帕特里克·奥布赖恩：《约瑟夫·班克斯传》第95页。有关原书信息见参考文献部分。——译注）——作者原注

而且吃掉的速度简直就同画家将颜色涂到纸上的速度一样快。我们要画一条鱼，结果是花在驱赶苍蝇上的力气要多过画这条鱼。"[28] 为了让帕金森能顺利作画，船员们尝试了种种办法：苍蝇拍、涂了糖浆的粘蝇纸，甚至在他身上罩上蚊帐。

为了满足性需求，人们花的精力可着实不少。要换取性爱，付出的硬通货倒并不一定非是金银首饰或者新奇物件，只要是金属就成：开始时，有的会交易的船员，可以只用一枚大船钉换来一次做爱。不过行情很快就看涨了——塔希提人倒是很懂市场经济学哩。结果是船上的种种能够不显眼地带下船的金属东西，餐具啦、绳索绕夹啦、把手啦、煎锅啦、备用工具啦，都源源不绝地流到了塔希提人那里，不过最多的还是铁钉。据传，"奋进号"上的木匠很快就擅自对所有金属制品实施了专管，而从此以后，铁钉便整袋整袋地从船上消失了。

进入6月后，"奋进号"上爆出了一场危机，有的船员偷走了一大袋铁钉，重量竟达50公斤。一名盗窃者被发现后，虽经鞭打拷问，仍拒不吐露赃物的下落。班克斯在航海志上是这样记载的："发现了一名小偷，但从他身上只搜出7枚钉子，而失窃数量为50公斤。经惩戒后，他仍拒不检举同案犯。此案造成的损失极大。这些钉子如果为土人所得，铁的价值将大大下跌，而它正是我们的主要商品。"[29]

库克船长不赞成此类性交易行为，并曾试图加以控制，但正如他本人后来实事求是地承认的那样，他手下的全体军官"基本上不予支持"，结果是自己只好听天由命，但也并不无幽默地警告人们说，就在两年前，当塞缪尔·沃利斯率领的"海豚号"驶离波利尼西亚水域后，船体上的钉子因大量被偷偷撬走，险些在太平洋上随后遭遇的一场风暴中解体沉没。至于此类自愿进行的性交易所引发的医学灾难被清楚地认识到，那还是以后的事情。

不过还在出发前，库克船长就已经意识到了性病发生与蔓延的危险与影响，并将其写进了他本人的航海志里，时间是1769年6月6日，内容有长长一大段。他无疑采取了种种措施，保证自己的部下在到达目的地时都没有染上性病。"奋进号"上的船医蒙克豪斯也一直对船员们进行体检，因此在前8个月期间从未在船员中发现性病病例。只是在塔希提这里,"女性们的性观念实在是太开放了,结果是花柳病迅速地传给了船上的大多数人"。塔希提人自己将这种病叫作"英国人病"。对此,库克船长也认为并非错误,只是他一直没能弄清楚,塔希提人所染上的性病,究竟是自己的船员带来的,还是由在他之前来到的法国人或者西班牙人传播的。"不管是谁带来的,为此而不得不受苦的人们是不会高兴的。此外,这种病会渐渐散播到南太平洋诸岛,当初将它带来的人将为此永远受到诅咒。"①[30]

有几名船员一开始时倒还比较谨慎。年轻的悉尼·帕金森在本人的日记中菲薄道:"船上的多数人都与土人结有露水姻缘,其中还有一些成为住到一起的临时夫妻——不少有道德意识的欧洲人,在来到不存在文明操守的地方时,往往便会这样姑息自己。他们这样做并不会受到谴责。看来,人要是换了地方,道德标准与廉耻观念就会随之不同。在欧洲时是犯罪,到了美洲就变成了蒙昧状态下的寻开心。这似乎是在说,操守与贞节无非是带有局域性的,只适用于世界上的部分地区。"[31]

班克斯看来就不受这种约束。他在多数夜晚会离开营地,而且走前会告诉营地里的人,说他"打算一个人在小树林里过夜"。大概是由于自

---

① 不久后,人们便形成了普遍共识,确信塔希提岛上的性病是欧洲人带去的。1777年时有人写给班克斯一首题为《阿迈敬呈塔希提女王御览折》的讽刺诗,诗后附有一条尖刻的脚注,指出这种因塔希提人随心所欲的性习俗而蔓延开来的"那波利病"(此种传染病的正式名称为波状热,其实并不是性病,但由于那波利是意大利著名海港,遂使这种被认为是由海员带来的性病得到了这个标志性的俗称。——译注),很可能"将他们迅速全部毁掉,而且会死得可怕而凄惨——真是对博爱基督徒的纪念"。另外在柯尔律治的长诗《老手水行》中,也有这样一段往往不为人们注意,其实强调了胡作非为的欧洲船员受到天谴的诗句,说的是整整一条船上的两百名船员死于与一名绰号为"死中之生"的患有恶疾的女子有染:

嘴唇红艳艳,头发黄澄澄,
那女子神情放纵;
皮肤白惨惨,像害了麻风;
她是个精魅,叫"死中之生",
能使人热血凝冻。

对于这场令南太平洋各岛备受折磨凡两代人的性病传播,艾伦·穆尔黑德(Alan Moorehead)在其《致命进犯:欧洲人在1767—1840年间对南太平洋地区的破坏》(有关原书信息见参考文献部分。——译注)一书中有详细叙述。——作者原注

出生伊始便不曾受到苛责之故,他会为自己的行为自我开脱说,他在外面过夜,除了追求爱情之外,也不无科学上的目的,而且不会严重偏离道德准绳。毕竟他所做的一切,都与**研究**有关呢。不过,他的所作所为也的确表明自己并非强行索欢之徒。再说,他也显然很受塔希提女人中意:高大健壮,出手大方,温柔体贴。这使他以惊人的速度在多数塔希提人中有了"一席之地"——塔希提人的确是在席上坐卧的。

重要的是,他同塔希提女王奥珀里娅(Oborea)建立起了持久的友好关系。这一关系中也包括了一位"双眸里有火在跳动"的美丽女郎。女郎名为奥西欧蒂亚(Otheothea),是女王的一名侍女——这一职务对班克斯可真是再方便不过。不过,班克斯建立这种友好关系,远远不只是为了鱼水之欢。以此为凭借,班克斯使塔希提人纷纷高兴地将自己领入他们的许多不为外人所知的内部生活,如饮食习惯、穿衣打扮、宗教仪式等。在船上的所有人里,班克斯可以说是唯一能做到这一点的人。凭借着这种关系,他还与塔希提人中的"图皮亚"——也就是祭司——建立了亲密友情。就是这些被当地人奉为最有智慧的人,教班克斯学会了当地的语言和了解到岛上的许多风俗。

也正是由于性格使然,班克斯成为"奋进号"上唯一肯下功夫学习塔希提语的角色——至于其他人,充其量也就只能对付三言两语而已。他在航海志里记下了他们的基本词汇。大概是针对自己特别感兴趣的方面,他将这些词汇分为四大类,第一类是植物与动物(如面包果、海豚、椰子、鹦鹉、鲨鱼等),第二类是人体上能引起激情的部位(如胸部、指甲、肩膀、臀部、乳房等),再一类是天上的东西(如太阳、月亮、星星、云彩等),最后一类是有关感觉的形容词(如好、坏、苦、甜、饿、累等)。另外还收入了诸如偷、懂、吃等一些动词。只不过这一词典并不完整,没有爱、笑、音乐、美丽等词语,而要与塔希提人进行语言交流,没有这类词语会很难进行下去。

班克斯的语言禀赋还给他带来了一个新职司:"奋进号"的司务长或说采买。他让当地人每天早上划着一只独木舟来到"金星堡"门外的岸边,然后双方便开始讨价还价,选购食物和其他物品。对于商业交易,班克斯是很精明的。他在5月11日的航海志上写下了这样的记录:"椰子大量上市。今天早上到6点半时，已经买到350颗。这说明我得杀价了，免得这些人一下子将所有的椰子都摘下送来，这样一来，以后可就没来源了。要知道，我在头一天晚上还买了1000颗呀，至于价格呢，是每6颗换一粒褐色的小珠子，10颗换一粒白色的，而用一枚5英寸的钉子，就足足能换来20颗！"

采买工作使他与塔希提人中的不同阶层都有经常联系。这使他与当地人建立了广泛的友谊。在这一点上，他与高高在上的库克船长和其他军官是不同的。从他的航海志中可以看出，他所交往的塔希提人的圈子是不断扩大的。他在提及这些人时，都以名字称呼，对其中的不少人还使用了信任和亲切的字眼。当此类情感遭到破灭或者打击时，他往往会伤感地提及。这时，他会频频责怪自己而不是塔希提人，要么是说自己产生了误解，要么是为对方的偷窃勾当辩解。

他还掌握了岛上地名的当地叫法，并用英文拼出来记下。"我们现在知道这个岛的当地叫法了，是'奥塔希特'（Otahite）。今后我就使用这个叫法。"——这就是说，他在原来的英文发音前加了个"O"的音。他还注意到，塔希提人在提到他们这些异域来人时，用的固然还是本来的姓名，但都按自己的习惯有所改造："这些土人觉得我们的姓名太拗口了。这样一来，他们怎么叫我们，我们也就只好认为我们的姓名就是如此这般。"于是便有了如下的古怪叫法：库克船长是"图特"，索兰德成了"托拉诺"，大副莫利诺（Molineux，？—1771）在塔希提人的口中成了"伯巴"（据班克斯分析，这是因为他的名字是罗伯特①的缘故）。至于他本人，塔希提人都管他叫"哒啪"——听来好像是打鼓点。据班克斯揣测，这些称呼说不定与塔希提人给他们起的绰号有关。班克斯还注意到，英国人多半叫不出几个当地人的名字，可对方很快就"知道船上差不多每个人叫什么了"。[32]

民间外交也被纳入了班克斯的职司。他不属于船上的海军军官编制，这就使他无论在船上还是在岸上，都更能便宜行事。"金星堡"的多次非正式聚餐会都是由他组织的。当地人上船参观也多由他负责安排。至于

---

① Robert的昵称是鲍勃（Bob），与"伯巴"相近。——译注

塔希提人的仪祝活动，他也可以在未经库克船长正式批准的情况下前往参加。如此一来，从1769年5月开始，他的航海志便起了变化。有关植物学和动物学的内容虽然仍旧充分而翔实，但人类学方面的内容却日益多了起来。他的兴趣开始转移了，记载的内容开始涉及岛上多种奇特的习俗，如刺文身、奏鼻箫、玩冲浪、摔裸跤、烤全狗等。

这位本是林奈信徒的年轻人，现在已经被得自塔希提人的新体验改造了，生物分类、分解解剖和标本制作，如今已经不再是他心无旁骛钻研的内容。从此，这位启蒙时代的植物学家、有着贵族头衔的搜集家和分类学家，一步步走进了另一种文化与习俗的世界。他在《奋进航海志》中记下的有关塔希提的内容，要比他人有关太平洋所有其他海域的同类记载都更充实。这些记载经扩充后，结集成一份详细的报告，并加上了一个人类学味道十足的标题：《论南太平洋群岛（South Sea Islands）上土人的行为与习俗》。这是他所有专著中内容最详尽的一部书。[33] 班克斯开始成为一位人种学家、一个研究人类自身的人。他越来越怀着爱心介入另外一个人类团体之中，这个团体就是塔希提人。这些人在他眼中不再是"野人"，而是一群"友人"。他要弄清这个被人广称为天堂的地方的情况，只是他也并不完全认为，这里真的就是一处天堂。

五 独特的文化与风情

发生在1769年6月3日的金星凌日，为班克斯的新事业提供了一个大好机会。到5月末时，库克船长已经布置好了三个观测点，以力保当有不测云层出现时，观测仍不致受到影响。班克斯伙同观测地点最远的一组人，前往塔希提岛外的莫雷阿岛（Moorea）。记录凌日数据是整个观测过程中的重要任务之一，但又是塔希提人很难理解的行为。不过，从班克斯在1769年6月3日的航海志中所记的内容看，他还是考虑到要让塔希提人领略一下这一科研活动中的关键过程。

到了上午8点时，班克斯已经在岸边的观测营地上将仪器架设完毕，并准备好一大批与当地人以物易物的货品。他离开架设仪器的地方，来到海滩上等待塔希提人。两只大型独木舟划了过来，船上载着本岛土人的国王特罗阿（Tarróa）和御妹奴娜（Nuna）。这一行人一上岸，班克斯立即从一片树荫处走出，来到他们面前。"我走了出来，神态庄重地将他们领到一个我事先画出的圆圈里——这种事情，我以前还从不曾做过呢。让这些人站着是不合他们规矩的，得给他们提供坐下的地方。我没有戴帽子，头上只包着一条印度人戴的缠头布；这时便将它解了下来，展开铺到地上。大家坐下后，国王便拿出了礼物，有一头猪、一条狗，还有一些面包果和椰子什么的。我立即派人划着独木舟去到观测点，将我准备好的礼物拿来。我的礼物是一柄扁斧、一件衬衫，还有一些珠子。国王看来对这些会很中意。"

交换见面礼是当地人的习惯。接下来班克斯要做的是，向国王解释他们一行人到这个岛上来的目的。"当［金星的球面］开始切入太阳的球面时，我便领着特罗阿和奴娜，还有他们的几个主要随从来到观测点。我让他们看了一番正从太阳的光面上掠过的金星，让他们知道这正是我们前来的目的。在此之后，他们便回去了。我也陪他们一道离开。"

航海志上的这一段记载有些像是报流水账，但其结束部分却表明，班克斯早有准备，不肯错过这个对他特别有利的机会："日落时分，我又从国王那里买下一头猪，随后便回来了。我刚进帐篷不久，便有3名佳丽乘独木舟前来我们这里。今天早上，她们都在国王的帐篷里。她们同我们毫不拘礼地聊了一会儿。当我们稍有挽留的表示后，她们便将船打发走，留在帐篷里过了一夜。这种对我们信任的表示，我以前还不曾在这样短的交往后经历过。"[34]

第二天，班克斯又以调皮的语气写下了这样一句话："虽然这些可人的女郎竭力挽留，我们还是动身离去。"究竟谁是勾引者、谁又得了便宜呢？在班克斯留下的有关塔希提的记录中，有许多内容相当不容易弄明白。就以他曾提及的塔希提人中一个与他关系密切的人为例。这是个名叫泰拉波（Terapo）的女子。4月末的一天，她神情抑郁地出现在"金星堡"的大门前。班克斯细致地记下了当时的经过："有人看到大门外来了一群女人，泰拉波就是其中一个。我走到她那里，将她带进营地。她双眼饱含泪水，一迈进大门泪珠就滚滚流下。我开始探问就里，但她并不回答，只是从衣服下面摸出一颗鲨鱼的利齿，猛力向自己的头部戳去。她一连戳了六七记，热血随之在脸上迸流。我真是吓得不轻。她的血一个劲儿地流，大约有两三分钟，流出量恐怕能有半升。她一面流血，一面狂乱地喊叫，声调凄惨之至。这种情形，我可是第一次见到，心乱得不行。我一面紧紧抱住她，一面不停地问她，想知道究竟是怎么一回事，竟使她有这种奇怪的举止。"

泰拉波始终不肯解释个中就里。不过从班克斯将她揽入自己双臂的举动分析，这位女子当时可能是陷入了情感崩溃状态。当时在帐篷里还有另外几名塔希提人，但"这些人全都谈笑自若，似乎绝无任何不幸发生"。这样一来，整个事件就更显得神秘了。泰拉波神态的恢复，也来得同样突兀、同样难以理解："在所有这一切之中，最令我吃惊的是，一旦她不再出血，脸上便露出微笑，紧接着又将刚才为了截住血流而卸下的衣服归拢到一起。随后，她便拿着这些衣服走到帐篷外，统统丢入海水，随后便在船上将它们一一拨散，仿佛是希望不要因为看到这些东西而回想起刚才所发生的一切。在此之后，她又在河水里洗净全身。当她再度回到帐篷时，已经同其他所有人一样活泼、一样快乐了。"[35]

班克斯后来才知道，这种充满跌宕激情的表现，是塔希提人在表达悲伤情绪时常会做出的。他也在许多人的头上看到了由此而落下的"哀疤"。有些事情，他是从与女王奥珀里娅关系密切的一个小圈子里了解到的。这个小圈子的人物有女王、她的20岁的情人奥巴迪（Obadee）、她的侍女（也是班克斯的情人）奥西欧蒂亚，以及其他几个关系很近的男子。看起来，这些人将班克斯视为自己人，关心他的生活，希望他过得快活。这些人会不时来到他的帐篷过夜——他们的夜生活自然会包括宴饮和做爱，而且想干就干，无须做作，不用矫情，也不挑挑拣拣。有时候，他们的行止会引致我们进入有如轻歌剧中的情节，一如班克斯在航海志中轻松暗示的那样——

> 5月21日，星期日。享受到了美好至极的服务。前来的有奥珀里娅、奥西欧蒂亚和奥巴迪等人。大家都举止得体。奥巴迪是晚饭过后来到金星堡的。前一阵子他一直不曾出席。奥珀里娅本来并不希望放他进来，但他看上去郁闷得厉害，我们真不好拒绝他。此人一直可怜巴巴地看着奥珀里娅，而奥珀里娅却表现出不屑一顾的神情。

这令我觉得，她是在饰演尼侬·当克洛①笔下的角色——通过使劲作践让他规规矩矩。女王越是跟我近乎，我便越希望她也能像对奥巴迪那样对待我。只不过我另有使命在身——若是我有空气般的自由之身，才不会中意这位陛下呢。

快到月底时，又发生了另外几件令人挠头的事件。班克斯、库克船长和索兰德决定组织一次沿塔希提西部海岸的勘察。听说那一带有野猪，班克斯就想跟当地的部族首领杜塔（Dootah）商谈弄上几头。女王奥珀里娅对这次勘察很支持，特地乘坐上她的一只既宽大又舒坦的独木舟沿海岸随行。当勘察队伍来到杜塔所在的村寨夜宿时（村里并没有给他们提供食宿），班克斯便同意到女王的舒适小舟上去，钻进搭建在舵掌之间的小单间里休息。

随后发生的情况，班克斯都写进了航海志。他和女王在小单间里——两人自然都除去衣服，"按照当地习惯早早就寝。夜里还是很热的，为了舒服，我没有穿衣服。奥珀里娅非得要我将衣服交给她看管不可。她对我说，如若不然，衣服肯定就会被偷走。我听了她的话，脱去衣服躺了下来，一下子就睡着了，身子一动都没动一下"。

第二天清早，当班克斯醒来后，发现自己的全套行头差不多已经一件不剩——钉着精美铜纽扣的漂亮棉布上装、长裤、套装背心、人见人夸的手枪，居然统统消失了，就连装枪药的火药盒都没有剩下。最糟糕的是女王嘟囔着表示奇怪，说这些东西竟然都是在夜里不见的。寻找也好，询问也罢，都没有结果，班克斯最后只好丢脸地返回"金星堡"，不但当初答应准备搞的野猪没弄来，自己的枪也不见了，更惨的是连衣服也没剩下几丝。女王看来是想对班克斯的冷淡报复一下。她给了他几块塔希提人的披肩和毯子，暂时用来代替那些不见的欧式服装，然后便同他分手告别。这一次，班克斯显然是乐天不起来了："我的着装半洋半土，看上去像个小丑。过了一会儿，那位肚（杜）塔首领也现身了。我一个劲儿地催他给我

---

① Ninon d'Enclos（1620—1705），妓女出身的法国女作家和艺术赞助人，作品多涉及男女情愫，内容不很深刻，但浪漫情节较多。——译注

去找我的上衣,但无论是他,还是女王,都根本没有动静。我差不多可以断言,他们就是这次偷窃的主谋。"[36]

不过,当下午来临时,班克斯的所有懊丧和气恼就都一扫而光了。这是因为在海湾的尖角处一带,这些英国人看到了一件事情。有人正在海上干着一种他们从不曾想象到的、"委实奇特"的活动,令他们十分惊诧,使他们一生难忘。就在那个被一道窄窄的海堰所隔开的潟湖湖水的湖面上,不少塔希提人的黑色头颅在太平洋的暗蓝色水面上随着海浪上下起伏。一开始时,班克斯还以为这些人失足从船上落入大海,正在为活命挣扎呢,但他随即便意识到,这些塔希提人其实是在玩一种体育游戏——冲浪。

欧洲人以前从来不曾亲眼看到过这种南太平洋海域特有的奇特运动——至少是不曾有过记载。塔希提人在这种运动上所表现出的勇敢、技巧、优美身手和驾驭太平洋巨浪的能力,都使班克斯惊异不已。"在这一带,岸边通常都有礁石,能起到削减浪势的作用,但这一片水域上却没有礁石,所以冲向岸边的海浪会高高卷起,然后重重地拍到岸上。这样的劲道我可很少见到过。欧洲人的小船是不可能战胜这样的大浪登上海岸的,一旦遇上了,岸边的岩块和卵石也会使他们在劫难逃。然而,就在这样的波谷浪尖上,却有十来个土人在嬉水。"

就在这片自然力仍然桀骜不驯的地方,有人却将它踩在了脚下,而且非但制服了它,还能从中得到快乐。塔希提人显然已经对自己的一头翘起、表面光滑的独木舟进行了改造,由是发明了冲浪板。这些人对任何危险都嗤之以鼻,还为自己的体能和技巧骄傲自豪。"每当大浪在人身边掠过时,他们就会从浪的底部从容不迫地钻进去,接着又从另一侧钻出来。不过,他们最喜欢做的就是在一条旧船上,靠着控制它的舵板与海浪嬉戏。他们浮在船的后面,尽量游到远处,然后其中就会有一个或两个人爬进船内,迎着海浪的末端,以无比敏捷的身手冲进浪朵。有时候,他们能一直维持到巨浪即将上岸的时候,不过在多数情况下,浪头会在还不到半路时就碎裂了。这时,这些人就重新潜入水中。当他们迅速钻出时,已然又把住小小的独木舟,再一次向大浪游去,重复着刚才所做过的一切。"

特别值得一提的是,这种危险的行动显然没有任何实用之处,绝对派不上任何用场,与捕鱼和行船都联系不到一起。塔希提人干这个,完全是为了开心——大大地开心。真是此景只应天堂有哦。"我们站在那里看着这一美妙之极的景象，足足观赏了半个小时。而在此期间，那些表演者没有一个有打算上岸的表示。他们都十足沉浸在这一奇特的消遣中。"[37]

塔希提人有些仪式活动是经过认真组织的，而且对"奋进号"船员很有吸引力。由女王奥珀里娅下令组织的午后赤身角力，就是其中的一项。不过不是所有的活动都会这样正式。一天早晨，一伙年轻女郎乘一只独木舟前来船员这里，在班克斯面前进行了一幕很有挑逗性的奇特表演——

> 5月12日，当我正坐在"金星堡"门前的一条船里与土人谈交易时，一只双体独木舟划了过来，舟里有好几位女郎，还有一名男子。他们都坐在遮阳篷下。土人们将我围住，打手势知会我下船去见这几个人。祭司当时就坐在我身旁，他代表我去见了他们。接下来，又有另一个男人走过来，拿着一大包布块。他将这些布块一一地铺到那些女郎和我之间的地面上，前后共铺了九块。铺好前三块时，看上去像是领头的第一名女郎便走到布块上，动作麻利地转动身躯，将自己的迷人资本全部展示出来，使我有了赞美这些资本的最方便的机会。

随着班克斯面前的地面铺上了更多的布块，那位女子也朝他越走越近，仍然一边走，一边微笑着慢慢转动自己的赤裸身体，而无论是旁观者，还是表演者自己，都不觉得有任何不妥。"再一次展现过自己的美丽胴体和身姿之后，她径直向我走了过来，后面还跟着一名男子，将布块一一折起。从这些举动中，我立刻明白了他们的来意。我握住女郎的手，将她领入帐篷，她的一个女友也跟了进去。我给她俩都送了礼物，但她们只逗留了一个小时。无论我如何挽留，她们也不肯再多留片刻。"

这段叙述显然事关风月。那个无名的塔希提男子，自然就是皮条客了。班克斯在叙述中，倒没有什么得便宜卖乖的表示，至于他是否充分利用这种送上门来的机会，文中也并没有言明。库克船长也经历过此种场面，他认为，那名女子的神态真是"纯真得无以复加"。[38]

到了6月中旬时，班克斯放弃欧洲式生活习惯的意愿已经十分强烈，连欧洲人的服装都不想上身了。他在航海志中多次提到,"头天晚上,我又像往常那样,在小树林里过了夜"。由此可见,他此时可能是在与奥西欧蒂亚缱绻缠绵。他在6月10日的航海志中提到,自己如何除去衣装,在身上涂抹上黑色的炭末和白色的草木灰后,同扮演索命神的土人一起跳驱邪舞。接下来又有两名裸身女子和一名男孩也参加进来,一起穿过整个村寨,途经"金星堡"的大门后来到海岸,沿着海岸边走边舞。

这一幕景象自然十分罕见——"奋进号"上生物学小分队的负责人,如此地一身打扮,大白天里在设着岗哨的营地前手舞足蹈。不过嘛,身为局外人的这些欧洲来客,未必就能看出塔希提人这种仪式的真正内涵。它并不是什么人欲横流的疯狂表演,而是表达哀切之情的舞蹈。班克斯和那两名年轻女子扮演的是先人的鬼魂,"翻译者图布莱扮的是索命神,我和另外3个人都是鬼魂。图布莱穿上了他的行头,式样古怪却不难看……跟着我也打扮好了。我将一身欧洲服装卸下,只在腰间围了一块小布条——在此仪式中,只能这样装扮,不过我也绝没有羞赧之意,那两名女子,露得也绝不比我少。然后,他们就往我身上涂抹炭灰水,同时也给自己抹。那个土人男孩是全身一片黑,我和两个女人则是从肩膀往上都是黑的。接下来仪式便开始了。图布莱先是祷祝了两次,其中一次就在他家附近……我们来到营地那里,让我的朋友们吃了一惊,也让在那里待着的土人们吓得够呛——他们在索命神(翻译者)面前逃散,如同一群见到狼的羔羊"。接下来,这一行人的舞蹈又继续在岸边进行,搞了足足一个下午。"在此之后,我们就会(回)来了。图布莱把他那套行头脱了下来,我们都跳进河里,彼此擦洗身体,等到所有的黑色都消失时,天都黑下来了。"[39]

岛上的日子过了八周后,大家都看出,不少军官都无法与塔希提人的生活方式友好相处。一名军官犯了一个根本性错误,干了违反岛上宗教禁令的傻事:"船医蒙克豪斯今天被一名土人欺负了。可这是我们所有人来此地遇到的第一桩。他在一株树上掐下了一朵花,而这株树是长在墓葬区的,我想,大概正因为如此,墓葬区的一切都成了神圣不可侵犯的。在此之后,就有一名土人从他身后过来攻击他。船医揪住这个人,想要还手,但又有另外两个土人拉住了他的头发,让他无法还击。随后3个人都跑掉了。"[40]

就连库克船长本人,也因为发现营地里一把消防用的金属耙子不见了而采取的行动失当，惹起了一场本可避免的危机。他有心借此立威，便突击搜查了几十只当地人的独木舟。这一来，丢失的耙子倒是失而复得了，只是库克船长随后又扣下了这些小船，并发布通知说，这些小船要等到上个月里"金星堡"丢失的东西被全部归还后才能发还。随后班克斯却得知，这些独木舟都属于岛上另外一个部族，以前从不曾与英国人有过交往。当时，这个部族正给他们自己运送必需物资，显然不应对以往的任何关乎英国人的偷窃行为负责。这时形势一下子变得复杂起来。库克船长对塔希提人的反应看来有些过了头。

心怀怒气的塔希提人没有去找库克船长交涉，而是来向班克斯诉说不公。"他们拼命跟我说理，让我前去理论，好让部分小船得以发还。"这一次，班克斯破天荒地在航海志上公开批评了库克船长："老实说，要是换成我，在采取这种激烈行动之前，总得先抓住偷我们东西的人，而这些人基本上要么应当是我们认识的，要么应当是我们有理由有根据怀疑的。再不济，扣住的东西也应当只是这两种人的，而不是与这次行窃完全无涉的其他人的。再者说，这次我们索要的东西，头领们未必会有什么兴趣，因此不会下令让人去拿（凡是比较好的东西，到手后都会被拿去献给头领们）。"[41]

在随后的几天里，所有的物资交换都停止了，被扣押船只里的水产开始腐烂，使整个营地弥漫着一股臭气。接着，一名当值军官下达的一条新命令，又无端冒犯了塔希提人，使形势雪上加霜。这名军官率领一队水手，在岛上为"奋进号"搜集压舱物时，毁坏了塔希提人的一块墓葬场。结果是塔希提人再一次找到班克斯说理："这一次，他们的抗议强烈得多。一名他们的使者进入我们的帐篷区，宣称这一次他们不再容忍。我和二副都到了现场。"仗着班克斯的外交才能，对立的双方总算都平静下来。墓葬场恢复了原状，又在附近的河床上找到一处地方，水手们"既可以方便地弄到石块，又不致冒犯任何人"。[42]

不过，扣船的问题仍未解决，这表明两造仍在对峙。"船上鱼虾的臭气越来越浓，有时候，风会将臭气刮进帐篷，真是不堪至极……自从我们扣了那些独木舟后，市场上空空如也，除了一点苹果，什么都换不到。好在这些朋友对礼物还是欢迎的，所以我们还无须靠干啃面包过活。"[43]

奥珀里娅女王和班克斯的情人奥西欧蒂亚又在"金星堡"出现了——

刚到时，班克斯倒是觉得，她们还是赶快离开，回到自己的小船上过夜为好。这两个人看上去都"没个笑模样"。[44]不过，形势总算开始有所缓和，库克船长同意归还扣船，但一次只肯放走三只或四只，以此换来了一些和平的表示。奥珀里娅的前夫奥阿么（Oamo）的出现，使形势出现了意外的转机，他是前来要求归还船只的。令英国人没有想到的是，这位奥阿么对自己的前妻礼数周到，给班克斯留下的印象也极佳。"从他打听英国人的习俗时所提出的聪明问题判断，这是个非常有头脑的人"。[45]不过，因偷盗和扣船造成的总体气氛始终没有真正好转。远征队伍在岛上逗留的最后一个月，与塔希提人的关系并不十分融洽。那个名叫杜塔的部族首领干脆不再与这些欧洲人打交道了，解释的理由是在班克斯猎杀野鸭子时受了惊吓。

吃食是欧洲人和当地人都感兴趣的内容。当地人烹调狗肉的习俗值得一提。狗由祭司宰杀，收拾干净后放在火上烤，班克斯在一旁仔细记下了全过程。多数船员对吃狗肉表示反感，但班克斯认为十分美味。"他给我们之中的一些对种种吃食并不抱特定偏见的人，上了一道极美味的佳肴。我并不认为欧洲人也应当吃狗，但在这个地方，肉食非常稀少，上天给他们提供的，无非就是椰子、面包果和芋头等不多的几种食物，这自然会使他们什么都喜欢吃。"

班克斯同船上同胞之间的关系也不如以往，彼此生出了嫌隙，同那位在人际关系上感觉不很敏锐的船医蒙克豪斯更是起了龃龉。班克斯倒是思虑周全，在自己的航海志上对此只字未提，不过年轻的画家悉尼·帕金森曾说自己见到过这两个人的一次争吵，起因是由于蒙克豪斯想与奥西欧蒂亚亲近。女王奥珀里娅手下的几名塔希提女子曾到班克斯的帐篷里来，"非常认真地想给自己找丈夫"。她们在班克斯这里的举止"无可非议，不过到了晚上，她们提出就在班克斯先生的帐篷里过夜，也真的就留了下来。后来，船医跟其中的一个女人说了些什么……船医坚决不让那个女的在班克斯那里过夜，并且将她连推带搡地赶出了帐篷"。接着，有人便听到了奥西欧蒂亚在帐篷里的哭声，而且哭了好一阵子。帕金森将此事戏剧化地描述出来："后来，蒙克豪斯先生和班克斯先生为此事较起真儿来，两人都说了些不礼貌的话。这让我觉得，决斗大概会发生了。不过，他们到头来还是明智地避开了这一结局。"后来，奥珀里娅和她手下的一行人返回独木舟离开,并没有返回营地。"不过班克斯先生也离开了营地,一整夜都和土人们待在一起。"[46]

就在这时库克船长决定,他要带着班克斯这位首席生物学家单独进行一次勘察活动。船长这一决定未始不与前述事件无关。勘察活动的具体内容是进行一次环岛航行,交通工具是"奋进号"上的一只小帆船。此番勘察的正式目的,一是确定所有能辟为港口的地点并一一标到海图上;二是寻找先前欧洲人,特别是法国人和西班牙人在此地是否留有踪迹,以确认他们宣称曾经来过的真伪。不过对于班克斯来说,此行完全是一次辉煌的科学考察,其中也包括对自己新涉足的人类学知识领域的大力扩展。

他们从塔希提岛北端的玛塔维湾(Matavi Bay)开始,用了6天时间绕全岛巡行一周。6月26日,一支由考察队员和水手组成的小分队在夜里3时上岸,向东一路走去。过了玛塔维湾,就出了奥珀里娅和杜塔的势力范围,当地人会如何对待他们就是未知数了。据小分队找来的一名向导说,"如果不是归杜塔管的",是会动手杀人的。因此他们事先已有所准备。班克斯和库克船长决定基本上只沿岸边行走,而"奋进号"上的部分水手则荷枪实弹乘小艇贴着海岸随行,密切关注岸上的情况。在他们的船后,尾随着土人的几只独木舟。

"班克斯还是如同以往一样,不停地探察,不停地进行植物学搜集整理工作,也不停地谈这说那。"库克船长微笑地这样回忆这段考察经过。[47]事实上,班克斯很快便说要搜寻植物标本,于是一边挥舞着他自己选定的防身"武器"——一只不小的捕蝶网,一边扎进岛屿深处,不见了踪影。一旦开始搜寻标本,班克斯就只顾在朦胧的光线下捕捉生物,而将应当迅速返回岸边以得到安全保护的规定忘得精光。他先是猎杀了一只野鸭子和两只麻鹬,接着又走向更深的内陆。"我走进一处树林,林子里很暗,看不到人,也找不到可食用的东西,只发现一处曾有人住过的棚子。我在那里生起一堆火,找到了面包果,但只有一只半,外加还找到几粒坚果。"晚上,他登上一只独木舟,在舟上支起的布帐里过了夜。

有一些发现令他们放下心来。在一处村寨里,考察人员看到了一只英国种的鹅和一只雄火鸡,都是两年前"海豚号"船员留下来的。"两只家禽都肥得不得了,也都十分驯良。它们总是跟着土人到处跑,土人看来也极喜欢它们。"不过也有些发现令他们怵惕：就在离这处村寨不远的地方，有一间供群居生活用的长条形屋舍，在它的墙壁上，班克斯看到了一种很带恶意的装饰——在长屋舍一端的一堵半圆形板壁上，摆放着一串骨头。班克斯仔细地研究了它们，发现都是人的下颚骨，至少来自15个人。"所有的骨头都历时不久，都没有损坏痕迹，就连牙齿也一颗不缺。"它们无疑是一批战利品，或许还表明此地存在着食人生番。班克斯一个劲儿地向土人追问这个问题，但得不到答复。"我向这些人问了许多问题，但他们根本不回答我——要么是不肯答复，要么是不懂得我的话语和手势。"[48]事后他才知道，这些骨头是"当地土人从战场上带回来的战利品，相当于印第安人剥下的敌人的头皮"。[49]

在他们得到的好印象中，有些其实是假象。"好多独木舟划了过来，上面有些女人真叫美艳。从她们的表示来看，是在邀请我们上岸。我们自然乐于照办。"当地的部族首领名叫威武鲁（Wiverou），表现得相当友好。他款待来人享用了一顿出色的宴席，也提供了过夜的地方。班克斯把握十足地向女人大献殷勤，"指望以此换得一次舒适的过夜体验——我的一贯方针哟"。这句话可真是不打自招，结果却证明全然不灵。当天色很晚时，这些女人察觉到了班克斯的用意，"便一个接一个地走光了"。据他后来气恼地追述，他"如此这般地被甩了5次或是6次，最后只得自寻地方过夜"。他在一间草屋里过了一晚，按着已经养成的同塔希提人一样的习惯，除了腰里围着一条布，全身都是精光的。只是此夜他却是孤身独寝。他倒是默认了一点，就是遭到被当地人冷落的下场，无疑使他的头脑有所清醒。

应当说，尽管他们此次在表面上受到了友好接待，但形势始终不如他们身居"金星堡"、手中有枪身边有炮时那样能掌握在自己手中。危机随时会突然出现。第三天早晨，班克斯就注意到一段危机时刻："大约在5时左右，放哨的人将我们叫醒了，说是出了紧急状况——我们的小船不见了。据他说，就在大约半个小时前，他还看到这条船在离岸边50米的水面上，船还是下着锚的。但他刚才听到有划桨声，再向水面上张望时，船却没了踪影。我们都警觉起来，迅速赶到岸边。清晨的天色晴朗，星光很明亮，但我们没能看到船的影子。形势十分糟糕：土人们可能先是摸到了船上，乘我们的人都在熟睡之机将船弄到了手里。如果当真是这种情况，那下一步必定将是向我们发难。我们这里只有4个人、1支长枪、1匣火药，此外还有两柄手枪，但没有备用的子弹，那匣火药又不能供手枪用。"

有那么十几分钟，他们就这样站在塔希提岛的海岸上，突然意识到自己是区区几个势单力孤的欧洲白人，没有外援、武装简陋，身处不属于自己的一个偏僻海滨的岛屿。他们看着太阳升起，等着被宰割的时刻降临。然而最终他们等来的却是那只小船在海湾拐角处现身。原来是因船锚没能下牢而漂走了，船上的人因熟睡未能及时察觉。这是欧洲人对土人惧怕的积淀，在这些人心里导演了一幕遭受塔希提人攻击和屠杀的惊悚剧。[50]

他们还得到了另外一些体验，同样也是令人不安的，但表现方式有所不同。在勘察的最后一天，这一行人发现了一个巨大的建筑物，当地人称之为"玛雷"，是一种用石头砌就的祭灵塔，形状有些像埃及的金字塔，约40英尺高、200英尺宽，前后都砌有台阶，全部用白珊瑚石精心打磨而成。班克斯认为，这座塔固然堪称塔希提建筑的"杰作"，但从技术角度考虑又实在不可思议："土人们一无打凿石料的铁制工具，二无将石块砌为一体的灰泥，却居然能完成这样巨大的建筑，真令人无法置信。"

离塔不远又有另外一处神秘之地：一个用藤条编成的人形，无疑是用于某种献祭目的的。"整个人形表面都整齐地粘着羽毛，白色羽毛代表皮肤，黑色羽毛代表头发和文身图案。它的头上有3个突起，在我们看来是几只角，不过土人管它们叫'塔塔艾'，意思是'小号人儿'。至于这个大的人形，当地人的叫法是'毛威'，还说这是全岛上唯一的一个。他们还主动向我们解释它的功用，但说的话在我们听来全然前言不搭后语，看来我们对有关的习俗一窍不通。"

这一行人在7月1日那天回到了"金星堡"。库克船长完成了一份准确而又漂亮的全岛海图，海岛的"8"字形地理形状，它的细腰部位的一处处"为稀泥浸濡的地岬"，都堪称准确与明晰的典范，造福了后世若干代欧洲水手。班克斯也大大扩充了自己的植物标本收藏和有关岛上果实、种子和动物资源的知识。不过，塔希提人却显得更加神秘了。这些人的历史、风俗习惯、宗教信仰和性习俗等，都使欧洲人感到扑朔迷离。这些神秘感，都有待于以后的科学研究给出解答。

在班克斯所有亲眼目睹的塔希提风俗中,最令他不解也特别使他不舒服的,是在年轻女人的臀部刺花。文身在塔希提极为普遍,身负战斗重任的青年男子在身上刺花,其目的是显而易见的;遍布他们大腿、前胸、后背、手指、足踝和腰间的复杂花纹,是这些人勇气的象征,也是这些人地位的标记。用磨尖的木针刺破皮肤,然后向刺破处点进一种暗紫色的液体——某种拌了椰子油的植物染料。文身过程相当痛苦,而且很费时间,通常要历经数月才能全部完成。男孩子长成为男人的阶段,通常也是接受文身的阶段。

对于男人要受文身之苦,班克斯很能理解。然而他想不通,为什么女子也不得不受这番折磨,而且还要在青春妙龄期面对此种残酷的对待?是表示接受者从此可以有性行为的表征吗?这是纯粹出自某种美学目的的考虑,还是做出所属部族的标记呢?塔希提女子是用花朵打扮自己的,另一种装饰品是戴上漂亮的珠母耳环(班克斯搜集了好大一套)。除去这两种,其他的装饰品都很少用到,也没有别的打扮方式。

1769年7月5日。今天早上,我看到当地人给一个小女孩在屁股上刺花。小女孩大概12岁。目睹这一过程证实了我的一个一贯的设想,就是这一过程极为痛苦。文身是用一根大针进行的,长约2英寸,针上有30来个细齿。每分钟估计会刺上几百下,每一下都会刺出血来。此过程大致进行了一刻钟,这个小人儿开始倒也挺能咬牙忍受。不过到了后来,她实在是疼得太厉害了,疼到了无法忍受的地步,于是便开始反抗,随即便转为大声哀号,似乎是在央求别再文下去了。但这时两名女子按住了她,她们又是斥骂,又是责打,又是哄劝,文身过程仍然继续进行着。

看着这一过程,班克斯越发无法容忍。"当时我正在附近的一间屋子里,有个部族首领的妻子陪着我。我待了有一个小时,其间这个过程一直在进行着,当我离开时仍然没有结束,不过倒是快文完了。这次只文了一半,另外一半也得同样来过。臀部上面的腰身那里,这次还没有文到,而这个部位是当地人最看重的所在。听他们说,在那个部位刺花,要比在我今天看到的部位更痛。"

后来，他再也不忍看下去，便独自一人返回"金星堡"。显然，观看这一过程给他的感受是既难受又入迷，不过，反感也罢，震惊也罢，哪怕是性亢奋也罢，他自己并没有吐露多少，只在后来写下这样的记叙："有关这一习俗，他们并没有说明原因，只说是祖宗传下来的……没有它就谈不上漂亮；爱美的愿望实在太强烈，结果是大家都接受了它。"[51]

7月3日，班克斯再次深入塔希提岛内陆，进行最后一次考察。这一次，他是同蒙克豪斯共同进行的。他选择这位船医为同伴，想必是刻意所为。他们沿着一条河上溯而行，一直走到大山深处无路可进时为止。一路上，他俩在河谷里艰难跋涉，大汗淋漓，为搜寻植物和矿物没少跌跌撞撞。在此过程中，班克斯下了一个正确的结论，就是塔希提岛必定是由火山——"如今已经不再喷发的火山"——形成的。正因为如此，塔希提人将他们供奉的神祇称为"地震之父"。

他们一直深入到内陆12英里处，来到了欧洲探险家从不曾到达的深处。一道夹在"委实吓人"的高达100多英尺的峭壁间的壮美大瀑布，使这次探险戛然而止。瀑布的下面，是一泓"据当地人说深不见底的湖水"。就在塔希提人的这个家园的腹地，在这个迷人又隐隐透着煞气的所在，两个欧洲人一面洗浴一面交谈，而原来的芥蒂，就在这样的环境中渐渐地消融散去。[52]

六 近于完美的海岛行

在塔希提逗留3个月后，这支英国远征队准备离开这里，出发时间定在1769年7月的第二个星期。班克斯花了整整一天时间，给塔希提人播下许多南美水果的种子，有柠檬、酸橙、西瓜和甜橙。这样，即便他们离去，当地人以后也能继续享用。他将从塔希提岛搜集到的最后一批植物和动物送上"奋进号"时，想到是不是可以从这个天堂之岛带个当地人到英国去。这个问题当初就提出来同"图皮亚"——祭司——商量过，后者也曾表示愿意他本人带着自己的儿子一道前去。"今天早上，祭司来到船上，再次申明愿意同我们一起去英国。这让我们太满意了。此人无疑是最合适的人选：

出身于好家世，本人又是岛上的祭司，因此对本族人的宗教奥秘所知甚详。不过，他的最有价值之处，在于对本岛人的航海知识和对附近一带海域的了解。他曾对我们提起过附近的70座岛屿，其中的大部分他都去过。"[53]

虽说祭司表现出对出行有明显兴趣，但库克船长并不支持这样做。他认为不能将塔希提人列为自己这支队伍的正式成员。再说，一旦回到英国后，海军部和王室就会"以种种但凡想得出来的理由"，拒绝提供财政支持。班克斯没有这种后顾之忧，因此表示愿意将祭司父子作为本人的朋友和客人款待，为他们提供生活条件和支付各种开销。库克船长对此表示同意。相信他们作为南太平洋海域的导航员和翻译，会发挥难以估量的作用。

但是，从班克斯在航海志里所写的一条记录来看，此举的目的乃是他突发奇想，打算干出件风光事，以压过他在约克郡乡间的那些以豢养种种奇禽异兽为时髦的朋友："我为什么不把祭司父子当成稀罕，就如同我的一些邻居所养的狮子、老虎那样呢？再者说，我干这件事要花的钱，也未必就会比这些人多吧。"将他的又是朋友又是顾问的人视为"稀罕"，等同于一头野物，哪怕只是一闪念，也足令人难以释怀。这表明班克斯虽然富于同情心，也有人道主义的情怀，但仍会动辄显露出自己作为动植物分类学者的底蕴和到土人地区一游的欧洲阔佬做派。无论怎样看待这一表现，这总归是他的一个涂抹不掉的黑点，沉甸甸地留在人们心底，表明他的头脑里也存有邪恶的诱惑在作祟，一如在伊甸园里诱惑亚当的蛇。

他的用心，我们这里还是暂时不去考虑吧。他在航海志中对此的记录，更能揭示出这一"慷慨"之举的动机。他的有关文字是这样结束的："今后我与祭司交谈时，从他身上得到的快乐，加上他将对这次航行发挥的作用，再考虑如果以后我们再有船只到这里来时他能起到的作用，我想会远远超过我将为他付出的花费。"[54]

远征队在离开前，拆掉了岛上的营地"金星堡"。就在这时，船员中又有人演出了戏剧性的最后一幕。"奋进号"上有两名水手，声言因为已经有了漂亮的塔希提妻子，宁愿留在这座岛上，不再为大英帝国效力。库克船长派人去查他们的行踪，还扣下了几名塔希提人为人质，由是生成了不小的嫌隙。还是班克斯出马，化解了这场潜在的危机。他在"奋进号"驶离前的最后一夜，上岸同塔希提的朋友们聚在一起，等待这两名水手重新回到船上。"天色放亮时,营地前面聚集了一大群人,许多人手里都拿着家伙。营地这里并没有设防,所以,我就做了我能够做到的——走到这些人那里。这些人很客气,对我表现出一贯的敬畏,这大概与我从不曾在他们面前流露过一丝一毫的胆怯不无关系。我单刀直入地谈到了最重要的问题,而他们的答复是,我们的两个人很快就会回来。"

当天上午8点,这两名水手果然回来了,让大家都松了一口气。这两个人被起重绞盘拉上"奋进号"甲板,对人质也做好释放准备。这些,班克斯都从望远镜里注意地观察着。他一旦查实这两名水手都"健康无虞",便立即将他帐篷里的"我们的塔希提囚徒"全部放走,"每人还发了一件礼物,好让他们高兴一下——有些人也的确很高兴"。[55]班克斯和奥西欧蒂亚只剩下共度一个良宵的机会了,不过他并不曾在航海志中提及此事。

1769年7月13日早晨,"奋进号"最后一次在这里的海岸上绞起锚链。"在历时3个月逗留后,我们离开了我们所喜爱的岛上人,心里很是惆怅。"班克斯这样写道,不过有些话是故意隐去了。[56]整个玛塔维湾都是塔希提人的独木舟。开船前,奥珀里娅和奥西欧蒂亚都上船来短暂话别,两人都泪眼婆娑。开船后,班克斯和祭司都爬上桅杆,在瞭望哨位上向外挥手告别。悉尼·帕金森这样描述了当时的情景:"看到我们离开,这些人都喊起'唉喂!唉喂!'来。'唉喂'是当地人表达伤感情绪时所用的感叹词。年轻女子们哭得十分动情。有些独木舟还划到了'奋进号'的船舷,给行驶的船上抛来不少椰子。"[57]

七 班克斯小结三月行

刚刚离开的这个岛国天堂,给班克斯留下的印象是复杂而斑驳的。1769年的整个8月份,"奋进号"都在向西驶向新西兰的航程中,其间只在波利尼西亚群岛中的另外几个(具体数目为17)稍事停留。在此期间,班克斯长时间地待在他那闷热的小舱房里,努力梳理自己的种种印象,其结果便是他的人类学长篇文章《南太平洋诸岛的风土人情》。这大概算得上是他所有著述中最有创见的一篇。

以塔希提动人心魄的美丽景色,开放、慷慨大度的原住民,以及岛上闲适的生活方式而论，这座岛屿确称得上是一处天堂，但这里也有不少并不光明的因素：铁硬的甚至可说是充满压迫的社会等级制度、蔓延成风的偷窃习惯、充满鬼魂和迷信的奇特宗教、虐杀初生儿的风俗，以及在表面的平静之下暗潮涌动的好战心态。尽管如此，班克斯的这篇文字中的种种闪光的记忆，在归家途中他最感郁闷苍凉的时期支撑着他的精神。看看他的记忆吧："没有别的什么乡间，可以自诩有这样的田间小路：凡是有人居住的地方，四周都被树木包围着，而且并非矮小的灌木丛，都是高大的面包果树和椰子树。一条条纵横交错的小路穿插在树木之间，将各家人的住房连接在一起，这样，整个村寨都笼罩在树荫之下，在阳光如此炽烈的地方，这样的环境实在是好得无以复加。"[58]

这篇文字里还写有大量的技术性细节：塔希提人的烹调方式、造船过程、房舍修造、工具打造、捕鱼捉虾、舞蹈内容、制作鼓具、航海本领、天气预报、典礼仪式、文身刺绘（再次提到）等，他都一一写进了这篇报告。班克斯还满怀思念地叙述了岛民的迷人饰物，他与岛人共进饮食的经历及在岛上度过的闲适时光。他描写了塔希提人质朴而赋有特色的佩戴饰物："这些人不用很多饰物。女人们很喜欢耳环，不过只戴在一只耳朵上。当我们刚来到岛上时，她们的耳环都是用贝壳、石子、浆果、红豆等当地材料制成的，再就是一些小珍珠，三粒三粒地串在一起。不过，我们带去的珠子很快就取代了它们。岛上的女子还很喜欢用花朵打扮自己。她们最常用的是栀子花，通常总是在住处附近大量栽种。她们将花朵插进自己的耳孔或者鬓发——如果这两处地方还留有空隙的话，而这种可能性往往不大。至于塔希提男人，通常的装饰是热带鸟类的尾羽，都是直直地插入头发中的。"

接下来，班克斯对塔希提人的良好卫生习惯介绍了长长的一段。塔希提人无论男女，每天都至少在河里洗浴三次，使他们的皮肤光滑油亮。他们的牙齿白得耀眼。躯干和四肢上的体毛一根不留地全部除净。班克斯甚至习惯了这些人用来充当头油的那种东西的难闻怪味儿。"这种东西是在椰子油中掺进一些有香味的木头或者花朵的混合物。椰子油通常会有一股哈喇气味，弄得抹了这种头油的人怪味难忍。开始时我们都受不了，不过当我给自己也多少抹了一点以后，很快也就习惯了，至少是能够容忍了。

这些人浑身上下都没有体臭，与欧洲人常从脚趾和腋下发出的令人窒息的狐臭相比，这种哈喇气味总要强多了。"

塔希提人纯真质朴（行窃问题另当别论），表露之处可说是数不胜数。他们对酒的态度即为一例。"他们的饮料只有白水和椰汁两种，据我所知也不晓得任何让自己感觉'高飘'的办法。他们有些人喝过我们的酒，而且喝得很不少，颇有几个人显露出醉态，但都没有表现得飘飘然，而且过后就不愿再接触酒类，与我们所听说过的印第安人见酒不要命的表现正好相反。"[59]

塔希提人在性交往方面的表现，也使欧洲人难以理解和接受："所有的行动都不在私下进行——就连欧洲人只肯在最私密环境中进行的环节也是如此。无疑，这种开放造成了这些人不论男女，在谈论此类事情时都处之泰然，更没有任何忌讳。他们最喜欢谈论此类话题，有关的语言也极为丰富。贞洁在此地没有多少价值，在壮年人中尤为如此。如果为妻的红杏出墙被发觉，至多也就是挨丈夫一顿打就是了。尽管风气如此，据我的观察，相当一部分部族首领的行为都很检点。"

塔希提人还有一种风俗，而且后来最遭外界物议。这就是被当地人称之为"蒂莫劳迪"的舞蹈。所谓"蒂莫劳迪"，可以说是一种艳舞，是塔希提少女的一种带有性挑逗意味的舞蹈。对此，班克斯的描写既带着旁观者清的分寸，又杂有些许赞美："除了这种舞蹈，他们还跳另外一种。舞者多为少女。她们往往在凑起8个或者10个人后就会跳起来。她们边唱边跳；歌词十分粗俗，动作也很极端，一面又唱又跳，一面还将嘴撇到无可为甚的地步。这些做法都是她们从小耳濡目染学来的。她们在时间感上把握得极好，我几乎要承认同欧洲人的舞蹈家不相上下，只是舞蹈中与时间感有关的内容简单些就是了。不过，那些女孩子一旦成为青年，就不会再弄这一套了。只要同某个男人确定了关系，就不许再跳这种'蒂莫劳迪'。"[60]

在塔希提人的种种行为中，班克斯认为最怪异和最恶心的就是杀婴。这一行为定时发生，而且与控制人口毫无关系。杀婴者都还不到当家长的年龄。开始时，班克斯简直不敢相信真会有这种事情，不过他亲自询问过的几对男女，都毫无隐瞒地承认自己杀过婴孩，而且还不止一个，言谈之中绝对听不出犯罪感和悔恨之意。这反映出另一种纯真质朴，只不过令人难以接受。班克斯在调查这一现象时发现，婚前性自由阶段的存在是此种习俗形成的原因："处于这一阶段的青年人在当地语言中称为'阿利劳'，男'阿利劳'的娱乐方式主要是较力之类，而女'阿利劳'，则是舞蹈，包括如前所述的一种。他们彼此如何交往，完全不受任何约束。"

班克斯还发现，"阿利劳"阶段和杀婴习俗的存在，"男人是主要原因"。"女人固然乐于享受当'阿利劳'的种种方便，但通常会在怀孕后希冀保住腹中的生命，为此宁可放弃'阿利劳'的身份"。据班克斯判断，女人对是否杀婴并无哪怕是最小的发言权。"如果怀孕的女子找不到愿意承认与孩子关系的男子，自然就不得不结束这条小生命；而若能找到这样的男人，孩子就能活下来，也就是说，生命的去与留是取决于男人的"。如果男人也愿意，那么两个人都会失去"阿利劳"的身份，相应的享受性自由的权利也随之消失。此外，怀孕的女子便会得到另一个蔑称："瓦努诺"，意思是"揣崽货"。班克斯对此十分愤怒："在任何一个良好的、治理得当的社会，处于此种状态都是光彩的，但在这些人心目中却成了丢脸事。"[61]

八　历经磨难回到英国

库克船长的远征壮举又继续了两年。在此期间，"奋进号"沿着构成新西兰的两个岛屿进行了环视，又对澳大利亚的东海岸［包括名叫植物学湾（Botany Bay）的地方］进行了标绘。在大堡礁（Great Barrier Reef）一带，"奋进号"遭到严重损毁，一行人险些没能逃过这一劫。①

离开塔希提一年后，"奋进号"已经北上，进入托雷斯海峡（Torres Strait）和印度尼西亚等一带水域。此时的班克斯，在回忆他曾接触过的所

---

① 1770年5月，这一行人在澳大利亚（当时被欧洲人称为"新荷兰"）上岸短暂停留。此行未给班克斯和索兰德带来植物学和动物学方面的重大收获，库克船长也未能取得后来由他人——如在1788年1月来到悉尼湾的号称"第一舰队"的英国舰队——得到的重大成果。对于此次陆上探察，库克船长在1770年5月6日的航海志上有详细记述，说"奋进号"在"宽阔、安全、水深"的"魟鱼港"（Stingray Harbour）——班克斯称之为植物学湾，而他的这一命名最后得到了接受——下了锚，在陆地上见到了多种树木，还有"鹦鹉等非常美丽的鸟类"。但他也指出当地土人对他们表现出规避和敌视的态度："因此我们始终未能同他们建立起任何联系。"5月29日，"奋进号"又一度陷进大堡礁外围礁石密布的危险浅水区。——作者原注

有土人时写下了如下一段颇富哲学意味的文字——这在他是十分罕见的:"就是说,这些人就在那里生息,而且大概应当说生活得很快乐,满足于几近于无的物质条件。他们虽然远远不具备欧洲人通常所拥有的必需的生活条件,但也远离了富人的焦虑心理。上天看来是刻意做出安排,使来自希望拥有,并随财富增多而加大的快乐感得到抗衡。这样一来,穷人和富人之间,就在此种感受方面多少扯平了。"在这段文字里,他几乎同意了"高尚的蒙昧人"这一概念,并认为土人差不多就达到了这一水平。应当说,其实他本来就应当始终持有这一看法。

他一定将自己的这一想法同库克船长和索兰德交流过。因此,库克船长也在自己的航海志中,记下了长长一段认为欧洲"文明"失于矫揉造作的思考。库克船长认为,在欧洲人的生活方式和道德准绳中,只有最基本的内容才有保留的必要:"从这些人身上,可以看出人们的实际需要其实是多么有限,我们欧洲人已经将自己的需要提高到多余的地步。如果将我们的需要标准告诉这些人,他们肯定都不会相信。只要种种奢侈的东西还会被发明出来,只要用于购买此类奢侈品的财富还会被不断创造出来,欧洲人就不会停止对多余东西的追求,而奢侈品也就会升格为必需品。烈酒、烟草、香料、茶叶等已经得到普遍消费,就是这样的例子。而这样的例子还有很多。"①[62]而班克斯却倾向于认为人们就应当在欧洲式的丰饶物质环境中生活——看来是长期处于舒适生活和富裕环境铸成的结果。

1770年9月3日,班克斯又记下了自己的一些思绪。这一次是关于船员们在离开英国两年多之久后的情况。大家的健康状况普遍是良好的,纪律仍得到有效的维持;大堡礁的经历有力地证明,一旦面对危机,大家是能够拧成一股绳的。然而,船员中弥漫着越来越强的疲劳感觉和思乡情绪。"大多数人都想家想得厉害,以致船医将其称为一种病:思乡病。据我个人看,除了船长、索兰德和我,别的人都已经染上了。我们3个人的头脑里总有事情占据着。我想,尽管这未必是唯一祛除此病的药方,但肯定是其中最有效的一张。"[63]

---

① 库克还在同一天写下的文字中说土人们"事实上……比我们欧洲人幸福得多"。——作者原注

在全部航程已经安全地完成了四分之三之后,"奋进号"到达了第一个已经实现了半欧洲化的海港。也就是在这里,真正的灾难向船员们扑了过来。当他们来到离马来半岛(Malay Peninsula)很近的巴达维亚(Batavia),也就是如今的印度尼西亚首都雅加达(Jakarta)时,所有的船员都被疟疾加痢疾的凶险结合一个接一个地放倒了。这是从1770年11月开始的。到了1771年3月"奋进号"到达好望角(Cape of Good Hope)时,船上的减员人数累计已达37名。库克船长手下能调动的人手一度只剩下14名。在班克斯的小组中,他的忠诚朋友、年轻的艺术家悉尼·帕金森和科学秘书施佩林相继亡殁,致使原来的8名组员只剩下3名。此外,负责进行天文观测的天文学家格林也撒手人寰。其他逝去的人还有:祭司和他的幼子塔耶陶(Tayeto)、船医蒙克豪斯、厨子约翰·汤普森(John Thompson)、木匠约翰·沙特利(John Satterley)、大副罗伯特·莫利诺,以及中尉扎卡里·希克斯(Zachary Hicks)等。索兰德要不是得到了班克斯不遗余力的护理,恐怕也会一命归阴。[64]

班克斯本人也被阿米巴痢疾折磨了好几个星期,一度曾"虚弱得连舷梯都走不下去",而且"痛苦得真是见了鬼"。目睹这么多人死去,使他对这次远征的印象大受影响。最后,当英国的大地终于在望时,随他一起航行的雌犬"淑女"在夜里号叫起来。第二天早上,人们发现这条船上无人不喜欢的灰狗,趴在船舱里的椅子上死去了,死时仍保持着守护主人书桌的姿势。

1771年7月13日,"奋进号"回到伦敦。这使班克斯觉得自己的身体状况多少好了一些。他的健康状况不容乐观,思维也有些混乱。塔希提岛上的田园生活已经逝去了两年多;不久前悲惨逝去的众多朋友和船伴又在他眼前不时浮现;索兰德的身体还很虚弱,而且并没有脱离危险期;班克斯的家里人虽然在英国,但此刻"还在远离伦敦的地方避暑",没人前来迎接他。他一到伦敦后,便给自己的朋友、英国皇家学会会员托马斯·彭南特写去一封信,信中说道:"寥寥数行足矣……巴肯先生、帕金森先生、施佩林先生都去世了。咱们的天文学家也是如此。另外还有7名海军军官和船上将近三分之一的水手也都没能归来。他们都是在东印度群岛(East Indies)染病身亡的——并不是在南太平洋群岛,在那里时,人们看上去基本都很健康。我希望我们这些人搜集到的东西你看了会满意……今后我是干正事儿还是瞎折腾，目前都还无法确定，得等到我［与家里人］见了面再说……而且我一定得**在陆地上松快**一阵子。一直吃腌的东西，一直吹海风，弄得我像是付出了太多苦力的役马。等过上几天，我再给你写些更通顺的话吧。目前我的可怜的脑袋里正转着数不清的念头哩。真是乱、乱、乱！"[65]

班克斯来到林肯郡的里夫斯比村（Revesby），在这里受到了妹妹索菲娅的真心欢迎和体贴照料。"上帝对亲爱的哥哥日复一日的仁慈垂顾，使他平安度过大海中的危难——啊，那是何等巨大的危难啊！"索菲娅的感激是发自肺腑的，这句虔敬的祈祷语，清楚地表明她明白哥哥一直处于九死一生的险境。她还代表哥哥热切地表示，愿意救赎自己，一改过去的生活方式，增强基督徒的信仰（但哥哥本人却并没有身体力行）。她其实应当在祷告中说：哥哥的所作所为都用心良好，是"服从信仰、全力以赴、尽力而为、听命上帝"的。[66] 对于班克斯的心理状态，索菲娅确实有理由担心。他在林肯郡自家的庄园休养了半个月，其间很少谈及自己的经历，就连对索菲娅也很少提起。他只是散步、进食、打猎和睡觉，不停地吃，接连地睡。

班克斯回到伦敦后，并没有去见哈丽雅特·布洛塞。虽然如此，詹姆斯·李和哈丽雅特的母亲仍然很有把握地认为，这两个人的订婚消息很快就会对外宣布。不过可以明白无误地看出，按部就班的平静婚姻生活，已经完全不适合班克斯了——虽说其他方式会有什么效果也很难说。托马斯·彭南特的一位泛泛之交就提供过有关的间接证据，也许它们并不完全可靠，但看来已能反映出班克斯此时的思维确实有些不对头。"回到英国后都过了大概一个星期了，［班克斯］根本就没理会布洛塞小姐……所以，这位小姐就动身前来伦敦，给他写了一封信，希望见面并得到解释。班克斯先生写了回信，用了不是两张就是三张纸，表达了自己的爱慕之情，但同时又说明已经觉察到自己脾气太急，并不适合婚姻生活。"这两个人的确又见了一面——是痛苦的最后话别。据说哈丽雅特在见面时哭了，"哭得跟什么似的"。[67]

后来，范妮·伯尼（Fanny Burney，1752—1840，婚后称Madame d'Arblay,）和玛丽·科克子爵夫人①这两位女文人又在8月发表了新消息。

---

① Mary Coke（1721—1817），婚前姓坎贝尔（Campbell），英国贵族出身的作家。——译注

她们所说的颇富趣味性:"既然班克斯先生已经表示希望得到布洛塞小姐的谅解,不再缔结这场姻缘,莫里斯(Morris)[①]先生便要求班克斯先生按惯例行事,将她在其外出旅行期间为他编织背心一事做个了结。"[68]

这场毁约的消息成了班克斯的丑闻,引来不少物议。有一个以卫道者自居的人认为应当将班克斯"立即套上足枷示众……以惩戒他造成的伤害"。[69] 詹姆斯·李的友人罗伯特·桑顿后来告诉人们说,当初班克斯在出海前,曾将一枚订婚戒指送给哈丽雅特,并且"多次信誓旦旦",后来却无情反悔。这位桑顿还认为,班克斯对哈丽雅特的感情,还有他的道德观念,都在与塔希提岛上那些诱人女子的勾搭下荡然无存。"还有一些人不客气地说,这些塔希提女人一定**有些什么特别的本事**,竟能将班克斯这样的人都勾去魂魄,致使他在回来后,虽然既看到女人又看到植物,但他却只喜后者而不爱前者,觉得**哪怕是一只蝴蝶**,也要胜过女性的种种优美。"在哈丽雅特这方面,她苦等三年,到头来却"只是陷入最深的绝望"。[70]

其实,这样做对双方可能都是一种解脱。索兰德是个好心人,他也认识哈丽雅特,而且很喜欢她和她的母亲。班克斯在塔希提所表现出的对人类学研究的热情,是他亲眼得见的。因此,他介入这两个人之间,好言劝说他们不要再缱绻下去。[71] 班克斯私下交给哈丽雅特的监护人詹姆斯·李"可观的"一笔钱,据传有5000英镑(是他为"奋进号"航行自掏腰包数目的一半),作为哈丽雅特将来结婚时的陪嫁。这表明班克斯至少不是那种玩弄感情的人,意识到自己这一行为不是一般错误——当然,付出这样一笔钱在他也绝非难事。哈丽雅特·布洛塞不久后就与一名教士结了婚,此人姓德萨里(Dessalis),是教会的一名圣师[②],还懂得植物学,人品又很好。夫妇俩的生活很幸福,"组建了一个爱心洋溢的大家庭"。[72]

---

① 前文不曾提到,全名与生平均不详,有可能是本章第三节中提到的以哈丽雅特为班克斯织了不少毛背心之事开玩笑的人。——译注
② 基督教教会给予在神学或教义的发展上有卓越成就的学者的一种头衔,也称教会博士。——译注

班克斯在塔希提多有艳遇的小道消息，在伦敦纷纷扬扬地传了好几个月。不过，这是不是促成他决心与哈丽雅特·布洛塞分手的原因——或者是不是导致后者主动要求结束关系的原因，作者不得而知。不过在此期间，各种讽刺杂诗、外人捉刀的"信简"，博人粲然一笑的漫画，自然都刊登了不少。就连班克斯曾用过的捕蝶网和显微镜，也都成了别有用意的工具。在一幅漫画中，班克斯就被画成在追捕一只漂亮的蝴蝶，而标在蝴蝶旁边的字就是"布××小姐"。

这些传闻真的也好，假的也罢，事实是明摆着的：班克斯回到英国时，已经成了另外一个人。等他再度恢复当年风貌时，已经是若干年后的事情了。不过，一下子出了名，其实要比解决同哈丽雅特的关系还要难应对。当"奋进号"回到伦敦时，班克斯无比惊讶地发现，这次航行竟被放到了国家性胜利的位置上，结果是使他和索兰德一下子都成了堪与库克船长比肩的名人。

8月10日，他们被召到温莎，在英国王室所辟的诸多园林中居第一位的温莎皇家园林（Windsor Great Park）觐见英王乔治三世（George Ⅲ，George William Frederick，1738—1820）。此行之于班克斯，是将一次朝见变成漫游。英国王室兴建的伦敦皇家植物园，为开发植物学知识发挥着巨大作用。对植物的共同兴趣，更使乔治三世和班克斯迅速亲近起来。这一年乔治三世35岁，班克斯28岁，两个人都广有田产，都对农业和科学深感兴趣，都积极参与公众事务，都很年轻，也都很想有一番作为。

海军大臣桑维奇伯爵选定了一个周末，在自己的乡间庄园听取了班克斯和索兰德的报告。皇家学会随后便正式向这两个人的成就表示祝贺，再接下来则是一次又一次赴学会的宴请。11月间，他们接受了牛津大学授予的名誉博士学位。林奈也撰文赞扬班克斯的成就："班克斯先生亲涉种种危险，并向博物学研究注入资助，在这两个方面，他都超过了所有其他人。对此无论怎样赞誉都不为过。有一点我很清楚，就是只有英国人才具备这种精神。"[73]

报纸和杂志纷纷刊载"奋进号"的探险报道。赴宴请帖也如雪片般飞来。库克船长自然是备受赞扬的人物，而班克斯和索兰德也都被捧为科学巨擘。他们带回来的植物新品种的标本有一千多样，动物毛皮和骨骼五百余种，土人的物件更是数不胜数。他们所带回来的，其实是一个又一个的新世界——澳大利亚、新西兰等，最重要的是，让人们开始了解南太平洋这个广大的地域。

整个伦敦社会都热闹不已。玛丽·科克子爵夫人在日记里这样写道："目前人们谈论得最起劲的，就是班克斯和索兰德。我在王宫见到了他们，接着又在哈特福德侯爵夫人（Lady Hertford, Isabella Fitzroy）的宅邸相遇。不过我没能听到他们叙述自己周游世界的经历。听人家说，这些经历十分**有趣**。"[74] 塞缪尔·约翰逊同班克斯就"蒙昧的愚顽"进行了严肃探讨，还自告奋勇，表示愿为"奋进号"贡献一句拉丁语铭文，好让人们刻到这条船上。他表示说，如果能找到一位比他"更快乐的笔杆子"，就有可能将这次远征写成一篇史诗。没过多久，班克斯便被接纳为他发起的特别文会的会员。[75] 詹姆斯·鲍斯韦尔（James Boswell, 1740—1795）拿着纸笔前来，"急煎煎地要见见这位著名的班克斯先生"。他对班克斯的印象是："一位体面的年轻人，肤色黝黑之至，面带亲切之色，善言辞，脾气随和，丝毫不带做作之气，也没有高高在上的架子。"[76]

乔舒亚·雷诺兹（Joshua Reynolds, 1723—1792）为班克斯画了一幅肖像。画面上的班克斯衣着考究地端坐在自己的书房，棕黑的头发没有扑粉，倒是恰到好处地略显蓬乱，毛皮镶边的外套敞开着，背心扣也未系起来，一只手压着一沓摊开的字纸——那是他的航海志，肘后是一尊地球仪。一张纸上还有一行鼓舞人心的字，是摘引贺拉斯①的拉丁文诗句：*Cras Ingens Iterabimus Aequor*——**明日扬帆再出海**。

人们都在盼着尽快读到介绍这次伟大远航的正式出版物。打从理查德·哈克卢特②的年代起，以旅行为题材的书刊就一直行销不衰，如今，大家都迫不及待地等着这本远征书的问世。不过，在当初"奋进号"远航得到批准时，先决条件之一就是所有的航海志和其他记录，都必须在航行结束时交出，由官方委派的历史学者全权处理。这样一来，库克船长和班克斯的航海志，索兰德的生物学研究文章和笔记，巴肯和帕金森的珍贵绘

---

① Quintus Horatius Flaccus（公元前65—前8），古罗马诗人。此句引自他的《颂诗》。英文中通常将他写为Horace。——译注
② Richard Hakluyt（1552—1616），英国作家，在作品中积极主张英国向外殖民。——译注

图，都悉数交给了一名职业作家，由他负责撰写一部文集，计划分三卷出版，拨下的经费为600英镑。

接受这一委任的是56岁的职业杂志撰稿人约翰·霍克斯沃思（John Hawkesworth）。他曾写过几部小型传记，并与塞缪尔·约翰逊有成功的合作经历，目下正在为两份期刊工作，一份名叫《漫谈》，另一份是《冒险家》。这一履历使他得以被选中，特别是后一种杂志，给他留下了懂行称职的印象，其实，这份期刊所涉猎的内容与地理探险全然无关。"奋进号"的这次探险本是极为轰动的，参加者提供的素材除了有一部分"上不得台盘"外都很出色，有关的信息也既准确又客观。这一切本都决定了它们能形成一篇出色的报告文学。然而尽管如此，霍克斯沃思差不多折腾了两年，却一直没能拿出结果来。

1773年，这个结果总算出来了，是一部三卷集作品，书名是《拜伦、沃利斯、卡特里特和库克相继奉王命远航南半球发现记》[①]。此书写得冗长、抽象，不断离开正题大发哲学议论，还动辄感情冲动，又时时进行说教。他对科学和航海所知极少，于异域风情孤陋寡闻，对化外民俗更是充满偏狭之见。在写到有关"高尚的蒙昧人"一节时，这位霍克斯沃思更是做出横加惹人不快的评注。比如，在有关塔希提人的"蒂莫劳迪"舞和性生活习惯时，他便怒火中烧地评论说，那里的女孩子们跳这种挑逗的"蒂莫劳迪"舞时，"举手投足无不极尽撩拨之能事……风流放荡的程度实难想象……远非其他任何种族所能望其项背"。[77]

第二本有关此行的著述《南太平洋海域行记》，也在1773年问世，系由悉尼·帕金森的哥哥斯坦菲尔德·帕金森（Stanfield Parkinson）根据弟弟的航海志编撰而成。为了版权，这位帕金森同霍克斯沃思起过争端。而

---

① 书名上提到的前三个人都是英国船队在南半球探险的前驱人物。约翰·拜伦（John Byron，1723—1786，著名诗人乔治·戈登·拜伦的祖父）年轻时曾以海军军校生资格参与海军将领乔治·安森（George Anson，1697—1762）率领的环球航行（1740—1744）；菲利浦·卡特里特（Philip Carteret，1733—1796）和前文已经提到的塞缪尔·沃利斯各率领一艘海船于1766年共同进行环球航行，但在穿过麦哲伦海峡（Strait of Magellan）后分手，各自在南太平洋海域发现了新岛屿。这三个人的经历都曾引起广泛注意，并也都留下了丰富的航海志和其他资料。此书的第一卷介绍的是这三个人的经历，而第二、三卷则讲述了库克船长的行程。——译注

此书出版后，班克斯也费了不少口舌，才从这个哥哥手中取回他弟弟当年绘制的植物图谱。班克斯认为，悉尼·帕金森是"奋进号"的雇员，工作报酬是自己支付的——外加他死在巴达维亚后，自己悄悄付给其父母500镑的额外补偿金。应当说，索回这些作品是很有根据的。不过取回这些图谱的协商过程仍然充满艰难和不快。

帕金森的这本书终于出版后，书中有关塔希提的部分内容虽然不是很多，但十分生动，而且使读者对班克斯产生了极好的印象。帕金森对塔希提人的生活细节，观察描述得十分到位。比如这些人如何在两个足踝间系上一根绳子，然后利用它爬上椰子树摘取果实；如何摩擦树皮取火，如何编筐，如何染布，如何演奏鼻箫，女郎们如何将栀子花插在耳鬓，如何一边跳舞一边扣响贝壳制成的"响板"，又如何在跳"蒂莫劳迪"时嘟起双唇发出并不悦耳的声响——帕金森给这种动作起了个名字叫"噘啸"（the wry mouth）。帕金森还颇为坦诚地写出自己曾如何想学会塔希提人的游泳姿势，还介绍了班克斯对学习塔希提语的建议。他也提到同意让当地人给自己的双臂文以"一种鲜艳的蓝紫色花样"，事前虽几度犹豫，一旦刺好后又得意非常。

班克斯回到英国已经两年，但塔希提的风雨并未消歇。此时，他又拿起笔来，写了一篇赞美这个"天堂岛"的文字。这一次篇幅不长，涉及层面也不深。班克斯所用的体裁是一封用轻松笔调写就的书信，题目是"奥塔希特岛风土人情回顾"。这是一篇令人拍案叫绝的文字，遣词活泼，令人浮想联翩，还颇有引经据典的古风。此文充分表现出一种撩人的**躁动**情绪，倒是很符合法国哲学家们对天上人间的构想："在这个奥塔希特岛上，'爱'是人们的第一要务，第一喜好——不对，应当说简直是唯一的高贵享受。都说'闲适生爱欲'，而闲适正在这里到处弥漫——无边无际地弥漫……在这个热带岛屿上生活的女人，只是肤色无疑占不到欧洲女子的上风，但其优雅乃为其他所有地方的女性所不及。维纳斯古典雕像的美在她们的身上得到了完全的体现，同时又不被希腊人的布块遮掩其美；在这里大行其道的是天然，女性们愿意向什么方向努力均悉听尊意，而这样发展的结果，是在她们身上实现了如今在这里（欧洲）只能在大理石和画布上见到的美丽。其实还不止于此。无论是菲迪亚斯①，还是阿佩莱斯②，都无法表达出这样的极致。况且，这样的极致也几乎无须衣饰的辅助，更不需要像这里的女人们那样，苦苦用力将自己逼成某种形状，其痛苦不啻被箍入铁模一般。"③[78]

看来这封书信体作品无非是班克斯对塔希提人不羁生活的一瞥。这篇文字并未正式出版，只在小圈子里传抄阅读。至于他写在航海志里的内容，可是他准备正式出版的。他在航海志里写下的字数超过了20万，此外还有上百幅精美的图画和素描，都是他人绘制的。此书计划收入大量摘自航海志的文字，并配以800幅插图，索兰德也同意为此书的编目和文字编辑效力。此外，班克斯又请了各方面的助手帮忙，其中有一人名叫爱德华·詹纳（Edward Jenner，1749—1823）。这是班克斯一心希望写就的他本人最重要的科学著述。

九　博物热浪席卷英伦

尽管在不久前完成的南太平洋之行中，班克斯经历了"奋进号"在归途中所遭遇的可怕的疫病流行和由此造成的大量减员，自己也大病一场，但这一切都没有挫伤他迷恋科学事业的热情。"探求——这就是我的

---

① Phidias（约公元前490—约前430），古希腊雕塑家，古典时期雕刻艺术的代表者，被视为世界七大奇迹之一的天神宙斯的雕像的雕刻者。——译注
② Apelles（公元前4世纪），古希腊著名画家，曾为亚历山大大帝画肖像，并有《维纳斯从海上诞生》——不是1800年后由文艺复兴时期意大利的桑德罗·波提切利（Sandro Botticelli，1445—1510）所画的另一幅同一题材的名画《维纳斯的诞生》——等作品，但均已不传。——译注
③ 这篇文字同班克斯在《奋进航海志》里所表现出的简洁和直率的迷人风格迥异。这让人们认识到，即使在先驱者的年代，观察和研究道德与风格这二者会有多么微妙的变化。班克斯在他以后有关塔希提的著述中，再也没有表现出为他所有朋友（也许索兰德是个例外）所称道的这种成年人式的俏皮风格。应该再补充一句，就是若与自己的朋友威廉·汉密尔顿相比，他的这种技巧就远逊于后者了。在此期间也有其他一些人发表过南太平洋此类乐园式地区的重要的著述，如布干维尔、狄德罗（Denis Diderot，1713—1784）和卢梭等。狄德罗在其《布干维尔旅行记补遗》（*Supplément au voyage de Bougainville*，写于1772年，但到1777年才发表）中发表的观点认为，塔希提为欧洲的两性关系树立起了变革的样板：不拘泥于婚姻约定、追求青年男女间的自由恋爱，以及重视肉体欢愉在两性关系中的重要性等。——作者原注

愿望",此话是他回来后的第二年春天在一封信中告诉人们的,"至于将我派遣到什么地方,其实并不重要,不论是去尼罗河(River Nile)源头,还是去南极尽头,我都会同样积极奔赴。"[79]

1772年夏,库克船长奉海军部之命,领导第二次太平洋远征,这一次是率领一个船队,规模远大于上一次。班克斯热切地希望参加,为此做了种种准备,还花了数千英镑购置新的植物学仪器设备。然而,可能是被名气冲昏了头脑,他的远征计划越订越宏大,邀来参加的科学家和艺术家也实在太多了些,竟达16位之多,思想激进的化学家约瑟夫·普利斯特利、画家约翰·佐法尼都被他拉了进来,另外还有一名年轻有为的伦敦内科医生詹姆斯·林德(James Lind,1736—1812,诗人雪莱在伊顿公学求学时的科学课教师)。

库克船长本人倒是同意了班克斯为此次科学考察提出的一应要求,并为此在船队之一的"决心号"上按这一行人的需要进行了重新装修,将这些人的舱房扩大加高,配上了折叠式工作台,还添加了壁橱。他还让出了属于自己的空间,将本人的小舱房搬到了后甲板处。然而,海军部认为班克斯提出的是些无法接受的过分要求,结果事先未经任何协商讨论,便直接撤回了原来的同意批文。这一来,班克斯的所有仪器设备都被搬下"决心号",堆在希尔内斯海港(Sheerness)的码头上,让班克斯好一场下不来台。6月20日,他接到本是朋友却又大权在握的桑维奇伯爵的一份通知,打着官腔毫不留情地说:"以你对这一危险计划所表现出的公众精神,你的不吝花费的举止……以及你作为博物学家所具备的广博学识,你不再成为'决心号'之一员的结果委实令人遗憾。不过,从你认为这条船乃是为了你的使用而安排打造这一点来说,看来你是理解错了,因此,我这样做未始不无道理。我认为我有必要指出,你如此理解是根本不适宜的。"[80]

可以认为,海军大臣的这一拒绝,实际上断送了再次从纯科学目的进行考察,也就是这位伯爵自己所说的"增加自然知识"的机会。这样一来,库克船长的这第二次太平洋远征,其实就变成了为构筑大英帝国的使命服务的实用主义之举。诚然,这次远征也并非根本不含科学内容,比如,检验约翰·哈里森(John Harrison,1693—1776)和约翰·阿诺德(John

Arnold)两位竞争者所制造的钟表,哪个更适合航海目的之用。[①]

桑维奇伯爵的态度表明,班克斯要继续进行研究,就得自立门户了:"总而言之,为了满足人类的求知需要,我认为你进行远航的热情不应消减。我衷心希望你今后的所有活动都能取得成功。只是我有一点忠告,就是为了成功,应当首先考虑须符合行船的要求。也只有这样,才有可能实施对航行全过程的绝对掌控。"[81]

在这种形势下,班克斯就自己置办了一条船。这是一艘双桅船,船名是"劳伦斯爵士号"。他先是乘这艘船去了一趟苏格兰西海岸的赫布里底群岛(Hebrides),考察了芬格尔岩洞(Fingal's Cave)[②],继之又去了冰岛(Iceland)。在那里他结交了不少朋友,十分赞赏当地的间歇泉和火山,又搜集了火山熔岩标本,但总的说来没有做出什么独特发现。回到伦敦后,他又接着同索兰德一起加工以《奋进航海志》为基础的《"奋进号"之旅》书稿,还将他搜集到的大量珍贵标本,统统搬进伦敦新伯灵顿街(New Burlington Street)上的一处公寓暂时存放。这些标本开始吸引有知识的人士前来参观。牛津市的阿什莫尔考古和艺术博物馆馆长威廉·谢菲尔德(William Sheffield)在参观后,给汉普郡的吉尔伯特·怀特写了一封长信,信中对班克斯搜集到的科学珍宝大表惊叹。

这些藏品的意义超过了搜集时的设想,远非只是弄来一批生物标本,而是可以说形成了一座完整的太平洋自然与人文的博物馆,既有天然造物,又有人工制品,还有文化结晶,而且这三者又以相当新颖的形式结合到了一起。藏品陈列在三个房间内,每个房间都很大,但都装得满满当当,且各自有一个主题。第一个房间的收藏主题是"装备",是来自南太平洋海域诸岛的武器、工具和航海设备,可以说是男人的领域。第二个房间则是代表女性的藏品,陈列着大量衣装、头饰、披肩、布料、珠玉

---

① 约翰·阿诺德和约翰·哈里森都是高明的英国钟表匠师。由于航海对精确测定方位(经度)的需要,英国政府悬赏重金征求能经受海上风浪保持准确计时的钟表。这两个人制造的钟表都很准确可靠,在工作原理上其实也相近。——译注
② 位于苏格兰赫布里底群岛中的一个小岛上,为一玄武岩构造的巨大石洞,洞内有大量玄武岩的六棱柱形岩柱,洞底有海水进入可供乘船游览,还因构造特点有吸引人的回声且又与民间传说有关,故成为一处颇有名气的景观,为司各特大力赞扬,还被门德尔松(Felix Mendelssohn, 1809—1847)写进音乐作品。——译注

和其他种种饰物。此外，这个房间里还收藏了1300种"欧洲人从来不曾听过见过的新植物物种"。第三个房间完全用来展示大自然的多样性，收入了"数不胜数的动物，有四足兽、鸟类、鱼虾、两栖类、爬虫、昆虫、蠕虫等，都用酒精保存着，其中的大多数都是未经过描述（分类）的新物种……除了这些实物，还有种种经过精选的博物图谱，放入任何公共或者私人收藏都足以使之增色，彩色植物图谱共有987幅，都是帕金森的作品，还有1300—1400张细节特写，上面各画了某种植物的一朵花、一片叶子和一段根茎，也是彩色的，同样都出自帕金森之手；此外还有一批图画，上面都是动物、鸟类和鱼虾之类……"

这位阿什莫尔考古和艺术博物馆馆长被这些既美妙又多种多样的藏品深深打动了，认为这是一个开向新奇世界的窗口。从此，班克斯给自己加载了一项新任务，就是充当这处收藏的保护人和宣传家。"说真的，按照我们的这位朋友的说法，这些热带岛屿中的大多数的确都是**人间天堂**。"[82]

班克斯当年十分崇敬的林奈，如今又将生物样品的搜集、整理和陈列，发展成为欧洲的一种艺术形式。他在乌普萨拉大学里搞起了一座"时钟花园"，也称"植物日晷园"，可以根据不同植物花朵的绽放（其实是阳光的强度）来确定时间。看一看花瓣的开合程度，就"读"出了时间的早晚。就连花朵吐香也可以用来标注时间（比如，烟草植株就会在太阳落山时散发出香气）。不过应当说，林奈的种种卓越的分类识见和出色的展示能力，使得人们往往忽略了一个事实，即他的博物学从根本上说是静态的。①

---

① 卡尔·林奈是坚决反对进化论的。他的分类体系中，找不出反映变化的内容，而做到这一点的，是晚些时候的奥地利修士格雷格尔·孟德尔（Gregor Mendel，1822—1884）。这位孟德尔在种植豌豆的过程中发现的性状遗传，导致了遗传学的创立。柯尔律治曾在《朋友》周报上，通过不止一篇文章，分析了进行分类工作和研究科学原理及法则这两者之间的区别（1819）。将种种物品进行搜集、分类和命名，从心理学角度也可以将它定为一种殖民和霸权思想的反映。正如美国作家安妮·法迪曼（Anne Fadiman，1953— ）所说的："可以说，植物分类是一种霸权主义行为。英国海军在19世纪到处勘查，将种种标本送到伦敦等待分类，并最终将它们一一纳入林奈确定的等级体系的行为，不可否认地带有政治色彩。鸟儿也好，爬虫也好，花草也好，它们或者产于南美，或者出自南太平洋海岛，本来在当地都各有其名上，而且都已经被这样叫了有多少年，而如今统统被加上了用拉丁文指称的双名——嘿！它们也就从此成了英国殖民主义的小小代表。"[法迪曼：《敛集大自然》，收入《兼收并蓄》（*At Large and at Small*）一书，2007年，第19页]——作者原注

如今在伦敦的知识界，班克斯可成了大受欢迎的人物。英国皇家学会、文物学会、文化艺术普及协会都对他推崇备至。他多次在伦敦皇家植物园被国王召见垂询。从1773年起，他可以说是成了该植物园不挂名的园长。当闹得沸沸扬扬的与哈丽雅特·布洛塞毁约的风波结束后，他同一个名叫萨拉·韦尔斯（Sarah Wells）的年轻女子生活到了一起，将她安置在礼拜堂街（Chapel Street）的一处公寓内，对面就是地处伦敦市中心的著名景点圣詹姆斯公园（St. James's Park）。班克斯将他与索兰德和其他朋友聚会的地点设在这里，举行了不少热闹的宴饮，有关科学与探险的话题自然就谈了不少。此类聚会简直就像是塔希提人无拘无束欢会的延续，只是与会者都从不谈婚论嫁。索兰德对这位"韦尔斯太太"的考语很简洁，就是脾气好，餐桌上的野味和鱼也很有滋味。[83]

一份名为《城乡杂志》的期刊在1773年的9月号上告诉人们说，"做过环球旅行的B先生"有个私生子。不过这可能是搞混了，因为它又说孩子的母亲是"B.N.小姐，住在果园街（Orchard Street）"——倒是班克斯的密友之一、动物学家约翰·法布里修斯（Johann Fabricius）在同年11月给班克斯写过一封信，信中在对萨拉·韦尔斯恭维了一番后又问道："她给你生了什么没有？小子还是姑娘？"[84]不过，就是真有孩子，班克斯也不会让后代影响自己无拘无束的社交活动。萨拉的存在是许多来拜访班克斯的知识界人士知道的，其中多数人都喜欢她。瑞典博物学家约翰·奥斯特伦默（Johann Alströmer，1742—1788）就认为她的谈吐很有见地，还不无怀念地追思他与班克斯和索兰德一起，在"他的情人韦尔斯小姐那里享用了美味的汤菜"，还高腔大嗓地痛快了一场。[85]

塔希提还以其他方式与班克斯发生着联系。1774年夏，与库克船长一同航行的另一艘海船"探险号"的船长托拜厄斯·菲尔诺（Tobias Furneaux）带来了南太平洋岛屿的第一位来访者。在"探险号"的文字记录上，此人名叫特图比·霍迈（Tetuby Homey），来自社会群岛中一个名叫胡阿希内（Huahine）的岛屿，离塔希提只隔了短短一段海路，霍迈"现年22岁，海上本领十分了得"。听到这一消息，班克斯立即回想起当年他要带回英国，但均不幸于1770年死在巴达维亚的那名塔希提祭司和他的儿子。班克斯和索兰德立即赶赴朴次茅斯海港（Portsmouth），去见见这位霍迈,时间是7月份。

  这位霍迈平素只准待在船长的舱室里,未经同意不得各处走动。班克斯他们就在船长室里与他见了面。此人是个高个子,相貌极其英俊。他告诉这两名访客说,他知道英国这里是个野性未泯的地方,他的愿望是能够平安挺过这一关,发上一笔财,然后带着这笔财富和广有阅历的声名,风风光光地回家去。[86]原来,这位霍迈为人慧黠且有急智,也很有与人周旋的本领。他的英俊而又带有异国情调的外貌,加上一双炯炯有神的大眼睛,使他赢得了英国社会的青睐,上层社会的一些不拘小节的女子更是对他青眼有加。很快地,全英国上下都知道了这个土人,并且用"阿迈"(Omai,约1751—1780)这个名字来称呼他——有时甚至只用一个"迈"字。

  班克斯对待阿迈的态度,既像是接待一位贵客,又像是整理一件稀有标本。他先前在航海志中提到塔希提人时表现得不够明朗的态度,这一次可是得到了验证。班克斯将阿迈打扮得一副欧洲派头:褐色天鹅绒西服上装,白色套装背心,灰色丝织长裤。他又带着阿迈去英国皇家学会和哲学学会等地赴宴(前后共10次),还小心翼翼地领他见识了几次社交聚会。阿迈的鞠躬致意带有一股舞蹈家的翩翩风度,这使他成为受人瞩目的对象,并迅速赢得了好评。后来,班克斯又将阿迈带到皇家植物园,在那里将他引见给国王乔治三世。这番朝见可是大大出了名,因为这位阿迈在向国王行了他那颇为有名的鞠躬礼后,又高兴地咧着嘴,大声操着他的南国口音向国王打起招呼来,叫着国王的名字说:"国王条子(乔治)好!"[87]

  这使阿迈一下子成了名流,备受各界关注几乎达一年之久。在班克斯的安排下,他见到了一大堆名人,有桑维奇伯爵,有塞缪尔·约翰逊,有范妮·伯尼,还有女诗人安娜·苏厄德(Anna Seward)——她还以阿迈为题写了一首诗呢。这位土人学会了骑马、打枪、与女士们调笑,还学会了下棋,而且棋艺不低,一次居然胜了著名的考古学家朱塞佩·巴雷蒂(Giuseppe Baretti),被后者的好朋友塞缪尔·约翰逊拿来当作打趣的永恒笑谈。阿迈对英国时尚的反应也为人们津津乐道。据范妮·伯尼所记,他在看到德文郡公爵夫人乔治亚娜·卡文迪什(Georgiana Cavendish,1757—

1806，Duchess of Devonshire）梳得其高无比的发髻时，竟乐不可支地纵声大笑起来。

班克斯意识到欧洲的传染病对阿迈十分危险，便让他接种詹纳新发明的牛痘疫苗，以预防致命的可怕传染病天花。不过，班克斯不肯教阿迈识字，也不让他接触基督教的任何教义，这使他遭到不少非议。1775年入夏后，他俩伙同班克斯的几位朋友一道外出游历，一起度过了一段最快乐的时光。一行人的起居都在班克斯自备的宽敞舒适的原木马车里，悠闲自在地边走边游，一路到了英格兰东部的滨海小镇惠特比和斯卡伯勒（Scarborough），就餐点不是选在僻静的乡间小客店，就是草木葱茏的夏日田野。

威廉·帕里①为阿迈画了一幅很神气的肖像。画面上的阿迈神态俨然地站在班克斯和索兰德身旁。1777年，这幅画被送到皇家艺术研究院展出。[88] 从这幅画上可以看出，阿迈和班克斯之间存在着身份界限不明的问题。画面上的班克斯气派十足，用一只手指向阿迈这一边，而阿迈则穿着一袭只在隆重场合才上身的白得耀眼的塔希提长袍，神态庄重地向画面的正前方凝视。他打着赤脚，手上现出清晰的文身图案，而且表现出一种贵人身份的沉稳和优美，却看不出他究竟是班克斯的伙伴还是听差。其他一些画家也为阿迈作过画，其中就有乔舒亚·雷诺兹，画家也通过精细的笔触，强调出阿迈的一头浓密黑发，两只目光温柔的大眼睛和线条优美的双唇。约翰·亨特医生（John Hunter，1728—1793）也出自人类学研究之需，为他画了一幅白描风格的画像，画得相当写实，后来为英国皇家外科医师学会收藏。[89]

进入1777年后，库克船长又开始了他的第三度太平洋之行。这一次有阿迈与他同行。动身前，库克船长留下了自己在上一次航行时写下的记录——《极南海域暨环球行记》。除了文字，记录中还收入大量图片，其中包括阿迈的画像、大量稀有植物的图谱，以及作为班克斯和帕金森所说的塔希提人赤身作舞之佐证的速写。阿迈的画像后来被解剖学家威廉·劳伦斯（William Lawrence，1783—1865）所用，收入到了他的《人

---

① William Parry（1743—1791），英国威尔士画家。——译注

类自然史》(1819)。

库克船长这部实事求是的记录,激发了公众的想象力。诗人威廉·柯珀(William Cowper,1731—1800)寄居在白金汉郡(Buckinghamshire)奥尔尼镇(Olney)由教区提供的住房里[①],虽然能得到朋友尽心尽力的照拂,却仍然受着抑郁症的折磨而惶惶然不可终日。倒是这部记录南下历险的报告,为他提供了无限遐想的空间。他甚至为这种精神历险发明了一个专门的说法:"椅上历险"——"这一节节经历是如此紧紧地攫住了我的想象,竟使我觉得自己也在亲历其境,身陷其险。我的船锚不见了,我的船桅折断了,我杀死了一头鲨鱼,我与土人用手势交流……而在体验这一切的同时,却一步也不曾离开壁炉的火边。"[90]

这位柯珀还在自己的哲理长诗《任务》中,以丰富的想象描写自己与库克船长及班克斯一道远征,还颇为传神地将班克斯比喻成一只冒险精神十足的蜜蜂,不停地采集着花蜜——

> 他脚步不停、记录不辍,历经一处又一处地方,
> 犹如一只蜜蜂,接触一朵又一朵鲜花那样。
> 气候物产、风土人情,
> 无不一一收入眼中,记在心房。
> 从每朵花中采得知识的花蜜,
> 经过研究的酿制,炼出智慧的蜜浆。
> 他的归来,给我带来了丰盛的精神佳肴。
>
> 让我觉得同他并肩站在同一块甲板上,
> 一起爬到桅杆顶端,用同样锐利的目光,
> 怀着同样的兴奋,发现一处又一处异域。
> 与他分担忧伤,同他接踵逃亡,
> 几度神驰,联翩遐想,

---

① 威廉·柯珀同一位忘年交住在一起,这位朋友是退休牧师,享受英国国教教会对神职人员的优惠待遇。——译注

却有如时钟的指针,
始终没能离开家里的老地方。[91]

阿迈于1777年8月返回故土,来到了塔希提。回来后,他成了一名商人,经营欧洲物品,还充当起西方游客的导游和游乐经纪人的角色。从这一点看,他可以说是又一个班克斯,只不过角度转过了180°——向半信半疑的塔希提人介绍西方文化,实在不可不谓有趣。他经营欧洲妇女用来做头饰的红羽毛、欧洲人的烹调用具,也出售手枪。不过,他一直没能真正融入塔希提人的社会。柯珀也在自己的《任务》一书中写进了阿迈的故事,字里行间既反映出远征的惊险,也指出了欧洲与南太平洋海岛两种文化的冲突。通过对阿迈的描写可以看出,他认为阿迈是被浪漫科学捕猎到的一个牺牲品,其结果是使他终生与两个世界都格格不入——

我无法认为,你竟如此铁石心肠,
不动感情,无感悲怆,
离开美妙故土,扎进异国他乡。
我能设想到,你徜徉在一片沙滩上,
俯问涌到脚下的细浪,
可曾拜望过我那遥远的海疆?
我又能看到你在难过,
一任泪水无羁流淌,
那是你思乡的真诚忧伤。[92]

看来班克斯自己也被塔希提之行打上了永久的烙印,致使他回到伦敦后,行为也狂放不羁起来。据一位在1776年造访过林肯郡里夫斯比村的人认为,班克斯是个"脾气又怪又急的家伙",显然对自己"曾在奥塔希特岛的经历"仍念念不忘,以至于无心打理自己的田产和庄园。[93]还有传闻说,他在参加桑维奇伯爵和他的情人马莎·雷伊(Martha Ray)组织的一次乱哄哄的渔猎会时,在女人们又唱又跳、男人们击打"架子鼓"——大概是在模仿塔希提人跳"蒂莫劳迪"——的氛围中,与一位女子有了欢好——该女子或许就是那位萨拉·韦尔斯吧。

公众可能会将班克斯视为老花花公子而嘲讽有加，就像当时很流行了一阵子的打油诗《敬献班克斯的一茎含羞草》中所打趣的那样。不过，班克斯本人也确实认为，英国社会无疑对妇女附加有种种残酷的限制。但他同时也觉得，这些限制多半也是女人们自找的。正如他向女作家安妮·拉德克利夫（Ann Radcliffe）指出的那样："你们这一半人被认定要为之负责的过错，大多是由我们这里的'社会准则'对女人的态度决定的……女人只要犯了偏离妇道的小小过失，就会受到比死刑还严重的惩处，遭到比投入地牢还残酷的刑罚，但自己却也竟然肯于忍受。"[94]

不过，"南太平洋海岛天堂"的名声也渐渐出了问题。那里的人们从原来的纯真变成了世故。1779年2月，库克船长在进行第三次远征的途中，在夏威夷岛（Hawaii）的凯阿拉凯夸湾（Kealakekua Bay）被当地土人杀死。据他手下的几名海军军官说，库克船长自己也是有一定责任的，因为他对海湾的泊船地带实行越来越严密、范围也越来越大的重兵监管，每到一处都捕拿和扣押当地土人为人质。他的副手查尔斯·克拉克（Charles Clerke）曾写过如下的报告："我确信，倘若库克船长不是在已经很严重的势态下仍试图采取高压措施，事情并不会走到如此极端的地步。"不过他也在该报告中写进了船员们所了解到的库克船长的惨遇——他被全身肢解，躯体被斩成一块块地送给全岛各个部族的首领。[95]岛上的土人向外来者献上绿色棕榈枝的日子从此完结。

库克船长的死讯在事发一年多以后才传到英国。艺术家菲利浦-雅各·德卢泰尔堡（Philippe-Jacques de Loutherbourg）创作了一幅将库克船长的形象大加升华的巨幅油画，画面上，这位消瘦的约克郡人靠在代表大英帝国形象的天神胸前，被后者感激地托向云端。至于库克船长之死给殖民主义留下的阴影，画面上可是没有一丝表现。库克留下的航海志在1783由年轻的约翰·里克曼（John Rickman，1751—1789）加工整理出版，取名《库克船长最后一次太平洋远征行记》。除了库克本人留下的文字外，书中还加进了两段资料，一是库克船长的遭暴力致死；二是阿迈返回塔希提后的不如意经历。这两者都是有争议的内容，也各以其不同的方式，预示着终将发生的殖民悲剧。

塔希提迅速地名震遐迩，但其光芒之下也存在着阴影。1785年，伦敦著名的皇家大剧院上演了一部豪华舞剧，剧名是《阿迈逛世界》。演出取得了成功，但塔希提却开始渐渐退化到相当于公众娱乐场所的地位。这部舞剧由德卢泰尔堡做艺术指导。其演出时布景豪华、服装艳丽，使草裙舞一度充斥舞台，后来还成了好莱坞的热门题材。经营有方的伦敦高级妓院"海丝太太"也抓住了这个机会，推出了名为"塔希提风情"的艳舞表演，内容是"十数名美丽的水泽小仙女，以塔希提方式向爱神顶礼膜拜"。据传，来这里寻欢作乐的阔佬们，可以在看过表演后，从这些土人女郎（其实当然都是伦敦的本地女子）中"抽样体验人类学感觉"。

十　皇家学会的新领军

就在这个时候，班克斯将其在伦敦的一所新宅邸，办成一个类似于永久性科学沙龙的所在。该宅邸位于索霍广场（Soho Square）32号。对哥哥十分崇拜的索菲娅来到这里，承担起女管家的职责。班克斯与他安置在礼拜堂街的萨拉·韦尔斯关系照旧，虽保持来往但不过于显露，看来已然感受到其妹妹不断加重的不满。索菲娅认为，照常理说，哥哥该考虑成家的事了，好从此"沐浴福音的光照"。[96] 再者说，自从1772年那次冰岛之行后，班克斯就再也没有参加任何远征考察，而是将精力一直集中在建立科学文献档案、绘图和标本馆的工作上。索兰德是他在这一工作中的正式助手兼馆长。班克斯本人仍然没有发表任何著述。这位曾勇气十足的青年植物学家和探险家，如今正一步步向收藏家和监管者的方向前行，不再踏浪大海。

1778年11月，班克斯被遴选为英国皇家学会会长，时年仅35岁，着实年轻。再接下来，他竟颇为出人意料地突然打算结婚了。他的追求对象是一名21岁的女继承人，名叫多罗西娅·休格森（Dorothea Hugessen）。她的性格活泼，出生于肯特郡（Kent）的一个富有地主家庭，身价——这里是借用了简·奥斯汀（Jane Austen，1775—1817）在《傲慢与偏见》一书中的表达方式——为每年14000英镑。他们于翌年3月在伦敦中区霍本区段的圣安德鲁教堂举行了婚礼。从此，班克斯以在全英最高科学机构任最高职务的地位，度过了四十一年时光。多罗西娅是位好伴侣，深得丈夫爱恋，成了索霍广场班克斯宅邸的出色女主人。不知为什么，她一直没有生育。索菲娅倒是与嫂子相处很好，她俩一起将班克斯既复杂又纷乱的社交事务打理得井井有条。

　　既然结了婚，班克斯就得将他与萨拉·韦尔斯的关系做个了结。这件事解决得手腕高明，不过钱也没少花。索兰德又一次拿出有如长兄的身份和出色的调停能力出面斡旋。据他事后披露，"班克斯和韦尔斯女士谈好了分手的条件；韦尔斯女士明白对方有理由这样做，态度自然也表现得十分得当。分手后，她原来的朋友们仍会同她保持平素的一向交往"。两人的分手条件中没有提到子女的事，也不曾提到班克斯对此有任何遗憾。不过，索兰德倒是提到，如今的班克斯在每周一次前去离弗利特街（Fleet Street）①不远的克雷恩路（Crane Court）参加英国皇家学会的例会时，总是衣冠齐整，"全套礼服，外面套的罩衣不是天鹅绒的就是绸缎的"，总之"很配得上会长的身份"。[97]

　　在此期间，班克斯在他的盾徽纹章的顶部，添上了一只蜥蜴的形象。他自己是这样解释的："我选中蜥蜴，是因为据信这种动物生来便有与人友好的天性。将它镌刻到我的符印上，是为了永远提醒自己，努力是没有尽头的。一个人应当为公众的利益服务，而且不应索要回报，甚至都不应闪过希冀回报的念头。"[98]

　　会长的尊贵高位，令班克斯很有惴惴不安之感。这种感觉很明显地流露在他刚就任会长职务时，写给当时正在意大利那波利（Naples）的挚友威廉·汉密尔顿（William Hamilton，1730—1803）的回信中："我知道，你完全不用费力就能揣摩到，对你目前能从区区两英里处观察一座处于喷发状态的火山，我是何等的羡慕！读着你的来信，我一阵又一阵地因觉得不能身临其境而急火攻心。对仁兄，我好生羡慕；对自己，我顾影自怜。

---

① 伦敦的这条街道是许多大报社集中的地方，非常著名。它同前文提到的社会群岛一样，遭ērč中文误译。此街道的得名源自它跨越泰晤士河的重要支流，今已被改造为地下河的弗利特河（River Fleet），而弗利特一词在古英语中意为"潮汐"，和作为"舰队"之意的"fleet"为同源的同形异义词，不明就里者将它译为舰队街，致使这条道路长期有了一个不准确的中文译名。——译注

悔恨之余，我只好埋头整理干草枯花，希图以此暂消心中块垒。如今我已被牢牢拴在学会的高背椅子上，只有靠奋力工作排遣这种感觉。"[99]

1780年11月，在他的主持下，英国皇家学会出谷迁乔，从不起眼的克雷恩路，搬进了河岸街（The Strand）上新建起的萨默塞特大厦。在这个可以俯瞰泰晤士河的非凡气派的位置上，学会正式确立了自己科学圣殿的地位，与整个世界建立起联系，也将自己的人马派往整个世界。[100]

1781年，班克斯因在指导伦敦皇家植物园的营造中所表现出的能力与科学性，被英国国王册封为骑士。在随后的十来年中，他将这个本是泰晤士河畔一处杂乱无章的地块，规划建设成一处植物乐园和科研宝库，远远超过了林奈在乌普萨拉开辟的植物园。这处皇家植物园里共植了5万株乔木和灌木，引进了大量新奇植物品种，并使其中许多品种在英国广为普及，如玉兰、灯笼海棠、智利南洋杉和海岸红杉等。[101]在引种引栽稀有和娇贵物种方面，班克斯的成就尤为可圈可点。捕蝇草即为一例。当事关从海外向英国引进稀奇植物和可用于炼制新药的生物时，许多人都很重视他的意见。诗人柯尔律治便主张在引种几种大麻类植物之前，先应征求一下班克斯的看法。[102]

不过，班克斯与那段南太平洋岛国的传奇距离可是一步步远去了。和蔼、脾气随和的索兰德因心脏病发作，于1782年6月逝于索霍广场班克斯寓所的客房。这位忠诚好友与出色的科学同道及远征伙伴的离去，给班克斯带来的悲伤，超过了先前他的任何亲朋之逝。大概这令他感觉到，自己的青春年华也会随着逝者一道烟消云散。他强忍着哀伤，给他和索兰德共同的朋友约翰·劳埃德（John Lloyd）写信说："提到可怜的索兰德的离去，便重新勾起了我对桩桩往事的回忆，想起了我们在共同实现小小目标时的共同信念。无须多说，然而也许有一些人共同取得过很高的成就，但我敢说，无论是在科学研究上，还是在彼此的情谊上，都很少有人能像我俩这样从未缺失过感情及信念。"[103]

过了不久，他又给约翰·奥斯特伦默写了一封信。此公曾是萨拉·韦尔斯所主持的宴会上的不拘形迹的座上客。他在信中更有轻易不会表露的倾诉："他的离开引致了无法弥补的虚空。即使我有朝一日能够找到学识与他相当、品性也同他一样高尚的人物，我的这颗老硬的心也无法再像二十年前一样，将对他的印象，化为一股如蜡一般柔软的热流，引入我的心房并与之契合到一起。在我有生之年，它永远不会消失……如今，我每当想起他，心里就会发痛，痛得发颤。"[104]

当年共赴那场"天堂之行"的"奋进之旅"，如今的幸存者真是越来越少了。班克斯如今觉得自己简直是个"最后的塔希提人"。可能就是这个原因，再可能加上索兰德的逝去，使得班克斯迟迟无法完成"奋进号"之旅的重要著述。不过，至少在1785年时他还在努力，并希望以这本书来纪念这位亡友："在这本书的扉页上，索兰德这个名字将与我的名字排在一起。因为这本书中所提到的一切，无不是我们共同努力的结果。当他在世时，每件事情中都有他的份儿……如果能找到制版师，将现有的图版都好好整理一下，再有两个月的时间就能完成。"[105]话是这样说了，但到头来却仍不见什么进展。

1787年夏，班克斯的痛风第一次严重发作，从此使他的行动受到影响。其实，他此时仅44岁。国王乔治三世给他发来了慰问信。不过，国王也好，班克斯自己也好，此时都不曾意识到这场病会迅速严重起来。到他50岁时，人已经真的像他曾经担心并说起过的那样，到了简直可说是在学会会长的座椅上生了根的地步。这位本来不知疲倦的精壮的探险家，如今却深受肿胀的双腿之苦，就连在家里时，也只能坐在轮椅上被人推来推去。

不过，尽管肉体受羁于座椅上，他的心灵却仍在高驰远翔。事实上，班克斯以出自个人喜好，对科学考察给予积极支持和资助的做法，正是"浪漫科学"时期科学研究与探索得到支持的主要方式，或者几乎是唯一的方式。也正是这种方式，科学才能一如班克斯搜集到的异域植物，绽放出了艳丽花朵，结出了累累果实。班克斯表现出慧眼识才的天才禀赋，促成了英国人对大洋洲、非洲、中国和南美洲的研究之行，还广泛支持了多方面的研究项目，既包括研制望远镜和气球飞天，也涉及细毛羊饲养和气象预报。他还为建造起各种博物馆——有植物学的、人类学的，以及比较解剖学的，等等——付出了努力。而尤为重要的是，他通过在大范围内建立的通信联络网和人际互访联系，使科学思想真正能够为学界共享，科学联系也真正成为国际性活动。而这种共享、这种国际化不曾被战火烧夷；也不曾因同法国的无情竞争（尽管可能在表面上还保持着一些斯文气）而中断。①

如今，他可以自豪地回顾当年的那一次具有历史意义和典范作用的远征之旅，相信它足以激发下一代人的精神："我是第一个进行科学教育的人；我参加了一次发现之旅，而此行又恰为当前这一开蒙时期取得了首次美好成果。因此从某种意义上说，我便成了开创这一机会的第一人。这使我足堪自慰。"[106]

伟大的法国博物学家乔治·居维叶赞同班克斯的这一自我评价。他曾在一次谈话中提到，"奋进号"之行"是科学史上的划时代之举。集博物学研究、天文学测量和科学考察于一体，并将范围和规模延伸向不断扩展的全世界。从各个方面衡量，这都是一次堪称与史诗《奥德赛》相比肩的浪漫求索之旅。班克斯表现出惊人的能力，疲劳拖不垮，危险吓不倒……他不是去浮光掠影地走马观花，而是踏踏实实地下马采花，体现出科学实干家的本色……班克斯是位永远向前走的人"。[107]

曾有那么一位年轻人，因害怕染上爪哇岛（Java）上当时流行的热症而不敢赴那里考察。班克斯得知此事后，给他写了一封口气很严厉的信说："我敢肯定，[你的家里人]都希望你听从撒丹那巴勒斯（Sardinapalus）②对他的臣民所说的话——'吃吧，喝吧，生儿育女吧'……我倒想听你自己亲口告诉我，你愿意享受安乐，不肯吃苦受累，不希望有所作为。我开始远游时只有23岁，你现时可已经不止这个年龄了。有一点我敢断言，就是如果我当年听从了不同意我出门的七嘴八舌，如今一定只是个在家纳福的土财主。"

坐落于索霍广场西南角的班克斯府邸，很快就变成了全英国科学研究的决策中心。全欧洲基本上都持这一看法，尤其是法国、德国和北欧诸国。从巴黎到纽约，从莫斯科到悉尼，班克斯与全世界保持着通信联系。他的意见能上达英王乔治三世（直到这位君主精神错乱为止）。他的私人

---

① 据保守估计，班克斯的通信量达到5万封以上，其实这还并不是全部。他在英国、美国、澳大利亚和新西兰都还有大量散落的信函未得到统计。可从互联网查阅有关信息，关键词为：Joseph Banks Archive Project。他的书信集已经有几种问世，如《约瑟夫·班克斯书信选集》和皇皇六大卷的《约瑟夫·班克斯科学通信集》。——作者原注
② 撒丹那巴勒斯是古代亚述王朝后期国王之一，但具体国号和生卒年代均不可考。——译注

图书和植物标本收藏向所有人开放。他每天上午10时在家中的工作早餐是远近闻名的。为了接待客人，他特地在萨里郡（Surrey）的林泉苑（Spring Grove）置下一处庄园，而他款待来客举行的联欢会，也经常会带上国际会议的色彩。

前来拜谒班克斯的人来自世界四面八方。他对大批私人研究项目解囊相助。他为移民澳大利亚向英国王室进言，又在1797年入选英伦王室枢密院，继而又成为英国航海测经理事会理事，鼓励人们寻求实现海上测定经度的可靠手段。他与有皇家天文学家头衔的内维尔·马斯基林曾有过一段不和，但后来两人却成为挚友。他是英国的非洲学会（后来并入英国皇家地理学会）的会长，还是英国皇家研究与教育院的创建人之一，并亲任该院副院长之职。在扩大英国民众参加科学研究和地理探索方面，他更是发挥了决定性的影响，一方面卓有成效地提升这些活动的地位，另一方面又积极寻找赞助人和资助渠道。总而言之，班克斯实际上成了英国的首任科学大臣。

只是有一样，约瑟夫·班克斯始终没能完成他念念不忘的《"奋进号"之旅》的书稿，也始终没有发表任何他的"天堂岛之行"的完整记录。诚然，他的好友索兰德的逝去对此不无影响，但这未必是真正的缘故，倒说不定这只是个能拿到桌面上说的借口。他的航海志留下了几种不同的手抄本，其中一种来自他的妹妹索菲娅，文中颇有些不合章法的删节，不过它的大量版画插图的确出色（此手抄本现存英国伦敦自然历史博物馆）。在后世出版的班克斯的航海志中，有两种最为有名，一种是约翰·考特·比格尔霍尔[1]根据"班克斯学社"提供的电传件整理出版的，一种是由澳大利亚新南威尔士大学整理的，已于近年上传到互联网上。至于班克斯本人的《"奋进号"之旅》，却成了浪漫主义时期最重要的未竟之作。从这个意义上说，《"奋进号"之旅》真有些类似柯尔律治所创作的《忽必烈汗》[2]的神秘意味——两部著作都是讲述某个曾经神圣而后"失陷"，并且

---

[1] John Cawte Beaglehole（1901—1971），新西兰历史学家。——译注
[2] 《忽必烈汗》是柯尔律治的一部长诗的题目，该著述以《马可·波罗游记》（有多个中译本）中的一些记叙为基础，穿插了大量的幻想，吟咏了元世祖忽必烈治下的元大都（诗人在诗中给它所起的名称是Xanadu）的兴衰故事。——译注

再也没有恢复往昔荣光的地方。①

不过，班克斯培养造就出了不少人才，因此在这些后人的成就中得到了永生。在他教导有方的亲切关爱下，英国人的考察与探索努力经久不衰，其中既有付出体力的，也有凭借智力的。他的不朽的"奋进号"之行，在好奇的引领下，开创出了一个探奇并创奇的年代。

---

① 说塔希提"失陷"，是因为性病、酒精和基督教在这个岛国传播的结果，导致19世纪初时原有的社会结构已不复存在，纯朴的异域民风也荡然无存。成立于1810年的伦敦传道会在培训派往塔希提的传教士时有这样的训示："对这些身处恶境的人，在尽力培养对他们的关爱之情时，须谨记这些不知景仰上帝之徒已经受到了魔鬼的蛊惑而难以自拔。对他们的不友好不要计较，但不能忘记这是对上帝的不敬。"查尔斯·达尔文曾在从加拉帕戈斯群岛返回的途中，于1835年11月来到塔希提。他后来感慨地说："奥塔希特岛，一个失陷的天堂！"（艾伦·穆尔黑德：《致命进犯：欧洲人在1767—1840年间对南太平洋地区的破坏》）——作者原注

第二章
赫歇耳初建观天业

一 遇伯乐威廉露峥嵘

　　1778年，约瑟夫·班克斯入选为英国皇家学会会长。嗣后不久，他便听到一些传闻，说在英格兰的西南地区，有一位天分极高的人，单枪匹马地做业余天文学研究。这个人的情况，他是从学会的常务负责人威廉·沃森（William Watson, Sr., 1715—1787）那里听到的。这位沃森有个儿子，与自己同名，人称小威廉·沃森（William Watson, Jr., 1744—1824），是个聪明而不肯流俗的年轻人，在西南英格兰的萨默塞特郡（Somerset）以行医为业，还是当地不久前成立的巴斯哲学社的灵魂人物。小沃森告诉父亲说，他知道当地有位与众不同的人物，手里有几台非常出色的望远镜（据说都是他自己制造的），而且对月亮有独到的见解。

　　班克斯最早听到的情况似乎有些离谱，而且语焉不详，说此人名威廉，姓则不是赫歇耳就是赫谢尔，大概是来自德国的犹太人，原籍可能是德累斯顿（Dresden）或汉诺威（Hanover）。[1] 小沃森是在1779年的一个冬日在巴斯（Bath）见到此人的。当时，后者就站在一条僻静的以卵石铺就路面的小街上，用一台很大的望远镜观看月亮。这个人个子高高的，穿着相当体面，头上戴着假发，发上还扑着粉，身边却没有跟着仆人，看上去异于常人。① 小沃森还注意到，此人所用的望远镜是反射式的，而并不是大

---

① 当时的富人通常在公开场合都戴假发，除了在天文台内和战场上，望远镜当时在民间多被视为昂贵和时髦的玩具。因此戴着假发，却只在街上摆弄望远镜，而且又不带着仆人，在小沃森看来是很怪的。——译注

多数业余天文爱好者通常用的折射式，便上前与他搭讪，问可不可以用他的望远镜看一看。交谈一下便发现，此人有一口浓重的德国腔。这台望远镜很大，有7英尺长，架在一个设计精巧的可折叠木架上。整台仪器颇有家庭制造的明显特点。但用它一观测，小沃森却惊讶地发现，这台望远镜的分辨率竟然比自己所曾用过的所有货色都好，出现在镜内的月亮，显得从未有过的清晰。[2]

两人站着交谈了片刻。小沃森立刻喜欢上了这位赫歇耳的幽默谈吐和谦和态度，随即又发觉其更存在于内里的不同凡响的敏锐智力。赫歇耳对天文学的了解，虽然明显表现出是自学的结果，但仍不失其惊人的渊博。他不曾上过大学，也坦承本人数学根基很浅，但仍然表现出对约翰·弗拉姆斯提德（John Flamsteed，1646—1719）编纂的星表所知甚详，还通读了罗伯特·史密斯（Robert Smith，1689—1768）和詹姆斯·弗格森（James Ferguson，1710—1776）的天文学教科书，对法国人的天文学研究情况的了解也十分详尽。更值得注意的是，他对包括反射镜在内的望远镜的制作十分精通。他已年届40，但一谈起星辰来，却流露出孩子般的急切热情，充分反映出他对天文学的执着。小沃森对赫歇耳的印象实在是太深刻了，便提出第二天一早前来正式拜望的请求。

巴斯市有一条里弗斯街（Rivers Street），是条建在地势低洼处的不起眼街道。威廉·赫歇耳就住在27号。这处住宅很普通，看得出不是富裕人家的居所。下面一层的房间里放满了天文仪器，而正厅里却俨然摆着一架老式三角大键琴①，还有一堆一堆的乐谱[3]——这位赫歇耳以音乐为职业，在巴斯市人称"巴斯八角"的大教堂任管风琴师，为贴补家用还私人教授音乐。他也进行音乐创作，特别喜欢和声学。至于他的私生活，可就有些与众不同了。此人并不富有，眼下还是个单身汉。不过小沃森注意到，他在言谈中谈及自己的妹妹时，流露出的感情十分真挚。据他说，自己的这个妹妹不但为他料理家务，还是他的"天文学助手"[4]。

小沃森建议这位新相识加入巴斯哲学社，赫歇耳很痛快地照办了。他为人虽不善在大庭广众中发表言论，但通过小沃森向学社提交了不止一篇

---

① 钢琴的前身。——译注

论文，其中有相当一部分涉及对宇宙理论和自然科学哲学的探讨。《光的来龙去脉》《论电流体》《论空间的存在》等[5]，都是他的论文标题。

对自己慧眼识英才的成果大为自豪的小沃森，在赫歇耳的这些早期论文中，选中几篇他个人认为最出色的送到了伦敦，给他在皇家学会任职的父亲过目。赫歇耳本人有些担心，怕自己的英文太蹩脚。为了帮助他，小沃森对他的每篇论文都进行了文字润色。这些论文引起了争议，不过不是对文章的平铺直叙的风格，而是对其内容。他的第一篇论文《对月球山脉的观测》在内容上是如此另类，致使此文于1780年春在皇家学会响当当的会刊《英国皇家学会自然科学汇刊》上登出后，引发了好一番争议。赫歇耳在这篇论文中宣称，他用自己动手制作的望远镜，在月球表面上看到了"森林"，因此断定月亮上"无疑"存在着生命。

内维尔·马斯基林是当时有着皇家天文学家头衔的人物，还是英国皇家学会的宇宙学权威，对于赫歇耳的这种相当荒唐的说法怒不可遏。他早就在自己的观测中注意到，来自恒星的光芒在从月球表面掠过时，仍然会保持原有状态而不会弥散变模糊，因而断定那里并不存在维系生命所必需的大气。[6]不过他也敏锐地注意到，赫歇耳的月面观测结果中有许多细节值得注意，更对他所使用的反射式望远镜的观测效果印象深刻。于是，他便写信给小沃森，问及这个赫歇耳是不是个真心做学问的人，以及他对月球状态的看法。就在这个关头，一向关注寻找和发现优秀科学人才的约瑟夫·班克斯，注意到了这个人的存在。

小沃森将这封信于1780年6月5日转交给赫歇耳，并有意称此信"体现出马斯基林博士的一片厚爱"。出自对赫歇耳的关心，生怕后者会被信中的批评惹恼，故极力主张在回复中使用外交辞令，于是在转致的附文写下了这样一番劝说："我觉得你不妨这样做（请原谅我唐突地提出这样的提议），或者对原文进行他认为有必要的修改，或者将其重新写过并再送呈他过目，让他心情舒畅些——他是皇家天文学家嘛。我相信，有了这样的礼数，他会向学会有不同的表态。"[7]

让小沃森松了一口气的是，赫歇耳果然在6月12日给这位皇家天文学家写了一封回信，而且口气十分谦恭："大人，请允许我向你说明，我说月球上无疑具备容许生命生存的条件，看来是出自我这个出道不久的天文观测者，**面对看到的奇妙情景时难以自制**，因而有了狂热的表现。如果你肯今后不再称我为狂人，我将把本人从18个月前便已开始的部分观测结果送呈，这些结果将会反映出我对这个天体的真实观测。"[8]

不过，赫歇耳的新表述一定着实令马斯基林瞠目——他非但不曾有所退后，反而更加强调原来的信念。他认为，"借助类比方式"，将地球与月球对比一下就可以看出，它们都由相近的热学环境、光照条件和土壤构成，由此可以认定月球上"无疑"存在着"或此或彼的"生命形式。他还更进一步提出，过分拘泥于地球本身，会将它看得过分重要。"我们是为了有所区别，才将地球称为'行星'，而将月亮称为'卫星'的。其实我们应当想一想，这样的叫法是不是得当。也许**月亮其实是颗行星，而地球才是卫星**的可能性并不是不可能存在的吧？地球难道不可能是月亮的月亮，只不过尺寸更大些而已吗？如果从月球上仰望地球，景色无非会更加壮观些，看到的山峦峡谷会更为伟岸些罢了！当我们将地球与月球相比较时，所有的因素不都是可以对等的吗？"

到了这封信的结尾处，赫歇耳有意想与这位皇家天文学家耍耍乌龙的用意，便更明显地表露了出来。其在信中的天文学叙述，带上了阵阵诗意："地球宛如马车，遨游漫漫苍穹；遗月一席之地，以无日时照明。犹似明灯一盏，示旅程于暗中，唯惜此线光亮，屡受阻于云层。"信中的最后一句话，更无疑地显露出赫歇耳是在打趣："就我个人来说，如果允许我在地球和月球之间挑选一个安身之所的话，我会毫不犹豫地即刻**举身赴明月哟！**"[9]

这是一封马斯基林不可能置之不理的信，它使这位皇家天文学家很快来到巴斯，同行的还有班克斯的朋友、皇家学会的新任常务负责人查尔斯·布莱格登博士（Charles Blagden，1748—1820）。这次来访看来颇有山雨欲来之势。他们不停地向赫歇耳发问，问的问题也很尖锐。不过，他们回来后向班克斯汇报时，却都表示此行得到的印象确实既非常深刻，又十分特殊，特别是对赫歇耳自己制作的极其出色的望远镜——而且不止造了一台。他们还提到这位威廉有一位非同寻常的妹妹，一名身材纤巧、怕羞而且口讷，但对天文学也同样着迷的年轻女子，名叫卡罗琳（Caroline Herschel，1750—1848）。不过他们又认为这对兄妹未必能成为天文学领域的大器——他们虽有热情，但只是身处不起眼的小地方，又是移民，也都只有有限的自学学历。

但马斯基林却不知晓，这位少言寡语的卡罗琳·赫歇耳，倒是将这两位来自大地方的大人物的到访，扼要地写进了自己的记录中：马斯基林与哥哥的"长时间的交谈……听起来更像是吵嘴"。马斯基林一走，她的哥哥就大笑不止地说："这个人可真够呛！"[10]

但是，过了不到一年，也就是在1781年3月时，班克斯就吃惊地得悉，这位威廉·赫歇耳看来就要给整个西方天文学界带来一场巨大变革。这是因为他取得了——也许只是可能——一项自毕达哥拉斯①的年代起便一直裹足不前的天文学成果：发现了有可能是又一颗行星的天体。如果这是真的，他带来的将不只是有关太阳系观念的革命，还将导致科学界对其形成与稳定性的看法发生根本性的变革。

二 两兄妹的平凡家世

1738年11月15日威廉·赫歇耳出生于汉诺威。他的妹妹卡罗琳·赫歇耳出生于1750年3月16日，比哥哥小了12岁。天文学观测绝对是这兄妹俩的照命星，只是照命的方式并不相同。他们在其观测生涯的巅峰时期，也就是在18世纪80年代，一直夜复一夜、月复一月；不避盛夏，不畏寒冬——特别是不畏寒冬的长夜，在露天环境下，以共同的孤独，仰望不断变化的天幕，通过仔细观测和详细地记录，取得了在英国皇家学会发表超过一百篇论文的成果。它们不仅改变了公众心目中对太阳系的观念，更形成了人们对银河系的新概念，以及对宇宙结构及其内涵的新认识。

这兄妹俩从小便十分亲密。人们目前所知道的有关威廉·赫歇耳的生

---

① Pythagoras（公元前570—前495），古希腊哲学家。平面几何学的毕达哥拉斯定理（勾股定理）的最早发现者。他将数学置于高于其他一切知识的地位，并认为音乐和天体都遵从完美的数学关系。这导致后世的柏拉图根据只存在五种正多面体（四面、六面、八面、十二面和二十面）的数学证明结果，穿凿附会地认定在以地球为中心的天体体系中只能存在五颗围绕地球运动的行星，即当时已经为人们知悉的水星、金星、火星、木星和土星，此外便不可能还有其他行星。这对天文学研究乃至哲学思维产生的影响是长期而且负面的。——译注

平，多半都来自卡罗琳的记录——或者应当说是日记。她的文字既情真意切，又波澜起伏，而且到后来简直就成了一部回忆录。她在日记中曾这样写道："倘若我不再记录这些事情，或者失去了这样做的意愿，我就会觉得，自己作为一个人活在世上，已经失去了存在的意义。"①[11]

威廉进入而立之年后，便将天文学牢牢地确立为自己的人生第一要务。而在他之前，赫歇耳家族的数代人都是以音乐为生的。今天的德国，在18世纪中期时是为数可观的一系列城邦国家。在这些小公国里，种种与音乐有关的行当——演奏、歌唱、作曲、教授音乐等，都是颇为吃得开的职业，受重视的程度简直不亚于司法、军队和宗教等诸般营生；每座城市都有自己的管弦乐队，军队里每个团几乎都设有军乐队的编制。汉诺威公国的乐队算得上是全欧洲最有名的。自从汉诺威选帝侯乔治（Georg Ludwig）在1715年成为英国国王——乔治一世（George I of England），以及汉诺威公国的宫廷作曲家亨德尔（Georg Friedrich Händell，1685—1759）享誉全欧洲后，这座城市的乐师们也变得远近闻名起来。

威廉和卡罗琳的父亲名叫艾萨克（Isaac），是汉诺威步兵团的一名军乐手。他们的爷爷在萨克森地区（Saxony）的马格德堡（Magdeburg）一带搞园林景观，还是业余双簧管乐手，但早早便撒手尘寰，撇下11岁的儿子形同孤儿，没能接受正规教育，在帝制统治下的普鲁士四处漂泊，当过花匠，也做过园丁。不过据艾萨克自己后来说，他在21岁时"对树木花草全都没了兴趣"，而是意识到自己有音乐天赋，从此"没日没夜地苦练，也成了一名双簧管乐手"。他的哥哥倒是规劝他别将园艺技能丢下，而这个

---

① 卡罗琳后来写过两部回忆录。第一部完成于1821年夏，时年已届70；第二部于1840年出版。照顾到某些家族成员的情绪，她删去了原始记录中的两节内容。1869年，她的侄孙媳妇，也就是约翰·赫歇耳的三儿媳将这两部回忆录综合为一部，由出版商约翰·默里印行。原始手稿现仍保存在赫歇耳家族的后人约翰·赫歇耳-肖兰（John Herschel-Shorland）手中。前后两部得以出版的回忆录，后又经迈克尔·霍斯金（Michael Hoskin）精心整理后，以《卡罗琳·赫歇耳自传》（有关原书信息见参考文献部分。——译注）的书名出版。威廉·赫歇耳本人也在临近60岁时写过一篇"生平备忘记"，但从内容上看几乎就是写给同行们的一份工作履历，篇幅既短，又一如既往地含糊其词。此文收在《威廉·赫歇耳爵士科学文选》（有关原书信息见参考文献部分。——译注），卷1，第viii页。本书的参考书目中列有介绍3位赫歇耳（威廉、卡罗琳和约翰）详细生平的若干书籍，包括上述两部著述。——作者原注

当弟弟的却"再也无法抵御音乐和旅行的诱惑",成为四海为家的乐师。他先是来到波茨坦(Potsdam),随后又到了布伦瑞克(Brunswick),但不久又离它而去(理由是这座城市"普鲁士味太浓,不合我的口味"),最后到了汉诺威,觉得这里的气氛比较自由,便安顿了下来。[12]当时在汉诺威掌权的是兼任英国国王的选帝侯乔治二世(George Ⅱ of England),实行的统治方式带有英国式的宽容,使艾萨克觉得还能够接受。1831年8月,他加入了汉诺威的军乐队,有了他喜欢的事业,也有了一定的自由——但没能长期维持,因为不久后,也就是世纪之中时,英普同盟与法奥俄三国同盟之间爆发战争,将整个欧洲都卷了进去。[13]

艾萨克25岁时爱上了一个名叫安娜·莫里岑(Anna Moritzen)的女子。安娜是本地人氏,住处紧挨着汉诺威城墙根,一出城便到家。她人长得蛮漂亮,却一个大字不识。这两个人也许本来无意成亲,但女方怀了孕,艾萨克倒也没有逃之夭夭,两人便结成了连理。事后安娜甜蜜蜜地表示说,艾萨克是"从天上下凡"进入她的生活的。[14]这两口子很有规律地扩大家庭规模,每隔一年便添个新成员,一连扩建了20年。生了10个,不过活下来的只有6个,使这个家庭不时陷入愁云惨雾之中。老大是个男孩,起名雅各布(Jacob),备受安娜的宠爱,几个弟弟妹妹中无人能及,可以说到了溺爱的份儿上。大女儿索菲(Sophie)是家里最漂亮的孩子,也很得母亲疼爱。对于其他子女,当母亲的可就严厉多了,特别是对最小的、长相也最不起眼的女儿——卡罗琳更加如此。

艾萨克频频随军乐队外出,总让安娜负起独自管理乱哄哄一大家子人的困难责任。她一心想将孩子们纳入德国传统的框架:守纪律、会动手、好节俭、爱家庭。对于"书本上写的道道",安娜并不重视,更不打算让女儿们接触。不过,她倒是接受了丈夫的理想——"让儿子们都成为乐师"——觉得这倒是条成名发家之路。威廉儿时的最早记忆之一,就是拿起一把父亲为他特制的小号小提琴,开始学习演奏,而那时他甚至还很难用肩将这把琴托住呢。[15]

雅各布很小便表现出有音乐天赋,长相又很出众,因此成了家中的"天才"。然而,这个人动辄发火,为人又十分自负,在这两方面倒颇有"艺术家的脾气"。威廉则性格文静、稳健、随和,学什么都肯下功夫,喜欢动脑筋，又很爱读书。卡罗琳印象中最深的，一是母亲总对自己板着的面孔，一是她对大哥雅各布和大姐索菲一向的百般纵容。

艾萨克·赫歇耳的身上笼罩着某种朦胧气质，甚至可以说仿佛不食人间烟火似的。除了喜欢音乐，为人还相当超脱。他没有受过多少正规教育，但正因为如此，才有广泛的兴趣和投入的态度。仪器制作、读哲学书籍和业余天文学研究，都是他感兴趣的内容——处于启蒙时代的德国之三大特点，都集中体现在他的身上。要知道，与艾萨克同时代的伊曼纽尔·康德（Immanuel Kant，1724—1804）这位德国最伟大的哲学家，在年轻时也喜欢动手，还会磨制透镜呢。艾萨克还天生就是当老师的材料，有耐心、脾气好，而安娜却是急性子，人又固执，还瞧不起与书本有关的一切。说不定艾萨克·赫歇耳会觉得，他的妻子也"普鲁士味太浓"呢。

卡罗琳记得，父亲曾在一个晴朗有霜冻的冬夜，带她上大街去看星星。"指给我看天上最美丽的星座。接着，我们又一起长时间地观看一颗当时肉眼可见的彗星。"[16]这一体验看来深深进入了她的潜意识，因为她后来对研究彗星真的情有独钟。她还记得曾观测过一场日食——为了不伤眼睛，是从一桶水中看太阳倒影的。[17]她还赞美父亲慈爱地帮助威廉学习，对儿子"**鼓捣出来的种种家把什**"（指小威廉动手制作的科学模型——卡罗琳写的英文一直都带着些德文词，说话也总脱不了德国口音，不过倒都蛮受听的），更是喜欢得什么似的。此外，她还特别记住了一样东西，那是一只光闪闪的黄铜地球仪。地球仪很小，只有4英寸，但是可以转动。"哥哥在上面刻出了赤道和黄道"，这在小妹妹眼中真是了不起的本事呢。由此可以看出，威廉从小就心灵手巧，让妹妹十分佩服。[18]她自己的理想是将来当一名独唱歌手，但除了哥哥威廉，她对别人都不敢说出来。

三　有家难归浪迹英伦

人们往往会记住父爱的表现，大概是由于当父亲的很少流露这种情感的缘故吧？艾萨克总是随着军旅在外面到处跑，将安娜留在家里，独自对付一个纷乱喧闹的大家庭，还得经常考虑经济的因素，在汉诺威城里搬来搬去。孩子们之间存在着严重的对立。受到母亲宠爱的雅各布，养成了自负、任性、颐指气使的脾气。不过正是因为有这个喜欢欺侮弟弟妹妹的大哥，威廉和卡罗琳变得十分亲近。他们的大姐索菲生活并不顺遂。由于人长得漂亮，早早便结了婚，但丈夫却是个"心花手狠"的人，婚后的生活成了梦魇。[19]卡罗琳年龄小，人又顽皮些，结果总是因为不听话而挨揍——母亲揍她，大哥也揍她，还被罚不让吃饭，简直成了家里的出气筒。据她说，威廉也有类似的遭遇。他在军营子弟学校里读书，无论拉丁文、希腊文、法文还是数学，成绩都很出色，但结果却是受到雅各布无休止的嘲弄。他的巧手也遭到哥哥挖苦。这个雅各布对什么都不肯上心，只对"音乐这门科学"下功夫，并自信已经有了"音乐大腕"的造诣（这并非信口雌黄）。[20]

威廉在年满14岁时，也加入了汉诺威的军乐队，与父亲和大哥同为乐手。他很快便用自己的巧手，制成了种种乐器，而且都做得很出色，有双簧管、小提琴、大键琴、吉他，不久后又制成了管风琴。他接着又开始作曲，并对记谱技术与和声理论产生了浓厚兴趣。他和雅各布都以青年独奏乐师的身份在汉诺威选帝侯的朝堂献艺，给人们留下了很深的印象。①

卡罗琳一直记得一家人在晚间进行的长篇大论的哲学讨论。讨论通常是在哥哥们演出结束回家后进行的。这时候，她总是待在自己的卧室里，静静地躺在床上，竭力地抑制住睡意倾听。对威廉在反驳不时咆哮的雅各布时的那种心平气和的沉稳方式，她会在心里悄悄赞美。据卡罗琳所记，"莱布尼茨（Gottfried Wilhelm Leibniz）和牛顿"两个姓氏总在起居室里大声回荡，"强度之大，到了母亲必须出面干预的程度"。[21]如果父亲也在家里，这种哲学讨论会变得更加喧闹，而且往往会持续到天亮。莱布尼茨和牛顿搅到一起，说明威廉和雅各布的争论事关微积分（微积分这一名称是莱布尼茨提出的，牛顿则将几乎相同的这一创造称为流数，而且拼命地捍卫着自己的居先权）。这两个人所发现的新的数学工具，对于研究曲线

---

① 威廉·赫歇耳有三件音乐作品被录成光盘传世，分别是双簧管C大调协奏曲、双簧管降E大调协奏曲和F大调室内管弦乐曲。[美国罗得岛州（State of Rhode Island）纽波特古典音乐音响出版社，1995年。]这些曲目的共同特点是曲调轻快，结构精巧，并不时穿插忧郁的慢拍乐段。两支协奏曲中独奏双簧管的快速复杂的旋律都写得很自信，证明威廉对涉及音乐结构的机动处理和对位技巧都很到位。看来正是这种禀赋，后来他将自己的精力引导到研究星体和星座的结构上——也就是说，从研究声音的和谐，转移到研究天体的和谐。——作者原注

和变化率很是有用的，因此，在计算行星的轨道和彗星的狭长路径时，可说是必不可少的。这一家人真称得上是非常人家呀。[22]

1755年11月，5岁的卡罗琳体验到了里斯本（Lisbon）大地震①带来的恐慌。这场地震居然传到了离里斯本好远的德国。据卡罗琳所记，当时他们所住的军营都摇晃起来："我看到爹妈都惊呆了，一句话也说不出来……哥哥们都跑了过来……[全家人]都让这场地震吓着了。"[23]里斯本有3万多人死在这场灾难中，欧洲所有城市都有震感。许多人因此考虑起上帝（或者说造物）是不是仁爱、是不是理性的问题来。也有许多人从这一事件中，看出人类需要掌握新的科学知识。大量探讨此类内容的著述应运而生，伏尔泰（Voltaire）的《老实人》即为其一。②对于地震，卡罗琳始终怀有一种近于迷信的恐惧，据她说，若干年后她父亲去世，当她站在遗体旁时，便觉出了一波震感。[24]

1756年春，汉诺威的步兵团调防到了英国，为从汉诺威来到英国兼任英王的选帝侯乔治二世效力，此时威廉未满18岁，卡罗琳刚刚6岁。也就是从这一年开始，英普同盟与法国开始了一场旷日持久的对垒，虽然时断时续，但很耗费国力，并最后导致了七年战争。③这场战争使赫歇耳一家人的命运发生了巨变。家里的男丁都得入伍，雅各布试图在汉诺威管弦乐队里给家里不管谁谋一份乐职，但是没能成功。卡罗琳记得，当时家里笼罩

---

① 里斯本大地震发生于1755年11月1日早上。这是人类史上破坏性最大和死伤人数最多的地震之一。对地震的科学系统的研究当时尚未开始，因此其震级无法确知，但估计很可能达到里氏9级。大地震后随之而来的火灾和海啸几乎将整个里斯本夷为平地，也令葡萄牙的国力严重下降。它造成的影响首次被大范围地进行科学化研究，标志着现代地震学的诞生。这次事件也被启蒙运动的哲学家广泛讨论，影响到了哲学和无神论观念的发展。——译注

② 《老实人》，启蒙运动时期的法国哲学家伏尔泰写于1759年的一部中篇讽刺小说。书中的主人公康迪德是一名心地纯朴的青年，过着受庇护的生活，并信奉老师的乐观主义。然而，安逸的日子突然终止，他的乐观主义也在对世间的巨大艰难的见证和体验中渐渐幻灭。书中固然有大量的虚幻情节，但也提到了里斯本大地震的真实情况，并透过它讽刺宗教信仰，讥笑神学家。此书有多种中译本，也有译为《赣第德》或《甘第特》等书名的。——译注

③ 七年战争，欧洲两大军事集团（一为英国-普鲁士同盟，一为法国-奥地利-俄国同盟）之间在欧洲大陆、地中海、北美、古巴、印度和菲律宾等地进行的一场亚世界战争，因发生时间计达七年（1756—1763），故得名七年战争；又因敌对双方的主角分别是英国与法国，也称英法七年战争。——译注

着沉闷的气氛，大家都竭力不发出声响。"亲爱的父亲人瘦了一圈，脸色很差。威廉哥哥一向纤瘦，当时又在长身体，因此也弄得和父亲差不了多少。雅各布哥哥呢，我只记得他跟什么都过不去。"男人们都走了，家里只剩下3个孩子，包括还在襁褓中的弟弟迪特里希（Dietrich）。

卡罗琳将这段家庭生活波澜生动地写进了她的《卡罗琳·赫歇耳回忆录与书信集》："军人们在街上喧闹连天，军鼓声不绝于耳……这么闹了一阵子，随后就都消失了。我和妈妈孤零零地待在屋子里，不知道如何是好。弟弟迪特里希躺在屋角的摇篮里，我一个劲儿地哭泣，妈妈也是如此，可我们都说不出话来。"随后，卡罗琳找到一方父亲的手帕，冲向母亲——她一向惧怕的母亲——做出了一个温情的表示：将手帕展开，自己拿住一角，将对角轻轻塞进还在流泪的母亲的手中。这使她们的心有了沟通，至少是在共同悲伤的心情下形成的沟通。"这小小的一塞，竟让母亲的脸上现出短暂的一阵笑容。"[25]

汉诺威步兵团受命开往英国肯特郡的梅德斯通（Maidstone）驻防。雅各布将领到的军饷基本上都花来添置英国时下流行的服装，威廉多用于买英文书，而艾萨克则将津贴寄回家供安娜和家里几个小娃娃的用度。威廉喜欢上了这个国家，开始学习英文，还交了几个本地朋友。也就是在这时，他初步显露出打算在牛顿的国家开始一种完全不同的新生活、一种更自由的生活的迹象。不过，此时他还只是悄悄地憧憬，而他的同胞亨德尔已经这样做了。翌年春季，汉诺威步兵团调防返回德国，与入侵的法军作战。雅各布在行装里打进了一套剪裁入时的英式服装，威廉的行囊中则多了一本约翰·洛克（John Locke）的《人类理解论》①[26]。

卡罗琳记得父兄们回家时的情景。那是1756年12月的一个寒冷的冬日黄昏。[27]母亲安娜正在准备一餐团圆饭，让6岁的卡罗琳前去步兵团进城的地点迎接父兄们。但当时天色已晚，人又多又乱，她没能接到人，只好胆战心惊地一个人返回家中。"我找了又找，累得不行了，也冻得不行了。回到家时，看到一家人都坐在饭桌前，可除了威廉，谁都没搭理我。"在她的印象中，除了威廉，其他人没有一个注意到她根本不在家里。二哥的

---

① 有多个中译本。——译注

举动，卡罗琳永远不会忘记："威廉，我亲爱的哥哥威廉，马上将刀叉丢下跑了过来，蹲到我的身边。这让我把所有的悲伤都忘光了。"[28]

雅各布被批准复员，这对他适逢其时。不过威廉和父亲还留在步兵团里，并参加了哈斯滕贝克战役。这一场迎击入侵法军的恶战，就发生在汉诺威城外25英里远的哈斯滕贝克（Hastenbeck），时间是1757年7月26日。当时在这一带有6万名法军，指挥官是有公爵封号的埃斯特雷元帅（Duke of Estrées, Louis Charles César Le Tellier），英普同盟一方的司令官是有将军头衔的英国亲王坎伯兰公爵（Duke of Cumberland）。这一战役以后者实施战略撤退、向西进入佛兰德地区（Flanders）结束，汉诺威遂被法军占领。赫歇耳家里住进了16名法国步兵。[29]

赫歇耳一家赶快商议对策，结果是决定让威廉（当时只有18岁）偷偷离开德国，而且不再回来。在卡罗琳当时的记忆中，这次出逃是一次急匆匆的秘密外出，很有一种神秘气氛。她站在大门口处，不安地看着这场道别，大人们嘱咐她不许说话，以后也不能说出哥哥的去向。"二哥悄悄来到门口，静得像条影子，整个身子裹在一件长大衣里；母亲跟在他身后，拿着一个小包，里面包着几件衣服和杂物"。[30] 在潜过法军设在市郊黑伦豪森区（Herrenhausen）的最后一道警戒线后，威廉便北上来到汉堡（Hamburg），最后乘船抵达英国。就在快要离开德国时，雅各布也来与他会合，两兄弟一起囊中空空地到了伦敦。他们靠给人抄写乐谱和教授双簧管吹奏过日子，有时也能找到在一些小型乐队演出几场的机会。他们还在肯特郡的皇家坦布里奇韦尔斯（Tunbridge Wells）开过一次成功的音乐会。威廉的晚间时光是在勤奋阅读中度过的。他读小说、数学著述，也读音乐理论作品。罗伯特·史密斯的《和声学》、詹姆斯·弗格森刚问世不久的热门作品《用牛顿定律诠释天文学》等，都是他苦读的对象。[31]

到了1759年秋天时，雅各布熬不下去了，便将两个人的共同积蓄卷走，一个人溜回了汉诺威。回来后，他在公国的宫廷管弦乐队找到了工作。[32] 威廉则一个人留在英国。就这样，这个21岁的年轻人第一次完全独立，过起了孤独却自由的日子，靠着自己的能力，在自己选择的国家安身立命。他有一种不为人知甚至也不自知的禀赋，正等待着喷薄而出，这就是他的天文学才具。在其后的5年间，他几乎断了与家人的所有联系。

威廉不在德国期间，卡罗琳一直郁悒寡欢。事过境迁后，她意识到这是因为在全家人里，只有威廉是关心她的人。而二哥长时间不在家，更使他的形象在卡罗琳心中臻于高大完美。在家里她的处境越来越差。汉诺威还是被法国人占领着，食物供应相当紧张。她仍然继续上军营办的学校读书，但数学和语言的课程都成了被禁科目。家里人也越来越将她当成使唤丫头。她得织很长的羊毛长筒袜，得洗衣服，得给母亲代笔向还在战场上的父亲写信。卡罗琳文笔虽然不错，但这一才能却很少给她带来快乐。正如她后来在自己的回忆录中所说的那样："我常常得给人代笔写家信，不单要代母亲写给父亲，还要代许多邻居写信，这些人多数是穷大兵的老婆，都有话跟她们在兵营里的男人絮叨。要知道，在上世纪初时，德国的乡下女孩子们大抵都不上学，不会读书写字。"[33]

此时，她的父亲已经成了战俘，这让雅各布当了几个月的实际当家人。他把这个家"操持得秩序紊乱"，自己要住大房间，还总欺侮小妹妹——"因为我这个小可怜儿不肯给他跑腿，也不肯侍候他吃饭，结果挨了好多次鞭子。"[34]1760年夏，父亲终于从战场回到家里，但人已经垮掉了，在战俘营里熬过的几个月，永远地毁了他的健康，让他患了哮喘病，心脏也出了问题，再说又已经是53岁的人了。[35]如今，他除了还给几个学生上一些音乐课之外，总是闷头抽他的烟斗，家里的事情全听妻子和长子安排。然而他还是设法将威廉不在家的状况登记为在国外继续从军。1762年3月29日，奥古斯特·弗里德里希·封·施珀尔肯将军（August Friedrich von Sporcken）正式签发了威廉的退伍通知书，[36]不过这名复员军人并没有归家。

卡罗琳的健康状况很差。她5岁那年染上了天花，11岁时又得了斑疹伤寒。还在恢复期里，母亲便不大理会她，听凭她上下楼时"手足并用地爬行，简直像个婴儿"，就这样煎熬了好几个月。[37]生这场病又得不到护理的最严重的后果是，卡罗琳的发育受到阻滞。她的姐姐和兄弟们都是瘦高身材，只有她自己身高还不足5英尺。[38]身材矮小不说，天花还永久地毁了她的面容。原来威廉心目中的那个惹人喜爱的小仙子般的活泼妞儿，如今变成了沉默寡言、一腔幽怨的小矮子，但她也同时变得日趋坚强和自立起来。据她自己表示，自她从大病的阴影中爬出来的那一天起，便"再也没有一整天都卧床不起的时候"。[39]

如今的艾萨克,已经将家长的责任基本上都卸给了雅各布。留在家里的孩子还有17岁的亚历山大(Alexander)、12岁的卡罗琳,以及可爱但健康状态不佳的7岁的弟弟迪特里希。父亲有时会教卡罗琳拉一会儿小提琴,让女儿快活一下("也让自己高兴高兴")。但他也悲伤地对这个小女儿说,她如今实在是"不漂亮也不富有",将来别指望能找到夫婿,看来是留在家里与双亲做伴的命。[40]

卡罗琳有意去学习制作女帽,但雅各布不同意,只肯让她学些简单的针线活,说能对付着缝补家常衣服什么的就够了。父亲一度有意让她"读完一整段学业",但母亲执意不肯,说从家庭环境考虑,总得现实些,也得"心肠硬些"。母亲更是不同意她去学法语,生怕她由此动了当家庭女教师的念头。[41] 同样地,小迪特里希想当一名舞蹈家的愿望也遭到了否决。安娜"不容分说地认定",要是威廉当时能少读点书,也不会落得个跑到英国去的结局。[42] 当家里在雅各布的坚持下雇了一名女仆后,这个人就被安排到卡罗琳的房间里,还让她们两个人挤在一张床上睡觉。但对卡罗琳来说,"生活并没有因此而改变"。她还是得照样干家务,照样嫁不出去,永远是家里的仆役。[43] 后来卡罗琳下了决心,不想按照当时的风尚大谈个人情况,结果将日记中宣泄这些悲惨年月中个人情感的内容全部销毁。她在后来写给弟弟的信中说道:"在又读了好多页这样的内容后,我觉得最好还是统统毁掉为佳。以后,我将根据我的记忆,只写家中和国外发生的与全家人有关的事情。"

事实上,她的这些经历却挥之不去地留在心底,如同多萝西·华兹华斯(Dorothy Wordsworth,1771—1855)一样。童年遭受的种种打击,注定她成年后个人生活仍将不会如意:"[迪特里希]大概会根据后来发生的种种事情看出,他的可怜的姐姐一生是如何苦苦挣扎而徒劳无功的⋯⋯在此类辛苦劳作中浪费年华,而好父亲却根本不打算考虑女儿长大后的归宿。"她当时觉得,她的将来恐怕无非就是"半死不活地拖过漫长的无望人生"。当然,这都是60年后回首往事时的感触了。[44]

1764年夏天,卡罗琳根本没能料想到的事情发生了。她惊喜交加地看到,她的威廉哥哥——"让我称他为我**顶呱呱的好哥哥**吧"——又回到了汉诺威。[45]

四　音乐家的特殊爱好

威廉·赫歇耳在英国的这段时间里都经历了什么呢？根据他断断续续写给雅各布的信函，还根据他后来陆陆续续对卡罗琳的讲述，可以大致得到一个总体印象，不过其中还是有不少空白。虽然他对伦敦抱有种种期待，肯特郡那里也有朋友，但他还是勇敢地只身北上，去到英格兰北部地区，通过关系谋到了达勒姆（Durham）民团一名乐师的职位；虽然是民团，并且就驻防在约克郡的里士满市（Richmond, Yorkshire），要服从达灵顿伯爵（2nd Earl of Darlington）的调遣，但仍算是平民机构而非军队建制，基本上是军队为民间尽责的一种安排。[46]这就是说，他利用从军时的关系，找到了一份平民的工作。很快地，赫歇耳便不再全天上班，只是应邀出演，此外还教些私人音乐课程，成了完全独立的自由职业者。他在利兹（Leeds）、纽卡斯尔（Newcastle）、唐克斯特（Doncaster）、庞蒂弗拉克特（Pontefract）等地演出，还在哈利法克斯（Halifax）当过管风琴师。他在这些地方的音乐成绩如何现不可考，只知道他总在路上奔波，经常是一人独处，有时会因思乡而落泪。

雅各布收到了威廉寄回的不少信件，邮戳表明发信地点散布在英国各处，所用的文字也不止一种，有时用德文，有时用法文，有时又用英文，视他写信时的心境和信中内容而定。信中有时还画着机械设计图样，有时还在文字中穿插些五线谱。从这样的写信风格中可以看出，赫歇耳的思绪极其活跃而灵动，有一个使各种表达方式和思维区域得以灵活接续的大脑：令他忽而文字、忽而机械、忽而音乐、忽而哲学地表达。[47]

1761年3月11日，他在约克郡写一封家书时，一阵悲哀袭上心头，致使他用了不很连贯的英文写出了这样一段话："我必须告诉你们，漂泊者的心里是何等的焦虑。天天的心烦意乱，只靠希望活着。多少个无眠之夜，多少次唉声叹气，多少次——对此无须遮掩——伤心流泪。"可是两个星期之后，他却在从森德兰（Sunderland）寄出的信中，以充满活力的法文字句，讲述自己刚刚遇到两位漂亮女郎，其中一位"真是绝色，堪称美的化身"，而她的长处，就是不断地脸红、不停地搔首弄姿，再加上会弹一点儿吉他。不过威廉也承认，他其实只同这两位女郎见过这一次面，通信联系却维持了一年多——这说不定还是孤独所致呢。[48]

当涉及哲学内容时，威廉会选用德文进行表述。他的行文是经过认真思考的，只是多数内容都不很开朗积极：爱比克泰德①的斯多葛教义、莱布尼茨的乐观主义（"最不可信的未必是不可行的"）、罪恶的起源、犯罪的本性、欧洲社会需要宗教的伦理原因（不是智力方面的原因），等等。"古往今来的哲学家中，一直都存在着一些能**超脱他们所信仰的宗教**进行思考的人物，他们是真正的自然神论者"。然而，在目前的教育环境下，"是不可能将全体国民造就为自然神论者的"。威廉也发表过自己对上帝的识见——用的是德文，他认为上帝是"**必须接受的**不可知性存在"。[49]这倒是个高明的结论。下过这个结论后，他至少便可以暂时不去理会什么有着人之形象的万物缔造者了。

他也曾多次思考过"灵魂永存"的问题，但思考的结果是认为（至少他是这样同雅各布说的）最好以先不下任何结论为宜。他的这一表态，表面上还是虔诚的，只是因为得不到有关的"可以理喻"的数据，只好暂时有所保留并以此为遁辞不去深究。这其实还是变相地站在了科学立场上："以我的管窥之见，远远无法探知全能之主的奥秘；**鉴于对这些奥秘的种种诠释，都含有无法解释得通的内容**，使我宁可以少知无识之身，有待万物缔造者有朝一日拉开遮在我眼前的厚重幕布，令我有大梦初醒般的顿悟。"事实上，"探知全能之主的奥秘"，一直是赫歇耳天赋的职司和快乐的源泉。[50]或许音乐是提供了他思考此类问题的方式之一，因为他曾以约翰·弥尔顿（John Milton，1608—1674）的《失乐园》为样板，写了一部音乐宗教剧，只不过未能传世。[51]

研究天文学是又一条"探知全能之主的奥秘"的途径。人生的真谛往往是黑沉沉的，但也会偶尔出现明亮的光点。大自然的法则也是如此。天文学观测给赫歇耳带来了无穷的解悟和慰藉："将整个自然世界作为一体看待，就会发现所有事物无不以最美妙的形式得到了安排。这正是我最喜欢的箴言——'天人一序'！"[52]

---

① Epictetus（55—135），奴隶出身的古罗马哲学家、斯多葛学派（又称斯多亚学派、斯多阿学派）——认为宇宙由神、人和自然世界共同组成的统一体——的代表人物之一。他的原作没能流传下来，现存著述是经后人编纂加工而成的。——译注

身处英格兰北部边远地区的威廉，不停地辗转于各个城镇演出。在时时于夜间独自穿过荒原泽地的途中，他会像在儿时一样，仔细观察头上星汉灿烂的苍穹。就这样，他对月亮熟悉起来，并在后来化为他著文表明自己属意于"举身赴明月"的想法。[53]在以后的岁月中，他还讲过几个他在这种环境下踽踽独行的故事。其中的一则，是他骑在马上读书入了神，竟然在马打趔趄时从马背上摔了下来。人是翻了个筋斗，不过还是双脚落地，而书竟然还拿在手中——堪为证明牛顿"圆周运动"定律的完美实例哟。[54]

就是在这一时期，赫歇耳开始进一步钻研起詹姆斯·弗格森的著作来。对这位出身于英格兰高地穷苦农民家庭，原本是个文盲，但后来成为天文学界实用成果最丰硕、普及天文学知识最杰出的天文学家，赫歇耳是极为推崇的。弗格森所写的《用牛顿定律诠释天文学》一书很受欢迎，曾多次再版发行。他还在后来发表的另一本包括自传内容在内的书中（1773），生动地讲述了自己迷恋上天文学的经过。他会在一天的劳作后，带上毛毯、拿着一串珠子来到旷野，躺在地上，在身旁的草地上铺上一张纸，用这挂珠串确定星体之间的视距离和分布形状。在得到这些数据后，他又借助一支放在大石块上的蜡烛的光，将这些距离和形状——绘在纸上，就这样制成了自己的第一幅星图。他说他将黄道（太阳在空间行进的路线）想象为一条贯穿于星辰之间的道路。渐渐地，他自学起天文学知识来，并动手自己制作望远镜。后来，为了在讲学时说明各个星座的情况和太阳系中各星体的各种运动，他还发明了其他一些辅助讲学的教具，如他称之为"黄道仪"的一种教具。

赫歇耳在孤身一人栖居的住所里苦读天文学著作，花在攻读恒星理论方面的时间越来越多。他将罗伯特·史密斯的两部著作——《和声学》及《尽善尽美的光学体系》（1738年，系一部附有天文观测插图的著述）结合到一起思考。[55]有关宇宙的种种问题，让他的头脑不得空闲。音乐、数学和星体之间存在着什么关系？月球上是否存在生命？太阳具有何种结构，又包含哪些成分？最近的恒星会有多远？银河系的形状和实际大小又当如何？诸如此类的问题，许多都反映在他的早期论文中，而且是他毕生探讨不辍的课题。

威廉快满30岁了，各种资料都表明，他过的是漂泊异域、形影相吊的日子。不过，这并没有使他陷入无精打采、得过且过的精神状态。当年得自父亲的军旅训练，还有他自己的敬业准则，都起着重要作用。他有着极为勤奋的工作态度，而且一生贯彻始终。请他一显音乐身手的机会越来越多，越来越经常化，报酬也越来越高。在哈利法克斯，他既指挥管弦乐队，又独奏管风琴，还私人教授音乐和作曲，此外还学起了意大利语。

进入青春期后，威廉有过一段健康状态欠佳的时日（对此，卡罗琳曾在自己的日记中忧虑地提及），但后来还是出落得一表人才：高个子，有派头，高高的额头透出一股睿智之气，深褐色的眼睛炯炯有神。至少从外表看，他是个快乐而合群的人。大家都看得出，威廉走到哪里都能交上朋友。他曾在一场音乐会上与刚刚即位不久的国王乔治三世的弟弟约克公爵（Duke of York, brother of the new King George）同台演奏——这位公爵拉大提琴（但水平不高）。还有一次，他应邀赴爱丁堡（Edinburgh），在圣塞西莉亚音乐厅指挥自己的管弦乐作品音乐会。在演出结束后的招待会上，他与哲学家大卫·休谟①不期而遇，结果是后者邀请他外出就餐。[56]赫歇耳身上有一股很招人喜欢的融朴实与睿智为一体的气质，使得这位来自德国的漂泊达人很有人缘。

赫歇耳这次重返汉诺威，是几个因素共同促成的。哈利法克斯的音乐生涯使他得到了生平第一个真正重要的发展机会，即可能成为巴斯市即将落成的八角大教堂的管风琴师。当时的巴斯正迅速发展为全英格兰最新潮的城市，就连博·布鲁梅尔②大概也不会看不入眼。音乐设施也一应俱全。在这种情况下，赫歇耳立即想到了哥哥雅各布和弟弟亚历山大。父亲生病的情况，他也早就听说了，还知道他可能会不久于人世。他对将另外两个年幼手足——卡罗琳和迪特里希——交给雅各布看管很不放心。[57]无论是出自哪些考虑，总之是才子威廉突然返回汉诺威，时间是1764年夏天。

---

① David Hume（1711—1776），苏格兰哲学家与史学家，哲学代表作为《人性论》（有多个中译本），史学代表作为六卷集《英国史》（有中译本，刘仲敬译，吉林出版集团有限责任公司出版，2013—2015年）。——译注
② Beau Brummell（1778—1840），英国19世纪初引领男子时尚的代表人物。男子打领带就是从他开始的。据说他每天会在穿着打扮上花费五个小时，还用香槟酒擦靴子。——译注

他告诉家人们说，他在途中骑马经过吕纳堡灌木林地带（Lüneburg Heath）时，观测到了一次日食。

卡罗琳此时已经14岁了。看到妹妹病后的发育情况，威廉一定着实吃了一惊，但一时也没有什么好办法。阔别家乡七载后，他只在汉诺威盘桓了十几天。这次回家没有太多的激情表露。身体明显不行了的艾萨克无法说动儿子留下来。儿子却提到让哥哥和弟弟都去英国搞音乐。至于对卡罗琳如何安排，大家这一次没有提到。威廉也知道，他这一走，就再也见不到父亲的面了。

在卡罗琳的记忆中，威廉结束这次短暂访问返回英国，真令她哀伤而无奈。威廉动身的那一天，正是她第一次领圣礼的日子。她穿了一件新的黑绸连衣裙，受到威廉一番大大的赞美，但雅各布坚持要她去教堂，不准她为威廉送行。当时的情景，卡罗琳一直都记在心头："教堂的门开着，里面坐满了人，去汉堡的马车将在11点时经过这里，把我的好哥哥带走……马车离教堂门口只有几步。车夫呜呜吹响了启程号角。这声音是如何摧残着我那早已撕裂的神经，以后长达几周的时日，我又是如何一天天熬过来的，这里就不再叙述了。"教堂里的仪式结束后，她一个人回到家中，穿着那身新衣服，手里握着婚姻不幸的姐姐索菲当年婚礼时手持的假花，"难过得像是生了大病一般"。[58]

1767年，这家人的家长因中风去世，威廉没有回来参加葬礼。他下一次再回汉诺威，是八年以后的事情。[59]

五　卡罗琳迈入新天地

1766年8月，威廉谋到了八角大教堂那名管风琴师的位置。是年12月，他在巴斯找到了长期住处。在等待教堂正式开放时，他在著名的"水泵房乐队"①找到了一份报酬优厚的工作。这个乐队的核心人物名叫詹姆斯·林利（James Linley）。巴斯当时的时尚娱乐中心就是"水泵房戏剧音乐中

---

① 巴斯有一栋名为"大水泵房"（Grand Pump Room）的宏大建筑，系因当初建在旧时罗马式温泉浴室提供热水的泵房处而得名，也因此派生出若干与之有关的建筑和建制。——译注

心"。林利的女儿伊丽莎白（Elizabeth Linley）是一名歌手，艺名"天使"，后来成为伦敦皇家大剧院的明星，并嫁给了剧作家理查德·布林斯利·谢立丹（Richard Brinsley Sheridan）。

进入"水泵房乐队"不久，赫歇耳便与林利起了龃龉。起因是乐队的一些事务安排。他们的争吵被小报捅了出去，一时成了巴斯当地的一桩谈助。事情看起来并不大，无非是歌手的安排和乐谱架的添置之类的鸡毛蒜皮小事，但真实原因可能是林利看到赫歇耳不是英国人，便打算占他的便宜。这样一来，值得注意的情况出现了，原来这位赫歇耳竟是位"霹雳火"，一旦点着了就不烧尽不罢休。他非但没有向林利让步，反而在当地小报《巴斯记事报》登出一份又一份的文告，抨击林利的音乐会。他一面公开指责林利"工于心计、心怀嫉妒"，一面又找来一位姓法里内利（Farinelli）的意大利女歌手唱头牌，搞起了一出对台戏，结果很是成功。

就这样，战火燃烧了整整一个演季，最后以林利主动与赫歇耳媾和告终，两人又开始联袂——这是双方都愿意的——在"大水泵房"演出了。当林利后来移居伦敦后，赫歇耳就成了唯一的领袖。这还不说，此时的林利已经成了赫歇耳的崇拜者，让自己的儿子奥扎厄斯·林利（Ozias Linley）跟赫歇耳学起了小提琴。后来，这位年轻人进了牛津大学，学的是数学和天文学，这恐怕也与赫歇耳不无关系。[60]

威廉在巴斯市北的里弗斯街租了一处普通住所，离"大水泵房"步行约10分钟路程。他还继续谱写双簧管乐曲，也仍然教授声乐、吉他、大键琴和小提琴，还指挥宗教剧的演出。1767年6月，雅各布前来巴斯看望弟弟，结果到了10月4日八角大教堂投入使用时，管风琴师和唱诗班指挥的空缺便都由雅各布顶了。[61]

就在这一天忙似一天的日子里，威廉的另一个鲜为人知的爱好迸发了出来。1766年2月，27岁的威廉·赫歇耳开始在他的第一本天文观测志中写入记录。他记录的内容有二：一是，一次月食；二是，金星的朦胧外观。[62]尽管弄音乐已经够忙的了，但他仍然一步步扎实地迈在自学成为天文学家的道路上。他刻苦攻读天文计算方法的书籍，钻研弗拉姆斯提德的星表和托马斯·赖特（Thomas Wright，1711—1786）对宇宙的构想。他还去听詹姆斯·弗格森1767年在"大水泵房"举办的天文学讲座，这样一来终于见到了自己崇敬的天文学楷模。[63] 入夜后，他会去里弗斯街上的小花园里观测星星，往往一看就是好多个小时。据说，他在晚上教学生音乐时，有时也会中断授课，领他们到外面去看月亮。他又开始扩大自己的武装——建成一个小小的折射望远镜库，搜罗来的都是旧货。他仔细钻研望远镜的构造。这让他回想起当年父亲不时对自己"鼓捣出来的种种家把什"所发的赞语来。

折射式望远镜是望远镜的一种，其观测方向指向被观测物体。它是伽利略（Galileo Galilei, 1564—1642）发明的，后来又得到了开普勒（Johannes Kepler, 1571—1630）和17世纪荷兰大天文学家克里斯蒂安·惠更斯（Christiaan Huygens, 1629—1695）的改进。这种望远镜的两端都安有凸透镜，贴近眼睛的一组（称作目镜）是活动的，另一端的一组是固定的。通过目镜的前后移动调整焦距。这类望远镜通常做成可以伸缩的单筒式，在双筒望远镜出现之前一直是军人和水手的常用之物。霍雷肖·纳尔逊（Horatio Nelson, 1758—1805）在1801年的哥本哈根海战中，使用的——或者说不肯使用的[①]——就是这种折射望远镜。指挥官在用它观察战场后，往往以将它啪地缩回最短长度的动作表示下了决心。

赫歇耳发现，在放大倍数不很高的情况下观测月亮或者行星时，折射望远镜是能够胜任的。然而，这样的望远镜有时会极难操作［有些望远镜的长度可达25英尺（8米）］，致使几乎无法用于高放大倍数下的恒星观测。透镜的弯曲表面会像棱镜那样，将来自星体的白光散开，形成包在星像边缘的彩色边条，造成图像变形和模糊。（这种现象有个专门名称叫作色差。）眼睛近视的人因为瞳孔边缘会有这种弯曲，因此在用肉眼观看星星时，就会产生这种视感。牛顿在剑桥大学时，便已经在自己的著名棱镜实验中观察到了这一现象，并因此发明了另外一种全新类型的望远镜——**反射式**望远镜。他向英国皇家学会捐赠了一台，放大率达40倍，长度却仅

---

① 纳尔逊是这场英国与丹麦-挪威联合舰队交火的海战中亲临战场的最高指挥官。在战事一度失利时，他接到督战的战场最高指挥从远处用旗语发来的撤退命令，但他不肯。这位曾在以前的战斗中失掉右眼的将军告诉旗语官说："你知道我只有一只眼睛，因此有理由会有时看不见什么。"随后，他拿起望远镜（单筒的）放在他的瞎眼前比画了一下，然后说道："我真的没有看到什么信号！"于是根本没有理会这一命令。这场激战以英方的最终大胜而告结束。此段掌故也成为美谈。——译注

有6英寸。[64]

18世纪时的英国天文学家多数是使用折射式望远镜的,除了航海目的之外,也很少涉足恒星观测。能够部分消除色差现象的消色差望远镜直到1758年才由约翰·多朗德（John Dollond，1706—1761）发明,又经他的儿子彼得·多朗德（Peter Dollond，1731—1820）改进后,才于世纪之交时开始得到广泛使用。[65]新被任命为英国皇家天文学家的内维尔·马斯基林,只对月食、行星凌日和彗星的往来等几个有限的方面比较关注,而将格林威治天文台的工作重点定为编纂海员航行时所用的星表和经度的精确测定上。他认为,既然他的老前辈约翰·弗拉姆斯提德多年前已经在格林威治天文台绘制出了详细的星图,他在自己这一任上所要做的,只是对其中31颗星体保持定时观测也就够了。[66]

还在骑马夜行于荒原泽地之时,赫歇耳的兴趣范围便已经不仅仅限于太阳、月亮和当时为人们所知的共含六颗行星的太阳系,而是跨到这个家族以外的远方。他真是有漂泊者所需具备的勇气、好奇心和想象力。他的人生使命就是促成,就是前进,就是探索。渐渐地,他开始考虑起使用牛顿式反射望远镜进行天文观测的可能性来。这种望远镜的工作原理与传统的折射式望远镜不同,借助的不是简单的视角放大,而是所谓聚光能力。从这种仪器的名称便可以推知,反射式望远镜的主要部件是一面大镜子,或者应当说是凹面镜,表面是高度抛光的。这样,它会将来自星体的光线敛集起来,得到比肉眼直接观测时远为明亮的图像。通过安装在侧壁处的一个简单的可调节目镜,便可以看到光线被集中后的图像,不但十分明亮,而且几乎没有色差。

除了提高望远镜的放大倍数这个一向受到关注的问题之外,赫歇耳还想到了天文观测的另外一个方面,这就是所谓"空间穿透力"。对于这个概念,罗伯特·史密斯已经在他的《尽善尽美的光学体系》一书中有所涉及。[67]因循的天文学家一直到18世纪都还固守着一向的传统,将对星空的观测处理为看视一个面上的存在——更准确些说,是有如从内部仰望一个球形穹顶上由星座构成的装饰图案。弗拉姆斯提德的杰作《星图集》1729年出第一版时,就是将星空分成一块块的,然后——绘在对开的书页上。此书于1776年再版时,也仍然保留了这一传统的表现星座的欧洲天文学方式。

在这本《星图集》上,每两张对开的书页上都印着一个星座。每个星座都以一个或者几个神话中的角色冠名,而相应的形象也在图上画出轮廓。属于该星座的已知星体也都一一在图上标出并给以名称,具体做法是先给出所属星座的名称,继之按其明亮程度由亮至暗地按照希腊文字母表的顺序拨给字母。比如说,对猎户座内最明亮的恒星(位于该星座的肩部位置),给它的名称就是猎户座α星,又写作猎户α①;金牛座ζ则是金牛座中一颗三等星——一颗后来引起赫歇耳关注的星体。②

不过,赫歇耳此时开始钻研的是,将星空设想为有厚度的所在,即**所谓深度空间**。他希望有一架可以深深窥入天空内里的望远镜,像钻进水面下的海洋那样进行探查。对于这个任务,反射式望远镜是可以愉快胜任的,关键是得有足够大的凹面镜。然而,现有的凹面镜都很小(就连多朗德等人制出的镜面也都不大),而且即便如此,价格也十分昂贵。这使赫歇耳意识到,他得自己想法制造出大的反射镜来。要想得到尺寸又大、形状又合乎要求的反射镜面,制造的材料就不应当是玻璃,而是金属。

就在这个时候,赫歇耳的大哥和两个弟弟开始来往于巴斯和汉诺威之间。先是雅各布在父亲去世后,于1767年夏天前来,不过在"大水泵房"开了一次专场音乐会后,又觉得还是回汉诺威过快活日子为好。小弟弟迪特里希第二年夏天也来了,当时是15岁。他在二哥这里过了一个舒服的暑假。最后是大弟弟亚历山大前来,并于1770年定居。[68]威廉随即搬了家,

---

① 实际上,位于该星座底部的猎户座β星比它还稍亮一些,只是在当初命名时未能确定正确的明亮顺序。又:这两颗星在中国古代天文学中被划归参宿(位于黄道和天赤道之间的星空区域之一,这样的区域共有28个,故称28宿),分别得名为参宿四和参宿七。——译注

② 在制造于18世纪的有代表性的太阳系仪上,会做出当时已经为人们知道的六颗行星,即水星、金星、地球、火星、木星和土星。木星的几颗已知的较大卫星和土星的光环也做了出来。这六颗行星都绕着位于中心位置的太阳运行。有些太阳系仪是用机械装置控制的,也有的用烛光表示太阳。在弗拉姆斯提德的《星图集》上,所有的星座都得到了表示,赫歇耳早期最钟爱的猎户座、仙女座和金牛座都在其中,相应的神话形象的轮廓也一一得到了勾勒。该星图上共标出了3000颗星体。现代最先进的哈勃空间望远镜则发现了大约1900万颗。尽管如此,将星空表现为分布在穹顶形面上的一系列星座的表现方法,迄今仍然是最常用的。比如,最近修复的纽约市中央火车站大厅的弧形屋顶上,就仍然以这种方式表现着星空,效果很是壮观。——作者原注

住到了新金街（New King Street）19号①，比原来的住处宽敞了些。他将亚历山大安置在阁楼住，自己住在第二层，又将客厅装修了一下，并添置了一架新的大键琴，就在这里教他的声乐课和器乐课。

这些年来，威廉始终放心不下卡罗琳。这一点大家都看得很清楚。终于，到了1772年春天时，在与亚历山大长谈后，他给家里去了信，征求卡罗琳的意见，问她是否愿意住到巴斯来。此时她已经21岁，按照法律规定已经是有自主权的成年人。威廉预见到母亲和雅各布一定会反对这一提议，因此信中的内容只是一五一十地跟他们算经济账。据卡罗琳回忆，信中提到的只是让她先来威廉这里试着生活一段时间，看她"是否能在哥哥指导下成为歌手，为他的冬季音乐会和宗教剧演出出力"，又表示要妹妹前来料理家务。信中还说，如果在这里两年后她"还达不到我们的要求"，就再将她送回汉诺威。而最最重要的一点，是信中对天文学只字不提。[69]

卡罗琳当然巴不得如此，但她母亲说什么都不同意。雅各布自然也不赞成。"我可是铁了心，坚决要抓住这个改变命运的机会。可雅各布却把这件事当作笑料……[其实]他只听过我说话，从来不曾听过我的歌唱。"[70]卡罗琳决定采用自己的方式表示不肯屈从。她开始练唱宗教剧中的独唱曲目，但是"嘴里衔上一块东西"，好让自己的声音不让别人听见。她还偷偷为迪特里希织了不少双棉线长筒袜，"至少够他穿两年"。

威廉明白他们反对的真心，因此又往汉诺威跑了一趟，答应定期给母亲送钱来，好让家里再雇名女仆顶卡罗琳的缺，这才得到了她的允准。不过，无论威廉怎样努力，却始终得不到雅各布的同意。当时他人在哥本哈根，参加为丹麦女王举行的宫廷演出，但还是写了不止一封言辞激烈的信回来，"通篇都是不满和责备"。威廉索性不去理会，带着"没有得到大哥同意的"卡罗琳动身了。这一天是1772年8月16日。从这一天起，威廉就是这一家人事实上的家长了。

这时的卡罗琳几乎不会讲英语。因为生过天花、娃娃脸上落下破相痘

---

① 这处住宅现仍保存完好，门牌号码也未变，并已辟为赫歇耳博物馆，是巴斯市的又一处名胜。——译注

疤的缘故，人变得害羞得不得了。由于身高不足5英尺，有时看上去简直像是德国童话中的小精灵。她总是精神饱满得像个孩子，也像孩子那样调皮。从流传下来的、当时她的一张剪影小像看，她也确实就是这样的人。从侧面看，她的形象很不错，十分活泼，简直有点像个男孩子，只是嘴唇厚了些，还有点嗽，不过小小的下巴线条很利落，显现出一副坚强的模样。她还生着满满一头浓密的卷发，长长地一直披落到肩上。她也就在这个部位用一根丝带将头发绾在一起。总之，她浑身散发出一股朝气。

对能前去英国，卡罗琳真是兴奋得不得了。一路上，她睁大了眼睛观察，细心地记入日记，表现得像个快活的毛丫头。在荷兰时，她的帽子被风吹进了运河，露出了她值得自豪的浓密卷发。到了夜晚，威廉同她一起坐在马车顶上辨识星座。在从德国汉堡到英国诺福克（Norfolk）的航行途中，他们搭乘的英国海船有一根桅杆被暴风卷跑了，结果只好在离诺福克港不远的大雅茅斯（Great Yarmouth）——后来狄更斯（Charles Dickens，1812—1870）写小说《大卫·科波菲尔》时，就让书中人物小艾米丽住在这里——抛锚，让乘客连人带行李换乘舢板，由水手划桨冒着风浪运送乘客，再由两名强壮的水手将他们"像扔皮球似的"弄到岸上。

快到诺里奇（Norwich）时，他们乘坐的驿车马匹因受惊疯跑起来，将他们"甩进一条干沟"，行李却还在车上。在伦敦，他们在大街小巷里穿行，参观了圣保罗大教堂，漫步在泰晤士河岸，欣赏了万家灯火，浏览了大小店铺。不过威廉只在经营光学仪器的橱窗前驻足——"我不记得在别的店铺停留过"。兄妹俩终于乘马车在夜间抵达巴斯。一路算来，他们在11天的行程中，只有两个夜晚是有床可睡的。这使卡罗琳揣度，她将来和哥哥一起的生活，说不定就会是这个样子呢。"我简直只剩一口气啦。"她在日记里这样写道，不过是以胜利的口气写的。至于威廉，他对这整个旅程只写了一句话："带着妹妹回到英国。"[71]

六　天文学家兼任技师

如今，威廉总算设法将卡罗琳领进了一片新天地。早上7时，他将妹妹叫来吃早餐时，便开始教她英语和算术了。他还告诉她要"学会记账，管好日常的银钱收支",并要求卡罗琳一天得跟他上三节声乐课,得学习弹大键琴,还得做饭和浆洗衣服。她和亚历山大都住在阁楼上,但有客人来时须得在客厅里周旋。

威廉很喜欢自己的妹妹,但同时又对她极其严格甚至严厉。卡罗琳还几乎不会讲英语,仅能期期艾艾地挤出来的几句,还都是"在前来英国的路上鹦鹉学舌的结果",但哥哥仍然坚持让她一个人去巴斯的集市采买。[72]这一来她便发现,自己是"一个人处在诸多卖鱼妇人、卖肉屠夫和提篮小卖者的人流中",还得同给他们烧饭的"那位动不动就发脾气的威尔士老婆婆"尽量处好关系。她有一种感觉,就是处在下层社会的英国人,对外国人普遍怀有一种"天生的反感"。[73]不过她自己也不太客气,她很快就讨厌上了邻居中的一个好倚老卖老的布尔曼太太(Mrs Bullman)而不去理会她,认为她"比木头聪明不了多少"——"木头"是卡罗琳特别爱用的口头语。[74]

刚来的一阵子她很想家,只好极力管住自己的思乡病。不过她表现得很坚强,渐渐地适应了新的环境。每天早上6点刚过,她就将早餐准备好了("对我来说是太早了,因为我总喜欢彻夜不睡"),接下来就是记账、出门采买、浆洗衣服、3个小时的声乐课程、学英语、习算术、抄写乐谱、在客厅练琴、朗读英文小说。[75]"作为一种休息",她会同威廉谈天文学,而且只谈天文学。她始终记得"我们一起乘马车路过荷兰时,在晴朗的夜间学认星座的情景"。不过她也没有忘记,威廉曾保证将自己训练成职业歌唱家,为的是将来能够自立。

这兄妹二人,哥哥是34岁的单身汉,颀长英俊、抱负十足;妹妹时年22岁,矮小、羞涩、乖僻,以前从不曾跨出汉诺威半步,但心中一直深埋着强烈的向往和憧憬。要在新的共处环境中实现新的融洽和谐,是需要一个过程的。一开始时,这两人的关系看来规矩十足,简直有些形同父女。在许多方面,威廉表现出一种"耗缩性"——每天刚开始时活泼健谈,而随着与人们周旋了一天,到了晚上便冷漠寡言了。"一到晚上,我便很少能见到哥哥……他经常是将自己关在卧室里,躺在床上,床旁放着一杯牛奶或者清水,再加上史密斯的《和声学》和《尽善尽美的光学体系》,以及弗格森的《用牛顿定律诠释天文学》等,最后就伴着这几本他最钟爱的书籍入梦。而他早上醒来后想到的第一件事，是如何弄来天文仪器，好用来观测他刚从书里看到的东西。"早餐期间，他总是给卡罗琳"大讲特讲天文学"。[76]

威廉对妹妹十分关爱，但有时也很不客气，不过都是出自以自己认为正确的方式进行培养教育的用心。他可以转瞬间变成毫不留情的学监。在卡罗琳这方面，她对二哥是又爱又敬，但又十分惧怕，而且对他也日益不耐烦起来。威廉的要求真是近于苛刻，总是要求妹妹提高质量：英语要过关、数学要加强、音乐要出色、天文要上乘。不过，一来二去地，小妹妹开始嘲弄和批评起比自己大出许多的二哥来，同时也更被后者依赖了。威廉在每天写给妹妹的便条和嘱咐中，开始出现了亲昵的称呼，常常称她为"琳娜"——既是她的昵称，又与月亮一词相近①，有时还在前面打趣地加上一个法文词"Lina adieu"（亲爱的），要么就是写成希腊文——"记得你好像会希腊语哟"。[77]卡罗琳则一直将威廉称为"我最亲爱的哥哥"或者"我的好哥哥"。在她的心目中，威廉是将自己从德国、从母亲和大哥的禁锢中解放出来的大救星。不过到了后来，两人的关系起了微妙的变化，变得正如威廉曾经对内维尔·马斯基林所说的那样：哪个是行星、哪个是卫星，有时是难以说清的。

家务状况得到改善后，赫歇耳便开始在自家小院里夜观天象了。卡罗琳来到巴斯，使威廉有了较充裕的时间，可以自己研制望远镜。他先前曾租用了一台2.5英尺的格雷戈里式反射望远镜，但是口径太小。到了1772年夏天，他便开始自己试制一台18英尺的惠更斯式折射望远镜。它的镜筒是卡罗琳按照威廉的要求用多层草板纸粘合成的，但是因为太长了，所以总要打弯，简直像是大象鼻子。他们又换成用马口铁打成的镜筒，但是仍旧不理想。于是威廉便给伦敦写信，索要制造长度为5英尺的反射式望远镜的资料。得到的答复是，目前还没有人能够用玻璃材料制成适用于尺寸这样大的反射望远镜的镜面（最大只能达到5英寸）。鉴于这种情况，赫歇耳做出了一个重要的决定，就是将反射镜改用金属制品，并且自己铸造，自己打磨，自己抛光。第一步，他准备好了打磨和抛光

---

① Lina的发音与拉丁语的月亮一词很相近。——译注

金属所需的工具，是从当地一位名叫约翰·米歇尔（John Michel）的贵格派教徒那里弄来的。此人本是一名天文学家，退休后住在巴斯，潜心探讨种种难以为世人理解的学问，如空间中存在着某种连光线也无法射出的"黑洞体"之类。

从下面列出的1773年5个月间的几份购物记录，就可以看出赫歇耳的实验是在加速进行的。

> 5月10日：购天文学书籍一本，星表一份。
> 5月24日：购物镜一块，焦距10英尺。
> 6月1日：购目镜多块，并购马口铁筒，制成两根可伸缩的套管。
> 6月7日：购玻璃透镜账付讫；小型反射式望远镜租金付讫。
> 6月14日：租用3个月2英尺反射式望远镜的款项付讫。
> 9月15日：租用2英尺反射式望远镜。
> 9月22日：购置制造反射式望远镜的工具。请人铸出一块［反射镜的］金属毛坯。
> 10月2日：购置一块20英尺焦距的玻璃物镜和9块目镜。购得埃默森（Emerson）的光学著述①。照常上［音乐］课。[78]

1773年6月是赫歇耳试着自己动手制造这台大口径反射望远镜的时期。这台望远镜的反射镜是金属制作的，直径6英寸。[79] 制成这台仪器，过程十分复杂，工作量更是巨大，需要用黄铜和高纯锡的合金浇铸出凹面镜的毛坯，然后进行打磨和抛光。当时直径为3英寸的镜子倒还常见，但要制成直径6英寸，并且要求有合格形状的镜面，可需要前所未有的工艺水平。为此需要有一套合用的"家把什"。为此，威廉又回到了好动手鼓捣东西的少年时代，重显当年的热情与身手。

要制造金属反射镜，第一步是先得搞起一座生铁制的熔炉，还得有浇铸用的模具；模具还得是特制的。经过多次试验后赫歇耳发现，将马粪仔

---

① 可能是指英国数学家威廉·埃默森（William Emerson，1701—1782）所著的《光学基础》一书（1768）。——译注

细舂捣，等它干燥后，便成为没有细孔的模土，这是最适合的模料。[①]铸件做好后，下凹的镜面还得用手工打磨成形，磨料是"粗金刚砂加水"。有了所需要的形状后，最后一步是抛光，抛光剂"可以是油灰底子，可以是纯氧化锡细末，也可以是松香粉"。为了达到绝对光亮的反射面，抛光过程需要费上许多小时。这是件体力活，不但累人，有时还有危险，另外还得没完没了地干了试、试了再干。熔炼合金的炉子在使用时有爆裂的可能。赫歇耳还发现，抛光过程须得一鼓作气，有时就得一连干上好多个小时。[80]当进行到抛光的最后阶段时，哪怕是停上几秒钟，镜面就会变硬和起翳，到头来落得个前功尽弃。

所有这些工作，都是在新金街19号进行的。这样一来，好端端一所本来收拾得不错的房子（原本是为了创作和教授音乐的目的布置的），如今却成了气味杂、东西乱的一个烂摊子。刚开始时，卡罗琳让这种乱劲弄得不知如何是好："让我难过的，是几乎所有的房间都变成了作坊。一个木匠在打一个镜筒，可他干活的地方，却是在装饰得挺讲究的客厅里。我的感觉真是无法形容！亚历山大在调一台旋床，而这台用来车花纹、磨玻璃透镜的机器就放在……一间卧室里。整个一个夏天，干活归干活，音乐可也没有完全停下来。哥哥还总在家里排练。"[81]

一步步地，卡罗琳成了威廉最重要的帮手。她无论什么时候都可以工作，凡是动手的地方都出得上力。料理家务、去市场采买、与前来的学生和乐手打交道、给制造望远镜的种种工作"搭把手"，甚至还在威廉长时间地打磨镜面时给他读小说提神（仍然带着糟糕的口音）。[82]看来他们选择的小说，内容多是能让威廉对单调的工作有所排遣的：《堂·吉诃德》[②]

---

① 这种在浇铸金属反射镜时用马粪制造铸模的方法，一直沿用到20世纪。当人们于1920年在巴黎为拟用于加利福尼亚州威尔逊天文台的望远镜浇铸直径101英寸的反射镜时，仍然沿用了这一方法。而埃德温·哈勃（Edwin Powell Hubble，1889—1953）就用这台望远镜在1922年证实了赫歇耳有关银河系本性和大小的理论。可参阅盖尔·克里斯蒂安松（Gale Christianson）所著的《星云世界的水手：哈勃传》（有关原书及中译本信息见参考文献部分。——译注）一书。反射镜所需的精度从来就不是容易达到的。就以现代的哈勃空间望远镜为例，在它制成后，发现其外缘部分比设计要求少弯曲了2微米，结果是在1992年花了15亿美元的代价才纠正过来。——作者原注

② 有多个中译本，译名不尽相同。——译注

啦、《天方夜谭》①啦、《项狄传》②啦什么的，总之，不是奇妙的历险，就是异域的奇闻。威廉最喜欢的是十足历险而又壮美至极的《失乐园》，不过，卡罗琳看来还没能达到欣赏它的水平。③

有时候，卡罗琳为威廉的服务甚至会更进一步，将水啦饭啦什么的，喂到忙得腾不出手的哥哥嘴里。在工作最较劲的关口，这样的特殊照顾会不间断地持续16个小时。此时的卡罗琳就像是哺喂不懂事幼雏的母鸟。对于二哥痴迷工作时的拼命精神，妹妹有着正与反的交织情感，都在卡罗琳的日记中有所体现："抄乐谱和练音乐不说，我还得在哥哥抛光时照顾

---

① 有多个中译本，也有译成《一千零一夜》的。——译注
② 《项狄传》是一部由穿插着大量人物和杂谈的松散故事组合而成，系英国小说家劳伦斯·斯特恩（Laurence Sterne, 1713—1768）最重要的作品，写于1761年（有中译本）。——译注
③ 弥尔顿在他的长诗《失乐园》（*Paradise Lost*）里，描写反叛的天使所持的巨大无比的发光盾牌时，便用了如下优美的诗句暗指伽利略的折射式望远镜，以及他在望远镜里看到的月亮：

> 那个阔大的圆形物，
> 好像一轮明月挂在他的双肩上，
> 就是那个突斯冈的大师
> 在黄昏时分，于飞索尔山顶，
> 或瓦达诺山谷，用望远镜搜到的，
> 有新地和河山，斑纹满布的月轮……

（《失乐园》，第一卷，此外又在第三卷和第五卷中提到伽利略用望远镜做出的发现。）

[此处与后文同一著述的引文，均摘自朱维之的译文，上海译文出版社，1984年。文中的"突斯冈"指托斯卡纳大公国；"大师"指在此公国用自己发明的望远镜观测月亮的伽利略；飞索尔山（Fiesole，今译菲耶索莱）和瓦达诺山谷（Val d'Arno，今译瓦阿尔诺）均为此公国首府佛罗伦萨附近的山地，曾为伽利略工作的地方。——译注]
弥尔顿的这些诗句涉及伽利略当时在他的著名著述《星使》（*The Starry Messenger*, 1610）中确认的天体表面上存在"斑点"的现象。伽利略通过观测发现，月亮的表面上有起伏的山峦，还有形状不规则的坑凹，由此揭示出天体并非都呈完美的圆球形状，而神学家们所标榜的上帝造物必定是完美的圆球体（而且运行轨道也一定是正圆周）的观念是错误的。弥尔顿还用比较隐晦的文字，将月亮比作地球的盾牌，从而盾牌上交战时被击打出的痕迹，正对应着月面被打出的大小陨石坑。换成现代诗人，或许会对木星进行类似的描写吧。据弥尔顿自己说，他在青年时曾于1638年去意大利游历期间拜望过伽利略，并与之探讨新的宇宙观："就在那个地方，我查找到了伽利略的下落，并去拜访了这位名人。彼时他已入老耄之年，还是宗教裁判所的囚徒，已经不再接触宗教教义，只是进行天文学方面的思考。"[约翰·弥尔顿：《论出版自由》（*Areopagitica*，1644）]——作者原注

他，有时还不得不喂他，将吃食一块块送进他的嘴里，好让他能**接着活下去**。有一次，为了弄完那块7英尺望远镜的镜面，他的双手一连16个小时都没能停下来……他在忙活时，只要是用不着动脑子，我还得给他读东西听，有时也要给他搭把手。一步一步地，我也成了这个作坊里的一个有用的人，像是第一年进师傅门的徒弟小子。"[83]

过了若干年后，英国进入了维多利亚女王（Queen Victoria, Alexandrina Victoria, 1819—1901）治理的时代。生活在这个新时代的画家，将这对兄妹合作的场面绘进了自己的作品。不过画面上的环境可是既舒适、家庭气氛又浓厚的：在一间优雅的客厅里，一男一女默契地配合着工作，旁边的一张桌子上放着饮料和小吃，可实际情况并非如此。他们加工反射镜的壮举，是在新金街住所的地下室进行的，那里没有取暖设备，地上铺的是石板，反射镜放在一张工作台上。围在威廉和卡罗琳身边的，只是些工具和化学药品，外加马粪铸模散发出的特有的刺鼻气味。工作肮脏，单调而累人。他们在干活时穿的衣服破旧而肮脏，举止中也顾不上平素的居家礼数。[84]

在卡罗琳的日记里，这个时期的记录仍与平素一样，口气轻松并严于律己，但也表现出淡淡的幽怨。她将自己说成是威廉的"徒弟小子"，表明这是她对哥哥从内到外地服从，也揭示着她心甘情愿地接受了女不如男的结论。在她的心目中，威廉是她的"师傅"，不是疼爱她的兄长，也不是循循善诱的老师。从日记中还可以看出，她写自己是"第一年进师傅门的徒弟小子"——当时的学徒期通常是7年。虽说卡罗琳的介入是自愿的，但她干的活计也的确枯燥烦人，甚至还可能是令她害羞的。（比如说，当威廉在长时间干一件不能停顿的抛光活时，如何解决"1号""2号"之困呢？卡罗琳对此是怎样帮忙的呢？）日记中"小子"的提法，再一次泄露出兄妹关系中的问题。

在制造反射式望远镜的工作中，赫歇耳显露出常人难及的动手能力。他将音乐家的灵巧手指，和几近于无情的坚忍精神结合到了一起。有一次，他想将工具在房东的磨石上磨锋利些。房东的磨石放在院子里，而时间是在子夜时分。他坚持要这样做，结果一根手指的指甲被掀离，人痛得晕了过去。还有一次，铸件在地下室里炸开，一股白热的合金液体在石板地面上迸溅开，使石片纷纷破裂，两人险些都成了跛子。

1774年，赫歇耳成功地组装起了他的第一台5英尺长的反射式望远镜，它的金属凹面反射镜是自制的，直径6英寸，大小像只小菜碟。他自豪地在天文观测志里写下了这样一句话："12月夜间。我用自己造的望远镜进行了天文观测。"[85]可能是为了看上去与专业厂家制造的圆筒外形的折射式望远镜有明显区别，他让木匠给自己的望远镜打出一个八角形镜筒，用的是光滑结实的桃树芯木。再配上亮闪闪的黄铜目镜和辅助的定位镜①，看上去很像是一件做工讲究的乔治王朝②时代的家具，恐怕托马斯·奇彭代尔③本人看到了也会赞赏呢。

　　用上一用便立即可以判断出，赫歇耳造出来的这台望远镜，无论在聚光能力还是在成像的清晰度上，都是其他望远镜无法相比的。比如，他通过它发现，原来多少世纪以来为海员指示方向，又一直为诗人立为卓尔不群和坚定不移的象征而大力吟咏的北极星，其实并不是一颗而是两颗，也就是所谓双星。④对于这一点，当时的天文学家连这样想过的人都没有几个。这一观测结果在很长时间并没有得到官方认定。还是将近十年之后，也就是在1782年3月，赫歇耳才从约瑟夫·班克斯以英国皇家学会会长身份写来的信中得到承认这一发现的正式通知。[86]

　　赫歇耳在自家小院里研究的第一个天体是他当年旅行时的老伙伴——月亮。接下来，他又观测了天上最明显的两个云雾状存在，也就是被称作星云的天体。对于这种天体的具体情况，人们当时还几乎一无所知。其中的一个在仙女座，位于该星座中与仙后座相邻的一侧，相当于在仙女的裙裾上，用肉眼刚刚能分辨出来，在他的望远镜下显现为一个旋涡形的黄色

---

① 望远镜的放大倍数越高，视域便越小，会导致观测物体非常容易从目镜的视界中滑出，因此大型望远镜上都会加装一个很小的、放大倍数较低的辅助望远镜，先用它找到观测星体，然后再在主镜中观测，二者有如显微镜上调焦距的粗调螺旋和微调螺旋。——译注
② 乔治王朝系指英国从乔治一世至乔治四世的四个名字都叫乔治的国王接续在位的年代，时间从1714年至1830年。——译注
③ Thomas Chippendale（1718—1779），英国的一名巧木匠，创造出著名的奇彭代尔式家具。在赫歇耳生活的年代，奇彭代尔风格正处于风靡时期。——译注
④ 据目前所知，北极星是一个所谓三合一的联星系统，除了最亮的主星和威廉·赫歇耳在1780年发现的第二颗星外，又在1929年发现了第三颗星，它与主星的距离更近。——译注

小团。另外一个在猎户座，就在猎户的短刀刀锋下方再隔两颗小星星的位置上，发出的是一种神秘的略带蓝色的光。在赫歇耳的反射式望远镜里，星体的光与色都增强了许多。用不了多久，他便开始对行星和其他星体的种种光色大加描述了。19世纪的天文观测家托马斯·威廉·韦布（Thomas William Webb）曾经有过抱怨，认为赫歇耳"太偏好红色"。这的确是事实，但原因究竟是在主观方面，还是生理因素所致，或者是由于他的凹面镜的材料对光谱的长波端反射性能较好，至今也还没有定论。如今要是看一下由现代哈勃望远镜提供的空间深处的星体图像，就会发现它们的光色其实更加花哨了。[87]

打从一开始，赫歇耳的观测就表现出一种权威性，以及不怕与当前的天文学定见不合的挑战精神。他在1774年3月4日的天文观测志中这样写道："通过一台5英尺半的反射式望远镜，在猎户座的腰刀部位发现清晰的光点，形状与史密斯在他的《尽善尽美的光学体系》中所描述的有些接近，但并不完全相符……由此可以断定，恒星其实肯定不是恒定不变的。如果认真观测这一星体，很可能会得到有关其本性的知识。"[88]还是在他天文学生涯的初期阶段，赫歇耳便形成了宇宙是**变化着的**观念，而星云正可能有助于对这个问题的探索。从1774年到1780年，赫歇耳每年都会在冬天细细观测仙女座星云和猎户座星云，并细致地画出它们的形状，以时时检查是否有变化发生。①[89]

---

① 位于仙女座的这个大星云，如今的名称是仙女座星系，也简称为M31，距地球280万光年远，属于一个叫"本星系群"的大星系群——太阳所在的银河系也是其中的一员。另一个在猎户座内，位于被称为是"猎人腰带"——也有人称之为"猎人腰刀"的三颗亮星（也就是中国古代天文学定名为"福、禄、寿"的三颗星。——译注）下方的大星云（现在被简称为M42），是位于地球所在的银河系内的一个气体团，距我们只有1300光年。这两个简称中的开头字母M，源起于赫歇耳的同代人、法国天文学家夏尔·梅西耶的姓氏的首写字母，是1780年他在法国天文学界的年度刊物《天文知识年鉴》（*La Connaissance des Temps*）上发表了其汇集的68个遥远天体时所用的一个表明大类的总称。这些遥远天体究竟远到什么程度，当时的天文学家根本不知情。对于大得难以用日常的长度单位表示的距离，人们发明了新的表述方式：一是用光在真空中传播一年所能走过的路程，即所谓"光年"；一是在基于视差基础上提出的"秒差距"（1个秒差距等于3.26光年）。这两个名称都不十分理想。对宇宙的研究导致了一个值得注意的心理方面的副作用，就是觉得它越来越难以想象了。正如斯蒂芬·霍金（Stephen Hawking, 1942—）在他的《时间简史》（*A Brief History of Time*, 1988）一书（有多种中译本。——译注）中所说的那样，他一向觉得有关宇宙的各种量值是一种妨碍。——作者原注

星云代表着恒星天文学的一个新崛起的研究领域。在赫歇耳出生的18世纪40年代时,人们只知道30个星云;当他于18世纪70年代中期开始研究这类天体时,夏尔·梅西耶(Charles Messier,1730—1817)已经在巴黎将差不多100个星云纳入了自己的归类表;而赫歇耳将要完成的,是不出几年便在该年代结束时将这个数目扩大10倍,达到1000个以上。[90]当时人们对星云的构成、起因或者远近,都没有什么确切认识,一般都只将它们看作位于我们所在的这个银河系里的一些松散分布着的、没有什么变化的气体团,是上帝创世时用剩的下脚料,在整个宇宙中并没有什么地位。赫歇耳却怀疑这种观念,觉得它们可能是一些聚拢成团的恒星,只是距离非常遥远,还认为在它们的构成中,可能隐藏着认识一个全新宇宙的线索。

有时候,威廉要观测北方的星空,于是便会将望远镜从院子里移至住宅正门前面的街上,一面观测,一面让卡罗琳根据自己的口述做记录。1774年秋,詹姆斯·弗格森应公众要求,再次来巴斯举办天文学讲座,地点就在"大水泵房"。两兄妹都参加了。据赫歇耳本人的记录,当时他每天仍要教8个小时音乐课,卡罗琳也仍天天要练好几个小时的声乐。[91]不过威廉的音乐高足们会惊奇地发现,他们的老师往往会在晚上教最后一节课时,"放下提琴",一跃而起,跑到窗前去看某一组星星。据一名曾对此着实吃惊的学生回忆说:"他的[在里弗斯街的]寓所不像是音乐家住的,倒像是天文学家的住所,到处都堆放着星球仪、星图、望远镜等等,把钢琴和提琴都挤到了屋角,埋在天文器材和资料下面快要看不见了,好像是没用的家具似的。"赫歇耳自己也表示,有些学生曾"要求不学音乐了,想跟我改学天文"。[92]

再来说说汉诺威。安娜和雅各布仍旧不赞成卡罗琳的英国之行,威廉这里也照旧只字不跟他们提及天文学,倒是说卡罗琳在里弗斯街5号的一楼办起了一个女帽作坊以贴补家用,干得还不错,声乐学习也没有丢下。[93]1777年夏天,他独自一个人回德国时,又向这两个人保证说卡罗琳在英国过得很好。他还第一次瞒着别人,**用英文**给卡罗琳写了几封密信。信中有这样的话:"妈妈各方面都非常好。**根据我说的情况**,她同意你留在英国了。她说,只要你愿意,我也同意,你就可以在英国住下去。我真希望再看到自己[在巴斯]的家。就先写到这里。爱你的哥哥。威·赫……估计我能在9月14—16日前后回到巴斯。"[94]

卡罗琳一直没有停止声乐训练，还开始定期参加赫歇耳在"大水泵房"举办的音乐会。不过，用她自己的话来说，对自己的前途，她心里可是有"一种抑制不住的不安的感觉"。这是由于哥哥将越来越多的时间花在"他的那些光学和机械上"的缘故。[95]有一次，他们一起赴牛津演出，这次演出令卡罗琳记住的却只是归家途中的不安全感："我们两人骑在一匹马上，而威廉可不是什么出色的骑手。"[96]

有一次，威廉给了她10个几尼①——这可是一大笔钱，让她去买自己喜欢的晚礼服，好在演出时穿。还有一次，巴斯剧场的场主帕尔默（Palmer）先生很认真地告诉她，说她"令舞台生辉"，这句恭维话令她一生难忘。[97]1778年4月15日，她的姓名第一次出现在演出广告上，而且冠名是"首席独唱歌手"。她参加的是一场在巴斯新闻社举行的演出，内容是亨德尔清唱剧《弥赛亚》的选段。这场演出是威廉·赫歇耳自行组织的季末义演，显见这样登广告是哥哥要给她创牌子。演出很成功，使她得到了去伯明翰（Birmingham）那里的民间节日庆典举行独唱音乐会的邀请，时间是第二年春天。这是她得到的第一个职业独唱演出的机会。进入职业界自立的可能终于出现了，那时她28岁。然而，在与威廉商量后，她谢绝了这一邀请，表示她"只希望在哥哥指挥的情况下为公众演出"。意识到也好，没有意识到也好，她做出了这项决定，从此便将自己的未来与威廉联结到了一起。[98]

看来也正是由于卡罗琳做出了这一决定，威廉的天文观测从第二年，即1779年起，有了更严肃、更正规的表现。对此威廉有如下的记载："1月份。我为准备自己的天文学研究花费了很多时间，致使我决定少教一些[音乐]学生，一天不超过3名或者4名。"[99]他还给自己立下了第一个重要的天文学观测方向：为一种新天体绘制星表。这种新天体就是所谓双星。

---

① guinea，英国的货币名称，一几尼相当于21个先令，即1英镑零1先令。进入19世纪后不久，便不再流通。——译注

在赫歇耳之前，约翰·弗拉姆斯提德已经观测到了100多颗双星，但并不曾专门对它们——记录。这样的星体，天空中肯定还有很多。双星的重要性体现在可以利用一种叫作*视差*的现象，确定银河系中地球和太阳与其他遥远星体间的距离。①

虽说对于太阳系范围内的距离——比如地月距离和日地距离，特别是后者（通过对金星凌日的观测），人们已然大体掌握了。但是，对于恒星的远近，以及地球所在的银河系的尺寸，此时的人们仍然不得要领。比如康德便认为，天狼星（属大犬座，即在西方神话中为猎户座所指代的猎人身后的一条狗）有可能是银河系的中心，还可能是宇宙的中心，理由是它看上去在所有恒星中最明亮。[100] 事实上，它的明亮只由于乃是距我们最近的恒星之一——距离只有8.7光年。

当时的人们对宇宙规模的观念普遍都偏小偏低。地球的年龄便被认为最多也只有数千年（《圣经》派的估计是6000年），而宇宙则是在大地上"悬着"的几百万英里大小的存在。"恒星"都以亘古不变的方式运行着，它们的亮度（也就是星等）被设想为只是本身尺寸的函数，与离地球

---

① 解释视差就与帮助问路人一样，用图示方法要比用文字强得多。不过这里也不妨试一试后者。视差基本上就是将三角学上的计算用之于天上。恒星的视差是在某个时候从地球上测量某颗恒星的角度，然后在6个月后再测量它。在这半年中，地球在空间里会运行一大段路，由是构成了计算所需的基线。这颗星在此期间的角度之差——周年视差——就可以知道了。不过这只是理论上的考虑。事实上，恒星都在非常非常远的地方，因此这样得到的视差很小很小，导致误差很大很大，以当时的技术能力是无法得到可靠结果的。赫歇耳的想法是这样的：双星系统中的两个成员是相互绕转的（有些双星并不是如此，它们其实离得很远，但从地球这一特定视角上看起来似乎总是很贴近，这种双星称为**光学**双星。相互绕转的称作**物理**双星。本书中所提到的双星，大多是指后一种。——译注），因此可以在6个月期间提供较明显的视差。尽管如此，提供出足够可靠结果的视差直到19世纪才为英国天文学家托马斯·亨德森（Thomas Henderson）在1832年观测距太阳系最近的半人马座 α 星时获得，由此得知它是在4.5光年远的地方。德国天文学家弗里德里希·贝塞耳（Friedrich Bessel）接着又在1838年测知天鹅座61号星在距太阳系10.3光年的地方。这两人的结果都在1838年发表，由是引发了居先权之争。至于星系的远近，最早的结果是由埃德温·哈勃取得的。他是在20世纪20年代利用所谓"红移效应"得到这一结果的。不过值得注意的是，哈勃在晚年时又认为，当年自己用到的这一效应未必有如原先设想的那样可靠，因此星系的准确距离还值得进一步商榷。至于宇宙的"年龄"，目前学界的看法仍比较统一，认为当有137亿年。附带提一句，仙女座星系并不属于红移之列，而是"蓝移"，也就是说，正在向我们这个太阳系所在的银河系靠拢，有朝一日这两者会或者相撞，或者融合。——作者原注

的远近没有关系。这样一来，昏暗的星体便不是较远的，而只是相对较小的。这样的解释倒也完全说得通。根据这样的看法，恒星和行星间实际上彼此相当接近，于是乎，占星术中所宣扬的"相托相依"也就有了说头。总之，这样的宇宙并不很大，是个密切关联的存在，各个物体间也彼此联系紧密，而且基本上并不发生变化（彗星除外）。赫歇耳给出的解释却与之相反，既简单却又根本不同。

不过，在整个18世纪里，有关"宏大宇宙"的种种设想也出现了不少。托马斯·赖特的《创新的宇宙理论与设想》（1750），康德的《宇宙发展史概论》[①]（1755），都率先提出了在地球所在的银河系之外还存在着其他"宇宙岛"的可能，并认为有些遥远的天体可能是处于变化中的，而且从某种意义上说，整个宇宙还可能是"无限"的——尽管这个"无限"的真正所指并不很明确，又恐怕是只有上帝和数学才具备的属性。当然还得指出，他们的这种看法，当时并没有得到观测证据的支持。赫歇耳是赞同此类哲学观念的，并且很早就提交了一篇这样的理论性文章，后来由巴斯哲学社编辑发表，文章的标题是《臆想所得》。

此类开列种种臆想的文章，统统设想到一种可能性，就是在地球之外的地方，或许也会存在着生命；它们既可能生存于太阳系内部，也可能远在其他星体附近。比如，詹姆斯·弗格森便在他的《用牛顿定律诠释天文学》的开篇处提出，宇宙处处都存在着生命的明显迹象，只是未必都达到了繁盛程度："太阳有千千万万……加入它们阵营的世界也就会有万万千千……生息着不计其数的智慧生物，参与着精妙完美造物的无穷进步。"[101]他还进一步设想，宇宙间的生命形式尽管在外表上未必会与人类一致，但同样可以形成文明，掌握科学，而且还可能达到高出人类水平的地步。至于这些生命是否因处于基督教意义上所认定的"堕落"状态而需要自我救赎，天文学家则所见不一，不过很少有人自认为是现代意义上的无神论者。正如诗人爱德华·杨（Edward Young，1683—1765）在他的长诗《夜思》（1742—1745）中所说的："天文学家若是没了虔诚，也就等

---

① 直译名应为《自然通史与天体论》，这里是中文译本的书名（上海世纪出版集团、上海译文出版社，全增嘏译，2001年）。后文中此书的引文也摘自该中译本。——译注

于失去了理智。"①

因此，时不时地会有人另有别种设想：宇宙会不会很大呢？它会不会历经时间长得无法想象的演化呢？它是否会处于不断创生的状态呢？诗人伊拉斯谟·达尔文就是这样的一位。他在长篇诗作《植物园》(1791)里，就将创世的上帝放到了离他创生的世界很远的不起眼处。[102]

正是对外星生命的兴趣，使赫歇耳对月亮入迷不已。月球表面的山脉、坑凹、大起大落的地形和阴影处的光色，都显得神秘非常。当月亮处于新月或残月月相时，观测效果最佳（此时月面的细节会显示得最清晰），但此时月亮在天穹上的位置会很低，从他的小院里看不到。这时，他就会将自己的7英尺望远镜搬到门外的卵石路上去。1779年12月的一天，他正在街上这样"专注于观测月面上的山脉"时，一辆路过的马车停了下来，从车上走下来一位年轻绅士。一场有历史意义的会见就这样发生了。来人就是小威廉·沃森博士，是赫歇耳在英国结识的第一位重要人物，此时的赫歇耳已经41岁了，而小沃森只有33岁。

七　划时代的重大发现

后来，赫歇耳有板有眼地回忆了他们的相识经过："那是在一个晚上。月亮正处在对着我家的位置上。我将自己的7英尺反射式望远镜安装到街上……正在用它观测时，一位先生来到我站着的地方，停住脚步，打量着我的仪器。在等到我的目光离开目镜后，他彬彬有礼地请求我允许他从望远镜里看一下……告诉我说看得很满足。第二天一早，这位先生又来我家

---

① 这位爱德华·杨在这篇《夜思》（有关原书信息见参考文献部分。——译注）中还写出一段遐想，说在一颗远不可及的行星上有着生命的存在，他们的生活方式有些像是太平洋海岛上的原住民——不过与塔希提人可并不相同——

　　你能否设想得出，有这样一个孤岛，
　　微小如芥，很难在万千世界中注意到，
　　而且为苍莽空间的茫茫大海阻隔，
　　没有近邻，不靠陆地，
　　无法接近高尚的生活。

爱德华·杨：《夜思》，第九夜（最后一篇）。——作者原注

拜访，感谢我让他用我的望远镜观看月亮。原来这位先生是沃森博士（如今已经是位爵爷了）。"[103]

对这同一经过，卡罗琳所记的就不那么正经八百了。在她的记忆中，赫歇耳和小沃森彼此都一见倾心，当晚就迫不及待地走进屋里，"一直聊到第二天早上。从此，沃森来我们这里时，如果我哥哥不得闲，他肯定会一直等下去"。[104]

小沃森与赫歇耳结成了莫逆，全力支持他的工作，而且支持到肯帮忙舂捣制造铸模的马粪和浇铸反射镜的份儿上。没有多久，他在卡罗琳的眼中就有了"**差不多就是一家人**"的地位。[105] 在他的举荐下，赫歇耳以"光学仪器技师兼数学家"的资格加入了巴斯哲学社（没有提到他的音乐家资质）。同样也是在他的鼓励下，赫歇耳两年内向该学社提交了至少31篇论文，其中便有前面提到的《臆想所得》《论空间的存在》，以及更多的未必符合正统标准的月球观测结果。这些论文充分表明，赫歇耳的非凡智力已经将他本人推到了脑力活动的前沿。

此时他对宇宙形态的臆想已经到了十分非正统的程度。在他的论文中，有几篇若按今天的说法，就是设想出了若干"思想实验"。比如，他就在《论空间的存在》一文中（1780年5月12日在学社聚会上宣读），提出了一种令与会者吃惊的有关时间与空间的设想："惠更斯曾说过，有些恒星可能离我们实在是太遥远了，因此，尽管光线是以每分钟1200万英里这样不可思议的速度行进，这些星体创生时发出的光芒，至今仍还不曾进入我们的眼帘。这固然是个出众的想法，也是哲学家应当持有的，不过，我们［能够］将这样不得了的距离视为**无非只是想象而已吗？它会不会是抽象概念呢？空间果真是存在的吗？**"[106]

在对月球的臆想方面，他使人们注意到了一个问题，那就是科学观点的重要与否，是否必须要以其"正确性"为必然判据。赫歇耳提出的一个特别独特的设想就是，月球表面的环形山可能是智慧生命建造的圆环形城市。这样独特的外形，是月球"人"为了更有效地利用来自太阳的能量所设计的："在月面上将建筑设计成圆环形，自有它的道理。那里的大气要比我们这里稀薄得多，因此折射阳光（通过那里的云朵）的能力不强，而圆形构造就自然能对这一缺陷有所补救。以这样的形状，永远会有一半直接接受太阳光照，而另一半则得到反射光能。如果这样的话，或许月球上的每个大圆环，都是一处城镇吧？"①[107]

1779年，赫歇耳给自己定下了两个主要观测项目，即搜寻新的双星和新的星云并予以记录。此外，他还有第三项任务，就是寻找月球上存在生命的证据。这一项任务并没有完全公开。开始时，在好长一段时间内，他都不肯将有关月亮的这部分文章给英国皇家学会的马斯基林过目，但小沃森和卡罗琳都是知情的。赫歇耳想造出更好的望远镜，这第三个任务也是动力之一。

在赫歇耳的天文观测志中，有关月球的第一条记录是在1776年5月28日写下的，内容有长长的一段。他在这一记载中说："我一下子便认出了月亮上有处于生长阶段的东西，很可能是些小树林。"在阳光以特定的角度打到月面上时，一些阴影区看上去很像是山坡上的片片"黑土"。在另外一些区域，特别是在被称为"湿海"的地方，他看到了明暗杂陈的光斑，由此相信那里生长着大片"森林"，而且都是形成了巨大树冠的乔木——至少也应当是些"会生长的庞然大物"。由于月球上的重力小得多，这些"植物体"显然"在月球上长得比在这里硕大得多"。[108]

他还相信自己做出了其他一些类似发现。比如他认为，月面上有那么多环形山，说明其中那些较小的应当是"人"为的建筑："我对观测到的这一类物体思考了一下，结论几乎是肯定的，即月面上的这些数不清的小圆环，是月球生物建造起来的，应当是他们的城镇所在。"然而，真正

---

① 科学史和科学家传记中往往存在一个问题。这便是迈克尔·霍斯金在他的《现代天文学史的撰写》（发表在《天文学史》期刊1980年第11期上）一文中所认为的，多数科学史的编写都恪守着"连续不断的编年顺序"这一程序，"将勋章一一发给'搞对了的人'"，而将那些出错的历史一概忽略。然而错误却正是科学研究过程中极为中心的成分。以这样的方式，科学史便无法将科学突出为"人类的创造行为"，个人的性格以及群体构成的广阔社会背景也统统被淹没不见。要想矫正这一点，使浪漫主义得以体现，看来应当在科学家传记中考虑如下的三类内容：第一是"牛顿式制高点"，即写进科学巨擘的想法，这是因为，科学的进步主要来自这些为数不多（而且往往是孤军作战）的超人的贡献。第二是"尤里卡瞬间"，意指重大发现会不期而至（至少是来得比较突然），出现闪电般的顿悟和串联。第三种是"弗兰肯斯坦式的噩梦"，意指有关的科学进步，其实只是伪装起来的破坏。可参阅托马斯·瑟德奎斯特（Thomas Söderqvist）所编著的《科学传记中的诗意》（*The Poetics of Scientific Biography*，2007）。——作者原注

的科学不是建筑在猜测上的，靠的是精确的观测和由望远镜提供的证明。"要做到这一点并非易事，需要进行大量的认真观测，还得有尽可能出色的观测设备。困难归困难，我还是决定着手做起。"[109]

赫歇耳凭借着他那台自己制作的7英尺反射式望远镜的强大聚光性能，清楚地看到了大量其他天文学家一向看不清的天体，还看到了不曾为人们记入观测记录的天体。经他的口述和卡罗琳的整理，编出了一套新的双星目录，又选定一系列不曾被弗拉姆斯提德纳入关注范围的特殊天象，将它们的准确发生时间和精确位置一一记录下来。就这样，赫歇耳开始对整个夜空熟悉起来，而且达到了熟极而流的地步，看星而知天，简直就如同优秀乐师可读谱而闻乐一样——而且他后来也就是用这一音乐能力来比喻天文观测的。

1781年初，兄妹俩决定关闭里弗斯街5号的女帽作坊，都搬回新金街19号居住。这里比里弗斯街的条件好多了，是幢带平台的三层楼住宅。他们马上将望远镜安放在漂亮的小后院里，"院墙后面是一片开阔地，一直伸展到埃文河（Avon）岸"。许多重要的发现——卡罗琳在自己的日记中只谦逊地写成"不少有趣的发现"，就是在这个小院内外实现的。威廉先自己搬了回来，卡罗琳还得留在里弗斯街，好将剩余的制帽材料卖出去。这一来，她就没能参加3月初在新金街的头几次观测。后来她在日记中，以少有的细心精当地写下了自己在3月21日之前没有一起参加天文观测的事实。而由于这一缺席，她错过了参与创造历史的机会。[110]

这一年的春分前后，赫歇耳的天文观测是独自进行的。他又进行观测，又继续编纂双星目录，还在努力绘制火星和土星的测绘图像。不知道是由于他在这段时间里稍稍清闲些了呢，还是他有意试一试自己"看星知天"的能力到底如何，反正事实是，在1781年3月13日（星期二）临近子夜的时分，赫歇耳发现了一颗穿行在双子座内的未知星体。这颗新天体在他的望远镜内不是一个光点，而是呈现为圆面。这一发现行将彻底改变赫歇耳的事业，并使他的名字成为"浪漫科学"的标志。

由此也引出了一个令人感兴趣的问题，即赫歇耳又过了多久，才意识到这一发现的意义呢？从他在天文观测志中记下的文字看来，他当时认为自己发现的是一颗新的彗星。下面两段扼要的记载都摘自赫歇耳的"天文观测志"（编号：1），时间分别是1781年3月12日和13日——

> 3月12日
>
> 清晨5时45分。
>
> 火星似乎比往常明亮，但空气凛冽且不稳定，因此有可能导致我无法观测到正确的天象。
>
> 5时53分，我确信火星上并无斑点。
>
> 土星的阴影位于其光环的左侧。
>
> 星期二，3月13日
>
> 双子座β星向西约2—3角分处有3颗小星体。
>
> 火星的形态一如往常。
>
> 在金牛座ζ下方视界边缘的四分之一处有两颗星，下面的一颗有些特殊，有些像是星云，更可能是彗星。
>
> 距这颗彗星三分之二视界的位置上，有一颗不大的星体。[111]

这两天的观测记录只有这些，根本没有任何反映出兴奋和期待的文字。又过了一天，到了星期三，也就是在3月14日，大概不是因为阴天就是别的什么原因——如按事先安排去巴斯剧场演奏大键琴，或者与卡罗琳一起去排练等，赫歇耳的观测志中没有这一天的观测记录。[112]3月15日那一天有观测火星和土星的短短文字，还在清晨5点到6点之间画了几张它们的视图，但只字未提那个"有些像是星云，更可能是彗星"的东西。3月16日即星期五这一天又没有观测记录，不过赫歇耳可能在这一天认真考虑了大前天的观测所见，又在周末时与卡罗琳谈到了此事，因为到了星期六，也就是3月17日，他无疑认真研究起这个神秘的新天体来。

> 星期六，3月17日
>
> 晚间11时，我开始去搜寻那个不是彗星就是星云的东西。找到了。我觉得它是颗彗星，因为它的位置发生了改变。我粗略地测量了一下，得到的结果是，它在1分钟又6秒的时间里从目镜中移动了

两道叉丝间的距离，准确位置是91'96①……

卡罗琳是21日那天返回新金街的。自这一天起，这颗"彗星"就得到了正规的记录。威廉还用自己刚刚设计出的新型测微计量出了它的直径。比如，观测志3月28日的记载上写的是："晚间7:25。该彗星的直径已明显加大，因此是在接近地球。"[113]这一视在大小的增加，进一步证明它参与着环绕太阳的"正常运行"，也就进一步证明了它不可能是恒星。不过，如果它是一颗彗星，边缘就应当有些模糊不清，并拉出一条明显的彗尾。而赫歇耳从反射式望远镜中看到的图像，无论用不用高倍目镜，都清楚地表明情况并非如此。到了4月初时，赫歇耳通过三个星期的观测，看来得出了确定的观测结论。

星期五，4月6日
用460［放大倍数］观测此彗星，边界十分清楚，看不到任何彗发或者彗尾。换用278［放大倍数］观测，边界清晰之至。[114]

赫歇耳对此事非常谨慎，在自己的观测志上没有明说他认为这是什么星体，但对它的清晰而没有拖着尾巴的圆形边界只能有一种解释——这是一颗新的"游荡者"，即一颗新亮相的行星。这颗行星是太阳系中的第七颗行星，位置在木星和土星以远，还是［自托勒密（Claudius Ptolemy，约90—168）］之后一千多年来被发现的第一颗行星。赫歇耳本着一颗爱国事君之心，想用汉诺威选帝侯出身的现任英王的名字给这颗星命名，称之为"乔治之星"，不过它后来还是被定名为天王星。天王星的发现，被认为是科学的新生之始。②

---

① 赫歇耳这里用的是自己想出的标定方法，而不是60进位的角分和角秒标示法。——译注
② 天王星的命名曾引起不少争议，直到19世纪中期才告消歇。这是由于当时的天文学权威刊物《柏林天文学年鉴》（*Berliner Astronomisches Jahrbuch*）的编辑约翰·波得发出倡议，认为不妨从古代神话中找一个不带民族色彩的神祇来命名这颗行星。他以十分合乎逻辑的方式建议说，在希腊神话中，木星代表的是天神宙斯，而比它更远些的土星则是宙斯的父亲克洛诺斯，那么，更远一些的这颗新行星，就不妨指代为克洛诺斯的父亲乌拉诺斯。乌拉诺斯是天空之神，于是天王星这个名字便诞生了。（转下页）

不过在这一发现的过程中，并没有出现什么"尤里卡瞬间"，而且情况恰恰相反：在得到最初的观测结果之后，一连好几个星期，赫歇耳都无法确定这个天体的类型。在他的天文观测志中，"行星"这个字样直到1781年春时才出现。杂志上也不曾刊载面向大众的报道。然而到了第二年，当这一消息造成了广泛的轰动后，情形就大不相同了。对此，卡罗琳是这样记录的："我敢说，自从发现了这颗'乔治之星'后，凡是来到巴斯的有学识的人，没有不来与它的发现者攀谈上几句的。"不过，在这段时间威廉所做的，就是用测微计无休止地测量，"心里一团烈火，长夜一壶咖啡"。卡罗琳还写进了一句自嘲的话："我也参加了这场别人可能会视为苦刑的工作，而且甘之如饴。"[115]

3月22日，赫歇耳私下与小威廉·沃森谈起了自己对这颗"彗星"的初步研究结果，后者随即便周知了内维尔·马斯基林和英国皇家学会会长约瑟夫·班克斯。[116]马斯基林旋即向包括法国的夏尔·梅西耶在内的欧洲天文学界发出通知，征求大家的看法。[117]一个星期后，赫歇耳又向英国皇家学会提交了一份正式报告。学会的文件登记簿在4月2日这一天上有"报告收讫"的记录。此时此刻，赫歇耳的兴奋已经使他难以再中规中矩地写自己的观测志了："看到的彗星圆面极为清晰，用我的20英尺牛顿式反射望远镜在几种不同的放大率下观测，结果都是一样的。图像真是太棒了，它的周围环绕着许多小恒星，看上去有如将它簇拥着。"[118]

马斯基林对赫歇耳去年所作的《月亮颂》那些诗句还记忆犹新，因此开始时有所怀疑。他本人曾亲自在格林威治天文台做过观测，不过连这个天体都根本没找到——当然，这也与赫歇耳提供的坐标不是按通用方式表述的不无关系。到目前为止，赫歇耳用的一直是自己手画的星图，星体都一一标在这些图上。他称自己的这一业余手法为"视标"——又一个借

（接上页）（木星的英文是Jupiter，土星的英文为Saturn；前者源自古罗马神话中的众神之王朱庇特，与希腊神话中的宙斯地位相当，后者源自古罗马人崇拜的农神萨图尔努斯。由于古罗马与古希腊这两支文化的相互融合与影响，导致后来萨图尔努斯与克洛诺斯混同为一。——译注）在波得编纂的著名星图集《星空图集》（*Uranographia*，1801）中，就以这一名字录入了这颗新行星，而这部图集收录了大约15000颗肉眼可见的星体，也从此取代了弗拉姆斯提德的《星图集》，成为19世纪最有影响的天文图集。——作者原注

鉴于"视唱""视奏"的词语，表明使用者是深谙乐理的。[119]直到4月4日，马斯基林才谨慎地写信通知小沃森（还不是直接告诉赫歇耳），说自己终于找到了这颗新的星体，并测出它有微小的"运动"。不过，出于慎重——这不是没有道理的，他并没有给出明确结论："这［一运动］使我相信，它是一颗彗星或者行星，不过，如果说是彗星，那它也是我从来不曾见到或者读到过的一种新类型，一种很像是恒星的彗星。也许天空中还会有同种星体吧。"这样的说辞可以说是面面俱到了。最后，马斯基林还写上了一条很有见地的附言："又及，我认为［赫歇耳］应该对他的望远镜和测微计有所说明。"[120]

这位皇家天文学家此时有些两难了。他既不想将赫歇耳接受为可以信赖的天文学家，也不希望将还没有把握的发现新行星的消息过早地宣布出去，免得一旦如此会损害英国皇家学会的名声，甚至使其成为笑柄。但他同时又很担心，如果不予接受，它却又可能是拒绝了18世纪内英国天文学界最重大的发现，而一旦被与英国视同水火的法国天文学家接受了（甚至还会给它命名），结果更将不堪设想。他也很清楚，班克斯将这一发现既看作是他会长任内的关键性事件，又可成为促成国王乔治三世加强倚重英国皇家学会的契机。这位国王不但一向喜欢天文，更希望英国在这个领域胜过法国哩。

左右为难的结果是，马斯基林最终还是遵从了英国皇家学会刻在其会徽上的信条——"勿信道听途说"，站在科学家的立场上行事，重新回到望远镜前。从4月6日到22日，他一直亲自进行观测。观测的结果，是于4月23日直接修书"致巴斯市住在转盘街附近的威廉·赫歇耳先生"。这封信的开篇处措辞还是十分谨慎的，但到了后面口气却变得相当肯定：

敬启者：
　　在此谨就阁下所提及的有关所发现的彗星或者行星一事予以承认与致谢。
　　在下不知应如何归类这一星体。它的运行轨道很接近于以太阳为中心的圆形，而不是彗星通常会遵循的十分狭长的椭圆。在下也未尝发现它呈现出任何彗发，亦不曾看到彗尾。因此它可能是一颗正规的行星。

············

格林威治皇家天文台，1781年4月23日

从措辞上看，他明显地倾向于认为该星体是一颗行星，但仍不是板上钉钉的结论。接下来，马斯基林又提到了一些有关各自所用的望远镜的技术细节，表示应当使这些做法"立于坚实的基础之上"，又提出了使用测微计测量该星体视直径变化的难点（可以根据这一变化的量值推知轨道的情况）："如果观测到来自一颗小行星的光是不稳定的，但又知道这不是大气造成的闪烁，那只能说明一个原因，就是望远镜本身有缺陷。而哪怕是最好的望远镜，也难免会有这种缺陷。"不过，他还是称赞了赫歇耳"做出了非常出色的观测"。

在该信的最后一段行文中，他宣布了自己的结论："4月6日，我通过本人这里的6英尺反射式望远镜，在270这一最大的放大倍数下，观测了这一星体。它有可观的大小，但不是十分稳定。不过**这正表明它是行星而非恒星**——至少不是那种会自己发光的、尺寸难以确定的恒星。顺致敬意。内·马斯基林。"[121]

至此，赫歇耳已经建立了一支很有影响的同盟军。他立即撰写了一篇扼要的论文，拿到英国皇家学会4月26日的会议上宣读。论文的标题再普通不过，是"关于一颗彗星的记录"。随后，它又在6月里发表在《英国皇家学会自然科学汇刊》上。文中提到，在1781年3月13日的"晚上10时到11时之间"，他发现双子座内出现了一颗新的天体，并立即注意到它"大小很不寻常"，也立即"设想这是一颗彗星"。不过在接下来的叙述中，他提到了这颗星体的大小、轮廓的清晰和"正常运行"的状态，由此推断这颗"彗星"，其实是一颗新发现的行星，只是听从了小沃森的忠告，没有直接明说罢了。赫歇耳还在文中列出了其他一些支持这一观点的论据，如该星体的外观一直呈完美的圆形，哪怕在270、460和932倍的放大率下，都没有显示出彗尾的丝毫迹象；而其中最高的放大率，已经远远超过了马斯基林在格林威治天文台所能使用的望远镜的最大倍数。这自然引起一片兴奋，也惹来一堆甚至超过了他那篇谈及月亮生命文章的疑问，并招致了

若干反对意见。[122]

马斯基林这里则力挺赫歇耳，向班克斯极力保证说，他们眼下的这匹"黑马"——那位"巴斯乐师"，已经做出了一项革命性的发现，再说"为人又很不错"。尽管如此，他还是难以隐藏住心里的快快不乐："赫歇耳先生无疑是最走运的天文学家。他偶然用一台能放大227倍的7英尺反射式望远镜看了看天上，就发现了一颗直径只有3角秒的星体。如果他的望远镜只能放大100倍，那他就根本看不出它与恒星是不一样的。或许机会要比能力更重要吧。恐怕这要令人觉得，如果想要增大做出新发现的机会，增加天文学家的数目就是了。"[123] 外界的这种认为这一发现事出"偶然"、只是"走运"的看法，日后还将更多地搅扰赫歇耳。[124]

马斯基林在这时发表了对赫歇耳的公开支持，时间可真是再适合不过。因为到了4月29日，梅西耶便从法国巴黎直接写信给"巴斯市的'赫歇耳'先生"，对他"这一极为可圈可点的发现"表示祝贺，并认为这一星体很可能是太阳系中的第七颗行星。梅西耶还在信中谦逊地表示说，他本人虽然发现过18颗彗星，但都和如今的这颗不同，因为"这颗行星不很大，直径4—5角秒，有与木星相近的发白的光色，在望远镜中看来明亮程度相当于六等星"。信的落款是："致以问候与敬意，法国海军天文学家、法兰西科学院天文学家，夏尔·梅西耶。"

正如马斯基林和班克斯所料到的那样，梅西耶的这封贺信很快便体现出法兰西科学院作为一个整体机构的分量。[125] 在1781年的整个春夏两季，越来越多的天文学家，有法国的、英国的、德国的、意大利的，还有瑞典的，都在观测着天空中的这个移动的小亮点，并都同意它是一颗在土星以远的椭圆轨道上运行的行星。雅克·卡西尼（Jacques Cassini，1677—1756）、亨利·卡文迪什（Henry Cavendish，1731—1810）和皮埃尔·梅尚（Pierre Méchain，1744—1804）等人，都加入了这支观测大军。到了10月间，俄国著名数学家安德斯·莱克塞尔（Anders Lexell，1740—1784）从遥远的圣彼得堡（St Petersburg）天文台给赫歇耳写信，寄来了他计算出的这颗星体运行轨道的全部计算资料，并奉上了他的衷心祝贺。他根据一系列视差测量结果，确认这颗星有很大的尺寸，并且位置十分遥远，是日地之间距离的16倍以上。比土星要远上一倍。这样一来，太阳系的范围直径便扩展了一倍。热罗姆·拉朗德（Jérôme Lalande，1732—1807）也计算过这一星体的轨道。据他后来表示，他的计算结果的发表，表明在这颗星体被发现7个月后，法兰西科学院终于承认了它的行星地位。拉朗德还建议以赫歇耳这一姓氏命名这颗新的行星。

看来最终导致科学界接受太阳系内存在着第七颗行星的决定因素，并不是天文观测，而是数学计算。赫歇耳通过观测得到了一个明确的印象，就是他观测的这一星体，其视大小在从3月到4月的期间是在不断加大的（也就是在向接近地球的方向运行），而莱克塞尔的计算结果之一，却证实它其实是在不断远去因而一点点变小的。看来，赫歇耳的印象是由于对它日益增长的关注与激动造成的。莱克塞尔对它的计算又耐心地持续了好几年，最后得出的距离结果是18.93个日地间距，与通过电子计算机得到的19.218这一现代结果相当接近，真是令人叹服。（严格说来，这颗行星的轨道是椭圆而非正圆，它与地球间的距离是变化的，最近时为日地间距的18.376倍，最远时为20.083倍。）

5月里，得意非凡的小沃森将赫歇耳接到伦敦来，为他引见了自己的父亲和近来态度已十分友好的马斯基林。他们又同富有的天文学家亚历山大·奥贝特（Alexander Aubert，1730—1805）一起，在塞缪尔·约翰逊非常欣赏的迈特俱乐部与班克斯爵士共进晚餐。这是赫歇耳第一次踏进英国天文学界的内部小圈子，而他的这次进军取得了巨大成功。会见过程中散发出一种胜利和激昂的情绪，不过是被尽量克制着的。班克斯看来兴高采烈，紧紧地握住了赫歇耳的手，祝贺他的"伟大发现"，还告诉他将入选英国皇家学会，并将荣获科普利奖章①——不出两个星期！[126] 班克斯还表示说，这是使英国压倒以梅西耶、拉普拉斯（Pierre-Simon marquis de Laplace，1749—1827）和拉朗德等为代表的一向执欧洲天文学牛耳的法国同行的一次决定性的胜利。

其实，班克斯的这番表示，是在他高兴得有些过了头的状态下说出来的。决定科普利奖章得主和入选英国皇家学会，都需要通过学会里繁复的

---

① 英国皇家学会自1731年起，向"在科学研究的任何领域中做出突出贡献科学界人士"颁发的年度性奖项，是英国面向全世界的科学研究人员所设的最高荣誉。该奖项得名于最初捐款立此奖励的英国贵族戈弗雷·科普利（Godfrey Copley，1653—1709）。——译注

行政手续，结果是6个月后才都成为现实。在此期间，马斯基林曾在8月里写信给赫歇耳，友好地向他表示了如下的祝愿："我希望你能给你新发现的行星起个名字，以此再度让天文学界感到荣幸。这颗行星的发现，完全是你个人之功，我们都对这一功绩感激莫名。"[127]

事后人们才知道，这颗"乔治之星"其实早在1690年至1781年间便被观测到并记录下了，而且次数至少达17次之多，更是被收入了弗拉姆斯提德的观测数据，只不过都被当作一颗并不足道的"恒星"而不经意地放过了。只有赫歇耳这位观测天才没有放过它——自然也多亏了他那台7英尺反射式望远镜，才发现它居然是颗沿着环绕太阳的稳定轨道运行的大行星。马斯基林立即支持赫歇耳的发现，提请欧洲的各位著名天文学家注意这一观测结果，由此证实了它的身份，使这一结论得到了广大科学界的认可。后来人们得知，天王星是颗异乎寻常的怪星，是个由冰晶构成的蓝色大行星（并不是梅西耶所设想的"不很大"），距离太阳有土星的两倍远，绕日运行一周用时84.3年。它还是太阳系内唯一"躺着转"的行星，也就是说，它的自转轴几乎就在其绕太阳运行的平面上。①

到了11月，班克斯给赫歇耳写了一封措辞十分友好，也以他一向的诙谐风格写得很逗趣的信，请他提供发现天王星那一夜的过程细节和在整个过程中出现的困难，"以及诸如此类的内容"。再过一个月，英国皇家学会全体会员大会将在伦敦召开。届时班克斯将向大会介绍赫歇耳的发现，希望他能提供一些资料："先生，英国皇家学会理事会已经决定将本会该年度大奖颁发给你，以表彰你发现这颗新星的成就。为此，务请你提供一些材料（在这种场合下，我通常总是得说些与发现有关的话）。请让我得知一些你所经历到的困难之类的实事……只要你觉得有助于说明你的勤奋与

---

① 天王星还是第一颗不容易用肉眼直接看到和（靠光色、形状或者所在位置）辨识出的行星。实际上，即便用高品质的双筒望远镜，要看到它也并非易事。这使得它的存在与否带上了难以定论的神秘色彩，也突显出新定义的、直径一下子大了一倍的太阳系的宏大与陌生感。它的出现，更是打破了由来已久并得到人们钟爱的行星大家庭成员个数的传统观念。天王星这个名称也不像其他行星那样，有神话中名头响亮的神祇对应着。威廉·赫歇耳的儿子约翰·赫歇耳想让这个神更深入人心，因此当时已知的它的两个卫星也起了神的名字，一个是仙女界的女王提泰妮娅（天卫三），一个是她的丈夫奥布朗（天卫四）——都是轻量级的小神，因被莎士比亚写进喜剧《仲夏夜之梦》（*A Midsummer Night's Dream*）而有了知名度。——作者原注

能力的，但请告知为盼。"

兴高采烈的班克斯还高高兴兴地拉赫歇耳加入他的阵营："这里**有些**天文学家们倾向于认为这是一颗行星而非彗星。如果你也持这个观点，不妨给它想出个名称来，不然的话，我们的那帮脑瓜转得快的邻居——那些法国人，肯定要让我们省点脑力，自己来当它的命名长辈呢。"[128]

赫歇耳又一次听从了小沃森的建议，先写信征求班克斯的意见，问他对用"乔治之星"这个名称的看法。作为一个来自汉诺威的人，此举确实高明，有不显山不露水的外交家水平。[129]不过，他也在信中指出，皇家学会中有人在角落里不停地窃窃私语，认为做出这一发现"简直是运气好透了"，这是在中伤他没有使用科学的观测方法。为此他坚持让班克斯知道，甚至直到11月19日大会即将召开前，他仍愤愤然地告诉班克斯说："哪怕是用最好的望远镜，如果我没有对天上的所有星体逐一检查，是**不可能发现这颗新星体的**。而我检查的星体至少有8000颗，也许有10000颗呢。我是在进行了多次观测后，在第二次复查时注意到它的……这个发现不是偶然结果，因为它不可能逃过我的注意……我第一次看到它时，用的望远镜放大率是227倍，它的外观已经与其他天体不一样了。当我换用更高的460倍和932倍放大率观测时，就断定它不可能是一颗恒星。"[130]

这一声明后来便成了赫歇耳捍卫自己工作尊严的标志，被他频繁地提到。1782年9月，他写信给巴黎的拉朗德，特别强调说明他的发现"不是机会所钟"。他说自己一直定时查验星空的情况，"因此，它早晚会进入我的视线。那一天正是我检查那个区域的，因此不可能漏掉它"。[131]事隔一年后，他又在给德国格丁根大学的物理学家格奥尔格·克里斯托夫·利希滕贝格（Georg Christoph Lichtenberg）的信中，再次申明他的发现"不是出自偶然"，还加上了如下的一句话："当我从天文学作为［数学的］分支这一角度工作时，我的决心是不管别人以前都看到过什么，我反正是要自己眼见为实。"[132]利希滕贝格热情地回信（用德文）说："老天作证！我曾于1775年10月在巴斯稍事停留数日，惜彼时不知使君耳！仆生性不喜长坐茶肆，不喜斗牌，亦不喜跳舞，所挚爱者，唯坐于［大教堂］高塔楼之顶，面对一台望远镜尔……"

赫歇耳在1809年写给自己的朋友赫顿医生（Dr Hutton）的一份个人生

平简述中，对这一发现更是坚持着自己的一向说法："有一种很流行的看法，就是我运气好，这颗星刚好撞入我的眼帘。事实明明并非如此。我一向的工作方式是对天上的星体逐一检视，不只是挑明亮的大星体观测，许多远为昏暗的小星也在我的观测范围之内。那天夜里就**轮到**我观测它所在的范围，就**轮到**它该被我发现。先有我对伟大造物巨大杰作的仔细观察，才有后来那天发现第七颗行星的结果。即便那天我有别的事情没能观测，第二天也一定会发现它的。我有出色的望远镜，因此一看到它，就注意到它有行星才可能呈现出的圆面，再加上用了我的测微计，不出几个小时，我就测知它是在运动的。"[133]

这一说法并没能得到他自己的天文观测志的完全支持。自他从1779年开始全面搜索——用他和卡罗琳的话来说是"扫观"双星时，当天的天文观测志中并没有出现这颗"乔治之星"的文字，因此他做第二次检查时也未必就肯定能够发现。此外，从观测志的记载中看，他在初次看到这颗星体的那一天，也没有写下立即确认出它的本性的字句。即便是3月13日那一天的记载，也没有真正表明出现了什么"尤里卡瞬间"，只是提出了对其本性的怀疑。这一怀疑逐步加强，直到4天之后，即从3月17日（星期六）那一天开始，才根据这颗既不是"星云"，也不是"彗星"的奇特星体所表现出的"正常运行"状况，想到这可能是颗行星。但最早这样明说的并不是赫歇耳，而是内维尔·马斯基林，时间是在4月份。

尽管如此，赫歇耳的这一发现仍然是项骄人的成就。它是赫歇耳从此成为职业天文学家的钤记，又是宇宙学研究中的一大史笔。因此，赫歇耳在随后的年月里不断地美化这一发现过程，最后将整个过程浓缩为一个夜晚中只经历了"数小时"的辉煌功绩，也就不足为怪了。卡罗琳对此从未发表过只言片语，不过根据间接考证，在从1781年3月21日至4月6日测定天王星运动数据的关键期间，她应该是在场的。赫歇耳自己的说法所起到的作用，是将科学研究工作展示为一幅浪漫气息十足的动人画面——天才人物孤独地领受神秘的顿悟。

在皇家学会颁发1781年各重大科学领域的科普利奖章的大会上，班克斯作为学会代表发言，向与会的全体会员盛赞了赫歇耳的这一成就。天王星的发现，是班克斯当选为会长以来英国科学界取得的最大成就。这位会长以一向的夸张语气和快乐心态，预言着赫歇耳在天文学领域的光辉前景："你对改革望远镜的关注，业已大大改进了你的观测成果；不过，大家都知道，天上的珍宝是无穷无尽的。说不定除了这颗离太阳比土星还远的新星，还会有更重要、更辉煌的结果在等着你呢！说不定还会有什么新的光环、新的卫星，或者别的目前还没有名称的无数现象都排着队，准备为你今后的努力增光呢！"[134]

得到了科普利奖章，赫歇耳的荣誉也就成了板上钉钉的事实，同时重新唤起了人们对天文学的普遍兴趣。这第七颗行星的发现，使公众对宇宙的观念发生了重大变革。伦敦也好，巴黎也好，柏林也好，各种学报、期刊和年鉴都在1782年末广泛报道了这一发现。不过，虽然现有的太阳系仪都一下子变得过了时，但人们心中原有的太阳系的形象和各行星被赋予的含义，却不是朝夕之间就能更新的。

有不少科普书都引起了公众对天文学的新兴趣，其中有一本书十分著名，就是约翰·邦尼卡斯尔（John Bonnycastle，约1750—1821）的《天文学信札》。在这本出版于1786年（随后又在1788年、1811年和1822年出了增补新版本）的著述中，邦尼卡斯尔将天王星的发现列为单独一章，并在书里写进这样的话："纵观此门科学的全部发现，没有哪一项会如近年来赫歇耳博士所取得的成就这样突出……这是一颗属于太阳系的主行星①，但其存在一直不曾为古今的所有天文学家知晓，直至1781年3月13日才由赫歇耳博士率先发现。"他还发表评论认为，这个新天体还包含着未知因素，它在天文学上的意义还有待于研究："这一发现，首先带来的是好奇心理而非实用价值，但将来是可能大大造福于天文学的……还可能导致人们在天上做出许多新的发现，由此使我们掌握新的天体知识，进一步认识宇宙之铁律，而这正是科学的伟大目的……"[135]

---

① 主行星是曾经流行于天文学研究的一个名称，即如今的行星，这一叫法是为了区别太阳系中其他也绕太阳运行，但尺寸要小得多又不是彗星的固体天体。它们曾被威廉·赫歇耳通称为小行星并长期得到通用，但目前又被进一步分类为矮行星（有规则外形的）和太阳系小天体（无规则外形的）。根据2006年8月24日国际天文学联合大会的讨论与表决，小行星这一天体种类的称法被正式取消，其中除了两颗较大的改称矮行星外，均改称为太阳系小天体。不过小行星的称法目前仍在民间乃至科普著作中沿用。——译注

邦尼卡斯尔的这本书是浪漫精神的典型产物，行文中穿插了不少弥尔顿、德莱顿[①]和爱德华·杨描述宇宙的诗句。卷首还附了一幅亨利·富泽利[②]的版画作品。在这幅画上，执掌天文学的缪斯九女神之一乌拉尼亚，身着一袭雅致的华服——不知她观测时是否要换上工作服呢？——让她的一名男弟子注意自己所指的一颗新星体。出版这部作品的约瑟夫·约翰逊（Joseph Johnson，1738—1809）是伦敦圣保罗大教堂街（St Paul's Churchyard）的著名出版商。威廉·布莱克（William Blake，1757—1827）、威廉·戈德温（William Godwin，1756—1836）和玛丽·沃斯通克拉夫特（Mary Wollstonecraft，1759—1797），以及后来的华兹华斯和柯尔律治，也都在他那里出过书。

邦尼卡斯尔与哲学家戈德温是至交，因此除了在书中插进有关天文学的诗句外，还属意于阐发一下新天文学对想象力的冲击作用。邦尼卡斯尔指出，虽然古代巴比伦人认为地球的寿数为40万年，大大超出《圣经》所断言的6000年，然而"最出色的天文学家"更是将这个数字增加到"不少于200万年"。邦尼卡斯尔认为，观察天空时用上望远镜，便能使想象力更加自由驰骋，由此形成一种奇迹感，但也同时掺进了有碍作为的畏葸心态："天文学已经扩展了人们的观念之域，向我们展现出一个无限的、以常人之想象力无法理解的宇宙。人类被无垠的空间所包容，置身于大量的物质之中，真不啻如沧海之芥。然而，即便处在这样的地位上，困惑的人类仍自强不息，尽自己血肉之躯的微力，努力认识自然，理解造物。"[136]

天王星一步步变成了"浪漫科学"时期开创性新发现的象征。正是在这个时代，广袤无垠的宇宙渐渐在人们面前展开。人们对"天外天"的规模和奥秘也随之有了新的理念。可以说，"世界""天界"和"宇宙"等词语，都有了不同于以往的含义。这正是康德1755年在《宇宙发展史概论》一书中所预言的"心理突破"："因此可以猜想，在土星以外还有其他行

[①] John Dryden（1631—1700），英国诗人与剧作家。有许多描述英国历史上重大事件的诗作和讽刺诗传世。——译注
[②] Henry Fuseli（1741—1825），瑞士画家，但重要作品多在英国完成。——译注

星。"①[137]

伊拉斯谟·达尔文也在他1791年的诗作《植物园》中，写进了赞美赫歇耳开创新天文学的字句，而且是放在第一篇最开始的显著位置。天王星的发现，也激发了他的想象，设想可能在宇宙形成时的初始大爆炸中，自然有许多类似的、中心有颗"太阳"、外围有环绕其运行的"行星"的"太阳系"产生。他在推证中使用了牛顿所建立在开普勒的三大行星定律基础上的天体力学理论，同时又加进了自己的一个颇有轰动效果的设想，即宇宙间充满着无穷尽的一环套一环的创生现象。这一设想正是受赫歇耳的发现启迪的结果。他同意卢克莱修（Lucretius，约公元前99—约前55）的宇宙观，认为宇宙间起创生作用的力量是"爱"，至于《圣经》中那位上帝，在他的诗作里，则退居到只在创世时忙碌了一阵子，以后便袖手旁观，成为在一场大型的宇宙级试验中只负责发出起跑令的角色——

> 神圣的爱展开孵化的双翼，
> 向着荒莽的深渊呼唤生命，
> "要有光！"上帝命令，
> 宇宙洪荒听到，真如石破天惊。
> 最最活跃的以太先在各处响应，
> 千千万万颗太阳就此生成。
>
> 每个太阳在爆炸中得到一颗追随的地球，
> 接着又有新的行星降生；
> 它们的行进受力弯转，
> 不得不形成椭圆的路程。
> 一环套在一环里，
> 都绕着共同的中心蹀行，
> 大家都在转动，

---

① 康德还在同一著述中认为："这里确实是无边无际，无穷无尽，尽管人类的理解力可以求助于数学，但对此也无能为力。"——作者原注

构成一个均衡的系统。
不断地前进，永远地发光，
在无限的空间里，
在上帝的怀抱中！

　　这些饱含动感的光闪闪的诗句，似乎正用语言召唤着海顿（Joseph Haydn，1732—1809）那即将问世的音乐作品《创世纪》（1796—1798），也给"赫歇耳先生求知天界结构的卓绝工作"加上了一篇长长的注脚。① [138]

　　全欧洲的天文学家，特别是法国、德国和瑞典的，都开始往英国巴斯写信，向赫歇耳求教有关金属反射镜、高倍目镜和观测方法的种种细节。在英国，对他本人和他的望远镜，仍有不少人表示怀疑。对这些人，赫歇耳的回复大体上都中规中矩、郑重其事。不过，当他同自己信得过也很钦佩的天文学同道交流时，也偶尔会多少收起一副不苟言笑的表情。这时，他会以轻松的口气，描述自己制造、调试乃至"讨好"望远镜的经历。赫歇耳将望远镜当成自己生命的一部分，地位一如他心中担任多次音乐会上头牌女歌手（他这样写时，大概是想起了当年在"大水泵房"唱对台戏时帮过他大忙的那位意大利女歌手吧）。他在写给伦敦的亚历山大·奥贝特的信中谈及自己1782年1月9日结束对双星的统计观测时，写下了如下一段很有特色的文字："在这些仪器给我捣过许多乱后，我总算一一摸准了它们的脾气，结果是让**它们将藏匿的东西和盘托出**。要是我没有耐心，没有坚持**摸它们的顺毛**，它们是不会同我合作的。我一一尝试用各种放大率，不停地摸索它们愿意好好工作的环境，比较长焦距和短焦距反射镜的效果，检测大孔径和小孔径的作用。如果它们对我如此这般的讨好总是无动

---

① 《植物园》（有关原书信息见参考文献部分。——译注），18世纪90年代英国最畅销的长诗，但进入下一个年代后却突然不受注意了。原因可能是它的科学内涵被英国人认为太"唯物"也太"法兰西派"之故。此著述是以诗的形式表现运动着的形形色色世界的第一部作品。伊拉斯谟·达尔文在它的序言中用散文体写下了这样的话："读者诸君……这里有一个针孔相机，将光和影打到一块洁白的幕布上，并让这些光与影动起来，就像它们是有生命的一样！如果诸君有雅兴，请进入我这个放着针孔相机的暗室，亲眼看一看我在这个魔法植物园中布置的种种奇迹吧。"此外，他还给诗文增添了富有信息量的脚注。这就很好地介绍了当时物理科学的概况。——作者原注

于衷的话，那生活可未免太残酷了吧！"[139]

值得注意的是，他经常将观测技巧与学习乐器演奏相提并论。他在给奥贝特的信中，将对望远镜的调试说成是"将它们一一定在最合适的音高上（大家都相信天界是和谐的，故当不会反对我使用这个音乐术语吧。）"。

在很长一段时间里，英国皇家学会里都有人表示信不过赫歇耳的望远镜，对此，他不得不给出说明和辩解。除了有人议论这一发现只是运气使然外，还有人发出新的指责，认为赫歇耳所宣布的望远镜放大率是不实之词。一些人专门批评赫歇耳所说的放大率达到6000倍的结果，理由是根据计算，放大到这一倍数的星体，将会由于地球的自转而在"不到一秒钟的时间里"掠过望远镜的镜面，因此很难被他观测到。赫歇耳对这一怀疑的解释相当干脆，他说自己的观测持续了整整3秒，因为他有做到这一点的能力。[140]不过他也对小威廉·沃森抱怨说，这些批评家的目的，显然是打算将他逼到疯人院去。他在1782年1月7日给小沃森的信中说："我认为，这些人就是有我的［放大率］达到6450倍的望远镜，也未必能**发现**什么星体；退一步说，就算发现了，他们也不大可能盯得住。从某种意义上说，'看'也是一种技术，要靠学习才能掌握。一个人要能够有这样的观测能力，恐怕也就大致相当于能在管风琴上演奏亨德尔的赋格曲了吧。这可是我练了多少个夜晚的结果呀。如果有人无须苦练，却也能这样驾轻就熟，那才是咄咄怪事哩！"[141]

小沃森一直不事声张地将种种怀疑说法告诉给班克斯知悉，而班克斯则当和事佬，一方面支持赫歇耳向那些恶言恶语开战，一方面以那些拿放大率说事的人可能在计算上出了错误为理由开脱。他还以会长身份向赫歇耳示好，说："向赫歇耳先生致以崇高的敬意，感谢他为科学度过的那许多无眠之夜。如今，他一定也高兴自己的那些夜晚是这样度过的。"[142]

亚历山大·奥贝特如今已坚定地站到了赫歇耳一方。对赫歇耳搜索和编纂双星表，他是高度赞赏的，并在信中对赫歇耳完成这一工作所付出的种种辛苦表示感谢："不过，尽管辛苦在你只是何足道哉，但我们至少也应有所回报……让世界相信你的发现既不是平凡的，也**不是凭空构想的**……我对你实现的6450倍放大率真是赞叹不已，对你的测微计也是如此。尊敬的先生，请再接再厉。要有勇气，不要管那几声狗吠狼嚎。那都是一些眼热的苟营之徒发出来的。要不了多长时间，你的耳根子就会清静了。如果你会进疯人院的话，请放心，我一定会不遗余力地争取去跟你做伴。"[143]

结果是赫歇耳去的地方不是疯人院，而是温莎行宫。在皇家天文学家马斯基林和英国皇家学会会长班克斯的举荐下，乔治三世决定不理会种种反面意见，正式召见赫歇耳，并对他表示祝贺。这位国王还下令让班克斯和马斯基林在格林威治天文台对赫歇耳那已经大大出了名的7英尺望远镜进行独立检测。5月8日，赫歇耳离开巴斯前往伦敦，他的宝贝望远镜也被拆开，打包装进了一口硬木旅行箱（到了目的地再重新装配到一起），还有一箱匆匆敛到一起的其他物品，包括弗拉姆斯提德的《星图集》（上面被卡罗琳做过标记）、他自己新编纂的双星表（也是由卡罗琳手写的），还有"测微计、各种图表等"，再加上一套赶制的朝觐礼服。[144]

在格林威治天文台，马斯基林检测了赫歇耳的望远镜，对反射镜这一"家造品"的优良质量和聚光能力赞叹不已。他立即看出，赫歇耳的望远镜压倒了英国的所有天文台，或许还为全欧洲之冠。据说马斯基林因曾对约翰·哈里森制造的钟表吹毛求疵，而有着嫉妒和固执的坏名声，不过，这次他对赫歇耳，表现得可是既坦诚又正直。

1782年6月3日，赫歇耳给卡罗琳写了一封信，信中一反平日老成持重的笔调，写得神采飞扬："我亲爱的琳娜……昨天和前天夜里，我都在格林威治天文台，同马斯基林博士和奥贝特先生共观天象。我们一起对望远镜进行了比较，结果是断定我的要比皇家天文台这里所有的都好。我很高兴地通过比较让他们清楚地知道，用那里的望远镜根本看不出双星来。我的［折叠式］镜架特别得到马斯基林博士的称许。他已经向我索要了一台望远镜，还预订了一套镜架，准备供他自己的反射式望远镜用。不过他也表示说，他对自己现在正在使用的［6英尺、牛顿式］望远镜已经看不上眼了，觉得它未必配得上新的镜架。"[145]

班克斯——自因塔希提之行成名以来，他对皇家的行事方式已经颇有心得了——觉得，该是让赫歇耳正式觐见国王乔治三世的时候了。觐见仪式于1782年5月在温莎行宫举行。这是两个根子都在汉诺威的人的见面——一人是国王，一人是平民，但都讲流利的英语。两人的会面很成功。国王从他来自汉诺威的随从那里，早就听说赫歇耳几兄弟都是有造诣的音乐家，因此对威廉的改弦易辙很是注意。[146]乔治三世在精神失常之前①是很爱对臣下说俏皮话的。比如他就对正在撰写历史巨著《罗马帝国衰亡史》的爱德华·吉本②开玩笑说："吉本啊吉本，还在使劲往外挤你的大厚本？"据说在接见赫歇耳时，他又对班克斯说，他认为"赫歇耳不应当将宝贵的时间再用来'爬五道楼梯、逗弄小蝌蚪'③[147]"。

赫歇耳赶快写信将这件事情让卡罗琳知道，兴奋的语气是以往信函中从不曾出现过的："所有的光学技师，所有的天文学家，如今张口闭口谈论的，都只是我的发现——而且他们都称之为我的'伟大发现'。这可真是的！这说明他们实在是太落伍啦。我看到的和制成的，都没有什么大不了，可却被这些人说成'伟大'！那我就再'伟大'一下吧！我将造出如此这般的望远镜来，看到如此这般的星体！这就是我的计划。"[148]后来，赫歇耳又在给妹妹的一封短信中说："跟你说，琳娜（用的还是同样的疼爱称呼），我可是把这些事情都告诉你了。你知道我这个人一向不慕虚荣。所以我也不怕你来说我这个那个的。"[149]不过说实在的，要是在10年前，他的确是不怕妹妹说他这个那个的，可形势如今已经有所不同了。

班克斯决定给自己刚刚发现的天文学达人弄来一份固定收入，还希望给他争取到一个合适的落脚点。这可是需要想些办法的。大学里的天文学教授都是数学家；皇家天文学家的职务只有一个，早已有了归属；伦敦皇家植物园倒是新设了一个王室天文师的职位，但也业已许给了他人——"呜呼！时耶、命耶？"班克斯想了不少辙，总算让乔治三世同意，不应当再让赫歇耳在巴斯以教音乐为生计，应当让他搬到温莎来，住在行宫附近，专心搞他的天文学研究。为了保证这一点，乔治三世特地为赫歇耳设了一个正式的官方职衔，叫作国王个人的天文学家，就在温莎任职，年薪

---

① 乔治三世晚年屡屡表现出精神不正常的迹象，后来又演变成永久性的精神失常。他的严重发病是从1788年夏天（接见赫歇耳后又过了六年）开始的，并在同年11月达到不治的地步。根据近世研究，这可能是由于他中了砒霜的慢性毒害所致。——译注
② Edward Gibbon（1737—1794），著名的英国历史学家。六卷集《罗马帝国衰亡史》（有不止一种中译本）是他最重要的史学著述，被认为是第一部以科学考证方式编撰的历史著作。——译注
③ 五道楼梯指五线谱，小蝌蚪指音符。——译注

200英镑。(这一报酬标准算不得很丰厚,不过也说得过去了——皇家天文学家的年薪也只是300英镑呢。)就这样,赫歇耳的第二个事业,在他43岁时得到了腾飞。

赫歇耳征求了一下妹妹卡罗琳和弟弟亚历山大的意见——当然,3个人很快便达成了共识,于1782年7月31日搬到了一个名叫达切特(Datchet)的小村庄,住进一所面积不小,格局却不很科学的房子。达切特村地处泰晤士河南岸,在斯劳和温莎之间,周围都是农村。他们的新家周围有很大的草坪,很适合架设望远镜;住房外面还有马厩和棚屋等附属建筑,搭砌浇铸炉也好,研磨和抛光反射镜也好,都可以在这些地方进行。原有的一间老式的洗衣坊可以改造成观测室。不过这所房子已经空了好几年了,里面阴冷潮湿。清扫和整修的繁重任务,就落到了卡罗琳肩上。[150]

这兄妹3人刚刚搬过来,威廉便奉命将自己那台已经名震遐迩的7英尺望远镜送到温莎,重新架设起来供公众观看行星。在指导3位公主了解天文知识方面,赫歇耳取得了很大成功。这3位公主是夏洛特(Charlotte)、奥古斯塔(Augusta)和伊丽莎白(Elizabeth),年龄都是十多岁。有一天(夏季时光里)夜间是阴天,无法仰观天文,但赫歇耳自有妙招。他用硬纸板制作了行星的模型,有木星和它的四颗卫星,还有土星和它的光环——都是事先细心做好的,将它们一一挂在温莎行宫的一堵很远墙壁的前方,又用烛光将它们照亮,然后让几位公主从望远镜里观看它们。就这样,赫歇耳可以说是早早便建成了一个户外天象厅。[151]

当时的那一代年轻人,也是在用新眼光了解宇宙的环境下长大的。他们在发现新星体的努力中,也同时以特殊的方式发现了自己的价值。诗人塞缪尔·泰勒·柯尔律治便是这样的一位。在他的记忆中,他深爱的父亲约翰·柯尔律治(John Coleridge)、一位在德文郡(Devon)的奥特里圣玛丽(Ottery St Mary)兼任小学校长的教区牧师,就曾在1781年冬天带他到旷野上去,教他指认天上的星辰。当时他只有8岁,但这一印象却一生没有磨灭。他的父亲是某份月刊的忠实读者——而且还不时地给杂志投稿,发表一些探讨拉丁语法的深奥文章。"乔治之星"的发现,可能就是不久前他从这份杂志上获悉的。不管是不是这样,在这位未来诗人的记忆中,珍藏着父亲认真教自己辨识天上恒星和行星的印象,还记住了他所说的可能存在着其他世界的话语。"我记得8岁时的一天晚上,我同父亲从离奥特里圣玛丽有1英里远的一家农舍里出来。路上,他告诉我一些星星的名字,还解释说木星其实比我们这里大上1000倍,又说那些一闪一闪的星星,其实都是些太阳,周围也都有绕着它们转的世界。我们到家以后,父亲还向我解释了它们是怎么绕转的。我听得兴高采烈,赞叹不止。而且我的心中并没有哪怕是一丝一毫的惊讶和怀疑——还在更小的时候,我便读了好多仙女和精灵的故事书,早已经**心系星汉**了。"[152]

如果换成个一般的8岁娃娃,面对这番天空如何广袤、星辰如何众多,又是巨大的行星,又是大仙小神的,恐怕早就被弄糊涂了,说不定还会胆怯起来呢。柯尔律治可不是这样。后来,他在不少信件中回忆了自己的童年时代,当年的事情都记得一清二楚。对于他被告知的宇宙之大,他说自己从来就不曾惊讶过,也根本没有怀疑过——"哪怕是一丝一毫"。他当时的感觉是,自己的神经早已被预调到与这个广袤宇宙谐振的频率上了。尽管这位未来的大诗人当时只有8岁,但在他的浪漫气质中,已经有了容纳无穷大等难以想象的概念的位置。作者的宇宙观,特别是星辰日月运行的象征意义,都在他的早期作品《老水手行》中得到了深刻的体现,甚至可以认为是已经上升为对那位老水手主人公的世界观和他的船只所负使命的吟咏了——

> 月亮正移步登临天宇,
> 一路上不肯停留;
> 她姗姗上升,一两颗星星,
> 伴随她一道巡游。
> 月光像四月白霜,
> 傲然睨视灼热的海面;
> 而在船身的大片阴影中,
> 着魔的海水滚烫猩红,
> 犹如炎炎不熄的烈焰。① [153]

---

① 此诗为柯尔律治最有名的两首长诗之一,很早就有中译本,当时的译名为(转下页)

又过了将近二十年后，柯尔律治又（在1817年）给他的原作加上了散文体的注释，使我们今天能切近着赫歇耳在漫漫长夜里观测月亮的工作并将此与我们所知道的他做一个对比。——

> 他在孤独中坚持着，向巡行的月亮和不变的星辰倾注着自己的热望。其实，它们都在不停地运动着。蓝天上的每一处所在都属于它们，都任它们择处栖止。那里是它们的家乡，是它们的田园。它们占领天空，就像进入自己庄园的贵人，并不需要发表声明；而天空也无声地对此表示欢迎。①

约翰·济慈（John Keats，1795—1821）在恩菲尔德（Enfield）读中学时，参加了一次学校组织的天文学游戏。参加这次游戏的孩子们在操场上跑圈子，以此模仿太阳系整体的运行情况。在这个太阳系中，也包括了当

（接上页）《古舟子咏》。本书中此诗的几处译文均引自杨德豫所译的《柯尔律治诗选》，广西师范大学出版社，2009年。后文中提到的诗人本人为读者所加的注释，未见于此中译本，故由本译者译出。——译注

① 月亮和星辰经常出现在柯尔律治的诗文中。他在16岁时就曾在伦敦就读的学校里，在屋顶上创作过一首题为《致秋月》的十四行诗。在他的许多出色的湖畔诗文中，都有大量对月色的吟咏。《霜夜》（1798）就是其中的代表作。柯尔律治在凯西克镇小住时寓居的住处格蕾塔厅，原来是一处观象台。柯尔律治经常在那里记录月亮、星星和天空的情况，他的小儿子哈特利（Hartley）也来帮助他。他的名诗《沮丧》（1802）也在开篇处描写了"澄澈冬夜"的一弯新月"将旧月揽在自己怀中"（一种天文学象，俗称"新月抱旧月"，指新月弯中隐约可见的、与新月合为一体的暗灰色的圆形，实际上是地球反射的太阳光照到月面上又反射回来的光。——译注），以此寓示即将来临的风雨。当诗人后来孑然一身寓居马耳他时，也曾用航海望远镜观测月亮和星体，并记下不少表示对月亮无限崇拜的文字（1805）。即便在他晚年写的《地狱之边》（估计写于伦敦的海格特）等作品中，也将自己的现状比喻为一个在园中凝望月光的老人。这个老人已经失明——"目光呆滞有如雕像"——但他仍然能感受到冥冥中的神秘的力量，也能感到月亮的流光倾泻到他的身上，仿佛是上帝赐予他的祝福——

> 他一动不动，没了双目的凝视无比集中，
> 仿佛整个面庞上都是眼睛，
> 洒向他的月光，看来真是给他带来了光明！
> 《地狱之边》

在作者看来，这几句是柯尔律治所写下的三段最玄妙难解的怪句子之一。也许他的意思是设想自己变成了有着望远镜功能的人吧。——作者原注

时已知的全部卫星——由于赫歇耳的成果，卫星的成员已经增加了不少。不过，这个太阳系中也有游荡的彗星，因此与牛顿相信的无比精确的机械式模式不同，也就是说，这个由中学生组成的太阳系模型，是个固然伟大但也纷乱的体系，有着人类的特性，真是一个"人式太阳系仪"[①]呀。

时过境迁后，济慈对这个太阳系仪的细节情况已经不大能回想得起了。不过可以设想其中会有7个绕着太阳奔跑的高班男生，代表着七颗行星，在他们附近，又有一些小个子"月亮"绕着他们疾跑（可能由一些女孩子代表）。他们在行进途中，会不时地与陨星和彗星相遇。后来，即在1811年，上高中的济慈得到一件奖品，是邦尼卡斯尔的《天文学信札》。这本书使他得知了赫歇耳发现天王星的事迹。五年之后，也就是1816年，他在著名的十四行诗《初读查普曼译荷马史诗》[②]中，歌颂了这一重大的发现。[154]

八　兄妹合作共同观天

在将家安到达切特村之后，威廉和弟弟亚历山大便迅速投入到专心制造高品质反射式望远镜的工作之中。他们造出的前5台都是7英尺反射式望远镜，也都是应乔治三世之命完成后进献的。虽说赫歇耳始终没能从王室那里拿回全部报酬（原来说好每台付100几尼），不过赫歇耳作为御用望远镜制造人的名气却也变得足够响亮了。"承揽订货"——他们的所有望远镜，无论什么尺寸，都是按照订货时商定的标准——单独制造的。每台大约需用三四周时间，价格也各不相同，通常都按几尼论价。有的在交货时是散件，有的是装配好的整体，还配着精美的硬木套匣，匣内装着备用的反射镜和一套不同放大率的目镜。这些产品虽然都是手工制作的，但赫歇耳的干劲十足，产量大得有如机械化生产。在十年的时间里，他一共做出

---

① "人式太阳系仪"，由真人扮成太阳系内重要天体的角色，并尽可能按照真实情况和可能实现的比例，在代表空间的场地上运动，使参观者直观地认识太阳系的基本面貌。此太阳系"仪"最早于2004年出现在北爱尔兰以普及天文知识著称的阿马天文台，一时颇为轰动。作者这里的"人式"是双关俏皮话。——译注

② 诗题中的查普曼，指乔治·查普曼（George Chapman, 1559—1634），旧译贾浦曼或洽普曼，英国文人，以英译荷马的著作最为人所知。本书后面（第四章第五节）还会提到这首诗作的具体内容及其创作过程。——译注

了数百块反射镜：200块用于7英尺望远镜，150块用于10英尺望远镜。此外他还制成了另外8块，都是用在20英尺的大型反射式望远镜上的，不过并不都是对外发售的。[155]

他的产品售价在稳步上升。与他那闻名的7英尺望远镜同样尺寸的产品，通常是以散装规格出售的，价格起初为30几尼，但渐渐涨到了100几尼。这个售价是他在写给柏林的德国天文学家约翰·埃勒特·波得（Johann Elert Bode，1747—1826）的信中提到的。[156]到了后来，一套散装交货的20英尺望远镜要卖到600几尼，一台特别精制的10英尺反射式望远镜，加上做工考究的硬木套匣、取得了专利权的精巧支架、一套目镜和一块备用反射镜，索价高达1500几尼。[157]昂贵的产品大多是德国的王公贵族订制的。就连法国皇帝拿破仑·波拿巴（Napoleon Bonaparte）的弟弟、被哥哥拉上奥地利皇帝宝座的吕西安·波拿巴（Lucien Bonaparte）也来向他订货。[158]在赫歇耳卖出去的所有望远镜中，大概要数西班牙国王为马德里天文台定制的一台最昂贵，索价3500英镑，于1806年交货。[159]到后来，英国和欧洲各地，都有了赫歇耳制造的望远镜。1786年，他还代表乔治三世，亲自将一台望远镜送到了格丁根大学的天文台。[160]

来到达切特参观赫歇耳的天文观测点的人渐渐多了起来。卡罗琳开始将访客一一登记在一本双栏访客簿上，一如她平素在观测志上做记录一样——而且从某个角度来看也真就一样。1784年春天，因患病将不久于人世的塞缪尔·约翰逊派了泰拉尔夫人①的三女儿、年轻的苏珊娜·泰拉尔（Susannah Thrale）前来拜访赫歇耳，叮嘱她与赫歇耳尽量结交："这个人向你介绍的星空，是从来不曾有人看见过的。这样的成果，是他对自己的望远镜做了改进后取得的。他要指给你看的东西确实都远得可以，而且与我们也不一定关系密切。不过，真理统统都是宝贵的，获得新的知识也总是可喜的，而且将来也可能会派上用场。"[161]

卡罗琳对她和威廉日复一日共同彻夜观天的工作，留下了生动的叙述。卡罗琳将这一工作称为"扫观"。[162]这的确是个很贴切的说法，因为一是

---

① 泰拉尔夫人全名为赫斯特·林奇·泰拉尔（Hester Lynch Thrale，1741—1821），英国作家，塞缪尔·约翰逊的密友。她的日记和通信是研究这位著名文人的珍贵史料。——译注

观测方式就是以"扫"的方式一条一条地观测天空，二是赫歇耳只管"观"，其他一概不问。由于横向调整大镜体的反射式望远镜通常会很不容易，因此，此类望远镜总是不做横向运动，一直固定在中天位置上，只绕着轴线或起或落地转动，对在不同时间顺次移动到中天位置进入视场的星体进行观测。星体的视运动是由于地球本身绕自己轴线的转动造成的，因此望远镜真是像扫帚一样在天上一条一条地扫过——说成像手电筒光一样打过也未尝不可。以这一方式，赫歇耳便可以将整个星空分成宽度各为两弧秒的许多小条，然后一条条地逐条观测。[163]这样的观测技术是自从有了天文观测以来最为精确的一种，而且远比其他方式精确，但同时也使观测过程极为缓慢，极为辛苦，要完成一次"扫观"的全过程，可能需要数年时间。

此时，赫歇耳对整个星空已经了若指掌。他能够辨识出星云的结构特点，也能够指认出任何新的星体，而且又迅速又准确。在这一点上，除了他下苦功钻研的数学帮了大忙以外，他的音乐造诣或许也不无作用。他自己也是这样认为的，因此告诉人们说，他仰望星空时，就像一位娴熟的乐师在读乐谱。说得更玄妙些，或许就是他那经过音乐训练培养出的、能从巴赫（Johann Sebastian Bach，1685—1750）和亨德尔作品中感受到复杂的对位与和声的能力，使他也自然具备了辨识天体构造的本领呢。

对天文观测过程中涉及的生理学和心理学两方面的内容，赫歇耳都有浓厚的兴趣。后来，他还就此发表过一些颇为别具一格的论文。从1782年起，他又开始记录观测过程中眼睛制造误导的种种现象，又研究起夜间观测时会出现的幻觉来。卡罗琳就在这一年的11月13日，记下了他口述的如下一次观测猎户座内一颗新发现的双星时的感觉——

> 在对猎户座中的10号目标跟踪观测时，我看到了一对双星。它十分清晰，而且至少在望远镜的视场出现了十几次。用左眼观测和用右眼观测都能看到，只是得使周围都尽量黑下来。我怀疑自己的右眼太疲劳了——因为用这只眼视物时会觉得发暗。为此，我在观测时总是先用左眼看，结果发现它在视场里穿过两次，而且这种情况发生了好几回。用另一只眼观测时，也出现了同一情况……所有的星体都不闪烁，只有天狼星和低空处的星星例外。这是个非常适

于望远镜观测的夜晚。[164]

来自职业天文学家的挑战,使赫歇耳日益意识到存在着一门"观测艺术",并需要将它介绍给世人。"眼睛是极为特殊的器官之一",他会在信中反复这样叮嘱。传统的生理学讲义对眼睛的认识是错误的。目视图像作用于视神经上的过程并不简单地等同于落到凹面反射镜上。眼睛会不停地对看到的图像加以自己的理解,当图像是通过高倍放大率获得时更是如此。天文学家是要进行观测的,而如何观测是个应当**学习**的课目,并通过像演奏乐器般的训练,掌握更高的观测能力:"记得我一度无法用200倍以上的放大率正确观测。而现在,用同样的望远镜,即便是用460倍的放大率,我也能看到清晰的结果;如果再加上天空晴朗,那就再理想不过了。在进行观测训练时,切记不要一上来就想能够'视唱'——这里用了一个音乐术语,应当选用一个略高于能够准确观测的放大倍数,而当用这一倍数也能应付裕如时,再换成更高一些的进行训练。"[165]

后来,卡罗琳将赫歇耳有关提高观测能力的论述总结汇编成集子,还编了一个索引。在"不同观测形势下眼睛所见的不同"这一条目的下面,她又建立了一些子条目,如"长时间凝视一个物体等"的畸变效应、从低放大率切换到高放大率的注意事项、"两只眼睛对[同样]光色的不同感觉"、"眼球疲劳"而不自知,以及"观测不易看到的物体时,最初的视感总是偏小"等。[166]

在另外一个条目"空气与环境"下,卡罗琳开列了影响望远镜效果的若干特定位置和大气状况,其中的一些因素并不总是明显可见的。大气本身具有一种"棱镜作用",而且"空气中的微风",观测路线"掠过房顶",或者站位在"离门框6—8英尺的室内",都会造成图像的畸变。还有一种奇特的情况,就是地面发出的热浪,"虽然到了夜间已经不强了,有时却仍会不利于观测"。相比之下,"潮湿的空气倒是有利的",高湿度、雨水乃至几种雾天,都"对观测没有妨碍"。就连出现严重霜冻和下雪天气时,也有进行观测的可能,但要注意勿使反射镜面受冻。[167]

卡罗琳给"扫观"工作涂上了一抹料理家务的色彩。有时候,她会在信里称自己是个天文"管家婆",负责对天上扫扫掸掸,好让哥哥工作得更好。其实，在她的内心深处，可能已经对自己发现的一个新的世界产生了更深刻的感觉。她所做的事情，已经不单单是为了让哥哥高兴了。自从这一家人在1782年夏天搬到达切特村后，赫歇耳便更注意起培养训练妹妹的观测技术来，让她成为更合格的"天文助理"。为了鼓励卡罗琳独立观测，威廉还特意为她搞出了一台轻量级的"扫观镜"，即一根"两头都有玻璃的管子"（传统的折射式望远镜），并指导她专门"扫观彗星"。

刚刚开始时，卡罗琳觉得自己一个人在夜晚工作怪可怕的："从观测记录中可以查到，这个工作，我是从1782年8月22日开始的，具体所做的是，记下扫观过程中看到的所有外观值得注意的星体并加以描述。我的'扫观'是沿水平方向进行的。不过，在沾满朝露和霜花的深草丛里面对星空，周围不但见不到人，而且连人声也听不到，这样的环境，我一直到了这一年的最后两个月才比较习惯。"[168]这还不说，卡罗琳此时才刚刚入门，"对真实的星空很不熟悉，往往在看到什么后就得去星图上核对，可等到查着了，在天上却又找不到了"。在望远镜的视界中，天体的运动是非常迅速的，就连在低倍放大率的情况下也是如此。因此，哪怕是只用一小会儿时间去查询星图，等到目光再度适应了星空的照度时——巅峰夜视能力往往要等上30分钟才能达到，原来在视界中的天体很可能已经滑脱了。对此，搞天文的人都是清楚的。

显然，当威廉不去温莎为王室服务而是在家里，并且也在后园工作时，卡罗琳的工作便会容易些。"只要我知道哥哥就在离我不远的地方，摆弄他的种种仪器，搞的不是双星就是行星时，我的所有麻烦就都消失了。无论我见到哪里的星云或星团，都能马上得到他的帮助。"在独立观测的第一年里，她并没有发现任何彗星，只是观测到了14处星云，但都属当时已知的近百处星云之列。她的观测还经常被哥哥不客气地打断，因为后者需要她到他那里去，记录一下他用20英尺望远镜得到的某个新观测结果。[169]

与他人联手工作，是赫歇耳兄妹发明的"扫观"过程所必需的。进行观测的威廉，会将他看到的内容（重点是双星、星云和彗星）准确地口述出来，包括星等、光色和与视界中与其他已知星体的大致距离与相对方位（用测微计量出），站在他下方草地上的卡罗琳则将这些口述内容一一草记，然后再坐到一张折叠小桌旁，凑着小心罩起来的烛光用墨水笔一一誊清。记录中所涉及的时间都来自一只天文钟,即所谓"星钟"(给出的时间不是根据太阳,而是恒星在天空的位置确定的)。后来,为了表示对这两兄妹的工作的感谢,亚历山大·奥贝特送给他们一只非常精良的谢尔顿牌天文钟,钟摆是黄铜的,有温度补偿功能。[170]

天文观测通常给人们的印象是应当鸦雀无声、沉思冥想。不过,赫歇耳兄妹一道工作时,情况可并非如此。卡罗琳会"跑去看钟表、笔录备忘事项、取放仪器、丈量距离等,而且得随时准备做其中的任何一项"。[171]有时候,她会提出一些问题,或者要求解释某一点细节。她的最重要的工作是,记下每一项观测的准确时刻,这些时刻都读自那只特制的星钟,是根据每个星体围着中天转动的情况判知的。有了卡罗琳的辅助,威廉就根本用不着为了就着烛光做记录或者自己记笔记而影响最佳的观测视力了。

赫歇耳在1786年4月发表了一篇论文,题为《一千处新星云》,文中介绍了他们的"扫观"工作方式。这一方法的最大优点是,观测者的眼睛无须离开仪器,眼睛所见都通过"口述"给出,并由助手记录后加以"大声复述"。威廉在这篇文章中说,它的"最特别的优越性"在于:"我所给出的所有描述,都能得到记载并回述给我,而我不仅目光自始至终都不会离开观测目标,还能按我的意思修改原来的描述。"在这篇论文中,赫歇耳对自己的助手卡罗琳的贡献竟然只字未提,可说是摆出了唯我独尊的架势。[172]

伫立夜空下观星望月,也许能被归入最浪漫、最崇高的人生体验①。

---

① 说来也许有人会不相信,其实天文观测也可能成为一种可怕的体验。赫歇耳之后一百年,英国作家托马斯·哈代(Thomas Hardy,1840—1928)为了写一部新小说《塔楼情侣》(*Two on a Tower*,1882),竟当上了业余天文学家。他是这样描写男主人公斯威森和女主人公康斯坦丁共用一台望远镜观天时,所经历的一种无法言传的奇特感觉的:"入夜后……星汉灿烂的宇宙无穷广袤,包围着无比渺小的观天者的头脑,这就是目前的状况。这种震撼是无论如何也无法缓解的。这两个人比他们的同类更接近这种广袤,因此立即感受到了宇宙的美丽与可怕。他们越来越深地感觉到自己只是孤军深入的沧海一粟。这种对比的威压是如此巨大,以至于他们都不敢往下深思。这就成了挥之不去的梦魇。"作者本人在第一次通过一台大型望远镜观天时,也产生了受到巨大震撼的感觉。我所用的望远镜是剑桥天文台的11英寸折射式望远镜,造于1839年,有个名字叫"老诺森伯兰"。我观察武仙座内的球状星团、天鹅座β(一黄一蓝的双星),还有一处气态星云(当时我只顾着注视它的令人震慑的美丽,忘掉了将其具体名称记在本子上,只草草写下了"从黑色的无底大海升起的一个蓝色的巨大水母状形体")。当时我的感觉就像是面对宇宙发作了眩晕症,只觉得仿佛会从望远镜旁跌落入夜空,溺毙在星辰的海洋里。这种感觉过了一段时间才总算消失掉。(转下页)

不过赫歇耳兄妹的"扫观",可是时间又长、要求又严格的工作。当夜空晴朗时,他们往往会不停歇地一气工作六七个小时;通常会从夜间11时开始,拂晓时才精疲力竭却又精神亢奋地结束。他们都会一直睡到下午,因此住宅里一上午都要保持安静。不过卡罗琳一般总会早些起身,一边喝咖啡,一边将夜里的观测结果用细长的蝇头小字记下来,这样就有了双倍记录。用她自己的话来说就是"补天"。

无论是观测还是记录,都需要毫不懈怠的精确和绝对的精力集中。即便是在夏天,入夜后也会很冷。到了冬天,草地上会覆盖白霜,风会在树顶呼啸。(内维尔·马斯基林在格林威治天文台时就专门定做了一件特别的羊毛观测服,从上到下合为一体,絮了一圈圈的保暖衣料。他套上这件服装,看上去活脱儿就是提前问世的米其林公仔①。)为了暖和些,赫歇耳想出了用切开的生洋葱头搽手涂脸的招数。当班克斯前来拜访,同他们一起观测时,有时会带来大尺码的鞋子,以便容得下一连套上六七双袜子的双脚。卡罗琳也将内衣加上毛料夹层。天气经常会冷得将反射镜蒙上一层冰,墨水会冻在墨水瓶里,卡罗琳的鹅毛笔端也会被冻结的墨水弄粗。[173]

观测还是件危险的工作。卡罗琳有这样的记载:"要说到我哥哥和我自己在观测中险遭不测的经历,我能列出长长的一串呢。我们要摆弄很大的设备,又是在黑漆漆的环境中行动,因此真是危险四伏。特别是因为我们都在全神贯注地工作,根本不会想到人身安全。"[174]1783年是特别艰难的一年。11月的一天夜里,威廉登在20英尺反射式望远镜高高的支架横梁上工作,风大得差一点将他从支架上刮下来。当他匆匆地从摇摇晃晃的木架上爬下来时("梯子腿根本就没在地面上抵住"),整个木结构散了架,将他压在了下面,结果是赶快找来工匠,将人从横七竖八的木料下扒了出来。[175]

1783年12月31日的除夕夜是个阴天,地上的积雪有1英尺厚。然而,威廉仍然坚持先不过年,而是完成当年的最后一次"扫观"。在卡罗琳的

(接上页)据伟大的天文学家埃德温·哈勃自述,当他20世纪30年代在加利福尼亚的威尔逊天文台彻夜观天后,也曾经历过一种类似于佛教徒入定的体验。可参看盖尔·克里斯蒂安松所著《星云世界的水手:哈勃传》(1995)一书。——作者原注

① Michelin,法国的一个轮胎生产商家,米其林公仔代表这一企业的动画形象,它呈人形,身体由一系列轮胎水平叠成,于1894年推出。——译注

感觉中，哥哥这一次特别不耐烦，冲她叫嚷的次数也特别多。"到了10点左右，有几颗星星出来了，我们以最快的速度做好了观测准备。哥哥站在望远镜镜筒前端，指导我调节镜体的横向位置。"为了固定望远镜，地上打了一些木桩，木桩上挂了些大铁钩，又用一些穿过铁钩的缆绳捆牢支架，"就像是肉铺里将肉挂在钩子上那样"。当卡罗琳绕过望远镜的底座时，"由于天黑，地上又有一英尺的积雪，还有些雪已经融化了"。她滑了一跤，摔到了被埋在雪下面的一个木桩上。

对接下来的经过，卡罗琳有如下的痛苦回忆："我跌到一只铁钩上，钩尖刺进了右腿膝上约6英寸的部位。可哥哥还在冲着我喊：'快点！'我只能痛苦地哭喊道：'**我给钩住啦！**'"她疼得厉害，像被钓钩钩牢的鱼，动也动不得。赫歇耳人在高处的观测台上，周围一片漆黑，又没能马上弄明白下面发生了什么，因此还是一个劲儿地喊着"**快点！**"而卡罗琳也不停地喘着大气回应道"**我被钩住啦！**"[176]

后来，威廉总算弄明白是怎么回事了，这才找来当时前来帮忙调整望远镜支架的助手相救。"他和那名工匠赶快跑了过来，人是救下来了，但是没有办法将陷进肉里2英寸的钩子弄出来。工匠把他老婆找来，可这个女人害怕得什么似的，一点儿忙也帮不上。"他们赶快将卡罗琳抬回屋里——不知为什么却没有去请大夫。卡罗琳自己包扎了伤口，在床上躺下休息。根据她那自豪的记载，不出两个星期，她又回到了望远镜旁。那处伤口虽然又大又深，但并没有变成坏疽，不然可就惨了——看来当时天气极冷倒是件幸事儿。

卡罗琳显然一向将伤病都不太当成一回事。不过从她在记载中所反映出的哥哥一直没能表现出足够的关心上看，心情并不舒畅："我得当我自己的医生，给自己的伤口敷药，换药后再自己用手帕包好，就这样对付了好几天。"詹姆斯·林德医生当时正在温莎行医，却在卡罗琳受伤一周后才得知此事："他来看我，给了我一些药膏和纱布，还告诉我应当怎么弄。"伤口很深，不易愈合，而在此期间她的记载中，查不到一句威廉何时表示过关切的话。后来，林德医生在1784年2月初再来达切特为卡罗琳复诊。"受伤6周后，我对自己可怜的腿伤开始担心，便请教了林德医生。他检查了我的情况，告诉我愈合得不错，但又告诉我说，如果当兵的受了我这样的伤,是要在医院住上6周的。"[177]为什么这位林德医生会将卡罗琳与军队的士兵相提并论呢?他的话里怕是带有责怪的意味。①

卡罗琳后来在撰写《卡罗琳·赫歇耳回忆录与书信集》时,显见是对此段经历加上了一些酸涩的幽默:"让我松了一口气的是,得知哥哥的工作没有因这桩意外受到多大影响。那一夜后来的天气一直是阴的,接下来的几夜也大抵如此,只有短暂的间隙适于'扫观'。到了1月16日,终于等来了好天气,而那时我又能到室外去,与严寒天气打一整夜的交道了。"

到了夏天时,卡罗琳的伤已基本痊愈,但留下了后遗症,年老后经常犯痛。说来怪得很,她受伤时的那声"**我给钩住啦!**"的惨痛的呼喊,恰是她此时与自己哥哥关系的写照。她的这位聪明的哥哥,因为脑子里只转着天文学的念头,结果成了个油盐不进、超乎情理的人,竟然连自己的妹妹也不管不顾——当然,我们也只知道这些一面之词。[178]

赫歇耳这样的心无旁骛,倒也并不奇怪。就是在1784年和1785年这两年里,他形成了对宇宙的最激进的观念,并在《英国皇家学会自然科学汇刊》上发表了两篇最富革命性的论文。这两篇文章彻底地改变了当时人们的一种普遍观念,即太阳系是被一个由恒星构成的稳定天球包围着,天球的外面又有一个大体上东西横贯的巨大"银河"——也称"天河","河"中的"银"其实是星星点点的大量未知恒星。这一对天体构造的臆想,脱胎于多少年来一直这样延续着的古巴比伦人和古希腊人关于神殿的思想。

---

① 这位詹姆斯·林德医生实非等闲之辈。他是英国皇家学会会员。库克船长在率领第二次环球远航前,曾邀请他随船同行,但他没有接受,倒是同班克斯一起考察了冰岛,后来还到过中国。他熟读科学经典著作,对大、小普林尼(Pliny)(古罗马出过一舅一甥两位普林尼,都在文学和史学上有很深的造诣,并有著述流芳,为区别起见,被分别称为大普林尼和小普林尼。——译注)和卢克莱修的著述尤有研究。他当上了王室的御医,还用业余时间去伊顿公学讲授科学。此公行为的古怪和对学生的好脾气都是出了名的。他的关门弟子之一是珀西·比希·雪莱。这位未来的诗人对林德发表的有关富兰克林、拉瓦锡、赫歇耳、戴维和戈德温的见解钦佩有加,后来还在自己于1817年发表的两首长诗——《阿达尼斯王子》和《伊斯兰的反叛》中,在对大智大慧的科学导师的描述中加上了林德的影子。雪莱后来还告诉他的第二任妻子玛丽·雪莱说:"上了年纪的人都应当像他一样:无拘无束、沉静安详、仁厚慈爱,外带年轻人的热情,在他的双眉下,是一双常人没有的眼睛,在令人起敬的银白卷发下炯炯放光……他所给予我的,要多过我的父亲,而且要多得多。"可参阅作者本人所著的《不断求索的雪莱》一书(有关原书信息见参考文献部分。——译注)。林德医生无疑会对赫歇耳的成就非常钦佩,不过也对卡罗琳十分同情。——作者原注

弗拉姆斯提德没有对它做什么改动，就连牛顿也不曾采取过什么行动。[179]

《天界构造研究》这篇论文是赫歇耳在1784年6月发表的。它不动声色地开始改变这一古老的臆想。赫歇耳的新观念，完全建立在近两年来同卡罗琳一起用20英尺反射式望远镜进行的不懈观测之上。用这架他们新制成的望远镜，他确定出466处新的星云（是不久前梅西耶所确定数目的4倍），又第一个提出设想，认为星云中的大部分——甚至可能是全部——是由众多独立恒星形成的巨大星团，或许是同银河一样的星系，只不过是在人们所知道的这个银河的**外面**。[180]

由这一观念出发，赫歇耳提出了一个想法，即目前人们看到的这个巨大的银河，其实并不是看上去的那样一个由许许多多小亮点铺成的平面，而是一个独立存在的三维立体。这是根据他在观测中使用的新的计数方法所得到的结果推断出来的。这种方法就是：沿着地球的每一个方向看出去，计数每一个方位上星星的数目，然后根据这些不同的星体密度数据，推断**如果从这个银河的外面观察时应该呈现的样子**。这真是一项集大胆猜想与细密观测于一体的成果。赫歇耳最初推断出的银河形状，大体像是个扁盒子，或者说像个压歪了的长方六面体。[181]不过，他后来得到的新结果，就是人们现在已经熟知的由众多恒星聚成的中央略有隆起，并有由中心向外展开的旋臂这一特殊构造的铁饼式结构。[182]至于太阳系在银河中的位置，赫歇耳一直没能弄清楚。他曾一度认为，它的形状会是相对的，因"从目前已知的这些星云……离我们的远近程度不一而**有不同的视观**"。[183]

赫歇耳的第二篇论文是在1785年发表的，它的题目更简单，就叫《天界构造》。在这篇文章中，赫歇耳开始将他已经形成的有关观念综合到一起，提出了对宇宙的"自然历史"的惊人新看法。他在文中先提出一个观点，就是进行天文学研究，需要观测和推测这两者的良好兼顾："如果一味玄想，自顾自地搭建自己相信的世界……到头来就会落得同笛卡儿的旋涡说①一样的下场。"而如果只顾另外一头，单靠"观测再观测"，而不注意对

---

① 笛卡儿在17世纪中叶提出的一种极为侧重推理方式的宇宙理论，认为整个空间充满着一种叫作"以太"的物质，这些物质形成许多转动的旋涡。地球就在其中一个的中心处静止着，而这个旋涡又绕着太阳转，如是等等。这一理论一时很受推崇，但牛顿的引力理论的出现，使它立即遭到扬弃，但后来它仍在康德和拉普拉斯发展（转下页）

结论的归纳，也不去尝试"通过推断得出观念"，同样会遭际挫败。[184]

赫歇耳提出的宇宙设想与他人的大不相同。他认为天界并不是造物主创造的某种结构上稳定不变的存在，而更像是处于不断变化，甚至可能是进化的状态之中，一如生物体的生存，不同之处只是前者极其巨大而已。根据他用望远镜的观测所见，所有的气体星云实际上都"可以分辨出"是由恒星组成的，而不是什么创世时残存的无定形气态物质。它们是巨大的恒星星团，散布于远在银河以外的远方。在他的望远镜视线所及之处，整个宇宙都可看到它们的存在。星云本身处在积极活动的阶段，它们似乎扮演着将气体浓缩成新的星体的角色，而且是以**连续创生**的方式进行的，不断地补充着消亡的星体。

赫歇耳为他的这一惊人臆测找到了一个难忘的词语："这些聚在一起的团状物，我觉得可以说是**宇宙的实验室**，补救整体不使衰败的有用成分就出自这里。"[185]他还探讨了某些星云可能是存在于银河**外面**的"宇宙岛"的可能性——倘若如此，宇宙的尺寸可就该大大地增加了。他特别提到了一处这样的星云，就是位于仙女座内的一个中心部分"略带红色"的美丽天体。到1785年时，他归纳出的星云个数已经超过了900处。它们看上去"都与我们所在其内的［银河］一样宽广……而彼此也都远远相离"。[186]他列举出至少10处他认为比银河更大、发育阶段也更成熟的"复合星云"，并以它们为立足点，设想出以星云观念看待我们这一银河的做法："构成那里成分的恒星，它们的行星上的生命体无疑也会看到同样的景象。也正因为如此，他们也可能将自己的星云称为银河，以区别于其他的星云。"[187]

根据康德的设想，宇宙是个无限的存在——诚然，这个无限的含义**要看如何理解**。至于赫歇耳对宇宙尺度的设想，以今天的标准衡量自然十分有限，然而在当时人们的心目中，他的估计已经大得不合情理，甚至大得荒谬绝伦了。赫歇耳认为，在太阳系所在的银河的可见边界之外，还围着一个巨大的、"空荡无物"的深度空间，"不小于天狼星距离的6000—8000倍"。当然，他也承认这只是"非常粗略的估计"。这篇论文虽然措辞谨

（接上页）其宇宙论（星云假说）中起到了一定作用。——译注

慎，但含义却是明确的："有充分根据设想，我们这里是一个独立的星云。诚然，在能够有把握地确认它是在所有方向上都受到包围之前，还不能肯定它是个'宇宙岛'……如果有了新的望远镜，孔径比我目前所有的〔12英寸〕大上许多，就能会聚到更大量的光线，也就能看到更远的空间。这是结束这一争论的最可靠的手段。"[188]

赫歇耳的这些观点中所包含的全新见解，很快便引起了记者和大众作家的注意。第二年，邦尼卡斯尔便在他所著的《天文学信札》的初版中，写下了如下的评论："赫歇耳先生认为，整个天界都充满着这样的星云，而每处星云都是一个明确的分立体系，且与其他星云无关。他还认为银河就是这样的星云，只是特殊在于容纳了我们的太阳而已。据他认为，银河的样子是沿着可以看到星光的方位延伸的，在这个方向上的尺寸要比沿其他方向大得多……这些观念无疑是出色的。无论对错与否，都会使它们的提出者青史留名。"[189]

在1785年的这篇革命性论文中，赫歇耳还撒播下了一场新的、长远使命的种子：准备制造一个更大的家伙：焦距40英尺，**反射镜直径4英尺**的望远镜。它将是全世界最强大的反射望远镜。他相信，凭着这台仪器，星云究竟是远在银河之外的其他与银河一样的体系，还是银河内部的气体云团的疑窦，就会一劳永逸地得到解决。此外，他还有可能更好地测得视差，由此更准确地推知恒星间的距离。而更为重要的是，有了更强大的望远镜，就有可能掌握星体是如何生成的，整个宇宙又是否遵守着某种明确的规律和方式变化甚或进化。还有一点，就是他相信，凭借着新的望远镜，有可能发现外星生命存在的迹象，而一旦如此，这一发现将会极大地影响人们的哲学观念乃至宗教信仰。

这篇论文中还有一个看来不大，却反映着一种根本转变的细节。这一次，威廉·赫歇耳白纸黑字地写进了卡罗琳的贡献。这是指她在仙女座内发现了一处不曾为前人发现的不大的"伴星云"，是"舍妹用一台2英尺牛顿式望远镜发现的，时间为1783年8月27日"。梅西耶在他为《天文知识年鉴》所撰写的星表部分没有收入这处星云，因此它是卡罗琳·赫歇耳的贡献——她为宇宙学知识做出的第一个直接贡献。[190]

第三章
飞行员气球显身手

一　气球升空万人瞩目

　　赫歇耳举世皆知的成功，给了约瑟夫·班克斯以巨大鼓舞。当时，班克斯还在为亲密朋友索兰德的逝去黯然神伤，在英国皇家学会里也屡受同行倾轧（其中要属不食人间烟火的数学家们发难最积极）。在这种形势下，他于1783年8月在家中得到消息，说法国人可能搞出了一种能够飞行的器具。这自然也不会使他感到轻松。

　　自伊卡洛斯①飞天的神话开始流传的时候起，翱翔长空便一直是人们的追求，诗人和白日梦者尤其如此。它也是讽刺作家盯住的目标。欧洲的文学作品中颇不乏大鸟飞行器、双翼战车、飞马天舟之类的玩意儿。当然，它们都很不现实，远远超出了可行的范围。不过，这一次班克斯得到的消息在性质上可大不相同。这是一种硕大的飞行器，靠一种"火爆性空气"起作用。班克斯还得知，这一飞行器是在法兰西科学院大名鼎鼎的孔多塞侯爵（Marquis de Condorcet, Marie Jean Antoine Nicolas de Caritat, 1743—1794）的监督下精心制造的。

　　在向班克斯提供消息的一班人马中，来源最可靠的当属英国皇家学会通讯会员、时任美国驻法国大使的77岁老翁本杰明·富兰克林（Benjamin Franklin, 1706—1790）。此人经验老到，无论看人还是看科学，都有很准

---

① Icarus，希腊神话中的人物，用蜡造双翼飞行，因飞得太高接近太阳，翅膀融化跌落大海丧生。——译注

的眼光。当时,他已经在法国当了7年大使,对法国十分喜爱并充满热情。不久前,他刚刚提交了一份有关引起狂热的"梅斯默术"——当时被称为"动物磁力术"的报告,写得可谓洋洋洒洒。他在报告中提到,发明这一套东西的弗朗茨·安东·梅斯默(Franz Anton Mesmer,1734—1815),在这个"吹出来的新康复疗法"上挣了两万金路易①。[1]

富兰克林在给班克斯的信中,还写进了更值得惊奇的内容:在法国人的飞天尝试中,用到了以纸为材料的大口袋。就在那一年的夏天,里昂有一名造纸商人,使一些纸制的大口袋,在露天里飞到了相当的高度上。这名造纸商名叫约瑟夫·蒙戈尔菲耶(Joseph Montgolfier,1740—1810),他将一些这样的纸口袋带到了凡尔赛,准备在国王路易十四面前进行一场公开演示,具体定于9月间在凡尔赛宫前面的大广场上进行。

这些消息听起来已经很是匪夷所思了,可这位富兰克林还告诉班克斯说,法兰西科学院的亚历山大·查理博士(Jacques Alexandre César Charles,1746—1823)还抢了蒙戈尔菲耶一招先手,于8月27日在巴黎的战神广场(Champ de Mars),当众放飞了一只用不久前刚发现的一种"火爆性空气"充胀的丝织袋子。令人惊讶的是,这样的简单装置,却表现出强大的升力。这只丝织袋子——也就是人们所说的"气球",直径只有6英尺,放起后却迅速地升到了目力不及的高度。它从塞纳河(Seine)上空跨过,在巴黎郊外飘飞了15英里后以破裂告终。这样的距离,跑马至少得用一个小时。

富兰克林还说,这位约瑟夫·蒙戈尔菲耶,还有他的弟弟艾蒂安·蒙戈尔菲耶(Étienne Montgolfier,1745—1799),已经于9月11日在凡尔赛宫成功地放飞了自己的气球。他们的气球与查理的不同,用的不是特别的"空气",而是到处都有的平常空气,只不过是加热了的。气球做得很大,还绘上了漂亮的花样。它的升力也是可观的:气球下面挂了一只柳条筐,筐里放进1头羊、1只鸭,还有1只公鸡(法兰西的民族象征)。这只气球高高升起到凡尔赛宫的屋顶上方,在半空中停留了七分钟。3只动物都平安无事地活着返回地面。

---

① 金路易,法国波旁王朝时期流通的货币的名称。当时还有一种名叫埃居的货币,面值较小,又称银路易。它们都在法国大革命时被废止,由法郎替代。——译注

下一步该做什么是自不待言的了。蒙戈尔菲耶兄弟也好，查理博士也好，都准备用气球将人送到天上去。这可实在太引人注意了，弄得法国举国上下只是谈论这件事。富兰克林认为，气球到头来将会"打通自然科学领域的发现之路，取得我们目前根本想象不出的成果"。对此他举出例子说："电学和磁学的最初实验，看起来也只像是在耍些小把戏嘛！"[2]

对于这一前景，班克斯最初并不相信。他在回信中这样说道："英国皇家学会中比较可信的一派意见倾向于认为，目前最好不要卷入这场气球狂热，等到有试验证明它对社会或者科学确实有益时再说。"然而，到了1783年9月中旬，当他知悉了蒙戈尔菲耶兄弟在凡尔赛宫的那场"升空实验"取得成功后，便承认法国人"开通了空中之路"，而这一成就可能标志着一个新纪元的到来。他表示，如果进一步的实验取得成功，那么"这对人类的直接影响，将会是船只出现以来最深远的"。[3]

说来也怪，班克斯对气球用于交通的最初设想，是用来全面改善陆面交通。他将气球设想为"抗衡绝对重力"的手段，具体想法是将这种有上升能力的东西像水中的浮标那样系在马车和手推车上，从而使它们的重量有所减轻，行走起来也就会轻快了。这样一来，一辆通常需要8匹马拉的"宽轮大马车"，加上热气球后，有2匹马也许就够了。这个设想清楚地表明，即便如班克斯这样训练有素的科学头脑，要在初期阶段正确设想未来的可能发展，同样会是很困难的。[4]

二　人类上天引发狂热

"火爆性空气"的存在，班克斯是知道的，而且这种气体实际上就是由两位英国化学家——亨利·卡文迪什和约瑟夫·普利斯特利发现的。它的得名是由于这种气体会像爆炸般地一下子燃尽。此外它还很轻。普利斯特利所著的《对不同空气的实验与观察》一书，已经在1768年被译成了法文，书中的所有实验都在巴黎接受了好与英国人唱对台戏的法国人、杰出的化学家安托万·拉瓦锡（Antoine Lavoisier，1743—1794）的检验并有所改进。他测定出了这种"空气"——此时英国人除了"空气"一词外，还没有发明其他表示气态物的用词——的浮力，而且结果比英国人的更精准。他还给这种"空气"起了个专门学名叫"氢气"。不过,当时并没有人大量制备它,也不曾预想到它将得到轰动性的实际应用。

蒙戈尔菲耶两兄弟生活在阿尔代什省(Ardèche)的阿诺奈镇(Annonay),离里昂不远。两人都是造纸商,合作办企业卓有成效。哥哥约瑟夫经营得法,弟弟艾蒂安是个狂热的发明家。出于商业动机,他们都对化学有兴趣。普利斯特利和拉瓦锡进行过的实验,兄弟俩都一一重复过。他们也设想过将热空气充入纸制容器。还在1782年时,约瑟夫便开玩笑地爆料出一个建议,就是从理论上说,可以将整个法国军队空运到直布罗陀(Gibraltar),将这块土地从英国人手里拿下来。空运的手段嘛,就是将这些将士挂在成百上千个巨大的充装热空气的纸口袋下面。[5]

拉瓦锡起名为"氢气"的东西,是用硫酸液漫浸铁屑制得的。它的重量还不到普通空气的十四分之一,因此若能得到较高纯度的氢气,并充入质轻的容器中(卡文迪什曾将它充入肥皂泡),就能获得可观的提升力。不过,制备氢气的过程又慢又危险,弄不好就会爆炸,如果容器是丝织袋子或者动物的膀胱膜,充入后很快就会散失掉。而热空气则不同,空气到处都有,只要有可以控制的加热它的设备,并将其安放进丝织的或者纸制的容器即可;热会使空气分子运动加快,彼此间距离增大,使容器胀起,于是便由容器外面因较冷而较稠密的空气提供暂时的升力(最理想时可有其重量的一半)。不过,热空气的升力要小于氢气,又很容易因变冷而消失,因此要想获得同样的升力并维持住,就需要大得多的气球。

据约瑟夫·蒙戈尔菲耶事后表示,他也曾经试过拉瓦锡制成的那种气体,但没能成功,倒是因注意到妻子洗过的内衣挂在炉旁晾干时会鼓胀飘起得到启发。[6]他弄出了几种小尺寸的这种"飞球"做实验,最后选定了一种呈倒挂起的洋葱头形、下方加接一圈领口的式样①。领口是撑开的,很宽大,这样便能放上加热的火盆。蒙戈尔菲耶兄弟对这只气球有一个很优美的说法:"将纸袋做成一朵云。"

1783年6月5日,他们在阿诺奈镇郊外的开阔地上,成功地放飞了自己

---

① 这是蒙戈尔菲耶兄弟最初在他们家乡放飞的无人气球的形状,后来的热气球多数呈柠檬形,20世纪中期在美国发明家埃德·约斯特(Ed Yost,1919—2007)的手中定型为倒水滴形。——译注

的第一只大型纸制气球。此举可能只是为了给自己的业务做广告，结果却惊人之至。当他们的气球完全胀起后，高度达到了30英尺，周长更有110英尺，需要用8个人控制。这只气球并不是精工细作的产品，只是将若干片绸布涂了漆，再衬上牛皮纸，然后用搭扣连接成形。气球里面根本没有充入氢气，只容纳了22000立方英尺的热空气，受热于一堆在火盆里燃烧着的干草和潮湿的羊毛。这只法国热气球居然有很强的升力。放飞以后，它稳稳地升到了从地面上几乎看不到的高空，高度大约达6000英尺，并在这一高度上飘荡了10分钟。[7]

也许这次放飞过程中最重要的一点，是它吸引了极多的目击者。气球的这种能够吸引眼球、召唤来大批观众的神秘力量，构成了它的发展史上一个重要的组成部分。热气球的出现，在证实热空气具有升力的同时，也揭示出另外一条相当有趣的与科学有关的同样值得注意的原理——一个颇有影响力的公式——化学+表演=观众+奇迹+财源。这场飞行的消息传遍了法国，蒙戈尔菲耶兄弟不久便得到了公开表演的正式邀请。他们先是在巴黎郊区凡尔赛宫外面的广场上放飞，然后又来到巴黎市内表演。法兰西科学院秘书长孔多塞侯爵指派了一个小组专门对此项发明进行调查，以考虑是否应资助其进一步的开发。这个小组集中了法国科学界的精英人物，拉瓦锡和克洛德·贝托莱（Claude Berthollet，1748—1822）都是小组成员。[8]

如今，气球飞天已经成为一项要务，甚至可以说是一项竞争内容。人们开始找到蒙戈尔菲耶兄弟头上来，有的要代他们向法兰西科学院发出吁请，有的表示想志愿担当"世界第一升空人"的重任。这些人中有一位青年发明家，他是法国人，来自诺曼底，名叫让-皮埃尔·布朗夏尔（Jean-Pierre Blanchard，1753—1809）。这位年轻人在向蒙戈尔菲耶兄弟请缨前，已经自己试验过若干飞行器，都是带有翅膀的，其中最值得注意的是一种飞行三轮车。他勇气十足地在《巴黎报》上发表公告说："本人用自制飞行机器公开之表演已指日可待。上升下降，水平直飞，均可随心所欲。本人将亲自操纵，并确信不致蹈伊卡洛斯之覆辙焉。"[9]

还有一位志愿者没有这么张扬，但热情毫不逊色。他是巴黎的一名年轻博士，叫让-弗朗索瓦·皮拉特尔·德罗齐尔（Jean-François Pilâtre de Rozier，1754—1785）。他是一位自然科学教授，在巴黎的著名商业街圣奥诺雷路（Rue Saint-Honoré）建起了一座兼带研究性质的私人博物馆。当时他29岁，已经发明了一样防护面罩、一型氢气喷灯，还提出了一种雷电起因的理论——看来都与气球飞天挂得上钩。这位博士个子矮小、干净利落、精力充沛，很有人格魅力，特别能赢得女士们的青睐。他在法兰西科学院和法国财政部都广有门路，据说更与普罗旺斯伯爵①的妻子、国王路易十六的弟媳、被人简称为"夫人"的玛丽-约瑟芬·路易丝（Marie-Joséphine Louise）过从甚密。在德罗齐尔麾下很快便聚起了一队追随者，而且都是些"精神贵族"。这位博士先生除了富于魅力，还有与之齐名的超常冷静。当然，绝对没有恐高症也是他的资质之一。德罗齐尔以自己能在最困难的关头保持无所畏惧和反应准确的本领，很快就成了蒙戈尔菲耶兄弟不可或缺的左膀右臂。应当说，是他创造了试飞员这一职务，而且绝对是干这一行的出色材料。[10]

　　1783年11月21日，第一只载人热气球从巴黎的穆埃特（La Muette）升空。这是个很有气势的小山包，地处塞纳河岸的帕西区段（Passy），是个富人区，山坡下便是战神广场（埃菲尔铁塔后来就矗立在这里）。这只热气球——如今人们就用它的发明者的姓氏称之为"蒙戈尔菲耶"了——是个大块头，堪称庞然，足有70英尺高，底色是蓝的，上面用金色画着神话人物。空气是用一个6英尺的大火盆加热的，用的燃料是干草。执行这一任务的"飞天员"——这可是个刚刚问世的词语——有两个人，一个是德罗齐尔，另一个是一名潇洒的御林军步兵少校达朗德侯爵（Marquis d'Arlandes，François Laurent）。达朗德的入选是因为他与王室有联系，也因为他对气球飞天的热衷，还因为他的富有。不过另外还有一个更直接的原因，就是气球上需要有第二个人充当平衡重量。气球的开口周围吊着一个环形圆圈（不是吊篮），德罗齐尔的位置就在这个圈上，这就需要另外有个人站在圈上与他相对的位置处，以使气球保持平衡。这一职能使达朗德成了第一位副驾驶，也是第一位空中司炉。

---

① Count of Provence（1755—1824）就是后来的法国国王路易十八，他是继他的兄长、法国大革命期间被送上断头台的路易十六之后当上国王的。他认为哥哥的儿子——也名为路易，被囚禁死于狱中——是先于己的继承人，本人则是继他的位，故称为路易十八。——译注

事后，达朗德发表了一篇简短的文章，记叙了这次历史性的飞天。他俩在巴黎低空翱翔了约25分钟。热气球一开始时升到了约900英尺的高度，随着气流从塞纳河上空飘过，然后在圣日耳曼区段（Saint-Germain）上空开始慢慢地下降，在此过程中差一点撞上了圣叙尔皮斯教堂的钟楼。当飘到卢森堡公园（Jardin de Luxembourg）的树林上空时，它又再次有所上升，而在到达鹌鹑墩〔Buttes aux Cailles，即现在13区的意大利街（Place d'Italie）一带〕时又急剧下降，险些就被两座风磨的翼扇击中。

由于圆盘是围在气球开口外面的，中间是加热用的火盆，使得在整个飘飞期间，两位飞天员彼此几乎都看不到对方，弄得像是在上演一出名为《黑暗中的喜剧》的滑稽剧①。后来的气球飞天也很长时间都是如此。德罗齐尔不断向看不见的达朗德呼唤，提醒他别再赞赏巴黎的美景，得注意给火盆添草："快干活，快干活！你要是再光顾着看塞纳河，咱们一会儿就该在河里游泳啦！"

事实上，达朗德未必是光顾着观景而忘了工作，而很可能是变得越来越紧张（这是很自然的）。先是他认为气球烧着了，接下来圆盘与球体的连接又出了问题，后来又是套索一根接一根地断裂。达朗德一次又一次地向他看不见的德罗齐尔呼喊："咱们得下去啦！**一定得下去啦！**"当气球飞到荣誉军人院上空时，突然起了一阵强风，使气球剧烈颠簸起来，弄得达朗德冲着德罗齐尔直叫："你在干什么哪？**别跳舞啦嘿！**"

德罗齐尔可是不为所动，仍然我行我素，并沉着地继续要求达朗德给火盆添草。他自己也脱下身上的鲜绿色大衣（为了更醒目特意穿上的），卷起袖口加续燃料，直干得将木制的草叉都折断了。有一次，当达朗德又绝望地大叫"咱们得下去啦！一定得下去啦！"时，他向对方回叫，安抚地说："听着，达朗德：**咱们可是在巴黎上空呢**。你不会有事的。我说，**你都听清楚了吗？**"不少人后来都说，当气球从他们头上飞过时，听到上面有人在高喊什么，都还以为是在兴奋地交换感想哩。

---

① 《黑暗中的喜剧》，英国剧作家彼得·谢弗（Peter Shaffer，1926—2016）创作于20世纪60年代的喜剧，情节是一名雕塑师要接待两个重要人物来访，一个是坏脾气的未来岳父，一个是可能愿意资助他的艺术事业的富翁。两人同时到达，但突然停电，雕塑师居住的公寓里一团漆黑（舞台上自然仍然有光照），导致误会百出。——译注

尽管达朗德在空中也许不够勇敢，但他仍有勇气——还有诚实——将这些交谈的内容告诉人们，并对德罗齐尔做出了如下的评价："德罗齐尔真是无所畏惧，而且从不曾失去冷静。"当他们的气球着陆后，达朗德担心头上的气球随时会化作一团大火，因此是弯着腰、低着头跨出圆盘的。当他急急地跑到气球外面后，发现德罗齐尔正安详地站在地上，静静地打量着蓝金两色的巨大球体慢慢着陆。他只说了一句话："我们的干草够飞1个小时的。"德罗齐尔手里拿着他俩盛装备用物品的篮子，那件鲜绿大衣就在篮子的最上面，而且叠得整整齐齐。没过多一会儿，一群狂喜的巴黎老百姓就将这两人团团围了起来。德罗齐尔为了方便，将手中的篮子递给了这些人，可他们抓住了那件鲜绿色大衣，纷纷撕下小片留作纪念，结果是将它撕了个粉碎。[11]

三　对飞天的实用考量

"人类的第一次飞行"就这样风风光光地载入了史册。其实，这一次所用的热气球做工十分粗糙，还可以说是无从控制的一只大怪物。10天之后，又有一只气球升上天空。这一次可要有意义得多。它就是法兰西科学院的亚历山大·查理博士首次用充入氢气的气球进行的载人飞行。

查理博士率先在他的气球上实现了数项技术突破。一是在气球下方加装用绳索悬挂的藤编深筐，以保证飞天员的安全；二是在绸布外面涂布橡胶，再用网子套住球皮，这样就不容易漏气；三是在气球顶部安设可以控制的阀门，用以放出球内的气体；还有最重要的一点，就是加进了一个以沙子为压舱物的调节系统，可以以千克和克两种重量为单位操作，按飞天员的需要精确减重。可以说，查理博士一举使气球具备了所有的现代设置，氢气球也因此得名为"查理气球"。

他将起飞地点选在巴黎的图依勒雷花园（Tuileries Gardens），时间定在1783年12月1日。除了他亲自飞天外，还选了一名科学助手马里耶·罗贝尔（Marie-Nöel Robert）同行。他们的这次行动，吸引了巴黎约40万人观阵，大约是当时这座城市人口的一半，规模在法国大革命前大概要算是空前的了。[12]他们的气球涂着花哨的粉、黄双色，有30英尺高，很招观众喜爱。气球下面的藤筐像是一把有扶手的大躺椅，四周插满了彩旗。查理博士在筐里放了不少科学仪器：水银气压计啦（当时是用来测量高度的）、温度计啦、望远镜啦、沙袋啦等，还有几瓶香槟酒。他将气球的拴系绳递到约瑟夫·蒙戈尔菲耶手中，又做了个优雅的手势，说道："蒙戈尔菲耶先生，现在该是你放手让我们飞向天空了。"

查理博士后来讲述了他乘氢气球升到图依勒雷花园的树梢上方和越过塞纳河时的情景："今后无论再有什么体验，都将永远比不上我升飞时的那一阵**无处不美妙**的感觉。那是一种洋溢整个身心、不含一点杂质的欣喜。我觉得我俩是在飞离地球，永远撇开那里的所有烦恼。这种感觉并非单纯的心里快活，还是来自肉体的极度舒泰。我的同伴罗贝尔先生向我耳语道：'我跟地球没关系啦！从现在起，我是属于天空的啦！这里有多么安宁，这里是多么宽广！'"①[13]美国驻法国大使本杰明·富兰克林也从他乘坐的马车上，用望远镜观察了这次飞天。飞行结束后他表示说："有人曾经问过我，气球能有什么用呢？我就反问他道，**刚出生的婴儿能有什么用呢？**"

飘飞两个小时后，气球来到了离出发地27英里远的内勒（Nesle），擦着地皮飞了一段，后面跟着一大群农夫，"有如一群追赶蝴蝶的孩子"。最后，它降落到了地面上。气球刚刚停稳，乐不可支的查理博士便告诉罗贝尔跨出篮筐。可气球一旦减负，便又迅速重新升起，带着查理一个人，冲入日暮时分的空中，不出10分钟便升到了1万英尺的惊人高度，也就是每分钟上升1000英尺，速度和高度都是够骇人听闻的。查理博士倒很镇静，他一面用仪器观测，一面记笔记，直到冻得拿不住笔为止。"我是第一个同一天看到两次日落的人。天上是很冷的，但还能够挺得住。我的右耳和下巴都疼得厉害。不过我对自己的各种感觉逐一进行了检查——能感觉到我还是活着的。没错儿。"

他开始徐徐打开阀门放出氢气。35分钟后，他又安全返回大地母亲的坚实怀抱——这回大地可是将它抱牢了。他的降落点距离第一次的降落点只有3英里，几乎是直上直下。这是人类历史上的第一次单人飞行。"没有人这样无助过，没有人这样孤单过，也没有人这样恐怖过。"查理博士从

---

① 也有研究资料上说，此话是查理本人向他的同伴罗贝尔说的，存疑。——译注

此不再飞天。[14]

那一年的冬天，法国公众真是群情振奋。如今若是去巴黎勒布尔歇（Le Bourget）老飞机场附近的法国航空航天博物馆参观一下，就能看到许多以气球飞天为题的纪念品，有碟子、杯子、钟表、跳棋、鼻烟壶、手镯、烟斗、发卡、领带别针等，甚至还有瓷制的气球形状的坐浴盆，内面绘着一面旗子，旗上有"再见"的字样。一些黄色漫画也很快出现了，画面上不是双脚离地、胸部隆起如气球的性感女郎，就是被灌肠器充得鼓胀起来的飞天员，再就是"脾气火暴有如氢气"的女人将男人送上云霄。[15]

巴泰勒米·富雅·德圣丰（Barthelemy Faujas de Saint-Fond，1741—1819）和大卫·布儒瓦（David Bourgeois）这两位科学作家，都在1784年从科学角度发表了有关气球飞天的评述。布儒瓦在其一本有关飞行历史著述的开篇处极其欢欣鼓舞地写道："离开地面、进入以太、翱翔天空，是一直在强烈地吸引着人们的愿望。从上古时代起，便产生了大量的传说和故事。农神萨图尔努斯生有翅膀，天王朱庇特有一只飞鹰陪伴①，天后朱诺喜欢孔雀，爱神维纳斯身边总有鸽子环绕，太阳神阿波罗是驾着飞马巡行的……这些都是明证。"（这本书中没有提到伊卡洛斯。）[16]他还列出了气球能给人们带来的种种用途，如天气预报、天文观测、地理与地质考察（乘气球可以穿越炙热的沙漠、难以攀登的高山、无法穿行的浓密森林、湍急无比的河流）、进行军事侦察、运送沉重的货物等。[17]

至于如何操纵气球，也有人提出了不少机巧的主张，有的主张使桨，有的建议造翅膀，有的认为该用手摇螺旋桨，有的觉得绞盘会好使，甚至还有的主张拉大风箱劲吹。

四 英国人看飞天行止

在英国，国王乔治三世垂询皇家学会，就研究开发"飞气球"是需要王室解囊，还是由民间自筹资金征求意见。在此之前，一名搞化学出身的

---

① 在古罗马神话中，众神之王朱庇特喜欢上了一个美少年，就将他变成了一只鹰，留待身边。——译注

企业家艾梅·阿尔冈（Aimé Argand），已经于1783年11月26日在温莎城堡的巨大平台上放飞了1只18英寸的氢气球，放飞前还请乔治三世拉住系绳，让他亲身感受一下气球的拉曳。这让国王很感兴趣，因此萌生了个人出资，支持气球初期开发阶段研究的念头。[18] 约瑟夫·班克斯爵士谨慎地回复国王说，有关气球的应用前景，目前存在着未必有利的证据，言下之意似乎是说，法国人往往会将新奇错当成科学。[19] 由此可见，英国皇家学会的态度与法兰西科学院是大相径庭的——后者认定气球会得到种种商业的和军事的应用，因此决定资助德罗齐尔制造更大的气球，进行更多的升空。

事实上，班克斯是看到了这一科学活动的重大意义的，只是对它能否得到技术应用心存疑虑。得到查理博士首次氢气球升空试验的轰动报告后的第二个星期，他以个人身份，写信给在巴黎的富兰克林说："查理博士的试验**看来**是决定性的……进入实用阶段的飞行就让我们的对手法国佬去折腾吧。我们只宣称自己这一边的理论成就……很明显，卡文迪什先生用他发现的火爆性空气吹起肥皂泡的实验，也就等同于查理博士进行的出色飞行。"班克斯的想法是，当法国人——原话为"你所在之地的我们海峡对面的朋友"——对气球的天真热情有所减退，"不再那么发烧时"，就有可能悟出，英国人正以另外的方式进入天空。这一方式就是天文学研究。天文学打开的"恒星和陨星的知识宝库"是远为丰富的。人称"老狐狸"的富兰克林看到这封信，想必会认为班克斯是给自己找了个并不高明的台阶下场，只是他并不知道，赫歇耳正准备制造一台40英尺的巨型望远镜，而班克斯却是知道这一计划的。[20]

班克斯表示，英国皇家学会会对"飞行新技艺"密切注意并定期呈报王室。情报由学会的美国通讯会员富兰克林和英国驻法国大使多塞特公爵（the Duke of Dorset, John Frederick Sackville, 1745—1799）等人负责收集。[21] 其实，就班克斯本人的看法而论，这位仍然有着浪漫开拓精神的人物，内心里对气球是很感兴趣的，因此请求亨利·卡文迪什和与本人已经结为知交的学会常务负责人查尔斯·布莱格登（一位坚定的亲法人士）关注法国方面的情况。班克斯还注意到妹妹索菲娅也开始搜集起有关气球的剪报来。有一份剪报上登的是一首歌谣，歌谣的题目是《气球吟》，其中有这样几句："懂科学的人哟，别只居高不动；请用你的知识，给出出色的明证！"[22]

对法国那里的气球狂热，英国人的看法不尽一致。塞缪尔·约翰逊曾在他写于1759年的小说《阿比西尼亚国拉塞拉斯王子》的第六章《论飞行术》中，对人类飞行这一想法加以嘲讽——书中的飞行术士扇动双翅，结果从悬崖上跌入湖中。不过，这位大学者也承认，飞行的想法的确对人类发挥想象力有很大的促进作用："我们要去尼罗河流域漫游，要去遥远的地区，要去考察大地的全貌，要从地球的一个极端地带转到另一个极端地带，都将会变得多么容易！"[23] 尽管如此，当他接受一位女记者采访，请他发表对气球飞天的看法时，他仍然起劲儿地认为这种东西了无大用——

  这位女士，你好。
  你表示有时间也有兴趣了解一下有关气球的知识。它们的存在固然已经不容置疑，但将来能否派上正式用场却很难说。原因是这样的：一些搞化学的人发明了一种东西（名字我记不得了，不过能查到），用酸将这种东西化开，就会出来一种气，一种比空气轻的气。在倒上酸的瓶子口罩上一只膀胱皮，这种气就会往膀胱皮里跑，使它胀起来，然后将它扎紧，取下，再罩上另外一只。如此这般，直到弄到所需要数量的这种很轻的气体为止。当然也可以用别的办法。下一步是用能找到的最轻的材料，做成一个很大的球形套包（一定要做得很大），再想办法让它不透气，就像将绸子加工成油布那样。将膀胱皮里的轻的气体都移到套包里面，如果这种气体足够多，就能将套包送到天上的白云那里去。装着水的瓶子在水里会下沉，但要是瓶里没了水，就会漂在水面上。套包会一直上升，只要风啊水啊什么的不将套包弄毁，它就会一直到与外面的空气相当的地方才会停住。这个套包就是气球。[24]

小威廉·沃森见证了德罗齐尔正式飞天前在凡尔赛的一次无人试飞演练，时间是1783年10月。这一次，巨大的热气球在摇摇摆摆上升的过程中被附近的树枝挂住了。尽管如此，他还是激动地看到了载人气球飞天成为交通运输方式的巨大前景。他给他那位到目前为止只能在地面上进行天文观测的好朋友威廉·赫歇耳写了一封热情洋溢的信，建议他们俩也争取早早一起乘气球飞天："你想不想早日飞到天上去呢？我可真希望能多次这样飞到你家所在的达切特村去。那该有多美呀！对了，我忘了告诉你，这家伙足有70英尺高、46英尺宽哩！"赫歇耳立即想到了将天文台站建在气球上，在澄澈的天空使用望远镜的可能性。也正是在这样的设想下，才有了1997年巨大的哈勃空间轨道望远镜的上天。[25]

令人有些不解的是，霍勒斯·沃波尔（Horatio Walpole，1717—1797）却没有对气球萌生兴趣——也许这位时年66岁的哥特小说作家已经不再打算动笔写怪异事物了。他认为气球可能会带来恶果："怎么说呢？我希望这些新出现的'人造流星'到头来无非只是供有学问的人欣赏、供有闲人把玩的物件，而不至于发展成毁灭人类的新机器。而科学发明的大大小小的成果，往往会变成此类东西。人类的智慧往往存心不良，总是导向对同类的奴役、欺诈和剿灭。如果人们能登上月球，恐怕也会想到将它变成某个欧洲大国的一个省份吧！"——确实不是什么正面的预见。[26]

有人果真想到了气球技术会引起军备竞赛这一点上。富兰克林便注意到，将气球用于军事目的其实很容易做到。侦察显然便是其一："将一名工程师送上去观察敌方的军队部署和工事构筑，或者送特工人员进出被包围的城镇。"对英国人来说，气球被法国人用来空降部队便构成了特别严重的威胁。他提供了自己的计算结果："5000只气球，每只携带两个人"，就会调动起一支万人大军，或者进入战场，或者跨过河流，或者翻越大山，甚至还可以横穿大海，不但动作迅速，而且还很安全。"制造这些气球的花费，不会高于建造五艘战船……即便有（步兵）大部队能将这上万名军人赶走，但在此之前，这些天兵天将已足以对许多地方造成无法估量的破坏。"[27]

不过，本杰明·富兰克林也好，塞缪尔·约翰逊也好，霍勒斯·沃波尔也好，都没能阻止气球热席卷英伦。在1784年的夏天，整个英国的天空上都点缀着小型的无人气球。赫歇耳在泰晤士河谷（Thames Valley）看到了它们；詹姆斯·伍德福德①在萨福克郡（Suffolk）看到了它们；吉尔

---

① James Woodforde（1740—1803），英国的一名普通乡村牧师。他不辍地记日记凡45年，忠实地记录了18世纪英国农村的状况与风貌。他的这些日记后来以《乡村牧师日记》的总标题分成五卷，在1775—1787年间出版。——译注

伯特·怀特也于10月间的一个闲适的黄昏，在汉普郡塞尔伯恩（Selborne）自家宅邸附近一片山毛榉小树林的上方，看到有一只气球悠然飘过。这是一只较早的载人气球。对此，他还写了一篇优美的记载："从住处向西南方向眺望，在碧绿河岸的背景下，在高不可测的天穹上，我见到了一个深蓝色的小点……过了几分钟，它便飘到了五朔节花柱的上方，继而又越过了客厅屋顶的烟囱，10分钟后在我家那株硕大的核桃树后消失了。在大多数时间里，它看上去是深蓝色的，不过有时也会反射着阳光，呈现出一种明亮的黄色。借助一台望远镜，我看到了它下面的吊篮，以及将它连接到气球上的绳索。这个硕大的东西，看上去却只有茶壶大小。"

目送着这只气球在汉普郡上空向南飘飞，怀特先赞叹，接着很快又陷入思考："看到这一景象，我先是觉得美妙，接着便像弥尔顿笔下的那位'晚归的农夫'①，心里忧喜参半。过了一小会儿，当我能比较平静地打量这只气球后，便开始担忧起在这上面的两位同族来（我当时以为它上面会有两个人）。他们可是消失在无边无际的空中呀！注意到气球的飘飞很稳健后，我终于相信他们是安全的，就像是两只迁徙的鹳鸟或仙鹤。"②[28]

在伦敦、牛津、剑桥、布里斯托尔（Bristol）、爱丁堡……在英国的所有大城市里，都出现了无人和载人气球。塞缪尔·约翰逊的朋友、小说家范妮的父亲、音乐学专家查尔斯·伯尼博士（Charles Burney，1726—1814）对此的反应算是很典型的了："我告诉我的孙辈们说，他们将会生活在一个各处都有气球车定时来往的世界里；而这个世界要比现在我们所知的地域大得多。"[29]

英国报纸《先驱晨报》呼吁自己的读者"用嘲笑将法国佬的这个新蠢货送入坟墓，而且越快越好"。与此同时，通常总是持保守观点的《绅士文摘》杂志却认为，气球飞天是"一项伟大的和惊人的发现，也许是有史以来最伟大的和最惊人的"。[30]霍勒斯·沃波尔一方面觉得气球不过是与孩子们玩耍的风筝同属一类的玩意儿，但另一方面又嘱咐仆人，一看到有气球出现就赶紧告诉他，自己也一得到通知就跑到外面观看，而且又是欢

---

① 语出弥尔顿《失乐园》，第一卷，说的是一个农夫在傍晚时分看到天上出现了他所不理解的奇特现象。——译注
② 其实这只气球上只有让-皮埃尔·布兰沙尔一个人。——作者原注

呼又是招手。他还发表感想道："要是有人摔得粉身碎骨，或者气球在空中爆炸，我们将被后人笑话是妄想它会有用的傻瓜；而如果气球真的派上了大用场，后人也会讥讽我们当初竟会有所怀疑。反正不管前途是什么，我们注定了要成为后人的笑柄。"[31]

五　意大利人称雄英伦

为在英国国土上进行的气球飞天做出最大贡献的，是一位受雇于那波利王国驻伦敦公使馆的意大利人文森特·卢纳尔迪（Vincent Lunardi，1759—1806）。

他是从25岁开始飞上英国天空的。由于弄不到官方资助，他的第一步是从公众中募集款项。在这一点上，他取得了不小的成功。正式飞天之前，他先将自己的红白条相间的艳丽气球送到河岸街区段，挂在著名的莱森大剧院的屋顶下供公众参观，但要收取可观的费用——两个半先令参观一次，一个几尼可参观四人次，正式放飞时还可坐在现场前排观看。据说参观者踊跃非常，超过了2万人次。不过在扣除了购置仪器、充气原料和租用剧场的费用后，卢纳尔迪告诉人们说，他已经分文不剩。

随着人们对气球飞天关注的增长，兴趣变成了时尚。人们听说，英国出现了一个"不列颠气球飞天俱乐部"，这是个非官方组织，不过牵头的人中，一个是乔治三世的儿子、王储威尔士亲王［即后来的英王乔治四世（George Ⅳ, George Augustus Frederick, 1762—1830）］，一个是好强能干的德文郡公爵夫人乔治亚娜·卡文迪什。英国皇家学会也有几名会员是该俱乐部成员，而带头报名的不是别人，正是会长约瑟夫·班克斯本人，不过没有对外公开。（在他收藏的纪念品中，就有花一个几尼去参观卢纳尔迪的气球展览的入场券，券号为34。）他那特立独行的妹妹索菲娅也承认自己对气球颇为着迷，[32]搜集了不少印有气球的印刷品和有关气球飞天的信件，富兰克林和普利斯特利的信件都在其中。[33]

卢纳尔迪的第二个成就是，使自己成为代表英国飞天的浪漫人物。卢纳尔迪是位天生的表演健将。他虽然不是英国人，但至少不是英国人普遍不喜欢的法国佬。他个子不高，脸上带着一股朝气，人生得英俊无比不说，还特别符合时下流行的以刚柔并济的男性为美的审美观。他是个一刻也安静不下来的人，步履轻捷，一头天然的飘拂长发——不按当时上流人士的习惯，搞什么又戴假发又在假发上扑粉的那一套，举止中迸发出富有感染性的热情。"大无畏"似乎是专门为他量身打造的形容词。他请画师为自己画了一幅肖像，画面上是他同自己养的狗和猫一起乘气球飞天。这样的构图正是为了取悦喜欢宠物的英国人——不过照样没能打动霍勒斯·沃波尔。[34]此外，卢纳尔迪还是个不可救药的"花蝴蝶"，也特别有博得女性青睐的功夫——当然，英国人也普遍认为这是意大利人的特长。他曾在一次沙龙聚会中，当着一群为他捧场的人自我祝酒说，"现在出场的是——我，卢纳尔迪，女人的香饽饽"，引起好一阵轰动。

卢纳尔迪的第一次历史性气球飞天是1784年9月15日在伦敦的穆尔菲尔兹（Moorfields）进行的，起飞地点选在了炮兵靶场。正如在法国已经发生过的情况一样，这次放飞也唤起了全体英国国民的关注。气球先是未能如期升空，结果险些引起骚乱。下午2时，在拖宕了2小时后，它终于在15000人的眼前升飞上天。包括威尔士亲王在内的坐在一几尼票价的特座上的观众纷纷站起来观看，大家都默默无言——是受到眼前景象震慑的结果。在此之后，则是向空中抛掷帽子表示庆祝。

卢纳尔迪一路向西北方向飘去，出了伦敦市界，进入了赫特福德郡（Hertfordshire）上空。他在气球里又是吃鸡，又是喝香槟酒，偶尔也荡起双桨在空中划几下，结果有一只桨折断，从气球上掉了下来，引发了他从气球上跳下摔死的谣言。有传闻说，国王乔治三世中断了与首相小威廉·皮特（William Pitt the Younger, 1759—1806）的内阁会议，出来看从头上飞过的"可怜的"卢纳尔迪。伦敦北部的一处法庭也匆匆对正在审理的案件做出一项无罪判决，好赶快到法庭外面瞧上一眼。

飘飞了一段时间后，卢纳尔迪带去的那只猫看上去有点受不了空中的寒冷，他便返回地面——他自己说是"划着"回来的，在诺斯米姆斯（North Mimms）降落到地面，稍停了片刻，将发抖的小猫很有风度地递到一位年轻女士手中，然后便抛下一些压舱物再度升空。不过这些说法不大可信。卢纳尔迪的第一只氢气球与查理博士的在设计上是不同的，它并没有在气球顶部安设放气阀。这样的话，他便不可能自主下降（"划"回来更是不可能）。他倒是发明了一种测知气球是上升还是下降的办法，就是观察向外抛出的一把羽毛。他在诺斯米姆斯的中途下降，可能只是气球跑气的结果。

在地里收庄稼的农夫看到他通过一只银色话筒喊话，便对他回应道："卢纳尔迪，到这儿来呀！"但他只丢下几封信，为了引人注意，信上都粘着飘带。其中的一封信上写着"伦敦，索霍广场，约瑟夫·班克斯爵士启"——真是高明的做法。

飞行了2个半小时后，卢纳尔迪在赫特福德郡离韦尔镇（Ware）不远的田野上降落。他放下一只带索的锚钩，想用它钩住地面将气球固定住，但锚钩只是沉重地跌落在地面，然后被气球一路拖着走。没有放气阀，他无法使气球瘪下来，这使得形势严重起来。他向下面的农夫呼救，请他们拉住锚钩，但当他目睹到有人待在一个能从篱笆和栅栏上翻过的大家伙上，这帮农夫都只叫嚷着有人在骑"阴曹鬼马"，不敢向气球靠近。幸运的是，他又看到附近有一名年轻女子，便摘下帽子，彬彬有礼地向她致意，请求她给帮个忙。这位女子还真的不去理会那些男人的担心劝阻，将裙裾一挽跑上前来，一把抓住吊篮篮边，气球就此得救，飞天员也平安着陆。卢纳尔迪跨出吊篮，轻轻拥抱了这位女子。他事后告诉人们，她是位健壮的女青年，"名叫伊丽莎白·布雷特（Elizabeth Brett），是位挤奶女工，长相不错……是这位年轻女子的勇敢精神和仁爱心胸使我得了救"。[35]

就在这只气球着陆的地点，即韦尔镇外斯坦登教区（Standon）的一处名叫长草甸（Long Mead）的地方，如今已辟为村内公共绿地的田野上，矗立着一块石制纪念碑，碑文如下：

> 兹立此碑以周知后世，惊人之举曾演于此。1784年9月15日，我不列颠之首位履空人文森特·卢纳尔迪，托斯卡纳大公国（Tuscany）卢卡行省（Lucca）人氏，于伦敦炮兵靶场进入空中，凌空跨越数地，历时2小时15分后，于此处重返大地，特立此质朴之碑，俾使此不世之功流芳百世。此举得以成功，盖得益于化学之力与人力之锲而不舍之功，咸集科学知识之大成于斯也。

卢纳尔迪刚刚回到伦敦，一种近代才变得十分流行的追星潮便涌动起来。他将自己的故事和独家采访权卖给了伦敦的著名报纸《晨报》，并以《卢纳尔迪的空中之旅》这一标题在该报的头版头条刊出。[36]他成了伦敦市政府的特邀贵宾，大小讲演的主角。与他有关的报刊文章和流行小调（不少是俚俗不堪的）不一而足；纪念物也大量出品，杯子、鼻烟壶和胸针特别畅销，不过还是被称为"卢纳尔迪吊袜带"的商品最受女人欢迎。卢纳尔迪受到国王接见，得到德文郡公爵夫人的宴请（他在赴宴时，极有心计地穿着代表公爵夫人的马术师参加赛马时所穿的蓝褐两色骑服），[37]还很快进入了以这位公爵夫人为首的辉格党改革派的小圈子。威尔士亲王赠给他一块表，还授予他一枚青铜勋章，一面镌着卢纳尔迪的侧面像，另一面刻上了他的气球。温莎的公共马车更是更名为"卢纳尔迪"。在公众心目中大红大紫后，他又决定再搞出一只气球来，还是彩色条纹的，但尺寸更大，准备作为展览在伦敦的游乐宫正厅里挂上整整一冬，然后在下一年天暖时放飞。卢纳尔迪就像他的气球蓦地升空一样，突然成了名。他乐不可支地写信告诉自己在意大利的法律托管人说："我是这个国家的偶像人物……整个国家都崇拜我，每家报纸都用诗歌赞颂我……明天我就向英格兰银行存入2000克朗①[38]。"

在以认真态度看待这些飞天行动的人中，有相当一批人对卢纳尔迪的成就是赞许的。乔舒亚·雷诺兹、查尔斯·伯尼和下院议员威廉·温德姆（William Windham）——都是塞缪尔·约翰逊圈子里的人——均属此等。查尔斯·伯尼还在这一年9月24日写给儿子小查尔斯·伯尼（Charles Burney-Jr.）的信中溢美地称赞了这件事："如果说，我这个人还有足够的脑力，也还有足够的精力，能够对什么事物**着迷**的话，那就是气球了。我认为它是所有为成年绅士发明的事物中最刺激、最浪漫和最美妙的。它不但能将人们送入云端，就连谈到它，也会产生进入那里的快感。"[39]

其他人则不那么赞美有加。班克斯就在私人信件里称这个卢纳尔迪是"牛皮大王"。霍勒斯·沃波尔也明智地未曾卷入气球狂热："我可无法[像报纸]那样对气球大做文章。虽然它被列入与航海等量齐观的成

---

① 克朗，英国旧币制体系中的一种，以硬币形式流通，1克朗当时等价于¼英镑。——译注

就，但在我看来却只不过是类似于儿童们玩的风筝。我可没有迈出一步去看这个东西，因此也没有花费那一个几尼去往天上瞅一瞅。一个意大利人卢纳尔迪成为这个国家里第一个到达云端的飞天人，从这一点说，也不妨将他视为伊阿宋①，但我很生他的气：他怕不怕摔断自己的脖子，那是他自己的事，但凭什么要那只可怜的猫咪陪他过鬼门关呢？"[40]

塞缪尔·约翰逊到头来倒是非常热衷于气球飞天，这的确有些不好理解。不过，他仍旧对其中涉及的哗众取宠行为和缺乏严格的科学性颇不以为然。他在1784年秋就此写过好几封信予以批评。就在卢纳尔迪放飞前的两天，他还劝告自己的一位朋友说，花钱去炮兵靶场看气球飞天很不值得："长不到一分钟，远也就一英里，这就是能够看到的全部内容了"。然而，对于技术性的内容，约翰逊可是兴趣十足而又一丝不苟的。他认为——这是正确的——卢纳尔迪用荡桨的办法让气球在空气中上下前后运动的想法是行不通的："说到用翅膀的办法，我同意你的看法，那是根本没有用的。用它们也调节不了运动速度。"[41]

9月15日卢纳尔迪的飞天结束后，约翰逊便收到了友人们寄来的长信，讲述的都是有关"气球上的飞人"之类。收到第一封信时，他还觉得有些意思，但在收到第三封信后，就感到恼怒了。他写信给乔舒亚·雷诺兹，在信中挖苦道，只收到一封信倒还无所谓，"但可别再接着写什么气球了，要是想动笔，就拜托写点别的什么好了"。[42]对于英国这里的气球飞天如今也能像邻国法兰西那样，他倒是显得挺高兴。不过，他也没有忘记批评卢纳尔迪的飞行缺乏科学内容："我发现这个人忘记带一只气压计上去，这就无法判知所达到的高度了。"[43]

在做了进一步思考后，他表示气球飞天未必会实现当初的设想，并以他固有的自信，指出这一飞行方式的两个明显的缺点："如果是用作娱乐，而且只是用作娱乐，那我认为就应当结束它。我是看不出实现控制（气球飞天）方向的可能的，这样就不具备用于交通的潜力；如果它飞不到高过大山之巅的高度上，也就不会提供有关不同高度上空气状态的新知识。而

---

① Jason，希腊神话中的英雄。他率众远征，历经诸多磨难，终于取得异域的金羊毛，又夺回了被其叔叔篡夺的王位。——译注

它看来永远达不到这样的高度。"[44]

又过了一个星期,当病魔再一次将他拖倒时(水肿和心力衰竭,使他全身浮肿,呼吸困难),他再一次表现了同样的愿望:"再去搞出些新的气球来,正无异于再次制造出些笑料来。我们现在已经知道了一种在空气中上升的方式,恐怕这也就是唯一的一种了……我宁可知道一种能让我喘气轻松一些的药物。"[45]不过,这句话还不是他对气球的临终赠言。

六 亦喜亦忧的气球热

1785年6月,气球飞天再次成为热门话题。以气度雍容华贵闻名的女演员塞奇夫人(Mrs Letitia Ann Sage),以她成为"第一女飞天"并在空中涉险的经历,给人们留下了不少谈助。这位塞奇夫人所乘的气球,就是卢纳尔迪第一次飞天时所用的,升空地点是在海德公园(Hyde Park)。有不少人前来观阵,秩序越来越乱。大概是为了减弱风力的作用,塞奇夫人穿的是一件领口开得很低的丝质女装。同行的还有卢纳尔迪和一位胆子很大的富家公子,名叫乔治·比津(George Biggin),是伊顿公学的毕业生。气球吊篮边上垂着一绺绺丝带,还装饰着一道用花边包起来的拱门,目的是让吊篮里的人看起来更为醒目。这样一个装饰,简直是弄出了一处空中沙龙。①[46]但这样一来,各种花头的重量、装备和3个人的体重加到气球上,使得气球负担过重无法升起,结果只是在预定的起飞点附近忽起忽落地荡来荡去,引得观众又是吹口哨,又是拿他们打趣。

卢纳尔迪迅速做出了一个或许会令人吃惊的决定。他知道塞奇夫人是这次飞天的明星人物,因此在与比津简短地商量了一下之后,自己便从吊篮里跳了下来,气球减轻了重量,便安全地起飞了。显然,他觉得比津一个人能够控制好气球(和塞奇夫人)。然而不幸的是,卢纳尔迪在匆匆离开时,没有将吊篮的那扇花边拱门关好。这样一来,当气球飞过伦敦闹市区皮卡迪利(Piccadilly)上空时,下面的人通过打开的门,看到了令人难

---

① 法裔画家约翰·弗朗西斯·里戈(John Francis Rigaud,1742—1810)给这3位风流人物作了一幅闻名一时的彩色石版肖像画《卢纳尔迪、比津与塞奇夫人在气球上》,但实际上此次飞天只有2个人参加。此画现存于美国耶鲁大学英国艺术中心。——作者原注

堪的一幕——美丽的塞奇夫人五体投地地趴在吊篮底，还以为是这位夫人晕厥过去了，而比津正紧贴在她身边施救哩。

其实，塞奇夫人只是冷静地趴在舱底，将吊篮上的那些累赘花边一一重新系好。事后她兴高采烈地承认，这次飞行中出的问题，主要都是她弄出来的。她事先没有告诉卢纳尔迪，自己可有一个"200磅重的身子"，而卢纳尔迪又太顾及她的面子，事先没有过问她的体重。当气球飞经格林公园（Green Park）上空时，她又一脚踩坏了气压计，弄得比津无法测知气球的高度。虽然如此，在飘飞了一段距离后，两个人还在气球上平安地用了一顿冷鸡肉佐意大利汽酒的午餐，间或还抽空用传声筒向下边的人喊几句话。[47]

气球的飞行路线是沿着泰晤士河一路西行。飞天中途曾一度遭遇飞雪——这在6月中旬很是不寻常，不过比津并不在意，在后来的谈话中只是轻轻带过。气球最后在哈罗恩瑟希尔（Harrow on the Hill）附近重重地落地，撞坏了一道篱笆，又在一块没有收割的牧草地上拖行好远才停了下来。一位受到损失的农夫大为光火，威胁比津，还对塞奇夫人很不客气，弄得她事后在提到此农夫时，使用了"野人"这个称呼。好在救星意外出现，哈罗公学的几位年轻男士跑了过来，凑出一笔钱给了这个农夫，平息了他的怒火，又搀扶塞奇夫人离开现场（她"扭伤了脚筋"），这才救了这位"第一女飞天"的驾。他们凯旋来到附近一家酒馆，结果是每个人都喝了个不亦乐乎。在比津所在的俱乐部里，不少人想知道他是不是在气球上当上了跟女人"有一腿"的空中第一"盖佬"，比津很有风度地不予理会。据说在伦敦有名的布鲁克斯男士俱乐部里，人们还就谁将会是在气球里"敦伦"的第一对人打起赌来。以前有人在田野上向空中气球呼喊的那句"卢纳尔迪，到这儿来呀"，如今却被演变成了一句带有暧昧意味的"疙瘩话"。[48]

塞奇夫人相信此举使自己成了大明星，便也以这样的身份在信里告诉自己的朋友说："我相信自己出门时，人们都用瞻仰天上来客的目光打量我。"她还认为受到这样的对待着实不错。置身于这样的场面中，她从不曾需要靠闻嗅盐救驾。[49]

显然，气球飞天受到了人们长久的广泛关注，甚至给人们的生活注入了活力。不过，倘若掉以轻心，乘气球飞天可是很危险的，特别是在把乘气球当作一种新颖的消遣方式时。正因为如此，英国皇家学会会员泰比利厄斯·卡瓦略（Tiberius Cavallo，1749—1809）才针对卢纳尔迪的飞天表演提出了严厉批评，认为它在科学上一无价值。[50]

对气球飞天还有其他形式的嘲讽。1784年，35岁的女作家伊丽莎白·英奇博尔德（Elizabeth Inchbald）的第一部剧作在伦敦的干草市剧院上演，剧名是《有如气球的大人物》。同年里，威廉·布莱克也搞出了一组配画散文诗，题目是《月亮上的岛屿》，对飞天的想法大加嗤笑，还将发现了"火爆性空气"的约瑟夫·普利斯特利等科学家说成是在作茧自缚。布莱克后来又创作了一幅版画，画面上是一架搭到月亮上的其长无比的架梯，画面下方写着这样一行字："我要嘛，我就要嘛！"

卢纳尔迪在后来的飞行中，将英国国旗的米字图案画到了气球上，吸引的看客也越来越多。1785年，他将公众演示一直举办到了北部的爱丁堡。不过此公不会组织公众活动，因此，他一表演气球升空，场面就总是乱作一团。气球准时起飞是很重要的，到了时间不起飞，就如同气球没有充分鼓起或者风向变坏一样危险。如果某次飞天过后，报纸上说取得了成功，其实多半是指气球能准时起飞，而且观众中无人送命。

卢纳尔迪的名声在第二年因一场事故大大地打了折扣。8月23日那天，他在纽卡斯尔放飞时，一个名叫拉尔夫·赫伦（Ralph Heron，？—1786）的年轻人，被气球的网绳套住，带到了上百英尺的空中，然后摔下来送了命。跌落的地点是一块花坛，他这一摔，双腿竟插到没膝深的土里，震碎的内脏溅得满地都是。而他本来第二天就要当新郎官了。①

七　英国本土的飞天人

1786年，卢纳尔迪出版了一本书，书名是《不列颠上空五行记》。它采用了第一人称的写法，并以与自己的法律托管人通信的书信体裁写成，固然是自吹自擂，但文笔生动有趣，冒险味道也十足。这个人使气球飞

---

① 伊恩·麦克尤恩（Ian McEwan）的小说《爱无可忍》（*Enduring Love*，1997；有中译本，郭国良、郭贤路译，上海译文出版社，2013年。——译注）的开篇处，就有类似于这一气球惨剧的情节。——作者原注

天成为一种时尚，更让英国人认识到飞行的可能，将目光投向头顶上的这个新世界。不过也有不少人站在同班克斯一样的立场上，视卢纳尔迪为牛皮大王。还有的人想到另外一个问题，就是为什么英国人自己却没有去飞天。[51]

其实，这样的人已经有了，不过为数不多，而且要么是偏执的票友，要么是想出风头的家伙。第一位认真的气球飞天师来自牛津这座大学城，支持他的人也多为大学生。他叫詹姆斯·萨德勒（James Sadler，1751—1828），是一位面点铺老板。他的店就开在城中的海伊街（High Street）上，本人也与大学生们熟络得很，还是个小有名气的业余化学家和发明家。他的店铺门市后面的房间，简直就是间实验室。萨德勒拜读过卡文迪什的著述，对1783年蒙戈尔菲耶兄弟的热气球和法国人的气球热一直很关注。1784年春，他开始在牛津的周边地区放飞小型无人气球，既有氢气的，也有热空气的。很快地，他就得到了当地大学生们的赞助，于1784年7月制成了"空中巨无霸"，是一大一小的两只；大的是热气球，很大，有50英尺高，小些的是氢气球。

萨德勒与不管不顾的卢纳尔迪不一样，他是个顾家的人，结了婚，生有两子两女，家庭生活很美满；现年31岁，人很低调，不事张扬，谈吐文静。这样的人居然会迷恋上危险的气球飞天，个中缘由，就连他的妻子也说不清。不过，奇怪归奇怪，妻子的心里还为有这样的丈夫十分自豪，称他"是个人物"。[52]

1784年10月4日，萨德勒继卢纳尔迪之后，进行了英国的第二次气球飞天。他乘那只热气球从牛津市的克赖斯特彻奇绿地（Christchurch Meadows）升空。据当地的《杰克逊牛津报》说，此次飞天不费周张，也没出任何事故，向北朝着伍德斯托克（Woodstock）的方向飘行了约6英里，历时半小时左右。萨德勒的第二次飞天就有些轰动了，这一次是11月12日从本市的药草园放飞的，有一大群人在场观阵，用的是那只氢气球。气球下吊着一只船形吊篮，携带着若干科研仪器。此时已是深秋，冬天的感觉已经很浓，风也刮得很强劲。

气球很快就升到了高空，但没过多久就可以看出，气球在空中走得太快了，快得到了骇人的地步。萨德勒是向艾尔斯伯里（Aylesbury）方向飞去的，当时的风刮得很猛，地面风速接近每小时60英里。以这样的速度，再要进行科学测量就不现实了。飞行17分钟后，气球的套层破裂，为了使气球不至于砸到地上，萨德勒不得不将所有的压舱物和大部分仪表统统抛了出去。气球最后在一片耕地上落下，将吊篮里的萨德勒拖了好一段路才停了下来，结果是剩下的仪器也悉数遭损，气球本身也毁得不成样子。萨德勒衣衫不整，遍体伤痕地回到牛津市。他随即便宣布说，氢气球要胜过热气球，并开始计划造出一只更大的氢气球来，好一鼓作气飘飞12个小时。他的设想是乘这只气球在当年圣诞节前横越英吉利海峡。[53]

塞缪尔·约翰逊此时虽老病侵寻，对卢纳尔迪搞的那一套又很失望，但萨德勒此举似乎又重新燃起了他对气球飞天的热情。他在10月里最后一次访问牛津时，因为病体沉重、呼吸困难，无法亲临萨德勒第一次飞天的现场，便派自己的黑人仆从弗兰克（Frank）代他前往观阵后向他学舌。1784年11月17日，他亲笔写下了最后几个便条，其中有一条是写给老朋友埃德蒙·赫克托（Edmund Hector）的，其中有这样一句话："我星期五上午才到牛津来。气球放飞我自己去不了，便让弗兰克去看了。"他还在最后开了个玩笑——大概是他对飞行说的最后一则笑话："我在牛津待到星期二再回伦敦。还是乘普通交通工具走，这样会轻松些。"[54]此后不到一个月，塞缪尔·约翰逊便与世长辞。

去世的约翰逊仍让世人知道他是支持气球飞天的。他一定是听到了萨德勒在11月12日的第二次飞天中仪器受损的消息，因此遗赠给他一只很贵重的气压计，以供日后飞行时精确记录高度之需。据说这只气压计的价格为200几尼。萨德勒几次想将它卖掉以换得飞天资金，但还是将它一直留用了25年，而且每次飞天时都将它带上气球。说来有些怪，约翰逊的这一感人之举，为他作传的鲍斯韦尔在《约翰逊博士传》中却只字未提。看来十之八九是受到了因水肿连行动都非常困难的约翰逊临终前的叮嘱之故。[55]

八　科学得到新型工具

1784年是气球热的第二年。到这一年年底时，有据可查的载人气球飞天已进行了181次，其中法国和英国占了大多数，而且热度非但不见消减，还因为出了一位大无畏的法国飞天员而大放异彩。此人就是让-皮埃尔·布朗夏尔。他先是在巴黎进行了与德罗齐尔和蒙戈尔菲耶兄弟相似的热气球飞天，接下来又仿效查理的成功经验试飞了氢气球。他放弃了最初自己尝试搞空中三轮车的计划，也造起了气球，并在法国进行了若干次成功的短途飞天。他迅速悟出了一个关键环节，要发展气球飞天，就必须实现对气球飞天的方向操纵。

布朗夏尔对这种气球的基本设想，是要将它们造得类似于船只，使其在空气中就像船在水中一样行进。像船一样航行，就意味着要有类似于舵的东西，使它们即便不能完全逆风飞行，也可以凭借多次改变方向的做法迂回实现同一目的。有两种办法可以实现这一点，而且只有两种办法：或者飞天员能够利用不同高度上不同方向的风（这就要掌握有确定风向的风力的分布情况），一如航海时利用潮汐和洋流；或者是使气球具备自己的动力推动设备和可控的导向装置。

布朗夏尔选择向后一种方式努力。他挖空心思，用各种推进装置进行实验，有空气桨叶，有空气舵板，有用藤条弯成边框再蒙上绸布的上下扇动的翼片组，等等。不过最机巧的装置，是一种手摇推动器，类似帆船上起落风帆用的绞盘，摇动时会带动叶片转动；叶片长达8英尺，面上也都蒙着绸布。布朗夏尔的控制理论是这样的：先通过调节压舱物和氢气升力相抗衡的状态，使气球稳定在一定的高度上，也就是进入所谓"平衡点"，然后再通过导向装置的机械运动，实现对高度和运动方向的控制。

1784年秋，布朗夏尔来到伦敦，指望着在英国争取到对气球飞天的私人资助——当时不少谋求发展的人都认为这在英国比在法国容易些。他造了一个中型尺寸的氢气球，在吉尔伯特·怀特所称的"首善郡府"——伦敦的周边地区成功地放飞了几次。在他吸引来的支持者中，有一位是英国皇家学会会员约翰·谢尔登（John Sheldon，1752—1808）。这位会员通过支付费用，得到了携带科学仪器登上他的气球飞天的资格。这些仪器都很贵重。然而，当气球在伦敦上空遇到麻烦时，布朗夏尔便不容分说地将大部分仪器从吊篮里扔了出去，十足地反映出此人的专断性格——他是"气球驾驶"的老大。不过，布朗夏尔虽然是炮仗脾气，又总是喜怒无常，但他的确既聪明又勇敢。

布朗夏尔也同卢纳尔迪一样，得到德文郡公爵夫人宴请的礼遇，他还特地将气球涂上代表这位夫人的蓝褐两色放飞了一次。他还会见了约瑟夫·班克斯及不列颠气球飞天俱乐部的部分会员。不过，对他来说最重要的，是与一位既富有又喜爱历险的美国医生约翰·杰弗里斯（John Jeffries，1745—1819）结为相识。这位杰弗里斯时年40岁，波士顿（Boston）人，毕业于美国的哈佛大学和苏格兰的圣安德鲁斯大学两所名校，在伦敦名医云集的卡文迪什广场（Cavendish Square）开了家私人诊所，业务十分景气。美国独立战争期间，他站到了支持英国的立场上，还担任了英国殖民军的军医。他一心希望成为英国皇家学会会员，为此特别下力与约瑟夫·班克斯爵士结交。此外，他还是不列颠气球飞天俱乐部一名十分积极的会员。[56]

杰弗里斯认为，气球会对发现鸟类飞行的奥秘、了解高层大气状况和天气的形成等科学研究起到重要作用。他是继法国的查理博士之后从科学角度甘冒乘气球飞天风险的又一个人物。他向班克斯递交了一篇科学论文，提出了利用气球进行科学研究的设想，并自愿承担向英国皇家学会呈交飞天报告的责任。

1784年11月，杰弗里斯与布朗夏尔成功进行了两人的第一次合作。在这次实验性飞天中，他们携带着不少测量仪器从泰晤士河上空飞过。杰弗里斯带着他精心安排好的设备：水银气压计、温度计、比重计各一只，外加一只验电器——用来检测引起人们惧怕的云中放电。他又带去了地图和罗盘以及特制的记录装置。此外，他还在吊篮里捆绑上几只特别的大瓶子，目的是装盛不同高度上的大气，准备带回来送给几乎足不出户、待在剑桥的科学家亨利·卡文迪什，供他分析研究之用。

杰弗里斯向英国皇家学会提交了一份备忘录，说明他乘气球飞天，主要是为了"进行多种实验"这一科学目的，而"并非仅是为了娱乐"。他说得十分具体，"我的飞天需要明确认知以下四点情况：第一，气球随时升降、悬停和飘浮的能力；第二，桨板和翼翅等助动装置的效果；第三，测量大气在不同高度上的温度和其他状况；第四，观察风在不同高度上的路径变化，以有助于了解有关大气流动的一般理论"。[57]

就在这次飞天中，杰弗里斯对气球上升的情况进行了第一次真正科学意义上的记录，也就是记录了大量的数据：高度、方向、气温、静电强度、云朵形状、地平线处的状况等，而且每隔一定时间就重复进行一轮。他还给卡文迪什收集高层的大气。根据他的记录，后来还整理出了此次气球飞天的"路线图"，发现它反映出所有氢气球飞天的一点共性，就是它并不是人们原先设想的那样呈抛物线形状，而是由于有在"平衡位置"附近的波动而形成的上升与下降交替的行进弧圈线。

杰弗里斯还对气球下方大地景色的变化进行了忠实的描述。这不但是历史上的第一次"鸟瞰"，还是十分生动的一次，也是不断地给出惊奇内容的一次。气球升空后，他们两人先是看到了聚集在广场上仰头观看的人群所形成的面孔的"大海"；随着气球的迅速上升，这些面孔很快就缩成了无法辨识的一个个小白点。这时俯瞰下方，感到的是异乎寻常的安静。气球给他们的感觉是静止不动的，倒是下面的大地绕着它不停地打转。不过，他们虽然感觉不到自己的运动，可罗盘针的转来转去说明情况并非如此。大地的景象也似乎起了古怪的变化，山坡好像被削矮了，房屋也像被截短了。树木看起来不像树木，农田也不复农田的模样；就连城镇的街道也大为改观。形状千变万化的云朵，说来便来的阵雨——有时还会飘起雪花来（让杰弗里斯松了一口气的是，没有在云层里发现静电）。它们在一起，将整个世界变成了"一幅漂亮的彩色地图，或者说是一张织花地毯"。[58]

这次飞天结束后，杰弗里斯同意出资700英镑，帮助布朗夏尔从多佛（Dover）横越海峡飞往法国。这在当时可是一笔巨款。

九　首次飞越英法海峡

英吉利海峡（English Channel）——这是英国人的称法，法国人管它叫拉芒什海峡（La Manche）——无疑是早期气球飞天的重要行动目标。这样做既可以检验气球技术，又可以考验飞天员的勇气。再说，此举所含有的军事竞争的意义也是自不待言的：哪个国家将会在交战中掌握制空的主动呢？这一挑战迅速转化为并不公开挑明的国家级竞争，一海之隔的英国和法国都从科学、外交和体育角度努力发展气球技术。

1784年秋便酝酿着这样一轮气球赛事。准备上阵的主要竞争队伍有三支。这三支队伍在形式上和组建上都颇有不同。一支来自多佛，由让–皮埃尔·布朗夏尔率领；一支来自滨海布洛涅（Boulogne-sur-Mer），由让-弗朗索瓦·皮拉特尔·德罗齐尔组建；第三支来自牛津郡，带队人是詹姆斯·萨德勒。为了制成合用的气球，三支队伍都为争取资助大费周章。萨德勒的气球在从牛津用船沿泰晤士河运送途中遭遇暴风雨，球皮受雨水浸泡，涂在绸布上的橡胶在运送中是折叠在一起的，结果发生粘连，使得气球无法再用，到头来根本就没能上天。

已经乘热气球在第一次成功后又放飞了两次的德罗齐尔，是这三支队伍中所获支持最多的，得到了法国王室和法兰西科学院4万克朗的巨额贷款，结果是制造成了一只新式的气球，就是在热气球上方接上一只氢气球的组合体。这只气球是在滨海布洛涅制造的，为此还专门在海边建了一个库房。1784年11月，这只气球制造成了，但一直在刮东北风，风向不对。为了打发时间，德罗齐尔将精力转向努力去征服当地修道院里一位美丽女郎的芳心。女郎名叫苏珊·戴尔（Susan Dyer），偏偏还是英国人。结果是德罗齐尔一面频频幽会，一面不时放出个小型测试气球，再就是巴望天候。在等待中，老鼠将气球球皮咬坏了，两造债主也都逼上门来。

与此同时，布朗夏尔和杰弗里斯在1785年1月之前也无法到多佛来。当他们来到多佛后，布朗夏尔同他的这位美国合作者又陷入一场严重争执，竟表示打算取消后者的资格而一个人单干。争吵的结果是惊动了多佛市长。这位市长是站在杰弗里斯一边的，便出面调停了一番。这样一来，飞天日程又推迟了好几天。

就在临上气球前，布朗夏尔又搞了个小动作，在大衣里系了一条灌铅的腰带，目的是要在临起飞前以气球升力不够提升两个人为名，将杰弗里斯排挤出去。岂料杰弗里斯的观察力很敏锐，又有科学家的冷静气质。他察觉出布朗夏尔的花样，便平静地要求他将身上的"累赘"去掉。不过，这件事杰弗里斯可是牢牢记在了心中，而且还因此救了他们两个人的性命。为了挽回面子，除了一只气压计和一只航海罗盘，布朗夏尔坚持不同意杰弗里斯将其他科研设施带上气球。两个人倒是都同意带上软木救生衣，以备被迫在海上降落时所需。此外，气球上还带了几口袋宣传小册子和30磅压舱的沙子，外加布朗夏尔申请了专利的空气桨叶和手摇绞盘。为了御寒，杰弗里斯头戴昂贵的狸皮护耳帽，又戴上了兼有防滑作用的麂皮手套。

终于，布朗夏尔和杰弗里斯从多佛海边的一座峭壁上起飞，开始了第一次横越英吉利海峡的行动，时间是1785年1月7日下午1时。杰弗里斯在他撰写的《向英国皇家学会呈交的两次与布朗夏尔共同进行的飞天记事》报告中，讲述了他们在其后两个小时里惊心动魄的经历，还不时穿插进两人争执的可笑情节。一开始时，不知怎么搞的，他们都将对方的国旗放到吊篮外面去了，然后都就此向对方一再道歉。当多佛的欢呼观众从他们的视野中消失后，气球便迅速沿着英吉利海峡的走向，向东部偏北的古德温长滩（Goodwin Sands）方向飘去。没过多久，距长滩不远处人称"沉船礁"的所在已经来到他们脚下。

接下来，气球遇上了一股向南的温和气流，改变了飘飞方向，开始向法国的海岸城市加来（Calais）靠拢，但高度却在不断降低，离海面越来越近。当气球越过整个海峡的三分之一时，他们的压舱沙子都已丢光，所有的食品全都抛掉，大部分仪器也遭丢弃，最后只剩下那只贵重的气压计，还有一瓶白兰地酒。然而气球还在不断地下坠。当加来省海岸处的峭壁已然在望时，气球已经降得比峭壁顶还要低了。面临这一局面，他们开始让气球上演一幕"脱衣舞"。对此，杰弗里斯是记在了他的飞天志中的："离法国海岸还有三分之二英里时，气球又迅速向海面下降。此时，我的这位高贵的小个子长官下了命令，并且以身作则，给气球减起重来。我们先是将所有的零碎附属物都丢掉，但这并没能减掉很多重量；于是，我们又将翼翅抛弃，先扔走一只，接着又放弃另外一只。在此之后，我又不得不将手摇绞盘卸下丢掉。可是我们仍然在飞快地向海面下坠，将海面上的船都吓得够呛。我们还在扔东西，扔掉一只锚爪，又扔掉另一只锚爪。再接下来，这位小个子英雄就开始脱自己的衣服了。他将大衣脱下不要（那可是件高档货哩）。我也只好看样学样施之于己。他将裤子也丢了下去。我们都套上了软木救生衣，尽量将自己即将栽到水里的情景设想得乐观些。我们顺着一根绳子爬到上面一层，不过两人心里都有一种预感，就是我们最终能够达到这次飞天的目的。"

到了这个地步，还能扔掉的东西就只有那瓶白兰地了。这两个人就只穿着内衣裤、套着救生衣站立，不过这已经够了。气球在降到离海面不到120码的地方后就停止了下坠，接着又向上升了起来。这时吹来了一股近岸风，让气球在空中划出一道胜利的曲线，升到了远高过峭壁的高度上，又向法国内陆前进了12英里。这时候，布朗夏尔才告诉杰弗里斯，说他藏起了一小袋宣传材料没有丢掉。随后，他们便将这些材料撒了下去，成为有史以来的第一次投递航空邮件。镇静的杰弗里斯没有忘记观察这些纸片是如何上下翻飞着在他们下面远远的田野里飘落的——"足足飘了5分钟才落到地面上"。①[59]

一旦穿过近岸风，气球便以更快于当初的速度下坠，冲向吉纳镇（Guines）外的一片森林。这里的树木长得十分茂密，气球看来马上就会被大树挂住，两人被扎伤甚至戳死的危险似乎已经不可避免。然而，杰弗里斯却仍旧以一种超然的态度科学地估量着当前的形势。他向布朗夏尔指出，他们仍然有一种压舱物可以扔出去。"此物与我们给自己减重有关"。他们抓起挂在气球绳索上的皮浮子，小心翼翼地向里面清空自己的膀胱，然后连皮浮子一起扔了出去。杰弗里斯在他的那份《向英国皇家学会呈交的两次与布朗夏尔共同进行的飞天记事》中，还为自己披露了此种"不雅的琐事"向读者道歉，但也同时表示说，作为科学作家，是完全应当提供此类信息的。②

他们努力"内部大清仓"的结果，是使气球的下坠得到明显的放慢，最后，吊篮从树顶上扫过，虽然势头仍然不轻，但至少没有让树枝将气球猛烈地戳透。杰弗里斯此时还戴着那副握力很好的手套，便不断抓握住从气球下方掠过的树枝，直至气球渐渐地停了下来不再跑动。他们又用了28分钟，让气球释放出足量的氢气，这才将它控制住。杰弗里斯和布朗夏尔一道操作，小心翼翼地让吊篮从两株树中间的空隙中落下，最终安全地回

---

① 此段记录来自杰弗里斯的《向英国皇家学会呈交的两次与布朗夏尔共同进行的飞天记事》（有关原报告信息见参考文献部分。——译注）。《美国历史杂志》（*The Magazine of American History*）1885年1月的一篇题为《约翰·杰弗里斯飞天记：横跨英吉利海峡的第一次空中之旅》的文章所述的细节与之略有不同，其内容系转载于美国韦恩县（Wayne County）图书馆1955年的一本宣传小册子。——作者原注

② 杰弗里斯事后表示，丢掉这个东西后，气球的重量减轻了"至少5—6磅"。一品脱水约重1¼磅。照此推断，他们每人都得排出两品脱的尿液，这已经是正常成年男子膀胱容量的两倍还不止了。再说，人的膀胱在遇冷时是会收缩，布朗夏尔又是个瘦小的矮个子。减去这么大的重量，估计可能是除了排尿，还加上了肠道排泄物。虽然杰弗里斯有着科学的坦诚态度，但也未必愿意公布这样的事实吧。——作者原注

到了大地母亲的坚实怀抱,气球则被留在两顶树冠之间慢慢地泄气。第一次飞越英吉利海峡的历史性事件就此大功告成。

杰弗里斯在他那份记事报告中告诉读者,他们跨出残破不堪的吊篮后,还在它周围踯躅了好几分钟。两人心有余悸,身受苦寒,被这双重折磨得不住地发抖,连相互祝贺的表示都做不出来。不过没过多一会儿,一群热心人便围了过来,其中不乏骑着马追着气球的影子过来的——简直像是在围猎狐狸,只不过猎物是在天上。这些人簇拥着他俩,一路欢送到加来。在他们着陆的地方,如今矗立着一座纪念碑,他们使用的吊篮也被送进加来的博物馆保存,一直收藏到1966年。当地一家小客店的店东,也在店面前摆出了一只会动的气球模型做招牌,纪念这次伟大的飞天。招牌制作得十分精巧,不过动得不够逼真。[60]

不久他们便在巴黎受到了盛大的欢迎。两人被引见给法国国王,并收到了法兰西科学院的祝贺,还在巴黎歌剧院得到观众全体起立长时间鼓掌的礼遇。德罗齐尔本人枉驾前来亲致祝贺——这在他可是非常敬重的表示,还邀他们去圣奥诺雷路他的科学博物馆发表讲演。在一次隆重的庆祝仪式上,一群年轻女郎跑到两位飞天员面前,给他们戴上以真正桂树嫩枝编成的桂冠。杰弗里斯一面多方应酬,一面抽时间去本杰明·富兰克林在巴黎帕西地段的寓所拜访,两人一起度过了几个安静的夜晚,讨论人类飞行的前景,也评论法国女人的美丽与聪颖。

英国驻法兰西大使多塞特公爵通知杰弗里斯,请他返回英国(一应花费由英国政府承担),还做出他一回到伦敦就会成为英国皇家学会会员的承诺。杰弗里斯在自己的日记里这样写道:"公爵告诉我说,他很高兴我没让那个法国佬一个人单飞。"[61]他虽然酬酢不断,还是在飞天结束后的第一个星期里,给班克斯写了一份报告(报告上注明的日期为1785年1月13日)。他对目前还不能以航空方式投递这份报告表示遗憾。在这份报告中,他强调了好运气在这次飞天中起了很大作用,还明确表示布朗夏尔根本没能解决实现气球飞天控制这个根本问题。

这两位飞天员后来的事业道路很不相同。让-皮埃尔·布朗夏尔得到了法国王室奖励的年金,在巴黎过起了自由自在的日子。他又继续乘气球飞天63次,成为法国第一代飞天员中名气最响的一位。但他留给世人的飞行材料大多很不科学，读起来真真假假、真假难辨，更像是读《敏豪生奇游记》①。他在伦敦市中心沃克斯豪尔区段（Vauxhall）的斯托克威尔街（Stockwell Road）开办了一所气球学校，培训以气球为道具的娱乐从业人员，如空中提琴手、高空杂技女郎等。他还将动物弄上气球让它们跳伞，到头来惹起众怒，将他的设备纷纷捣毁。他又搞了个环球巡回展，在德国、荷兰、波兰、捷克斯洛伐克和美国表演气球飞天。

约翰·杰弗里斯后来又写了一篇较长的报告，并在英国皇家学会正式呈交给约瑟夫·班克斯，嗣后还发表在1786年《英国皇家学会自然科学汇刊》上。他以后再也没有飞天。在他的日记里，有好几处地方写有自己能活下来真要"感谢上帝"的句子。他还描写了自己在高空所体验到的近于神秘的"可怕的寂静与凝滞"——查理博士在气球上也有过同样的体验。[62]杰弗里斯被封为男爵，封号为"五港男爵"，此外就没有别的了：没有奖金，没有年金，英国皇家学会也没有向他颁发科普利奖章，不过最后总还是将他选为本会会员。此举之后过了2个月，他又来到故地多佛，一派凝重，满脸沉思。"正午时分来到那堵峭壁，来到我们未能如期进行的赴法飞天的出发地点。想到此行，一股强烈的庄严感不禁油然而生，对当天受到的神明助佑充满真诚的感铭之情。至高无上的圣父，唯愿我终生都能得到您的指引！"[63]

十　飞天悲剧刻骨铭心

从英国横越海峡的戏剧性行动成功实现后不久，一场悲剧发生了。这场悲剧发生在从相反的方向横越英吉利海峡的行动中，发生在以镇静著称的德罗齐尔身上。这次飞天于1785年6月15日从法国的滨海城市布洛涅开始，目的地是英国的多佛，飞行的意图则是让"光荣重归法兰西"——可

---

① 《敏豪生奇游记》，德国的一部文学名著，脱胎于一个封号为敏豪生男爵的真实人物的诸多故事、笑话和滑稽传闻。最初为德国作家鲁道夫·埃里希·拉斯佩（Rudolf Erich Raspe，1736—1794）撰写，后来又经另外一位德国作家格特弗里德·比尔格（Gottfried Bürger，1747—1794）加工，遂广为流传，特别为儿童所欢迎。此书有数种中译本，译名还有《吹牛大王历险记》《吹牛博士历险记》等，另外还有多种改写本和连环画。——译注

能还有一个意图，证明可以从空中进攻英国。

德罗齐尔这次用的并不是一个单只气球，而是一上一下两个气球的联体；上面的是氢气球，飞行中可起到稳定作用；下面的是热气球，升力更强而又易于控制。这个飞天器看上去样子可是怪吓人的，像是一柄名叫瓜锤的老式兵器，锤柄是热气球，呈管状，比较细；上面顶着的大圆球就是氢气球。德罗齐尔请了一个新人做助手，他的名字是皮埃尔·罗曼（Pierre Romain）。起飞后，这位助手站在气球下部的一个环廊上，向一口大火盆里添加燃料。火盆是活的，既可以升降，还可以在着陆前或者遇到紧急情况时卸掉。火盆里的燃料燃烧时，自然免不了会有火花溅射出来。

从理论上看，这种双体式设计将氢气和热空气的升力很好地结合到了一起。德罗齐尔还相信，这种气球提供了随心所欲的升降能力，因此能在不同高度的不同风向中迅速找到合适的风力加以利用。这样一来，控制飞行方向的问题也就得到了解决——不用人造的划桨或翅膀，而是凭借能够找到合适风向并牢牢地盯住利用的能力，因之顺利地向北跨过拉芒什海峡（英吉利海峡）。

但在实际上，他却犯了一个致命的错误，即将易燃气体和明火弄到了一起。他还有另外一件担心事：债务。有明显的证据表明，德罗齐尔当时正债台高筑，欠了赞助人不少钱，因此不得不"为了法兰西的光荣"做出违背自己科学判断良知的举动。放飞时天气状况很差，又发现气球面料质量出了问题，德罗齐尔便在出发前让已经登上气球的第三个人从吊篮中下来。他的英国未婚妻，已从修道院还俗的苏珊·戴尔曾写信来，苦苦劝他将飞天日期后延一阵。[64]他却大为光火，写了一封言辞激烈的回信说："看在上帝的分儿上，别再跟我提这件事情！说也是白说，太晚了。给我打气吧。我宁可利剑穿心，也不会放弃此举。就是肯定送命也在所不惜。"[65]

上午7时，德罗齐尔的双体气球在礼炮声中腾起。苏珊·戴尔也看到了它在晨光熹微中冉冉升至5000英尺的高空。它顺利地来到海峡上空，但随即便逡巡不前，接下来又回头向法国大地飘去。它的高度在降低，显然是出了问题。随后发生的情况，人们的说法并不一致。有人在望远镜里看到了气球上的德罗齐尔一次又一次地拉动控制氢气球顶部阀门的绳索，而且看上去仍然很镇静，估计是这个阀门打开后关不上了。与此同时，助手罗曼在不顾一切地向下放低火盆，使它尽可能离开环廊。气球周围的空气里星星点点地飞溅着火星。

就在氢气球的顶上，也就是放气口那里，出现了一个小小的明亮火团。据一名观察者说，有那么一会儿，气球看上去就像是一盏挂在天上的煤气灯，辉煌地高吊在法国这边的悬崖上方，但随即就打起褶来叠到一起，开始向下坠落。开始时，下落的速度还不很快，像是条冒着烟的布幅。一些在地里劳作的农夫听到德罗齐尔在上面通过话筒喊叫，告诉他们躲开。最后一刻时，他还试图从气球上跳下来，看来是想借此让助手下落得慢些。这两名飞天员都丧了命，遗体也粉身碎骨，摔得不成模样，因此当晚便入土下葬，埋入这个名叫威姆勒（Wimereux）的小镇的教堂墓地。

这是有史料记载的第一起气球飞天的死亡事故。事件的发生震动了整个欧洲科学界，也改变了公众对人造飞行器的看法。最撼动人心的一点是，这次飞天是半官方组织的，德罗齐尔又是一位全欧洲大陆知名的法国国家英雄，人又那么年轻潇洒。①

噩耗使德罗齐尔的未婚妻苏珊·戴尔精神崩溃，被送回了她原来修行的修道院。有资料证明她不久便离开了人世，可能是自杀，而且还怀着未婚夫的遗腹子。德罗齐尔的不幸，使英国诗人伊拉斯谟·达尔文十分同情——

> 风神风神我问你，
> 德罗齐尔求助时你又在哪里？
> 他将大球鼓起，高高飞入天际，
> 火花骤然出现，天上大火燃起，

---

① 近年来一些法国航天专家做了考证，根据这只气球组合只是上面的氢气球在顶上靠近放气弹簧阀门的部分被烧焦的事实，认为德罗齐尔的双体气球设计是完全合理而又安全的。经过种种设想，这些人推翻了氢气被从火盆溅出的火星引燃的可能性。看来灾难可能是由于德罗齐尔反复拉动阀门，致使拉绳与丝布摩擦产生静电而打出了火花所致。可参看奥杜安·多尔菲斯（Audouin Dollfus）所著《德罗齐尔传》（有关原书信息见参考文献部分。——译注）一书的第7章《悲剧的原因》。不知德罗齐尔的未婚妻苏珊·戴尔的在天之灵得悉这一有说服力的解释后会有何感想？后来，人类在1999年3月实现的首次环球不着陆气球飞天，用的就是这种混合式构造的飞行器——百年灵轨道器3号，只不过将氢气换成了氦气，火盆也改成了丙烷炉。——作者原注

气球回旋下降，观者心惊不已，
最终一头栽下，从此长眠不起，
四体不全，骨肉分离，
被死神一把攫去。
可怜的伊卡洛斯啊，
不可靠的蜡翅害了你！[66]

十一　父子先后勇赴苍穹

有那么一个时期，在英国搞气球飞天的，大多是些外国人，而且主要来自法国和意大利。这种情况与得不到英国皇家学会的支持不无关系——尽管谢尔登和杰弗里斯两位会员是力挺的。另外还有一个原因，就是科学界普遍认为，摆弄气球并不是正经的科学营生，因此不妨留给搞商业表演的人，或者吃饱饭没事干闲得难受的有钱人去折腾。1785年的德罗齐尔之死，1786年8月卢纳尔迪在纽卡斯尔导致拉尔夫·赫伦年纪轻轻就送了命的事故，都令那一代英国人对气球飞天的热衷打了折扣。到了1790年后，出现在英国天空上的气球，几乎都被认定是来自敌对国家法国的一帮人干的，弄得前来的这些法国飞天员觉得，英国的大地简直比天空还要危险。

英国人对拿破仑的大军利用气球从空中进攻的担心始终没有成为现实。不过，法国国民革命军倒是在1794年与奥地利对抗的弗勒吕斯战役①中尝试过用气球进行侦察。第一支气球飞天部队与第一所气球飞天学校也率先在法国的默东（Meudon）成立。拉瓦锡也找到了一种廉价制取氢气的方法，就是将水泼到红热的铁块上。法国军方采用了这种方法，还指派了两名青年科学家——一个是查理·库泰勒（Charles Coutelle），一个是尼古拉·孔特（Nicolas Conte）——负责气球事宜。据加斯东·蒂桑迪耶②在他所写的《著名气球与著名气球飞天人》（1890）一书中所述，这些年轻的

---

① 弗勒吕斯战役，1794年法国与英、荷、奥三国联军在比利时中部小城弗勒吕斯（Fleurus）附近展开的一场大型战役。——译注

② Gaston Tissandier（1843—1899），法国化学家、气象学家和气球飞天员，喜好探险和写作。——译注

气球飞天员将当地的姑娘们带上气球飞着玩儿，还在吊篮里放浪形骸，第一家"天上人间"就这样出现了。

这支气球飞天部队有四只气球的装备，包括存放气球的特制帐篷、绞盘、氢气发生器和侦察设备等。拿破仑曾在1798年赴埃及时将这支部队带去，但在翌年7月尼罗河入海处阿布吉尔海湾（Aboukir Bay）的海战中，这些装备被纳尔逊率领的英国海军悉数摧毁。拿破仑遂在当年取消了这个建制，默东的气球飞天学校也随之被裁撤，法国空降部队入侵英国的打算，从此成为纸上谈兵和刻意宣传的内容。气球真正投入军事行动，是又过了一段时间后在美国南北战争中实现的。

1810年，詹姆斯·萨德勒再次回到气球飞天的舞台（个中原因，他的妻子仍然一如既往地闹不明白）。他使用经过更精心设计的气球，先后在牛津和布里斯托尔放飞了几次，飘飞路程也比以前更远。[67]他自己有一个理论，就是认为在天空的不同高度上，存在着各自恒定不变的风力，而且风向各不相同；对这些定向风是可以一一确定的，因此能够靠气球在不同高度上的升降飞往任何地方。他的打算是根据这一"风流理论"跨越爱尔兰海（Irish Sea），飞行距离大大长于英吉利海峡，挑战自然也大得多。9月24日，萨德勒先在布里斯托尔海峡（Bristol Channel）牛刀小试，但遭遇到逆向风，而且越刮越猛，气球无法爬到这股风力范围之外的高度，最后不得不降落在孔马田村（Combe Martin）附近波涛汹涌的大海上，不远处就是村外的峭壁，但高得气球无法越过。[68]事后他说，这次试飞中最糟糕的事件，就是在尝试越过峭壁而最后一次徒劳地为气球减重时，他不得不丢掉塞缪尔·约翰逊遗赠的气压计。不过，这次海上迫降的经历，后来竟然救了他一命。

1811年7月，萨德勒又在剑桥大学圣三一学院的大方场放飞一次。突兀而来的一阵强风，又使他不得不在斯坦斯特德（Stansted）结束飘飞。接下来的一次是8月12日在哈克尼（Hackney）进行的，这一次平安无事。气球上除了他本人，还带了一个人专门进行科学观测。此人名叫亨利·博孚瓦（Henry Beaufoy），负责一系列仪表的观测，以分钟为间隔记下读数，并认真地写下了自己肉体的感觉和心中的印象。对他们的这次飞天，人们也立了漂亮标志以志纪念。[69]

接下来，萨德勒又在1812年10月1日尝试从都柏林（Dublin）飞往100英里开外的利物浦（Liverpool）。这是到目前为止在英国[①]进行的距离最长的气球飞天。他的气球没能飞直线，而是先拐向东北方向，飘了大约有200英里，几乎来到了马恩岛（Isle of Man）上空。然后，一股南行的风又将它平安带到威尔士的安格尔西岛（Isle of Anglesey）上空。他本来是可以在这里着陆的，可他一心想要找到可将气球一直向东带到利物浦的顺风，于是便丢掉压舱物，又升到高空继续前进。

这时，萨德勒遇到了一股向北移动的气流，载着气球不断沿此方向飘去。要是这样走下去，到头来不是飘到苏格兰海岸，就是飞到斯凯岛（Isle of Skye）[②]，甚至有可能一头扎到北极去。傍晚时分已到，他看到海上有一艘船，便决定"开阀放气"，降落到海面上，让这艘船将他救起。然而，当他落到海面后，却发现船只不肯靠近。"我发觉那些水手看来都不敢靠近，大概是担心船上的索具被气球裹住解脱不开"。[70]

萨德勒并没有绝望，又将应急压舱物扔到海里，重新升回空中。风力继续将他送向北地。当他看到第二艘船时，又再一次向海面降落，此时天已黑了下来。这艘船的船长很聪明，他将船头的起重桅远远地伸了过来，从气球的网索中穿过，这才将就要沉没的气球救起。萨德勒这降落—升起—再降落的最后一折就是要在天黑的情况下进行的，反映出他娴熟的技巧和过人的勇气，说明他天生是个当飞天员的材料。不过，他没能完成从爱尔兰出发的跨海之举。这一愿望是若干年后由他的儿子温德姆·萨德勒（Windham Sadler）代他实现的。后来，詹姆斯·萨德勒出了一本书，书中对自己的努力有很生动的叙述。他在结尾时发出呼吁，希望气球飞天作为科学研究的手段得到公众的支持："气球飞天与科学的所有领域都有着十分密切的联系，它所展现的内容实在是太辉煌、太诱人了，委实不应遭到公众有如对待沙漠那样的冷落……它非常适于用来揭示**气象学**的微妙内

---

① 在1922年之前，爱尔兰长期为英国统治，后来又作为大不列颠及爱尔兰联合王国的一部分存在，爱尔兰独立之后五年，才出现了大不列颠及北爱尔兰联合王国的名称，都柏林也从此正式成为爱尔兰国的首都而非英国在爱尔兰岛上的最大城市。——译注
② 斯凯岛是前文提到的赫布里底群岛中部靠近苏格兰部分［称内赫布里底群岛（Inner Hebrides）］最北端的一个较大的岛屿。——译注

容，可以用于研究**磁学**的诸多有趣现象，还有助于**化学和电学**的进展。因此应当认为使它成功，也就是使整个科学取得进步。"[71]

有一位牛津大学的学生被他的吁请打动了。这个人就是22岁的珀西·比希·雪莱。他继承了萨德勒对气球飞天的热爱，并踏着萨德勒的足迹前进。在他的心目中，气球是自由的象征。1812年冬，他在德文郡林茅斯村（Lynmouth）的海滩上，接连不断地将一些小型氢气球送入天空。气球是丝质的，由他不满20岁的年轻妻子哈丽雅特①缝制。这些气球上都载有他写的激进宣传小册子《宣告人的权利》。他还以气球为题，创作了一首十四行诗——

> 明亮的热气球，穿过黄昏的黝暗
> 默默地登上你御风而行的途程，
> 以胜过一切的明光使墨蓝天空
> 每一束闪烁的光线全都相形暗淡；
> 不像你携带的那团火，不久便会
> 像陨落的流星一样熄灭、失踪，
> 那明光，永远扑不灭，而且定会
> 像明灯照耀爱国者的孤坟；
> 是鼓舞被压迫穷苦人的火星，
> 虽然点燃在茅庐棚户的炉膛里，
> 但会咆哮着烧穿暴君镀金的拱顶……②[72]

1813年，詹姆斯·萨德勒的儿子温德姆·萨德勒在切尔滕纳姆（Cheltenham）进行了他的第一次气球飞天。他是一个人飞上天的，当时还只有17岁。他也表现出自己有飞天员的禀赋。又过了四年，也就是在1817年，他完成了父亲未竟的事业，实现了首次飞出爱尔兰岛的壮举。他也是

---

① Harriet，诗人雪莱的第一任妻子，1816年自杀身亡。同年诗人再次结婚，妻子就是本书中的重点人物玛丽·雪莱。——译注
② 《装载知识的气球》，江枫译，收入《雪莱抒情诗全集》，湖南文艺出版社，1996年。——译注

从都柏林升空的,但他的准备更加充分,事先对气象进行了详细了解,飞天前又放飞了若干小型的不载人气球探路。温德姆一路径直向东飞,5小时后到达威尔士。他吸取了父亲失败的教训,抵达陆地上空后便打开气球阀门放气,降到了霍利黑德镇(Holyhead)南部的开阔地上。[73]

温德姆·萨德勒也同他的父亲一样,十分重视气球飞天的科学价值。后来他公开谴责国内一些气球飞天的支持者忽视科学领域开拓的行为:"说来真是难以置信,英国本是科学和文学的繁荣国度,氢气又率先被卡文迪什发现,并由普利斯特利首次建议用于升空,而今天的国人却对来自外国的飞天员在英国上空以飞天为儿戏熟视无睹。"[74]

然而,在1824年,27岁的温德姆遭遇了可怕事故。他在英格兰北部的奔宁山脉(Pennines)一带飞天时,遇到一阵大风。他在风中降落时,气球上的拉绳被缠到了一根烟囱上,致使他从吊篮里跌出,双腿被绳索绊住,头朝下吊了好几分钟后悲惨地死去。伤心至极的父亲从此再也没有与气球沾边。

十二　问题不少　意义重大

从1783年开始的一系列载人气球的飞天壮举,到了1800年后似乎就不再有什么大的作为。乘气球飞天的人固然还有,但都是昙花一现。杰弗里斯1789年返回美国波士顿。卢纳尔迪1806年7月在里斯本去世,死时囊中空空。1809年布朗夏尔在荷兰乘气球飞天时遇上迫降局面而心脏病发作,于数周后逝去,原因显然是尝试从一只新气球上跳伞所致。巴黎还有人继续这种飞行,但都属于庆典上的点缀。其中比较重要的人物是安德烈-雅克·加尔纳里安①和布朗夏尔脾气古怪的年轻妻子索菲②。索菲很擅长从气球上燃放焰火,结果竟在1819年因焰火烧着气球而身亡。这使得气球飞天

---

① André-Jacques Garnerin(1770—1823),法国著名气球飞天艺人。他大大丰富了气球飞天表演的内容和普及程度。——译注
② Sophie Blanchard(1778—1819),法国女飞天员,让-皮埃尔·布朗夏尔的妻子,最早以飞天表演闻名的飞天人物之一,以多彩的飞天表演闻名一时。1819年因气球事故殒命。——译注

从科学研究的角度看来，似乎是走进了死胡同。

虽然氢气球在表现上胜过了——就当时而言——热气球，但两者的飞行都难以驾驭，这使得它们一时难以得到实际应用。因此，它们基本上是一种漂亮、昂贵并且危险的玩物。不过也有一些人，如法国化学家约瑟夫·盖-吕萨克（Joseph Gay-Lussac，1778—1850）等，使气球能够达到的高度得到提升。盖-吕萨克在1804年升到了巴黎上空23000英尺的高处，达到了人可以直接呼吸的高度上限，表明气球有用于气象学目的的可能，而气压、云的作用和风与天气系统的形成，也正在成为越来越吸引人的研究课题。

新近出现不久的气象学，日益受到了人们的关注。美丽的云朵如今得到了卢克·霍华德（Luke Howard，1772—1864）的分类，弗朗西斯·蒲福（Francis Beaufort，1774—1857）则随即给风的强弱定了等级。这也是一项重要的成就。贵格派教徒霍华德是历史上的第一位职业气象学家，他在1804年发表了对若干大气现象的研究与分类结果《云的分类》，将云分为四大基本类型，又给它们起了拉丁文名称，分别是$cumulus$（积云）、$stratus$（层云）、$cirrus$（卷云）和$nimbus$（雨云）。这四大种类之间又可以组合，得到诸如$cumulo\ nimbus$（积雨云）——英国夏季最常形成的云种等。他是第一个对云进行分类的科学家。气象学中至今仍然沿用着这些名称，只是又增加了若干新的组合，如卷层云（一种晴天时出现的细薄的高空云）等。1821年，霍华德入选为英国皇家学会会员，并仍继续研究气象，但未能形成有关大气压强与梯度的自洽理论。而种种能够成功进行气象预报的行动，都是建立在这一理论的基础之上的。霍华德在他的最后一部著述《气压记录学》（1847）中对此有所涉及，但非常简略，因为此时的他所关注的重点已经转移到了新的领域，即云的形成与变化，它们的特点及其与季节的关系，以及云朵的惊人美丽。[75]

气球飞天也加深了人们对云的复杂多变的认知。这是浪漫时期人们关注的内容不断扩展的表现。随之而来的是约瑟夫·马洛德·威廉·特纳（Joseph Mallord William Turner，1775—1851）和约翰·康斯太布尔[①]在

[①] John Constable（1776—1837），英国风景画家，英国风景画的代表人物。——译注

绘画中注意对云的表现。柯尔律治的创作笔记和雪莱的诗篇中也出现了对云的描写。雪莱在他的《西风颂》(1819)里所写的"迫近的暴风雨飘摇翻腾的**发卷**",就用到了霍华德给卷云下定义时所用的词语。他的另外一首诗《云》(1820)更是在字里行间对云的形成和对流运动做出了精确和科学的表述。[76]歌德也写过若干篇与云、气压和天气有关的散文,又将霍华德著述的片段翻译成德文,还请后者写一篇自传并寄到德国。歌德认为,霍华德"将缥缈的、无时无刻不处在变化中的云作为概念给出了定义,从此使长期以来一直转瞬即逝、千变万化的这一存在有了得到精确观测与阐述的可能"。①

云既给人们布置下闪电的生成、标指风和气压变化等涉及科学的诱人课题,也向人们提供了动人的美景。云反映出欣赏者的心情。云的变幻赐给大地万般风貌,也体现出改变、消亡与重生的种种寓意。不妨可以认为,正是因为有了浪漫时期,才有了气象这一概念,并一直延续至今,而且成为不仅发生在天上也发生在人们心里的现象。

对于大地的第一次高屋建瓴的测绘,是在气球的吊篮上进行的。从天上向下俯瞰,城镇和乡间都呈现出别样面貌,道路的拐折、河流的蜿蜒也和从地面上看时不复相同。地图固然是贸易、探险、军事征伐和关卡设置的产物,但英国负责地图测绘的英国测绘总局——世界上第一个负责地图绘制的政府机构之得以产生,气球也是促成因素之一。

气球飞天给人们带来了对地球面貌的新的了解,这可是完全出乎意料的——本来是打算用它揭示苍穹的秘密,但到头来得到昭示的却是大地。最早的飞天人在天上突然发现,地球原来是个紧密联系着的巨大有机体,表现出生物所具备的确定模式和变化,真是神秘莫测。人类对大自然的冲击——城镇伸延进原野,道路与河流的平行与交叉,农田与森林的毗邻,

---

① 事实上,拉马克曾于1802年在巴黎发表了一篇题为《论云的形态》的论文。不过,他给出的有关云的定义不如霍华德所做的定义权威,而且所用的词都是法文,在当时其国际通用性不如英文。倘若拿破仑在欧洲大战中得胜,也许今天的气象学用语会更法兰西式些吧。实事求是地说,法语的气象词汇中,对细雨、阵雨和豪雨等都没有相应的专门用语。请参阅理查德·汉姆布林(Richard Hamblyn,1965—)所著《云的命名:一个业余气象学家怎样创造天空的语言》(有关原书信息见参考文献部分。——译注)。——作者原注

工业的星罗棋布，最早都是在气球上得到明确揭示的。20世纪60年代，宇航员从阿波罗飞船上遥望地球，形成了对这个包在美妙的大气层里的"特别的蓝色行星"的新认识。1968年12月又更有摄于空间轨道的著名摄影作品《地出》问世。飞天员在气球上第一次对大地的鸟瞰，堪能比肩于这两者呢！

事实证明，气球飞天之所以极其吸引公众的注意力，因它既能激发人的企盼，又令恐惧、赞叹、喝彩、欢笑交集在一起。看气球飞天既像看演出的表演技能，又有如在狂欢节上看花车游行，真是令人心旷神怡。能够亲眼看到德罗齐尔、卢纳尔迪或者布朗夏尔这些早期飞天大师乘气球成功升天，简直就是使公众看到希望、经历奇迹、唤起勇气、获得欢笑。在欧洲，特别是在巴黎，先是出现了观看气球升飞的人流，而不久将要出现的便是另外一种人流——参与法国大革命的人流。气球飞天中含有两种预示着未来的因素，一是政治的，一是科学的。它给公众带来了希望，也唤起了追求。

说来有趣，也很值得注意，最关注气球飞天的不是科学家，而是诗人和其他文学家。他们一直视气球为希望与自由的象征。伊拉斯谟·达尔文以诗篇对最早的气球飞天员们以大无畏精神在18世纪80年代取得的成就表示祝贺，歌颂他们打开了新的纪元——

> 扬起空中船儿的风帆，
> 船长镇静地驶入又一处海面。
> 那里星宿更多，空气也更新鲜。
> 圆形的大地，蓝色摇曳的水波，
> 观之有如地图，却又活动而亮闪。
> 听啊，阵阵雷声轰鸣——
> 看啊，船长脚下之字形的闪电发出暗淡的光。[77]

柯尔律治在他的创作笔记中，也留下了将气球飞天视为强大且又行动神秘的文字。他认为气球看上去有如山坡上受惊后一路攀缘一路打转的羊群。其实这何尝不是人们有所追求、有所感悟时又担心又有所企盼的写照![78]

华兹华斯在他的长诗《彼得·贝尔》(1798)中,以歌谣形式描绘了一种可以控制的"气球船"——

> 马儿飞跑真真好,
> 气球上天也挺棒,
> 又要上天又要跑,
> 月牙小船要用上。
> 上了船再飞上天,
> 上去以后怎么办?
> 用来打仗和裹乱?
> 我们都是好宝宝,
> 月牙小船摇呀摇,
> 揽星抱月走一遭。[79]

就以抒发对气球的感叹而论,大概要属雪莱最为出色。在1811年的一个清新的夏日清晨,詹姆斯·萨德勒在克赖斯特彻奇的绿地上空又一次进行气球飞天,给这位正在牛津大学读书的青年人以深刻的感受:"那只气球并未达到尽善尽美的程度,不过这在将来显然可以做到。以目前它在空中的状态而论,还有如襁褓中的婴儿,初生不久,软弱无能。这位空中'水手'还只是趴在吹胀的膀胱皮上狗刨划水,未曾达到扎筏行进的地步。这位怀有凌云志的化学家,制出来的这个东西却只是一只玩具、一根鸿毛。不过,我们对它并不能小觑。它预示出卓绝的交通能力,代表着方便快捷地穿越巨大距离的手段,提供了轻松探查未知疆域的工具。大家为什么对非洲内陆所知无几?是不是应当派些勇敢的飞天员前去那个大陆,沿不同的方向深入,并争取用数周时间探查一番?第一只在这块不幸的大地上飘行的气球,它那被位于头顶正上方的太阳垂直投下到正下方地面的影子,将会解放那里的每一个奴隶,并永远消灭这个制度。"[80]

第四章
赫歇耳星空再建功

一 哥哥大展宏图

约瑟夫·班克斯爵士曾预言说，英国在天文学领域的前进步伐，将超过法国人在气球飞天领域的进展。1785年夏天，威廉·赫歇耳开始了一项新的突破性工作——制造性能空前的望远镜，以更好地观测和认识天界。第一步行动是拟定初步的技术指标，送交班克斯转呈国王。拟议中的这台望远镜，堪称一座里程碑。

拟议中的这台望远镜是牛顿式反射镜，镜筒截面呈八角形，长40英尺，直径5英尺，反射镜至少要造两面，争取造出三面来，直径可能为36英寸、48英寸或50英寸。[1]制成的望远镜将支在一个庞大的木制架台上，既能在两个人的操纵下绕轴平稳转动，也可使观测人员单凭手指动作进行精细微调。金属反射镜每块重达半吨，在伦敦浇铸，然后用驳船沿泰晤士河送到上游某地抛光，造价估计每块在200—500英镑之间。[2]对打磨和抛光的技术要求很高，需要20名工匠用新近制造出的机器对镜面实施不间断加工。

这台比一幢房子还高的40英尺的大家伙，对风会极其敏感，又会遭受种种不利天气，特别是霜冻、凝露和气温变化的影响——这些因素都会造成反射镜的失调，一如提琴松了弦。我们的这位天文学家——他如今已经年近50——在使用这台望远镜时，将不得不连续爬好几道梯子，才能来到搭在镜筒上方处的一个观测台上。一旦不慎从台上跌下，肯定会要送命的。在观测台的下方，是他的助手（卡罗琳）专用的小棚子，这里备有小桌、天文钟、天文观测志、咖啡壶和蜡烛，在工作时棚子必须遮严（为的是不让棚里的光线影响观测）。她在工作时，根本看不到任何星星。

　　观测者和助手两人会一连好几个小时不照面，彼此只凭话语交流。一开始时他们得大声喊话，后来才添了个金属传声筒。他们真的有如一艘大船上的两名水手，一个在船桥上，一个在海图室里，工作密切关联，人体却相隔离。这台望远镜仿佛是后来问世的宇宙飞船——与世隔绝地航行在繁星密布的环境中。[3]

　　要造成这样的设备，就得有更上一层楼的资金来源。这个来源就是国王。制造它的预算为1395英镑，造成后的运营开支估计每年要有150镑——不包括威廉的工资（每年200英镑）。[4]赫歇耳在提交这一昂贵的计划时很实事求是，并没有做出任何将会很快得出成果的承诺——没有保证将用它发现更多的行星、更多的彗星，或者更多的存在于地球外的生命迹象。他只是以最切实的话语告诉班克斯说："这一努力的唯一目的，是拥有一台设备，好用来研究天界，并在此基础上更充分地了解其**构造**。"[5]

　　约瑟夫·班克斯爵士凭着自己的过人本领，不但说服了国王解囊，而且解得还十分慷慨。1785年9月，乔治三世同意支付全部营造费用和四年的运营开支，共计2000英镑。国王只提出了一个附带条件，就是赫歇耳须在1789年底前将这台设备造成。对这个条件，班克斯也巧妙地转告给了赫歇耳。他在1785年11月通过小威廉·沃森，给赫歇耳写了一封信，信中是这样说的："约瑟夫·班克斯爵士来我这里了。他表示希望了解一下，你对造这台大望远镜，都做了哪些准备，眼下又已经开展了什么工作。他说他极想知道这两个方面的情况，好向国王陛下详细呈报。"[6]

　　事实上，望远镜的制造工作并没有在当年秋天进行。这是因为赫歇耳认为，他应当搬到一所更宽敞的、院落也更空旷的住宅里，好有安放这具庞然大物和附属棚室的足够空间。这一延误不免使卡罗琳有些失望。他们先是从达切特村搬到离温莎不远的克莱霍尔（Clay Hall），但新房东不同意砍伐这里的树木，而且听说赫歇耳准备在他的院子里放一台大型望远镜，就放出打算加收房租的风声，理由是安放了东西，房产就可算是经过"翻修"了。这让赫歇耳不禁产生了疑虑，就是担心这所房屋会随着他的天文学的发现而不断增值，因而房租也水涨船高。

　　1786年4月3日，他们又再次搬家——这已经是四年中的第三次迁居了。这一次，赫歇耳一家搬到了"小树林"。"小树林"是一所房子的名称，在温莎以北3英里远的斯劳村的最外缘，房子不但很小，而且年久失修。房东是当地一家姓鲍德温（Baldwin）的富户。这户人家还与另外一些人联手经营着附近的两家小旅店，一家叫"海豚客栈"，一家叫"王冠客店"，此外还有不少田产。往返于伦敦与巴斯的邮政驿车在途经斯劳时，会在"王冠客店"停留片刻。如今，斯劳这里已经有现代化的A4公路穿过（最初这家客店所处的路段是车少人马稀的十字路口，如今成了热闹大街的一段人行道，不过仍然袭用着当年的地名，叫"王冠交道口"）。

鲍德温这家人里最年轻的成员叫玛丽·鲍德温（Mary Baldwin，1750—1832）。她继承了一笔相当丰厚的遗产，又嫁给了一个名叫约翰·皮特（John Pitt，？—1786）的富翁。约翰曾在伦敦经商，比妻子大20多岁，退休后希望过闲适的田园生活，便回到斯劳来，住在一个叫作阿普顿（Upton）小村庄的一所舒适的大宅子里，离"小树林"不到一英里。夫妻俩为人友善且喜好交际，不久便与赫歇耳一家有了来往。约翰的身体"日渐虚弱"，因此多是威廉在周末时步行前去皮特家拜访，在主人家讲究的书房里接受款待。皮特夫妇有个独生子保罗（Paul），不久前刚进入附近的伊顿公学读书。卡罗琳看来与这个小伙子相处得不错。[7]

"小树林"在"王冠客店"南面200码处，四周没有人家，但有不少树木，朝南是一片下坡开阔地，很适于天文观测之用。去温莎的道路就在房子西边，从这里去伦敦城和马斯基林所在的格林威治天文台都很方便①。国王的行宫更是咫尺可及——踏上房子南面的土路，就可以看到温莎城堡的塔楼，它仿佛不断地向赫歇耳兄妹提醒着王室的殷切期盼。[8] "小树林"的居住面积并不很大，有四间卧室和一间用人住的阁楼，但有很大的棚屋和马厩。威廉一步步地将它们改造成了作坊和实验室，又将户外的洗衣棚变成了铸造车间。盖在马厩顶上的干草仓是可以改造一下住人的，卡罗琳便表示希望住在这里。她将这里辟为一间卧室和一间小书房，又找人将它们简单地粉刷了一下，就成了她个人的小天地。它的屋顶是平的。卡罗琳

---

① 格林威治天文台的所在地为格林威治，如今为伦敦市的一部分，伦敦城为伦敦最早形成城市的部分，是如今伦敦市的商业中心区。当时这两部分是分开的，中间还隔着另外一个地块。——译注

在屋外立起一个小梯子,这就可以从屋顶爬上爬下了。她想在这里不受干扰地独立进行自己"扫观"彗星的工作。这里是她的"小棚屋",有时她也住在这里。36岁的卡罗琳,生活中开始有了完全属于自己的独立部分。

走进"小树林"的院门,就是一块很大的空地,马马虎虎地种着一些花草,正可以清理出来,用砖砌起一个圆形台基,用来支承40英尺望远镜的巨大木制镜架。台基砌起后,上面又铺了一层石灰石。不过霜冻很快便使石面开裂,结果又不得不换成橡木板。[9]随着工作的深入,赫歇耳又下令将周围的树木全部清除掉。这里本来生长着一排榆树,树龄很老,长得很有气势,如今它也在刨掉之列,让一位邻居"对这排令人喜爱的树木的遭际着实伤感"。对此类反对意见,赫歇耳一向是不去理会的。[10]他在这里一步步地搞起的设施,后来被人们称为"观天台";赫歇耳的大望远镜,后来也被英国测绘总局标注在1830年编绘的伯克郡(Berkshire)第一版地图册上。[11]

制造新望远镜的工作,打乱了赫歇耳兄妹生活的平静节奏。在卡罗琳的记忆中,1786年的春天"乱得无以复加"——"如果不是偶尔会碰上阴天或者天上有明亮的月光(月光会影响对星星的观测)的夜晚,哥哥——还有我自己——恐怕就不会有睡觉的时间了,因为每天一大早,工人们就都来了。每天总有30—40个人在忙活,一连折腾了将近3个月;有的砍树,有的刨树根,有的挖地基,有的砌砖铺石,斯劳的木匠也全体出动。"[12]

制造巨大望远镜的消息传出后,参观者便接踵来到斯劳。来人中有科学家、大学师生、外国游客,还有大批王公显贵。他们给威廉的工作带来不少妨碍,使得卡罗琳越来越难以忍耐。她在自己的日记中扼要地记下了自己的烦躁:"斯尼亚戴基教授①总来告诉我们说,他用20英尺望远镜看到了什么新天体,比如说,发现了'乔治之星'的卫星等等。这个人就在斯劳找地方住了下来,只要看到威廉有点空,就来找他聊聊——不过主要是听威廉说,他自己倒是不大言语。"[13]当然,如果前来的是老朋友小威廉·沃森、内维尔·马斯基林,或者查尔斯·伯尼(他同时也是支持开发

---

① 估计是波兰数学家与天文学家、波兰启蒙运动的倡导人之一扬·斯尼亚戴基(Jan Śniadecki,1756—1830)。——译注

热气球的）等来自皇家学会的支持者，她永远是欢迎的。美国的访客也在她的欢迎之列。

1786年入夏后，一位约翰·亚当斯先生也会不时前来。这位亚当斯就是后来的第二任美国总统。①他毕业于美国哈佛大学，对自然科学兴趣很浓，是年50岁。一天清晨，他不请自来，到"小树林"拜望威廉。他在主人的陪伴下，参观了这里所有新造的大小望远镜，还与威廉热烈地探讨了外星生命存在的可能性，以及这种"多重世界"的存在与伦理道德观念的关系。这种纯属哲学范畴的内容，是法国作家贝尔纳·勒伯维耶·德丰特内勒（Bernard Le Bovier de Fontenelle）和荷兰科学家克里斯蒂安·惠更斯当年都很感兴趣的，威廉当年也曾与哥哥雅各布讨论过。不过，对于此类问题，他并不想与英国的同代人共同探讨。至于他与亚当斯都谈了什么，两兄妹都不曾有详细记录，只是从威廉的个人日记中可以得知。亚当斯持有十分鲜明的非正统观念："天文学家告诉人们，不但在我们这个太阳系里的所有行星和卫星上，而且在无数个各自绕着自己的恒星运行的无数世界上，都有着生命的存在……倘若当真如此，我们人类在神明的一切创造中，便无非只等同于土星光环带上的一个小点而已。"

不止如此，亚当斯也和下一代人中的诗人雪莱一样，还属意于将这一观念再推进一步，即认为如果天文学观测能够证实地球以外存在着其他文明，基督教中有关耶稣牺牲自己使人类从罪恶中得到救赎的教义，即便不会从此成为荒唐的编造，至少也会成为上帝莫名其妙的行为："我向一名加尔文教派的信徒发问，想知道他的看法，觉得对于所有这些不同种类的生命，全能的上帝究竟是要其各自为自己的罪愆赎罪呢，还是令全体一起共同地永远沉沦？"②[14]

---

① John Adams（1785—1788），当时是独立后的美国派驻原宗主国英国的第一任特命全权大使。——译注
② 约翰·亚当斯一直记得自己与赫歇耳的这次会见与深谈的内容。过了若干年后，也就是在1825年，他在写给自己的继任者、美国第三任总统、时任弗吉尼亚大学校长的托马斯·杰斐逊（Thomas Jefferson，1743—1826）的信中，表示自己不喜欢大多数英国科学界人士所持的正统基督教观念，并建议他不要从英国聘用这些人前来执教。对于这些科学家的宗教观念与赫歇耳的开放思想，亚当斯做了这样的比较："这些人全都认为，很难相信至高无上的、创造了这个无限的宇宙——牛顿的宇宙、赫歇耳的宇宙——的上帝，居然会特别垂顾一个小小的星体（地球），在这个小地方（转下页）

工匠们不停地工作，参观者们不断地前来。就在这种环境中，赫歇耳被派往正在迅速成为德国科学中心的格丁根大学，送去一台他自己制造的10英尺望远镜并负责安装事宜，以此作为英国国王乔治三世的特别馈赠，时间是1786年7月。亚历山大也作为业务管理同哥哥一起前往。这一使命固然很荣耀，但也造成了很大的不便。家里的所有工作，制造40英尺望远镜也好，观测星云和双星的日常任务也好，统统都交给了卡罗琳，这在她可是破天荒第一次。到此时为止，他们已经"扫观"了572道星空，鉴定出1567处星云，还发现了"乔治之星"的两颗卫星———一件令英王陛下尤其快活的发现。[15]

得知哥哥要离家外出，卡罗琳的第一个反应就是考虑自己如何接下这个家庭责任。她取来一本新的记事本，往封皮上整齐地写下"完成之事"四个字，又在纸页上认真地打上分隔线，以分栏记录各种工作——

> 1786年7月3日：威廉和亚历山大两位哥哥都离开斯劳去德国了……为了尽量不让自己难过，我赶快开始干活。我将7英尺望远镜和10英尺望远镜上的铜活都擦亮了，又给零件架添了布帘，好让它们不至于落上灰尘。[加工反射镜的]打磨间我也已打扫干净并拾掇整齐了，还让花匠收拾了院子，又修理好了篱笆，那些影响安全的东西也都收了起来。

工匠们显然不太听从她的调度，但她绝不姑息。一名花匠不好好收拾草坪，结果受到了她的责备。在村子里，"这个人给我起了个外号'刺儿头×××'，这样叫我，其实无非是因为我不雇他，不许他来混事儿骗工钱罢了"。[16]这个"×××"到底是哪几个字，可不大好考证，因为可以扣在卡罗琳头上的"帽子"委实不少：娘儿们、德国佬、小矮子、老姑娘、死古板……不知道会不会是"大能人"呢？

（接上页）大费周章。倘若不将这一偏颇观念摒弃，自由的科学精神就永远不可能出现。"第二年，亚当斯和杰斐逊都见上帝去了，他们的观点大概也能一致了吧。可参阅迈克尔·克罗（Michael J. Crowe）所著的《1750—1900年期间的外星生命争论》（有关原书信息见参考文献部分。——译注）。——作者原注

同一天的下午时分，她做了些针线活，又去温莎买了些东西。回家后，她可真是后悔出了这趟门，原来当她不在时，"来过4位先生，从外国来的，看了院子里的东西，没有留下姓名"。后来在这个月里又有几位不速之客前来，有内维尔·马斯基林夫妇、多朗德望远镜制作家族的3名成员、萨克森-哥达公国（Saxe-Gotha）①大公、泰比利厄斯·卡瓦略（英国皇家学会的气球专家）、卡罗琳的朋友詹姆斯·林德医生、一位有莱索尼科亲王（Prince Resonico）头衔的贵族，还有剑桥大学执普卢姆天文学特设学衔教授②的安东尼·谢泼德博士（Antony Shepherd）。客人的来访，使卡罗琳第一次意识到，自己在这个社会中的位置有些不尴不尬："这些不请自来的访客，经常使我不知如何与他们打交道。我不知道如何介绍自己的身份：我既不是哥哥家里的女主人，也没有当这种女主人可以支配的时间。这样一来，我就不能够邀请人们前来做客，也不愿意这样做。"此外，三哥亚历山大不久前从巴斯迎娶来的新娘子，人虽然长相不错，却是个"没头脑"的长舌妇，卡罗琳觉得越来越无法与她相处。[17]

7月份结束时，卡罗琳已经拿定主意，要改变自己的这一处境。唯一的出路，就是要使自己的事业相当出众。她要成为天文学家，不再只给哥哥当女管家。白天时，她还将继续核查威廉得出的星云观测数据，夜里则在马厩顶上的改建住处进行自己的观测。她就寝的时间会很晏（往往要到凌晨时分，大概在4时），因此起床也不会早（不过总得在一般人家的早饭结束时起来，好给前来干活的人发工钱）。她还就这一设想，在那本"完成之事"的笔记本里给哥哥写了一封假想的信——只是这封信里所谈的，并不是"完成之事"，而是"**不去**完成之事"了："我觉得我的速度不够快，无法将你'扫观'的结果全部记录下来，影响着你编集星云图集的工作。因此，我将马上重新计算这些数据，争取在你回来之前全部完成。此外，我还认为将观测结果以逆序记下来的结果不会很好。"[18]写完这封自我免去给哥哥打夜班的假想信后，卡罗琳又重新在自己的笔记本里记下了

---

① 萨克森-哥达公国是欧洲的一个城邦国家，始自17世纪神圣罗马帝国时期，地处现在的德国图林根州。——译注
② 普卢姆天文学特设学衔教授是剑桥大学为天文学专设的两个高级职务之一，由慈善家托马斯·普卢姆（Thomas Plume，1630—1704）捐款于他去世的一年开设。——译注

属于"完成之事"的内容——她自己独立进行的天文观测结果。她还在8月30日这天，在笔记本记下了自己给"恒星时计"——奥贝特赠送的那只用来确定星体位置的大号黄铜天文钟——上了发条的一条记录，大概是以此象征自己有了新的定位吧。

　　三年前的夏天，威廉给卡罗琳造了一台牛顿式反射望远镜，还打成了一个十分灵活的木制镜座。镜筒只有2英尺长，但口径很大，所以看上去比一般的反射式望远镜笨重，像个圆滚滚的矮胖子，显得笨拙可笑，但操纵起来却毫不吃力。它架在镜座上方的一根支撑轴上，上下动作靠摇转下面的一个铜制转轮控制一组滑轮来实现，操纵起来既轻松自如，又精确异常。这套连镜筒带镜座的组合在使用时，要放在一个可移动的支架上，支架也是木制的，样子像个三条腿的凳子，造得十分结实，高矮也很合适，放上望远镜后，目镜恰好在卡罗琳眼睛的高度上。这样的总体构造，使得搬动望远镜可以分两次进行。这样一来，无论是谁来搬（有可能就是卡罗琳本人），都容易放在所需的观测点上（也许是在院子里，也许是在马厩顶上）。[19]

　　这台完美的望远镜，聚光性特别强，也有较宽的视角。它的反射镜的直径有4.2英寸（通常只有7英尺反射式望远镜才会配有这种口径），视角也达到了2度以上。它的放大率相对而言并不很大，只有24倍。较低的放大率和较广的视角，使这台望远镜得以在范围较大的星空背景下，看到本来相当昏暗的星体的明亮形象，效果就像用一台现代双筒望远镜所能得到的。这也就是说，威廉给卡罗琳造了一台**搜索镜**。

　　这台望远镜是为另外一种挑战精心准备的。它并不适用于向空间的深度进发，但用在已经熟知的"恒"星环境中发现种种陌生的或者未知的天体，却是再合用不过了。当初设计它时，针对的就是进入太阳系的"流浪者"和"报信使"，也就是说，拟用它来发现新的行星或者新的彗星。这台望远镜后来出了名，被人们称为"赫歇耳女士的小扫帚"——之所以有个"小"字，是因为不出两年，又出来一个"赫歇耳女士的大扫帚"。[20]

　　1786年8月1日，也就是刚用这"把"新"扫帚"在天上"扫"过两夜，卡罗琳便觉得，大熊星座里似乎有一颗未知的星体在移动。它移动得十分缓慢，慢得几乎无法察觉，但的确是向南天方向移动着，向后发座

[亚历山大·蒲柏（Alexander Pope，1688—1744）的诗篇《秀发遭劫记》令这个星座出了名[①]］内由三颗较亮恒星构成的三角形靠近。刚刚启用便一炮打响，似乎是现实中不大可能的事情，况且它就在大熊星座（俗称"勺子星"）附近。勺子的形状不但十分醒目，还是初观星空的人们据以找到北极星的出发点，因此是人们经常看到的部分，在这里发现新星体，更显得很不可能。因此，卡罗琳写入观测志的措辞十分谨慎，不过语气却是相当肯定的。

卡罗琳当时无法计算这一星体的坐标，于是在观测志中以图画方式记录下了当时她看到的这部分星空。她前后画了三张图，第一张和第三张之间相隔80分钟。这些图中绘出的都是从望远镜中看到的圆形视野，那个新星体用星号标出，比较这三张图便可看出，它相对于图上三颗已知恒星的位置出现了一点点变化——

> 1786年8月1日9时50分。我看到了这个星体，在图1所示的中心位置上。它的轮廓有些模糊，像是聚焦不准的样子，然而它周围的星体都是再清晰不过的。在第二幅图上，这颗星显得相当模糊，因为当时天有些阴沉，如果当时天色晴朗，无疑会看得更清楚些……我在11时10分时看到的大体如图3所示。当时的视野非常朦胧，我只能说我觉得看到了它——而在此之前，望远镜中什么都看不到。这颗星的位置大致在大熊星座的第53号和54号星体，以及另外一些星体之间。后来我在有空时查了一下星图，查出它们在后发座内，是它的第14、15和16号星体……[21]

---

① 后发座是个没有明显亮星的星座（最亮的一颗只为四等），而四周的星座中都有亮星，故而一向不大能引起人们的注意。该星座的得名，源于传说中埃及法老托勒密三世（Ptolemy III Euergetes，约公元前276—前222）的王后贝勒奈西二世（Berenice II，公元前267—前221），在公元前243年前后，她丈夫远征叙利亚时，为向神祈祷保佑自己丈夫平安归来，她把头发剪下来奉献于神庙，而第二天她的头发被摄到天上，遂为后发座。这一故事也不如直接与天神有关的星座那样引人注意。而蒲柏于1712年创作的长诗《秀发遭劫记》（有中译本，黄杲炘译，湖北教育出版社，2007年），写的本是一家男孩偷剪了另一家女孩的一绺金发，引起两家人争执的民间小事，但蒲柏故意用夸张的手法，将故事描写得如同《伊利亚特》中的特洛伊战争一样壮烈，故引起人们争相阅读，也连同使之与头发有关的后发座出了名。——译注

就这样，卡罗琳从大熊星座这个雄性天体①转入了后发座这个雌性天体。不过，她自己并不曾在观测志中提到这一点。其实，她要是这样想，还真是很有象征意义的哩。她记入自己这本"完成之事"的内容，确实令她兴奋之至。白天在小屋里进行了一天枯燥烦琐的苦苦计算后，她终于在新的夜晚，以急切企盼的心情再次来到棚顶的望远镜前——

> 8月1日。今天，我对100处星云进行了计算。晚上，我看到了一个星体，我想，我明天就会证实它是一颗彗星。8月2日。今天，我计算的星云有150处。雨下了一整天，恐怕晚上无法观测。不过现在天有些放晴了……一点钟。昨天晚上看到的那个星体确实是彗星。8月3日。在休息前，我先给[皇家学会的]布莱格登博士和奥贝特先生说明了这颗彗星的情况。睡了几个小时后，我在下午去看望了林德医生。他同卡瓦略先生一道陪我回到斯劳，想观察一下这颗彗星，只是天整整阴了一夜。8月4日。今天，我给汉诺威那里写了信寄去，告知了应当进行观测的时间，又将三封信逐一仔细誊写了一遍……夜间多云。8月5日。整个白天花在计算上，还付了工人的工钱……夜间的情况还算可以。我看到了那颗彗星。[22]

对于彗星的本性，亚里士多德（Aristotle，公元前384—前322）和伽利略都认为它们只是一种大气现象，发生在天界的低层，可能就在月球以里的空间范围内。16世纪的丹麦天文学家第谷（Tycho Brahe）经过天文观测，对彗星提出了一些新的见解。不过，使人们对彗星的本性有了正确认识的，是爱德蒙·哈雷（Edmund Halley，1656—1742）。他在1682年告诉

---

① 将大熊星座视为雄性天体的说法未必很妥当，因为以熊命名此星座和与其邻近的小熊星座的神话传说源自古代希腊，是说天神宙斯爱上了一个名叫卡利斯托的女神并生下儿子阿卡斯。知道这件事情之后，愤怒的天后赫拉把卡利斯托化为一只大熊。多年后，成年的阿卡斯成为出色的猎手，在森林里打猎时遇到熊身的母亲而要猎杀之。宙斯便忙将阿卡斯也变成一只熊。变成熊的阿卡斯认出了自己的母亲，后来宙斯又将两只熊一同带到天上，这就是大熊座与小熊座的传说。另外一则也源自希腊神话，说宙斯为了使美丽的仙女卡利斯托逃脱天后赫拉的忌妒，把她变成了一只熊。但赫拉仍然穷追不舍，命令狩猎女神阿耳忒弥斯射杀这只熊，宙斯不得已把大熊提升为天上的星座。两则传说都说大熊星座是由女性神祇变成的。——译注

人们，对那一年出现在天空中的一颗"大彗星"进行的计算使他相信，该星体将在1759年再度出现。这一计算结果让他大大地出了名，这颗星也从此得名为哈雷彗星。至此人们终于得知，彗星是存在于外太空的天体，沿着拉得极长的椭圆轨道绕着太阳运行，走到远端时，距离会大大远过已知的所有行星。不过，彗星仍然显得很神秘。对于它们的起源与物质构成，外观的多歧、不规律的表现和令人不安的外形变化的原因，人们都所知无几。有一种说法比较能让民众对它们不那么害怕，就是认为它们是天空中的店小二，给行星端来水汽，给太阳送去火把。诗人詹姆斯·汤姆逊（James Thomson，1700—1748）就在他的无韵长篇组诗《四季》（1726—1730）中这样写道：

> 拖着水汽氤氲的长裾，
> 给大小远近行星带去生机；
> 挟着长风、携带火炭，
> 去追赶仅留余晖的落日，
> 使升腾的光焰永照寰宇。[23]

截至18世纪中叶，人们所知道的彗星只有30多颗，它们都被法国人收入了《天文知识年鉴》。当时对搜寻彗星最有成就的人是夏尔·梅西耶，他自己就发现了半数之多，致使这项工作简直被视为法国人的专利。卡罗琳的这一发现，即便只是区区一颗，也能算是一项重要的国际性贡献了。彗星——"彗"的字义是扫帚①——的重要性，表现在它们是来自当时已知的太阳系之外的仅有天体，因此可能会携带着更遥远空间的信息。

其实，周期性彗星②运行所遵循的椭圆轨道，是可以根据牛顿运动三定律计算出来的，它们的回归时间也是可以凭借科学知识确定的。这

---

① 这里用的是中文的含义。在英文中，彗星一词为comet，源自希腊语κομήτης，意为"长发"，因为彗星头部通常会呈现边界模糊的云气状，系彗星中的水等成分在太阳辐射作用下蒸发所致。——译注
② 彗星不都是周期性的。它们的运行轨道有椭圆、双曲线和抛物线三种。后两者都不具周期性。——译注

两点本应当足以证明，它们在历史上长期扮演的预示地球上事件（通常属于灾难一类）的角色，其实只是毫无根据的迷信附会。因此，绣在巴约挂毯[①]上的彗星——经考证就是在历史上的那个时期回归的哈雷彗星，在它多次回归中的1986年的那一次，地球上就没有出现任何灾难。它的下一次出现，将是2061年的事情。虽然科学已经证明如此，但新彗星在天空的出现（如1811年出现的一颗[②]）仍然引起了公众的不少恐慌。亚当·斯密[③]在他的《哲学论文集》(1795)中这样说道："它们的稀少加上罕见，看来使它们与天上经常的、正规的和普遍的天体之间出现了鸿沟。"[④][24]

卡罗琳在"完成之事"笔记本中记下的内容，一是反映出她兴奋得难以安寝，二是说明在威廉不在场的情况下，她的第一反应是去找詹姆斯·林德这位在她大腿受伤时为她仗义执言的医生，将他视为信得过的朋友。她草草写给亚历山大·奥贝特的信，语气谦恭而真诚，但字里行间也

---

① 巴约挂毯，又译作玛蒂尔德女王挂毯，为一珍贵文物，织于11世纪。长70米，宽半米，现存法国巴约市（Bayeux）的圣母大教堂，但仅存62米。挂毯描述了1066年英国重要战役——黑斯廷战役的前后过程，共出现623个人物，55只狗，202只战马，49棵树，41艘船，超过500只鸟和其他生物，以及约2000个拉丁语文字。哈雷彗星出现在1066年4月，同年10月便发生英格兰国王兵败被杀的黑斯廷斯战役，因此被认为是大凶兆而被织入此毯。——译注
② 这是一颗一度非常明亮的彗星，因此照例引起很多人的不安。不过它虽然也是周期性的，但周期相对很长——超过3000年，因此没有得到专门名称，只称为1811年大彗星，在天文学领域里，它的编号为C/1811 F1。——译注
③ Adam Smith（1723—1790），英国著名经济学家。他所著的《国富论》是第一本试图阐述欧洲产业和商业发展历史的著作，于经济学的影响至伟（此书有多种中译本）。他同时也是一位哲学家，写有多篇哲学论文，死后汇编成集出版，即正文中所提到的《哲学论文集》。——译注
④ 海尔-博普彗星（Comet Hale-Bopp）（此彗星也属长周期一类，天文学编号C/1995 O1，但因发现者是两位业余天文爱好者，又是分别独立发现的，因此得以这二人的姓氏合称的"特殊"待遇。——译注）是人类进入现代社会后发现的彗星。它在1997年的出现，导致了众多"天门教"教徒的自杀。诚然，这一事件只发生在美国的加利福尼亚州。即便到了今天，彗星也仍然被许多不确定因素笼罩着。已发现的周期性彗星有一千多颗，人类的空间探测器还接近过其中几颗。正如诗人詹姆斯·汤姆逊所曾设想的那样，冰是它们的成分之一，因此也被不那么诗意地描绘为冰加石块的"脏雪球"。不过，目前的地球物理学研究又认为，彗星和火山都可能是地球上曾经出现突然灾变的致因，公元540年出现的小冰河时期即为其一。这样，彗星又再一次与灾祸挂上了钩。可参阅纳塔丽·安吉尔（Natalie Angier）的《定律：科学的美丽基石》(有关原书及中译本信息见参考文献部分。——译注）的《地质学》一章。——作者原注

流露出摆脱了心理障碍后的自信:"爵爷,请原谅我写信给您,写了不少不够却切(确切)的叙述,真是给您添麻烦了。要知道,我真算不上什么天文学家,硬要凑数的话,顶多也就是个上不得台盘的观天人。在过去的三年里,我并没有用望远镜观测的足够机会。最后,如果这颗彗星以前没有人发现的话,我想请您过问一下。"[25]

此时卡罗琳的心里对自己的观测能力还相当缺乏自信。对此,她也曾在观测志里所写的一份算不得备忘录的"备忘录"中,坦率地承认了这一点。据她所记,这颗彗星颇有些不听话,并不照它本应遵循的路线走。"它应当走什么路线,我真有点闹不清楚了。要是根据昨天夜里(所画星图)的情况看,它本是应当朝下走的,可今天它反而却在相反的方向上现身。我在写给奥贝特先生的信里没有提到这一点……我写信的目的,只是想将此事提请更有能力的人知道,故而只提最必要的内容。"[26]

英国皇家学会常务负责人、班克斯的左膀右臂查尔斯·布莱格登对卡罗琳的信做出了十分积极的反应。他在回信中表示:"我相信在英国,这颗彗星还不曾为除你以外的其他任何人发现。昨天,格林威治天文台召开会议,伦敦及附近地区的几乎所有的资深天文学家都到场参加,这样,你的发现就有了传开的机会。在这些人中,无疑将有相当一部分,会一赶上好天气就去验证你的发现。我还已经向法国方面写信谈及此事,也向德国提了一下。"[27]

天文学界对卡罗琳发现的这颗彗星,承认的速度来得要比当年威廉发现新行星时快得多。它在后发座的运动是比较容易得到确定的,它的边缘模糊的细细彗尾,也是不会被弄错的。内维尔·马斯基林很快便断言了它的彗星地位。第二天,即在8月6日,一班地位显赫的人物便不事张扬地来到了斯劳拜望卡罗琳。在这一支队伍中,卡罗琳惊奇地发现不但有布莱格登,还有班克斯和下院议员帕默斯顿子爵(Viscount Palmerston, Henry John Temple)。这些人都表示希望用她的那台特别的"扫观镜"看看她的彗星。她在观测志中表示对老天爷的感谢,因为那一天晚上天空"十分晴朗",在场的人都通过两台望远镜——一台是她自己用的那台小型的"小扫寻",另一台是具有功能强大的7英尺望远镜,饱览了一番天上的这个新客人。[28]

班克斯随即以意气风发、大将凯旋的神态，宣布卡罗琳的信件将马上在《英国皇家学会自然科学汇刊》上发表。不过，尽管发表是做到了，但根深蒂固的官僚作风，使得发表日期向后拖了许久，直到11月9日才得问世，信前安了一个标题是，《介绍一颗新彗星——卡罗琳·赫歇耳女士信函记言》。这是她在英国皇家学会发表的第一篇文字，遂使她成为能在英国皇家学会会刊上发表文字的极少数女性之一。[29] 马斯基林也对卡罗琳大加赞扬，并大发爱国情愫，称她为英国天文界的新秀："我希望，通过大家的共同努力，早早发现彗星，好好观测彗星，将天文事业的这一领域从法国人手里拿下来。"[30] 亚历山大·奥贝特则是从理解到这一发现对卡罗琳本人的意义的角度上，发表了更富人情味的见解："我真诚地祝愿这一发现会给你带来欢欣。我为你感到的高兴，超过了你的设想。**你**成功了。我想，你那**绝顶聪明又极为友爱的**哥哥，在得知这一消息时，该会快乐得热泪盈眶吧！你们使赫歇耳这个姓氏万古流芳了。"[31]

　　女子被接受为天文学家，引起了人们的极大注意。当威廉10天之后（8月16日）从德国回来时，发现卡罗琳已然成了名人。9月里，他被王室宣召到温莎，专门"向国王陛下及其家人展示不久前他妹妹赫歇耳小姐发现的彗星"。[32] 小说家范妮当时是夏洛特王后（Queen Charlotte）的侍从女官，原先就对星星有所爱好，听到有这样一次演示便起了兴致，谢绝了王室发起的一次牌局，来到温莎城堡的平台上听这次讲解和演示。

　　令范妮失望的是，卡罗琳本人并未出席（她总是尽可能地远离王室贵胄）。不过，她仍然觉得这次体验"从各方面说"都是有趣的。见识一下捕捉到彗星的人的哥哥，也和见识一下彗星一样吸引着她。"我们在望远镜旁边看到了［威廉·赫歇耳］。那颗彗星看上去很小，外表并不起眼。不过，它可是'第一女士'的彗星呀，因此我很想看看它。接下来，赫歇耳先生向我们指点了几个他新发现不久的天上世界。他讲解得十分耐心。他在教弟弟、妹妹们学天文时，一定也是这样循循善诱的。他的天才固然了不起，而他的好脾气更值得赞美。"[33] 范妮最看中的，就是赫歇耳丝毫不带骄矜之气："可以看得出，他对自己的研究成果是自豪的……但并不掺杂任何盛气凌人的做派。"不过，她更想了解的是，威廉同自己那位不愿抛头露面的妹妹的关系。

在这一想法的鼓励下,范妮很快便说动了自己的父亲,在1786年12月30日那一天,以私人身份同她一道去参观赫歇耳在"小树林"的天文台。这位"异于常人的伟大人物"热情而不拘礼节地接待了父女俩,带他们去参观正在院子里制造的那台40英尺望远镜,还在一起用茶点时,坦率地介绍这台新仪器将对激发"天体与其运动的新观点"所能发挥的作用。范妮听得津津有味,兴奋地感叹道:"这个人已经发现了1500处新世界呀!他还将发现多少,又有谁能知道呢?"她的父亲也对这一造访留下了深刻印象,因此开始构思一篇吟咏赫歇耳成就的长诗《天文颂》,并开玩笑地表示将来要专门找些隆重的聚会场合,一再大声朗诵自己的这篇拙作,好让听众受几番长长的折磨。[34]

相形之下,卡罗琳·赫歇耳的少言寡语让来访者对她没能得到多少了解。范妮·伯尼显然努力想接近她,但并没能与她交上朋友。"她个子很小,态度很和蔼、很谦逊,人十分聪明,言谈举止中既表现出未受世俗影响的天然质朴,又显现出愿意向外界回报好意的情感。"羞涩的微笑就是她的主要沟通方式。范妮的这次造访,卡罗琳在日记中只字未提。[35]

来"小树林"造访卡罗琳的其他客人,有的会比较走运些。德国小说女作家索菲·封·拉罗歇(Sophie von La Roche)急切地登门拜访,自我介绍是前来求见"陪一位伟大人物共同流芳的妹妹"。也许是卡罗琳觉得这位来访者是来自故国的同胞,打起交道来会比同范妮容易些的缘故,便出面招待了她一番,还亲自在那台20英尺望远镜下的草地上采了一束雏菊送给客人留作纪念。此举大大启发了这位女作家的灵感,使她将这些小小的花朵比作银河系外的一个星团。[36]

意想不到的是,最看重卡罗琳天文能力的人却是内维尔·马斯基林。他们两人开始有了书信往来,并在其后的一个年代里渐渐发展成友谊。后来,他将卡罗琳所用的那台"大型"牛顿式"扫观镜",以及她用这台望远镜工作的程序,写成了详细的报告。他所提到的这台大型望远镜建造于1791年,长5英尺,是反射式望远镜,孔径大于以往,达9.2英寸,不过放大率低些,只有25—30倍。这样的设计更适合胜任搜索彗星的任务。它的视野要比原来的2英尺"扫观镜"小一些,只有1.49度,这就要求观测者应当对出现在视野中的范围较小的星体构形更为熟悉。[37]马斯基林也在他的报告中附带提到，对于收入《天文知识年鉴》的所有星云，卡罗琳都和她哥哥一样，一眼就能准确地识别出来，对整个星空可以说是了如指掌。[38]

卡罗琳一面观测彗星，一面又大力参与着制造40英尺望远镜的巨大工程，为的是让威廉观测星云的工作更上一层楼。威廉在夜间使用20英尺望远镜进行观测时，她仍旧充当着助手之职；到了白天，她还承担着组织一大队工匠的施工与整理观测记录的重负，还得支应前来拜望的越来越多的名人和慕名来访者。杰出的法国天文学家、巴黎天文台台长、享有盛名的《天文知识年鉴》编委皮埃尔·梅尚在1787年秋来访时，对赫歇耳制造40英尺望远镜的前期工作很是赞赏。他还特别夸奖了"你的能干的妹妹卡罗琳小姐，她的声名将永久流芳"。[39]当卡罗琳在1788年12月发现了第二颗彗星后，英国人中原先觉得她不过是运气所眷顾，才发现了一颗彗星的说法便烟消云散。[40]她的名声还传到了国外，特别是法国和德国。

在卡罗琳看来，从1786年到1788年的这段时间里，是她和威廉的生涯中最忙碌也最兴奋的时光。他俩都处于巅峰状态；1786年威廉48岁，正是年富力强，卡罗琳在这一年则是其生命中的第36个春秋，她精力旺盛而又信心日增，他们的合作比以往任何时候都更密切。多亏了卡罗琳的帮助，赫歇耳在皇家学会发表了十多篇论文。（"他把文章交给我时，几乎总是不给我留有足够的时间，好让我在截止日期之前从容地誊写清楚送出去。"）[41]他们合作完成的星云表，水平早就超过了弗拉姆斯提德，收入的星云个数已经超过了2000处。卡罗琳也为自己赢得了"彗星猎手"的美誉，从此有了不依附于他人的独立天文学家的地位。而更重要的是，正在制造中的巨大的40英尺望远镜，给他们带来了做出更大发现的前景。皇家学会会长约瑟夫·班克斯爵士、皇家天文学家内维尔·马斯基林，甚至还有英国国王本人，都在努力支持他们。小沃森的父亲威廉·沃森爵士找人为威廉·赫歇耳塑了一座胸像，陈放在英国皇家学会内。今后，这两位天文学家或许还会发现更多的行星，发现太阳系其他所在的生命，或许还会在银河系和河外星系中发现文明的新址呢！1789年这台望远镜制成时，人类无疑将会比所有前人更好地认识宇宙的创生。这是当时科学的乐观主义在英国和法国的表现，也与当时在这两个国家出现的政治的乐观主义恰好合拍——巴士底监狱是在1789年被攻陷的,《人权宣言》①也是在这一年颁布的。

在卡罗琳的笔下,这个时期的哥哥是位英雄人物,但在对该英雄一往无前行为的叙述中,无形中也流露出些许不安。范妮·伯尼印象中的那位温文尔雅、幽默风趣、谈吐有致的男子,这时已经踪迹皆无,出现在人们眼前的是个为了自己的追求不惜得罪邻居的人。②他被自己的梦想所羁绊,被科学追求所控制,竭尽全力到了废寝忘食的地步。他用自己的目标鞭策自己,也用自己的目标要求他人,不知疲倦地工作,事无巨细地督管。"我家的院子里和工棚里,总是有不少人;有劳力工,有技工,有铁匠,有木匠,都绕着铸造炉和用来建造那台40英尺望远镜所用的机器前前后后地忙个不停。这里可要特别提一句,在这台望远镜上,没有哪怕一颗螺栓不是在我哥哥的眼皮底下紧上的。我曾见到他在大太阳地里,双手摊开,仰面躺在安装望远镜的活动铁顶上工作,一干就是好几个小时。有一次,打磨(反射镜的)加工由24名工匠日夜连轴干了好久(每12人一组,换班不停工)。我哥哥自然是寸步不离,连饭都在镜坯旁边吃。"[42]

威廉·赫歇耳躺在望远镜架上的形象,颇像是十字架上的受难基督。而他也的确为了这台望远镜吃尽了苦头。除了工作的繁忙和紧张,卡罗琳还渐渐地注意到了工程用款的拮据,而且已经到了工程陷于停顿,一家人也面临破产的边缘。第一次浇铸反射镜的尝试失败了,白白损失了500英镑。这次失败十分严重,以至于亚历山大建议将铸坏的镜坯"秘密销毁",以免招来人们对铸造技术的非议。[43]威廉对建造旋转镜架的花费估计不足,对所需支付镜面打磨技工的工资也算低了。他虽然靠卖出望远镜有不错的收入,但还是面临掏空钱袋的危险。一旦如此,整个轰动一时的计划便将成为泡影,威廉也将跟着大大丢脸。到了1787年夏天时,赫歇耳已经

---

① 《人权宣言》,全称为《人权和公民权宣言》,有时也称《法国人权宣言》,是1789年法国大革命时期颁布的纲领性文件。它以美国的《独立宣言》为蓝本,宣布自由、财产、安全和反抗压迫是基本人权;言论、信仰、著作和出版自由是基本自由,并阐明了司法、行政、立法三权分立的原则,法律面前人人平等、私有财产神圣不可侵犯等原则,但领导这场大革命的当权者很快就违背甚至践踏了这些原则,走向了自己的反面。——译注
② 指他不顾邻居的反对,砍伐自己住处周围的树林(可能还因为夜间活动而影响邻居们的休息)。——译注

不得不再次向英国国王求助了。

约瑟夫·班克斯爵士又一次用自己在科学界的娴熟外交才能救了他们的驾。此时，望远镜上所用的重达半吨的巨大反射镜虽然还不曾完工，但"小树林"里的气象已经蔚为可观了：巨大的木制镜架安放在一个转台上，高度达70英尺；星钟和测微计也都已安放到位；不过最值得一看的是，那管还平放在地上、用木楔卡住的望远镜的巨大金属长筒。班克斯就抓住这个时机说动国王，在"小树林"举办一次"皇家望远镜露天花园会"。

就这样，1787年8月17日下午，一长列气派非凡的马车，从温莎城堡一路车辚辚、马萧萧地开到了"小树林"，接受赫歇耳和卡罗琳尽地主之谊的款待。贵客中有国王乔治三世、王后夏洛特、御弟约克公爵、国王夫妇的大女儿夏洛特长公主、二女儿奥古斯塔公主、昆斯伯里公爵威廉·道格拉斯（Duke of Queensberry, William Douglas）、坎特伯雷大主教约翰·穆尔（Archbishop of Canterbury, John Moore），还有一大批随扈的贵胄人物和外国嘉宾，以及英国皇家学会的部分重要会员，不过班克斯本人并未到场，看来是有意缺席。这样的大肆铺排，无形中便造成一种印象，即国王对这一建造望远镜项目表示了进一步的公开支持，而这正是班克斯的用意所在。

在这次聚会上，国王又得到了一次卖弄说俏皮话本领的机会。对此，卡罗琳事过50年后还记得清清楚楚："还是当年造那台望远镜时的事情了……当时，镜子的光学部件还没有造好，可有许多客人就都好奇地绕着它看来看去。这些人里就有乔治三世和坎特伯雷大主教。大主教跟在国王的后面，可他走起路来有些艰难，于是国王就搭了一把手，同时对他说道，'来呀，我的好主教。**我来领你上天堂**'。"[44]

招待过这班人后，向国王争取资助的巧妙心理攻势便开始了。赫歇耳起草了一封写给班克斯的长信，并请后者转呈国王。信中，赫歇耳解释了资金严重短缺的原因：第一面反射镜报废了；对镜架又有更高的技术要求（目前看来需要造到80英尺高）。他还申明建成这一设备后，除了纯科学的收益外，并不会马上带来其他好处。信写得可谓洋洋洒洒，可能是小威廉·沃森捉刀（说不定还出自班克斯本人）。赫歇耳还表示，自己的唯一追求，"是天文学的进步，是以此进步为这个崇尚自由的王权争光，为这个站在发展艺术与科学最前列的国家争光"。在这番慷慨陈词后，信中便开列了所需开支的明细，总数达950英镑。诚然，日常维护也是需要经费的，估计每年也需要200英镑（还需搏节才能维持）。如若将计划做到1789年，全部费用就将需要1400英镑左右——确实是一笔巨款。[45]

值得注意的是，赫歇耳还没有就此打住。他又通过班克斯提出了一项从不曾有过的新请求，就是希望正式聘卡罗琳为"天文助理"，并给她本人拨发一笔薪酬。在此之前，英国王室还从来不曾给任何在科学领域工作的女性发过一文钱——就连年金也不曾发过哩。因此，如果卡罗琳真能得到批准，引起的轰动，恐怕不会亚于将她选为英国皇家学会会员或聘为牛津、剑桥或者爱丁堡大学的教授哩！赫歇耳倒也向社会风气让了一小步——说不定仍然是得到了班克斯的指点，就是建议这笔薪酬不妨来自王后名下。这一来，威廉的这一请求就有利、有理、有节。信中还有一点有意思的内容，就是提到这一建议是卡罗琳本人提出来的——她不是得到了一个"彗星女猎手"的雅号吗？

> 爵爷大人台鉴：
> 　　此［40英尺之］望远镜甚巨，使用时需有四人在场，即除天文家及天文助理外，尚需两人专司操作之职。舍妹为人勤勉，长久为在下充任助理之职，并属意续任之。且此任实无人可出其右，若能由彼担当，实为在下理想之人选。而若失之，则诚为可惜之至。
> 　　然则王后陛下以仁厚敦爱之心，或可鼓励天下脂粉直追须眉计，特准该女子入天文学家供奉职，拨年俸50或60英镑以为生计。倘可蒙此恩准，舍妹必可以心无旁骛专供驱驰也。
> 　　舍妹虽早有此意，然终不得陈情之机。今日幸得机缘，蒙王后陛下御驾40英尺反射望远镜工坊，并得借请增加工程预算之机一并上呈。倘舍妹之请无由蒙准，另行聘人，则年俸必不会少于100英镑矣。[46]

按当时的社会惯例，如果雇用女子，薪酬只能有男人的一半。即便是亲人也不得例外。对此，赫歇耳并没有提出异议。也许他心里是不痛快的，但对风气也不能不有所考虑和迁就。女仆当时的工资是每年10英镑，像玛丽·沃斯通克拉夫特这样既有经验又富学识的女子，1787年被金斯伯罗子爵（Lord Kingsborough，Robert King）聘为家庭教师时，每年也才挣到40英镑。事实上，60英镑的岁入在当时已经非常可观了，相当于皇家天文学家年俸的五分之一。欧洲大陆的一些有心投身科学的女性，如以美貌及数学才能备受伏尔泰赞扬的夏特莱侯爵夫人[①]，还有后来的玛丽-安妮·波尔兹（Marie-Anne Paulze，1758—1836），都是或者在丈夫的帮助下（有时还更进一步靠了亡夫的名气），或者是靠了有私人经济来源，才能有所成就的。而在英国，懂科学的妇女要得到承认，最好的途径是当教师或者成为儿童作家，如果兼为两者则效果最佳。玛格丽特·布赖恩[②]（天文学领域）、普丽西拉·韦克菲尔德[③]（生物学领域），还有简·马尔塞（Jane Marcet，1769—1858）（化学领域）都是这样的人。又过了一代人的时间，才出现了专门以科学研究为职业的女性，如物理学家玛丽·萨默维尔（Mary Somerville，1780—1872）——她还得到了牛津大学的一个学院以她的姓氏为名的（身后）荣耀哩。享了长寿的卡罗琳还在与比她晚一代出生的玛丽·萨默维尔通信时，曾就事论事地谈论过这方面的问题。[47]

就在8月23日，亦即那场隆重的"皇家望远镜露天花园会"开过6天后，国王乔治三世在王宫召见班克斯时表示，他同意继续资助赫歇耳的望远镜项目，而且比原来要求的数目还多出不少，总款数为2000英镑，外加批给卡罗琳一笔终身年金，每年50英镑。国王这次解囊，不但表现出王室的慷慨，还标志着它对一场社会革命的态度：英国第一次同意向女科学家支付职业报酬。

但伴随着雨露同时来到的还有雷霆。开那场"皇家望远镜露天花园会"反而坏了事。国王告诉班克斯说，他很不喜欢赫歇耳一家人搞这种先请客后要钱的名堂。他觉得自己的慷慨被利用了。钱他是同意给了，但他

---

① Madame du Châtelet（1706—1749），19世纪上半叶著名法国才女，曾将牛顿的《自然哲学的数学原理》译为法文。——译注
② Margaret Bryan，生卒年代不详，19世纪一名英国女教师。1797年，她根据自己自学的知识和丰富的教学积累，写了《天文学系统概要》和《自然哲学十三讲》两部科普著作。——译注
③ Priscilla Wakefield（1751—1832），英国教育作家、慈善家。一生完成17部著述。——译注

要求尽快看到结果，而且以后连一文钱也不会再给赫歇耳的望远镜了。这一次，国王可是一句俏皮话也没有说。

一番话说得声色俱厉，砸得班克斯有些发懵。事后，班克斯将国王的这番爆发形容成"暴风骤雨"。次年，这位乔治三世便表现出精神不正常的明显症状，因此这场发作很可能是他疯病初起的朕兆。第二天一大早，班克斯便悄悄将赫歇耳请到索霍广场他的府邸，但一反常态，口风很紧，没有将详细情况告诉他："我刚刚见到国王，同意了你的全部请求，但还有几点要求得向你传达清楚。"[48]

这些要求的具体内容从未见经传，据估计很可能事关花费账目和支付时间，因为在这个时期，赫歇耳一家人的账目记得十分详细，就连工匠午餐时款待他们的啤酒和每天晚上点去"4支或5支蜡烛"等内容，也都一一出现在账本上。[49]卡罗琳后来将一家人在这一段时间内受到的控制埋怨为"不讲道理"，说他们还被老实不客气地告知"再也不得张口要钱"了。有关望远镜工程的财政情况很吃紧，以至于赫歇耳一度曾有意干脆拒绝这笔资助，弄得他的老朋友小威廉·沃森赶快写信来，表示有意提供"100至200英镑"的支援。形势的严峻出乎威廉·赫歇耳的预料，弄得他一连许多天悒悒不乐，甚至打算放弃整个计划。卡罗琳虽说自己得到了收入，但也十分不高兴——也许正因为自己个人达到了目的而更觉得不自在："可真是的！只要一想到这件事，我就觉得心里不是滋味，脸上也感到无光！"[50]

不过，最后还是明智占了上风。班克斯一定向他们做出了解释，告诉他们说，这次的资助数额十分可观，这台望远镜又是英国天文学之前途所系。他还很可能秘密向赫歇耳披露了国王目前不稳定的精神状况。小沃森也在9月17日写来一封长信表示安慰，鼓励他们放宽心胸，从长计议："我对你的感触深怀同情，对于给你——其实也是给科学工作——加上的某些不应有的规定，我也能感同身受。不过，我真诚地希望，你在信里的后一半中所提到的'暴风骤雨'已经停歇了……唯愿此事已经不再令你不安，而且不会削减你们对科学的热忱。须知有更多的事业等着你们完成，并给你们带来满足乃至喜悦。而你们也已经凭着自己的伟大发现，赢得了广泛的崇高名望。"[51]

当赫歇耳一家得知国王有病之后，威廉的不平之气便渐渐消散了，只是卡罗琳仍不肯释怀。后来，她将怒火转向了王公大臣们："国王是个好人，我是有些对他不住。他给我哥哥定下的那些条件，一准是他那些**没安好心的抠门儿官员**揑撮的。"至于约瑟夫·班克斯爵士，在他们心目中仍然是"从始至终为我们着想的真诚朋友"。[52]

自这件事情之后，赫歇耳一家与王室的关系便长期偏冷，直到乔治三世的长子摄政，重新恢复了资助和礼遇后才得以恢复，但这已经是二十多年以后的事情了。1816年，已入垂暮之年的赫歇耳被册封为骑士，只是每年200英镑的年金，自他担任温莎王室天文学家以来，一连三十年都不曾上调过，而在此期间，战争造成的通货膨胀使英镑贬值了几乎一半。[53]

渐渐地，建造望远镜的工作又热火朝天地进行了。"从这个时候开始，完成这台40英尺望远镜，就成了压倒一切的任务……还完成了几台7英尺望远镜，并都发给了订户。"打磨反射镜的工作由一个新雇来的光学技师负责全面监督，一面新的硕大反射镜也顺利铸成，比当初的那一面厚实得多，重量差不多有一吨。1787年10月，卡罗琳按时从王室那里收到了一个季度的薪酬，不多不少，恰为50镑的四分之一——12英镑10先令。①这可是她脑力劳动的第一笔收入啊。因此，她在日记中自豪地写下了"我的酬劳"的字样。尽管她对王室有看法，但得到"天文助理"的头衔，显然还是让她很觉得骄傲的。她如今的这笔收入是她觉得"自己生平第一次手中有了真正可以自由支配的收入，从此移去了心中的一块大石头……多少年来，我的无知的头脑里最怕的事情，一直是没钱花呀"。[54]

11月里，皮埃尔·梅尚和雅克·卡西尼从巴黎前来，了解40英尺望远镜的进展。全欧洲都传开了这个消息。这两位客人还用已有的20英尺望远镜见识了赫歇耳发现的"新宇宙"，受到了深刻启发，留下了深刻印象。[55]

大约也就在这两人前来访问的同一期间，40英尺望远镜终于装到了镜架上。为此，赫歇耳一家人摆开宴席庆祝。赴宴的人们拥出房间、迈过草坪、在音乐声中摆成一字长蛇阵，依次钻进巨大的镜筒，再从另一头钻出

---

① 当时的英国币制还不是10进位的公制，1英镑合20先令，1先令合12便士。改为公制后取消了先令这一档，只留用高于先令的英镑和低于先令的便士，一英镑合100便士。——译注

来。这真是个特别值得纪念的时刻。卡罗琳兴奋得无以复加："大家都离开餐桌，来到架起的镜筒处，一个个钻了进去，并且在里面高唱《天佑吾王》[①]，2位斯托（Stowe）小姐[②]——其中一位弹得一手好钢琴——也不例外。"朋友们纷纷拿起乐器——"也不管是哪一种，抓到什么算什么"，大家又唱又跳。"至于我嘛，大家不难猜到，"卡罗琳高兴地写道，"是所有人中最灵活的，钻进钻出镜筒时属我最轻松。"[56]

二　妹妹另起炉灶

这固然是个应当兴高采烈的时刻。不过对卡罗琳来说，她以娇小的身躯在望远镜筒里灵巧地钻进钻出，未始不是焦虑不安的表现。就在这1787年的岁末之际，她固然有了天文学家的正式头衔，但同时在与威廉的关系上却出现了危机，而且恐怕是她长期以来一直担心会出现的危机。这两兄妹的出色合作组合，如今因威廉日益倾心于一位很有魅力的女邻居受到了影响。这位芳邻就是阿普顿村的玛丽·皮特，时年36岁。[57]

赫歇耳和卡罗琳经常会在夏日午后散步时来到阿普顿村，届时就会造访皮特一家，坐在这家人铺砌着讲究地砖的客厅里品茶，然后再回家观测天文。从"小树林"到皮特家，要向东沿一段很陡的斜坡走上小半英里的土路，沿途会穿过几大片散发着干草气息的原野。[58]走在这段田间小路上，会感受到很浓的田园风味，特别是当暮色初降、伴着将从西边落山的金星归家的时分。

皮特家的男主人叫约翰，因身体长期不好，于1786年9月故去。当年冬天，赫歇耳兄妹午茶时分来这家拜访的次数比以前更频繁了。这一情况，就连皮特家的邻居帕彭迪克太太（Mrs Papendiek）也注意到了："皮特家的寡妇跟我说，她活得是没滋没味，真是怪可怜见的。大家都尽量想法子让她快活起来。赫歇耳博士也是其中的一位。他时常一路步行来到玛丽家，通常是在晚间，他的妹妹也一起前来，也时不时邀请她去自己在

---

① 《天佑吾王》是英国国歌，曲调一直不变，歌词会因居王位者的不同而有小的改动，如在国王（king）和女王（queen）间进行切换。——译注
② 赫歇耳兄妹的音乐知交。——译注

斯劳的家里好好享受一顿像样的晚餐。没过多久，这一家人的朋友们就发现，一颗来自人间的'星星'勾住了我们这位赫歇耳博士的心。""星星"的所指自是不言而喻的，而从这"勾"字，也不难看出英国乡下人在闲磕牙中对此事的态度。[59]

对于闲磕牙，玛丽·皮特是高驰不顾的。这位高身材、好脾气、模样不招眼的女士，朋友的评价是"有眼光、心眼好、不做作"。从她的一幅画面为椭圆形的袖珍肖像画上可以看出，她身上是一袭十分朴素的乡间便装，头发随便绾起，用一块头巾束住，一副要出门远足的打扮。不过，画面上的她还戴着一条精致贵重的项链，大眼睛里流露出一股深思的表情和坚毅的神色。[60]这位女子有自己的经济来源，但并不喜欢折腾，也无意搬到城里居住。她的沉静气质、恬淡举止和朴素作风，正可能吸引住威廉这位用心专一，又越来越感到工作与名望压力的天文学家。目睹茕茕孑立的玛丽，越发令赫歇耳产生好感。玛丽的独生子保罗在伊顿公学求学，很少回家；她还有个老母亲，就是那个富有的孀居老太太鲍德温夫人，年老有病，生活不能自理，却动不动就指使人。玛丽·皮特很孤独，而威廉·赫歇耳以其行事作风而言，也是名孤独者。[61]

1787年初春时分，风闻他俩就要结婚了。一直在下午时分陪伴哥哥去阿普顿做客的卡罗琳却浑然不觉，因此显然没有思想准备，知道此事当真后，一时真是不知所措。她在日记里对此倒是只字未提，但在日常行事中，情绪里却流露出越来越明显的古怪端倪。当年2月间，亚历山大的妻子在巴斯物故，卡罗琳得悉后，竟一反平素的作风，表现得情绪十分激动。其实，她的这个嫂子生病已经有一段时间了，因此她的死亡，对家里人来说并不突兀。再说，卡罗琳与她的关系从来就不很亲密，而且还很不喜欢她的没头脑和爱嚼舌头。但是这一次，据威廉告诉人们说，卡罗琳难过得都有些歇斯底里了。威廉说这番话时，自己的表情倒是不形于色。他告诉亚历山大说："卡罗琳忙了整整一个通宵，收到你的来信时，她还在床上休息。可怜的丫头，她这一天眼睛就没有干过。不过，弟妹的健康一向很不好，因此她的故去并不出乎意料，不应当对这个消息这样难过……卡罗琳今天的状况不适合记录。不过明天或者再过一天，就应当拿起笔来工作了。上个星期我去了伦敦，为40英尺望远镜铸了一面凹面镜，比我现在已有的厚实得多，强度也高得多。"[62]

赫歇耳显然是个做事有通盘考虑的人。他相信婚姻不会给自己带来经济困难。的确没有。非但如此，结果还是相反的。原来玛丽·皮特比他原来设想的还要富有得多。她的亡夫给她留下的产业，保证她能有一笔固定的终生年金（她的儿子保罗同时也得到了每年2000英镑的可观进项），她自己的那位不好相与的老母亲也早就同意将来会把所有的产业都传给她（其中就包括那家"王冠客店"）。据估计，单是这个老太太的租金收入，一年就不会低于一万英镑。[63]就凭这些情况看，制造40英尺望远镜是不会有什么财政危机的了。赫歇耳倒根本不是冲着钱去的（而且也绝对不会停止制造望远镜的努力），但能有财力保证总归是个有利条件，特别是在国王那里吃了瘪以后。

不过这样一来，威廉该如何安排卡罗琳呢？这一新情况给卡罗琳的社会职能、管家权力和忠诚亲情都造成了复杂影响。为此威廉着实下了不少功夫，费了不少口舌。他最初的设想，是自己住到阿普顿去，与玛丽一起生活，但还继续在"小树林"工作，卡罗琳也仍旧在这里管家。这样一来，他等于有了过双重生活的打算：在一个地方作为丈夫存在，在另外一个地方作为科学家存在。在威廉自己看来，这种安排十分美好，卡罗琳也未必会有异议。[64]

要想道尽这桩家庭"公案"的是是非非，恐怕非得请简·奥斯汀再写一本小说不可了。在连接阿普顿和"小树林"的小路上，一定发生过许多幕纠葛。威廉本人无疑既爱慕玛丽·皮特，又不想影响与卡罗琳的情谊，还希望继续为科学献身，因此会一心打算实现三者的兼顾。在这三个当事人中，属卡罗琳的处境最不利，不但生活可能发生最大的变化，还没有多少抗争的手段（不过后来的事实证明，她也并不是一筹莫展的）。玛丽·皮特也处于两难的状况，首先是担心自己的财产会被丈夫花到只是他个人关注的其他地方，还怕夹在这对建立了多年合作关系的兄妹之间。只是他们谁也不明说出来，就使得形势越发尴尬。

出于这样的考虑，威廉·赫歇耳的第一次求婚立即被玛丽·皮特拒绝，就是很自然的了。看来，这个富有的寡妇也并不像人们想象的那样感情脆弱。靠着帕彭迪克太太积极当包打听，人们很快便得知，威廉彬彬有礼地撤退了——"赫歇耳博士说他很感失望,但也声明不会放弃自己的(天文学)事业,还言及自己必须得有固定助手,而他的妹妹在他的训导下,已经成了最称职的一个。她工作起来从不知疲倦,还甘愿为了他的幸福奉献出一切。"[65]这表明卡罗琳并不会被哥哥撵出局去。

不过形势只是暂时如此。几个月后,双方又小心翼翼地重新谈婚论嫁了,结果是达成了彼此相互迁就的新方案。玛丽·皮特嫁给威廉后,就成了赫歇耳太太,因此自然是"小树林"和阿普顿两处的女主人,不但在两处的餐桌上都要坐在女主人的座位上,还要督管所有的经济往来,包括用于科学研究的花费(这就是说,应当由她来记账)。在两处地方服务的仆人,也都归玛丽指派。原来伺候她的两名女仆,婚后要在两处地方服务,另外还要有一名男听差,专门负责在阿普顿和"小树林"之间跑腿。

对卡罗琳将如何安排呢?她还将待在"小树林",但不再是那里的女主人,也不是那里的女管家。她将搬到马厩顶上的住处,紧挨着观测点,并且就以那里为唯一的住处。她还是威廉的"天文助理",但这将是她唯一的职责所在。当然,她仍有权用安设在马厩顶上的"小扫帚"望远镜独立工作。

看来对卡罗琳的自尊心打击最大的一点,是不让她继续管理外账了。事实上,为了让她放弃这一工作,威廉还表示愿意每个季度支付她10英镑酬劳,像是正式雇她为自己工作那样。卡罗琳很干脆地拒绝了。其实,威廉想必是希望妹妹接受的,至少可以让自己的心里少些愧疚。

然而,以卡罗琳本人越来越强烈的独立意愿,是不会允许自己接受这一近于馈赠的好处的。事实上,她设法哄自己相信——至少是对外表示,有王室给予的薪酬,她并不需要家里人解囊:"我拒绝了好哥哥的建议(是当他决定结婚后提出的)。我知道他要帮助我独立。不过我希望他向国王提出请求,让我继续给哥哥当助手,并为此批给我一份收入。我得到了每年50英镑的酬报,这样,我的生活就不用靠哥哥了。"其实,王室早在威廉结婚前的18个月就开始提供这部分薪酬了。有了这笔进项,卡罗琳相信自己再也无须接受哥哥的援手。[66]

无论威廉对玛丽·皮特的感情如何,他显然对整个安排方案有所迟疑。正因为如此,他在1788年3月,亦即离举行婚礼还有6周时,还向忠实好友小威廉·沃森征求意见。小沃森告知他说，自己已经向赫歇耳的朋友们广泛征求了意见，发现所有人都支持这一姻缘，"只是对你天文学家的前景不无担心"。原因是大家觉得，一旦结了婚，赫歇耳很可能会对夜间观测"有所松懈"。小沃森本人认为，威廉少工作些，对本人的健康不无补益："我本来就担心，你一干起来就太拼命，于心于力都过度透支。"如果有所调节，"到头来反而会有利于科学事业"。这些朋友里没有一个人提到卡罗琳——一旦涉及天文学之外的事情，便连一句话都没有。[67]

威廉·赫歇耳和玛丽·皮特于1788年5月8日结婚，婚礼是在阿普顿的小教堂举行的。约瑟夫·班克斯爵士从伦敦赶来，充当这对新人的男傧相。作为最后的示好表示，这对新人请卡罗琳·赫歇耳当证婚人——另外一位是小沃森。卡罗琳很大度地同意了。[68]

卡罗琳在举行婚礼前的最后一则日记里，记下的都是流水账式的事项："根据对'乔治之星'的卫星进行观测的结果，形成了一篇论文。已在本月提交给皇家学会。哥哥的婚礼定于本月8日进行，不用说，我自然是将一切安排停当的全职负责人选——当然还得当天上诸事的管家。到1788年5月8日时，我就不再是家里的管家婆了。"[69]

从这几行字中，找不出冲动的呼号，也没有眼泪或谴责。唯一表露出卡罗琳心中隐情的是，她竟于无意中在短短一段话里两次提到威廉的婚期，还突然冒出了一句想象力丰富的"当天上诸事的管家"。这是她对自己全部工作的总结，有感情，也有自嘲。说完这句话，她就匆匆结束了——句子结束了，工作也结束了。后来，卡罗琳还以另外一件事表明了自己的情绪。这件事情，她是不声不响地做的，然而却道出了最强烈的心声。这就是她后来将从此时至1798年10月这十年间的日记全部销毁。①

---

① 这里不妨将卡罗琳的处境与多萝西·华兹华斯在自己的日记中所叙述的内容进行一番对比。虽说这两个人的处境有许多不同，特别是两人与各自哥哥的年龄差距颇不相同，但的确也不乏相似之处。多萝西也很爱她的哥哥威廉·华兹华斯。她哥哥在1802年10月与他们共同的朋友玛丽·哈钦森（Mary Hutchinson）在格拉斯米尔（Grasmere）结婚。对此，她在日记中写下了这样几句话："8点过后，我看到他们一起向教堂走去。威廉是在楼上与我道别的。我将结婚戒指递给了他——同时给了他无比深切的祝福！这枚戒指，我是从自己的食指上除下来的。头一天晚上，我将它戴了整整一夜。哥哥将它重新戴回到我的手指上，又充满爱心地向我祝福。当他们离开后……我再也忍不下去了，结果是一头栽到床上，木然躺着不动，什么也听不（转下页）

除了卡罗琳本人外，只有一个人有可能曾接触过这些被销毁的日记，或者多少知道其中的一些内容。此人也是位女士，就是她的侄媳妇——侄子约翰·赫歇耳（John Herschel，1792—1871）的妻子，也是后来为她出书的编辑玛格丽特·赫歇耳（Margaret Herschel，1810—1884，婚前姓Stewart）。诚然，出自对家族的忠诚，玛格丽特不肯多说什么，不过仍然在出版姑妈的日记时，发表了一句措辞谨慎然而深怀同情的评论："照理说，一位性格如此坚定、心地如此诚挚的人，在面对新的形势时，不可能不怀有太杂沓、太沉重的心情。在哥哥身边献身十六年，一直发挥着重大作用，一旦不得不离开时，是不可能不感到痛苦的……既有这种感情，又有能力表述出来，那就很可能会在踏上新的归宿时，为自己的处境慨叹一番。俗话说：'想要找原因，去向传统寻'。卡罗琳姑妈长期缄口不语，原因就在于通过冷静的思考认识到了传统的现实；而毁掉自己的这些日记，大概是为了不想再因揭开这些疮疤造成有关人的痛苦。"[70]

在后来的岁月中，卡罗琳对自己的这一极端行为，先后给出过不同的理由。最常用到的口实，一是说这些日记内容太枯燥，不值得保留；二是说写得别人看不懂；三是说它们只表明她没能做出什么科学成就："这几本东西，我在四五年前是当作废纸给了我的侄儿的。在我看来，里面的内容除了一部分，其他都是没用的。我的工作是在我哥哥观测时负责看钟报时和记录口述，除了他不在家时，我没有自己观测彗星的机会，而他不在家的时候是很少的。因此，我只能够断断续续地'扫观'天空，观测结果之间都没有关联。我很不愿意人们根据这些资料来褒贬我的工作。再者说，除了发现八颗彗星、几处星云和几个星团外，我并没有做出什么别的发现。"[71]

卡罗琳肯定会担心的是，哥哥的婚姻是否将给他和自己在科学事业上的合作带来危险，而这种合作不但已经取得了巨大的成功，还日益得到国

（接上页）到，什么也看不到。"多萝西不同于卡罗琳的是，没有销毁自己的全部日记，只删去了一句话——戴过哥哥的结婚戒指的一句［《格拉斯米尔日记》（*Grasmere Journal*），1802年10月］。对此，女作家弗朗西丝·威尔逊（Frances Wilson）在《多萝西·华兹华斯的生命之歌》（有关原书信息见参考文献部分。——译注）一书中有细腻的叙述。——作者原注

际天文学界的认可。不过她可能更不满，而且是强烈不满的是，不能忘怀自己在十年前，即在1778年时，谢绝了演唱亨德尔的清唱剧《弥赛亚》的邀请，宁可失去成为独唱演员的机会。[72]

要说她不为自己做出自我牺牲的结果只是一番徒劳，或者更可能因为情感遭到某种难以言传的冷遇，觉得哥哥给她带来了严重伤害，恐怕是不大可能的，只是要探知伤害程度并不容易——或许就连卡罗琳自己也未必近距离分析过。最明显的伤害，是她一下子失去了在哥哥家里的地位。在英国的这些年里，甚至连在德国的一段时间里也能算上，这位一直没有独立资格的女子，特别是不曾婚嫁，只以妹妹身份存在的女子，恐怕是指望在哥哥结婚后，仍以家庭成员的资格留下来享受家庭生活的。让卡罗琳一个人住在"小树林"，这个建议还是可以接受的，但不让她管家管账，一定很令她难堪。可能正因为如此，她最后采取了决绝的手段，索性搬出"小树林"，在斯劳村另找地方住了下来，房东姓斯普拉特（Sprat），是一对夫妇，男的是威廉雇用的工头。[73]

不过，外人眼中是看不出端倪来的。当年夏天，也就是在威廉婚礼过后不久，范妮在温莎的一次集会上见到了这一家人。她所见到的绝不是悲怆，而是一派温馨："赫歇耳博士在场，[同两位斯托小姐]一起演奏优美的小提琴曲。他的新婚妻子和妹妹也都来了。赫歇耳夫人看来脾气很随和，还是个富婆哩！天文学家不但会在天上找到发光的星星，也能和常人一样，在地上找到发光的金子呢！"[74]

1788年秋，法国天文学家热罗姆·拉朗德来到"小树林"拜访。他显然喜欢上了赫歇耳一家人。他以十足法国式的热情称赞他们："我从未享受过比这更愉快的夜晚，而我在这里体验到的亲情，也是令我受用的一部分。"对这番盛赞之词，卡罗琳未必会感到同样受用吧。拉朗德还提到，他在拜会乔治三世时，听到这位国王表示，自己很为赫歇耳兄妹感到自豪，而且还在温莎城堡的大平台上一面散步一面告诉这位客人说："将钱花在造望远镜上，可要胜过花在杀人上。"[75]

1788年圣诞节前，卡罗琳的兴致有所好转——就在12月21日那一天，她发现了第二颗彗星。这一次，她是在天琴座内发现这颗星体的。后来发现，原来它早已被夏尔·梅西耶看到了。虽然如此，有关它的书信讨论，还是超过了她做出第一次发现的时候。这些信是表示祝贺的，大多数仍寄给威廉，但也有一部分是直接投递给卡罗琳的。这些信来自四面八方：在英国有亚历山大·奥贝特、亨利·恩格尔菲尔德①和内维尔·马斯基林；热罗姆·拉朗德也从巴黎写了来信。也就是从这时起，拉朗德成了卡罗琳最忠诚的朋友，不断地给她写信，文字诙谐，又多少带些挑逗，十足的巴黎文人情调（他自己也在信中这样自诩）。他在信中称卡罗琳为"我的博学的小姐，此致上千次温柔的致意。希望时时能与你恳谈"。不过，就是这位拉朗德，给威廉也大戴法国式高帽，在写给他的信上，在信封的收信人栏部分写的是"英国、温莎、全宇宙间最著名的天文学家赫歇耳先生启"。[76]

性格直爽的亨利·恩格尔菲尔德爵士是科学的坚定支持者。他在圣诞节期间给威廉·赫歇耳写信，爽直地表示了对卡罗琳的敬意："请代向赫歇耳小姐致意。对她的发现表示祝贺。她很快会成为发现彗星的大师，名声将超过梅西耶和梅尚。"[77]

最重要的信件是皇家天文学家内维尔·马斯基林写来的，这可真是出乎意料。这封信是他从格林威治天文台直接寄给卡罗琳的，信上注明的日期是12月27日。从这第一封信开始，他们之间便有了经常的书信往来，彼此也越来越愿意倾诉不肯向别人披露的心曲。在这封信里，马斯基林先是郑重其事地向她表示祝贺，但接下来便写了长长一段打趣的文字，问她可曾设想过这颗新的彗星是否会让人们乘着去天上考察，还动问卡罗琳自己是否萌生过搭乘它的念头。按照他的说法，像她这样够格的天文学家，就应当"不惮遐想，愿意骑在彗星的大尾巴上旅行"。不过，他也希望卡罗琳先不要急着这么打算："说不定会有**一帮**天文学家，愿意被彗星尾巴从尘世下界掸那么一下，从此来到崇高天界，将原来的有规则运动，换成大范围的跑动呀。**不过对于你，亲爱的卡罗琳小姐**，我是站在地球天文学的立场上，希望你先不要急于做这种旅行——至少也要等到会有朋友陪你一道前往的时候。"

---

① Henry Englefield（1752—1822），英国贵族、考古学家、科学研究的积极支持者与赞助人。——译注

在此之后，他又加上了一句郑重其事的话："拙荆也一道向你与赫歇耳伉俪致意。"也许，马斯基林以玩笑口气劝诫先不要急于跑到天上去的一番话，正暴露了他对卡罗琳在斯劳的不稳固处境的担心。马斯基林本人也是个家庭观念很重的人，只生有一个女儿玛格丽特（Margaret），是他的掌珠。也许，他对卡罗琳的心境，要比其他科学家理解得更深切些。[78]

三　从观天到问天

1789年春，庞大的40英尺望远镜终于投入观测了。赫歇耳用它做出的第一个发现，是土星的又一颗卫星——土卫一①。这是一颗内卫星，离土星很近，同时也很小，直径只有250英里。观测到这颗星体，有力地证明了这个大家伙的出色能力。土卫一上有一座巨大的环形山，山基有80英里宽，深度达到6英里。后来，人们拍摄了这座山的照片，并将其命名为"赫歇耳环形山"——不过这已经是1980年"旅行者号"飞掠土星时的后话了。

威廉·赫歇耳向英国皇家学会以提交一系列论文，并在其中附上精美插图的方式，详细说明了操作这台40英尺望远镜的步骤。[79]他在论文中也提到了卡罗琳工作的小木棚，说明它位于供他操作望远镜的平台之下约50英尺处，还一一画出了木棚里罩起来以防漏光的蜡烛、星图集、提醒铃和星钟。[80]

为了造成这台望远镜，乔治三世总共出资4000英镑，是英国历史上王室为科学付出的最大一笔款项。英国皇家学会在支持库克船长从1768年起为期三年的第一次南太平洋远征时，也提供了同样的资助数额（班克斯自掏腰包的部分不计在内）。这台安设在斯劳的40英尺望远镜，很快变成了旅游景点，而且也同乔治王图书馆一样，被视为乔治三世王朝辉煌政绩的代表。（乔治三世逝世后，他的儿子乔治四世将这座图书馆捐赠给了大英图书

---

① 土卫一，并不是人们最早发现的土星卫星，它们的中译名是在已经发现了这颗行星的八颗卫星后，按照距离土星的远近由内向外排序命名的。在土卫一之前，人们已经发现了它的六颗卫星，其中一颗也是威廉·赫歇耳发现的（土卫二，1789年）。土星的卫星极多，只有较大的才有通俗名称。在西文中，这些卫星都是以希腊神话中的巨人命名的。土卫一的英文是Mimas（米玛斯），为大地女神盖娅的儿子之一。——译注

馆。)①后来,一份维多利亚时代的流行杂志,还将这台仪器与古希腊罗得岛(Rhodes)上的太阳神像并列②,推举为"世界建筑奇迹"之一。[81]

以医生为业的美国作家奥利弗·温德尔·霍姆斯(Oliver Wendell Holmes),将这台望远镜列为伦敦以外的英国旅游名胜之一。他在散文集《早餐桌前的诗人》(1872)一书中说,还在他去英国之前,看到过美国的一套儿童百科全书的封底上有这台著名望远镜的版画图片,因此,当他走在从伦敦到巴斯的公路上路过斯劳村时,看到树梢显露出的这台巨大的望远镜的轮廓时,"感觉竟不是震撼,倒像是重逢"。它的形状古怪,简直不像任何真实的物体。"它是一堆斜搭在一起的大木杆和小木梁,外加梯子和绳子,中间拥有一根大管子。借用弥尔顿的形容,看上去就像是天使造了反,造了一门神炮,狠狠地指向天空,要攻开天堂的大门。"③[82]

不过赫歇耳发现,只有在完美的天气状况下,这台40英尺望远镜才能很好地工作。操纵它相当困难,准备工作也颇费周章。反射镜的巨大金属凹面很易遭受水汽和氧化的影响,也比他先前的那些较小的镜面更会动辄变形。重量为一吨的反射镜,调整起来真是麻烦至极。即便有工匠帮忙,在将镜体移进移出镜架底座时,威廉和亚历山大仍有好多次险些都被砸扁。对此,卡罗琳可是记得清清楚楚的。[83]到了1789年底时,形势已经变得很明朗,这台40英尺望远镜的重要性,要在几年后才能显示出来。区区几个月实在是太短了些。

在进入18世纪90年代后的整个十年间,赫歇耳一直要证明这台40英尺望远镜是值得制造的,而且这一意识变得日益强烈,后来简直上升为一种责任感。根据他的记录,从1788年到1793年,在整整的五年时间里,他只得到了17个理想观测的夜晚——以统计角度衡量实在糟糕至极。[84]令他

---

① 大英图书馆的前身是大英博物馆的一部分,1753年在伦敦建成。乔治王图书馆本是乔治三世本人的私人藏书,捐出后即成为该博物馆的一个精华部分,共藏书6万册,其中有许多珍本。后图书馆成为独立部分,随后又迁入新址,是为大英图书馆,此乔治王图书馆也成为新馆的著名陈列部分。——译注
② 此太阳神像在公元前280年由青铜铸成,高107英尺,被称为世界七大奇观之一。据说建成后没几年便因强烈地震而倒塌。此像与赫歇耳所造的这台望远镜高度(连支架)相近。——译注
③ 可参看约翰·弥尔顿的史诗巨著《失乐园》,典出《圣经》。——译注

哭笑不得的是，那台20英尺的望远镜（卡罗琳更喜欢用它观测）由于容易操作、观测效果又稳定，因此一直能得出更好的望远效果。在发现土卫一之后，赫歇耳用这台40英尺望远镜所得到的最好的结果，都是在太阳系范围内取得的，包括又发现土星的两颗卫星。不过，作为英国的科学招牌，这台40英尺望远镜倒是成绩斐然，吸引了欧洲的大批参观客，其中包括巴黎天文台台长和来自柏林、克拉科夫（Cracow）和莫斯科等地的天文学教授。[85]

这台望远镜上直径3英尺的巨大反射镜，每年都得重新抛光。这项工作做起来一次比一次麻烦。1807年9月，人们在将它从镜筒内取出时，这个一吨重的大家伙从卡子上滑脱滚出，险些要了威廉的命。到了1815年，也就是事过多年之后，威廉在一篇题为《对乔治之星的系列化观测》的论文中，附带承认了40英尺望远镜给自己带来的种种无法解决的问题——水汽凝结、操作困难、维修不易。[86]

不过，赫歇耳的理论探讨，则以一种不寻常的、勇敢的方式结出了果实。1789年是巴黎的巴士底监狱被法国民众攻陷的一年。就在这一年，威廉发表了一篇论文，不但特别认真地注明"1789年5月1日于温莎附近的斯劳村"的字样，还故意给它起了一个火药味不浓的标题——《第二批一千处星云目录，兼论天界构造》。在这篇论文中，他进一步发展了自己在1785年发表的那篇革命性文章《天界构造》中提出的观点，并进行了一番令人惊奇的类推，这就是认为，正如地球上的生物界存在着业已得到证实的生物界循环一样，宇宙也处处存在着有机的——用威廉的话来说就是"生命式的"循环。

过去的观念认为，宇宙是一个高高在上、美好无比的稳定存在。它是由伟大的"天界建筑师"一手打造，"被金黄色的火球点缀着"①，并将永远这样存在下去。如果说，这一观念目前仍有所残余的话，这篇文字的出现便是对它的扫荡。因为赫歇耳提出了相反的观念，认为整个宇宙都在巨大的时间框架内进行着宏大的变动，经历着重大的变化，而这是可以从星云发生"压缩"或者说"浓缩"的程度，以及对星空深处星团的结构和大

---

① 莎士比亚：《哈姆雷特》，这是哈姆雷特在第二幕第二场中的一句道白。——译注

小的"类型对比"得到证明的。赫歇耳给出的关键证据，就是他发现有些星系明显处于大龄状态，演化程度高于其他一些星系。"根据其组分间的分布状况，就可以判断出其相对年龄以及是否已进入成熟阶段。"事实上，星云和星团都有如"植物物种"，会经历生壮老死的不同阶段。

他以自己一向的沉稳和耐心，在论文中解释道："说年轻或者年老，都是相对的提法。一棵活了许多年的橡树还可以说是年轻的，而一株没有几度春秋的灌木，却可能已经进入了垂暮之年。"重力是起根本作用的要素。经过漫长的时间，这种力量将宇宙中的云气压缩到一起，形成明亮的硕大系统，进而再压缩成一颗颗星体。"比如说，一处缓慢地被**步步压缩**向中心并很明亮的星云，可能就是已经发育完全的天体。"而另外一类呈现出压缩程度更均衡，其中的各个星体分布得更平均的星云，则很可能就"处于相当老龄，行将经历解体的变化阶段"。

这一看待星系的视角——"引自植物世界的类推"——推演出了研究宇宙的全新立场，有着出谷迁乔的意义。"如今的天界，应当被视为类似于一个茂盛的园林，分成一个个植物区，生长着种类繁多的草木……不妨将我们的这种（有关园林的）体验，延拓到极为漫长的时间范围内。"观察园林的情况，人们会"见证到植物萌芽、抽枝、长叶、结实、黄萎、枯干和死亡的连续过程"。同样地，宇宙也表现为"由大量不同种类，并以生存历程中的各个不同阶段的存在"，在特定的时刻进入地球"观察者的眼帘"。[87]

这篇论文将天文学从主要服务于航海等实用目的的数学类学科，明确地改造为事关星体演化和宇宙起源的观念性科学。它的重要意义是慢慢地被人们认识到的，而其中认识得最深刻的一位，就是法国天文学家皮埃尔·拉普拉斯。他在1796年发表了有关宇宙观念的第一篇论文，提出了他的"星云假说"。[88]至于将天文学与生命科学平行起来的革命性类推方式，其在哲学上的重大意义，则不久后因伊拉斯谟·达尔文在其1791年发表的《植物园》长诗的末篇中的赞扬得到了彰显。

赫歇耳还造就了其他若干进化结果，而且是属于个人方面的，1792年的一项最为重要，就是他在53岁喜得贵子。这是他唯一的孩子，起名约翰（John）。看来，"小树林"的这些人，生活一步步迈向家庭化，也渐渐不那么与世隔绝了。他们也开始享受夏天的休假，去康沃尔（Cornwall）旅游，到英格兰南部海岸观光，还去苏格兰游历，而这在过去是从来不曾有过的。虽说卡罗琳很少一道前往，但小娃娃的降生，还是一步步地影响到了她的生活，甚至也影响到了她的彗星观测。

此时的卡罗琳真是十分孤独，然而也正处于观测工作最出成果的巅峰时期。皮埃尔·梅尚在1789年10月25日写信给威廉说："她将长久地享有美誉。"[89]她不断地发现新的彗星，1790年她发现了两颗——第三颗和第四颗；1791年12月又找到了第五颗；第六颗也在1793年10月来到，并由她直接报告给英国皇家学会。她的名望在天文学界迅速上升，有好几家妇女杂志登出文章介绍她的工作。还有一家杂志刊登了一幅与她有关的漫画，内容有些粗鄙，画了一个小娃娃，靠着放屁在天上飞行；还画了一个女天文学家正用一台望远镜观测，她兴奋地在胸前握紧双拳。漫画的标题是《女哲人用鼻子发现彗星》。这样画的理由，是因为当时的人们认为，彗星的尾部会发出"浓重的硫黄气味"。画面上的那位女天文学家一头卷发，这一点的确很像卡罗琳，不过面孔太漂亮了些。[90]

皇家天文学家马斯基林与卡罗琳的友谊不断加深。这使他向卡罗琳发出邀请，希望她前来格林威治天文台，到他家中做客，不过她并没有马上接受。在征得马斯基林同意后，卡罗琳开始更新弗拉姆斯提德编纂的《星图集》。她完成的新天文图册名为《星表图册》，改正了原表中的错误，实现了更好的质量，因此得到了英国皇家学会的表扬和出资印行。

1795年11月，卡罗琳又得到了与德国天文学家约翰·恩克①共同享有对同一颗彗星做出贡献的荣誉。接下来，在1797年8月，她又发现了第七颗。这一发现使她大为兴奋，于是做出了破格之举。她只睡了1个小时，便找斯劳村的村民为她备好一匹马，自己骑着，赶了20多英里的路程，于破晓时分来到伦敦，又跑过泰晤士河上的大桥，径直来到马斯基林所

---

① Johann Eneke（1791—1865），德国天文学家，高斯的学生，以计算矮行星、彗星和其他太阳系小天体的轨道闻名。他也是精确测定日地间距离的人之一。这里所提到的彗星，是他根据梅尚在1786年首次发现它后经追踪其轨道，预言这是一颗周期只有3.3年的短周期彗星（目前已知的周期最短的彗星）。这一预言随后便经卡罗琳1795年的观测得到证实。这颗彗星遂以恩克的姓氏命名。——译注

在的格林威治天文台，到达后才在天文台里用了一餐很晏的早饭。马斯基林得到了她提交的一份关于这颗彗星的精确报告，并在当晚便通过观测加以证实。

在马斯基林的敦促下，卡罗琳给约瑟夫·班克斯写了信，告诉他说，此行在她真是破天荒之举，因为她以往的骑马行程，从来不曾超出以斯劳为中心的2英里范围。这封信上注明的日期为1797年8月17日，发自格林威治天文台。信中的语气洋溢着一种轻松的感觉，甚至可以说是飘飘然的意味。这在卡罗琳又是从来不曾有过的表现。

> 爵爷：
> 　　这封信并非出自天文学家之手，也不是送呈皇家学会会长垂鉴，信中所言也不是报告发现彗星。这是卡罗琳·赫歇耳向她哥哥的一位老朋友聊几句闲天，顺便为不能按时提供消息致歉……多谢马斯基林博士今晨指教，嘱咐我应该"向约瑟夫爵爷请安"。不过我觉得自己是女流之辈，又颇不谙世事，实无资格于此，还是安分守己回家去为妥。[91]

卡罗琳大概至少在马斯基林家里做了两天客。这已经是一种独立性的表露了。而过了不久，她就迈出了更大的一步——从哥哥家里搬出。1797年10月，她从"小树林"屋顶的寓所搬了出来，住进了斯劳村北端的新住处。她还开始往一本新的"记事本"上记日记，上面的第一条记录是这样的："1797年10月。我住到了哥哥的一名工匠（斯普拉特）家里。他的太太将照料我的起居杂务。我的望远镜还安在['小树林'的]屋顶上，我偶尔会有机会前去观测；用来'扫观'的设备也都在老地方。我在自己的住处，每天都会花上若干小时做我自己的工作。"[92]

搬家究竟要达到什么目的，实在是很难说清。搬到哥哥雇用的工头家里，无疑可视为表明了卡罗琳对嫂子玛丽·赫歇耳的态度。提到"偶尔会有机会"观测，恐怕也足以说明卡罗琳已经不大见容于"小树林"了。尽管如此，她仍然继续从事着增补和修改《星表图册》的工作，并在翌年春完成，于1798年3月8日送呈英国皇家学会。皇家学会接受了这一结果并正式印行，表明了对这一出色学术成果的承认。内维尔·马斯基林的大力促成也很说明问题。[93]

卡罗琳写信给马斯基林，感谢后者给她的支持。这封信的开头部分语气还很中规中矩："我认为，它能得到人们的使用，而且将来也可能被我哥哥所用，这已经足以补偿我为此付出的劳作了。而你认为它值得印行，更是大大地满足了我的追求。"不过，这封信后面的措辞，就表现得相当流露感情了："要知道，我自认是有追求的，因为我不愿意一个人生活——可又有哪个女人没有这种追求呢？……其实，男人大概也是一样的吧？也许男人的追求有些不同，他们要的是实现某种抱负。"她的叙述就到此为止。卡罗琳有没有具体所指呢？她所希望出现的那个不至于令她一个人生活的对象，是泛泛的存在，还是已经进入了她的"星表"呢？

在这封信的结尾，卡罗琳还写了几句更加不拘形迹的话："你们伉俪向我发出的来格林威治天文台盘桓几日的邀请，我是一次又一次满怀温馨地回想起的。希望明春或者明夏还能得到这样的愉快机会。上一次机会已经结束了，这样的愉快，我在家里时是从来想不到,也不敢想到的。如果上天保佑我，还赐给我们一颗彗星，我可能还会带着发现它的消息，再**大胆游历一番吧**。"她说出这样一句话，也许是因为她还记得，马斯基林当初在她于1788年发现一颗新彗星后，说过建议她骑在这颗彗星上出游的笑话，也许是想起了1772年时，跟着哥哥从德国长途跋涉移民英国的艰难历程。[94]

卡罗琳将她的家搬到斯劳村里，看来是可以视为发布了自己从此将以独立职业身份出现的宣言，甚至可以看作是向哥哥下了战表。从她搬出后写于翌年夏天的日记可以看出，她彼时的一切都已恢复了平静然而孤独的刻板方式。她在1799年7月的一天中这样写道："哥哥带着他们一家人去巴斯和道立什（Dawlish）去了。我每天都去观测，还在棚屋里工作。几顿饭都回家吃。到了夜里，如果天气不是很好，我就只在屋顶上待不多几个小时，然后由斯普拉特陪我回家。"[95]当然，如果赶上好天候，她就会彻夜留在屋顶上。

不过，这样往返于两地之间，势必增加了她的孤寂感。她也曾向自己的日记倾诉过孤独和寂寞的痛苦心情，但这样的文字，在《卡罗琳·赫歇耳回忆录与书信集》是难得一见的，以至于后来她自己在读到这些地方时都很吃惊。当这本书再次修订时，她出乎意料地在有关另一个哥哥亚历山大婚前不如意的恋爱波折部分加上了这样一条脚注："……此处我想提一句，纵观我漫长的一生，可以说几乎一直置身于没有朋友的处境中，这使我在为艰难困苦所迫时，无从得到安慰与忠告。这可能是我太深地陷于仰仗于人的地位所致。由于我交朋友必须先得到哥哥的同意，遂使我始终没有朋友。"[96] 考虑到卡罗琳与奥贝特和拉朗德都建立了通信联系，与马斯基林一家更成了朋友，还在1799年夏天去格林威治天文台做客，与这一家人盘桓了十多天，她在这里所发的幽怨未免有些言过其实。

科学作家和气球迷巴泰勒米·富雅·德圣丰在赴英格兰和苏格兰进行长途科学旅行的途中，曾来"小树林"造访。他听从了一些人的建议，现场领略了威廉和卡罗琳夜间一道工作的气氛。在这次考察中，他没有看到任何不对头的情况，倒是大大地赞扬了这对兄妹在"这一既崇高又神秘的领域"的密切合作中，所表现出的执着与"愉快的协作"。卡罗琳向他解释说明——一方面是高高坐在观测平台上的哥哥，另一方面是下面坐在摆着星钟和星图，又将烛光挡起来的桌前的自己——两人是如何随时联络的。除了原来就一直使用着的"我说二哥呀，你在猎户座γ附近找一下……"之类的喊话，此时又多出了一套方式，就是以特定方式拉扯绳索、打手势和敲击铃铛。后来，他们还安上了活动式的传声筒。而这一项改动，或许正反映出他们之间关系的变化。[97]

威廉本人后来终于在自己提交给英国皇家学会的论文中，比较经常地提及卡罗琳的名字。他用的词语或者是"我的妹妹赫歇耳小姐"，或者是"我的不辞劳苦的助手卡罗琳·赫歇耳"。在他的重要著述《介绍一台40英尺反射式望远镜》（1795）和《第三份恒星相对亮度表》（1797）中，威廉都提到了妹妹的名字，但都显得敷衍了事。

四　世界性的影响

1791年，赫歇耳向英国皇家学会提交了一篇十分值得注意的论文，题为《论云气状星体及其正确称法》。文中说，他第一次观测到了一处他称之为"真正星云体"的独立构体。这就是说，它是作为一团弥散的云气状物质存在的，同时又是发光的，已经开始成形为一颗恒星。这一观测结果使他有些失望，因为他一直认定，星云实际上都是由大量恒星组成的星团，只是距离都远在银河系之外，因此用望远镜——就连那台40英尺望远镜都算上——也无从"一一分解为"单个星体。如今他发现了真正是以"云气态"存在的恒星，这便有可能表明，大多数的甚至是全部在望远镜下也无法分解开来的云气团，其实根本不是什么遥远的星团，而只是距离比他原先设想的近得多的云气状的物质。"设想天空中数量极多的云气存在都是星体的想法，很可能是太过匆忙的结论。"[98]他开始怀疑起当初所下的论断，即银河系外存在着同样星系的观点，觉得所有的星云实际上都存在于银河系*之内*。如果真是这样的话，那么银河系就不再是一个"宇宙岛"，而是整个宇宙了。当然，这一点他从来没有明说出来。赫歇耳这一次是绝对的倒退，从原来的激进观点缩了回来，缩减了宇宙的尺寸，对宇宙的形成观念也不复如初。

这一理论思维的倒退，看来正部分地反映着激进的科学思想在英国引起了担心和惊惧。伊拉斯谟·达尔文于1791年发表其两卷集长诗《植物园》后不久，便发觉自己在诗中无保留地随意引用赫歇耳的存在多个银河系的理论，引起了人们的争议。他引用了赫歇耳的两篇有关天界构造的文献（1785、1789），但他却没理会1791年的那篇大有修正意味的《论云气状星体及其正确称法》，还大力褒奖了这位大天文学家洞视宇宙的"睿智眼界"，赞叹了他所提出的宇宙不断进化、星云会在宇宙深处如同植物一般生成长大的全新观念。

《植物园》用了一段华美的文字，艺术地再现了赫歇耳的一个令人不安的设想，那就是整个宇宙最后可能萎败为"一处无光的中心"。这就是认为，宇宙不但有一个肇始，还将在垮灭中实实在在地终结，也就是说，宇宙会走向一个"大溃灭"的结局。从这里可以看出弥尔顿在其《失乐园》第一卷中描述堕天使①天界作乱的影子，而这部诗集正是赫歇耳最喜

---

① 堕天使，又称堕落天使，统指一类被上帝从天堂驱逐出来的天使，通常原因是由于背叛。基督教传说中便有这样的天使，其中一名还是天使长，名叫路西法，他意图与神同等，率领三分之一的天使起事反叛，挑战上帝的权威，结果战败被逐出天（转下页）

欢的作品。在18世纪90年代一些读者心目中,这也很可能是为政治变故奏起的序曲,法国国王路易十六于1793年被送上断头台,更使这一预见得到彰显——

> 赫歇耳将敏锐的目光,
> 投向了夜空中的处处光芒……
> 天上的银色花朵,也有凋谢的一天,
> 如同它们在田野上的姐妹一样。
> 星辰会从苍穹接连陨落,
> 太阳接连熄火,星系相继灭亡,
> 殊途同归,共同跌入无光的中心,
> 永远笼罩的,是死寂与混沌的洪荒![99]

在这段诗文之后,伊拉斯谟·达尔文还稳健地加了这样一条注解:"赫歇耳先生认为,在天空的某些空荡之处和它们附近的星团那里,由恒星组成的星群正在彼此接近,其必然的结果是,最终会聚成为团——《英国皇家学会自然科学汇刊》,第75卷。"接着,他又在另外一条注解中指出了一种较光明的前景,就是新的星空将会出现,一如神话中的不死鸟,在自己坍缩的灰烬中再生(对此前景,当代的宇宙多重论者们是会感到高兴的吧):"不死鸟劫后从灰烬中再生,并在头上顶着一颗亮星的故事,看来正代表着古代人相信万物会在死灭后再度重生的信念。"[100]

此时无神论观念也正在欧洲大陆的天文学界散播着影响。在已然向法国宣战的英国,这种观念变得更加强烈。1792年,与威廉·赫歇耳友情甚笃的法国天文学家热罗姆·拉朗德的权威著作《天文学讲稿》经增补后,以三卷集的形式印行了第三版。这部著述对宇宙由神明管治的观念进一步表示怀疑。八年后,他又为《古今无神论者大全》①(1800)一书作序,以此种方式,表示对这部书的支持。他于1807年去世,临终前特别强调说:

(接上页)堂,堕落成魔鬼撒旦。这也是弥尔顿写入《失乐园》的基本情节。——译注
① 《古今无神论者大全》为法国作家西尔万·马雷夏尔(Sylvain Maréchal,1750—1803)所著。——译注

"我在天上到处搜寻,在哪里也不曾找到上帝的踪影。"[101]

另一位公开亮明本人无神论立场的皮埃尔·拉普拉斯,也在自己的《天体力学》第一卷(1799)里,进一步发展了赫歇耳的"星云假说",提出了太阳系的形成理论。这部著述后来也成了经典著作。他的理论认为,太阳系是由宇宙中的尘屑类物质组成的云气状构体,经过漫长的过程浓缩形成,然后又从中甩出了整个行星系统的结果,而这样的太阳系会有千万个。因此,太阳系的创生并没有任何与众不同之处。他的论述是从纯粹唯物论的角度探讨了地球、月球和各个行星的起源,与神明的意旨或者上帝的指令无涉。纵观宇宙,所见之处也都找不到神创的踪迹。[102]若干年后,威廉的儿子约翰·赫歇耳提出了不同的观念,认为太阳系的情况特殊,是所谓的"奇点",因此星云理论对它并不适用。

拉普拉斯宣扬无神论观念的做法十分有名。据传拿破仑在阅读拉普拉斯所著的《宇宙体系论》①时,与这位天文学家探讨了有关信仰的问题:"拉普拉斯先生:牛顿在自己的书中是经常提及上帝的。我也读了你的书,却没能找到提及上帝的地方——一处也没找到。"对此,拉普拉斯以不屑的口气断然回答:"第一执政公民先生②,我不需要**做此假设**。"[103]

赫歇耳对外星生命的兴趣依然强烈。他在1795年向英国皇家学会提交了一篇很特别的论文,题为《太阳的本性与结构》。文中提出了一种设想,认为太阳有个固态的内核,那里是个温度很低的地方,生存着智力生物。在这篇文章中,他再次提出了他曾多次宣扬的月球上存在生命的观点。此外,他还通过类推的论证指出,星空中必定存在着"能够容纳生命体"栖止的"无数星体"。不过,他并不赞成在星系内搜寻神明存在的证据,更对"想入非非的诗人"有关太阳是神祇造出来"惩戒心术不端者的绝佳所在"的设想加以指斥。[104]

威廉·赫歇耳与约瑟夫·普利斯特利不同。普利斯特利因为公开发表不同的政见与宗教观,导致自己的藏书室在1791年被伯明翰的一伙狂徒纵

---

① 有中译本,李珩译,上海译文出版社,1978年,2001年;商务印书馆,2012年。——译注
② 当时拿破仑还没有称帝,名义上是法兰西第一共和国经选举产生的领导人,虽然是职务最高的领导人,但身份仍然是与众人相同的公民。——译注

火烧毁，[①]而威廉在这方面一向谨慎，尽量不在公众前有类似异教徒的表现。前来参观他的观测站的人，总会有一种精神升华的感觉，甚至会产生一种宗教体验感。音乐家海顿在创作出宗教题材的清唱剧《创世记》后告诉人们，他曾在1798年来斯劳拜访赫歇耳，此行对这部作品的产生很有帮助。在海顿以雀跃情调表现出来的这部作品中，这个充满了仁爱的宇宙，须臾也不曾离开无所不能的造物主的看护。海顿相信，当代表卡俄斯[②]的C小调主题被降D大调压倒，继而合唱队又在C大调上以雷霆万钧之势唱出那句"要有光"[③]的名言时，便体现出上帝的作用是不容置疑的。[105]

赫歇耳对太阳的兴趣始终没有松懈，在1800年将它再次引领上探究之路。这一次，他试图了解的是太阳的光与热经过棱镜色散后的分布。他直接以目测方式注视太阳——这一行动实在是危险之至，结果是注意到，太阳的热量看来有一部分是位于可见光范围之外的。他将一些温度计固定在一根可以标记的尺子上，由此测出阳光中存在着能够使温度升高的不可见部分，这就是红外线。不过，他并没有给这部分阳光命名，但他的确再一次突破了原有知识的界限。

这一发现迅速在科学界传播开来。亨利·卡文迪什从剑桥前来拜访威廉，了解他的这一实验。新创建不久的英国皇家研究与教育院的创办人之一本杰明·汤普森（Benjamin Thompson，1753—1814）也从伦敦前来调研。约瑟夫·班克斯爵士为了这一发现能够对进展缓慢的40英尺望远镜工程有所补偿，也高兴地写信给赫歇耳，说他认为，将来可能能够证明，这一发现的意义甚至会在发现天王星之上。[106]

---

① 普利斯特利因持有与当时的英国国教不同的宗教信仰，又对法国大革命公开表示同情，引起一些人的敌意。尽管他已取得不少重大科学成果——也许正因为如此，这些人便趁1791年7月他参加纪念法国大革命攻占巴士底狱两周年集会时，将他在伯明翰的住宅烧毁，致使他离开英国（先到法国，最后移居美国）。——译注
② Chaos，希腊神话中的一个概念，指存在于宇宙形成之前的一片黑暗空间；它的形状不可描述，因为那时还没有光。后来古典作家将卡俄斯人格化，认为他是最初的天神。而现代科学在形成混沌概念时，就借用了这个名称指代。（附带提一句，"混沌"一词取法于中国古代神话，是一个形体极为古怪的生物，《左传》《庄子》和《山海经》中都有提及。）——译注
③ 《旧约·创世记》，1：1—3："起初神创造天地。地是空虚混沌。渊面黑暗。神的灵运行在水面上。神说，要有光，就有了光。"——译注

1800年7月3日那一天，一名来自康沃尔郡的英国年轻人汉弗莱·戴维写信给自己的朋友戴维斯·吉迪（Davies Giddy，1767—1839），信中这样兴奋地说道："赫歇耳发现太阳会发出看不见的热光一事，你一定已经听说了吧。用棱镜将阳光分开，将一只温度计放在红光里，再在红光外面的部分也放一只，结果发现放在外面位置上的温度计，温度反而升高得更多。"[107]这一发现，标志着牛顿那著名的棱镜实验无疑又取得了一大进展，表明大自然中还蕴蓄着根本没被设想到的力量。而这种力量也将在20世纪将人们领入恒星天文学领域中的一项决定性突破。①

赫歇耳作为天文学家的名声，在公众中是越来越响亮了。1799年9月，英国陆军部秘密付给他100几尼，让他造一台望远镜，准备送到肯特郡最东南端的海角，安装在沃尔默城堡的围墙上，以有可能尽早发现前来进犯的法国人。英国人当时相信，如果法国军队乘热气球前来，用这样的望远镜就能够及早察觉。[108]

1801年，又一种名人传记丛书《著名公众人物传记》在英国出版。威廉·赫歇耳被收入该丛书的第一集，与纳尔逊、小威廉·皮特、伊拉斯谟·达尔文、普利斯特利、查尔斯·詹姆斯·福克斯②、詹姆斯·诺思科特（James Northcote，1746—1831）、约翰·奥佩③、詹姆斯·伯内特④、萨拉·西登斯⑤、兰达夫的主教⑥（此公还是爱丁堡大学的化学教授，但上任不久便引起一场爆炸，将他的化学实验室整个炸毁）等人并列。在对赫歇耳的介绍中，

---

① 指天文观测从可见光扩展到几乎整个电磁波谱，出现了红外天文学和射电天文学等重要分支。——译注
② Charles James Fox（1749—1806），英国政治家，自18世纪后期至19世纪初任下议院议员长达三十八年之久，是小威廉·皮特担任首相期间的主要对手。——译注
③ John Opie（1761—1807），英国肖像画画家，曾为包括英国王室成员在内的许多名人画过肖像。他那些以历史题材为主题的画作也相当出色。——译注
④ James Burnett（1714—1799），苏格兰贵族。他作为法官，对人类学有浓厚的兴趣，并对语音学的研究有独到之处。他由对动物发声状况和人类发声器官的研究，认为生物界中存在着普遍的进化现象。——译注
⑤ Sarah Siddons（1755—1831），英国著名女演员，特别以演莎士比亚的悲剧著称。——译注
⑥ Llandaff，英国威尔士的一个地名，兰达夫的主教为此地的最高宗教领袖的职衔。历史上任此神职者前后共一百多人，此处可能指理查德·沃森（Richard Watson，1737—1816）。他在1764年被聘为化学教授，五年后入选皇家学会。——译注

除了说明他对天文学的贡献之外，还提到了他的语言禀赋、对宇宙哲学的兴趣，又说他经常会在摆弄音乐时中途停歇，跑到露天地里看星星（其实他早已不再这样做了），还附带提到他有个很有才能的妹妹卡罗琳。[109]

1802年7月，赫歇耳夫妇在英法签订《亚眠和约》①后的短暂休战期间造访巴黎，得到了法兰西学会的贵宾礼遇。他们在老朋友拉朗德的全程陪同下，拜会了大数学家拉普拉斯，并谒见了拿破仑。不过，在这次仪式上，最值得记忆的内容是品尝了冰激凌。他们是在马尔迈松城堡②的花园里见到这位不久就将自立称帝的第一执政公民的。当时，拿破仑正在令人为花坛新栽好的花卉浇水。他个子很矮，精力旺盛，无论话题涉及什么，都表现得很懂行（对运河的修建就是一例③）。谈着谈着，他突然不拘形迹地穿过一道落地长窗的走廊，进入一间休息厅，躺到了一把装饰考究的长椅上。在谒见过程中，赫歇耳一直坚持不肯在拿破仑面前就座，但对后者提出的"几个有关天文学和天界构造的问题"都做了认真的回答。后来，谈话开始变得言不及义起来，拿破仑开始夸夸其谈，对着在场的众人说，天文学"证明了上帝的大智大慧"。拿破仑的领衔科学咨政拉普拉斯当时也在场，而他的无神论观点是众所周知的，因此赫歇耳认为，拿破仑的这番话，无非是些门面话，其实口不应心。

谈到这里，话题似乎有些难以为继了。好在话锋一变，切换到了其他内容上，如英国人的赛马（拿破仑很欣赏）、政治体制（失于懈怠）和报纸（不受政府管制、言路极宽）等。接下来，拿破仑便命人端来了有多种水果风味的美味冰激凌。拿破仑说天气真是热得不寻常，花园里树荫下的

---

① 英国和拿破仑任第一执政的法兰西第一共和国之间签订的停战条约，因缔结地在法国北部的亚眠（Amiens）而得名。但两国之间的和平状态只维持了三年，便又在拿破仑称帝、改共和国为帝国后不久于1805年重启战端。——译注
② 位于巴黎郊区，当时是位居第一执政的拿破仑政府的行政中心，也是拿破仑夫妇的住所。——译注
③ 有关运河的话题可能是由开凿苏伊士运河（Suez Canal）的计划引起的。用人工开掘出连接地中海与红海的水道，在经济和军事上的意义都极为重大。古埃及人便数次尝试挖掘，但均未能成功。拿破仑·波拿巴于1798年（接见赫歇耳之前四年）占领埃及时便打算实施，但由于错误的勘察结果，计算出红海的海平面比地中海要高，也就意味着建立无船闸的运河是不可能的，随后拿破仑放弃计划，并在和英国势力的对抗中离开埃及。（事隔半个多世纪后，该运河还是在以法国为主的力量开凿成功。）——译注

温度，此时也达到了38摄氏度。赫歇耳注意到他在提到温度时，用的是新发明不久的十进制度量体系中的摄氏温标，心算了一下，知道折合成华氏温标应是100.4度。

突然间，拿破仑站起身来，说了几句简短的告别话，便在几个面露焦急神色的随从和军官簇拥下，一阵风似的从一道便门走了出去。赫歇耳在拉普拉斯的陪伴下，乘马车回到旅馆。一路上，他们讨论了联星的相对转动。赫歇耳认为，三颗星体是有可能形成一组，共同围绕它们的质心转动的。对此，拉普拉斯面露狡黠的微笑补充说，这种联星情况最多可以达到六颗，至少在理论上可以如此。回到旅馆后，赫歇耳才平静下来。两年之后，第一执政公民自我加冕成为皇帝，是为拿破仑一世。[110]

在赫歇耳夫妇前去谒见拿破仑时，将10岁的儿子约翰交由一位波兰伯爵照拂。这位伯爵带他去巴黎大植物园看动物——这些动物看上去也和小约翰一样地孤孤单单。卡罗琳姑妈留在家里照看那些望远镜和招待来访者，没有同他们一起前来巴黎。她一定是很希望见一见拉朗德的。这位法国天文学家一直与卡罗琳通信，并仍然在信里写进"我的博学的小姐，此致上千次温柔的致意"等词句。①[111]

不过也可以说，她没能参加的这次旅行，对她仍然是重要的。当哥哥一家人从巴黎返回"亲爱的老家英国"时，再次见到侄子约翰的欣喜，使得卡罗琳与这一家人重新形成了新的关联。在归家途中，约翰在拉姆斯盖特（Ramsgate）生起病来，还是回家后在卡罗琳的照拂下康复的。孩子倾诉自己在法国的感受时，赞美法国冰激凌这一美味时，都是姑妈在听他的絮语。卡罗琳一直很喜欢这个孩子，她在1799年搬到斯劳以后的一则日记里这样写道："我同他们一家人分开时，可爱的小侄子只有6岁。不过分开

---

① 拉朗德曾专门为妇女界写过一本普及天文学知识的通俗读物《女士天文学》（*Astronomie des Dames*，1795），书中介绍了自（未必属实的）古希腊女学者希帕蒂娅（汉弗莱·戴维对她十分推崇）以来的若干女天文学家的事迹，又讲述了将牛顿的《自然哲学的数学原理》（*Philosophiæ Naturalis Principia Mathematica*）译成法文的伏尔泰的女友夏特莱侯爵夫人的生平。书中对卡罗琳·赫歇耳的评价是"杰出的彗星猎手"，"研究能力"得到全欧洲的赞誉。这本书后来在1815年被译成英文出版。可参阅克莱尔·布罗克（Claire Brock）所著《扫观彗星：卡罗琳·赫歇耳的天文学志向》（有关原书信息见参考文献部分。——译注）。——作者原注

并没有影响我们彼此最深切的挚爱。"身躯娇小的卡罗琳很喜欢同小约翰一起坐在地毯上,"听小家伙说这说那"。约翰从8岁起,就会给姑妈写些诗句,"字写得可真是糟糕"。[112]

这个孤独的、总带着一副严肃表情的小男孩,深深地眷恋上了姑妈。他在很小年纪就迷恋上科学,热爱起天文学来,对此姑妈的功劳绝不亚于其父亲。卡罗琳生性羞报、身材娇小,很能同约翰玩到一起,也很有进入儿童心理世界的本领,而已经年近花甲的威廉,要么是这样的能力已经消失,要么就是顾不上照料儿子。卡罗琳安排约翰或在院子里做游戏,或让他到屋顶上自己的房间里去,在地板上玩耍做实验:"一到假日,他的大半时间都会在我这里度过,有时干脆就不离开我这里……全神贯注地搞化学试验。所有的容器——盒子、匣子、茶叶罐盖子、胡椒瓶、茶杯什么的统统都用上了,接受分析的药品由沙子充当。我让他随便折腾,只是注意不让他摆弄水,不然我的地毯可就惨了。"[113]

每当小约翰胡闹时,无论是爬上40英尺望远镜的平台架,或跑到工匠们那里喝茶,还是用凿子将客厅的护墙板划成一道道的,总是卡罗琳跑出来充当他的保护人。[114] 小约翰过生日时,也是卡罗琳给了他工棚里的几件工具作为生日礼物,还有一架小型的木制飞机模型,持握柄上刻上了他的名字。约翰将这件礼物保存了一生。[115]

约翰8岁时被送入伊顿公学。他的同母异父哥哥保罗也曾在这里读过书。活泼外向的保罗在公学里如鱼得水,而约翰却郁悒寡欢。卡罗琳看出了这一情况,因此劝说威廉和玛丽给他换一种教育方式。玛丽开始时并不打算这样做,但后来约翰在一次拳击比赛中被一个比他大的孩子打倒了,她这才改了主意,立即让约翰退学,给他请了私人家教。这使卡罗琳十分满意。有人为这一时期的约翰画了一幅肖像,画布上的这个男孩子眼睛大大的,[116] 身量却纤瘦弱小,手里紧紧握着一个木制玩具滚环,远处的背景是温莎城堡和伊顿公学。

卡罗琳和小侄子间的亲密关系,通过这一颇为特殊事件的催化,开始化解了存在于赫歇耳家人之间的紧张关系和对立情绪。对约翰的共同关心,使卡罗琳和玛丽之间有了越来越多的共同语言;卡罗琳又懂得如何充当这对父子情感沟通——还有科学教育——的媒介。这种关爱和指导作用，后来被证明是极为重要的。①

五　文学与天文学

随着年齿渐增，威廉·赫歇耳与家里人的关系日见冷漠，他的思想只在宇宙里穿行徘徊。从他后期提交给英国皇家学会的论文可以看出，他日益看重的是天文学的哲学意义。这一认识与一向支持他的小威廉·沃森不无关系。这位老朋友对威廉表示，希望与他切磋"康德的形而上学"，并了解一下他对康德的哲学知识的"基础和来源"能接受到何种程度。[117]

还在1802年时，赫歇耳便在一篇论文中设想，在提到"深度空间"的存在时，一定也就意味着"深度时间"的存在。他在该文的引言部分这样写道："以诸如我的40英尺望远镜的强大能力进行观测，是可以说在穿越空间进入深处时，也同时进入了过去的时间……[来自遥远星云的]光线在得以向我们的眼睛传达形与色之前，必然已经在路上经过了几乎长达200万年的时间。"宇宙肯定比人们以往设想的要古老得多。因此，深度时间是一个需要向不了解的人们进行大量解释的概念。[118]

他的其他后期论文内容有些纷杂。他在《以研究太阳本性为目的的观测》（1801）一文中认为，小麦价格与太阳黑子的活动周期有关，根据是黑子会导致地球气候的冷暖波动，进而造成粮食收成或丰或歉。这样一来，影响地球上政局动荡的因素，就从彗星之类的星体转移到了太阳上。[119]另一篇题为《太阳系的固有运行》的文章，则提出行星固然是围绕着太阳运行的，而整个太阳系也在绕着银河系中的某个未知的中心进行着穿越空间的运动，而这个中心同样参与着相对于其他星系的运动。[120]

在此阶段，赫歇耳仍然在谨慎地探讨着**进化宇宙**的概念。这一概念就

---

① 说来真有些奇特，华兹华斯一家人中也存在类似的情况。多萝西·华兹华斯也对哥哥威廉·华兹华斯的第一个孩子、1803年出生的约翰（John Wordsworth）产生了深切的关爱之情。多萝西当了侄子的教母，柯尔律治则是教父。多萝西照看这个孩子，还与他一道玩耍，并且从小到大一直都特别喜爱他。威廉·华兹华斯自己钟爱的是另一个孩子、漂亮的女儿多拉（Dora——她长大以后，父亲还继续爱抚不止，这使她很不自在）。约翰长大成人后成为一名教士，为人严肃拘谨，多萝西仍旧爱心不减，甚至还为他管了好几年家。——作者原注

同伊拉斯谟·达尔文有关植物和动物进化的观念一样，具有根本性的重要意义。他在1811年发表的一篇晚期论文《探究天界构造的天文观测》中，又在《天界构造》（1785）和《第二批一千处星云目录，兼论天界构造》（1789）两篇以往论文的基础上，提出了进一步的设想，即认为所有的星云和大星团，都是它们作为星体存在于特定阶段的表现状态，而对于这些状态，几乎是可以用林奈施之于生物的同样方式予以分类的。根据它们呈现的特定形状，就可以知道是处于发展期、成熟期还是衰亡期。

在这篇论文中，赫歇耳附上了他三十多年来积累的处于不同阶段的大量星云的图片，有的是球形的，有的是螺旋形的，有的是扁的，有的则是散乱的。在这些图片中，星云的许多特点，后来都得到了用现代强大的哈勃空间望远镜所拍摄照片的明确支持。他当初在仙女座内发现的星云，就在这些照片中呈现出明确的旋涡结构。据赫歇耳表示，这些星云之所以表现出形状上的差异，其实并非它们在**形成时**便是不同的相异"物种"；它们在表观上的不同，只是因为处于不同的寿数的"发育阶段"。言下之意是说，宇宙间也存在着无可逃遁的新老代谢过程。[121]

这样的论文，可以说在全欧洲的天文学界都绝无仅有。就学界总体而论，它所涉及的哲学内涵，也达到了只有康德·布丰（Comte de Buffon, Georges-Louis Leclerc, 1707—1788）或者拉普拉斯等人才具备的深度。威廉在这篇论文中说，宇宙相当于一个有生命的、能够生长的机体，而宇宙中的所有星云都属于同一个巨大的科类："彼此间并没有很大区别。不妨用人来打个比方，它们就如同一个人从出生直到成年那样，逐年呈现出不同的体貌。"根据这一概念，便出现了以移花接木方式表现星体在漫长时期中演变过程的技术手法①。[122]

最为重要的一点是，赫歇耳通过对星云和总体性"天界构造"的研究，证明哥白尼（Copernicus）反对以地球为世界中心的观念，如今更在科学研究的推动下，得到了进一步的深入发展。太阳不再被认为是银河系的中心，银河也被取消了作为宇宙中心的资格。这表明人们在心理上甚至在精神状态

---

① 指基于星系大体上经历相类的演化步骤的设想，用相对**很短**的时间内所观测到的处于不同演化阶段的**不同**星系，指代同一星系在极为**漫长**的时期内处于不同演化阶段的处理手段。——译注

上形成了整体观念的转变——人类所栖止的整个太阳系非但很小，更是窝在靠近边缘的一个角落里。正如赫歇耳在他的一篇论文中所说的那样："我们人类生活在一个属于第三类的复合星云［银河系］的行星之上……"①[123]

在以后的十年里，赫歇耳的成就开始得到浪漫时期作家中一代新人的广泛了解。诗人拜伦（Byron, George Gordon, 1788—1824）在1811年前来斯劳拜望他，用他的望远镜观看了星辰，得到的体验十分强烈："宗教也是涉及黑夜的。但我从赫歇耳的望远镜里看视月亮和星星时，却只看到**它们表现为真实的世界**。"[124] 后来，他在面对指责他宣扬无神论的攻讦时为自己辩解说："真是没有料到，我因为不相信人的不朽，结果被攻击为否认上帝的存在。我们与**我们的周围**，当放在**大千世界**面前时，真是草芥不如。这令我第一次觉得，我们挂在嘴边的永恒之类，其实真是……真是夸大其词。"[125]

约翰·邦尼卡斯尔所写的出色作品《天文学信札》在1811年增补内容后再次出版。这一次他专门将赫歇耳的工作和"其他发现"立为一章。约翰·济慈在恩菲尔德的学校里得到了一本，后来当他搬到盖伊医院附近的住处时，也将这本书带了过去。这本书在这一章文字中，既给出了科学解释，又融进了诗文描写，突出了赫歇耳在工作中发挥出的想象力和他的新天文学的哲学意义。不过，邦尼卡斯尔是站在虔诚而正统的宗教立场上写这本书的。

邦尼卡斯尔觉得应当多少解释一下自己在论述性著述中掺进诗文的用意。他在这个1811年版本的序言中说："作者在行文中频频邀诗翁前来，

---

① 柯尔律治在他晚年的一篇散文中，以这一观念为主旨做了如下的阐述："开普勒与牛顿以无穷这一观念，取代了托勒密所确立的有限并得到明确界定的天文学，否定了宇宙存在某个中心点的设定。他们以这种视一切物质的每个点为中心，同时又根本不存在边界的观念，通过关注哪里，哪里就是中心的观念，使《创世记》中通篇都涉及的统一与分立的矛盾立即得到了解决。在每个太阳系里，太阳和运行轨道的吸引和控制作用都来自真实的力，它们会在无穷多的系统中发挥同样的作用。而这种被科学所证明，又经观测所证实的作用，确实是应当称之为天界的真正体系。而人们也的确这样做了。"[《论教会与国家的构成》（*On the Constitution of the Church and State*, 1830）] 哈勃的叙述更简洁美好："我们的星系是空间中的一群与外面隔开的星星，它们在宇宙中运行，犹如夏日天空中的一个蜂群。"[埃德温·哈勃：《星云世界》（有关原书信息见参考文献部分。——译注）]——作者原注

不时用他们的引言打断对自己工作的叙述，用意是给习惯于用数学计算和严格事实推导的读者，带来片刻的愉快与轻松……诗情画意的描写，或许未必能完全符合严格的科学原理的种种要求，但留下的印象却往往会比平铺直叙的语言更为深刻隽永。"[126]

1816年10月，英国已经进入了秋天。一天清晨，济慈写下了一首十四行诗《初读查普曼译荷马史诗》。这首诗歌颂了浪漫时期的一个有关探索与发现的深刻观念。尽管文字中没有出现赫歇耳的姓名，但提到了三十五年前天王星的发现，这便确定了诗人所意指的时代［济慈很可能参加了查尔斯·巴贝奇（Charles Babbage，1791—1871）1815年在英国皇家研究与教育院举办的天文学讲座］。这首用了不少典故的著名诗歌，是诗人在不到4个小时的时间内完成的。

此时的济慈20岁，正在伦敦的盖伊医院学医。一天，他来到市中心的克拉肯维尔（Clerkenwell）区段，在与他有着半师半友之谊的查尔斯·考登·克拉克①家里做客，他们彻夜饮酒谈诗。克拉克有一本荷马（Homer）著的《伊利亚特》，由乔治·查普曼（George Chapman）②英译，是1616年版的对开古本。在座的人轮流大声地诵读书中的片段。济慈在读到其中的一些句子时，竟忘情地狂吟起来。最令他动情的是，第五卷中对光的比喻部分。荷马将希腊勇士狄俄墨得斯（Diomed）头盔上发出的金色亮光，比作秋天时从大海上升起的木星的光芒：

> 点燃不知疲倦的火花，在他的盾牌和帽盔之上，
> 像那颗缀点夏末的星辰，比所有的星座明亮，
> 冉冉升起在俄开阿诺斯长河的浴场。③

---

① Charles Cowden Clarke（1787—1877），英国作家。他的父亲是济慈读中学时的校长，本人也教过济慈，并鼓励他写诗。——译注
② 乔治·查普曼英译的《荷马史诗》，以气势宏大、激情四射为浪漫派诗人们所喜爱。可参阅第二章第七节有关《初读查普曼译荷马史诗》的脚注。另外，英国诗人蒲柏也翻译过荷马的史诗。——译注
③ 引自《伊利亚特》的中译本，陈中梅译，译林出版社，2000年。作者认为荷马所指为木星，但根据国内可查到的查普曼的英译本来看（英国，伦敦，Williams Clowes and Sons，1843），诗中在提到这颗星的文字后有一条译注，解释为天狼星。本书所援引的中译本在"夏末的星辰"一句后有一译注，也说是指天狼星。另外傅东（转下页）

济慈在清晨6时离开克拉肯维尔区段，在秋天初升朝阳的陪伴下，返回盖伊医院不远处他在迪恩街（Dean Street）8号的住所，一路上，他的头脑中一直萦绕着诗中的情景。当他走在伦敦桥①上时，注意到了泰晤士河面上即将落下的木星，明亮地挂在西边的天幕上。他一进家门，便立即坐下来疾书。一开始就是一句神来之笔："我已经遨游过不少黄金的领域……"将上下求索与明亮的光芒联系到了一起。而这一联系，正是全诗的纲领。

济慈的这首诗写得飞快，上午还没有结束，一份誊写整齐的全诗就送到了克拉克家中。据后者所记，他是在早餐桌上打开装着这首诗的信封的，当时是上午10点（当然邮局也功不可没）。克拉克注意到诗里用错了一个典故，将巴斯科·巴尔沃亚②最早横越北美大陆到达太平洋东岸的功劳，归到了埃尔南·科忒斯头上③。不过，更引起他注意的是，这首十四行诗的立意之新和词句之美。而且还有一点，就是科学与诗歌，被济慈以一种新颖脱俗和震撼人心的方式结合到了一起。[127]

济慈将自己初读荷马诗歌时的感觉，比喻成大天文学家和大探险家发现新世界时的心情：

> ……于是我自觉仿佛守望着苍天，
> 见一颗新星向我的视野流进来，
> 或者像壮汉科忒斯，用惊奇之眼
> 凝视着太平洋，而他的全体伙伴们
> 都面面相觑，带着狂热的臆猜——

（接上页）华的散文体中文译本（1958）也是译为天狼星的。也许诗人最初构思的原文另有所指。存疑。又引文中最后一句的俄刻阿诺斯（Oceanus），是古希腊人想象中环绕整个大地的巨大河流的河神，故有长河之谓，而欧洲几乎所有语言中的海洋一词，均源于这一词。——译注

① 伦敦桥，伦敦市中心的一座横跨泰晤士河的著名大桥的名称，不是泛指这座城市所有的桥梁。——译注

② Vasco Núñez de Balboa（1474—1519），西班牙探险家，最早于1513年完成横越巴拿马地峡，因而从大西洋西海岸抵达太平洋东海岸的历险，在地峡处的一座山峰上见到了太平洋。

③ Hernán Cortés（1485—1547），西班牙人。——译注

站在达连的山峰上，屏息凝神。①

　　比作天文学家也好，比作探险家也罢，都用到了有关生理视觉的描写：守望、凝视、惊奇之眼（这是济慈最初的用语，后来他自己改为"苍鹰之眼"，认为这样更符合当时的习惯说法）。从生理视觉——也可以说成是科学视觉——出发，济慈又将使用眼睛观看提升了一个层次，即将眼目所见归纳为一个整体。无论是地球的地理状态，还是太阳系的构造，便在这一刻发生了改变，而且是永远的改变。作为探险家、天文学家和诗的读者，体验到的是一种升华感，即一种进入没有边界的无穷存在的感觉。

　　就以赫歇耳当年看到天王星的感觉而论，济慈在诗中所用的"流"（swim）字，就能传神地唤起读者的理解力，因为"流"字是有动感的。这颗行星是作为一个新的生命体，一个人们从未真正认识的天体，来自由星辰构成的神秘海洋，因此正体现了这个"流"字。济慈还可能发现，由于大气中存在对流，镜筒中的空气也可能会如此，这就会造成看到的远处物体如在水中随波荡漾的感觉，因此还是一个"流"字。[128]

　　济慈对突然解悟的这种所谓"尤里卡瞬间"的生动描述，表达了浪漫时期人们对科学发现所表现出的震惊与赞叹。马斯基林、梅西耶和莱克塞尔固然都花了数周甚至数月时间来证实赫歇耳在1781年所发现的"彗星"的真面目，然而，同样真实的是，虽说赫歇耳自己的天文观测志说明，他是一步步地说服自己相信天王星的本性的，但他在新金街那天夜里经历的"尤里卡式"的升华瞬间也的确是存在的。应当认为，赫歇耳在那天夜里，也经历了济慈在诗中所设想的过程。②[129]

---

① 《济慈诗选》，屠岸译，外语教学与研究出版社，2011年。诗中的达连（Darien）为巴拿马的东部地区，从那里的山上可以俯瞰太平洋。译文中的"惊奇之眼"仍为诗人的最初用语，后来改为"苍鹰之眼"，看来中译者有可能仍是根据旧作译出的。——译注

② 在济慈之前的18世纪的诗歌中，也常会出现描述人们在探讨宇宙本性的过程中经历神圣洞见时刻的作品。可参阅英格兰诺森伯兰郡教长詹姆斯·赫维（James Hervey, 1714—1758）所写的有独特风格的诗作《夜中思夜》(1747)。——作者原注

六 深度时空概念

科学界内出现的种种观念，从詹姆斯·赫顿（James Hutton，1726—1797）有关"深度时间"的地质理论[①]到赫歇耳的"深度空间"的星云理论开始引起了传媒的注意。英国期刊《每月评论》1816年4月号上发表的一篇评论敏锐地指出，在这些大胆的新观念中，都"刻意地根本不提及上帝"。这篇文章对这些观念并不是完全赞同的："有一篇长篇论文，专门探讨了赫顿的地球地质理论，但恐怕所有此类臆想，都比不上赫歇耳博士的'发现'——所有行星都始自气体和尘埃，而这些气体和尘埃，最初又都被收纳在一个**巨大的尘气团**内！"[130]

在此期间，赫歇耳仍不动声色地发表有关宇宙设想的见解，形成了他晚期的一些很有特色的论文。其中有一篇尤其值得一提，题为《立足于全面审视目的的对恒星与星云关系的天文学观测》，提交日期为1814年2月24日，内容很激进，而标题仍一如既往地低调。[131]文章在"银河系的分裂"为小标题的最后一节中，根据对许多星云的观测，设想存在着一种导致星群内的各个部分"逐渐接近"的"团聚力"："单从恒星的团聚便可以确信，星云是经历着连续的会聚过程逐渐收紧的，结果是压缩成为球体，由此便进入了**成熟期**，有了独立的形体。"而随着每个星群各自向自身内里缩进，星群间彼此便离得越来越远，造成宇宙间不断地加大的隔离状态。

根据从可以观测到的这部分宇宙的运动情况，赫歇耳做出归纳说，宇宙中既有星系的诞生，也有星系的灭没。这一概念，他在以前的论文中也曾涉及，不过在这篇文章中，他更是进了一步地指出了一个带有悲剧色彩的事实，就是地球所在的银河系，已经处于走下坡路的状态，而"银河系的渐渐解体"，则是其无法避免的结局。跟踪这一可观测到的解体的进展状况，便可推演出"银河系的过去与将来状况的大致时间表"。

总而言之，银河系"不会永久存在下去"，这是确定无疑的。"它不可能有无限久远的过去"，这也同样不容置疑。由此便可推知，小到地球，大

---

① 赫顿通过大量的地质学调查认为，地球的历史应远远长于当时占统治地位的观念，即《圣经》所说的6000年。——译注

到太阳系，其创生和寿命都不可能脱离开银河系的这两个大背景，而必然只能是整个星系演化过程中的几近无穷小的部分。整个银河系作为物理存在有一个起始，也将作为物理存在有一个终结。地球所在的太阳系及地球本身，连同地球上的全部文明，也都无可逃遁地面临着消失的命运。[132]

又过了几年，也就是在1817年，神学家托马斯·查默斯（Thomas Chalmers，1780—1847）意识到了赫歇耳的新宇宙论中所表现出的无神论思想，因此在他的畅销书《天文学讲座》中，极其虔诚地做出了重新恢复上帝起着创世作用的努力。不过，与此同时，他也提出了引发人们好奇心的关于太阳系的其他行星，以及其他地方存在生命的敏感问题。此书一出版，便引起公众注意，当年便售出了20000册，也引起威廉·黑兹利特①在书评中罕见地对这一涉及科学内容的著述提出质疑。然而，赫歇耳所提出的规模远远超过以往概念的宇宙，以及这样广袤的宇宙中必然应当存在不同于地球上的文明，都得到了下一代进步思想家的广泛接受。比如，后来成为剑桥大学圣三一学院院长的威廉·休厄尔（William Whewell，1794—1866），就在1850年发表了一篇题为《论世界的多元性》的专论，支持赫歇耳的宇宙论。[133]

虽说赫歇耳发表了有关太阳系和地球会有悲剧结局的理论，他却给人们留下银发苍苍、大智与大度的老者印象。人们认为，尽管他从事的是不食人间烟火的观测与思考，但他身上洋溢着一种孩子般的热情，使人们不会疏远他。苏格兰诗人托马斯·坎贝尔（Thomas Campbell，1777—1844）在1813年9月见到赫歇耳时，就觉得很吃惊。当时，威廉·赫歇耳正同他的儿子约翰——"一位喜欢诗歌的青年科学天才，但全然没有狂傲做作之态"的年轻人——到布赖顿（Brighton）度假。相见之下，坎贝尔为这位"伟大、质朴、和善的老人"所倾倒，发出了如下的赞叹："我来谈一谈这位年迈的天文学家吧。他的质朴、他的和善、他的种种逸事传闻、他的诲人不倦的态度，此外更有锦上添花之妙的是，他所发表的有关宇宙的独特观念，使他有了无人可及的魅力。他已经76岁了（实际为74岁），但仍然健康而精神矍铄，听到笑话时就会报之以微笑……无论向他提出什么问

---

① William Hazlitt（1778—1830），英国作家与文学评论家。——译注

题，他都以近于孩子的真诚做出解释……我问他是否认为拉普拉斯提出的体系当真能够确立，即行星系统能否一直安全地存在下去，并一直保持目前的平衡状态而不致因重力作用而遭毁灭，对此他回答了一个'不'字。"

坎贝尔没有注意到，赫歇耳竟然只给出了这样一个简短得近于武断的回答。这表明他认为，太阳系是很容易失去目前的平衡状况而四散溃飞（或者是向太阳系中心聚拢成团）的。接下来，他又向坎贝尔亲切地解释了他新近在火星与木星之间发现的"小行星"带。"小行星"这个叫法，也是他早些时候在写给班克斯的信中提出的。①[134]他像是自语般地喃喃说道："要知道，这样的星体还有上千颗，**也许有3万颗之多**，都还有待于发现呢。"赫歇耳还提到，他打算将牛顿提出的在太阳系内测定光的传播速度的理论方法，施之于星系中的"遥远得难以想象的星体"，以得到超出设想的结果。"至于他自己，他很谦逊地表示说，'我是比前人向空间里看得远一些。我看到的来自星体的光，是可以证明经过上百万年的时间来到地球的。'话中的自信实在令我钦佩。"

事后坎贝尔回忆说，与赫歇耳的一番交谈，令他觉得是在"与一位超凡入圣者沟通"。交谈结束时，赫歇耳的一番话又是这位诗人根本不曾料到的。这位大天文学家对他说，许多遥远的星体，其实可能在几百万年前便已经"不复存在了"，因此，人们在仰望天空时，看到的并不是真正的实况，天空中充满了幽灵。"星星已经没有了，但光却仍在行进着。"向赫歇耳告辞后，坎贝尔来到布赖顿的海边，一面在布满鹅卵石的海滩上散步，一面向大海凝望，心里充溢着"心悦诚服的升华感"。[135]此时，他的头脑中响起了牛顿的那句话——他只是个在海滩上捡拾贝壳的孩子，而整个真理的大海还远未被探查到。[136]

---

① "小行星"这个名称，最早是由文物学家史蒂文·韦斯顿（Steven Weston）建议的。赫歇耳接受了，但并不很满意，因为他认为，不久前发现的谷神星和智神星都并不很小。（此名称现已被矮行星和太阳系小天体联合取代。请参阅第二章第七节正文中主行星的脚注。——译注）——作者原注

第一只升空的载人氢气球（查理气球），巴黎，1783 年 12 月 1 日

在这张彩印图上，可以看到亚历山大·查理和马里耶·罗贝尔已在图依勒雷宫前的花园登上气球，图的两侧是当年的卢浮宫，正前方远处是香榭丽舍大道。图下方在地上摆成一个圆圈的若干大桶，是用来装盛产生氢气的酸和铁屑的。观看这一放飞的人数达到了 40 万

（上）让－皮埃尔·布朗夏尔

他是英国人在气球飞天领域中的主要法国对手。这是一张袖珍画像，但加进了一些漫画风格的处理。由 J. 牛顿根据 R. 利夫赛的原作制版，1785 年

（左）美国气球飞天爱好者约翰·杰弗里斯医生

他手戴防滑的麂皮手套，头顶狸皮护耳帽，面对一只昂贵的大型气压计（用于判知高度），可见美国人对装备的注意。根据阿尔贝·蒂桑迪耶的原画制成的版画，作于 18 世纪 80 年代前后

意大利飞天员文森特·卢纳尔迪和他的飞天"伙伴"

魅力十足的卢纳尔迪于1784年9月15日在英国进行了第一次氢气球飞天。他的猫伙伴中途退出。E.赫奇提供此画，1784年

詹姆斯·萨德勒

这位英国飞天员的气球飞天得到了牛津大学学生和塞缪尔·约翰逊的支持。埃德蒙·斯科特根据詹姆斯·罗伯茨的原画制版，1785年

萨德勒纪念标志牌

英国的爱国人士在牛津市默顿空地为"第一位英国飞天员"詹姆斯·萨德勒立起的纪念标志牌

芒戈·帕克

此袖珍肖像是在这位年轻的苏格兰医生与探险家即将第一次奔赴非洲前所绘。根据亨利·艾德里奇绘于 1797 年前后的原画仿制

芒戈·帕克

托马斯·罗兰森的速写式水彩画,画面上人物在第一次非洲之旅中所受磨难的痕迹鲜明可见。约作于 1805 年

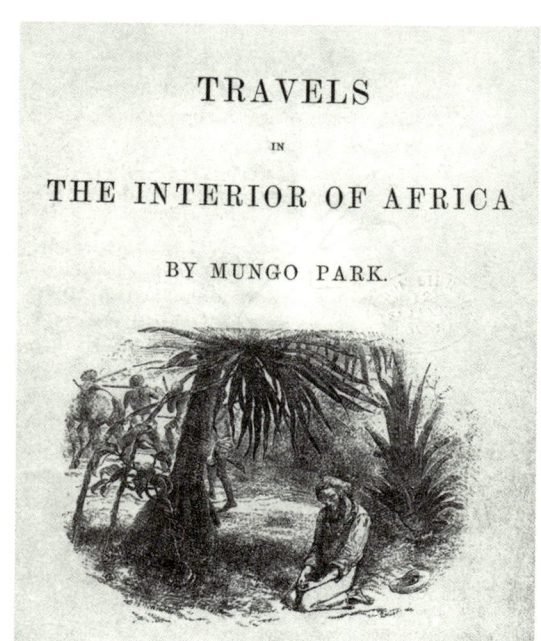

芒戈·帕克的《非洲内陆行》扉页(1799)

此扉页插图上画着被抢劫一空的帕克跪坐在树下待毙的情景。此事发生在他第一次到达非洲大陆腹地之时。他的帽子没有被抢走,而珍贵的笔记就藏在里面。此图刊于 1860 年版本

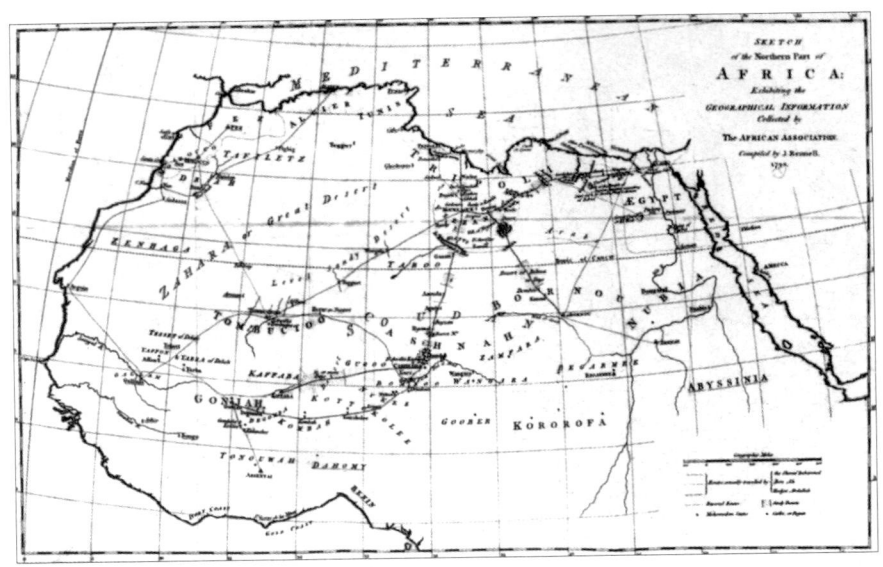

北非地图

詹姆斯·伦内尔少校在芒戈·帕克探险之前根据多位旅行家所提供的素材于1790年绘制。在图上以点画线表示尼日尔河在廷巴克图（地图上的文字为TOMBUCTOO）附近折向东北方，且向东流向埃塞俄比亚（地图上的文字为ABYSSINIA，即阿比西尼亚——埃塞俄比亚的旧称）

"他遭到人们用长矛、标枪、弓箭和石块的攻击"
这幅作于维多利亚时代的图画,描绘出了芒戈·帕克在1805—1806年进行的第二次非洲探险时,死于尼日尔河的情景。摘自1860年版的《非洲内陆行》

（左）柯尔律治

彼得·范戴克所绘的肖像画，作于1795年。不久，这位诗人就在布里斯托尔的气疗诊所结识了戴维

（下）拜伦

这一肖像画为理查德·韦斯托尔作于1813年。此时的拜伦已经成名。不久后，他就与班克斯、赫歇耳和戴维结识

济慈

铅笔画,查尔斯·阿米蒂奇·布朗画于1819年。此时济慈正寓居汉普斯特德,观测星辰、观察夜莺,并写出了长篇叙事诗《拉米亚》

伊拉斯谟·达尔文

这位诗人是"月光会"里最博学的人物。约瑟夫·赖特绘于1770年

雪莱

这位无神论者非常热衷于科学,又与戴维和拜伦同样有着国外游历的体验。此肖像画由阿梅莉亚·柯伦1819年绘于罗马

布莱克

此人几乎对科学家的所有观念都持嘲讽态度,对牛顿更是竭尽贬低之能事。此肖像画为托马斯·菲利普斯作于1807年

青年时代的汉弗莱·戴维

刚来到伦敦不久的戴维,便受聘为英国皇家研究与教育院的新一任化学教授,且以其科学讲演掀起轰动。亨利·霍华德 1803 年绘此油画肖像

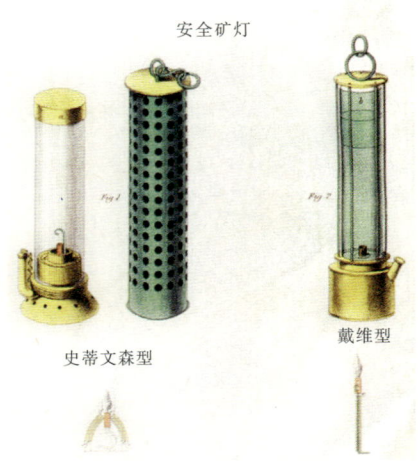

惹起重大争议的两种安全矿灯

两种安全矿灯的彩色结构图,一为乔治·史蒂文森的设计原型,一为汉弗莱·戴维于 1816—1818 年的改进设计。虽然两者的外形十分相似,但左灯(史蒂文森设计)上有玻璃通风道和通风孔,而右灯(戴维设计)只有简单的网罩,两者有着明显的不同

英国皇家学会会长汉弗莱·戴维爵士

新上任的英国皇家学会会长戴维。此时他仍作为科学家在工作,他的手放在其论文上。图的右侧是他引以为自豪的安全矿灯。此肖像为托马斯·菲利普斯所绘油画,作于 1821 年

英国皇家学会会长汉弗莱·戴维爵士

功业显赫、志得意满的学会会长。安全矿灯此时对他已经不足道了,因此在画面上退到了左面的阴影里。此肖像为托马斯·劳伦斯所绘,约作于 1821—1822 年或更晚些时候

《科学研究!气疗学的新发现!——演示气体伟力的讲演》

这是吉尔雷笔下英国皇家研究与教育院的讲演场面。演示的是笑气(氧化亚氮)的效果。讲演人加尼特教授在让受试人吸入气体。一脸顽皮相的戴维在他旁边拿着手压式风箱。朗福德伯爵站在他们的右侧专注地观察。周围的观众中有班克斯、卡文迪什、柯尔律治等,还有一群戴维的女"粉丝",其中一些在记笔记。汉娜·汉弗莱美术印刷社印制,1801 年

托马斯·贝多斯医生

此袖珍肖像作于贝多斯即将创办布里斯托尔气疗诊所进行大规模慈善医学服务之前。桑普森·托古德·罗奇绘于 1794 年

埃奇沃斯家庭画像

埃奇沃斯一家人的群像的细部。亚当·巴克作于 1787 年。安娜·贝多斯时年 16 岁,是画面上唯一被画成朝向右方的人物,看来是刻意要突出她的与众不同。她的父亲理查德·洛弗尔·埃奇沃斯就在她的下方,继母在她的右下方

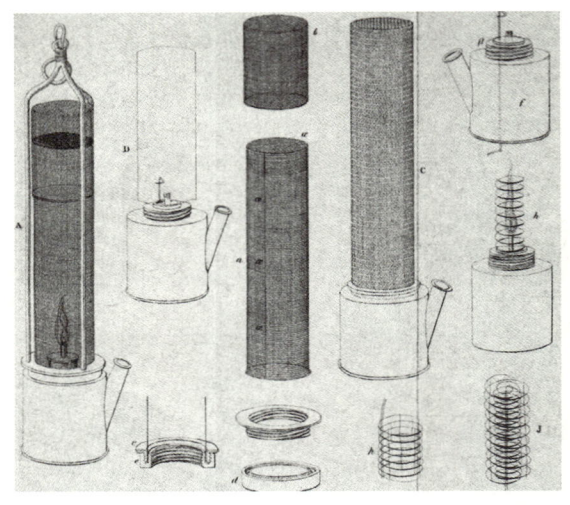

戴维安全矿灯

迈克尔·法拉第所画的分解图,用于在1816年1月向英国皇家学会说明戴维的这一历史性发明的构造原理。画面上还给出了戴维于次年做出的改进:一是有"自点燃"功能的白金灯芯;二是加强纱罩保护的装置。此图见于《汉弗莱·戴维选集》,卷6(1840)

手持一盏戴维矿灯的采矿工程师约翰·巴德勒

此画像刊于纽卡斯尔一份报纸上发表的巴德勒去世的讣告。安全矿灯此时已问世三十年,这位工程师一直在使用它

三种形式的安全矿灯

图上所示为三盏用过的旧安全矿灯,均为英国皇家研究与教育院实验室仿制,制造时间为1815—1816年。对比之下不难看出戴维发明的矿灯(右一)构造简单、具有美感。照片由英国皇家学会提供

匿名女作家肖像

一位神秘的美丽匿名女作家,绘于小说《弗兰肯斯坦》第二次再版的1831年。玛丽·雪莱时年33岁,已经在此小说之外发表了另外三部小说和几部散文集。画面人左手持握的鸡心形饰物,表明她在纪念着某个所爱恋的人——是否为九年前溺水而亡的珀西·雪莱呢?此画为油画,塞缪尔·约翰·斯顿普作于1831年

弗兰肯斯坦医生与他创造的怪物

《弗兰肯斯坦》1831年版的卷首图。雕版画。注意怪物头上有电学设备,而原书中并未提到。它在这里出现,恐怕是受到此前舞台改编剧的影响所致

玛丽·雪莱

画家理查德·罗思韦尔作于1840年。此时她正在编辑雪莱的作品选集

童年时代的约翰·赫歇耳

此肖像大约绘于 1799 年约翰·赫歇耳 7 岁,即将去伊顿公学读书时。一位姓马勒(Muller)的画家所作,承蒙约翰·赫歇耳–肖兰同意发表

(下)卡罗琳·赫歇耳获得的金质奖章

英国皇家天文学会 1828 年授予卡罗琳·赫歇耳的金质奖章。奖章的正面上镌刻着威廉·赫歇耳的 40 英尺望远镜,上方还有该学会的格言:凡发光者,切莫放过

迈克尔·法拉第

法拉第的眼睛总是睁得大大的,这是因为他在观察世界。戴维夫人不喜欢这双眼睛,但柯尔律治是喜欢的。威廉·布罗克登作于 1831 年

约翰·赫歇耳（左上）
亨利·威廉·皮克斯吉尔作于1835年前后

玛丽·萨默维尔（左中）
弗朗西斯·莱格特·尚特作于1832年

查尔斯·达尔文（左下）
莫尔与波利勃兰克照相馆摄于1855年前后。此为蛋白制版法印得的纸质相片

戴维·布儒斯特（右上）
平版印刷作品，根据丹尼尔·麦克利斯所绘原图制作于1830年前后

查尔斯·巴贝奇（右中）
截取自安托万·克洛代用银版照相术所摄的群像照片。约摄于1847—1851年间

路易·德·布干维尔

法国印制的一张纪念邮票,提醒人们,法国人其实比库克船长更早来到塔希提岛。邮票左上方为布干维尔的侧面头像

查尔斯·沃特顿

出身约克郡的探险家沃特顿从南美洲带回了鸟类标本(一只圭亚那红伞鸟),还带回了一只活野猫。此肖像画为查尔斯·威尔森·皮尔作于1824年。画上的这只猫显然看上去很不快活,一副愤愤然的样子

《大自然在科学面前展示真容》

美丽的大自然——她是否正变得孱弱起来了呢?图为路易·埃内斯特·巴里亚斯所创作的两尊青铜雕像,作于1890年

艾萨克·牛顿雕像

爱德华多·保洛齐作于1995年。这尊青铜雕像安放在伦敦尤斯顿路大英图书馆新址的主庭院处。雕像的原型取自威廉·布莱克的插画,可能含有纪念玛丽·雪莱所创作的弗兰肯斯坦医生这一形象的寓意

仙女座星系
哈勃空间望远镜摄得的仙女座星系的照片。它是离太阳系最近的旋涡星系,而且正渐渐地向太阳系所在的银河系靠拢。星系又称"宇宙岛"

第五章
孤胆英雄命殒非洲

一 帕克找到天命

1803年,约瑟夫·班克斯在与一位朋友的通信中这样写道:"我很清楚,芒戈·帕克(Mungo Park,1771—1806?)先生的探险,堪入人力所能进行的最危险的行动之列。不过,对一些人所认为的因太过危险故应叫停的主张,我也并不赞同。人类的生存本身就同样的危险。因此,我们应当努力去探索,希望深入到目前我们还所知甚少的非洲内地。"[1]

在18世纪90年代的最后几年里,班克斯变得越来越离不开他在皇家学会的那把会长交椅了。从健康角度说,痛风令他越来越少走动;从职务方面说,学会内的事务也让他伏案难离。尽管如此——也许正因为如此,班克斯越发关注世界各处的探险与考察活动。

他从索霍广场自己的家中关注着全球的地理活动,犹如灯塔上不停扫视的光柱。当年他以年富力强的健康与自由之身,奔赴南太平洋海域进行人类学探险,如今固然已成如烟往事,但好在仍能看到有人在继续进行着这一事业。他动情地关注着当前的种种探险行动。据詹姆斯·鲍斯韦尔说,"这位皇家学会会长"在阅读1785年10月初版的《赫布里底群岛行记》一书时,"双手紧紧地互握,为时良久,无言地赞美着书中之所记"。这本书正是鲍斯韦尔本人写的,这就是说,他在赞美班克斯的动情时,也给自己抬了一下轿子。[2]

对于旅行和探险,班克斯是大力支持与鼓励的,认为这样做既有科学意义,也越来越符合英国的利益。1789年,他在下议院向一个特别委员会作证，认为"位于'新荷兰'①海岸的植物学湾一带"，是很适合向那里移民和流放罪犯的地点。他是第一个给出具体根据的人。在其后的二十年里，他一直与新南威尔士州的历任主管保持着密切联系，将那里的植物标本不断地补充进伦敦皇家植物园，还组织了若干次深入内陆的探险，其中包括由马修·弗林德斯（Matthew Flinders，1774—1814）率众于1802—1803年间进行的环大洋洲的地理勘测和深入维多利亚州（Victoria）大分水岭山区（Great Dividing Range）的考察。

1788年6月，"促进非洲内地发现学会"在英国成立，并在伦敦河岸街的圣奥尔本酒家召开了其具有历史性的会议，班克斯作为创建人之一与会。[3]学会的常务负责人是班克斯的密友之一布赖恩·爱德华兹（Bryan Edwards，1743—1800），他介绍西印度群岛（West Indies）当地原住民的民间文学和巫术的著作，对后世的罗伯特·骚塞（Robert Southey，1774—1843）和柯尔律治的诗歌创作都有莫大影响（特别体现在柯尔律治1798年写成的《三坟谣》中）。"促进非洲内地发现学会"简称非洲学会，是个发挥着重要带头作用的机构。成立后不久，它便组织了几次规模不大但危险性很高的探险，目标是埃及和被称为"非洲之角"的索马里半岛（Horn of Africa），以增进科学知识与促进通商，并不怀有传教和殖民的动机。这就是说，探险的首要任务是发现而非占领。（它在成立多年后，于1831年并入英国皇家地理学会。）1797年，班克斯被选入枢密院后，工作性质有了变化，要考虑对拿破仑·波拿巴军事力量的遏制。从这时起，英国的所有海外探险，都带上了强烈的政治色彩和公开的征服目的。除此之外，非洲和大洋洲始终是班克斯个人感兴趣的所在。

由非洲学会发起的所有早期探险都留下了悬念。约翰·莱迪亚德在1788年从开罗出发向西行进；丹尼尔·霍顿（Daniel Houghton，1740—1791？）在1791年开始穿越撒哈拉沙漠（Sahara）之旅；弗里德里希·霍内曼（Friedrich Hornemann，1772—1801？）于1799年从的黎波里（Tripoli）出发，向南一路行进。对于这些探险，班克斯和非洲学会先后收到了各种

---

① 新荷兰为澳大利亚最早的得名，由来自荷兰的早期移民所起，后演变为特指澳大利亚西部。此名称现已完全废止。本文这里是指其早期含义，即整个澳大利亚。——译注

各样的报告，也听到了形形色色的传闻，只是这些探险家自己都没能活着从非洲回来。[4]

赴非洲探险的最诱人的目标，是找到富于传说色彩的城市廷巴克图①。据信它位于撒哈拉沙漠以南，是西部非洲的大都市，珍宝无数、宫殿与高塔林立，屋顶上都铺砌着黄金；一条名叫尼日尔河②的神秘河流流经这座城市，使它成为阿拉伯人和非阿拉伯裔非洲人贸易的集散地。据说，这条河流在穿过廷巴克图后，又继续向东流去，最后进入埃及汇入尼罗河，这就为整个非洲大陆的交通贸易提供了便利，而且具有重大的战略意义。不过，对于欧洲人来说，这些都并不是确凿的事实；一些来自欧洲的军事测绘人员也绘出了不少非洲的地图——比如，詹姆斯·伦内尔少校（James Rennell，1742—1830）就完成了一幅"北非地理草图"③，并于1790年呈送给非洲学会。只是这些地图都含有想当然的成分。

面对此种形势，班克斯仍然保持着乐观情绪，相信能够找到勇敢并可委以此任的年轻人。也许他心目中的候选人，就是像他当年那样的在塔希提岛上天不怕地不怕的人类学家和生物学家吧？他婚后一直没有子女，这让他特别用心地在年轻才俊中物色候选人。

1792年，经他人举荐，班克斯会见了一名青年医生。此人叫芒戈·帕克，苏格兰人，高高瘦瘦的，一头浅棕色头发。芒戈这个名字是他母亲给他起的，以纪念在盖尔人④中传播基督教的圣芒戈⑤。他给班克斯留下的印

---

① Timbuctoo，非洲的一个城市，历史上曾是伊斯兰文化中心之一，现名通布图（Tombouctou），属马里。——译注
② Niger River，西非的母亲河，发源于几内亚中南边境，曲折流向东北，在马里东部折向东南，再流经尼日尔、贝宁和尼日利亚，最终以分流形式注入大西洋的几内亚湾（Gulf of Guinea）。——译注
③ 即本书附图插页中标题为"北非地图"的一幅。该地图不但有想当然的成分，比例也不正确。实际上，廷巴克图处于尼日尔河由东北流向折而向东的地方，此河在向东流经撒哈拉沙漠的一段之后，又向东南弯折流入大西洋，其入海口（不止一处）在图中正下方标着贝宁湾（Benin）东面的宽阔地带。——译注
④ 一支源于爱尔兰、后来也在苏格兰繁衍开来的苗裔，所用语言与英语有较大不同，但在其他方面与苏格兰人并无很大区别，故更多地称为盖尔人，而非盖尔族。——译注
⑤ St Mungo，本名肯蒂格恩（Kentigern），苏格兰人，生于公元6世纪，卒于618年。他是苏格兰最大城市格拉斯哥的建造者，死后被尊为圣徒，立为该城的保护神。Mungo在当地方言中为"亲爱的人"之意。——译注

象是，高个子，沉默寡言，但令人一见难忘。他听到探险，眼中就会放出热忱的光芒。他时年21岁，未婚，对旅行表现得无限向往，而且体格健壮，又出身于顽强朴实的草根家庭，这使班克斯立即觉得他是个合适的人选。

班克斯了解到，帕克1771年出生于苏格兰塞尔扣克镇（Selkirk）亚罗河谷（Valley of the Yarrow River）的福勒谢尔斯村（Foulsheils），是低地[①]一家农场的一名勤恳农夫的儿子。他有许多兄弟姐妹，大家在艰苦环境中长大，但都能吃苦耐劳，彼此间也很亲密和睦。他身体结实、动作灵活，又读了许多书，还很爱思考问题。他的家世有些与彭斯[②]相近，但性格气质则迥然不同：沉着冷静、少言少语、离群索居到几近与世隔绝的程度，真是天生的独来独往客。不过，可能是受了母亲所信奉的加尔文宗教教义的影响，帕克也是个坚定的斯多葛学派信徒。此人有着铁一般的坚强意志；总好向远方凝视的那双蓝色眸子，闪耀着坚毅而不会受人左右的光芒。也许他是个梦想者，但也无疑是个不怕梦魇的人物——就是退一步说，也是个初生牛犊不怕虎的青年。

芒戈·帕克在14岁那年被送到爱丁堡，与当外科医生的舅舅托马斯·安德森（Thomas Anderson）一起过活。后来，他也在爱丁堡学起医药来，并与表哥亚历山大·安德森（Alexander Anderson, ？—1805）成了很好的、也许是唯一的知交。他还喜欢上了小表妹阿莉森（Allison Anderson）——时年只有8岁。帕克取得了爱丁堡大学的医学学位，但无法安下心来一心行医。他又是写诗，又是钻研天文，涉猎植物学知识，攀登本内维斯山[③]，还遍读旅游书刊。他长成一个瘦削的高个子，面目俊秀，少言寡语至极。后来他的传记作者这样评论帕克："他总是羞于与人交往，总爱躲着人们，要同他交上朋友可着实不易。不过他并不是个不信任别人的人。素昧平生

[①] 低地在苏格兰是个专有名词，是苏格兰低地（Scottish Lowlands）的简称，指位于苏格兰中部地势相对较低的地带。另外的地方则称苏格兰高地（Scottish Highlands），简称高地。——译注

[②] Robert Burns（1759—1796），苏格兰诗人，出身农民家庭，从小便参加田间劳作，成名后也不愿混迹上流社会，以小职员身份善终。极为著名的诗歌《友谊地久天长》即为他的传世之作。——译注

[③] Ben Nevis，英国最高山峰（1344米），位于苏格兰高地，因气候多变，攀登不易。——译注

的人见到他，会从他那总是淡然的表情，认定这是个冷漠的家伙……即使与他最相知的人……有时候也弄不清他心里最深处在转着什么念头，无从了解他心中最隐秘的想法。"[5]

1792年秋，21岁的帕克来到伦敦谋求发展，他在这里看到了更多的机会。他有个姐夫，名叫詹姆斯·迪克森（James Dickson，1738—1822），是植物学家，在大英博物馆植物部工作。经这位姐夫引见，帕克拜会了约瑟夫·班克斯爵士。在班克斯的府邸与主人结识并共进早餐后，帕克得到了以外科助理医生身份参加英国海军赴东印度群岛的苏门答腊（Sumatra）探查的机会。为了帮助帕克为这次探险做好准备，班克斯允许他自由利用自己的私人藏书。班克斯一定是根据自己在22年前于巴达维亚的遭遇，深知这一行程会充满艰难甚至会危及生命，它将是对这个年轻人的体能和意志的一场考验。

这场苏门答腊之行是帕克参加的第一次探险，而他很快就认识到，自己的确是既喜欢旅行，又具备出色的独立行动禀赋的。当远征于18个月后结束、探险船于1794年5月返回英国时，班克斯从帕克黝黑的肤色和健康的体貌中，认定了他的出众素质，便向非洲学会举荐他去尼日尔河探险。帕克以浓重的苏格兰低地人口音和沉稳的语气，向班克斯披露自己"热烈地企盼"发现非洲的未知秘密，"以身临其境的方式掌握当地土人的习俗和性情"；即便"中道夭殂"，也不惮自己的所有希望和抱负随肉身一起寂灭。他并不要求得到任何"未来回报"的承诺，也无意于向当地人传经布道。这番浪漫的表白深深地打动了班克斯——也很令非洲学会的财务主管满意。[6]

对帕克赴尼日尔河的探险，非洲学会提供了基本装备，外加每天7个半先令的报酬，折合成月薪略高于11英镑。学会还为他购买了去黄金海岸（欧洲人当时对加纳的称法）的船票（真是巧得很，这艘商船也叫"奋进号"，与当年班克斯所乘的航船同名），并允许他在到达冈比亚河（Gambia River）沿岸的最后一个欧洲人建立的营站皮萨尼亚（Pisania）时，为自己购置装备和生活用品，花费限额为200英镑。帕克给自己添置的装备真是基本到了极点，计有2把猎枪、2个罗盘、1具六分仪、1支温度计、1个常备药箱（连预防疟疾的奎宁这种常规药品都没有）、1顶大檐帽，再加1把英国人必不可少的雨伞。另外还有两样英国人的典型用品——缀有铜纽扣的蓝色大衣和饰有银头的粗藤手杖。[7]

"学会给我的指令简单明了,"帕克后来以他一向的写作风格追忆道,"我一抵达非洲,就接到指示让我去尼日尔河;取道班布卡(Bambouka)也可,走其他彼时适宜的路线也可。当然,我将在途中努力确定这条河的源头和终点。我还将尽可能地了解沿途的重要市镇,特别是廷巴克图和豪萨城(Houssa)①。在完成这些工作之后,我就可以在我认为合适的时候返回欧洲,而且既可以从冈比亚直接回去,也可以选走其他的路……我将选择自己认为合适的方式。"[8]

二 艰难完成使命

芒戈·帕克搭乘的商船在海上走了四个多星期后,抵达了黄金海岸(加纳)。1794年7月5日,他来到了皮萨尼亚。这是欧洲人建立的一处很小的边远营站,距冈比亚河约100英里。营站里只有3个人:1个是医生,2个是做黄金和象牙生意同时也贩卖黑人的商人。他们各有各的小小住所。对于贩卖奴隶,帕克是有看法的,不过并没有明言。他住到了医生那里,医生名叫约翰·雷德利(John Laidley),很高兴地接待帕克与自己同住。雨季随后便到了,帕克将这段时间用来学习当地人讲的曼丁哥语,阅读植物学书籍和采集植物标本,以及实践用六分仪根据星空判断方位的技术。他还长时间地观测月食,并因此得了疟疾,受了1个月的折磨。不过这样一来,他倒是如当地人所形容的那样"熬出来了"。这一经历看来以后还救了他的命。[9]

雷德利医生在帕克发作疟疾期间尽心尽力地看护他。帕克后来将这段经历写进了自己的《非洲内陆之旅》(*Travels in the Interior of Africa*),成为书中诸多对非洲的生动叙述之一:"在那段乏味至极的期间,他的陪伴、他的话语,都助我抵御漫长的无聊时日。这里下起雨来直如瓢泼,白天潺

---

① 13世纪时非洲曾有一个城邦国家名叫豪萨,具体地点目前未得准确考证,大致处于现在的尼日中部与乍得湖之间,欧洲人长期相信它同廷巴克图一样神秘,且遍地都是财宝。不过也有考古学家认为它就是廷巴克图。——译注

热蒸人,夜间则蛙声震天(蛙数之巨简直无法想象)、胡狼瘆嗥、鬣狗狞獗,这一派轰鸣只有在暴雷打响时才会停歇片刻。若不身临其境,那是绝对想象不出的。"[10]

帕克花了小小一笔钱,买了一些站上的物品,有琥珀、烟草、珠子、印度丝绸等。这些物品是他精心挑选的,不是为了赚上一笔,而是准备一路带着作为给当地人的见面礼和买路钱送出。他又买了一匹马和两头骡子,并雇了两个人与他同行。一个姓约翰逊(Johnson),充当他的向导与翻译。此人沉静庄重,见过不少世面,来自牙买加,曾是一名奴隶,成为自由人后在英国生活了一段时间,又在娶妻后来到非洲。帕克以自己的一贯做法,先付给了约翰逊一半工钱——是付给他太太的。另一个人叫登巴(Demba),是个奴隶身份的非洲男孩子,他"精力旺盛",招人喜欢,脑筋灵活。帕克做出保证说,一旦大家能安全返回,他就会为这个孩子赎身。[11] 5个月的时间,就在进行这一系列准备和等待帕克身体慢慢的恢复中过去了。

雷德利医生担心帕克的身体状况,想劝说他离开非洲,跟随一支黑奴押运队一起返回欧洲。帕克拒绝了,这一态度后来被人们看成是一个预兆。帕克一行三人于1795年12月2日离开皮萨尼亚营站,向非洲内陆进发。帕克给自己记下了这样一句话:"我相信,这里的几个人都私下里认为再也见不到我了。"[12] 他出发后不久,约瑟夫·班克斯就给帕克寄来了一封信,兴致很高地询问他是否已经结束去廷巴克图的探险返回归程:"当你收到此信时,想必已然结束了这一危险的历程。如果你已经去过了廷巴克图,无疑会有大量的见闻准备告诉学会。学会也将尽最大努力协助你。"[13]

可这次探险却花了两年时间才告结束。他手里虽有这个地区的地图,但信息多来自奴隶贩子,猜测的成分很大,应当说,此时的欧洲人对这个地区几乎一无所知。就连那条尼日尔河,人们虽然一再提及,却连其究竟从何处发源、又向何方流去都不甚了然。帕克此行只能凭坚韧的毅力、当地人的态度、手中的六分仪,再加上自己的运气。不过,他的心中充满了浪漫时期的使命感和难得的平静心态,能够在最可怕的灾难压顶时也面不改色。

帕克的行程始自沿冈比亚河向东上溯。他走出了好大一段路,不过事先准备好的礼物和身上所带的有价值的东西也都基本送光了——或者不如说是被土人首领索要光了。1796年2月18日,他来到了当年霍顿记下最后一段文字的地方,并从这里折向北行,进入路德马尔地区(Ludmar)。这里有个很强盛的摩尔人部落,首领名叫阿里(Ali)。帕克指望得到他的保护。

然而就在这里,帕克所希望的友好款待不但落空,而且变成了因禁。友好的询问也被故意的羞辱取代。帕克身边所余的东西都被夺光,翻译约翰逊被带走,小听差登巴也下落不明,只剩下自己孤身一人,形同一名俘虏。[14] 3月12日,被关在部族所在地一间茅草屋里的帕克,在处于单独囚禁状态下,不得不接受了阿里的妻子法蒂玛(Fatima)和一群女随从的强行查体。"一帮人进入关我的草屋,直截了当地挑明来意,说她们是来查验我的身子,看看他们这些穆罕默德的信徒们遵照执行的割礼,是否也同样施之于〔信奉基督〕的拿撒勒教派①……对于这一套,我觉得最好还是既来之则安之。"[15]

帕克最终还是摆脱了这个部族,于1796年7月20日到达位于非洲内陆300英里处的塞戈(Sego)。在这里,他终于看到了尼日尔河。当地人将这条河叫作"约利巴"(Joliba),意思是"大河"。它在帕克心中唤起了一种近于神圣的感觉。[16] 他用强烈的色彩描绘了这条河,既给它以梦幻般的意境,却又令它似曾相识:"以无限的喜悦心情向前方望去,面前的伟岸所在就是我的使命所系,壮美的、搜寻千百度的尼日尔河。在晨曦中闪光的尼日尔河,河面一如泰晤士河伦敦市中心段般宽阔的尼日尔河——而它的确是**向东流驶**的。我大踏步走到河边,饮了此河之水,额首向天,感谢创造万物的上苍允许我取得这一成功,给我以超过我的努力的赏赐。"[17]尼日尔河确实是如希罗多德(Herodotus)②很早以前所说的那样,是向东流去的。对此,帕克一丝不苟地写进了自己的记录。

接下来的一折却是出乎意料的关爱与友好,推翻了帕克心中摩尔人

---

① 拿撒勒教派,基督教最早在犹太人中传播的一支。——译注
② 希罗多德是公元前5世纪的古希腊作家,他把旅行中的所闻所见,以及第一波斯帝国的历史记录下来,著成《历史》一书(有多种中译本,但译名不尽相同),成为西方文学史上第一部完整流传下来的散文作品。他也因此著述被西方部分史学界推崇为"历史学之父"。——译注

生性残忍的印象。天傍黑时，一名在河边的田地里干活的黑人女子前来招呼帕克。她邀请帕克到自己的草屋，点起一盏灯，铺开一张坐垫，又在炭火上给他烤鱼当晚餐。这令帕克起了疑心，认为接下来就该是求欢了，然而并非如此。这个女子将她家族里的一群老老少少的女性成员都邀到自己家里来，大家在帕克身边安静地向火而坐，一面纺棉花，一面唱歌伴他入睡。帕克突然听出，其实她们是现编现唱的，而歌词的内容他听懂后也吃了一惊，原来说的正是他自己："领唱的是一位青年女子，其他人都是伴唱的。歌的曲调很简单也很优美，歌词大意是说：'风儿呼呼刮，雨儿哗啦啦。白人真可怜，身子累虚啦。来到我家前，坐在大树下。没有妈妈在，谁来端奶茶？没有妻子在，谁来做饭呀？'接着便是合唱：'白人好可怜，咱们帮一把；知他没有妈……'"[18]

与这些女子邂逅，使帕克完全改变了自己对非洲之行的看法。他不再自视为英雄虎胆的白人，而意识到自己不过是个孤独、无知、无助，且无人疼爱的可怜流浪儿而已。他想歇息，要倚靠**人家的**大树；他欲止渴，得饮**人家的**河水。当夜他难以入眠。第二天早晨他告别时，从自己的大衣上剪下了四颗铜纽扣作为酬谢——真可以说是一份大礼了。

芒戈·帕克的《非洲内陆之旅》一书最终在英国出版后，这一情节特别引起了注意，想必也勾起了班克斯对多年前在塔希提度过的许多个夜晚的回想。当然，这样的事情是很容易触动神经的。心地善良的社交名媛德文郡公爵夫人乔治亚娜·卡文迪什，便将那些非洲妇女唱的这首歌改写了一下，并请意大利作曲家乔治·费拉里（Georgio Ferrari）为之谱曲，送到伦敦的各处沙龙传唱。这首歌得名为《黑人曲》，它的第一段歌词与原来帕克本人提供的差不太多，保留了它特有的温柔情愫：

> 狂风呼啸，暴雨倾下。
> 白人男子，身心疲垮。
> 来我家前，体力不佳，
> 瘫坐树下，饿累交加。
> 贤妻不在，亦无慈妈，
> 有谁举炊，有谁送茶？

写好这一段后，这位德文郡公爵夫人仍意犹未尽，自己又写了第二段歌词。她的创作颇与当时英国人的意味情调相合，且将命运的掌控权交回到白人手中。她还将那段轮唱改为几句凄切的倾诉，从而将这些黑人女子一改而成为虔诚而又驯良的祝福者：

> 我主慈佑，风停雨住。
> 晴空如洗，白云横布。
> 白人游子，又将上路。
> 和风拂发，煦日抚肤。
> 其思缱绻，一步三顾，
> 白首难忘，黑人草屋。

轮唱部分是——

> 白人先生，请记心间，
> 黑人祝愿，一路平安。
> 勿忘今日，相遇河边。[19]

帕克继续沿尼日尔河向下游方向行进，一直来到一处叫作锡拉（Silla）的地方。这时的帕克已然精疲力竭，便决定不去廷巴克图，而是沿原路返回。然而，在1796年8月25日这一天，他在前往卡拉米亚（Kalamia）的中途，在一片"黑压压的密林里"遭遇了一群摩尔人劫夺，被抢了个精光——马匹、罗盘、帽子都被抢走了，衣服也剥得只剩下裤子，脚上穿的破靴子——"一只的后跟已经脱落，是用一段缰绳绑起来的"——却没有动。这帮人本来已经露出了明显杀机，大概只是认为此人瘦弱不堪，杀不杀都一样，这才没有动手。不知怎么搞的，他们后来又将抢走的帽子丢还给了帕克，而他的那些旅行记录的纸片就掖在帽子的衬布里面。这一经过后来也成了《非洲内陆之旅》里的又一段精彩内容。据帕克所记，他当时坐在地上，心里绝望至极，只觉得大限已到。"当他们都走了以后，我又继续坐了一阵子，不住地往四下看，又是奇怪，又是害怕……此时正值雨季,我孤身一人,赤着身子,置身于一片巨大的莽原中,周围藏着各种野兽,而这里的人比野兽还要凶蛮。此地离最近的欧洲移民点也有500英里远,所有这些念头,都一股脑儿涌到我的心里。我得承认,当时自己可是一点劲儿也鼓不起来了。我真是认命了,只打算就此躺倒等死。"[20]

一筹莫展之下,帕克开始祷告,祈求"上帝垂怜明鉴"。而就在此时,奇妙的事情发生了。当遭到悲苦和疲惫夹攻的帕克垂下头时,茫然的目光无意中扫到了自己脚下。就在这一片尽是石头的光秃土地上,他看到了一株小草。它是从硬石块间的缝隙里钻出来的,而且正在开花。它一下子引起了帕克关注科学的兴趣。他俯下身来,仔细地观察这株小小的植物,刚才的麻木绝望竟然消失了。对此,他在书中做了详尽的描写:"此时我的心里虽然依旧悲苦,然而,这株已经结出果实的小草,却以其不寻常的美丽,令我无法将目光移开。我这样说是想表明一点,就是无论处境多么的不堪,人们的思想仍然会时时汲取到安慰。这株生物还没有我的一根手指长,但它从根到叶以及结出的蒴果的整个构造,都美得令我无法不去赞美。"

就是在这个纯属萌生科学兴趣的一瞬间,帕克的想法和态度都发生了转变:"我想,造物主在这个天涯海角,用土和水造出了它;它虽是个无足轻重之物,但仍被造得尽善尽美,那么,对于我这个存在,他按照自己的形象创造出来之后难道就不管不顾了吗?肯定不会!想到这里,我就不再绝望了。我昂起头来,不再理会饥饿与疲劳,继续向前走去。有了这个念想,我就永远有希望。"

后来,帕克偶遇两名好心的牧羊人得到了救助。他随后继续西行,走向大海,走向漫长的归家之路。真是天无绝人之路,他居然想出了谋生的办法,那就是从他的记事本上撕下纸张,写些《可兰经》上的字句,当作信德饰物出售。[21]

要说救了他一条命的是,他对科学的兴趣。不过在神学上,也可以将这说成是"预定论"显现神通的例子,而且还是一个颇有说服力的例子哩。柯尔律治的长诗《老水手行》里也有相似的描写,说的是诗中的主人公乘一艘船在太平洋上孤独地漂流,就在濒临渴死之际,他看到了一只绕着他的小船飞翔的美丽的信天翁，因而忘我之心萌发，生命从此得到救赎：

> 美妙的生灵！它们的姿容
> 怎能用口舌描述！
> 爱的泉水涌出我心头，
> 我不禁为它们祝福；
> 准是慈悲的天神可怜我，
> 我动了真情祷祝。[22]

就在这时，这只原本挂在他脖子上的信天翁便掉了下来。①

帕克在这一瞬间的感悟，令青年时代的约瑟夫·康拉德（Joseph Conrad，1857—1924）激动不已。他将芒戈·帕克作为自己的青春偶像，写进了一篇题为《地理》的散文中（1924）。"在我正迈进的想象世界里，活跃着的角色并不是当年曾领我入门的幻想小说名著，而是真实存在的探险家们。其中的几位，很快就成了我心目中与地界的某个部分密不可分的代表。比如说，对于西部苏丹，我是了若指掌的，哪怕是到了如今，我仍能信手——画出那里的河流与主要的地域。而在我的心中，这个地方就代表着芒戈·帕克生平的一部分。想到这块地方，我的头脑中就会浮现出一个人的身影：他体格瘦削，一头金发，衬衫褴褛、裤子破旧，坐在一株大树下。"

有趣的是，在康拉德的想象中，帕克是在苏丹出现的，似乎他真的横

---

① 作者的这句话是对前几句诗的浓缩，原诗句为：

> 我刚一祈祷，胸前的死鸟
> 不待人摘它，它自己
> 便掉了下来，像铅锤一块
> 急匆匆沉入海底。

正文中的几句都是赞美信天翁所象征的生命的。这种大鸟常常会跟随船只飞翔，故被早期在孤独中航海的海员所深深喜爱并寄托厚望。此诗在前文部分提到，主人公误杀了一只信天翁，被其他船员认为这给大家带来了噩运，因而罚他将死鸟挂在自己脖子上以示认罪。而这只死鸟自行脱离，正是主人公因悔罪得到救赎的结果。——译注

越了乍得湖（Lake Chad），完成了从西非穿抵东非的征程似的。[23]

三　探险痴心未泯

　　1797年圣诞节前夕，帕克悄悄地回到了伦敦。他事先没有通知，就一个人来到大英博物馆植物部看望姐夫詹姆斯·迪克森。迪克森看见一个黑黑的高个子男人，在一盆盆植物中间向他走来，原来竟是自己的内弟。随后，帕克又去到索霍广场。班克斯本以为帕克早已下落不明，得知他回来后，特地安排了热烈的欢迎。《不列颠真人实事》杂志和《泰晤士报》都在1798年1月的最后一个星期刊出长篇文章，欢迎帕克回来（并不实地报道说，他曾游历了廷巴克图，还发现了有伦敦两个大的神秘城市豪萨）。

　　班克斯高兴地写信给意大利那波利的多年老友威廉·汉密尔顿。在提到帕克"赴非使命"这一段经历时，用了要言不烦的电报体扼要说道："做出最有趣发现。从佛得角（Cape Verde）启程，取道冈比亚，深入非洲近千英里……发现一河，沿行三百余英里，见河宽超过泰晤士河之伦敦段而后返，此探险之旅值得了解。帕克拟出一书，彼时我将送览，以供知悉他遭遇劫夺，财物尽失，有时竟行乞为生，或得受靠写阿拉伯经文充当画符出售之苦……饥渴竟为家常便饭，然终能健康归家。"[24]

　　班克斯还向人类学的先驱人物、德国人约翰·弗里德里希·布卢门巴赫（Johann Friedrich Blumenbach，1752—1840）通报了帕克的这一成功探险的事略。布卢门巴赫从格丁根（Göttingen）复信说："帕克先生在非洲的旅行经历奇妙至极，我热切地希望能读到详尽内容。"布卢门巴赫还在信中加了一句很能体现他的职业兴趣的话："我真是很想知道，他是不是见到了类似于你当年曾在奥塔希特岛（塔希提）所见到过的那种**白皮肤**的黑人（白化病患者）呢？"[25]对这个问题，班克斯可解答不出来，只好等帕克将他的那本书写出来后一见分晓了。这本书，帕克写了一年多；开始时，他请了非洲学会的布赖恩·爱德华兹帮忙润色文字，不过他很快就发现，其实他自己用一种新体裁写起来更得心应手些，于是便回到苏格兰，安安静静地独自一人完成了这一写作任务。手稿完成后送到索霍广场，班克斯看了深受感动。[26]

从这本书中可以看出帕克真的称得上是浪漫时期的一位地道的开拓者。他的心灵也恰似非洲内陆一样，是一片"神秘之地"。他以沉稳而又幽默的笔锋和巨细无遗的观察能力，介绍了他的探险见闻。该著述于1799年春出版，起名为《非洲内陆之旅》，书中的地图经过了伦内尔的修订。此书一出便大为畅销，也给帕克和与他青梅竹马的童年好友、塞尔扣克镇的阿莉森·安德森拴上了红线。

阿莉森是位苗条美丽、性格活泼的年轻女子。婚后她生下了两个儿子和一个女儿，还说动丈夫当起了内科医生，又在皮布尔斯（Peebles）安了家。事实证明，他是名出色的医生，人既沉稳，又很体贴病人，他的探险家名声更是给自己带来了不少名人顾客，其中就有沃尔特·司各特（Walter Scott，1771—1832）。这位青年作家住在梅尔罗斯（Melrose），离皮布尔斯不远。然而，帕克的探险之心并未泯灭，他开始了解各个有异域情调的地方，打算举家迁居前往，连大洋洲都考虑到了，甚至还打算去中国过活。1803年，他又请来一位阿拉伯人教他学阿拉伯语，这让阿莉森意识到，丈夫的心还没有定下来。有一天，司各特骑马来拜望帕克，来后得知主人不在家，而阿莉森告诉他，这种情况是越来越频繁了。司各特后来找到了帕克，发现他正一个人待在亚罗河边，从河岸向水里抛石子，一副心不在焉的样子。他对司各特解释说，他在尼日尔河的时候，在打算涉水前，总要向水里扔石子，以此方法测知河水深浅。接下来，他又大吐苦水，表示自己"宁可前去荒蛮的非洲，直面那里的一切危险"，也不愿意一辈子当个乡下郎中，特别是不想待在皮布尔斯这个寒冷的地方，"守着一片荒山秃岭、几株石楠过日子"。这让司各特产生了一种印象，觉得帕克正在秘密筹划新的游历。[27]

四 新形势 新探险

芒戈·帕克的第二次西非之行始于1805年。但此行却与上一次大不相同。殖民开发局决定为帕克提供资助，并同意既派兵又出钱，保管他顺利通过尼日尔流域各个部族的地域，还答允将来支付4000英镑——如果他能顺利回来便将这笔钱给他本人，不然将付给他的遗孀阿莉森。他还得到同意，与他的表哥兼内兄亚历山大·安德森同行。另外，他还从爱丁堡找来一名年轻的绘图员乔治·斯科特（George Scott），担任这次探险队的画家。

为这次探险，班克斯花了好几个月的工夫帮助帕克筹备。不过，英国眼下与法国的战事正酣，使这场远征有了新的目的，从一支地理勘察队转变为以寻求经由尼日尔河的商业通道为主要目的的武装商旅。早在1799年6月，班克斯就已将王室制定的一套秘密战略与贸易大臣罗伯特·詹金森（Robert Jenkinson）通了气，而帕克的尼日尔之行，恰好就是这一战略的一个环节："按照总体设想，政府的第一步，必然是力保大英帝国的利益，无论通过签订条约，或者动用武力，都要确保从阿尔金岛（Arguin）至塞拉利昂的整个非洲西部海岸……"

班克斯曾一度有个构想，希望将英国建成一个庞大而又良善的商业帝国，将其范围扩大到黑非洲，并在此过程中将光明与幸福带给那个大陆："在我看来，用不了几年时间，就会出现一个在政府直接督管下的贸易公司……用温和的方式管理那里的黑人，让他们过上比目前暴君统治好得多的日子……还让他们皈依我主基督……顺天道，谋利益，尽最大努力减轻存在于人类中的奴役状况。对此我是没有疑问的。"

班克斯还说道，"读一读帕克先生的著作，通篇都表明"这一战略是可行的，而且这个传播文明的伟大使命，也将《圣经》中的"更为明达的教义"和有用的"欧洲器具"包括在内。不过说到这里，他自知有些"扯得太远了"。可他并不知道，自己的这番帝国之梦，帕克究竟又接受了多少。[28]

表明此第二次非洲之行目的有变化的事实之一，是帕克被授予陆军上尉军衔，安德森也当上了陆军中尉。这是为了利于他们指挥同行的军人。对于这一任命，帕克并不感兴趣。从殖民开发局的卡姆登侯爵约翰·杰弗里斯·普拉特（John Jeffreys Pratt，1759—1840）于1804年9月24日写给首相小威廉·皮特的信中，便可以看出这一点："帕克先生刚刚来过我这里。他倾向于按我提出的预算方案进行探险……因此，究竟该如何执行将来的'发现与探险之旅'，恐怕还有待于商榷。帕克先生看来似乎觉得，如果他只与两三个人同行，受到的怀疑会少一些，效果也就会好一些。"[29]但最后的结果，还是给他塞去了40名士兵。

由于官方对这次远征发出的指示前后不一，财政资助也朝三暮四，致使帕克启程离开英国的日期受到延误。这样一来，到了1805年3月28日，他们才来到西非海岸外的戈雷岛（Gorée Island）。此时正值当地最炎热的日子，实在不宜于长途跋涉，再说离雨季的到来已经只有不到六个星期的时间了。这支由40个志愿兵组成的小分队归一名22岁的约翰·马丁上尉（John Martyn，？—1806）指挥。训练这支队伍，再加上打点行装，继而又得都运到大陆岸边的城堡处，共花了将近一个月的时间。帕克一行人最后是在4月27日离开冈比亚的。临行前，他分别给卡姆登侯爵和约瑟夫·班克斯写了信，给妻子阿莉森也修书一封，并生平第一次立下遗嘱。[30]

这一行人离尼日尔河还有很远一段路时，雨季就来临了。这对他们的行程和身体都有严重影响。疟疾和痢疾都来捣乱，结果是他们一个接一个地倒下。他们时时遭受野狗和鳄鱼的攻击，有一次竟然还遇到狮群袭击。没日没夜的瓢泼大雨常常将他们浇得透湿。当地人又不时抢劫他们的驴驮子（里面装的是琥珀珠子、手枪和布匹等礼品）。

帕克十分爱护这些官兵和牲口，雇了当地人来帮忙，还为掉队的成员安排了营地。尽管这样，在从巴马科（Bamako）到尼日尔河畔的塞戈这一段500英里的跋涉中，还是出现了严重减员。8月19日，这一行人到达了塞戈，但原来的队伍已经缩为12个人了。

这支精疲力竭的探险队伍安下营寨，开始与当地人商谈。一番讨价还价后，当地部族的首领芒松（Mansong）终于同意给这支残存的队伍及其辎重几条独木舟。这番交易让帕克花掉了好大一批礼品，不过走水路可就轻松多了。"行进速度真是让我连呼吸都顺畅了起来"，帕克在日记里这样形容顺流而下的快捷。他虽然受着腹泻和欲裂般头疼的折磨，但仍然因为能看到象群和"喷起水来像鲸鱼一样"的河马而欣喜。[31]

在去桑桑丁（Sansanding）的一段路上，这支队伍又失去了四名士兵和年轻的绘图员乔治·斯科特。帕克因患上有可能致命的恶性痢疾，不得不服用有毒性的甘汞。据他自己的记录，他嘴里发烧，胃里发烫，"一连六天无法说话，也睡不成觉"。值得一提的是，尽管他病成这个样子，却设法瞒住了其他人，让他们认为自己状况还蛮不错，已经完全适应了这里的恶劣条件。尽管灾难接踵而来，环境日趋恶劣，帕克的意志可是从来不曾动摇过。当他的队伍中一个名叫威廉·加兰（William Garland）的士兵死去，尸首又在夜间被野兽从草屋里叼走后，当地土人就建议芒松对这些悲惨兮兮的白人下手，将东西抢来，把人都杀掉。"这些人给我'点眼药'，说我要下符咒杀死芒松和他的儿子，还说这些白人看来会把他的地盘占去。芒松倒是因为有言在先而没有采纳，但塞戈地区三分之二的土人和桑桑丁这里差不多所有的人，都支持这个主意。"[32]

如今的这支探险队，只剩下9个人了，除了帕克外，还有与他情谊甚笃的表哥兼内兄安德森、与他关系也不错的带队军官马丁上尉、3名白人士兵、2名黑奴（得到事后成为自由人的承诺），再加上1名担任向导的阿拉伯人阿马迪（Amadi）。帕克找来木匠，用两条独木舟的外壳拼成了一条长40英尺的木船，就用非洲人对尼日尔河的称法，将这条船命名为"约利巴号"。这条船船身很窄，只有6英尺宽，吃水也很浅，只有1英尺，很适于在急流险滩中行走。他又在船尾搭起一间小棚屋，将装备都放进去，还在棚外蒙上牛皮。这样，小船就可以顺流而下，沿途无须停靠。帕克相信（而且当真如此），尼日河在流到廷巴克图后，就会折向南方，最后在贝宁湾（Bight of Benin）注入大西洋①。为防备发生敌对行动，他给幸存的每个人配备了武器弹药，共有15条火枪和大量火药。

这支所余无几的探险队伍的处境，可以从马丁上尉的一封信中略见端倪。这名吃了不少苦头但仍性格乐天的上尉，在戈雷岛的军营里有一个朋友叫迈根（Megan），是名海军少尉。他在1805年11月1日写给这个朋友的信中说："亲爱的迈根：真是'风霜雨雪严相逼'呀！斯科特先生、2名水手、4个木匠，还有31名皇家非洲军团的官兵，都已生病死去，闹得如今只剩下7个人，其中的安德森博士和两名士兵还派不上什么用场……自从离开戈雷岛以来，帕克上尉的身体就不好。我也是最早生病的一个，又是发烧，又是打摆子……"

接下来，马丁还在信中讲述了帕克不声不响的高效率，谈到了船只的营造，以及探险队继续沿尼日尔河探险的打算。"帕克上尉仔细打探了有关

---

① 尼日尔河的末端形成网状水系，部分河道最终在贝宁湾入大西洋，另外一些在其东面的邦尼湾（Bight of Bonny）入海，这两个海湾均为几内亚湾的近岸部分。——译注

尼日尔河的一切情况。据他了解，再往前走就是刚果①了。这一点是确定无疑的。我们希望能在三个月后到达那里，也许还能早一些……帕克上尉目前正在固定船上的桅杆——我们的船是能够挂帆的，而且有40英尺长。目前一切顺利。自到达这里以来（8月22日），生活条件真是再好不过了，牛肉和羊肉都是一等品质。至于饮料嘛，那可是将英国啤酒比到地底下去了……"

信写完以后，他又于11月4日在弄得脏兮兮的信封背面添了几句话，这些话都反映出士兵对帝国派遣的态度："又及，此信写完封口后，安德森博士和米尔斯（Mills）也去世了。今天早上我有点头疼，昨晚同一个摩尔人一起喝酒折腾到很晚。这个人去过直布罗陀，会说英语。他喝得晕头转向，最后以狠狠抽了他一顿收场。"[33]

对于帕克来说，好友、表哥兼内兄的死亡，是对他最可怕的打击。这在他的心里第一次投下了近乎绝望的阴影。他在记事本中这样写道："清晨5:15，我的好友亚历山大·安德森在染疴4个月后亡故。我很想提一提他的种种长处……不过最后还是觉得按照他本人的一向沉稳方式，默默地悼念他一番，而不是宣布一大篇有污他的朋友们清听的盛赞之词——况且他的朋友们也无法前来悼念他。这里我只想提一句，就是我同他在一起时，任何境遇都不曾使我的心灵蒙上些微阴影。然而，他如今已经入土，我觉得自己**再次**成了一个待在荒蛮非洲的飘零人了。"[34]

在离开桑桑丁之前，帕克写了3封告别信，分别寄给爱妻阿莉森及殖民开发局负责此次探险的卡姆登侯爵和约瑟夫·班克斯爵士。他在每封信里都强调自己情绪饱满，意志坚定，并表明希望于翌年夏季返回故国。不过与此同时，他又派遣了一名阿拉伯人将自己所有的工作记录都送至戈雷岛，仿佛已经有了一种不祥的预感似的。

他的这几封信是奇怪的混合体，既表现出百折不回的勇气，也反映出不清醒的臆想。在给卡姆登侯爵的信中，他一反常态地做了一番近于炫耀的表白："我即将怀着一个明确的目的扬帆东去。这个目的就是要么发现尼日尔河在哪里终结，要么陨灭在这一努力中，哪怕与我同行的所有欧洲人

---

① 这里所说的刚果是指一个范围广大的地理区域，除了目前的刚果（布）和刚果（金）两个国家外，还包括现今的乍得共和国、中非共和国和安哥拉国的北部等地。——译注

都一起毙命也在所不惜。即便只有一息尚存，我也将坚持走下去。如果我的探险中途停止，那也是因为我死在了尼日尔河这里。"[35]

他在给妻子的信中详细写下了寄信的时间和地点——"1805年11月19日，桑桑丁"。信中的措辞较为乐观与和缓："我有些担心，出于女士们胆量较小，又出自作为妻子的关心，你可能会产生一种印象，觉得这里的情况要比实际上糟糕得多……我的健康状况很好。雨季完全结束了，有利健康的时期已经开始，因此不会有染病的危险了。我手下还有一支足够强大的队伍，可以保护我一路乘船直到大海……我认为，说不定在你收到这封信之前，我就已经回到英国了。想到又能看到家里人，心里实在幸福……云帆已经挂起，就要直济沧海。"[36]

至于他写给约瑟夫·班克斯的信，则充满了如诗如歌的抒情，只字不提艰难与危险，很像是两位探险家在各自出行前一起抽最后一支雪茄烟时的平静闲聊："我亲爱的朋友……我的打算是尽量使我的船走在河道中心，并充分利用风力和水流，一直驶到这条神秘河流的终点……我准备在返回英国的途中去一趟西印度群岛，因此买了一些牛油果树的种子，想带到那里种植……预期从这里到达大海，路上可能要走3个月。彼时如果运气好，能在河流入海处找到航船，我们将不在那里逗留多时。"[37]

自从帕克寄出这3封信和送出自己的探险志后，人们就再也没有得到有关帕克的任何直接信息。没有他写的信，也没有他记的探险志，只有他离开桑桑丁时写的一个便条——他留下的最后一则消息，告诉人们他就要出发了，一行人只剩下了"3名士兵（其中一个还有些癫狂）、马丁中尉①，再加上我本人"。

五　悲剧性的结局

帕克一行人可能是在1805年11月21日离开桑桑丁的。他们向下游进发，尽量远离河岸，一路来到了廷巴克图城外。帕克本希望与当地人交换

---

① 原文如此，应为上尉。这一行人只指欧洲人。帕克没有将临时雇来同行的当地人算在内。——译注

一些物品，不过，看到柏柏尔人①表现出的敌意，他显然没了下船的勇气，结果他根本没能进入其日思夜想的这座城市。

有关这座城市的种种想象，仍继续在英国作家和探险家的心中盘旋了三十年。1827年，年轻的艾尔弗雷德·丁尼生（Alfred Tennyson, 1809—1892）写出了一首300行的无韵体诗篇②《廷巴克图》，获得了剑桥大学1829年度的校长金奖章③。在这首诗的开篇部分，作者引用了这样几句查普曼英译的荷马史诗："在这个狮子出没的岛上，有一座神秘的城市，令探险家魂牵梦绕！"对这个地方，年轻的丁尼生发出这样的驰想——

> 广袤的阿非利加，
> 太阳无比的明亮。
> 一座群山环绕的城池，
> 矗立在远如天上星辰的地方，
> 那是不是传说中的廷巴克图，
> 渺茫得有如远古的梦乡？……

丁尼生的这首诗预见着一种担心，即生怕传说之地一旦果真被外面世界的人发现，它们迷人的诱惑力就会现形为平庸。这在19世纪的英国和法国的旅行文学中表现得相当明显（特别是热拉尔·奈瓦尔④1851年写成的《东方游记》）。丁尼生在诗中所描绘的"会晃动的"宏伟穹顶、美不胜收的园林、"发出美妙铎铃声的宝塔"等种种隐秘诱人的幻景，会从此还原其真实面目——区区几间简陋的茅屋草舍。

---

① 柏柏尔人是西北非洲的一个说闪含语系语言的民族，并非一个单一民族，而是众多在文化、政治和经济生活相似的部落族人的统称。——译注
② 无韵诗是一种除不要求押韵外，在其他方面（如每句的音节数等）都符合相关语言对诗歌体裁的约定。英国的无韵诗创作从16世纪起长期盛行，常见于戏剧和叙事诗。——译注
③ 校长金奖章是剑桥大学为鼓励本校学生的诗歌创作而颁发的年度奖项。牛津大学也有一类似的纽迪盖特奖。——译注
④ Gérard de Nerval（1808—1855），法国诗人与散文家热拉尔·拉布吕尼（Gérard Labrunie）的笔名。——译注

> 这样的时刻早晚要到，
> 如此一个光辉的家园，
> 会被能干的人们发现，
> 于是揭秘的魔棒一点，
> 伟岸的宏宇再不复见，
> 斑斓五彩也从此剥去，
> 原来竟为土人的陋室，
> 只呈现出乌涂涂一片，
> 伴着四下里黄沙漫漫，
> 美妙城池消失在人间！

但要知道，以这首诗为自己夺得了校长金奖章的丁尼生，其实却从未去过非洲呢。[38]

不知为什么，帕克在顺流而下的航程中，拒不向沿途的部族首领交纳贡品，而他以前对芒松可是有过此类表示的。这可是犯了个不应有的致命错误。由于不肯纳贡（实际上相当于交付过路费），他们的船只屡屡遭到沿河两岸敌对部族的攻击。在他们进入豪萨人①的领地后，这种攻击变得越发凶猛，而他们的阿拉伯向导阿马迪，也已经因履约期满回家去了。有一次，他们竟遇到了大约60只独木舟的攻击，箭镝、扎枪和棍棒，都是他们时时要提防的对象。②

各种考证与研究的结果有一点是一致的，就是帕克一行在廷巴克图下游约500英里处的布萨滩（Boussa），遭到了柏柏尔人的袭击。此处离他们的最终目的地只有300英里。事发地看来是一处河底尽是石块的狭窄浅滩。

---

① 豪萨人，或称豪萨族，西非民族之一，据信是豪萨国民的后裔而得名。主要分布在尼日利亚北部和尼日尔南部，属尼格罗人种，有自己的语言豪萨语，多信伊斯兰教。——译注
② 帕克这一段乘船探险的历程，后来成为许多小说和电影题材的摹本，从最早的康拉德的小说《黑暗的心》（*Heart of Darkness*，1899，以刚果为背景），一直到电影《现代启示录》（*Apocalypse Now*，1979，根据《黑暗的心》改编，但将背景改为越南）和《天谴》（*Aguirre, the Wrath of God*，1972，故事背景在南美洲）。帕克在其生命的最后几周中所写的工作日志没能保留下来，有关资料都是第二手甚或第三手的，最后的结局只能得自想象。这更增加了扑朔迷离的气氛。——作者原注

据向导阿马迪在事后找到的一名见证者说，这里的争战进行了整整一个白天。帕克将所有的贵重货物都从船里扔了出去，估计要么是为了给船只减重，好快些冲过浅滩，要么是拱手让攻击者拿去。不管是哪一种动机，他都没能达到目的。最后，这一队人非死即伤。帕克和马丁都跳入了尼尔河中。不过人们始终没能发现他们的尸身。估计不是溺毙水中，就是游上岸时被杀死。当然也不排除被活活抓了去，从此下落不明的下场——这就更令人牵肠挂肚了。

"约利巴号"上有一名黑人奴隶活了下来。他缴械投降，保住了一条命，而且最后被当地的柏柏尔首领释放了。他就是阿马迪找到的那名见证人。在他的陈述中，有一点内容特别令人难以忘怀，就是他在最后跃入水中时，臂上还挽着另外一名白人。这一点很难得到解释。也许他是要搭救一个受伤的士兵，也许是想同年轻的军官马丁同生共死。

船上的东西全部散失，记录、信件、个人物品，统统没能幸存。被保留下来的只有一条佩剑挎带，以及一部加了评注的天文历书（被土人认作是神圣之物而未破坏——他们倒也不是全无头脑的浑浑噩噩之辈）。经阿马迪斡旋，土人们在索要了大量东西后，归还了那本历书，挎带可是叫一个首领拿去做了一根用于礼仪的马缰绳。帕克死时34岁（按出事时的1806年2月计算），他的寡妻阿莉森领到了非洲学会发给的4000英镑抚恤金。1840年，阿莉森逝于塞尔扣克镇。帕克的遗作《非洲内陆再度行》于1815年出版，书中附了一篇帕克传略，但没有作者署名。英国在很长一段时间里都流传着帕克仍然活着的说法。[39]

有传言说，他还活在某个位于廷巴克图下游的地方，沦为土人大酋长的奴隶；有的则说，他已经"归化"为土人中的一员（令19世纪的一些殖民者好不耿耿于怀），而且还当上了部族首领（简直更让这些人坐不住了）。1835年，一部有关帕克的传记出版了，作者不知何方人氏，书上只印出了缩写的H.B.。但有关他的下落的种种说法仍然没有销声匿迹，而且一直流传到20世纪。1827年——也就是丁尼生写出《廷巴克图》一诗的同一年，相信父亲仍然活着的芒戈·帕克的长子托马斯（Thomas Park），竟然动身赴非寻父去了。

托马斯·帕克曾在爱丁堡大学攻读自然科学，毕业后加入海军，如今已成为一名中尉。他请了一年假，乘船前往黄金海岸（加纳）的港城阿克拉（Accra）。他在那里学了些阿散蒂语①后，便动身向非洲内陆进发。他从非洲寄出的信只有一封得到了保留，是从阿克拉寄往苏格兰写给母亲的，信上注明的日期为1827年9月。从信中的内容看，托马斯事先没有告诉亲人，就独自去做这一堂·吉诃德式的旅行了。这种天真的乐观精神，倒是与他父亲写给他母亲的最后几封信中流露出的情绪颇为相似哩："亲爱的妈妈，真希望你在看到这封信时，我人已经回来了呢。我当时没有说，完全是担心会让你伤心——**可现在也只好和盘托出了**。最亲爱的妈妈，请你相信，我会平安回来的。我是个好奇心很重的人，这你是知道的，因此，请不要为我担心。再说，这也是我身为人子的责任。**我将以此提高'帕克'这一姓氏的声望**。你实在应当为我想到做这件事而感到自豪才是……"

他在信里还问候了自己的手足，特别是他的姐姐，也提到自己可能会乘船沿尼日尔河下行。然而，对于其他细节，他便根本没有提及——没有地址，没有给出如何与他在阿克拉通信的方式，没有提到是否有人与他同行，也没有提及准备程度和装备情况。信的结尾是同他父亲一样的一番平静而又坚决的表示："这一次出行，我至多会用三年，也许一年就够了。上帝保佑你，最亲爱的妈妈。请你相信我。无比爱你的、要尽人子之责的托马斯·帕克。"[40]

1827年10月，托马斯正式开始了他的远征。他向内陆跋涉了140英里，到了一个叫作岩宋（Yansong）的地方。据说，托马斯在旅行中，表现得与其他白人很是不同，他采用了父亲第一次远征时的做法，即装束得同当地人一样。他"没有采取保护身体健康的措施，而是沿用了当地人的习俗，用泥和油涂在头上和身上，吃与当地人一样的饭食，烈日下固然几乎一丝不挂，夜露侵扰时也仍旧赤身露体"。[41]

来到岩宋后，托马斯便开始四下打听父亲的下落。然而，他也几乎就在这时被疟疾放倒了，随之而来的是死亡。有一种说法是，人们将他放在

---

① 阿散蒂语，西非的一种方言，因在加纳南部的阿散蒂地区（Ashanti Region）操此方言的人比较集中而得名。——译注

一株"神树"下听天由命（就像芒戈当年所经历过的一样）。另外一种说法是，他爬到一棵树上，在炎炎烈日下观看土人的庆典，结果因喝了过量的棕榈酒从树上跌了下来。无论遭际何事，反正托马斯·帕克再也没有回来，就连下落也都不明。一个月后，也就是在1827年11月，一个叫理查德·兰德（Richard Lander，1804—1834）的探险家，在距西非海岸100英里远的索科托（Sokoto），收到了一个递送给他的洗涤衣物的筐篮，筐里有一件洗净熨好的白衬衫，衬衫上有"T Park"（托·帕克）的字样。

六　探险精神永存

芒戈·帕克的两次探险，给人们留下了不少未解之谜，而且长期以来都未能得出答案。他在1794年的第一次远征中，表现出过人的坚忍，简直可说是到了泰山压顶面不改色的地步。他尽量避免冲突，也不摆出所谓"优越白人"的架子。面对土人从精神羞辱到肉体虐待的极度折磨，他都能处之泰然。从他不喜欢与部族首领打交道，而愿意依靠贫苦农夫、渔民和当地妇女的作风来看，这很可能是继承了苏格兰的民风。而他除了顽强与灵活，还表现出一种具有这种性格的人中少见的钝拙与鲁莽。他对当地的野生世界——蜜蜂、狮子、河马、鸟类等，都自然而然地表现出对科学的兴趣，而且始终不见消减。至于他为何要参加这一尼日尔河之行，除了渴望探险这一点之外，完全是一个谜。他对奴隶制度的态度并不明朗。不过，他所表现出的只身涉险、特立独行的作风，是绝对体现出浪漫时期的风格的。

1805年帕克的第二次探险，从方式到动机都与第一次截然不同了。此时，英国正与法国在世界范围内展开较量，两国间的竞相探险，很快就导致了殖民潮的形成。此时的芒戈·帕克已增齿十年，有了很强的家庭责任感，因此对探险所能得到的回报很是注重。但他对探险仍然痴迷不减当年，致使他面对与爱妻阿莉森的缱绻，仍选择了很可能会送命的尼日尔河探险之旅。从他同意率武装士兵同行，又接受了殖民开发局的带有军事性的资助和报酬——其实说成人寿保险更贴切——来看，可以说此时的探险已经成了一种新的职业。正因为探险的职业化，帕克接受了商业性的资助，以期找到一条"通往苏丹的商路"。他动身前还特别学了阿拉伯语，也说明了这一特点。他在进行第一次探险时，携带的是琥珀与布匹，而到了第二次时却变成了枪支与弹药。

芒戈·帕克本人是否意识到，自己的第二次探险其实已经成为执行"帝国使命"的一部分，这一点尚无法确知。至少在从桑桑丁出发前，他一直没有违反土人的所有风俗习惯，行止也无傲慢不端之处，对周围的所有人，包括自己所带领的每一名士兵在内，都是尊重而礼貌的。这可是与那位约翰·马丁截然不同——这个马丁上尉的表现，简直活脱儿就是拉迪亚德·吉卜林①小说中的人物呢。

从帕克的探险志可以看出，即便在桑桑丁的最后几个绝望的星期里，他的文字中都显现了一种大无畏精神。也许他正是用这种方式，将自己的另一半性格掩盖了起来。他在1805年11月送出的最后三封信中——不只是在写给卡姆登侯爵的信中，也在写给有朋友关系的约瑟夫·班克斯爵士和自己妻子的信中，都用乐观的幕布遮盖住了自己心中别的什么，至于究竟是什么，迄今仍然是一个谜。有关帕克之死的报告不止一种，其说大相径庭，这也是一个谜。他的儿子托马斯不管不顾地执意要寻找失踪父亲的下落，很可能说明帕克的探险有着远不是单单为大英帝国的扩张出力的私人性质。托马斯在动身寻父前的告别宣言——他立志要"提高'帕克'这一姓氏的声望"——似乎是在呼应着某种誓言。也许这个志向已经实现了，因为在草木葱茏的宽广的尼日尔河三角洲，如今矗立着一座纪念碑，它是对维多利亚时代人们的景仰而敬立的，碑上的纪念铜牌镌刻着这样一行字："献给芒戈·帕克和理查德·兰德。他们分别于1795和1830年顺尼日尔河进行了由河入海的探险。他们都为了非洲殒命于斯。"

芒戈·帕克的所作所为，显然非常符合浪漫时期从事探险的标准——而那一时期的事业标准是很宽泛的。他的"保护神"约瑟夫·班克斯爵士已经在英国确立起了这一传统，而从他与帕克互通的几封信函也可以看出，这两个人对于探险中所蕴蓄的艰辛与喜悦，有着特别一致的理解。这

---

① Rudyard Kipling（1865—1936），英国作家与诗人，1907年诺贝尔文学奖得主。他的代表作《丛林故事》（1894，有多种中译本）就是以探险和异域风情著称的中篇小说集，其中不乏对强梁式冒险家人物的描写。——译注

个时期的另外一些探险家，如布赖恩·爱德华兹（从西印度群岛）、查尔斯·沃特顿（Charles Waterton，1782—1865）（从南美洲）、威廉·爱德华·帕里（William Edward Parry，1790—1855）（从北冰洋）等，都能在探险成功后返回故园，因而从文学的角度大大地丰富了探险的影响。而就在帕克死后（如果他当真殒命尼日尔河中）不久，亚历山大·冯·洪堡（Alexander von Humboldt，1769—1859）也开始陆续发表自己的南美洲漫游经历——《新大陆热带地区旅行记》。①

芒戈·帕克的事迹激发了好几位诗人的诗兴。华兹华斯在他的长诗《序曲》的最早文稿中，专门写有一节吟咏帕克"孤身一人深入非洲腹地"的文字。诗人还在另一段情节中写到了帕克，说他遭遇困难，在沙漠里中暑昏厥，自觉将死在大漠之内。他苏醒过来时的情景是这样的——

> 马儿静静地伫立在身旁，
> 缰绳还扣在自己的手上，那夕阳
> 斜挂在大漠边缘。

不过，华兹华斯后来将这些诗句删除了，原因可能是得知罗伯特·骚塞已经在自己的史诗《摧毁者萨拉巴》（1801）中用到了帕克的经历，而且写得很详尽。有人从历史的角度为这一作品加了一条注释，将诗中的虚构英雄人物与芒戈·帕克比较了一下："也许除了帕克先生本人之外，再也不可能有哪一位旅行家，能够经受此种经历而仍旧活下来讲给世人听晓。"帕克的真实历史，的确要比根据它虚构出的故事更有感染力。帕克的沉稳清新的行文，显然比骚塞那华丽跌宕的诗句更能传世。

济慈曾在芒戈·帕克和弗里德里希·霍内曼的事迹的影响下，赋过

---

① 在库克船长和班克斯探险成就的影响下，亚历山大·冯·洪堡去南美洲考察。他于1804年返回欧洲，带回来6万件植物和动物的标本，计45口大包装箱。而且接下来，洪堡还用了二十年时光，将自己的考察成果写成了30卷巨著，后来还将自己对世界的总体观念总结为一部包罗万象的总纲式著作《宇宙》（Cosmos，1845），对当时从天文学到生物学的各个科学门类进行了归纳与联系。这两样都是班克斯没有做的。他还研究了火山和洋流，发明了等压线图这一气象工具，调查了地球磁场从极地到赤道的状况，并率先科学地提出了气候变化的种种原因。——作者原注

两首吟诵尼罗河的十四行诗（1816）。而雪莱在长诗《阿拉斯特》（1815）中，更是通过对那位四处漫游的诗翁主人公甘冒风险、在大漠中沿河寻踪、踽踽独行、深知自己可能一去不复返的描写，映出了帕克的影子。雪莱笔下的荒烟大漠，是"埃塞俄比亚的黑色沙丘"，前进目标也是诗人设想的风情有如印度的东方，与芒戈·帕克的实际情况不尽一致，然而，此诗的确把握住了这位探险家的谜一般的游历情结，并将此种情结变成凡人几乎无法做到的探究未知世界、开拓奇伟边界的庄严行动。

> 年轻的诗人继续游荡，游过了
> 阿拉伯，波斯，荒凉的克尔曼（Kerman）沙漠，
> 他快乐而兴奋地走过崇山峻岭，
> 看印度河（Indus）和阿姆河（Oxus）的源流，
> 从一些冰封的岩洞迸涌出来；
> 他游历到克什米尔（Cashmire）山谷，探到了
> 它最幽静的处所，那儿有香花
> 在悬崖下结成一个天然的亭荫，
> 他便在那儿，在明亮的涧水旁，
> 歇下他疲倦的肢体……① [42]

据雪莱的朋友托马斯·洛夫·皮科克（Thomas Love Peacock）的回忆，雪莱曾躺在泰晤士河岸边，一面"歇下他疲倦的肢体"，一面构思在尼日尔河、亚马孙河（Amazon）和尼罗河等地大事远征、探险的情节——尽管在事实上，当时在这几条河流上已经有小型汽船通航了："菲尔波特先生②会躺下来，静听船头划开水面的汨汨声，偶尔也会告诉周围的人们，轮船将会给世界带来巨大的变化：它们将穿过或密不透风的森林，或杳无人迹

---

① 摘引自《雪莱抒情诗选》，《阿拉斯特》，查良铮译，人民文学出版社，1993年。诗中地名已改为现在的通用译法。又：克尔曼是古代波斯的一个文明发祥很早的地区，现为伊朗的一个省份，有近300处古迹，有相当一批古迹具有两千年以上的历史。——译注
② 小说《克罗谢城堡》中的人物，是一名地理学家。此书就是雪莱的朋友、英国讽刺小说家与诗人托马斯·洛夫·皮科克（1785—1866）所写。——译注

的古老废墟，或曾矗立过空中花园的土坡，或埃及古城底比斯（Thebes）劫后的石堆。它们将查明各条陌生的和废弃的大河水域的来龙去脉，并把文明带进这些地方——密苏里河（Missouri）、哥伦比亚河（Columbia）、奥里诺科河（Orinoco）、亚马孙河、尼罗河、尼日尔河、幼发拉底河（Euphrates）和底格里斯河（Tigris）等。"[43]

在1807年有关奴隶制度的激烈争论中，蓄奴派也好，废奴派也好，都从帕克的《非洲内陆行》中大找特找佐证。十年之后，激进的威廉·劳伦斯医生也从帕克的著述中引证了非洲的人种类型，特别是其中有关"尼格罗人和摩尔人"的体貌不同的部分的内容。约翰·马丁①在他气势恢宏的油画《萨达克寻找救命水》（1812）中，表现了一个一无所有的孤独者，艰难万分地在岩石丛中挣扎，力图走到远处的水源那里。也许他的创作灵感，就来自芒戈·帕克和其他一去不复返的探险家们的遭遇吧![44]

当济慈的长诗《恩底弥翁》②出版后，这位诗人送了一本给探险家约瑟夫·里奇（Joseph Ritchie）③，并叮嘱这位年轻人将它放入自己的探险行装，供他途中阅读，然后以十足的浪漫手法"将它留在撒哈拉沙漠最深处"。后来，济慈接到了里奇从开罗发出的一封信，信上注明的日期是1818年12月1日，信中告诉他说："恩底弥翁君正在前往沙漠的途中。当你在圣诞节之际坐在壁炉前烤火时，我们将骑在骆驼背上，连奔带跑，向非洲的无垠大漠蹒行。"[45]这封信之后又是永远的沉寂。约瑟夫·里奇再也没有回来。

---

① John Martin（1789—1854），浪漫时期的英国画家、雕塑家与插图作家。《萨达克寻找救命水》是他的成名之作，取材于英国小说家詹姆斯·里德利（James Ridley，1736—1765）的《鬼仆的故事》，描绘了一个名叫萨达克的旅行者在千山万壑中寻找救命水源的情景。——译注
② 《恩底弥翁》是一部脱胎于希腊神话的故事，主人公的名字就叫恩底弥翁，是个普通的牧羊人，但爱慕上了高贵的月亮女神，并最后得到了女神以爱回报。——译注
③ Joseph Ritchie（约1788—1819），英国医生，1818年尝试从非洲北部穿越撒哈拉沙漠，进入非洲腹地，但未能开始便病逝于漠北。——译注

第六章
青年戴维大放异彩

一 边陲少年

在布里斯托尔市的霍特韦尔斯区（Hotwells），有一个名叫"医学气疗研究与诊治所"的机构，人们通常以"气疗诊所"称之。进入18世纪90年代末后，该所发表的化学实验报告开始招致物议。约瑟夫·班克斯也得悉了这一情况。这些报告都出自一位叫托马斯·贝多斯（Thomas Beddoes，1760—1808）的医学博士之手。此人曾在牛津大学教过书。平时，这个人可没少向英国皇家学会提出资金补助的申请，是通过"月光会"走的德文郡公爵夫人和詹姆斯·瓦特（James Watt，1736—1819）的门路。尽管如此，班克斯还是始终没有批准。原因之一是他曾了解到，该诊所采用的让病人吸入各种气体的治病方式引起了很大争议，因此认为不宜给予资助。不过，这位医学博士虽然做法未免出格，但目的无疑出于人道的用心，却也给班克斯留下了良好印象。

不过，当时间进入19世纪第一年时，班克斯又多了一项对贝多斯感兴趣的内容，而且兴趣十足。这就是此人手下的一位年轻助手汉弗莱·戴维。这是名来自康沃尔郡的化学技师，刚刚21岁出头，却已经发表了好几篇化学论文，出版了一本名为《一个青年人对光与热的研究》的小册子，还在《尼科尔森杂志》[①]上登了不少文章。人们都说这个戴维是个绝顶聪明而又富

[①] 《尼科尔森杂志》，《自然哲学、化学与艺术期刊》的通俗称法，也称《尼科尔森科学杂志》，由本书中提到的英国化学家威廉·尼科尔森创办于1797年。这是英国的第一份面向大众的综合性科学期刊。——译注

于独创精神的人物。而且除了科学，他还很能写诗。因此，当戴维在1801年2月前来伦敦，到坐落在阿尔伯马尔街上的英国皇家研究与教育院寻求发展机会时，便被班克斯请到了索霍广场自己的寓所做客。[1]

一见之下，来人给班克斯留下了很不寻常的印象。戴维是个瘦小的青年，双目炯炯有神，性格活泼，精力旺盛，口才也很了得。他测过自己的肺活量，很不小；特别是对他这样一个身高仅5英尺5英寸（1.65米）、胸围只有29英寸（74厘米）——也是他自己量的——的瘦小身躯来说，应当算是很大的了。他讲起英语来，带着康沃尔人通常会有的英格兰西南部口音；换说法文时，又会有一股布列塔尼①腔。他以前从未出过国，然而却熟知法国人在化学研究领域的最新动态，对拉瓦锡有关氧气的研究及在《化学基础论》②（1789）中提出的"热质"说，他更是了若指掌。

戴维小时候在康沃尔郡的特鲁罗市（Truro）上过文法学校，后来又以学徒身份在彭赞斯（Penzance）的一名医生指导下学习过很短的一段时期，此外基本上都是自学。他从来没能上过大学，但他向班克斯表示自己一直希望有机会去牛津大学攻读医学学位。他也一直没能像牛顿或卡文迪什那样，掌握对形成科学思维极为重要的数学知识。此外，他还有很强的地方观念。在这一点上，他很像是他的同代人、来自曼彻斯特（Manchester）的约翰·道尔顿（John Dalton，1766—1844）、坎伯兰（Cumberland）人氏威廉·华兹华斯和萨默塞特郡人氏塞缪尔·泰勒·柯尔律治。

班克斯就这样结识了戴维，以后这位会长发现，这是一个向往伦敦的上流社会，但又时时感到方枘圆凿，还经常被人在背后讥讽为外乡佬的人。戴维时时会心血来潮，又有着独特的思维方式和独来独往的工作作风。此人相当傲慢，但又能招人喜欢。在他矮小的身躯里包藏的是追求智力成就的远大志向。他有一个孤独的灵魂，但又极其喜欢卖弄和炫耀。他对自己的"禀赋"——一个他总好挂在嘴边的字眼——极为自负，也对英国科学的未来充满自信。班克斯有时会告诉人们说，汉弗莱·戴维认为他

---

① 布列塔尼，法国西北部一个地区，隔着英吉利海峡与英格兰南部相望，在历史和人文方面都与英国关系密切，而与法国的主流文化却有相当距离。——译注
② 拉瓦锡的代表作，有中译本。任定成译，北京大学出版社，2008年。——译注

便代表着英国化学的未来，而他这样认为恐怕也真就没有错。

戴维1778年12月17日出生于康沃尔郡的彭赞斯。此地当时是英国最西南端的一个边远滨海小镇，周围都是农村。镇上的人口不足3000，主要靠渔业和一些小型锡矿过活。捕来的鱼和铸成的锡锭，都运到当地一条名叫集有市场街（Market Jew Street）的主要街道出售。镇上有几座教堂——有英国国教的，也有非国教的，有不少又小又黑的酒馆，还有一所学校，不过没有剧院；除了一座不大的图书馆——去那里看书是得预约的，再也没有其他文化建制。（而这座小图书馆，后来却大有发展，成为著名的莫拉伯图书馆①。）镇上的许多建筑物内的地面都只是夯实的沙土。每逢刮风，条条道上都会响起海浪拍岸的声音和渔船上装备发出的叮当声。[2]

18世纪的康沃尔郡在英国公众眼中，仍然是像苏格兰高地那样的边远荒蛮之地，是个历来出渔夫、探险家和走私贩子的地方——近来又多了一种人，就是采矿工程师。康沃尔人的口音十分难懂，又浓重又黏腻。这也是它的一个有名的特点。乘马车从彭赞斯到伦敦要走将近300英里，沿途要擦过达特穆尔（Dartmoor）坡岗地的边缘，还要经过埃克塞特（Exeter）和布里斯托尔两座大城市，用时需3天——当然是指在好天气下。一旦出现坏天气，彭赞斯就与全英国的其他地方脱了节，致使有时与外界的联系要靠水路——或者沿英吉利海峡东行，过普利茅斯（Plymouth），到南安普敦（Southampton）；或者南下横跨英吉利海峡，来到法国北部或偏西一些的布列塔尼地区（Brittany）。

汉弗莱·戴维的祖父操建筑业，父亲罗伯特·戴维（Robert Davy）是康沃尔的手艺人，在伦敦学过木雕和包金手艺，还有个当钟表匠的叔叔桑普森（Sampson Davy），心灵手巧又独具匠心，曾造出过一只落地座钟，钟上的人偶会在整点报钟时眼睛一开一合地眨动。他的母亲格雷丝（Grace Davy，1750—1826）出身于矿工世家，来自离彭赞斯不远的一个叫作圣贾斯特（St Just）的小地方。戴维的远祖是从诺福克移来的，不过到汉弗莱这一茬儿，已经是在彭赞斯居住了好几代的老户了，附近一带也有不少同姓族人。他们死后都下葬在离镇中心3英里远的拉真教区（Ludgvan Parish）教

---

① 莫拉伯图书馆建于1818年，为私人性质，目前是英国最大的凯尔特族文化资料馆与研究中心。——译注

堂的庭院一角，墓地十分拥挤，墓碑之类的地上标志也都很简朴。①

罗伯特·戴维个子矮小，性格随和，不谙世事，不大见容于家族其他成员。人们都说他是个好做白日梦的酒鬼，"为了嗜好不管不顾、胡乱花钱"[3]。1782年，他意外地得到了一笔遗产，是一处叫作瓦费耳（Varfell）的地产，有湿地塘洼，也有树林草丛，共占地79英亩，往南出了拉真村即是。从这里可以看到宽广的芒特湾海滩（Mount's Bay）和海滩对面的一个巨石嶙峋的岛屿，岛上有古老的修道院和城堡，那就是气势巍峨的圣迈克尔山（St Michael's Mount）。罗伯特决定在这片产业上盖起一栋房舍，搬到这处远离人烟的地方生活。在这个新家，他继续干自己的木雕营生，还向另外一家小生意投了资，从中得些红利。他为拉真教区的教长住宅刻了一个雕花壁炉框架，架体由两只传说中的狮身鹫首的神兽支撑着。他的另外一件取材于《伊索寓言》，画有狐狸和鹳鸟插图的作品，卖给了伦敦的一个客户，目前由伦敦的维多利亚和阿尔伯特博物馆收藏。[4]

就是这片野性十足的瓦费耳地产，使童年时代的汉弗莱·戴维得到了充分的自由和独立。他一直没有忘记这一体验，并在成年后始终追求回归同样的感觉，这在他生命的尾声阶段表现得尤为鲜明。孩提时代的汉弗莱身量低于同龄的男孩子，可胆子很大，淘起气来花样百出。他很快就玩遍了瓦费耳的大小树林，又跑进了附近的马拉宰恩（Marazion）教区，出没于那里的湿地，与金黄色的香蒲和随处可见的水禽为伍。他还跑到濒临圣迈克尔山的海边，在金雀花丛中游荡。就连远在彭赞斯边界之外的山中，也留下了他的足迹。他那性格随和的父亲给了他一根钓竿，后来又加上了一杆枪，权作他游历的伴侣。

他还得到同意养了一条狗，名字叫克洛艾；后来还有了一匹叫作德比的马驹。他对户外运动，特别是对打猎和钓鱼的喜爱，对大自然的直觉

---

① 如今，在这座教堂东南角丛生着荨麻和毒颠茄的墓地里，也立起了几块较大的白色墓碑。从16和17世纪起，戴维家族的先人们便在这里入土。他们墓碑上的字当年虽刻得很深，如今却也模糊不清了。这些墓碑都是整块的石板，式样很简单朴素，镌刻的字样无非只是诸如"真切怀念D. 戴维与G. 戴维"之类，连生卒年都没有。一位戴维家族先人的名字，曾出现在拉真教区1588年的记录上。从这片墓地向下方望去，可以看到一间小小的酒馆和一处小树林，再远一些的地方，则是一片被岩石隔成一块块的田地，一丛丛的金雀花在这荒凉的原野上开放。再远一些就是大海。——作者原注

感，以及对流水和抒情诗的眷恋，都是在这个时期形成的，并且一生都伴随着他。有一年他过生日时，家长同意他在瓦费耳家中的园地里种上一株苹果树，以纪念牛顿和他那事关万有引力的苹果，可能是当地的品种，品名是"博莱斯·皮篷"。

汉弗莱的母亲格雷丝来自圣贾斯特家族，本姓米利特（Millet），是一位对儿子影响极大的女性。她还有两个姐妹，1757年6月一场传染病流行，父母双双亡故，结果三姐妹共同被彭赞斯的一位外科医生约翰·汤金（John Tonkin，1719—1801）收养，那一年她只有7岁。汤金医生是当地的一位老派的头面人物，还是个慈善家，几次当选为彭赞斯市市长。[5] 格雷丝在养父家过了将近二十年的舒心日子，视汤金医生如亲生父亲一般。1776年，她嫁给了罗伯特·戴维，时年26岁，以当时的标准衡量已经不算年轻了。格雷丝性格坚强，行事令人信服，因此是家里的主心骨。汉弗莱对母亲怀着深切的拳拳爱心，无论到了什么地方，都会经常给她写信，自己在事业上有什么打算，取得了什么成就，也都会一一禀告。而一辈子也没离开过彭赞斯一带的格雷丝，也对儿子的成就极为自豪。她共生育了5个子女，汉弗莱是老大，下面还有3个妹妹，分别叫基蒂（Kitty）、格雷丝（Grace）和贝绮（Betsy），老幺是弟弟约翰（John Davy，1790—1868）。这一家人关系十分亲密融洽。约翰对比他大12岁的哥哥敬若天神，后来也同样进入化学界学习医药，还当上了哥哥著述的编辑和作传人。

可能是看到罗伯特并没有很好地尽到家长的责任，约翰·汤金仍关心着养女一家人。他送10岁的汉弗莱去彭赞斯上文法学校，并负担上学的费用。学校一开学，小戴维就住进汤金的宅邸。它坐落在集有市场街尽头，对面是一家"白鹿客栈"（现已不存）。[6] 汤金有意让这个孩子也成为一名医生，便积极鼓励他涉猎种种自然科学知识，如化石、鸟兽、植物、化学等等。他们还一起到野外远足，以此题材创作的版画——年轻的戴维与头戴贵格派教徒标志性黑色宽檐礼帽的汤金老人并肩走在一起，是后来为戴维作传的维多利亚时代的作家们特别喜欢的表现形式。

戴维在文法学校的学习成绩并不出众，而且与性格随和的父亲似乎关系不睦，但约束又是必要的，弄得母亲只好向汤金讨救兵。戴维口才好，又喜欢涉险，这便使他给朋友们讲故事和朗诵诗歌时"有如倒海翻江"。

第六章 青年戴维大放异彩

对于他讲故事的本领，妹妹基蒂记得很清楚。她还记得，集有市场街的路边有个叫大台的空地，那里经常停放着一些大车。哥哥就曾以这些大车为舞台表演哑剧。夏天时，他有时会在晚上站到白鹿客栈的门廊处"发表演说"。接下来，他又偷偷地造起烟花来，然后拿到街上燃放。奶奶特别疼爱这个孙子，老太太的脑袋里不但装着说不完的本地传说和鬼怪故事，还自称曾在圣贾斯特的一栋闹鬼的房子里住过许多年哩。

说来有趣，戴维后来竟将自己对科学的迷恋，同喜欢讲故事挂上了钩。他最乐此不疲的是，将一帮人聚到自己的身旁，让他们像被勾了魂、施了定身法似的不想离开，用他自己的话来说，就是"让我这个毛头小子过足话瘾。每当又读了几本新书后，我便会产生向别人讲述的冲动……渐渐地，我就开始发明，自己编故事了。或许正是这种需求，使我有了独创能力。我一生从不喜欢模仿别人，总是力求创造。我在科学领域中的所有成绩，都是这样努力的结果"。他说完这番话后，又补充了一句话："**我的所有错误，也都是如此导致的。**"[7]

学校放假后，他便回到瓦费耳四下游逛，又是钓鱼，又是爬山，还跑遍芒特湾捕猎水鸟。这个敏捷机巧而又闲不住，像水银一样好动的小个子男孩儿，又有些让人们看不透。

1793年，年满14岁的戴维被送到特鲁罗市，在那里的文法学校读书。费用还是由约翰·汤金负担（此时他已年届70）。此举固然有继续约束他的用意，但也让这个有巨大潜质的半大小子受到了更好的教育。在这所学校里，戴维掌握了拉丁文，还学了一些希腊语，但没有接触到科学。

这一切都因他父亲1794年12月的去世改变了。罗伯特死得很突然，是患中风离开的，时年只有48岁。这一变故永远地铭刻在汉弗莱的记忆中。当代最杰出的化学家安托万·拉瓦锡，也是这一年在巴黎被送上断头台的。罗伯特给家人留下了1300英镑的债务，这在当时可是很大一笔钱，结果他的遗孀只好将瓦费耳卖掉，带着一家人回到彭赞斯居住。她同一个因躲避法国大革命从法国旺代省（Vendée）逃来，名叫南希（Nancy）的难民女子合伙开了一家女帽店，还在家里招租房客。汉弗莱只好将自己的那匹马卖掉，接着又从文法学校退了学。

罗伯特下葬在拉真教区的教堂庭院后，这里就成了汉弗莱心中的圣地。他会不时地从彭赞斯走小路，穿过古尔瓦勒村（Gulval）——他曾在这里驻足，以圣迈克尔山为对象作画——经过农夫低矮的石砌房舍，再钻过一片树林，来到一处很有气势的高岗。用燧石砌起的教堂就建在这里。他会在这里背靠墓碑坐在地上向南眺望，目光越过彭赞斯最有名气的外科医生与药剂师约翰·宾厄姆·博莱斯（John Bingham Borlase）医生家的房顶和田野，眺望康沃尔的蔚蓝海面。

戴维一生中最富才气、神秘感也最强的诗文之一，就与拉真教区教堂的这片墓地有关。这首诗或许是事隔多年之后写的，甚至也可能完成于行将结束人生旅程之际，但它吟咏的无疑是戴维少年时前来此处时的伤感。不过，伤感归伤感，全文却没有一处以宗教弥合感情伤口的字句，完全是从一种纯粹唯物的哲学角度抒发的。诗中说到"在阳光下起舞"，但起舞的是构成自己已逝祖先肉体的原子，而不是什么灵魂。诗中的一节有这样两句："并不见他们的灵气，前来唤起我的精神"。事实上，这首并未完成的诗作带有一股非正统的原始唯物情调，与经常表现在康沃尔地区的那种崇拜岩石、膜拜阳光的文化在内涵上十分一致。

这首诗还是不押韵的自由体，这在戴维的诗作中也是不多见的。诗中所写的，是一系列对事实的陈述，给出的都是客观观察的准确结果，简直像是摘自以速记形式写成的实验报告——

> 在这些白色的石板后，
> 是我先祖们的坟茔，
> 看到上面刻的名字。
> 泪水便涌上了眼睛。
>
> 这里是寸草不生之地，
> 因为在地下深处，
> 在黑暗和寂静的笼罩中，
> 生命体已回归为起步的原子。
>
> 年复一年，日复一日，

生命体的血液湿润着空气，
饲喂着饥渴的种子，
当年的生命维系着今天的生命……

尘泥下不存在思想，
冰冷的棺木中没有感情，
彼等早已进入另外的世界，
到了齐天的所在。

彼等使星辰发光，
还在阳光下起舞，
又来到彗星这里，
栖止于白色的云气中。[8]

  约翰·汤金明显地感觉到，这个少年如今颇有些魂不守舍，应当将他召唤回来，引导他在人世间有所作为。当地最有名气的医生就是约翰·宾厄姆·博莱斯，其父是英国皇家学会会员、全康沃尔郡有名的文物专家和植物学家，当年还是拉真教区的教长，又在科学界有许多知交，其中就有奥利弗饼干的发明人威廉·奥利弗①。博莱斯医生还兼开着一家药房，又是汤金的老朋友，也任过几届彭赞斯市市长。出于汤金的安排，1795年2月10日，不久前才满16岁的戴维被送到博莱斯的药房当学徒。药房就开在集有市场街上，紧挨着白鹿客栈。戴维的学徒期定为7年。②

---

① William Oliver（1695—1764），英国内科医生。奥利弗饼干又称巴斯奥利弗甜饼，是他发明的一种风味食品，提供给来温泉胜地巴斯（他在这里行医）疗养和治疗风湿病的人作为茶点，后来被他的马车夫发展成为享有盛名的地方特产。——译注
② 博莱斯开设的药房如今仍然在当年的老地方营业，只不过改了名称，叫作皮斯古德药房。当年为学徒制定的《学徒守则》也还镶在镜框里，挂在药房内间配药室的墙上。按照这一守则的规定，学徒每天的工作时间是从早7时起，直到晚8时"关好百叶窗"时止。种种规矩不但很严，诸如"在药房营业时间内，一律不得嬉笑打闹，亦不得聊天闲逛"等，还开列得十分琐细，如"粘贴标签须用胶刷或者浸水海绵，一概不得用口水润湿标签。咬拔软木塞、粘贴标签时以口水代水、点数纸张时舔湿手指，均为不洁与不雅行为，一律属禁止之列……站柜台时绝对不准马虎应付……"。（转下页）

就这样,戴维又搬回到恩公汤金的寓所——就在博莱斯所开药房的对面。阁楼上有几个房间,都归他安排使用。他将其中的一间改造为绘画与实验两用的工作室。汤金的慷慨一如先前,给他提供了绘画材料、化学药品,还有一些实验室的基本设备。他晚上还去母亲那里,向一名租客、自称来自法国的神职人员迪加(Dugast)先生学习法文。不过这可能只是理由之一——还有一个可能,就是去与那名来自旺代的难民南希小姐盘桓。[9]

戴维后来告诉弟弟约翰说,这一时期是"自己一生中的一个危险时期",换个委婉的说法,就是"不时被歪念头迷了心窍"。[10]有传闻说,他曾在这一时期陷入爱情纠葛,也在情场失意过。此间他还创作了不少作品,有相当一批十四行诗,但都没能留存下来——恐怕是因为用法文写的缘故;保留下来的其他作品也不多,有"礼赞八篇",四幅"康沃尔风景画",还有一部爱情长诗,从内容看不妨称之为《爱尔兰的窈窕淑女》。

在这部长诗中,戴维以巧妙的借代手法,描写了爱尔兰——没有直接写成法国旺代——一位美丽姑娘的经历。她生活在17世纪,因逃避当地对新教徒的宗教迫害,离开了自己的家乡。当她搭乘的船只行驶到康沃尔最西南端的兰兹角(Land's End)时,船撞上礁石失事,她也不幸遇难。嗣后,当地渔民在海上遇到暴风雨时,会不时见到她坐在岩石上,身体半裸,嘴里衔着一枝玫瑰花,引诱渔夫前去送命。[11]这首诗歌很可能就是以南希小姐为原型的,但也的确沿用了凯尔特人的民间文学。在德文郡和康沃尔郡沿海一带的百姓中,有一个广为流传的故事,说的是大海里有一个美丽的害人妖女,专门勾摄年轻男人的魂魄,令他们非疯即死。瓦格纳①以流传在法国布列塔尼半岛的凯尔特人的传说为背景创作的歌剧《特里斯坦与伊索尔德》,约翰·福尔斯②根据流传在英国南部沿海莱姆里吉斯

(接上页)20年后戴维入主英国皇家研究与教育院,要给院内人员立些规矩时,想必是回想起了这些守则的吧。——作者原注

① Wilhelm Richard Wagner(1813—1883),德国作曲家,尤以歌剧创作著称,有大型歌剧系列《尼伯龙根的指环》等问世。这里提到的《特里斯坦与伊索尔德》是一部三幕歌剧,以流传在法国布列塔尼地区凯尔特人的传说为背景,其实是瓦格纳本人一段恋情的写照。此歌剧被视为古典浪漫音乐的终结,新音乐的开山之作。——译注

② John Fowles(1926—2005),教师出身的著名英国小说家,书中提到的《法国中尉的女人》是他最著名的作品(有中译本,陈安全译,南海出版公司,2014年)。——译注

地区（Lyme Regis）的传说写出的小说《法国中尉的女人》，也都是同一传统的产物。对戴维来说，他笔下的这位姑娘，也是诱使他离开科学的吸引力量，这种力量对他后来的生涯有不小的影响。还有一种力量也在影响着戴维，不过不那么强烈。这反映在他的另外一部抒情长诗《芒特湾》（未完成）中，诗中以质朴的文字写出了他对爱犬克洛艾的感情。

法语无疑是抒发爱情的语言，用来写十四行诗自然很理想，不过它也是启蒙时代科学交流所用的语言，是拉普拉斯、拉马克（Jean-Baptiste de Lamarck，1744—1829）和居维叶所用的语言，是第一部真正意义上的百科全书①所用的语言，也是多种传记辞典②所用的语言，还是当时唯一能同英国皇家学会在科学上分庭抗礼的法兰西科学院所使用的语言。而最重要的，它更是当时最杰出的化学家安托万·拉瓦锡使用的语言，这就使它对戴维有非常强大的吸引力。

戴维自离开学校后，便一直勤奋读书。他找到了几处看书的来源：汤金和博莱斯都同意他接触自己的私人藏书——这可是对这个青年人很大的优待了。镇上的那家预约制图书馆他也利用上了。经人引见，他还结识了本地一家书香望族的子弟，此人名叫戴维斯·吉迪，曾就读牛津大学，住在面对圣迈克尔山的滨海村庄马拉蔡恩（Marazion），自己有一个不小的科学图书收藏馆。戴维每周有一天不用去药房工作，他就利用这个时间，步行去吉迪那里，向他借书看，还就自己读过的内容与主人进行热烈讨论。

就这样，戴维的学识惊人地、迅速地丰富起来。他博览群书，包括荷马、卢克莱修、亚里士多德等人的典籍，弥尔顿和詹姆斯·汤姆逊等人的诗歌，法国的科学书籍，特别是布丰、居维叶和拉瓦锡的著述。不久前

---

① 指由法国著名学者达朗贝尔（Jean-Baptiste le Rond d'Alembert，1717—1783）和狄德罗主编、邀请法国各界学者编写条目，于1772年完成的《百科全书：科学、艺术和工艺详解词典》，共28卷，71818条条目，2885张插图，远远超过西方自古以来的所有同类工具书。更重要的是，它体现了启蒙时代的革命精神，即坚持政治与思想的自由，用科学方法检验与改造现有的一切存在。坚持这一信仰的思想家与改革家，也因之得名为"百科全书派"。——译注
② 指由若干法国学者编纂的人物传记辞书，有的是综合性的，也有的是分门别类的，代表作为法国历史学家约瑟夫-弗朗索瓦·米肖（Joseph-François Michaud，1767—1839）于1802年开始撰写的45卷本巨著《传记全书》。——译注

刚刚问世的威廉·恩菲尔德①的双卷集《哲学史》——它可以说是欧洲最新版的自然科学史（1791），戴维是如获至宝般读完的。他后来自嘲这一阶段的知识水平说："获得真知的第一步，是不要怕丢面子，敢于自认无知。"[12]

父亲的死，加上此事引起的一系列变故，无疑对16岁的戴维产生了很大影响。影响之一，就是促成他智力的豁然开朗并保持终生。这段时间的戴维除了写诗，又开始记起日记来。他给自己制订了读书计划，安排了活动时间表，还写出了一系列与宗教和唯物论对比的文章。1796年，他完成了两篇文字，一篇是《论数学》，另一篇是《论知觉》。它们都以昂扬的笔调，探讨了唯物论的意义。在他看来，人的身体是"精细的机器"。他还给出了"灵魂"不可能存在的证明——用的是三段论演绎法："灵魂"按说应当是不灭也不变的；而人体的包括头脑在内所有已知部分，却都是匆匆过客，又都无时无刻不发生变化；"所以灵魂是不存在的。证毕"。[13]

有一种中风病，会导致病人一侧的身体瘫痪，因此也叫半身不遂（戴维的父亲得的就是这一种），得了这种病后，除了行动不便之外，"知觉和记忆"也都会受到影响。这说明人脑这个物理存在，就是"一切思想和情绪"的唯一中心。人们并不是一出生时便神乎其神地带着智慧和魂魄来到世界上的。恰恰相反："孩子出生时，并不比毛毛虫强多少，连按自己的意愿动动身子都做不到，更不用说什么自卫能力了。"就是通过此类的思考，戴维得到了更大的动力，也对自由有了日益强烈的向往。他在自己工作志的第61页上，抒发了这样两条感悟：一是"人们的幸福感是没有止境的"；二是"科学的完备性是绝对不确定的"。[14]

他在同汤金一起打台球时，会想到根据它们彼此的碰撞进一步推演出牛顿三定律。他在读过詹姆斯·汤姆逊的著名系列组诗《四季》后，也仿效此诗的风格，写诗吟咏大自然的能量，诗名为《暴风雨》。他还写了另外一篇自勉的长诗，诗题为《天才之子》。这首诗写于1795年后的某段时间，完成后经多次修改，最后于1799年发表②——

---

① William Enfield（1741—1797），英国神职人员，有多部著述问世。——译注
② 全诗共分32节，本书作者在这里只给出了其中并不相连的三段。——译注

乘上牛顿力学的翅膀，
在明亮的星空中翱翔，
逐一探询自然定律，
——科学用来和平治理的根据！

天才之子一路遨游，
遍历大小所有成就，
认识到永远的欢愉，
来自美好、高尚、永恒的希冀。

给予天才的回报，
应是姓名被人们记牢；
是他们折桂的声名，
永远伴着缪斯的竖琴声。[15]

二　自学化学

1797年，戴维突然迷上了化学。化学与人们对物质世界本性的基本观念是密切相关的。而在当时，这些观念正处在根本变革的前夜，化学这门学科正在坐上"浪漫科学"的金交椅。古老的炼金术开始被合格的实验取代，精确的测量得到实施，人们对燃烧、呼吸和化学结合等基本过程，也都形成了新的理解。

正是这片令人兴奋的新天地，吸引了戴维的注意力。他能够阅读英文和法文的化学资料，而在此过程中他发现，这两类资料往往其说不一，这便更加深了他的冲突感和介入意识。他的主要化学参考书有两本。一本是英文书，威廉·尼科尔森（William Nicholson，1753—1815）著的《化学词典》（1795）。此著述对该领域的当前水平进行了全面翔实的介绍，回顾了化学从炼金术发展起步的由来，并对未来化学所将面临的挑战与将会形成的理论做出预言。另一本是法文书，安托万·拉瓦锡在1789年出版的《化学基础论》。这本简明扼要的划时代著述提到了有关"氧"和"热质"的新理论，还开出了一份新的元素名单，又针对化学物质的命名方式提出了一种全新的方案。这两部参考书都是约翰·汤金的藏书。

戴维意识到，当今的时代已经不再属于炼金术士，对化学实验进行变革的重要时代业已降临。他将这一认识激动地写进了自己的工作志，如同发布了一篇追求智力自由的铿锵宣言。他也将这一理念写进了他日后发表的第一篇文章。文中这样说道："从炼金术的废墟上崛起的化学，虽说依然扛着燃素（phlogiston）的枷锁，但已经是自由之身，并且披戴上了哲学理论的美丽衣冠。普利斯特利、布拉克①、拉瓦锡，以及欧洲的其他在这一科学领域工作的哲学家们所做出的大量发现，为人们日益强大的思维力量提供着辉煌的凭证。"[16]

古希腊学者亚里士多德所建立的"四元素说"，即所有的物质都由土、气、火与水这四种不会改变的基本成分构成的说法，如今已被彻底推翻。它们的实际情形其实都不符合各自的表象。先是在1780年人们开始觉得，这四种元素中最基本的一种——水，其实有着进一步的构成。这一点于1785年2月28日得到了拉瓦锡在巴黎火药局当众进行的一次著名实验的证实，确认它可以发生"解体"，最后生成可压缩又可舒张的氢气和氧气。[17]到了1800年，威廉·尼科尔森和安东尼·卡莱尔（Anthony Carlisle，1768—1842）在《尼科尔森杂志》上宣布，他们以电解的方式重复了拉瓦锡的这一实验，再次得到了同样的结果。②戴维不会不注意到，这后一次实验表现出了方法简单而结果明确的特点，而这又与用到了当时刚出现的一种新事物——伏打电池，又称伏打堆——有关。

长期以来，火被约瑟夫·普利斯特利和其他一些人视为一种神秘的可挥发物质——"燃素"。不过在不久前，拉瓦锡通过分析得出了不同的结论。他提出，火其实是碳和氧气迅速结合的表现。由于是结合，生成物就

---

① 文中没有给出此人全名，估计是指英国物理学家与化学家、潜热与比热概念的提出人约瑟夫·布拉克（Joseph Black，1728—1799）。这一姓氏后文还出现过一次，估计仍是指此人。——译注
② 拉瓦锡的实验并非将水分解，而是使氢气（由酸与金属反应制得）在空气中燃烧，根据有水生成的现象做逆向推断，据此断言水并不是元素。尼科尔森和卡莱尔则是用伏打电池的电流对水电解（加入酸类以加强水的导电性）来收集氧气和氢气，其实验的现象直接、明显而迅速，因此也更有说服力。——译注

会比各自原来的重量增大，而不是变轻。这就是说，所谓"燃素"会通过燃烧而从物质中释放出来的说法（仍然是普利斯特利的解释），尽管看上去煞有介事，听起来也头头是道，却是根本不存在的。不过拉瓦锡同样认为热本身也是一种物质，因此给它起了个名字叫"热质"。

至于到处都有的"气"，新近出现的气体力学研究，也指向了同一方向。一般的空气是以氧气和氮气为主、外加少量其他几种气体的有弹性的混合物。动物的呼吸会使空气发生很大变化：氧气被肺提走，输送到血液中，二氧化碳则被肺排出。普利斯特利和拉瓦锡在这两点上的看法是一致的。对于植物来说，发生的是相反的过程：植物会"将被因燃烧或者呼吸败坏的空气恢复过来"。植物通过光合作用吸收二氧化碳，然后将氧气还给自然系统。证实这一过程的不是拉瓦锡，而是普利斯特利。他是用气泵和与外界空气隔绝的曲颈甑进行的实验做到这一点的。它也成为一项经典实验，并收入他的《对若干种空气的实验和观察》六卷集著述（1774—1777）。[18]

这几项发现，给出身于德比郡的画家约瑟夫·赖特和年轻的女诗人安娜·巴鲍德（Anna Barbauld，1743—1825）带来了灵感。这两个人时常前来普利斯特利建在威尔特郡（Wiltshire）伯伍德别墅的实验室参观。不过在这个阶段，植物界与动物界之间微妙平衡的重要意义，还没有得到清楚的认识。①

---

① 普利斯特利对自己在1775年所做的一项实验做了生动的记录。在这一实验中，他将一只老鼠放进一只气泵，它在泵内生存了半小时后死去，由此证明空气内的"脱燃素空气"（即氧气）是维持动物呼吸的成分。可参阅珍妮·乌格洛（Jenny Uglow）所写的《月光族：1730—1810年间的一批开创未来的志同道合者》（有关原书信息见参考文献部分。——译注）一书。这一记录或许还涉及另外一方面的内容。正如安娜·巴鲍德从接受实验的这只老鼠的角度所说的，这只"生为自由之身"的动物，被残酷地关进实验设备窒息而死。她还以此为题写了一首感人的小诗，为它的生存权利呐喊。或许这是第一篇呼吁保护动物权益的檄文：

　　小老鼠孤苦零丁，
　　遭囚禁关入网笼，
　　不知将遭何下场，
　　颤抖中熬到黎明……

（转下页）

"四元素"中的最后一种——"土",如今也被纳入同一设想,认为既然常能从土壤里找出种种碱类物质,如苏打和钾碱,其中也应当存在更基本的成分。

世界由"四元素"构成的概念受到质疑,乃是科学革命的结果。推翻这一观念,其对化学的影响,直不啻哥白尼提出的地球不是太阳系中心的理论,也有如——至少有一些人这样认为——罗伯斯庇尔[①]提出的"平民为贵,王权为轻"的政治理念。更何况这样的认识**有违直觉**,既不符合常理,又不遵从"眼见为实"的古训呢。难道水和空气不是最基本、最简单的成分吗?的确不是。根本不是。通过化学实验和科学设备可以证明,这两样东西确实不是人们直接感受到的情况,正如牛顿通过光学试验,用棱镜证明白光并不是眼睛直接看到的一片纯白,而包含着彩虹中的所有色彩一样。歌德曾在思考科学所具有的反直觉性后说道:"人们在试图认识寓于现象中的固有存在时,往往会甚至基本上会因得到与常识相悖的结果而感到困惑。哥白尼体系所依据的观念是不容易把握的,即使在今天,这一观念也是与人们的感官认识相左的(如看到太阳是升起的)……植物的生长也同样悖逆着人们的感官。"[②][19]

戴维这个年轻人之所以迷上化学,固然是由他想要通过在这一领域的努力显示自己日益发展的智力潜能与创造本领决定的,但也与他喜欢化

(接上页)
    阳光诚可爱,
    空气更系命,
    皆为上天的仁厚赐予,
    供大自然的子民享用。

    明智的科学头脑,
    应充满仁爱之情,
    顺承造物之意,
    平等善待众生。

    ——《终夜遭囚小鼠向普利斯特利博士吁请》(1773)。——作者原注

① Maximilien Robespierre(1758—1794),法国大革命时期的政治家和强力推手,站在极左立场上大开杀戒,力主将法国国王路易十六和王后以及数量惊人的法国人,包括拉瓦锡这样的著名学者送上断头台,但不久自己也得到更左者的同样对待。——译注
② 《歌德箴言录》,武铎编,学苑出版社,1993年。——译注

学研究中所涉及的精确技术的挑战不无关系。当时的化学所面临的首要任务，就是将种种化学物质一一彻底分解、精确称量和准确记录，以确知最终的真正成分。当时已知的此类基本成分——称为"元素"——已经有12种，第一种是氢，继之为碳、氧和氮，等等。预期还会发现更多种，后来它们都进入了所谓"元素周期表"。周期表的概念最早是约翰·道尔顿于1808年提出的，当时他认定的元素有20种，后来又于1869年经俄国化学家德米特里·伊万诺维奇·门捷列夫（Dmitri Ivanovich Mendelayev）整理，排列成扑克牌戏"接龙"式的若干串。

接下来的一项很重要的工作，是进一步认识由普利斯特利和拉瓦锡所定义的三个化学转变过程，即燃烧、呼吸与氧化。在此之后，便是将化学引入人们的生活环境，以认识人的肉体活动与思维行为的机制，了解医药和治病的内在原因，以及掌握戴维所说的"有机存在的规律"。这一切结合起来，便提供了认识地球上生命奥秘的钥匙。这正是展现在新一代人面前的广阔的用武之地。迎接真正化学巨擘降临的时机已经成熟。对于这一形势，英国皇家学会会长约瑟夫·班克斯是比其他任何人都更清楚地意识到了的。

若干年后，也就是在1811年，戴维在他的地质讲演中，出乎意料地赞扬起帕拉采尔苏斯[①]和大阿尔伯特[②]等当年的炼金术士来。他还特别赞扬了历史上的第一位女化学家、传说中的人物希帕蒂娅（Hypatia，370—415），并以他特有的热情，称颂这位公元4世纪的女子是一位"冲破满天阴霾，单独照亮天庭的明亮星宿"。他还在自己的最后一本著述《旅行的慰藉：一名哲人的最后时日》（逝世后于1830年出版）中，就这个题目进行过发挥。[20]附带提一句，玛丽·雪莱也对这位奇女子有浓厚兴趣。

长期以来，安托万·拉瓦锡一直是欧洲执牛耳的化学家。1768年时，这位年方25岁的年轻人便入选为法兰西科学院院士，又一手在巴黎火药局建起了当时最完备的化学实验室。他凭借着挂在税务局名下的农业征税官

---

① Paracelsus（约1493—1541），医生与炼金术士，生于瑞士，足迹遍及欧洲。他热衷于炼金术的目的之一，是制出治病的新型药物。在这个意义上说，他是医药化学的创始人。——译注
② Albertus Magnus（1193—1280），德国主教，又得到圣大阿尔伯特（Saint Albert the Great）的称号。他对炼金术有浓厚兴趣，据信曾成功地分离出化学元素砷。——译注

的职务弄来大量钱财，投入到自己的科学研究之中。他的实验室里装备有当时最复杂和最昂贵的仪器设备，如让·尼古拉·弗丹[①]造的精密分析天平，据说值600利弗[②]。他还娶了一位美丽而又绝顶聪明的太太玛丽-安妮·波尔兹，并将她培养成为自己的全职科学同道。

这位玛丽-安妮嫁给拉瓦锡时只有13岁。她掌握了英语后，将普利斯特利和卡文迪什的科学论文全部都译成法文，而且每当他们发表一篇，她就翻译一篇。她还是拉瓦锡的实验助手，帮他润色文章，并为他的《化学基础论》画了全部插图。1794年拉瓦锡被法国大革命的最高权力机关国民公会判处死刑（罪名是侵吞税收），使法国科学蒙受了巨大灾难。玛丽-安妮也险些未能幸免，而她的父亲却和拉瓦锡在同一天被送上断头台，而且紧跟着死在他那才华不世的女婿之后。[21]〔执行死刑的地点，就是如今巴黎的协和广场（Place de la Concorde）。〕

拉瓦锡在他的《化学基础论》一书中，写了一篇很有影响的长达七页的序言，勾勒了自己的科学方法。这篇文字强烈地唤发了戴维这个年轻人的想象力。拉瓦锡以高度简明扼要的文字，说明了精确实验、认真观测和准确测量占压倒地位的重要性，指出在大自然面前，科学人员首先应当表现出来的是尊重与关注。"当我们开始研究任何科学时，我们就处于某种情境之中，重视该门科学，就像关心孩子一般……除了必要的推断以及实验和观察的直接结果之外，我们不应当形成什么观念……**除了从已知到未知之外，绝不任意前进。**"[③][22]

诚然，拉瓦锡并不是最早强调科学观察和注重取得精确结果的重要性的人。[④]他在书中引用了哲学家艾蒂安·孔狄亚克的评述："不是对我们

[①] Nicholas Fortin（1750—1831），著名法国工匠，善造精密天平。——译注
[②] Livre，法国的古代货币单位名称之一，在波旁王朝期间与前文（第三章第一节）提到的金路易和银路易（埃居）共同流通，三者后均为法郎取代。最初的1利弗价值相当于1磅白银。——译注
[③] 《化学基础论》中译本序言。强调字体为本书作者所加。——译注
[④] 读了拉瓦锡这篇写于1789年的序言，自然会令读者想要知道，人们究竟是从什么时候起，开始**站到真正客观的立场上**认真探究自然界的事物的呢？对自然现象进行切近与细致的观察的历史是有文字可考的。罗伯特·胡克1644年的《显微图》（*Micrographia*）中就有对跳蚤和其他微小生物的精细插图，出色地观察到了肉眼无法看到的微小世界。不过，如果从精确乃至客观的角度考量，合格的观察还是（转下页）

希望了解的事物进行观察，而是赋形于想象"[①]［而这句话又转引自弗朗西斯·培根（Francis Bacon，1561—1626）］，还引用了牛顿、哈雷和胡克等英国皇家学会早期会员的观点，批评了笛卡儿侧重臆想的理论构筑方式。拉瓦锡对英国极有好感，他赞赏培根的发现观，并自己着手将实验科学的目的和观念引入浪漫时期的思想历程。拉瓦锡的这一目的，戴维一直是身体力行的，直至完成自己的最后一部著述——《旅行的慰藉：一名哲人的最后时日》——中题为"化学哲人"的一章时都不曾偏离过。[23]

戴维开始自己搞实验了。第一份证实文字来自他的弟弟约翰："他用的仪器尽是些小玻璃瓶、酒杯、茶杯、烟斗，以及用普通陶土烧制的坩埚之类；化学药品也无非是些配药用的常用矿物酸和矿物碱什么的。他最早的实验是在汤金先生给他当作卧室用的房间里进行的。"[24]戴维在自己的一本笔记的封面上，用墨水精心画出了一只用橄榄枝编的头冠和位于头冠中心的一盏灯，用意自然是被科学光芒笼罩下的诗意。他还在另外一个笔记本的封面上写了这样几个戴维气十足的字："牛顿与戴维"。

按照拉瓦锡的基本设想，热是一种独立的元素。他还给它起了个名字叫"热质"。然而，戴维让两大块冰在真空环境中相互摩擦（也就是造成运动）的结果，是在这种无物可以逃遁的环境中，冰虽然一点点地融化，但它却没有任何"热质"释放出来。这让他在一阵幸福的眩晕中，觉得证明

（接上页）在浪漫时期展开的，对此有18世纪60年代以后的种种工作志和信函为证。约瑟夫·班克斯和他的远征伙伴在南太平洋海域旅行时所做的记录，吉尔伯特·怀特对汉普郡、柯尔律治对萨默塞特郡、多萝西·华兹华斯对湖区的描写，都说明了对事物朴素而准确、而且几近圣洁的关注。威廉·赫歇耳也撰写过一篇针对天文学的特点评述客观观察本性的出色的论文。歌德同样在1798年的《经验性观察与科学》一文中，评述了主观表现会带来的普遍问题。1788年，爱德华·詹纳在英国皇家学会的《英国皇家学会自然科学汇刊》（*Philosophical Transactions of the Royal Society*）上发表的《对杜鹃的博物学观察》中，讲述了他所观察到的杜鹃幼雏如何在它占领的麻雀巢里，将满巢小麻雀都弄死的惊人观察结果。他以平静的语气与敏锐的观察，道出了杜鹃幼雏（眼睛还没有睁开）如何无情地将"对手"——比自己弱小的麻雀幼崽向巢边拱去，直至它们都掉出巢外为止。他的叙述既有充分的道德寓意，但又保持着完全客观的立场。可参阅蒂姆·富尔福德编写的《1773—1833年期间的浪漫主义与科学进取》，第四卷。——作者原注

① Étienne Bonnot de Condillac（1715—1780），法国哲学家。在认识论方面颇有影响，是反对笛卡儿的"天赋观念论"的代表人物。书中此句引言摘自他的《人类知识起源论》（有不止一种中译本。）——译注

了所谓的"热质"不可能是一种化学存在物，由是表明这位最著名的法国化学家居然搞错了。不过，摩擦的发热效应已经由朗福德伯爵在慕尼黑（Munich）通过演示（在大炮的金属部件上钻孔）得到了证明，而戴维也没能完全理解拉瓦锡的这一词语。尽管如此，大喜过望的戴维开始撰写一系列半实验半揣测的论文，总标题是"对热与光的研究"。

1797年夏天，格雷丝·戴维家里来了一位新房客。此人是一向大力关照戴维一家人的汤金介绍来的，名叫格雷戈里·瓦特（Gregory Watt，1772—1804），是伟大的英格兰工程师詹姆斯·瓦特的儿子，一个公子哥儿气十足的人物。他时年25岁，是"月光会"最年轻的会员，有着过人的资质，然而身体羸弱——可能患有肺结核病，而且心态不很健全。[25]他毕业于格拉斯哥大学，主修地学专业，如今住到康沃尔郡来，是由于医生认为他患有"神经性疾病"，需要易地疗养。

一开始时，戴维对格雷戈里还有些戒备，但两人很快就成了腻友。戴维领着格雷戈里在野外到处游逛，看地质构造，下锡矿矿井，还居然跑到附近的惠尔镇（Wherrytown），天不怕地不怕地参观那里位于海下的矿井。他们采集了大量的矿物标本，晚上便一起出门喝酒。格雷戈里开玩笑地称比自己足足小了6岁的汉弗莱为"我亲爱的炼金术士"，还说他愿意充当戴维"对酒当歌的领路人"——有可能是以拉瓦锡（说不定还包括那位南希小姐）为酒引子大饮法国酒水吧。[26]若干年后，戴维在做地质讲演时，仍会深情地回顾他们当年的出游。格雷戈里向父亲提起了戴维，而这位著名的发明家也在给自己在布里斯托尔的朋友托马斯·贝多斯的信中谈到了这位有才能的青年。

在瓦特一家人眼中，托马斯·贝多斯是个不谙世事的圣徒，是除却科学便一无所知的白丁。他虽是医术高强的内科医生，又是讲课的高手，但他却因为坚持（而且不讲策略）无神论观点和在英国以共和制取代君主立宪制的主张，被迫辞去牛津大学的教职。他是伊拉斯谟·达尔文的朋友，也普遍受到伯明翰"月光会"会员，特别是瓦特父子的善待。康沃尔郡的戴维斯·吉迪——就是同意戴维使用自己丰富藏书的那个富家子弟，是他在牛津大学教书时的得意门生之一。

贝多斯家住布里斯托尔市克利夫顿区（Clifton）罗德尼场（Rodney

Place），本人对欧洲的科研状况有全面的了解，还可能是英国西南隅拥有最新最及时的科学藏书的人物。他很推崇拉瓦锡，认为他"通过对看不见摸不着的事物的研究……实现对……火、电和磁的切实理解"[27]。还在1798年英国处于同法国交战的期间，他便按照自己的构想，创建了一处平民诊所，这就是布里斯托尔气疗诊所。诊所选址定在霍特韦尔斯区多瑞坪（Dowry Square）6号和7号两处。这里地处一座小山坡，俯瞰着埃文河。贝多斯现年38岁，心里有个大夙愿，就是搞起一个非常新型的医疗所，免费为平民百姓提供药物治病，并进一步研究药物、食物和可吸入性气体的药效。他觉得自己到了如今这个年龄，该是付诸实施的时候了。

兴办这个诊所的想法，是他在1794年萌生并一直念念不忘的。通过布里斯托尔的一名出版商约瑟夫·科特尔（Joseph Cottle，1770—1853），他印发了一些理想主义味道十足的小册子和调查表，呼吁社会各界给予财政支持和医疗帮助。他在小册子中这样写道："本诊所将实现最大程度的开放，以使所有人均得受益，其所需开支估计当为3000—4000英镑。"为了使捐助者放心，他还找了伦敦财源茂盛的库茨银行为自己的诊所开了账户。[28]

在创办气疗诊所之前，贝多斯已经进行过用鸦片和毛地黄等药物治疗多种病痛（主要是肺结核、瘫痪和中风）的尝试，也试验过食疗这一方式。气疗这一新念头是他根据所发现的存在于人的呼吸运动中的化学过程悟出的。他认为，通过吸入方式进入人体肺脏的某些"特定气体"会进入血液，并进而影响全身，改变人的机体，这便有可能用于医治严重病症。1794年10月31日，他在写给戴维斯·吉迪的信中说："已有确凿事实证明，使用气体治病是可行的和大有发展前景的。比如，目前便有非常充分的理由相信，某些气体便可以对抗恶性肿瘤这一最可怕的疾病，减轻其带来的恐怖和危险。"[29]

按照贝多斯的预想，这一诊所每周将诊视300名门诊病人，并附设十几张床位，对多数病人免费施诊。[30]不过要维持诊所的运营，就得有经济来源，而善款通常是很难筹措的。贝多斯想出了一招。据他了解，本地的贵族人家似乎总是有这个病那个痛的，因而会有接受气体治疗的需要。这便使他萌生了向这些人推销便携式气体吸入设备，以挣来足够经费的念头。不过，要制造设备，就得筹来启动资金。他向吉迪张口，结果筹到了350英镑，也得到了詹姆斯·瓦特的支持。他还通过约瑟夫·班克斯向英国皇家学会公开申请，又走了德文郡公爵夫人的私人门路。他知道这位公爵夫人生性好赌，便将筹款变成打赌，即表示自己"有医治痛风的新办法"，愿意为此借500几尼的押头，如果不灵，甘愿赔付5000几尼。他还指望从英国皇家学会也筹来同样的款项。[31]他又向另外一名贵族兰布顿勋爵威廉·亨利（William Henry）筹款并大获成功。这位贵族慷慨地提供了所需款项的大部分，条件是请贝多斯在罗德尼场自己的家里教育他的几个儿子。

贝多斯主张为公众提供免费医药的观念，自然是与其共和理念密不可分的。第二年春天，他在写信告诉吉迪自己正在治疗一名年轻女子胃溃疡的进展时，附带发表了一通时事评论说："我们这位当年的爱国者小威廉·皮特怕要撑不下去了吧？"还不无讽刺地在信中附上一条固定帽子用的褐色装饰缎带，带子上面用金黄色印出这样一句爱国口号："皮特招数多多，请买扑粉资格！"①[32]

气疗诊所是一项善举。当时种种慈善事业相当盛行。就当贝多斯在布里斯托尔筹办自己的诊所时，柯尔律治和骚塞也在尝试着另外一项乌托邦式的事业，即在美国的萨斯奎汉纳河（Susquehanna River）流域建立一处自治性的村社。[33]为开展这一堂·吉诃德味道十足的诊所业务，贝多斯需要聘用一名助手。这名助手不但要年轻能干，还得要有务实精神。戴维斯·吉迪向他推荐了戴维。贝多斯在1798年7月给戴维斯·吉迪的复信中，认真地谈到了这个机会："我比别的任何人都提供着更美好的丰富成果，也借此获得财富的最直接的机会……他［戴维］必须先在我这里全心全意地干上两至三年……这其实是他应当掌握的医药学业的一部分……他无须懂得治疗这种或者那种疾病的医术，只要能够对治疗结果做出明晰的（包括否定性的）结论，就足够称职了……我将乐于［将这些内容］收进我的第一卷著述的开篇处。"

---

① 1795年，时任英国首相的小威廉·皮特决定对扑发粉的使用者征税，并将征得的税款用于支持英国在国外进行的战事。（1795年，此时他正担任首相一职，英国国会为筹得更多的款项通过法案，规定凡拟使用假发粉者需按年度交纳一种专门特许税。此税项于1869年被蠲免。——译注）当作者在特鲁罗市档案馆打开存放贝多斯资料的套夹时，他当年附在信中的缎带便从一封信中滑了出来。看到它时，作者也不禁发出了一声共和派式的呼喊，险些将口中的饮料都喷了出来！——作者原注

事实证明，贝多斯的这一打算，为戴维提供了发表自己科学成果的第一个机会，也给了他一个既能搞研究，又能有经济收入的工作。[34]

在戴维斯·吉迪的举荐下，戴维与布里斯托尔的贝多斯进行了书信联系。戴维在信中洋洋洒洒地讲述了自己有关燃烧和呼吸的"新理论"。他表示自己已经形成了一系列有关气体、电和热的其他论文，此外还有更加别有见地的见解，探讨的是有关来自星光的宇宙能量。贝多斯热切地一一阅读了这些论述，又在听取了詹姆斯·瓦特的评价后，决定聘用戴维做气疗诊所的助手，此时他还不足20岁。

戴维还有他的恩师汤金都清楚地意识到，由此踏进医药领域的重要性。这里说的是医药，还不是化学或物理学。在当时，以化学或物理学为职业的专业队伍尚未形成，就连专门代表这些人的特定名词——科学家——也还没有出现。戴维此时追求的是，以医药为自己的职业，为此还在后来去牛津大学攻读了一个医学学位，并在这个领域一直工作到30岁。不过，他在该领域中发挥的最大作用是，充当英国社会中的科学公众人物，而这一职能也是他后来做出最大贡献与取得最丰硕成果的领域之一。[35]

1798年10月1日，戴维正式终结了与药房的学徒合同，离开彭赞斯，前去布里斯托尔的"医学气疗研究与诊治所"就任管理职务。无论从地点说，还是从工作性质看，这都使其迈出了重要的一步。一贯帮助他的汤金十分支持，而其母亲却很不放心，送他离开时都哭了。弟弟小约翰更是难过得不得了，怎么劝都不管用。就这样，戴维坐在马车的车顶上——这里的车费便宜些，开始踏上这漫漫之旅程，绕过达特穆尔坡岗地，又经过埃克塞特市，一路向东进发。在沿途上，他看到村村户户都悬挂着彩旗和飘带，一打听，原来举国正在欢庆纳尔逊在尼罗河河口海战中战胜了法国人呢！只不过这么一庆祝，倒像是人们一路都在欢迎他——汉弗莱·戴维、来自彭赞斯的一位天才人物哩。

到了布里斯托尔市霍特韦尔斯区后，戴维见到了贝多斯。他发现这位先生"矮得可以，胖得出奇"，不过脾气很好，还有些心不在焉，而且如果不是事关科学问题和理论探讨，他"几乎从不吭声"。贝多斯患有哮喘病，因此讨厌所有的体力活动，只是对他的公益保健事业持有高涨的热情，对帮助穷人更是无比上心。说来使许多人不相信的是，他的夫人是埃奇沃斯

(Edgeworth)家族的成员。这一家族是爱尔兰的一支望族，出了许多有名的医生和学者。他的老泰山曾相当直率地形容过自己的这位东坦是"信仰民主制的矬胖子，人挺能干，名字在博物学界和化学界都叫得响，有幽默感，好脾气，讲道德，守信用，[只是]举止不够礼貌"。[36]

  对于科学天才所会表现出的怪癖，戴维是有思想准备的，倒是贝多斯的年轻夫人的举止，令他吃惊不小。这位夫人时年24岁，名叫安娜（Anna Beddoes，1773—1824，婚前名Anna Edgeworth），是小说作家玛丽亚·埃奇沃斯（Maria Edgeworth，1768—1849）的妹妹。她在各方面都与丈夫截然相反（这让戴维后来想起了"夫妻走两极"这句俗语）：她人很瘦削，不过精力旺盛，又非常健谈，除了这些，她长得还非常漂亮，根本没有那种女才子的呆相。从一幅1787年的袖珍画像上可以看出，安娜有一头长长的金发，前额处剪成刘海儿，大大的眼睛很撩人，还有性感的双唇。她生性活泼，愿意直来直去，又继承了爱尔兰人喜欢田园生活的性情。戴维在写给母亲的家书中，没有城府地道出了自己对贝多斯太太的看法："真是同博士先生反了个个儿，总是十分快活，又很有急智。在我见过的女子中，要属她最令人心情舒畅……我俩已成为十分要好的朋友。"[37]没过多久，两人就一起外出，在埃文河边散步了。对于安娜，戴维的感情中可以说掺杂了一半的爱情。若干年后，他写了一首回忆他俩当年沿着河岸散步往事的诗歌——《月下幽谷》，抒发了他们彼此间享受的"共信时光"。这是他最出色的诗作之一。

  就在那一年的冬天，为了给气疗诊所创牌子和吸引资助，贝多斯编写了一部年度文选——《以英格兰西部研究成果为主的物理学与医学新知识》，出版商是约瑟夫·科特尔。这本书中收入了戴维最早写成的那组与热和星光的化学研究有关的文章。它们都建立在拉瓦锡有关氧气的工作之上，但同时也直率地对这位大化学家的"想象出来的热质流体"观念提出了挑战。而在更早一些时，科特尔自己也在秋天印行了一部薄薄的诗集，没有作者署名，书名是《抒情歌谣集》①。

---

① 这是华兹华斯与柯尔律治两人分别创作的诗集的合订本，以前者为主，而柯尔律治最著名的《老水手行》和开创新体裁的《夜莺：一首谈话诗》也在其内。这本薄薄的诗集，被后世认为是标志着英国浪漫时期文学的开山之作。——译注

这本年度文选中最重要的内容，是戴维所写的两篇文字。它们以高出书中其他文章的起点，宣布了作者在布里斯托尔知识界的出场。他进入这个城市，是来摘取化学界的桂冠的，是来构筑化学世界的未来的，而且将在最广泛的科学哲学的范围内进行。还是在彭赞斯时，他就在自己的一本记录本上写下了这样的话："我们所说的大自然，是指一系列**可以看到的形体**。而这些形体是由光构成的。因此，凡要尊崇大自然，实际上就是尊崇光。"[38]他的这部文选所结集的第一篇文章是《热与光及光之组合》，而文中所涉及的是他所形成的全面的宇宙观。他认为，宇宙的运动是由星体发出的光再加上重力共同驱动的，而对它的认识，最终应当可以归结为某种结合为一体的存在。"不妨设想太阳和其他恒星（其他世界中的太阳）都是光的巨大储库，供伟大的上苍分发给宇宙中的架构与变化。因此，重力定律与化学规律，都是为了一个伟大的目的而存在的。这个目的就是**感知**。从这一角度考虑，只用一条规律来驱动和辖管所有的物质，就不是不可能的事情。这条规律就是上苍按照需要使能量发生变化的规律，不妨称之为变化律。"

他还在文中自信地补充说："通过对自然现象的进一步观察，势必会发现大自然在设计上的简洁与统一。"[39]

他还提出了更激进的观点，就是设想人的所有知觉都直接取决于人们的生理学过程和一种所谓"体粒子"的变化："知觉、观念、欢愉、痛苦，都是这些变化导致的结果……这样说来，有关思维的定律可能并不会与有关体粒子运动的定律有所不同。"[40]研究人体化学，到头来可以极大地造福于人们自身。"人们的情感和观念的每一点变化，是不是都必然与人体内的某种相应改变有关呢？这样的问题是不应当束之高阁的。我们应当通过实验确定这一点。一旦发现此种关系，便可认知与人类存在有关的规律……化学会以其与生命规律的关联成为所有科学中居于顶点的重要成员。"[41]

戴维还在文中提出了一个几近于哲学式的论断，就是化学很可能是获得终极知识的手段。他在当时未曾发表的一篇题为《形体构造决定思维力强弱之证明》的文章中，更是进一步站到了纯粹唯物论的立场上。他认为，人的思维能力完全是"流体对固体的特定作用"造成的，也就是说，大脑的功能是由神经化学决定的。他以这个想法为基点做了不少文章，提出所谓"灵魂"本身要么是由物质决定的，要么本身也是物质。他认为，所谓"上帝不可能让物质进行思维"的信条，站在科学立场上来衡量，其实是错误的。所有与大脑有关的麻烦，包括疼痛和不愉快的感觉，都可以借助药物和气体的化学处理得到解决。[42]

在此文选中的第二篇文章《养气（氧气）的产生》中，戴维发展了拉瓦锡所提出的设想，即所有的植物都会在阳光作用下将"碳酸气"（二氧化碳）拆解开来，结果是将氧气释放到大气中。他还在文中提到，自己已经通过实验证明，水生植物在接触到阳光时，会使周围的水体出现氧气，而所有的动物都在进行相反的过程，即吸入氧气，呼出二氧化碳，这就使自然界中形成了重要的平衡，由此实现了和谐共存。这其实就是今天人们所说的"碳循环"。[43]

三　气疗诊所

戴维开始了他在气疗诊所的日常工作，每天接待病人，并按照贝多斯的医嘱安排气疗处理和用药。这套气疗法是在苏格兰内科医生约翰·布朗（John Brown）所提出的布朗氏学说①的基础上形成的。该学说提出后，在爱丁堡的医科院校引起了激烈争论，热烈支持者有之，极力贬抑者亦有之。事实上，正如班克斯早就有所怀疑的那样，此种疗法并没有多少实验依据。对于这一点，戴维也渐渐地有了认识。贝多斯引见戴维与出版商约瑟夫·科特尔认识；又在气疗诊所的最重要的支持人、很有社会影响的韦奇伍德（Wedgwood）家族于科特豪斯的宅邸向这一家人介绍了他；还让他去伯明翰拜会詹姆斯·瓦特，又领他去"月光会"见识了一番。戴维给所有见到的这些人都留下了极好的印象。他的交往范围也迅速扩大起来。

刚刚来到布里斯托尔时，戴维寄宿在贝多斯家——克利夫顿区罗德尼场3号。这是建在高坡上的一所大宅子。后来，他又搬到低处的霍特韦尔斯区，在多瑞坪的一个拐角处找了新居住下。从这里可以看到下面的诊所、实验室和花园。在霍特韦尔斯区里有一个传统悠久的供治病与疗养的

---

① 这一学说的基本观点是，疾病的致因均源自外来的刺激之过分或不足。——译注

温泉和药浴吧。多瑞坪是按照乔治王朝时代的风格设计建造的，面积不大，隐藏在克利夫顿区的树林和村舍中，在这个地方建造这样一个散发着化学和气体的强烈气味的医学实验室和治疗机构，又招来看病的穷人进进出出，地点选得并不适当。

此前的多瑞坪是个位于道路尽头的幽静所在，只在南面与一条路名叫霍特韦尔斯街的大道相通，顺着这条街，便可从南面进入这座城市的市中心和码头。贝多斯开办他的诊所之前，这里无疑是个不受打扰的高尚地段。附近的房屋都是以砖或者沙岩为材料盖成的，年代不长，窗子为高高的上下推拉式，正面修有气派的廊柱，另外三面都有草木环绕，显得十分幽静。诊所占用了6号和7号两栋相邻的房舍，它们坐落在坪场的西北角，离坪场出口最远，两栋建筑构成"L"形；7号相对更考究些，贝多斯将挂号处、候诊部和医务室就设在这里；6号则是辅助机构的所在地，非医务人员都在这里的动物饲养区和实验大楼工作。这栋6号房有一道后门，出去便是一面长满草木的陡坡。坡上盖起了一间棚屋，用于制取气体和存储化学药品，另外还开了一道很宽的大门，供运送医药装备的马车出入，在诊所里终结的生命（多数是些小动物）也通过这道门送走。①[44]

为了推动自己的雄心勃勃的公众医疗计划，贝多斯对外做了广告，宣传他的诊所为肺病、哮喘、偏瘫和瘰疬病人提供免费气疗诊治。他将性病之类当时无法救治和对社会有害的疾病也包括了进来。有经济保障的病人则可向诊所购买吸气设备在家使用。而对这一点，班克斯是不赞成的，认为这会给江湖骗子和庸医打开方便之门。[45]

在诊所工作的头几个月里，戴维很喜欢自己的岗位和职司，但也觉得自己简直成了一名医护助理。他手下还有好几个人，其中有两名职员，一个是帕特里克·德怀尔（Patrick Dwyer），一个是威廉·克莱菲尔德（William Clayfield），都是给戴维打下手的。当时诊所里有个年轻的内科医生罗伯

---

① 多瑞坪如今仍然存在，不过已明显呈现颓势，然而依旧是个美丽的所在。7号房舍前没有任何说明牌，6号房舍如今是一家建筑商的办公用房。尽管如此，这里当年一度兴旺非常的医学事业，仍有些蛛丝马迹隐隐可循。在此作者便看到一块不知是哪一年用过的石板，上面刻有"罗伯特·杨（Robert Young），主治外科"的字样；还看到另外一块已经陈旧的黄铜牌匾，写的是"克利夫顿地区药房"。——作者原注

特·金莱克（Robert Kinglake，1765—1842），不久后也被戴维吸收进来。没过多久，诊所的实验室便得到了更新，这使戴维有生以来第一次有了设备精良的化学实验室可用。

1799年的春天来到了。贝多斯同意戴维的建议，让他着手安排对一组气疗的监测实验，以查知是否能从中获得气体治疗效力的真实科学数据。事实上，戴维的打算是用普利斯特利和拉瓦锡发展起来的新的化学方法验证——也许还要质疑布朗氏学说。他给詹姆斯·瓦特这位卓越的工程师写信，请他设计一种供吸入气体用的设备，其中包括沿用供气球飞天员呼吸用的带有木制扣圈的丝质面罩。[46]

进入4月份后，戴维开始进行监测分析。他分析的第一个对象是空气，目标是了解空气在肺脏内的情况。接下来，他又将同样的过程施之于其他多种"非空气类"气体，如氢气、二氧化碳、一氧化碳，还有几种由含氮气配制的混合气体。每试验一种新的气体时，他都会先在自己身上实验，然后再施之于病人。这使他往往会担很大的风险。眩晕、抽筋、恶心，还有欲裂的偏头疼，简直成了家常便饭，但他却不以为意。

在一次用一氧化碳（一种会致人于死命的气体，至今还被一些人用来在车库或者密封的小轿车里自杀）进行的实验中，由于没有防护手段，他险些送掉性命。[47]那是某天下午2时的事情。他准备吸入4夸脱①的这种"纯亚碳酸气"，当时在场的还有实验室助手帕特里克·德怀尔和一个叫詹姆斯·托宾（James Tobin）的新手。戴维在吸入第三夸脱时虚脱了："我当时的感觉是正在陷入溃灭的深渊，费尽气力才将吸气罩从已经合不拢的嘴唇上扯开……我吃力地说了一句'我想我还死不了'。"戴维的头脑此时还很清醒，居然又量了一下自己的脉搏——"微弱如线，快得出奇"，然后步履蹒跚地走出多瑞坪6号的实验楼，来到庭院里休息。

一来到院子，他便一头栽到草地上，迷糊了好一阵子，只觉得浑身抽搐，胸口疼痛难忍。这可吓坏了德怀尔，赶快给他吸氧。半小时后，戴维觉得好些了，不过又感到头晕，于是被人扶到床上躺下。那一天余下的所

---

① 一种体积单位，主要用于英、美两国，两者之间在数值大小上略有不同。在美国又分干量和湿量两种，彼此也小有不同。不过，在这三种单位中，一夸脱大体都相当于一升。——译注

有时光，他都是在床上度过的，一个劲儿地"恶心、记不起事来，感觉也不正常"。他还出现了呕吐，接着又觉得鼻梁根处"疼痛难忍"。种种折磨直到晚上10时后才有所舒缓，总算让这个可怜人能够入睡了。

到了第二天晚上，也就是事发30小时后，戴维的体力已经差不多完全恢复了。他很平静地告诉人们说，如果他头一天的吸入量"不是3个单位（夸脱）而是4或者5个"，大概就会"当即送命，而且不会感到任何痛苦"。一个星期后，他又尝试了吸入"碳酸"（记录上的文字为此，应当是指苯酚蒸气），结果因灼伤会厌软骨而呼吸困难。[48]

值得钦佩的是，凡此种种经历都没有吓倒戴维，没有让他改弦易辙。正是这些早期进行的实验，显示了他年轻时勇往直前的精神和不管不顾的禀性。这两种性格总在推动着戴维的实验工作。不过也应当指出，他也同时准备好了一只灌满氧气的膀胱皮囊，并教会了德怀尔如何用它来做急救。如今那位出版商约瑟夫·科特尔对戴维的才能已经深信不疑，他表示说，如果戴维和贝多斯都比他早去世（尽管这不大可能），他会负责将戴维的实验结果出版发表，对此还颇带戏剧性地告诉人们说："为了确知事实，为了得到供推理用的数据，他不会顾及个人安危……他的表现在别人看来，会觉得此人仿佛不只有一条命，拼着使用其中一条，却还存着几条备用……有时我会吓得半死不活地离开他，不知道第二天早上还能不能再与他见面。"[49]

终于有一天，在看到氧化亚氮（又称一氧化二氮，分子式N_2O，即笑气）所表现出的性质后，戴维决定设计出最安全和最能保证效果的实验过程来。他着手制订了自己的第一套实验方案：研究不同浓度下的吸入效果；先施之于自身，然后是一些动物，最后才是志愿受试者。一开始时，他最关注的是分析从肺里**呼出**的气体，以了解血液对氧化亚氮的吸收量。他设计出了测定与控制吸入量和呼出量的机巧设备，如种种不同的容纳气体的可张可缩的口袋，有丝制的，有膀胱皮制的；有玻璃制的真空烧瓶；有他的助手克莱菲尔德设计的用生铁浇铸、以水银为密封剂的气体呼吸机；有木制的和金属制的吸气罩扣圈；有可插入鼻孔的软木导管；有面罩和手压泵。这一切的结果，是最后（在耗时9个月后）形成的带有进气阀和出气阀的便携式呼吸机。[50]

戴维在气疗诊所工作时，最初的重点是呼吸过程以及可能的医疗功用。

不过，当实验过程进入以人为受试者的阶段后，他对人体在呼吸过程中出现的生理反应，以及气疗造成的痛苦或者欢愉感觉，便发生了日见浓厚的兴趣。到了后来，他对于受试人的纯生理学反应更是着迷起来。他得意地写信告诉在彭赞斯家里的母亲说："这里的工作进展极为顺利。瘫痪病人的病情有了好转，我自己也可以吹吹牛皮，那就是我每天都有所发现。"[51] 他还有一件事可以炫耀一下，那就是布里斯托尔的一家最主要的文学性杂志——《文学年集》已经向他发出了诗文稿约。该文集由科特尔出版，主编是不久前自西班牙回国的青年诗人、一度热衷于乌托邦理念的罗伯特·骚塞。

四 初露头角

氧化亚氮可不是什么好相与之物。普利斯特利和美国化学家塞缪尔·米奇尔①都认定，这是一种能置人于死地的气体。[52] 然而，戴维却不为所动，仍然对它进行了实验。他加热一种叫硝酸铵的结晶物质，将由此释放出的气体收集到一只绿色的不透气的油绸袋子里。将这一气体通过水蒸气去除杂质后，他便戴上吸气罩进行实验，并由金莱克医生在一旁监测脉搏。[53] 在此过程中有两个最明显的危险，一是硝酸铵会在温度超过400°F时爆炸，二是吸入者有可能送命或者肺泡壁永久受损。

不过，戴维的第一次实验进行得再顺利不过。在吸入4夸脱后，他感受到一种"极度愉悦的震颤，特别是在胸部和四肢部位。我周围的物体都变得光彩夺目，听觉也格外敏锐起来"。到了第二天，前一天的实验在他仿佛成了一场梦。对于当时的感受，他丝毫也回忆不起来了，只是在读了当时的记录后，才相信自己当初确实有过这样的感受。[54]

戴维实事求是地叙述了第一次吸入氧化亚氮时异乎寻常的感受：产生一种奇特的"震颤"体验；四肢发热、头部发涨、脉搏加快；因血液上涌而面色潮红——"以至于双颊发紫"（是从镜子中细细观察到的）。他还记录下这样的描述："我有时只是以跺脚或大笑表现自己的欢愉，有时又会

---

① Samuel Mitchll（1764—1831），美国内科医生与博物学家，曾在大学教授化学，还是美国第一份医学期刊《医学文库》的创办人之一，并自任编辑。——译注

在屋里一边手舞足蹈，一边大喊大叫。"[55]他将这一体验最先写信告诉自己的支持者戴维斯·吉迪，信上署明的日期为1799年4月10日："这一气体让我的脉搏加快了20跳，弄得我像疯子似的蹦跳，还使我一直精神勃勃。"过了几天，他又以比较严谨的词语，向《尼科尔森杂志》这一当时的重要科学期刊提交了有关报告。[56]

他还以诗歌这一体裁记录了一些早期实验，看来他这样做包含两个目的：一是了解自己的语言禀赋能否在科学领域发挥作用；二是探索一下想象力能否用于描述体验。这时，戴维便将其数据嵌进了诗文的字句之中。这一尝试的结果是，诗文不甚高明，不过有关生理学的信息，的确表述得惊人的准确。以下是摘自题为《吸入氧化亚氮》一诗中的几句：

用撩动情思的虚幻梦境，
也无从发生此般的狂放。
我胸内发烫，五脏如焚，
更有双颊灼得红紫发亮。
更有一双眼睛炯炯发光，
更有嘴里叫嚷语焉不详，
更有手脚从内抽搐不止，
浑身奔涌出新异的力量。[57]

戴维这首诗的头三句，看来说的是他的生理状态有如被春梦唤起了情欲一样亢奋，不过这实际上**并不是**他兴奋的理由——诚然，安娜·贝多斯或许会引起这种心绪。后面的四行细致地描述了面颊红紫等全身的感觉，最后则以自认体力充沛的幻象收束。戴维的遣词造句通常都很清楚明晰，然而在这首诗里，却例外地出现了不当的用词和多次重复的句式：开头时的"用"和一连几句都用了"更有"字开头，则正是他此时精神状态的有趣写照。

发现这一气体的潜在功能使戴维兴奋，也使戴维心神驰想。他在当年的实验室工作志中这样写道："［1799年］4月27日。今晚，我因吸入氧化亚氮而无端地觉得快活，而且还胜过了有理由时。这是一种传遍全身的欢愉震颤。我告诉自己说,我生来就是能用自己的出众才能使世界得益的人。"[58]

自此之后,吸入氧化亚氮便成了他的实验室工作的常规内容之一。他的工作志中有如下的文字:"从4月到6月,我会时不时地吸入一些这种气体,有时每天会吸上3—4次并持续1周,有时又在一个星期内总共只吸上4—5次。它的总体作用是很难描述的,而且我的感觉究竟是它直接作用的结果,还是其他肉体的或者精神的作用造成的,我也分辨不出。我的睡眠时间比先前减少了,在床上时会产生许多念头,而且总想到动作。"——他没有具体说明他想有什么"动作"。他还认为自己有了"更灵敏的触觉",指尖会在触摸粗糙物体时"发疼",就连触摸纸张时都会如此。[59]他还觉得自己"更容易动怒",不过也承认可能与其他"精神原因"有关。据事后分析,他所说的"精神原因"恐怕是指安娜·贝多斯。[60]

一般来说,吸入气体的实验都会在实验室的正常条件下进行,并由金莱克医生充当助手。对实验过程要做严格记录。不过,戴维有时候也会在晚上前来,往往是独自一人。他在晚间进行的实验看来有更大的强度:"我独自一人吸入这种气体,周围黑乎乎、静悄悄的,这时会觉得特别愉快,处在一种理想的大自在感中。"[61]1799年5月5日,戴维又在晚间来到实验室,准备在自己身上进行一项特别的实验,目的是查验在吸入剂量特意加大的情况下会引发的生理影响。在进行这一实验前,他一个人在月光下沿着埃文河岸散步许久,以使自己静下心来,将注意力转到大自然的美丽上。"吃过晚饭后,我喝了两杯白兰地,又喝了些水,然后坐在矮墙垛上,读了一会儿孔多塞所著的《伏尔泰传》。"然后他返回多瑞坪,来到后便在金莱克在场的情况下吸入6夸脱纯净的氧化亚氮。结果很强烈,很明显,但也很令他失望。失望是没能进一步揭示精神世界的新面貌:"愉悦的感觉起先只是局部的,只产生于双唇和面颊处。接下来,它又渐渐地扩散到了全身,在实验过程中,这种感觉有一段时间是如此强烈和彻底,竟致使我忽略了肉体的存在。就在这时,不是在此之前,我失去了知觉。不过,我又很快醒了过来。在场的人从我的大笑和跺脚中得知我感到很快活,但我自己当时并没有清楚的记忆。"[62]

对于这天晚上的实验,他的工作志中没有出现以往会记下的深入认识。除了他当天夜里"做了些好梦,醒来时还记得很清楚"外,没有其他补充。一度失去知觉并没能带来新的成果。大量吸入氧化亚氮并没能导致对精神世界的新的揭示,没能与"大千宇宙"进一步打上交道。看来,戴维在没能达到自己预期目的的失望中,忽略掉了对生理学而言十分重要的一点,就是这一气体可以派用于另一种完全不同的用途,即让人在一段时间内完全失去知觉,随后再安全而又迅速地"恢复过来"。这种气体,原来是一种能够先将感觉阻隔,然后再让感觉重新回来的物质——麻醉剂。

不过,事过不久,戴维便清醒地把握住了这一实验的意义。他在大约事情过去了二十年后所写的《甩钓九日谈》一书中,又提起了这一实验。在谈到包括鱼类在内的动物是否会感到疼痛,是否也会意识到自己将死时,他回忆了自己当年因吸入氧化亚氮和(会致命的)一氧化碳而"失去知觉"的经过。[63]

在那一年的7月之前,他一直进行着这一实验,通常是每天三至四次,有时也会在晚上喝了些葡萄酒或者白兰地后再做。每次实验,他都会做详细记录。比如,他对自己的肺活量便进行过多次测量,并最后得出了稳定的结果:深呼吸时为254立方英寸,普通呼吸时为135立方英寸,呼气后的肺内余气量——这一点可能最值得注意——为40立方英寸。他还分析了呼吸普通空气过程中肺中气体的成分为:氮气71.9%、氧气15.2%、二氧化碳12.8%,其结果与现代的分析惊人的一致。[64]

1799年5月,他开始对经常前来求诊的病人试用氧化亚氮治疗,试验结果很不确定:有的病人反映身上发热,精神振奋,心情愉悦;有的则抱怨出现抽筋和懵懂。还有些人只是头晕或者发困。

就在这时,戴维率先发明了所谓"盲试"的实验方法。这就是说,他有意不告诉受试人所吸入的氧化亚氮的浓度——包括有时所吸的只是普通的空气。受试人的脉搏、肌肉反应、目测所见异常、面色、性欲表现、神志不清、歇斯底里等,都一一得到详细的记录。他还要求受试者一一详述吸气后的主观感觉。

从他的实验室工作志记录中可以看出,这种气体的致幻性质和对人们的知觉及感知能力的作用,引起了他越来越多的关注。渐渐地,他意识到了它改变吸入者的情绪、激发其体能和消除痛感的能力。接下来,他便悟出了麻醉这个革命性的概念，又随之更进一步地想到了以控制吸入量的做法，将氧化亚氮用于外科手术。[65]

在开始进行这一类实验时，戴维选用的受试人或者是从气疗诊所的病人中选出的志愿者，或者是贝多斯的亲朋好友；受试者中以男性居多，但也有几名年轻女子。她们的姓名在报名中都被戴维有意隐匿了。安娜·贝多斯自然接受了这一试验，而且是在戴维的亲自监督下进行的。不过，她参加的目的或许泰半是前来享受一下这一体验。正如贝多斯所嘲讽的那样："我太太总是像一只向克利夫顿山顶飘升的气球。"罗伯特·骚塞的年轻妻子伊迪丝（Edith Southey）也吸入了这种东西。据戴维所记，她的反应"很不明显，只感到有些头晕"[66]。

不过，当轮到一位戴维以"J小姐"指代的青年女子时，观察到的反应却极为严重，将戴维吓得够呛："今天早上，J小姐吸入了6夸脱气体……大约一分钟后，她开始有了反应。她先是一个劲儿地抽泣，然后又时哭时笑。她表现得很有力气，而人看上去神志全失，大约持续了10分钟。"戴维将她拖到打开的窗口旁，希望新鲜空气能让她恢复过来。"结果她再次又哭又笑地发作了一番，大概折腾了两分钟左右。她还表现出一股蛮力，而且大得出奇。"[67]

根据约瑟夫·科特尔所记，另外一名青年女子的反应更是严重。她竟然跑出了实验室，大喊大叫着向埃文河方向跑去。有人看到她在河边"从一条大狗身上跳了过去"。后来，她被人们控制住了，带回了实验室。戴维的工作志中没有记载此事，不过实验室的工作人员的确认为，妇女吸入氧化亚氮的结果是，可能会失去自控力甚至春情萌动。

对受试者，戴维会一一监测其脉搏状况，还要求他们接受若干项标准检测，如凝视烛火、静听铃声等。他的主要关注点是受试人的生理方面的变化，如视觉和听觉出现畸变等。不过，他的注意力渐渐地越来越侧重受试人的主观反应。他要求他们用语言将感受准确地叙述出来，而这一点很难做到。比如有人会说："我说不出来，反正很怪。"也有的人会说："我觉得像是听到了竖琴的声音。"[68]

对此，戴维设计出了一种新的研究方式，这是他的独创发明。他找来一些完全健康的人充当受试人，都是他在布里斯托尔各界的朋友，也都有准确的语言表达能力。他请这些人详述自己吸入氧化亚氮后的感觉。这些人中包括诗人罗伯特·骚塞、埃奇沃斯家族中的几名成员、格雷戈里·瓦特和他父亲詹姆斯·瓦特、英国斯塔福德郡（Staffordshire）著名的韦奇伍德陶瓷业的继承人托马斯·韦奇伍德（Thomas Wedgwood，1771—1805），以及其他几位青年作家和学者，如彼得·罗热（Peter Roget，1779—1869）和约翰·里克曼[①]等。

科特尔拒绝接受吸气试验，像他持这种态度的人还不止一个，有的是考虑到影响，有的则是出于谨慎。不过还是接受的人居多，而且多得惊人。后来戴维将这一研究结果写进了他撰写的《以氧化亚氮及其吸入为主要内容的化学与哲学研究》（以下简称《化学与哲学研究》）一书中，并且足足占了80页篇幅。许多人的反应都涉及"重生"的感觉——"我觉得自己仿佛成了一个新人""我像是升华到了重新得到生命的地步""我身上的器官似乎都换成了新的"，等等。[69] 最初的热情都表现得天真而夸张。格雷戈里·瓦特称之为"一吸上天"，罗伯特·骚塞写信告诉自己的兄弟说："嘿，我说汤姆！戴维发现的气体可真了不得。那是一种氧化气体。我吸进了一些，它令我发笑，所有的脚趾尖和手指尖都麻酥酥的。戴维真是发明了一种新的享受方式，这种享受感觉是语言无法言传的。告诉你，汤姆！今天晚上我还要再去舒服一回！它让我强壮，让我快乐！无限的快乐！"[70]

听到这个消息，来到克利夫顿看望妹妹安娜的玛丽亚·埃奇沃斯，也对戴维的实验尝了尝新。在她的眼中，戴维这个年轻英俊的康沃尔人"热切地期望使用这种气体创造奇迹。吸入它后能使人忘却一切，如同喝了冥河之水；同时又会使人觉得十分愉快，如同饮了琼浆玉液"！玛丽亚还注意到，在这个春天妹妹安娜表现得"优雅、聪明、活泼和友好"。这让她这个当姐姐的觉得怪有趣的——言外之意，妹妹在戴维来到之前并非如此。[71]

不过也有一些评价不那么光辉灿烂。据一些人反映，他们在戴上吸气罩开始吸气时，曾产生过一种恐惧感，接着感到的是放松、眩晕或者头重脚轻，继之而来的是一头栽倒，最后是抑制不住的大笑。"这种笑是不由自主的，但仍觉得十分畅快，伴随而来的是全身的震颤。"值得注意的是，

---

① John Rickman（1771—1840），英国统计学家，在与戴维交往时任杂志编辑。——译注

这批人里也有骚塞。他的有关报告（给贝多斯和戴维各送一份）措辞很有分寸，而在写给兄弟汤姆的信中却不是这样。这说明要真正取得客观的科学证据，尚存在值得注意的问题。

来自爱丁堡的彼得·罗热当时是一名医学院学生，也是后来编纂《罗热词库》（1852）的文人。有趣的是，这位青年虽然有很深的文学造诣，却发现很难准确地形容自己吸入这种气体后的感觉。"我觉得自己几乎根本说不出话来……脑子里的念头却一个接一个转得飞快，简直有如急流飞泻。"他最后只好用类比来叙述自己的感觉，结果是写下了这样一段描述昏晕感的文字："蓦地，我周围的所有物体都不见了，显然是被云雾罩住了，而云雾中还有许多发光的亮点，就像人猛地站起身来舒展身体时会出现的感觉。"[72]

一位姓科茨的男受试者所写的自我感觉报告只有干巴巴的一句话："一种不曾体验过的欢欣感。"另一位女受试者赖兰兹小姐强调的是："失去了说话的能力，但记忆力正常。"贝多斯的内弟洛弗尔·埃奇沃斯（Lovell Edgeworth，1775—1842）也当了一把受试人，这位生性乐天的人在吸了氧化亚氮后，"笑得一个劲儿地打跌，在屋里不停地跑动，根本管不住自己的双腿"。事后他表示，刚才自己居然没有咬破木制的吸气罩扣，真是咄咄怪事。

这些实验开始让戴维认识到，人们的反应与他们的个人性格和气质有关，也会随生理特点的变化而异。一位姓旺西（Wansey）的乐师的反应就表明了这一点。据他自述，吸入这种气体后的感觉，犹如听到"一场出色的清唱剧《弥赛亚》的表演一样"——在接受实验的五年前，他曾在伦敦的威斯敏斯特教堂听过一场有700人参加的《弥赛亚》演出。骚塞的一位好友，来自下斯托伊（Nether Stowey）的制革商汤姆·普尔（Tom Poole）在吸了这种气体后，又产生了当年在格拉摩根郡（Glamorganshire）爬山的感觉。[73]

五　兼为诗翁

与骚塞结交成为朋友，是戴维在布里斯托尔生活期间最重要的经历之一。1799年春，他们一起在多瑞坪度过了许多个夜晚，讨论政治、科学、文学和医学，也体验吸入氧化亚氮。有时候，他俩还一起外出，或去下斯托伊拜访汤姆·普尔，或去骚塞在威尔特郡的居所小住。"每当我去气疗诊所时，"骚塞回忆道，"他都会把自己的某项新实验或者新发现讲给我听，要么就是他悟到的某些新想法。而他每次来到我在韦斯特伯里（Westbury）小镇的住处，我也都会将我刚刚写成的《马多克王子》①的新段落读给他听。"[74] 对于戴维的过人精力和崇高理念，骚塞很是佩服。他写信告诉一个名叫威廉·温（William Wynn）的朋友说："汉弗莱·戴维是我见过到和听到过的人中最'神奇'的一位。我相信他会在医药领域做出超出此部门所有前人的贡献。"[75]

　　诗歌与科学在标准与要求上的对立，是他们两人经常热烈争辩的内容。戴维会不时地将自己的诗作拿给骚塞过目，它们都零零星星地写在了自己的实验室工作志上，其中的一些还是草稿。骚塞答应将其中最好的挑出来发表。他在1799年5月4日写给戴维的信中，对后者的长诗《芒特湾》做了肯定的评价，并鼓励他继续写作。[76] 他告诉戴维说，写诗会有助于他的科学事业。他还答应将与自己友情甚笃的朋友塞缪尔·泰勒·柯尔律治向戴维引见。当时，柯尔律治正在德国暂住，按原订计划即将返回英国（不过此公行事一向拖沓，又磨蹭了一段时日才回去）。他在格丁根大学灌了满脑子的布卢门巴赫的科学讲座，还在哈茨山区（Harz）装了一肚子在五朔节之夜②听到的巫蛊故事。柯尔律治还属意于翻译布卢门巴赫的《博物学手册》，而手头还有一部没有完成的长篇叙事诗《克丽丝德蓓》③。骚塞还将一些未解之谜说给戴维听，其中一则是林茅斯附近的一个名叫碎石谷

---

① 马多克，传说中的人物，中世纪时期威尔士国王的儿子。传说中的这位王子航海到了美洲，比哥伦布早了三百多年。骚塞根据这一传说于1805年完成了长诗《马多克王子》。——译注

② 五朔节，中世纪以来在欧洲许多地区流行的民间传统节日。时间多在4月30日至5月1日。由于5月份在即，此时又往往是没有月光的新月即朔日前后，故得此名称。4月30日的夜间是节日的高潮，又称五朔节之夜，各国的庆祝习俗虽然不尽相同，但多包括在野地点燃篝火。德国的民俗还认为，在这天晚上女巫们会停止作祟，故而人们在火堆旁会给孩子们大讲此类故事。——译注

③ 这是一部涉及巫术和怪异体验的爱情长诗，以诗中女主人公的名字为标题，但诗人一直没有完成（原计划共写五篇，结果只完成前两篇）。——译注

（Valley of the Rocks）[①]的地方。对于这里的奇特景观存在两种说法，一是科学说法（海水侵蚀），另一是神话解释（巨人建造的城堡圮毁所致）。骚塞就此征求戴维的看法，问他认为哪种解释更站得住脚。

就这样，骚塞既支持戴维进行令人愉悦兴奋的气体实验，又循循善诱地鼓励他不要放弃自己看待事物的诗人眼光。"我绝不是要求你固守诗文创作所需的主观精神。我只是认为你不应当失去以诗人的眼睛看周围事物的能力。在布里斯托尔这里，你有良好的社会圈子，不过其中并没有任何诗人在内。贝多斯医生的品位未免令人难以指望。"[77]

到了8月时，骚塞又写信给戴维，建议两人合作，以秘鲁的一则传说为题创作一篇史诗（在此之前，骚塞只与柯尔律治有过这种合作），这样既可以使戴维进一步磨炼诗人的眼光，又能够"在更重要的工作之余以此放松"。骚塞告诉他，1799年的《文学年集》即将出版，其中收入了戴维的五首诗："我觉得你应当继续研究你的'氧化气体'，在我看来，它能提供天堂般的享受，因此在各种只应天上有的气体中，它必定是最高贵的一种。我真希望我能经常待在气疗诊所——一半是为得见你，一半是餍足我享受这一美妙气体的欲望。"[78]

虽然从骚塞那里得到这样的建议，但戴维在向彭赞斯的母亲寄去刊有自己诗作的《文学年集》时，自豪之余仍然觉得有让妈妈放心的必要："请不要认为我已经成了一名诗人。科学是我的职业。我搞的是化学，是医学。我时常向在这里的朋友们讲述芒特湾，是他们要我用诗歌形式将它描绘一下。"[79]

这一年的秋天是值得大书特书的日子。10月11日，格雷戈里·瓦特写信告诉戴维说："请准备好一大瓶子那种气吧，因为我打算登临一番天堂。"[80]此时，对氧化亚氮新一轮的实验已经开始，戴维也因之初次见到了刚刚过了27岁生日、满脑子都还是德国印象的塞缪尔·泰勒·柯尔律治。他们是在多瑞坪见面的，时间是1799年10月22日。当时，柯尔律治要

[①] 碎石谷，英国德文郡的一处与海岸平行的山谷。谷内没有河流，但在漫长的山坡上分布着大量的裸露石块，其中夹杂有很多化石。现代地质理论认为，在古代这里曾是附近一条河流的河床，因为冰川运动造成了河流改道而彻底干涸。——译注

赶往湖区（Lake District）[①]与威廉·华兹华斯和他的妹妹多萝西聚首，途中只拟在布里斯托尔逗留两周。虽然时间很紧，他还是与戴维一起聚了好几个晚上，两人交谈甚欢。他还在戴维的实验室里吸了好多次氧化亚氮。柯尔律治是有鸦片瘾的，想必会对吸入这种气体与抽鸦片烟的效果做一番比较吧。[81]

事实上，从柯尔律治叙述自己吸入这种气体的感受来看，他的评价并不特别高。他自述的反应是，他的心"狂跳不已"，双脚不由自主地"猛跺地面"，向外望去，只见窗外的树木变得"越来越模糊"，仿佛是透过泪眼张望。看来，氧化亚氮对他有一种奇特的安定作用，甚至可以说是松弛作用："我全身都浸在一种舒适感之中，恰似记忆中在一次雪天步行后回到温暖室内时的体验。"[82]在他的描述中，只有一句话——"一种我未曾感受过的**心醉神迷**"，能使人联想到他写于1797年的不朽诗篇《忽必烈汗》[②]——他吸食鸦片的产物。

不过，对于氧化亚氮所能产生的"身心双重"影响，柯尔律治显然还是欣赏的（"身心双重"这个词语也是他创造的）。对于这种双料作用，次年他还在一系列写给戴维的辞藻华丽的信中探讨过。对于这位青年化学家，柯尔律治很是折服（称他是"一位很可称羡的年轻人"），但由于时间所限，还是急着去湖区看望华兹华斯了。这两个人的友谊得到真正的确立，是1799年11月末戴维生平第一次去到国都伦敦之后。

在伦敦时，柯尔律治寄居在查尔斯·兰姆（Charles Lamb，1775—1834）和玛丽·兰姆[③]位于圣殿区段的家中，并在那里翻译弗里德里希·席勒（Friedrich Schiller，1759—1805）的三部曲话剧《华伦斯坦》（他到头来还是没有翻译布卢门巴赫的讲演），还为《晨报》撰写文章。他在戴维来伦

---

① 湖区位于英格兰西北部的坎布里亚郡（Cumbria），以其风光明丽的湖泊与群山和19世纪初诗人华兹华斯的出生地著称。所谓"湖畔诗人"的"湖畔"，就是指这一地区。——译注
② 诗人的这一著名诗作中，有一句是："我就会心醉神迷，就会以悠长高亢的乐音，在空中造起那琼楼玉殿。"（《柯尔律治诗选》英汉对照，杨德豫译，外语教学与研究出版社，2013）——译注
③ Mary Lamb（1764—1847），英国女作家，作家查尔斯·兰姆的姐姐，有独立作品，也有与查尔斯的共同创作。——译注

敦的这10天期间与之频频见面，还带他去赴哲学家、无政府主义的喉舌人物威廉·戈德温的饭局，在场的有查尔斯·兰姆、女诗人夏洛特·史密斯（Charlotte Smith），还有肖像画家詹姆斯·诺思科特。这是一次很值得回忆的聚会。戴维对在座的艺术界人士就科学的未来侃侃而谈。戈德温在哲学界的声名正值巅峰期，又在不久前因发表了一部广受抨击的著述——纪念亡妻玛丽·沃斯通克拉夫特的《对〈女权辩护〉作者的回忆》——而声名大噪。他对戴维的印象非常深刻，同时也认为他只搞化学未免"有些屈才"。而在座的所有人都同意的一点是，戴维的确"是个人物"。

柯尔律治的想象力立即驰骋起来，萌生了一个想法，就是同戴维和华兹华斯一起——其时这两个人还不曾谋面——组成一个"三人行"，搞出些"梦幻般优美的成果来"。当戴维返回布里斯托尔后，1800年1月柯尔律治给他寄去一封长信，开门见山地提出了一个恐怕也只有他才能想出来的建议："我希望你能开展一项研究，就是你和贝多斯将整个上一世纪的人类意识压缩成一部简史……"对戈德温惋惜戴维只在化学上用武的观点，柯尔律治则大不以为然："化学又怎么啦，我要对他说一番诸如'呔！戈德温汝且听了！言及科学，我等俱为白丁也！'之类的话。我还要为化学仗义执言，程度上绝不会弱于戈德温之贬低。我要说的是，化学不但将对立的非物质性思维的优点结合到了一起，还不会损害其观念的明确性，甚至还使得它们更为明晰。"

柯尔律治的这番话是在强调科学对智力的作用，给科学以澄析思想的正面地位。在此之后，他又加上了他最有灵感的一句话，就是他认为，科学作为人的行为之一，"是必须怀着**希望的激情**进行的带有诗意的努力"。从事科学也像写诗一样，不能仅仅是"一步步走下去"。研究科学的过程，也是将特定的某些精神力量和设想中的渴望倾注未来的过程。科学是人类建设更好、更幸福世界的意愿的高尚体现。戴维也是这样看待科学的，并且也以"希望的激情"作为自己的策动力。[83]

六　影响文坛

1799年对戴维是重要的一年。在这一年里，他一直在自己的工作志中写进一些事关憧憬的文章和诗篇。不过，他也没有将家乡抛在脑后。10月里，格雷丝·戴维高兴地看到自己那有本事的儿子回到彭赞斯省亲一个月。他从布里斯托尔带来了时尚的首饰，还带来了一大堆化学仪器，让人看得眼花缭乱。后来戴维总结出了一套经验，用于建立可以打包装入一口箱子的流动化学实验室，其中包括气泵、电学装置和"一座袖珍铁匠炉"。他看望了戴维斯·吉迪和其他老朋友们，去拉真教区的教堂给父亲上了坟，钓了鱼、打了猎，进行了地质考察，还写了几首意境朦胧的半押韵诗文，不难看出，这些诗受到了《抒情歌谣集》中柯尔律治所写的"谈话诗"①的特定风格的影响——

> 月光镀银的河水，
> 泛着雪白的泡沫，
> 自我上一次欣赏到这一美景，
> 时日又过去几多……
> 我辛勤的汗水打湿了前额，
> 但还未能浇开带来欢愉的玫瑰。
> 我已经饮到了甘甜的清水，
> 那是科学的神河，
> 源自大自然母亲的胸肋……[84]

12月间，骚塞如约将戴维的五首诗，刊登到了他主编的《文学年集》内。《天才之子》《圣迈克尔山》和《暴风雨》是其中的三首。

就在同一个月份，戴维第一次使用上了便携式吸气设备。这是请詹姆斯·瓦特专门设计的。使用这种设备，既可以大大延长吸入氧化亚氮的时间，同时还能使受试者摆脱身处被试验的心理感觉。这种设备是一个狭长的深色长匣子，"看上去像顶轿子"，高约5英尺，外面整个用密实的帆布蒙住并用纸糊上以防漏气。匣内气体从受试者头顶上用泵从一根直径两英

---

① 指一首题为《夜莺：一首谈话诗》的短诗（可参阅本章第二节有关《抒情歌谣集》的译注）。此诗以人生体验为题材，通过对他人谈天的形式夹叙夹议地抒发情感。其诗的体裁不很讲求押韵与行数，此为柯尔律治首创，后来他又创作了7首。——译注

寸的管子抽出，吸入气体则通过另外一根"置于齐膝高处的"管子通入匣内。受试者可以用"一柄羽扇"更好地混合自己周围的气体。"匣子两侧和前面各安有一块12英寸×18英寸的玻璃，这样就可以看到里面的情况。"由于匣子是密封的，里面的气体就可以保持在略高于大气压强的水平。[85]

1799年12月26日，戴维第一次试用了这个样子有些吓人的设备。这一经过生动地留在了人们的记忆中。受试者自然是他本人。他将上衣统统除下，腋下夹了一支很大的水银温度计，还拿起一只测定脉搏用的跑表，钻进了这只匣子，由金莱克从外面封好，开始了预定进行75分钟的试验。在此期间，金莱克向匣内送入（原话是"打进"）80夸脱的氧化亚氮，不多也不少。戴维的脉搏升到了124，体温高达106℉（41℃），双颊也红得发紫。尽管如此，他的神志还是清楚的。时间到了后，金莱克将他放了出来，又按原计划再通过吸气罩吸入了最后20夸脱纯净的氧化亚氮。在此之后，戴维也按预先安排（这是指如果能够做到时的安排）尽可能准确地向金莱克口述自己的感受。

这一感受是以这样的文字公之于众的："随着愉悦程度的不断加深，我与外部世界的所有联系一点点地消失殆尽，脑海中迅速呈现出一幕接一幕的鲜明图像，而且还有语言同时生成，两者又是结合成一体的。何等新奇的感受！我这是进入了一个**将观念以新方式改造和以新方式连接起来的世界**。当时我的感觉是，我正在做出若干新的发现。当我终于在金莱克医生的帮助下取下吸气罩，脱离了这种半谵妄状态后，最先感到的是一种激动与自豪交织的意识……激情澎湃，豪情万丈。有好一会儿，我径自在屋里走来走去，全然不理会人家对我都在说些什么……我对金莱克大喊大叫地说：'除了思想，万物皆空！世界上只存在印象、观念、愉快与痛苦！'真是一副大彻大悟的先知口吻哟。"[86]

对于这一过程，戴维在1799年的工作志上的记录（未发表）更是绘声绘色："此时，我已经将气体差不多都吸光了……感觉要胜过以往任何一次。舒畅得不得了……脑子里闪过的想法一个接一个，大概我都大声说了出来。与此同时，我对屋里发生的一切也都能感受到。我觉得自己是个超级人，是簇簇新、顶呱呱的人物。别人对我说什么，我都不屑一顾，径自神气活现地走出实验室，只告诉金莱克一个人说，除了思想，其他一切都根本不存在。"[87]

戴维还进行过其他一些带有很大危险性的实验,如氧化亚氮外加酒精等。12月的一个晚上,他在实验室里喝了整整一瓶葡萄酒,而且"尽量迅速喝完,以使酒精发挥最大效果"。氧化亚氮没能阻滞酒精的作用,他不出半小时便醉倒了。不过,吸入气体倒是对防止第二天早上的宿醉有一定作用。他又重复了一次这个实验,结果是一样的。他在工作志里这样写道:"12月23日,喝了不少急酒后吸入大量气体:两袋氧化亚氮,再加两袋氧气。觉得不舒服。"第二天的情况是"头疼没有出现,而且胃口极佳"。[88]他觉得,这项实验大概可以结束了。

当他的《化学与哲学研究》脱稿后,便给自己的智力寻找起其他用武之地来。他往自己的笔记本和工作志里写了不少东西,都写得很潦草,相当一部分都只有开头而无结尾,至于其中的内容,有"智力的形成"(出生前于母体内时)、"情感之历史"、"论天才"("人类的这一横贯历史长河的持续的能力究竟是什么?")、"论做梦",等等。[89]

如今,戴维在写诗之外,又多了几种创作体裁:幻想作品、异域风情小说,还有几篇自我解析的特别著述。其中的一些明显表现出柯尔律治对他的影响,也继续涉及科学想象与诗歌想象的区别:"今天,我有生以来第一次实现了与自然的真正和谐一致。我躺在一块背风的大岩块上,风刮得很急,眼前的一切都在运动中……所有的一切都是活着的,我自己则是眼前情景的一部分。我会在扯下树上的一片叶子时感到自己身上发疼……所有的运动,所有的生命,在思想中都是紧密地和深层次地相互连接着的,而且恐怕是早就连接在一起的了。对于生命,生理学家和诗人的观念,竟有着这样大的不同!"[90]

1800年6月,戴维独自撰写的第一部著述《化学与哲学研究》正式出版,出版商是伦敦的约瑟夫·约翰逊。此人也出版过威廉·戈德温、玛丽·沃斯通克拉夫特、柯尔律治和华兹华斯等人的激进著作。从此,戴维便进入了一支以文学家和哲学家为主的作家阵营,也因之得到了思想激进的名声。[91]

"为写这本书,我付出了10个月的连续努力,"他这样评说着这本《化学与哲学研究》,"又用了3个月的时间斟酌润色。"此书清楚地分成四个研究部分,分别是:他自己有关气体实验过程的综述,以及人们研究气体的历史(第一部分);他本人对氧化亚氮的化学分析与分解(第二部分);他对与呼吸有关的所有现象的研究(第三部分);结尾是长达80页的气体吸入过程和反应的详尽记录(第四部分)。这最后一部分引起了读者的普遍反响。

戴维的气体吸入实验不单单以人为受试者。在第三研究部分,他介绍了以狗、鸟和兔子等活体动物为对象的若干种气体实验,有的用氧化亚氮,有的用氢气,有的用一氧化碳。此外,他还试验过将活鱼放进没了氧气的水中,向多种气体的混合物中放入蝴蝶、蜜蜂和苍蝇等昆虫。这些受试者中,有不少抽搐着死去,它们的尸体都被解剖以看个究竟。此类过程都在心平气和的状态下进行,科学界内当时并没有人指出其中的非人道手段。不过,戴维反而对于自己给动物造成的痛苦日益感到不安,柯尔律治后来称戴维对痛苦的这一关注,是一种出色性格的体现。

《化学与哲学研究》的写作相当平铺直叙,重点不够突出,而且文笔也不很吸引人。无论解释什么实验,他始终将自己放在客观叙述者的位置上,表现为一个冷静的"科学人",一方面他无动于衷地面对活活憋死的动物;另一方面当面临自己可能死亡的结局时,仍不动声色地测量自己的脉搏。从这一点来说,戴维在这本书中创造了一个执着于实事求是原则的科学角色。戴维将《化学与哲学研究》题献给了托马斯·贝多斯,并在题铭文字中表明自己将"立志于更重要的工作"。不过,他也非常注意不下任何带有普遍性的结论,对于气疗诊所施行的气疗法的医学效果,他更是未置一词。

戴维还将一篇很有价值的序言放入书中,讲述了自己在过去的18个月里所形成的新的实验研究方式。[92]鉴于他最早完成的那篇"热与光及光之组合"因臆想成分过多遭到了批评,他开始全面检讨自己的科学研究方法。在1799年末的工作志上,他很不客气地揭了自己的短,承认本人的"臆断和理论"并不成熟,因此存在"下不实结论的危险"。由此他开始认为——但新的论据也未必坚实,"真正的哲人"应当完全避开"一切理论"。他做了严厉的自我批评,说:"积累事实固然比归纳事实辛苦,然而,即便是牛顿那样的天才头脑,也赶不上一次好的实验来得有价值。"[93]

在这篇序言中,戴维也做了基本同样的自省。自我批评正在变成戴维的科学工作中的一个卓有成效的部分。"我很注意防止从源头上犯错误。不过，这并不是说我已经根除了这一可能。有关物质的科学，几乎完全建立在细致的观察和比较之上，而在大部分情况下，靠感官几乎是不可能直接得到明显结果的……我很少做理论性探讨，当事关光、热和其他作用时更是如此……以往的教训让我认识到，匆匆下结论是不聪明的。人们对于微小颗粒的运动规律还远远没能掌握……就目前状况而言，化学还只是一门涉及现象的不全面的知识，其中包含着精确的、彼此相关的事实，但也包含着大量或多或少通过外延形成的内容。"[94]

这篇序言明显地反映出，此时的戴维已经是一名有清楚认识和明确立场的科学经验论者了。这样的人，班克斯是感兴趣的，英国皇家研究与教育院也是感兴趣的。

《化学与哲学研究》是戴维独立发表的第一部著述，它会得到怎样的反响，对他是至关重要的。1800年7月，急于知道结果的戴维得到了一次休假机会，与一位叫托马斯·安德伍德（Thomas Underwood）的朋友一起远足去威尔士消夏。这位安德伍德是一位浪迹萍踪的青年画家，对科学也有兴趣。他十分富有，新成立的伦敦英国皇家研究与教育院的房地产，他就拥有部分产权。不过，他们俩的交谈内容只涉及享受阳光、凝望夜空和临水垂钓，别的根本不谈。

对《化学与哲学研究》的最早反响褒贬不一。还在1799年末时，贝多斯就在自己发表的一本小册子《对气体诊所医学活动的观察》中，不经意地提到了戴维的这些实验的一些基本情况。虽说这本小册子只在布里斯托尔行销，却为后来传到伦敦成为丑闻埋下了祸根。[95]一个名叫理查德·玻怀礼（Richard Polwhele）脑瓜转轴颇多的文人见了书后，很快就诌出了一首调侃吸入氧化亚氮实验的俏皮诗《吸气迷》（1800），以杜撰出来的对话和影射，制造出一种印象，就是在布里斯托尔这里的某个实验室，出现了中毒、歇斯底里，甚至放荡的性行为等现象。[96]这使操作实验的人员和受试者都成了人们开玩笑的对象——

他们喊叫：
天堂在此地，

> 好酒当痛饮，
> 妙气须猛吸！

班克斯担心的事情果真发生了。一本题为《质疑》的匿名小册子在1800年的发表，使戴维和贝多斯都成了众矢之的。他们被攻击为"吹着大气变戏法，侈谈热质赶时髦"。简而言之，他们被描绘成用气体将女子们引诱来，使她们失去知觉，然后"在气体的作用下"满足邪念，与这些受试者"得以亲狎"。小册子还大大发挥想象力，叙述这两个"热质博士"如何卑鄙地"热贴她们的酥胸，发泄隐藏的私欲，借窥探以求得心旌摇曳之感，行邪法而施乱于他人不觉之中"！它还放出一则谣言，说一名"好人家的患病女子"，在吸入氧化亚氮后，竟变成了孕妇。[97]

此类攻击一直没有停止过。四年之后，又有一个叫罗伯特·哈林顿（Robert Harrington）的人，发表了一篇火药味十足的文章，题目是《对法国化学理论的死刑判决书》（1804），文章中将新崛起的化学说成是骗术，还将它与当年的气球飞天联系在一起："当今的时代，真可以说成是'弄气成风'；我可真希望自己处在以常识为凭的时代，而目前却不是这个气，就是那个气，结果是将诚实和公正都给卷跑了。真是气人呀！"这篇文章将贝多斯和戴维说成了"弄气上天的化学匠"，追求的是"标新立异、异想天开、不着边际的轰动效果"。[98] 一份名为《打倒雅各宾党》①的周报，更是将激进的政见与气体疗法、气球飞天和"梅斯默术"都联系到了一起。由于后来戴维去了伦敦，使仍然留在布里斯托尔的贝多斯受到的打击尤为严重。[99]

此时的戴维已经不再安于与贝多斯的这一套气体疗法为伍了。他内心里觉得，这一工作已经进入了一条死胡同。眼下他最大的兴趣是电化学，是通过新问世的电池进行化学实验的可能性。电池是意大利科莫大学的亚历山德罗·伏打（Alessandro Volta，1745—1827）发明的。1800年夏，班克斯在《英国皇家学会自然科学汇刊》上介绍了这一发明。文中提到，此

---

① 《打倒雅各宾党》，英国一份政治性很强而发行时间很短的周报，对法国大革命及其主要领导力量的雅各宾党持强烈的反对立场。——译注

人发明的这种名叫伏打电池的设备,可以完全借助化学方式产生电流,而且可以持续若干小时之久。

有关戴维进行电学实验的最早资料,是在他的一本笔记本中找到的。笔记本的封皮上写着"克利夫顿区,1800年,8—11月"的字样。[100]他在读过威廉·尼科尔森和安东尼·卡莱尔发表的介绍用伏打电池将水"分解开来"这一重大结果的论文后,兴奋不已地写信到彭赞斯,告诉戴维斯·吉迪说:"我感到,这一发现开创了一个广阔的研究领域——说不定还会通向对生命奥秘的认识呢!"[101]这一来,气疗诊所的实验室里,便出现了一组一组散发着刺鼻酸味的伏打电池,挤掉了原来的那些玻璃容器和丝制气囊,令贝多斯大为不快。

戴维在11月又写信对柯尔律治表示:"我做出了几项与电流有关的重要发现,它们很可能是通向生命殿堂大门的。"[102]他们在这一年一直有频繁的书信往来,探讨"大有希望"的科学带来进步的意义,抒发对化学理论和诸如欢愉与痛苦等生理学体验的认识。[103]柯尔律治热切地拜读戴维发表的著述,并喜悦地告诉他说,每当自己看到《晨报》上刊出戴维有关电流研究的新文章的消息,都会感到兴奋:"我以本人的灵魂起誓,我所说的这些话,每个字都是萦绕着你周围的世界的:你的房间、你的花草、你的冷水浴,还有那月光下的岩石……我有多少美妙的梦,都是与你戴维联结在一起的呀!"[104]

从柯尔律治自己的文字中,也可以看出他在观察植物世界、水体和天气时,表现出了一种以前不曾有过的符合科学标准的精确性:"格里塔河(River Greta)在其终点以瀑布形式汇入蒂斯河(Tees)①。就在此处,飞流如线,它沿着那块巨大的绿色岩石泻下卷起白色的旋涡,在生息着扇贝的河水里忽而像水花绽放,忽而消失,接下来又重现。**这就是生命**——我们的生命也是其中的一部分。梧桐枫的树叶已经开始枯萎了,叶片上出现了黑色圆斑,少的有5个,多的会到18个。"[105]他形成了一种感觉,就是新的诗文和新的科学是密切相关的,因此也应当通过某种方式结合为一体。他

---

① 这两条河都是英格兰北部的河流名称,前者为后者的支流之一。文中所提的瀑布与绿色岩石是两条河交汇处的地标,为当地的一个名胜。——译注

还敦请戴维搬到北边来，在湖区建一个化学实验室。柯尔律治还表示自己的决心说："我将猛攻化学知识，强劲之势会有如鲨鱼。"[106]

然而，这两者当真能够结合到一起吗？在浪漫派诗翁中，骚塞是第一个指出科学品性和艺术气质这两者之间存在着巨大差异的人。对此差异，他与柯尔律治进行过切磋，但观点未能完全一致。1800年2月，骚塞在与一个名叫威廉·泰勒（William Taylor）的朋友通信时这样说道："戴维正在化学世界里大步前进着，而这门学科才刚刚起步……我清楚地看出，化学将占据他的心灵，而且不会给他留下别的空间。他将不允许自己将时间花在获取其他的知识上。他对诗的涉猎已经结束——他还会谈诗论歌，但只限于谈论而已。我也不可能规劝他履行前誓，因为他违背的结果会好于践约。他去搞他的科学，将会成为执牛耳者，而在诗歌的世界里，金交椅却早已有人坐上了。"[107]

骚塞觉得戴维不再有搞文学的兴趣了，但实际上，戴维仍然关注着《抒情歌谣集》于1800年的再版，以及骚塞的《摧毁者萨拉巴》在同一年的初版。他还同意协助结集《文学年集》的第三集，同时也没有停止写诗——有的是与安娜·贝多斯唱和的，有的是记述回忆的，有的是抒发本人憧憬的。18个月后，也就是在1801年8月，骚塞很自信地告诉柯尔律治说："我希望情况并非如此。然而，实验性的科学工作到头来总会使感觉变得迟钝，这是不争的事实。而那些'连祖宗们的坟头都要刨开来看个究竟的人'也会提出自己的理由说，沉溺于感觉会变得无所致用，因此到头来会各干各的。"骚塞在这番话里沿用了华兹华斯在《转折》一诗中表述的本意①。不过，柯尔律治对此仍持有不同的看法。[108]

并不是戴维在布里斯托尔的所有朋友都认为，诗歌界将因戴维的退出而失去一位诗杰。格雷戈里·瓦特便对戴维不再继续给《文学年集》提供诗稿感到释然。此人后来还对诗歌进行调侃，说它们是些"包装漂亮但让人上当"的迷魂汤，大多数诗人也是些"自以为是的时髦人物"，他们胡诌出来的玩意儿只配让有司当局烧掉。他鼓励戴维说："至于你，我亲爱

---

① 《转折》是华兹华斯一首很有名的短诗，认为理性是对信仰、想象与美感的干扰。可参阅本书第七章第三节。——译注

的哲人，已经明智地离开乱哄哄的、阴天远远多于晴日的帕尔纳索斯山①，来到冬暖夏凉的科学之窟。"接下来，他又郑重其事地劝说这位朋友，敦促他在安静的实验室里一直待下去，"用自己的创造照亮不断前进的道路"。[109]

然而，戴维并没有"明智地离开"朋友所意指的"帕尔纳索斯山"。终其一生，他都会时不时地在工作志中记下一些诗句，有的完整，有的是片段，只不过自1800年后，他再也没有发表这些诗作。他去世后，弟弟约翰认真地将这些文字搜集起来，零零星星地通过自己撰写的回忆录——《回忆哥哥汉弗莱·戴维》发表出来。这些诗作的内容有不少与旅行有关（如《枫丹白露》《勃朗峰》《雅典》《卡尼古山》等），大体上相当于旅行日记，只是在句式等方面更雕琢些，字里行间都体现出戴维对季节与景物的敏感，特别是涉及山川时。读着这些诗，就像是在领略一个垂钓爱好者的期待，他既饱读柯尔律治、华兹华斯的诗，同时也熟读艾萨克·沃尔顿的（Izaak Walton, 1593—1683）抒怀的作品，他的诗作在语言上与英国诗歌的传统格律相当吻合，情感的表述也令人叹服地传神。

在戴维的诗作中，还有几首是倾诉自己心曲的，情感色彩非常浓重。看来，他是在努力探索有关死亡、名声和希望等物质以外的存在。这些诗句行文质朴，往往还带些怪诞，构思又十分独特。②比如，他设想诗人拜伦死后，会骑在彗星上，以接近光的速度驰骋宇宙，到处去拜访外星人，这恐怕是当时的其他文人想不出来的吧——只或许卡罗琳·赫歇耳会是个例外。

　　　　他会成为大彗星的客人，

---

① Parnassus，希腊南部的一座山，传说中为太阳神阿波罗及文艺九女神缪斯的灵地，故用来指代诗坛。——译注
② 《回忆哥哥汉弗莱·戴维》（有关原书信息见参考文献部分。——译注）一书中，就收入了几首此类诗作。它们是：《大病初愈后所作》（1808，第114—第116页）、《支撑地球的巨柱》（1812，第234页）、《萤火虫》（1819，第251—第254页）、《鹰》[1821，第279页；又收入《甩钓九日谈》(Salmonia, or Days of Fly-Fishing，第98—第100页)]、《拜伦之死》（1824，第285页）、《乌尔斯沃特》（1825，第320—第322页）、《思绪》（1827，第334页）和《特劳恩的瀑布》（1827，第360页）。本书后文将陆续提到这些诗作中的若干首。——作者原注

> 在广袤的空间飞翔,
> 掀起以太的阵阵涟漪,
> 驰向光焰万丈的太阳。
> 再以光的速度迅骋,
> 去探望无数行星上的生灵,
> 有如虚空与混沌的君主,
> 尊严无比地御临群星。[110]

后来,戴维还在讲演和讲座中不时地将诗中的想象与科学研究中的想象做比较。1807年,他写下了这样的句子:"感觉到真理的出现,其实就如同感觉到美丽事物的出现一样,真是再简单不过。就性格和气质而论,牛顿、莎士比亚、米开朗基罗和亨德尔等大天才彼此间是没有很大区别的。**想象力与理性一样,都是哲人追求完美所必备的素质。迅速综合的才具,发现共同处的卓识,在事实之间进行比较的能力,是创造性发现的源头。**在物理科学的各个领域中,细致的感受力和对差别的鉴别能力,就等同于审美行为中所需的品味感。而对大自然的爱,便等同于发自对美好、卓绝与伟大事物的爱。"对这样的抒发,柯尔律治和济慈肯定会是热烈赞同的。[111]

七 出谷迁乔

到了1800年末时,戴维的《化学与哲学研究》一书和他发表在《尼科尔森杂志》上有关电流的头几篇文章,都在伦敦引起了重视。约瑟夫·班克斯和本杰明·汤普森都与他进行了非正式接触,讨论了聘任他为化学教授的可能性。1801年2月,戴维前来伦敦,与英国皇家研究与教育院院委会正式晤谈,班克斯、汤普森和卡文迪什都出席了。他们属意于先聘他就任化学讲师助理一职,并答允以后有续聘为教授的可能。在此之后,戴维又去班克斯家里拜望。主人在与他共进早餐时的一番恳谈后,做出了对戴维至关重要的决定——将他从贝多斯手里挖到皇家研究与教育院来。为此,班克斯施展了一记精明的招数,让他去见作风与自己大不相同的本杰明·汤普森，不拘形式地随便喝喝酒，彼此了解一下。[112]

汤普森是位怪杰。班克斯所擅长的表面柔和的外交技巧，他可是一点也没有，而精力却与后者不相伯仲，冲劲儿更是大到几近无情的地步。他本是美国波士顿人，中选成为英国皇家学会会员，又受到英国王室的册封而成为贵族，等级为骑士，继而又被巴伐利亚的选帝侯（Karl Theodor, Elector of Bavaria）擢升为朗福德伯爵，堪称得到了双料荣宠。他的一生十分传奇，当过职业军人、发明家、国家部长、慈善家，还是一个登徒子。他个子高高的，人很瘦削，长相令人一见难忘；眼睛大而有神，还长着一个神气的罗马人的通天鼻子，又有一个动辄前后弯腰的习惯，令人觉得他仿佛一只随时准备捕捉猎物的鹰隼。他的外表被诸如詹姆斯·吉尔雷（James Gillray，1757—1815）等一帮漫画家所喜欢。他发明了多种与热和光有关的仪器，并提出了热本性的正确理论，证实热——也就是拉瓦锡所设想的"热质"——是摩擦生成的。这位人物与戴维一见面，便认定自己发现了一个青年才俊，说什么也不肯放过了。

在对聘用待遇讨论了一番之后（待聘方提出的条件没能得到完全接受），戴维在1801年3月8日写信告诉戴维斯·吉迪说，班克斯和汤普森都很看重他的能力，又答允对他的电流研究工作提供新的资金支持，因此他将很快移居伦敦。他又表示说，虽然贝多斯在布里斯托尔的气疗"是很得人心的生理学工作"，但自己已决定不再参与，再说这一事业也可能不会再有大的发展机会了。总而言之，科学正从另外的地方向他召唤。

八　告别家园

戴维离开布里斯托尔，还可能有着科学以外的原因。气疗诊所里有不少青年人都处在风华正茂的妙龄，而戴维却出乎人们意料地与安娜·贝多斯建立了亲密联系。[113] 在与安娜打交道的过程中，戴维渐渐地了解到，在这个女子开朗直率的表象下，隐藏着其婚姻给她造成的不幸。[114] 托马斯·贝多斯不是个温柔体贴的丈夫，也不是个长于言辞的男人，更何况不时会陷入严重的抑郁症——他自称"犯了哈姆雷特病"。1801年6月里，哮喘病的发作使他极度忧郁，竟致央求妻子同意他自杀。这是安娜事后告诉戴维的，不知道是否确为实情。[115]

安娜还很年轻，却陷于这种境遇，便产生了悄悄寻觅情感寄托的强烈要求。当初与戴维一起沿着埃文河充满诗意的散步，不久便引来了流泪的倾诉与心曲的表白。他们彼此开始互赠起诗文来。戴维的一首诗有着这样毫无顾忌的开头——

  安娜你永远可爱，
  流泪时也风韵不减，
  悲伤时明眸闪波，
  喜悦时更容光灿然……

对方在回复这首诗时并没有写上自己的名字，信封上也只写"霍特韦尔斯区，多瑞坪，气疗诊所，戴维先生收"这几个字。她对当初因自己心烦不快有所打搅表示歉意，但又表示希望能有一亲近的宝贵机会——

  当我将祷祝早日入土的苍白手臂，
  默默无言地搭在你战抖的手中……

戴维给安娜写的诗用词都很浅显，语意也不很连贯，有时还试着用粗浅的希腊文写上些短短的警句——

  姑娘很美丽，
  可望不可即；
  美丽不在手中握……

他还往自己的笔记本上一幅接一幅地画了不少安娜的铅笔画像，全是些侧面像，画中人的金发都在随风飘拂。[116]

安娜的回诗，有一些被戴维抄在了自己的笔记本上。她的诗通常比戴维的长，情调也比较低沉，看上去很像是在回应那个自杀的念头，又像是因导致戴维对自己抱有不可能实现的情感要求而自责。在一首诗中，她在想象中愤怒地拒绝——也许是再一次拒绝——这种折磨人的情感进一步发展。下面的这一段诗看来是站在戴维的角度来谴责自己，也许就是引用他责备自己时说的话——

> 本望因相识得到欢愉，
> 却被无情地推入煎熬，
> 抖搂出我不谙世事时的过错，
> 将隐私的遮布一把扯掉……[117]

这里所说的"不谙世事时的过错"语焉不详，大概是指戴维在彭赞斯时认识的那个法国难民南希小姐。在戴维保存的诗文中，还有一些来自署名为"最一片深情的女子"，注明的日期稍晚些，可能也是安娜写给他的，但也可能来自别的女子。[118]或许戴维在布里斯托尔还卷入过别的纠葛和变心之事也未可知——说不定就与他在《化学与哲学研究》一书中提到的几个只给出缩写姓名的女子有关。戴维后来向他的知己约翰·金恩（John King）医生承认，自己在布里斯托尔时曾经陷入"亲密关系"，对此他很追悔。在他后来的通信中，也有几处地方约略地提到自己与安娜有过卿卿我我的交往和混杂着纠葛的缱绻史。

戴维离开布里斯托尔没过多久，金恩这个朋友就告诉他说，安娜和她的丈夫快有孩子了。得知此事，戴维在1801年11月4日写了回信，信中的口气显然很高兴。他觉得，安娜做了妈妈后，情绪不稳定的状态就会好转："得知这样一位聪明、敏感、坦诚和过于闲散的女士，就要去呵护照看小宝宝，真是一件大好事！有了一件大事可做，种种不打紧的念头和无端的担心，就会统统消散了。"[119]

1802年春，安娜·贝多斯生了一个女儿，取名安娜·玛丽亚（Anna Maria）。在嗣后的几年里，戴维为这个小娃娃写过几首诗，称她是"天下最可爱的宝宝，春天里的小花儿，天然而自由"。1804年，他又给她作了一首九节的生日贺诗，诗的开头处写着"送给两岁的安·贝"，再次衷心地赞美这朵"早春时节的甜蜜小花儿"。[120]

在此期间，戴维也不时给安娜本人写些诗文，并仔细地缀上些说明文字,如"作于1803年12月25日乘马车从巴斯去布里斯托尔途中"之类。在这些简短而抒怀的小诗中,流露出对往昔时光的怀念,称在布里斯托尔开始的那段时日为"生命中的金色清晨",是"痛苦与欢乐交织的日子"——

> 狂放是爱情,不羁为友谊,
> 情感最不定,变幻于瞬息,
> 然且请君看,春日骄阳里,
> 冷暖固多变,明亮恒如一。[121]

不过,安娜的生活并没有因为当了母亲而变得幸福或充实起来。女儿刚过完生日没几天,她就将丈夫丢在一旁,跑到戴维在彭赞斯的阔朋友兼保护人戴维斯·吉迪那里,一住就是好几个月。[122]不过,此举既没有造成这一长期不幸婚姻的破裂,也没有影响她与戴维的私密关系。又过了五年,到了1806年时,安娜与戴维在伦敦重逢。安娜对戴维在讲演上取得的成功表示祝贺,还表示希望得到他的肖像——这自然是十分亲昵的表示。戴维这样做了,还附去一首诗,就是当年的那首《月下幽谷》,动情地回忆起当年两人沿着埃文河畔散步的时光——

> 莫道我忘记了那段时光,
> 我们初次走在静谧的山道上,
> 一起沿着崎岖的山麓,
> 来到埃文河汇入塞文河波涛的地方。
> 在年轻人的思想深处
> 一起找到了互信互谅……[123]

戴维没有意识到这几句诗将会掀起何等的情感波澜,也许他在当时就委婉地试图结束与安娜的书信往来,并请对方忘记自己。也许他在事后不久便已经这样做了。安娜的反应则是于1806年12月26日回复了一封因情绪激动有些前言不搭后语的信。或许它正揭开了当他们都在布里斯托尔时所发生事情的一角:"我想我能体味出我的行为给你带来了什么,但你最近的表示给我带来的痛苦,你可是想象不出的。**你要我必须忘记你,要我再也不要想起你!** 看来我当初一定对你不好,而你却不计前嫌,这才大度地这样要求我。在我诚然是咎由自取……在所有最了解你的人中,我最有资格评价你的内心,而我相信,就在此时此刻,在所有称赞你的人中——不,应该说是在所有的年轻漂亮人物中,还不曾有谁这样地对你不肯体贴。"

安娜又在信中提到,自己不久前在伦敦见到戴维时,他看上去"如此充满朝气",使自己心中也激起了"旧日情感的火花"。这究竟是什么样的情愫,自己说不清楚。信的结尾是一片迷茫的忧伤之情,也许当初引发年轻戴维的同情使之动心的,也正是这种迷茫的愁绪呢:"我说不出原因,只知道一想起你,一提笔给你写信,我心里便无比忧伤。别了……真不打算寄出这封信的……**将它毁掉吧**。"[124]

他们二人当初无疑是强烈地相互仰慕的,而且持续了好几年。事过十来年后,戴维还会向另外一名女子这样倾诉心曲:"你根本就想象不出[安娜]会带来什么感觉……她具有一种魔力,**一种诗情画意**,而且达到了最高层次;令人暖意融融的关切和不计私利的作风。在合适的情况下,她的表现在各方面都会不亚于[你姐]玛丽亚,包括才能在内。"[125]

至于他们二人之间的感情——也许是更进一步的恋情,究竟是谁主动发起的,实在是很难确定的。不过,恐怕未必能认为在布里斯托尔时的戴维还很天真,在情感上尚未成熟,因而完全被对方左右了。后来,柯尔律治说了这样一句高深莫测的话:"年轻的诗人可以有不涉及女性的爱——他需要的只是去爱些什么;年轻的化学家,却要以直落落地坠入爱河的方式求得解脱。"[126] 鉴于戴维后来在同自己的朋友约翰·金恩谈天时,说过一些登徒子气味的话,说明这个人还是难脱市井气的。而托马斯·韦奇伍德在送别戴维去伦敦时,给他的一件告别礼物看来也很得当,这件礼物就是一尊制作精美的维纳斯裸体瓷像。[127]

九　美中不足

布里斯托尔也见证了一场科学之恋的结束。戴维在多瑞坪对氧化亚氮进行了将近18个月的大量试验后,不得不做出结论说,这一气体虽然有些不寻常的功能，但它却没有治疗疾病的效用。这是他个人的看法，并没有在《化学与哲学研究》中明确指出。这让托马斯·贝多斯失望不已，特别是此乃约瑟夫·班克斯早就料到的情况。班克斯曾在写给詹姆斯·瓦特的信中说道："至于贝多斯博士的研究项目，我是不完全理解的，而且……我并不认为从这些实验中，会得出什么有益的结果。"[128]看来恰是贝多斯的青年弟子，送了气疗诊所的命——尽管这不是他的本心。

其实，有一个重大的科学发现，就在戴维的手边，而且可以说是呼之欲出。如果他能充分意识到这一点的话，他也好，贝多斯也好，气疗诊所也好，就都能永垂青史了。氧化亚氮的确没有治病的功能，但它有另外一种不次于它的价值，那就是能够暂时止住疼痛——至少是有所抑制。这种气体是打开科学世界一扇大门的钥匙，通向的是消除或者阻滞感觉的新领域：**麻醉学**。

对于氧化亚氮，戴维以他一向的敏锐感觉，想到了这个方向上。据他在实验室工作志上所写的文字来看，他想到了这种气体无疑可以用于减缓即使是"最强烈的身体疼痛"。[129]他是这样设想有关的生理机制的："氧化亚氮对其他与欢愉有关的神经形成的暂时性关系，发挥了强大的作用，使本应会被感觉到的疼痛受到抑制。"[130]当他智齿疼痛时，就曾靠吸入氧化亚氮成功地止住了痛感。"吸入了头四口——也许是头五口后，疼痛就消失了。"不过，这一功效并不持久，这就使他没有再采取逻辑上应当进行的下一个步骤——在氧化亚氮的作用下，将那颗病牙拔掉。这种气体的止疼效果，本来是阻滞了知觉，却被认为是用它引发的愉快感盖过了疼痛。然而，在他进行的其他许多试验中，戴维居然肯走极端，有意让自己丧失知觉，可见他知道氧化亚氮是不会带来伤害的。

后来，他还为《化学与哲学研究》一书补写了一段文字，认为这种气体有用于外科医疗的可能性："鉴于氧化亚氮在诸多场合表现出抵抗疼痛的效力，它有可能用于出血不多的外科手术。"[131]而他也提到，不应将出血量视为制约应用麻醉剂的手术规模的因素，然而，由于他相信氧化亚氮只会被静脉血吸收，引致他认为这种化合物在出血量很多的大手术中不会有很好的麻醉效果。

戴维能够设想到无痛手术这一概念，正反映出他有出众的思路。他曾花了很长时间,同柯尔律治认真讨论人会感到疼痛的原因和作用。柯尔律治就很不理解,既然繁殖是生命的普遍目的,为什么上帝在创造这个世界时,要让女人分娩的过程产生一种疼痛和不安全呢?[132]他指出的这个问题,后来真的就有了解决的办法——将氧化亚氮与氧气混合起来给孕妇吸入,便成了临盆阶段的标准麻醉程序之一,特别是在出现难产和分娩时间过长时。

朗门出版社在给柯尔律治送来新版的《抒情歌谣集》时,也同时送来了戴维的《化学与哲学研究》一书。1800年12月,柯尔律治写信给戴维,问及他是否"就疼痛问题"与安东尼·卡莱尔这位伦敦的著名外科医生做过进一步的沟通。他们以前曾在伦敦对这一问题进行过一次探讨。"这是个令我**关注至极**的问题。我打算阅读一些详细讲述疼痛的著述,哪怕只是让我理清对这一现象的认识也可以。我几乎百分之百地确信,如果找到正确的方法,是可以从根本上解决痛苦的。"后来他还希望戴维本人写一篇探讨疼痛的科学论文。[133]

到了19世纪初期时,人们已经实施诸如摘除肾结石、拔牙、截肢等多种常规外科手术了。然而,手术过程是痛苦异常的,病人往往会因疼痛而休克,休克又屡屡导致死亡。而对付疼痛的办法只有一个,就是大量喝酒,其实,饮酒的作用不是止痛,而是抑制恐怖感和避免休克发作,起作用的并非真正的麻醉效果。

然而,戴维并没有采纳柯尔律治的这个极为重要的建议,没能沿着这个方向前进,还是我行我素地只搞自己想弄的东西。虽说他已经结束了对氧化亚氮的研究并发表了研究结论,但无论他本人还是贝多斯,都没能看出它用于麻醉的巨大可能性,而这其实真是唾手可得的成果。这使人类又多蒙受了两代人面对手术台的恐怖和苦难,遭受的损害实在难以估量。1811年,范妮曾在无麻醉条件下接受过乳房切除手术。手术是在巴黎她的寓所进行的,由一位军医主刀。她对这一体验的描述,恐怕比拿破仑战争期间战场上伤员被截肢的报告,更折磨读者的神经。

应当认为,戴维在氧化亚氮的研究上,错过了他早期事业中的一个重大发现的机会。一直到1831年时,戴维的传记作者、生性好争辩的约翰·艾尔顿·帕里斯(John Ayrton Paris,1785—1856),还认为有关氧化亚氮的实验统统都是荒唐之举："应当承认，在所有这些演示中，肯定都有某些不可思议的古怪名堂。不妨想想看，在学者们举行的一本正经的聚会上，如果会场中的人都在嘴上扣着丝绸缝的袋子，又是顿足，又是爆笑的，该会是什么样子！"[134]又过了四十年后，对氧化亚氮的实验才再度开展。这一次是在美国，试验人是牙科医生霍勒斯·韦尔斯（Horace Wells）。1844年12月，他在康涅狄格州（Connecticut）接受了一次拔牙手术。手术是在吸入氧化亚氮的情况下进行的。韦尔斯在恢复了正常知觉后宣布，手术时他没有感到"一丝疼痛"，继而宣布人类进入了"拔牙的新时代"。[135]

不过，真正开始作为麻醉剂用于大型手术的是乙醚。1846年10月16日，美国外科医生威廉·托马斯·莫顿（William Thomas Morton）在马萨诸塞总医院使用这种化学制品，成功地为一名病人实施了腿部截肢手术。又过了两个月，12月31日，英国外科医生詹姆斯·古多尔·兰斯多恩（James Goodall Lansdown）在布里斯托尔市总医院进行了一次类似的截肢手术。从此，乙醚便成为麻醉剂，在克里米亚战争①和美国南北战争中得到了大量使用。而麻醉术最终在英国得到真正接受，是在这个国家的人们得知，1853年4月他们的维多利亚女王曾在儿子利奥波德王子（Prince Leopold, Duke of Albany）出生的过程中，吸入了氯仿以解疼痛之后。

兰斯多恩医生1846年12月在布里斯托尔进行的那次手术，标志着戴维有关麻醉剂的猜想，最终结出了果实。1847年1月，为这次手术提供乙醚的化学家威廉·赫拉帕斯（William Herapath），在《布里斯托尔镜报》上发表了一篇介绍麻醉过程的详尽报告。从文章的收束部分可以明显看出，他对当时在布里斯托尔一直被奉为传世之作的戴维的《化学与哲学研究》一书，不但了解其具体知识，也接受了书中的激励与劝诫："我并不怀疑，对于神经感觉，氧化亚氮（笑气）也会具有与乙醚蒸气相类似的效果，并且也实际观察到了在这种气体影响下的人，对疼痛是完全没有感觉的。但

---

① 克里米亚战争，1853年至1856年间在欧洲爆发的一场战争。作战的一方是沙俄帝国，另一方是土耳其、法兰西第二帝国和英国，因主战场在时属沙俄帝国的克里米亚半岛得名。它被认为是最早的现代化战争——不但战斗本身出现现代化因素，后勤和救护也是如此。著名的"擎灯天使"南丁格尔（Florence Nightingale，1820—1910）就是在这一战争期间和战后致力于改善医院的救护条件而闻名世界的。——译注

我不认为它适用于外科手术的场合，原因在于它会频频引发肌肉的不自主运动，而这会致使病人很难保持不动，手术便难以实施。"①[136]

在离开布里斯托尔前，戴维给彭赞斯的约翰·汤金写了一封长信，感谢这位多年来一直支持和帮助自己的恩公。在这封信中，他除了感恩和表示要"为大众谋福祉"之外，还附了一份他写于1801年1月的一篇很值得注意的文字。这是一篇对当下科学发展的展望。当时，他个人所面临的人际关系和经济压力，以及当时的英法交战环境，使他时时觉得"困窘"和沮丧，但科学研究的近期前景却让他感到无比光明。爱德华·詹纳医生发明的牛痘接种正在得到普及——"不单单在英国，而是在整个欧洲铺开"，使得扑灭天花看来大有希望；电化学看来也大有可为，"有可能揭示出大自然的若干规律"。就连气疗诊所的研究，"虽说这个机构的创办人其政治动机有些暧昧"，但还是取得了医治几种顽症的成果。不过，戴维对这个诊所的看法，对他的导师托马斯·贝多斯或者安娜·贝多斯都只字未提。[137]

十　声名大噪

1801年3月9日是个星期一，这一天，汉弗莱·戴维离开布里斯托尔前往伦敦，就任英国皇家研究与教育院化学实验室管理员兼化学讲师助理之职。除了100英镑的年薪，还有一笔额外的"取暖与照明费"，以及几间拨给他使用的阁楼房间。化学实验室管理员兼化学讲师助理是戴维生平得到

---

① 时至今日，医学界仍对戴维和贝多斯当时未能深入研究麻醉剂的原因有不少争论，并经"麻醉史研究学会"组织形成文献发表。据部分学者认为，除了技术方面存在困难之外，"文化障碍"也施加了负面的影响。这些人指出，18世纪末的人们并不认可手术中实现"无疼痛操作"的必要性。当时的理念认为，疼痛是外科手术过程的一个自然而又必然的部分，而通过考察外科医生能令病人服从的权威力量、手法的娴熟程度，特别是截肢和取结石的速度，就可以根据其让病人少受疼痛的程度，衡量出医术的高低。这就是说，要形成"无痛手术"的观念，需要出现一个"范式转移"。可参阅斯特凡妮·J. 斯诺（Stephanie J. Snow）的《无痛手术》（*Operations without Pain*，2005）和A. K. 亚当（A.K. Adam）的《从戴维到莫顿——太久的延误》，《英国皇家医学会会刊》（*Journal of the Royal Society of Medicine*），1996年2月，第89卷。德吕因·伯奇（Druin Burch）在《逝者讲述的故事：阿斯特利·库珀的生平与他所处的时代》（有关原书信息见参考文献部分。——译注）一书中有对19世纪初期外科手术的过程及痛苦做了全面阐述。作者也将在本书第七章中对这一问题进行全面探讨。——作者原注

的第一个科学职称，而他以后的全部生命，都与这个研究与教育院连接到了一起。

英国皇家研究与教育院坐落在阿尔伯马尔街，成立于两年前（1799）。建立这样一个机构，是朗福德伯爵将他在慕尼黑兴办慈善事业的经验予以进一步发展的结果，目的是为英国人建立一个展示最新机械发明的中心，并为穷人提供学习和动手实践的场所。在卡文迪什和班克斯力主下，经英国王室批准，在新拓宽的阿尔伯马尔街建成了宏大的讲演厅和实验室。从此，它便以开展有创见的科学研究和"定期举行科学讲演和实验演示"为自己的工作重心。

为此，研究与教育院需要做到在伦敦人的精神生活中占有一席之地，需要吸引自发形成的听众队伍——至少是形成数量可观的听众队伍。对于这一点，研究与教育院的负责人是十分清楚的（向该机构解囊赞助者也是十分清楚的）。就是在这一形势下，戴维抓住了这个机遇，于1801年4月25日做了首次讲演。他选择了一个有难度，且不大为人们知晓的题目：《电化学》。出乎意料的是，那天晚上前来的听众相当不少，而且多是时尚人物，班克斯和朗福德伯爵也到场助阵，坐在前排座位上，既充满期待，又加剧了紧张气氛。

戴维快步走到讲台上，年轻、潇洒、帅气。他演示了一连串电化学实验，既有火花也有烟气，又有爆炸，效果十分强烈。而在进行每项试验时，都伴有一段出色的叙述，活脱是位出色的魔术师。他的讲解语言简洁明晰而逻辑性强，还巧妙地穿插有关的历史背景和社会内容，而且根本不看讲稿。在这次讲演中，他论及了"电化学的历史，细述了一个接一个的发现"，又探讨了这一研究领域的可能前景。

这次讲演受到了媒体的盛赞。《哲学杂志》称"戴维先生（来自布里斯托尔）"通过它让人们认识了一门全新的自然哲学分支——"这就是电化学"。他的讲演让听众着了迷，其中还有不少女士。"戴维先生看上去非常年轻，但有极出众的表现。看他炯炯有神的目光，看他充满活力的举止，看他的总体表现，此人无疑将取得巨大成功。"班克斯和朗福德这下子放了心，知道真是选对了人，罗致来一位大赢家。[138]

这一年是戴维引起轰动的一年。于此期间他还在英国皇家学会极有声望的学术刊物《英国皇家学会自然科学汇刊》上,发表了自己的第一篇论文。而且令班克斯释怀的是,文章与气体疗法无关,内容关乎对伏打电池的改进,以使这种设备得以长时间提供足够充足的电流,从而使得新兴的电化学分析的能力得到显著提高。[139]

然而,戴维离开布里斯托尔,对托马斯·贝多斯却意味着灾难。他不久便放弃了对气体疗法的进一步研究,回到了传统的医务工作领域。他将自己的气疗诊所改名为"防治诊疗所",将它办成了慈善医院。1802年,他还发表了一本论文集,总标题为《卫生:精神与医药》。他的仁厚之心和博爱一如往昔,但他却认为自己有关气疗的工作已经以失败告终。与此同时,他的个人生活也陷入困境。安娜两次离开他,一次在1804年,另一次在1806年,跑到了伦敦,与戴维斯·吉迪住到了一起。托马斯·贝多斯仍然继续行医,而且超负荷工作,人也超重起来,还发觉自己患上了心脏病。他在那本《卫生:精神与医药》中,给自己所从事的"慈善医生"下了个可怜巴巴的定义,与他当年理想中的这一职业所要发挥的作用可是相去千里。要知道,他理想中的慈善医生应当是"发挥人道精神,立志为消除人世间的悲苦而工作,而非因一时冲动或怜悯行事"的人物哩。[140]

也就是在这同一时期,戴维却在伦敦大获成功。他发现自己不但极其擅长讲演,而且听众越多,发挥就越出色。1801年6月,他在寄往布里斯托尔写给知交约翰·金恩的信中说道:"我结束了这一季度的公开演示和公众交流任务。最后一次讲演在星期六晚间进行。听众差不多有500人……我讲了呼吸,讲了氧化亚氮。掌声真叫热烈。阿门!"

如今他成了香饽饽,全伦敦的科学团体都向他发出邀请。他以私人讲演的形式在皇家研究与教育院地下室的实验室里进行科学演示。学界人士定期前来吸一些"激发愉悦"的氧化亚氮气体——"它可让大家兴奋啦!真没得说!"戴维向"致用学社"①的会员们介绍了这种气体,这次还是没有提到将它用于麻醉的设想,只是舌灿莲花地说道:"我有一个梦想,一个发挥重大作用的梦想。我看到,科学将带来大自然的回归,向奢侈和文

---

① Askesian Society,1796年成立于伦敦,以组织科学界人士讨论和检验时下的科学思想和促进科学的应用为宗旨,于1807年解散。Askesian一词来自希腊文,意为训练。——译注

明索回被窃取的部分：纯洁的灵魂、天使的形体、美丽的心胸，以及快乐的期待。"[141] 讲演还给戴维带来了另一种收获，就是他——年方22岁的他——发觉，自己的讲演吸引来不少"天使"。从这时起，他便不断地收到各种邀请、情书，还有一封又一封的爱情诗；情书也好，情诗也好，都来自年轻女郎，有不少是匿名投递的。

那一年夏天余下的时光，戴维是在威尔士度过的。他在那里回顾了在布里斯托尔度过的两年重要时光。他告诉自己在那里的老同事金恩说："我时常会想到你，心中总是浮起克利夫顿区和霍特韦尔斯区的影子，回想起当年的种种想法、干劲和日常的大事小情。这使回忆显得美好。"不过他也感觉到，到了伦敦，也就是越过了一个情感的波折区，实现了一个必要的"跃迁"，从此不可能再重返过去了。他用化学术语向金恩表示了自己的这一认识："在乡间的日子里，我的思想发生了反应——使我的头脑中生成了新的抱负、新的希望、新的担心。这些希望和担心必然会落入知觉。**被诱使反复出现的暴躁和身体上受到的刺激令人变得不适起来。**我有时会听任道德上的忠诚感，溺毙在可鄙而又可恨的肉体需求中。你将来会了解我的，到那时，就请将我的这番话作为理由向人们解释吧。"[142]

他所说的身体上受到的刺激，可能是指氧化亚氮，因为他已经对这种东西有些上瘾了。至于他那句"可鄙而又可恨的肉体需求"，可就难判断具体所指了。它有可能是指不愉快的两性关系，但又很难套到与安娜·贝多斯的这段经历上。再有，这段话又引起了戴维是否如以前传闻的那样，与布里斯托尔的一名年轻女病人有染的问题。但无论怎么说，他如今已经到了伦敦，就意味着这些都是往事了。"如今我已经是个新人了。请原谅我的妄自尊大。我是有道德感的。我的崇高的道德感叮嘱我说：'不要忘记你的朋友们。'我的道德感是与我的希望之梦和……他们的幸福之梦紧密地连接在一起的。"[143]

1802年1月21日，戴维开始进行他的第二轮讲演。这一轮的题目是农业化学，它们同样取得了巨大成功。柯尔律治是他的热心听众。他准时前来听这些讲演，还记下了长达60页的笔记。"我来听戴维的讲演，是为了扩大自己的比喻库存，"柯尔律治后来这样说道，"每个题目一到戴维的头脑里，就都变得活生生的。一个个思绪会像小草一样，一个劲儿地从他脚下的土里拱出来。"[144]

这一轮讲演的第一讲就很精彩，题目是《化学演义初探》。这次讲演也成了浪漫时期对科学在社会中所起作用的一次大宣传。[145] 讲演一开始，他便开宗明义地指出化学在科学知识发展中的核心地位：植物学、动物学、医药学、生理学、农学，归根结底都会归结为有关化学过程的知识。他甚至将天文学这一"超凡"的科学，也同化学搭到了一起。他在讲演中赞扬赫歇耳，提到了他那出色的望远镜和金属合金反射镜："在一定程度上，天文学家取得的进步，也与化学艺术家的成就分不开。正是后者，使得天文学仪器上所用的材料达到了完美水平，天文学家这才得以掌握他们所需要的研究手段，去追寻行星演化过程，去进入空间深处，去发现远处宇宙的存在形式与表象。"[146]

戴维更进一步地在讲演中抒发了自己的见解，就是科学精神与科学想象力对哲学起着更重要的作用。他发挥了自己当年同柯尔律治共同探讨过的有关科学进步具有"光明"本性的见解，向听众展示了他所设想的人类借助科学手段进行探寻与创造所能实现的文明前景。将人类从"酣睡"中唤醒，又使之摆脱了原始的蒙昧状态的正是科学。这实际上可以说是戴维心目中的普罗米修斯之谜的答案①："人在所谓自然状态下，几乎完全听命于感觉。他们只在正面要求的驱遣下行动，他们的生命过程，除了得到自己的生存之所需外，便要么是睡眠，要么是冷漠。终其一生，他们都很少会考虑未来。**他们没有强烈的希望之感觉，没有始终如一的思维，也不采取坚决的行动。**他们无从发现原因，因此一切行为都或者取决于对梦境的盲从，或者默默听任自然界种种力量的驱遣。"

然而，一旦被科学唤醒，人类便能够"寓希望于多至无穷的想法之中"。有了科学，人类就能够满足自身的基本需求，就能预期未来的福祉。更为重要的是，科学使人们有了营造自己未来的本领，而且是能动地这样做的。"它给人类以堪称创世的力量，用这种力量调整与改变周围的世界，

---

① 在希腊神话中，人类为普罗米修斯所造。最初的人不懂得思考，不会制造工具，不理解自然规律，普罗米修斯帮助了他们，使之有了智慧，并为他们从天上盗来火种，而为此受到宙斯的严惩。至于他为什么要这样做，便是被称之为"普罗米修斯之谜"的探讨内容。——译注

用这种力量通过实验了解自然,而且不单单是书生那样被动地满足于闻道,而是运用自己创造的手段,以主人的身份采取主动的行动。"[147]

戴维向听得如醉如痴的听众宣布,一个无比美好的"新科学时代"行将来临,而他们很快便会迎接到它的曙光:"发现有如晨曦,幽暗而变幻不定,令事物看来真假难辨、扑朔迷离。不过,真理会随着发现来临,持续地撒播真理的光芒,使外部世界及其与人类能力的关系得以清楚显现。大气的组成和种种气体的性质已经被人们得知,电现象已经得到了人们的研究,闪电也被人们从云端请了下来。作为最后一步的是,一种新的作用也已经被人们发现,而这一发现可以使人们将没有生命的死物质结合到一起,得到一向只有生命体才会显现的效应。"[148]

戴维是在刻意宣讲一种革命性的科学观。这使得听众一度觉得,这个来自布里斯托尔的年轻人,接下来就会发表激进的政治革命观点了。听到这里,坐在听众席前排的班克斯等大人物不禁紧张起来。只听得戴维又接着说道:"社会中最强有力的和最受尊敬的成员,是文明与美好的守护神。这些人每天都在关注着生活中的现实方面,并且为能发挥自己的作用,放弃了许多不必要的欢愉,担当了社会中劳工大众的朋友与保护人。"[149]这位贝多斯当年的门生,是不是会接下来吹响支持法国大革命的号角呢?

然而戴维十分明白,任何有关社会革命的提法、任何与"法国套路"沾边的观念,都会导致毁灭性的后果。因此,他巧妙地将话锋一转,绝口不提对民主前途的设想。非但如此,他说出的是这样的话:"存在于人们之间的财产与苦乐的不均,地位与条件的不平等,乃是文明环境中的驱动因素和力量的源泉,甚至更可以说是精要所在。"①

---

① 从戴维写在笔记本上的这篇讲演的草稿中可以看出,他曾对这句话的措辞几易其稿,表现出对这个问题的慎重——显然也是觉得会惹麻烦的地方。比如,他最先写的并不是"力量的源泉",而是"力量的基础"——明显地弱于前者。再者,"精要"两字也是最后用的,代替了原先较为空泛的"生活精神"。而最能说明问题的是,戴维从这一《化学演义初探》讲稿中,删去了所有实现社会合作的内容;而他所说的社会合作,是希望富人承担起资助研究的责任——正是贝多斯的理念之一。这可以从他讲演草稿中原来写进的如下一句话中反映出来:"我们为什么不希望在社会中实现哲人(科学家)与艺术家的联合,使那些有产业者和掌握重要权力者来担当科学的保护人呢?"[《戴维文档》,英国皇家研究与教育院收藏,收藏号Ms Box 13(c),pp.57-58。]——作者原注

他的讲演中还有这样一句话，它的最后定稿是这样的："有鉴于此，我们并不去展望遥远的未来，不去津津乐道于什么人类的无限可塑性，什么毋庸劳作，什么消灭疾病，甚至什么长生不老。我们只根据简单的事实进行类推，即只从目前状态出发，对人类的未来前瞻一步，只去展望我们相信即将出现的将来，只去期待曙光初现时的光明时刻。"这就明白地表示出，他的这番话是说给英国皇家研究与教育院的那帮显贵们听的。班克斯也无疑会感到对他可以放心了。不过，戴维仍然道出了科学进步的革命性作用，班克斯也一定是喜欢这一观点的。他虽然又一次提到了曙光，却故意只是指英国尚需百尺竿头更进一步。他的科学与共和分子要求结束帝制的主张无关，与乌托邦不沾边，同危险的法国政治思维也不搭界。它只是一种简单的、理性的、从经验出发的陈述——而且又是爱国的。[150]

只不过这还不是全部。戴维最后又提出了科学的一个很特殊的功能，因此必然是能引起柯尔律治注意的内容。他说，科学是有治疗效能的，而且不只限于治疗心理障碍，还能治疗精神问题："科学有可能消除过于敏感所导致的妨害想象的疾病。它还有可能使人们将情感系于持久和重要的事物上，使之紧密地与人类的利益连接起来。"从这个意义上说，科学就有了普适价值，因之也能影响那些基本上只关心"文学、政治或者伦理"等方面的"强势人"。科学会使人们"洞烛幽微"的能力得到加强，会促成使用"简单实在"的语言。不过戴维又认为，科学会渐渐地"消灭只与感情有关的词语"。对此，柯尔律治未必会觉得言之凿凿吧？[151]

戴维在讲演中介绍和解释了许多重要概念，使它们得到听众的深入理解。其中的一个就是"碳循环"。这一循环最早是普利斯特利和拉瓦锡发现的。戴维告诉人们说，它是地球生命的关键内容。植物与人类之间一直在进行着碳和氧的往复交换。在他看来，这一循环是关系到大自然和谐存在的规律。这一看法影响到了柯尔律治，在他于1802年春夏两季的书简和阐发"天人同一"观念的诗篇中得到了反映。

还是在这一年，柯尔律治在稍晚些时与华兹华斯一起，为他们的《抒情歌谣集》第三版写了一篇新的序言。他在这篇序言中抒发了他们二人对诗歌的作用与前景的见解，其中有一段将"哲人的发现"与诗人用想象力凝成诗篇联系到一起的著名文字。戴维无疑是激发起这段话语的人："如果按照我们的看法，认为哲人的工作直接或者间接地带来了物质革命的话，那么，人们得到的普遍印象是，诗人们并不会变得比如今悠闲。他们会打点精神，同科学界中人一道前进——不单单是间接意义的跟上，更是**携载着深深进入科学内容的情感**，同他们真正齐头并肩地共行。化学家、植物学家，还有矿物学家，他们所做出的发现，即使是最琐细的，只要可能，都会成为诗人吟咏的适宜对象。"[152]

戴维取得的成功，给他带来了新的自信。当安娜·贝多斯同自己的姐姐玛丽亚·埃奇沃斯一起前来伦敦时，戴维自豪地领着她们在皇家研究与教育院四下参观。玛丽亚这位有敏锐观察力的小说家，从他的举止中发现了一种新的性格："与我们上一次见面时相比，他有了很大长进，讲起话来头头是道，俨然一副'纵横捭阖'的气势。在让我们见识了皇家研究与教育院大大小小值得领教的内容后，戴维先生又带我们来到邦街（Bond Street）①，一路上滔滔不绝。在他和那些'轧邦街马路'的人中，我真难判断谁更令我开心。"[153]

戴维高谈阔论的讲演风格和魅力十足的风度，给英国皇家研究与教育院吸引来大量的年度捐助，使它原先遇到的财经困难大有缓解。这可让朗福德伯爵——他一直是这一机构的主要私人资助者——十分满意。到了1803年，阿尔伯马尔街成了伦敦的第一条单行路，原因就是到了戴维讲演的日子，前来听讲的人所乘坐的马车会拥挤得难以通行。人们还发现，女士们对他的讲演尤其感兴趣。托马斯·罗兰森②曾画了一幅漫画，画面上的一群人入迷地围着一个很帅气的中心人物——戴维。人群中有一批妇女挤在画面左方的包厢里，目不转睛地盯着他，而旁边却又有一个老夫子在冲这些女子抛媚眼。这真是又弄出来一个新的科学门类——性化学哩。

詹姆斯·吉尔雷也有一幅漫画作品《科学研究！气疗学的新发现！——演示气体伟力的讲演》发表，情调虽然不那么浪漫，但表现出了

---

① 邦街，伦敦著名的精品购物街。——译注
② Thomas Rowlandson（1756—1827），英国漫画家。——译注

公众当时对化学的一个普遍概念："臭烘烘"，并特别认为笑气有一股熏天的臭屁味。托马斯·加尼特①教授、朗福德伯爵，还有约瑟夫·班克斯爵士，都被放进了这幅画里。和罗兰森的漫画相同的是，画面上有将近一半听众是妇女，其中有不少还在做笔记（也说不定是在写情书呢）。

一位名叫路易·西蒙的法国旅游者，对戴维让人着迷的技巧做了介绍，并提到他的讲演对青年学生和女子特别富有吸引力。这个人发现，尽管戴维的观点十分超前，但他却很注意不忘记时不时地按当时的通例提及上帝造物之美。他时常会安排一些吸引眼球的、往往还带危险性的实验演示，结果是令听众看得直喘大气，鼓掌不止。其实，有些实验只是充门面的，却弄得煞有介事，好像实际情况就当真会有这么壮观似的。戴维相信，对于科学，人们就应当感到惊奇，觉得美妙。这一观点得到了班克斯的衷心赞成。[154]

戴维的名气扶摇直上，简直可以说是火箭式的。1802年6月，他的职称就从原来的化学讲师助理升为正讲师。当又大获成功的农业化学讲演于翌年结束后，担任英国皇家研究与教育院化学教授一职的托马斯·加尼特自认不是戴维的对手而主动辞职，他便被擢升到这个位置上。戴维的薪水也一路走高，1803年时为每年200英镑；1804年11月入选英国皇家学会成为会员后，在皇家研究与教育院的待遇便翻了一番，为每年400英镑。没过多久，他便接到邀请，去其他有大学的城市讲演。来自都柏林的邀请最频繁。他去外地讲演的收入很快就比他的工资高出了两倍。

此时的柯尔律治鸦片瘾日渐严重，婚姻也很不如意，在湖区的凯西克（Keswick）过着离群索居的日子。不过，他仍然由衷地为戴维的成功感到高兴："我为戴维的成功感到鼓舞。《圣经》中提到三次太阳，一次是与约书亚有关，是在天上定住不动②；另一次是与希西家王有关，是在天上

---

① Thomas Garnett（1766—1802），英国医生与自然科学家，1799年起任英国皇家研究与教育院化学教授，于主讲两季后辞职，重操行医职业。——译注
② 约书亚，《圣经》中记载的希伯来人物。一次他率以色列人征战，战事拖得很久，黑夜不利于他率众进攻，"约书亚就祷告耶和华，在以色列人眼前说：日头啊，你要停在基遍；月亮啊，你要止在亚雅仑谷。于是日头停留，月亮止住，直等国民向敌人报仇。"《旧约·约书亚记》，10:12—13。——译注

逆行①；再一次是与大卫王有关，说太阳如同新郎出洞房，如同勇士欢然奔路②。我希望我们的这位朋友会有如第三例！"他还继续拿《圣经》说事儿，预言戴维在伦敦会向"钻进他的天才之床的两条蛇"开战，这两条蛇一是放纵，二是嗜好，都是将科学热忱引向虚荣浮华的诱惑："不过，大力神赫拉克勒斯会掐死这两条爬虫的。"对于戴维所负的科学使命，柯尔律治是深信不疑的："在戴维身上，我自豪地寄托以希望，这希望超过了对其他的任何人……他是我最感亲近的人，是我的希望所在（当我对他最感亲近时，我喜欢他要大大地超过喜欢我自己）。"[155]

戴维也很愿意担任这第三例中所说的角色。当他次年得知柯尔律治即将乘船去地中海后（他自己认为以后将不复返回英国，不过并没有告诉别人），便给他修书一封，既是告别，也是鼓励，洋洋洒洒地尽是溢美之词："无论君处天涯何方，都会时时与我为伍，不是转瞬即逝的闪念，而是不熄的创造能流，是有火样光焰的飞腾的**想象力**。你就是灵感，就是欣喜。无论到了何处，你的伟力都会被所有人迅速晓悟……你行将成为'感觉学'这门科学的史学家，请务必不要让任何事物损害你的崇高天性，请务必不要放弃你的天职。"[156]

当年活跃在英格兰西南角的这群朋友已经渐渐地星散。戴维倒还时常与骚塞有书信来往，但后者已经移居湖区。汤姆·普尔还在下斯托伊与皮革打交道，他们也仍旧托鸿雁相互传书。但戴维与布里斯托尔的贝多斯和金恩的联系却渐渐地稀少起来。他与彭赞斯往昔岁月的联系，更是因格

---

① 希西家王是犹太王国末年的君主（公元前8世纪），因生病时诚心祈祷，上帝派使者以赛亚传信，答允三天后给他治病。他要求得到证明，以赛亚说："耶和华必成就他所说的，这是他给你的兆头：你要日影向前进十度呢？是要往后退十度呢？"希西家回答说："日影向前进十度容易；我要日影往后退十度。"先知以赛亚求告耶和华，耶和华就使亚哈斯的日晷向前进的日影，往后退了十度。《旧约·列王记下》，20:9—11。——译注

② 大卫王是《圣经》中得到很多记载的古以色列国王，曾因杀死令以色列众人惊骇的外族武士歌利亚而得众人膺服。大卫深通音律，创作过多首赞美诗歌颂上帝，他在其中的一首诗篇中写道："诸天述说神的荣耀，穹苍传扬他的手段。这日到那日发出言语，这夜到那夜传出知识。无言无语，也无声音可听。他的量带通遍天下，他的言语传到地极。神在其间为太阳安设帐幕。太阳如同新郎出洞房，又如勇士欢然奔路。它从天这边出来，绕到天那边。没有一物被隐藏不得它的热气。"《旧约·诗篇》，19:1—6。——译注

雷戈里·瓦特久受肺结核沉疴折磨后夭折而大为减弱。格雷戈里逝于1804年10月，享年32岁。就在头一年的春天，他还向英国皇家学会呈交了一篇有关康沃尔地区地质构造的论文。而在他不久前写给戴维的信中，还对自己将来的科研计划"充满了憧憬"。这个老朋友的离去，给戴维的打击很不一般。震惊之下，他写了一纸最伤感的回忆信，字里行间以"本不该有的情绪"，发出了对宗教的诘问，还罕见地吐露出怀疑的情绪。在一个短暂的时刻内，戴维表现得不像自己，没有了抱负，不再看重成就，而只是慨叹道："可怜的瓦特！他真不该撒手尘寰。我无法说服自己相信他已经离去……大自然为何以此种方式行事，令其所造之物在存在期间与陨灭结果上有如此的不同？石块的不复存在是变成泥土，去滋养苔藓和地衣；此等植物死去后，会分解形成腐殖质，供青草和更高等的植物生长……可人呢？以人所具有的完备能力与高等智慧，呱呱坠于世，过隙于人间，会生病，会受煎熬，然后便再也看不到了，风过水静，了无痕迹。"[157]

这封流露真情的伤感信函，是戴维写给自己在布里斯托尔时的另外一个朋友、实验室助手克莱菲尔德的。信中全然不曾说起上帝，也只字不提死后上天堂之类的习见。相反地，他强调了由于大自然的"安排"——他无法理解的"安排"，使得瓦特竟然禀赋未展，宏图未竟。他使用了人们熟知的蛹化成蝶的比喻来形容瓦特的离去，只是将这一类比之光，用到了不寻常的哲学方向上："原先的毛毛虫，经变化长出了鳞片结构，成了一动不动的东西，看上去它并不显明其适于生活在空中飞翔的种类，它并没有自己将有一个不同凡响的未来的意识。我们是地球的主人，但或许又是某些未知存在体的奴隶……我们觉得自己很了解物质，明白它们的基本特性，但与此同时，我们却根本无从得知电的由来，也无法解释陨石是如何形成的。这些未知存在体有思维，它与我们很接近，它环绕着我们，但我们却无法察觉，也永远无法想象。我们的知识实在是太有限了，不过以我之见，以我们目前之所知，已经足以有望达到永生：这就是说，**使人类的美好部分永远存在下去**。"[158]

这是揭示戴维最接近承认"灵魂说"，亦即"生命不灭"的表述。不过，更值得注意的是，他认为人类是"地球的主人"，而身为主人，又得服从于其他更高层的主人；那么，这个更高层的主人，就应当是存在于宇宙间某个地方的奇异力量。他并不认为这种力量来自上帝，而是相当于科学幻想小说中的外星智力——"有思维"，与人类接近，但是肉眼看不见，人类又无法察觉和无法想象。后来，当他写最后一本书《旅行的慰藉：一名哲人的最后时日》时，又回到了这个题目上。

1805年，戴维在英国皇家研究与教育院的春季讲演中，又以《地质谈》为题开讲，而且范围又有了扩大。为了宣讲地质学，他钻研了詹姆斯·赫顿和约翰·普莱费尔（John Playfair，1748—1819）的著述，随后便在讲演时提到了近年来有关地球年龄的争论，还提到了岩石的成因究竟是洪水淹浸还是火山喷发。他还造了一个很大的火山模型，在讲演中穿插了一场火山喷发演示。这个模型安放在一块防火隔热板上，演示时先冒了一阵不呛人的烟，然后突然就喷起火来，最后竟吐出"火山灰"形成的云来。在这次讲演上，他还回忆了自己当年在康沃尔郡时，同格雷戈里·瓦特一起远足的经历，并宣读了对这位早逝朋友的一篇情真意切的诔文。[159]

夏天到了，戴维在湖区过了一个身心放松的假期。他同华兹华斯、骚塞和司各特一起攀登了赫尔韦林山（Helvellyn）。他们谈到了不知道还在地中海什么地方、音讯也越来越少的柯尔律治，不过戴维仍然希望，柯尔律治会"再度用自己的天才，给我们带来用不朽诗句编成的美丽花环"。他给柯尔律治写信，敦请他返回英国，到英国皇家研究与教育院讲一讲诗歌。

戴维返回伦敦后，从班克斯手中接受了科普利奖章（以表彰他在农业化学领域所进行的若干项枯燥的研究），还被选入英国皇家学会理事会。此外，著名的贝克年度系列讲座也向他发出了邀请，希望他于翌年秋前来皇家学会开讲。他的事业正有如日之中天、蒸蒸日上，而有了这样显赫名声的人，却还只有26岁。然而，要想真正成为功绩彪炳的科学家，还需要做出更重大的科学发现。10月，他当年崇拜有加的英雄，一直将自己在尼罗河河口海战取得的胜利归结为学习科学之故的纳尔逊，在特拉法加海战①中阵亡。

---

① 特拉法加海战，1805年10月21日英国海军与法国和西班牙联合舰队在西班牙的特拉法加海角（Cape Trafalgar）外的一场激战。战斗以英国大胜结束，但主帅纳尔逊海军中将在战斗中阵亡。此役之后，法国海军一蹶不振，拿破仑被迫放弃进攻英国本土的计划。而英国海上霸主的地位也因此役得以巩固。为纪念这一胜利并缅怀以身殉职的纳尔逊，伦敦市中心建立了特拉法加广场（Trafalgar Square），以铭记这一战役。广场中央矗立着高大的纳尔逊纪念柱，成为伦敦的一处名胜。——译注

十一　重大发现

1806年11月20日，在约瑟夫·班克斯的主持下，汉弗莱·戴维在英国皇家学会的礼堂，面对坐得满满的观众席，开讲了他的第一次贝克年度系列讲座。入选为这一讲座的讲演人是一种很高的荣誉，但要求的标准也很高。贝克年度系列讲座简称"贝克讲座"，于1775年由丹尼尔·笛福①的女婿亨利·贝克②创办，目的是促进对实验科学的了解。演讲的内容应当是科学上的真正新发现。主办方本以为戴维会从气体、地质学或者农业化学这三个领域中选择一个。然而他却表示，自己所拟定的题目是对电的本性、新事物伏打电池的用途，以及形成一个名为"电化学分析"的全新科学分支的可能性的"研究与阐发"。他的讲演博得了世界范围的注意，结果使他又接着讲了四年：1807年11月19日、1808年12月15日、1809年11月15日和1810年11月15日。[160]

戴维的第一次讲座以一场前景展望开始。一如往常，他的演说引人入胜之至。"以当前的形势而论，可以说伏打向人们打开了观看自然界中最神秘角落的门扉。在此之前，人们的研究手段相当有限，对气体的研究已经到了头，试验方面只剩下一些零零星星的琐碎工作。**而如今，我们面前出现了无限广阔的科学新前景，这是一片从未有人履足的新疆域，同时又是一片美丽富饶的新天地，哲学必定会在这里得到发展。**"[161]

戴维先从澄清电的本性讲起。当时，人们对于这个问题的认识十分模糊。普遍的看法是，电是一种看不见的流体，又极易挥发。它被存储在一种名叫莱顿瓶的玻璃仪器里，随时都可能跑出来将人"蜇"一下。戴维告诉人们，来自莱顿瓶的电也好，来自伏打电池的电也好，看来虽然不一样，却全然是一回事，而且与来自闪电、电鳗和手摇式摩擦起电器的电也是同一事物，只是前两者容易控制，并能够持续发生。此外，电这种能量还可以通过**化学**变化产生。用含有金属成分的填充剂补过牙的人，有时口腔内会产生麻刺感，其实就是酸性的唾液与填充剂起化学反应放电的结果。"如果将一片锌和一片银贴到一起，再与舌头相接触，就会产生很强

---

① Daniel Defoe（1660—1731），也译但·笛福，新闻记者出身的英国小说家，以其代表作《鲁滨逊漂流记》（有多种中译本）闻名于世。——译注
② Henry Baker（1698—1774），英国出版商与慈善家，娶笛福的小女儿为妻。——译注

的蜇刺感。这与路易吉·伽伐尼（Luigi Galvani，1737—1798）……刺激动物肌肉的实验其实是一回事儿。"[162]

接下来，他又通过演示证明，电本身只是某种形式的纯粹能量，并不会如当时多数人认为的那样能够"产生"物质。他告诉听众说，从根本上说，电是一种具有两种极性的能量，一种是负电（因受热膨胀产生），一种是正电（由遇冷收缩生成），如果分别带有负电和正电的两种乌云相遇，就会形成闪电。[163]（对于闪电的形成原因，现代物理学解释为单一一块云内的电子受到激发生成静电，再因静电的大量积聚而致。）

下一步戴维要进行一系列精心准备好的实验。他通过对多种不同的盐类和碱类物质的演示，证明自然界普遍存在着所谓"化学亲和性"——不同的化学物质会在正电能量和负电能量的作用下结合起来的能力。戴维以伏打电池为工具，对种种金属和金属氧化物进行"分解"（这一过程通常需要数天时间方可完成）。他告诉大家说，这一过程的结果，是得到连名称都还没有来得及给出的前所未知的新元素。以这种方式，"可以把握十足地丰富我们对这个世界上的科学体系的理解，并有可能使人们掌握新的力量"。[164]

戴维还在通篇讲演中，以肯定的态度介绍了欧洲各地的科学家所做的有关研究，特别是瑞典的约恩斯·白则里（Jöns Jacob Berzelius，1779—1848）和芒努斯·邦廷①以及法国的约瑟夫·盖-吕萨克与路易·雅各·泰纳尔②。不过，他也以随随便便的口气告诉听众，他对这些人的实验进行了全面的变动、改进和替换。其实，他这等于是在宣告，英国在17世纪以罗伯特·胡克和罗伯特·玻意耳③为代表人物所取得的在化学领域的领先地位，如今第一次实现了回归。他的第一次贝克年度系列讲座不但吸引人，还能发人深思。不过，这只是戴维初显身手。他希望在第二次贝克讲座

---

① Magnus Pontin（1781—1858），瑞典化学家、宫廷御医，与白则里一起对含碱土族元素的化合物进行了大量研究。他还是白则里的传记作者。——译注
② Louis Jacques Thénard（1777—1857），法国化学家，盖-吕萨克的终生好友与科学合作者，盖-吕萨克的许多化学成就都有他的贡献在内。他还独自发现了过氧化氢（双氧水），并是著名的陶瓷高温颜料"泰纳尔蓝"的发现人。——译注
③ Robert Boyle（1627—1691），爱尔兰-英格兰化学家与物理学家。他与法国的埃德姆·马里奥特（Edme Mariotte，1620—1684）各自独立地发现了气体的体积与压强关系（在温度不变时）的规律，成为理想气体状态方程的一部分。——译注

上,令人们承认自己工作的革命性地位。

在这两次讲座间隔期间的1807年夏季,戴维在钓鱼上用去了不少时光,还一心希望说动柯尔律治来英国皇家研究与教育院主讲文学讲座。事实证明,钻研科学与钻研文学其实是有许多相通之处的。柯尔律治此时已从马耳他回到英国。地中海的游历,给了他新的体验(体验之一,是他热恋上了西西里的一名歌剧女名伶),赋予他以新的灵感,但也使他更深地陷入鸦片瘾而无法自拔。对柯尔律治目前的精神状态,戴维心中十分清楚。他在写给他与这位诗人的共同朋友汤姆·普尔的信中明确地表示说:"在目前的情况下,他若能发表有关欣赏品位、文学和哲学的见解,必定会产生有益于他本人健康的影响。"

对于英国和法国正在进行的战事,戴维也对英国的前途持乐观态度:"波拿巴目前似乎已打消了入侵企图。如果我们的政府能发挥主动性,今后就无须担心与法国的海战……我们这个岛国的财富会蒙受损失,但民众的力量不会轻易遭到削弱。我们的文字、科学、艺术,我们天生的自尊,都不大会受国际关系的左右。英国的殖民地或许曾少于热那亚①,但我们却出过许多培根,出过许多莎士比亚。"事实上,这时的戴维认为,研究科学就是爱国。[165]

1807年11月19日这一天,是戴维在皇家学会第二次开讲贝克讲座的日子。他在讲台上戏剧性地宣布,自己刚刚通过"电解过程"分离出两种簇新的元素,一种是钾,一种是钠。他通过巧妙的安排,使英国皇家研究与教育院的多组伏打电池连续供电数小时之久,使装在抽成真空的烧瓶内的两种常见碱类物质——烧碱和草碱不断地分解,最后在电池的电极处结成硬壳,其内便含有这两种新元素。当他从含有钾的硬壳中取出这种元素的小颗粒时,它们不经点火便自行燃着,发出亮得耀眼的紫色光焰。钠也有类似的情况。当它被投入水中时,便会燃烧起来,发出的光也同样强烈,不过是明亮的橙黄色。这便造成了一种印象,就是世界是神秘的,有新的物质藏身其内,但在化学家的召唤下,它们便闪亮登场。

---

① Genoa,中世纪时期的一个城邦国家,一度发展得十分强盛,在地中海沿岸有好几个殖民地。19世纪初期,拿破仑的扩张使热那亚共和国变成法兰西帝国的一部分。今天,热那亚只作为意大利的一个省府城市存在。——译注

戴维的这些实验是在离贝克年度系列讲座的预定日期只有不多几周的时间内完成的，因此时间紧，危险性也大。他简直有些像记者抢时间那样，在巨大的压力下尽快地工作。不过，看来他也喜欢这样。1807年10月6日，他在实验室工作志上用大号字写下了这样一行庆祝的字样："**实验成功。证实草碱得到分解。**"

对这一历史性的发现，戴维是这样浓墨重彩地写在贝克讲座的最后定稿上的："草碱开始在通电部分的两端位置上熔融。在上极（正极）的表面处出现激烈的涌动。在下极也就是负极处，出现的不是弹动的液体，而是小小的球珠，呈现明显的金属色泽，外观看上去同水银极其相似。一些球珠发生爆裂而燃烧起来，发出明亮的光焰……大量实验的结果很快表明，这些球珠就是我要寻找的东西。"[166]

不过，戴维最兴奋、相信自己已经大功告成后的表现，是他的助手告诉人们的。据这位助手说，这位28岁的化学教授在那一天的表现，简直像又回到了孩提时代。"当他看到钾的小小球珠从草碱的外壳里钻出，继而因遇到空气燃烧起来时，真是欢喜得情不自禁了。极度兴奋之下，他竟然满屋里跳起舞来。过了好大一会儿才恢复常态，将实验继续下去。"[167] 就这样，戴维建立了电化学分析这一领域——就连"电化学分析"这一术语也是他的创造。他当初立志要实现的开拓广阔的实验领域的愿望，如今的的确确是实现了。①

---

① 做这番叙述的这位实验室助手是汉弗莱·戴维的堂弟埃德蒙·戴维（Edmund Davy），当时在那里当临时工。这是1807年的事情。第二年，汉弗莱便让他的亲弟弟约翰接下了这份工作。那一年约翰18岁，在哥哥手下干到了1811年。戴维使实验室的工作充满紧张、兴奋和朝气蓬勃的气氛。八年之后，年轻的迈克尔·法拉第又使他的实验室恢复了这种面貌。当钾和钠爆裂燃烧时给青年化学爱好者们留下的印象，在奥利弗·萨克斯（Oliver Sacks）于2001年出版的自传《钨丝舅舅：少年奥利弗·萨克斯的化学爱恋》[有关原书及中译本信息见参考文献部分。又，"钨丝舅舅"本名是大卫·兰多（Dave Landau），是奥利弗·萨克斯的舅父，犹太人。他开了一家专门提炼钨和拔制钨丝的公司，而钨的英文Tungsten的发音又很像是犹太姓氏，故而得到了外甥们给他起的这个绰号。——译注]中有出色的描述。萨克斯在同另外两个少年朋友在自己充当实验室的卧室里，第一次看到由钾形成的"发了疯似的熔融小球"的骇人亮光，接下来又见识了将3磅左右的金属钠丢进海格特人工湖（Highgate Ponds）后的情景："钠块立即着起火来，在水面上飞速乱蹿，有如一颗发狂的流星，上面罩着好大一片黄色光芒。我们全都欣喜若狂道：真是让人开眼的化学！"——作者原注

戴维的讲演引起了普遍轰动，赢得了一致盛赞。班克斯对这些讲演是如此喜爱，致使第二年英国皇家学会为他画新的标准肖像时，这位穿上全套行头的会长还决定在手里握上一份戴维的贝克年度系列讲座讲稿。在布里斯托尔，他的老雇主贝多斯骄傲地表示："戴维不久前通过分解稳定的碱类物质，解决了化学领域中的一个最大的问题。"[168] 新创办不久的杂志《爱丁堡评论》刊登了有关贝克讲座的长篇系列评述，执笔者是文坛新星亨利·布鲁厄姆①。[169] 柯尔律治也在写给朋友的信中，赞扬戴维是"从光荣走向光荣"。[170]

即便是与戴维之间存在着公开争斗的对手，也称赞他的成就。著名的瑞典化学家约恩斯·白则里便认为戴维是现代化学实验的大师级人物。法兰西科学院向戴维颁发了法国新设立的拿破仑奖（盖-吕萨克为此尽了不少力）。奖金的数额很大，为6万法郎。法兰西科学院向戴维发出公函，邀他前来巴黎领奖。当时英法之间战事正酣，因此，来自法国的这封邀请函，既是一件好事，也是一件难事，自始至终一直存在着外交方面的困难。戴维还认为自己可以领到拿破仑颁发的奖金全额——6万法郎，但由于法国方面只以本金的利息作为奖金支付，因此实际接到的数目大大缩水，只有3000法郎。[171]

取得了这许多成功的戴维，工作实在是太拼命了，因此累坏了。讲座刚一结束，他又投入了督办纽盖特监狱内通风系统改造工程的工作，结果在1807年12月得了斑疹伤寒，病情很重，有几周竟达到病危程度。这场大病，使戴维遭了好几个月的罪，不过也与原来一起钓鱼时结识、患病期间一直为他看病的托马斯·巴秉顿（Thomas Babbington）医生结下了终生情谊。这场大病使戴维直到1808年4月19日才得以重返实验室。

这场与死神擦肩而过的遭遇，反而让29岁的戴维有了更大的知名度，在科学界的名头也越发响亮。在他生病期间，英国皇家研究与教育院逐日发布他的病情公告，又举办了介绍他工作的专题讲座，将他的成就与培根、玻意耳和卡文迪什并列，还募集资金定制更强大的新式伏打电池，"共含600对极板，每片面积4平方英寸"，比当时英国已有的最强大蓄电池

---

① Henry Brougham（1778—1868），英国政治家，律师出身，曾任英国上议院大法官。他喜好文学，是《爱丁堡评论》的创办人和最初一段时期最主要的撰稿人之一。——译注

电力大了3倍，准备供他将来研究之用。到了下一年，在他结束了第四次贝克年度系列讲座后，有人捐赠了一组有2000片极板的伏打电池，为当时全欧洲之冠——自然超过了法国的纪录，足见捐赠人的爱国之心。[172]

戴维在卧病期间还成功地组织了柯尔律治在皇家研究与教育院的第一组讲演，总题目为《诗歌与想象》。1808年春，在一波三折、大起大落的延误后，这一系列讲演终于得以在英国皇家研究与教育院举行。柯尔律治的讲演内容很精彩，但进行得时断时续，结果被一些人雅谑为戴维搞过的最危险的实验。戴维自己也对柯尔律治天才与"受到毁伤"的敏感并存的表现，发表了不少见解。他采取的是科学界人士看待文学艺术界人士的旁观者清的立场，但在行文中加进了太多的花头，弄得自己也有些像是柯尔律治了："[柯尔律治]敏感反被敏感误——真是天才的通病哟。他的头脑是一片广阔的原野，既矗立着松杉和橡树，也杂生着妨碍它们参天的灌木、蒺藜和苍耳，还有寄生的草与藤。他是最伟大的天才，生就一双看到最广阔前景的眼睛，对事物最敏感的内心和思维最明澄的大脑，这就使他追求秩序，向往精确，求索规律，结果却因此受到了戕害。我每当想起他来，心中就无法不交织着赞佩、尊敬和怜悯。"[173]

在休养康复期间，戴维想得最多的内容是诗歌、天才与来世。这也许是得以暂时摆脱了不适合他天性的常规性实验室工作，使他平素压在心底里的念头有机会浮上心头的结果吧。在恢复健康的缓慢过程中，他写了一首出色的短诗《让热望充溢于世界》，读起来很像是一首赞美诗，以泛神论①的观点看待所有变化，认为宇宙间存在着某种力量——等同于神，也相当于柯尔律治所说的"有智慧的创造力"。世界就是由这种力量操纵着，一如被风吹响的风弦琴②：

---

① 一种将自然界与神等同起来，以强调自然界至高无上的哲学观。其最接近于无神论的一派，基本上就是将神等同于自然规律。它与多神教的最大区别，在于不将神人格化。泛神论的代表人物是荷兰哲学家斯宾诺莎（Baruch de Spinoza，1632—1677）。——译注
② 风弦琴是欧洲的一大类古代乐器，有多种外形，但基本上都是弦线加上共鸣箱，放在空旷地方，当有风吹过时，就会发出声响，并因风力大小和来风位置发出音高不同、响声不同、和声不同，强弱也不同的无穷组合。时至今日仍有爱好者在钻研和改进此类乐器。近世也有用多根长短不同、粗细不一的铜制金属管代替琴弦的，虽然无弦，但仍然沿袭了旧名。——译注

> 太阳的光芒、风雨的咆哮，
> 以及凡此重要运行，
> 周而复始，更新替代，
> 变化不尽，形式亦无穷。
>
> 至高无上的智慧，
> 恒将意志不停驱动，
> 从古到今恒如斯，
> 天上地下概遵从。
>
> 没有它的奇伟之力，
> 尘界只会嘈杂嗡嗡；
> 倘无诗人的触摸，
> 将只有走调的芜杂声。[174]

　　说不定此期间内涌上来的，还有别的可能平素被他压在心底里的思绪呢。据他身体康复后告诉人们，在他生病期间，曾多次出现同一幻觉，即看到一个从未相识的美丽温柔女子前来照拂自己，还扶住他的身躯，与他进行"睿智的对话"："[当我]染上了俗称'班房热'的恶性斑疹伤寒后……眼前总会出现一位美丽的女子……这个幻觉形象有一头棕色头发、眼睛蔚蓝、肤色红润光泽，与我进入青春期时经常怀着爱慕之意想象出的女子都不一样……她的形象十分鲜明，鲜明到我几乎可以精确地画出来的地步……[不过当]我有了能进一步与这位守护我的天使打交道的力气时，她却越来越少出现了。"[175]

　　戴维对这一幻觉简直着了迷。其实，它很可能只是当年进行氧化亚氮的吸入实验时某个视像的再现，但这无疑牵动了他思想深处的某种东西。他认为自己"当时产生了很深的爱情"。这确实很有道理。根据他笔记本里零零星星的内容，以及他留下来的——也许有意如此，也许无心放过——一些情诗来看，当他在1807年举办讲演时，有一些女子很可能有向戴维主动示爱的表示。然而，他却一直坚持说，出现在他幻觉中的这位女子与所有人都大不相同,是他根本不曾见过的。

在这件事上,他还真是不可思议地说准了。他平素最"欣赏不置"的女性,多属于"黑头发、黑眼睛、肤色白皙而略缺血色"的类型,而他在幻想中见到的,却比这些人都年轻,简直还是个小姑娘,形体也与她们不同,是位容光照人的棕发女子,是"人间天使"。说来真是怪得很,十年之后,也就是在1818年,戴维说他当真在"游历伊利里亚(Illyria)①时",见到了十年前的那位"幻象女子",一个"举止娴雅的花际少女,年龄在14—15岁之间"。[176]又过了十年,戴维再次在1827—1828年间第三次见到了这位女子,彼时她已经20过半,而戴维也正在忍受着生命历程中的最后一次病痛。[177]

对于这每十年一现的神秘现象,戴维解释为是自己有个"爱情周期",而且会在他进入每个整年时,也就是在他年满30、40和50岁时表现出来。如果再从第一次时向前推十年,那就正是他刚满20岁时的1798年,也就是他初遇安娜·贝多斯的时候。看来,这是一个私密的领域,属于他个人情感波折的世界。对于这个世界的情况,他只在两个地方有所表露:一处是在给其弟弟约翰的私人书信中略有提及;另一处是他后来的诗作。[178]

十二 黑子初显

1809年12月24日,托马斯·贝多斯在布里斯托尔去世,年仅48岁。他死前一直为心脏病所苦,曾经不安于室的妻子安娜在需要的时候又回到丈夫身边,尽心尽责地照顾了他。他在去世前,很可能给包括戴维在内的朋友们写过信,不过没有得到几多回复。这让他觉得自己被人们遗忘了。戴维和柯尔律治都没有再理会这位曾关照过他们不少年的长者。

贝多斯得到发表的最后一篇文字是,"就医药界存在的不尽责、不善待和不合理现象向英国皇家学会会长约瑟夫·班克斯爵士"的致函(1808)。在这封信里,他提议用五年时间培训全英国的所有内科医生,并

---

① 伊利里亚为一地区名,在欧洲的巴尔干半岛西部。这里在公元前时期曾存在一个伊利里亚古国,因此有不少古迹与传说。它曾被莎士比亚等名作家用来指代一个半幻想式的国家。——译注

拨发税款给这一计划以财政支持。他还主张制定预防性药物的国策。这可以说是向未来的英国国民医疗服务制度提出的最早的重要建议。当年那位激进医生的影子又在这篇文字中出现了。他指出,如果全英国所有的家庭主妇都能得到(免费的)解剖学知识培训、洗衣机(蒸汽机带动的)、新鲜蔬菜和高压锅,人们的健康水平必将大幅度提高。[179]

贝多斯的去世,在已然星散的原布里斯托尔气疗诊所的人员中造成了情感波动,并使这些人对自己的事业扪心自问。戴维在给柯尔律治的信中这样说道:"我心里沉甸甸的。我很愿意尽力促成你的设想,并有心跟你谈谈你的计划;自上次与你晤面以来,我也一直在忙,但没有什么成果;也想同你聊聊我的工作,但我心里难受,没法同你谈这些事情。我知道当你得悉此事时,也会同样……谨寄挚爱。"[180]柯尔律治写了一封很动感情的自责回复,谈到贝多斯无私行医的努力,也评论了他那堂·吉诃德式的善举。他说,听到这一噩耗,他哭得都"抽了筋"。

贝多斯去世后,安娜希望找人为他写篇传记。她接连找了戴维、骚塞、戴维斯·吉迪,最后又找到了柯尔律治,但这些人都拒绝了。最后是一位名叫约翰·斯托克(John Stock)的医生写了一本枯燥的《回忆托马斯·贝多斯》,于1811年出版。倒是一位名叫保罗·罗热(Paul Roget)的人,在《大英百科全书》上撰写了一条有关他的条目,写得很出色,不过这已经是1824年的事情了。与此同时,戴维斯·吉迪也负起了监护安娜的几个孩子的职责。不过为了避嫌,他先娶了一位吉尔伯特小姐(Gilbert)为妻,并借此机会将自己的那个不吉利的姓氏换成了妻子的①,于是便成了戴维斯·吉尔伯特(Davies Gilbert)。安娜离开了布里斯托尔,先是搬到巴斯,然后去了意大利,定居在罗马(Rome)。她的儿子托马斯·洛弗尔·贝多斯(Thomas Lovell Beddoes,1803—1849)后来成为诗人,还用了二十五年时光写了一部叙事性很强的怪谲长诗,题为《死亡笑话》,里面尽是他小时候在父亲的诊所里见到的令人不快的手术情景。到了后来,他再也写不下去了,便在瑞士的巴塞尔(Basle)以自杀了结,时年45岁。[181]

贝多斯的去世使戴维受到了触动。他在自己的笔记中记下了这个人的

---

① 吉迪这一姓氏的英文为giddy,是头晕目眩的意思。——译注

羞赧天性、与人交谈时语气的冷漠，以及他那很"不安分驰想"的性格。戴维觉得，贝多斯的为人与伊拉斯谟·达尔文很相近，只是更加含而不露些。写毕这些感触，他还意犹未尽，又补充写道："他临死前曾写信给我，后悔自己的科学道路走偏了。他的话说得十分真诚感人。记得其中有这样一句：'我的知识没能创出品牌，没能开出花朵，也没有收获果实。这使我像是个播下稗草的农夫。我真希望有朋友前来安慰我。'"这最后一句话竟成谶语，后来落到了他戴维自己的头上。[182]

1809年时的戴维声名如气冲斗牛。影响巨大的《著名公众人物传记》丛书在第七卷中收入了评介他的条目。这一条目的篇幅颇长，赞许了戴维的谦虚和才具，介绍了他在英国皇家研究与教育院进行的电化学实验，又详细评述了他的几次贝克讲座。该条目将他立为英国新科学界的榜样，有"埋头于实验室"的献身精神，而且不追名不逐利。从通篇介绍中，看不出他日后的傲慢自大、野心勃勃，也看不出他对职场同人的嫉妒和狭量。[183]

为庆祝英国科学出现的历史性大发展，画家威廉·沃克（William Walker）创作了一幅题为《1807—1808年度科学巨擘》的大型作品。它创作于1820年前后，因此实际上是追溯性的。画面上出现的人物有好几十位，全部为男性，聚在一间想象出来的俱乐部吸烟厅内，有的站着，有的坐着，面孔都一本正经。戴维、赫歇耳、班克斯、道尔顿、卡文迪什和詹纳都在其中。画面上没有托马斯·贝多斯。正如他生前担心的那样，人们已经将他忘记了。①

曾经吟咏过约瑟夫·普利斯特利所做的划时代实验的女诗人安娜·巴鲍德，如今又将戴维的科学讲演推崇为当代的光荣代表。她认为，将来的历史学家们将会这样做——

---

① 后来，通过多萝西·斯坦菲尔德（Dorothy A. Stanfield）所写的出色传记《医学博士、化学家、内科医生和民主主义者托马斯·贝多斯》（有关原书信息见参考文献部分。——译注），以及不久前不幸早逝的罗伊·波特（Roy Porter）所写、收入迈克尔·肖特兰德（Michael Shortland）和理查德·杨（Richard Yeo，华人，中文姓名杨瑞才）编著的《科学界的名动人物》（有关原书信息见参考文献部分。——译注）一书中的几篇出色文章（特别是其中的《托马斯·贝多斯生平》一文），还有罗伊·波特的重头医药史专著《造福人类的伟业：古今医学史》（有关原书信息见参考文献部分。——译注）等著述，贝多斯又被人们重新记起。——作者原注

> 戴维但启齿，
> 众人皆肃静，
> 芸芸造物秘，
> 粲粲见分明。[184]

这位诗人对戴维的描绘略带揶揄，并且没有忽略他在听众中造成的性感，而这一结果也引起了一些人的嫉妒。戴维的一些老朋友，也对他的成就和名望可能会造成的影响表示担心。柯尔律治便有些不安，害怕戴维会为赶伦敦的时髦而失去自己的真正价值，"越来越为了让时代围着自己转，因而自己绕着时代打起转来"。[185]巨大成功是否就必然会导致这样的后果呢？

戴维出名后的表现之一，就是对来自伦敦以外的小地方发出的公众讲演邀请端起架子来。1810年，他对邀请他前往爱尔兰进行化学与地质讲演的人，开出了1000英镑的天价。是年春天，他在爱尔兰首都柏林讲了几次，听众都很踊跃。他在翌年春又一次赴都柏林，在都柏林大学的圣三一学院讲演并接受了荣誉博士学位。在这些讲演中，他都特别强调了在妇女教育中加入科学内容，以及"增进女性思维能力"的重要性。他告诉听众说，弥尔顿在这方面是错误的，而玛丽·沃斯通克拉夫特则是正确的。[186]在认真听讲并衷心赞美的听众中，有一位年轻的孀妇，名叫珍妮·阿普利斯（Jane Apreece，1780—1855，婚前姓Kerr，再婚后为Jane Davy）。在讲演后举行的一场奢美的欢迎会上，这位美貌出众而且性格活泼的苏格兰女子告诉汉弗莱·戴维说，她很喜欢钓鱼。

第七章
科学引发轩然大波

一 科学直面探讨灵魂

1811年9月,赫歇耳兄妹的老朋友范妮·伯尼——她此时已经与前法国将军达伯雷(Alexandre Piochard d'Arblay)结婚,成了达伯雷太太——经受了一次可怕的手术:在非麻醉状态下切除乳腺恶性肿瘤。手术是在巴黎进行的,主刀的是法国著名军医多米尼克·拉雷(Dominique Larrey)。手术很成功,医生宣布范妮可以再存活二十年。这结果本身已经很著名了,而更著名的是,病人在整个手术过程中一直神志清明。她的脸上罩着一块薄布,而医生不知道它是半透明的,因为如此,病人自己能够观察到部分手术的过程。后来她写下了手术的详细体验。其中有这样一句:"我不肯被人用强力控制。不过,当我透过薄布看到那把闪着寒光的手术刀时,还是闭住了双眼。我不敢担保自己不会在看到那可怕的切除情景时吓得抽搐起来。"

人到底能忍受何等强烈的疼痛,再想到汉弗莱·戴维没能开发出麻醉剂来,就不难设想范妮·伯尼在乳房手术**开始前**的恐怖心情了:"此时,一切避开这一可怕事件的希望都破灭了。我唯一能够安慰自己,或者说脑子里的闪念,就是如何让[我的丈夫]达伯雷先生少担惊受怕些。迪布瓦(Dubois)先生①事先早就告诉我说:'你得有受罪的思想准备。我不想骗你往轻松处想。你肯定会受苦——**很大**的苦!'"里布(Ribe)先生

---

① 当时给她进行这次手术的共有七人,其中五位都是当代法国名医,另外两人是其中两位名医的学生。这段文字中提及的迪布瓦、里布和莫罗,都在这七人之列。——译注

还特别**看着我**大哭了一场！他对我说，硬憋着不哭会很伤身体的。莫罗（Moreau）先生也顺着同一思路问我，我在生我儿子亚历山大（Alexander）时是不是哭喊过。我告诉他那是自然的，不哭简直是不可能的。他的反应则是：'噢，那就不用怕了。'这种推论真叫人吃不消！"[1]

在手术的整个过程中，范妮都一直在不断地哭喊："骇人的手术刀切进我的前胸，一路切断血管、割开肌肉、斩截神经，我都无法控制住自己不哭不喊。从刀子进入的时候起，我便不住地惨呼，而我竟然仿佛听不到是自己在喊叫！我的痛苦实在是太难以承受了……无论如何也是描述不出的……我能感觉到刀子在我的胸腔里**折腾**，在刮我的骨头！"

范妮除了忍受疼痛直至失去知觉的极度折磨之外——"我曾有过两次这样的体验"——还有因痛苦造成灵魂出窍的感觉。她还发觉，事后哪怕是回忆一下当时的体验，也会再度产生肉体的痛感。这使她的这篇长达近万字的报告——实际上是写给她的姐姐埃丝特（Esther Burney）的信，费了足足3个月才得以完成。每当她动笔时，就会感到剧烈的头痛；而最终总算写完了，她就再也不想多看它一眼："我都不敢再去修改一下，也怕再去读它。回想仍然是痛苦的。"范妮敢于接受这一手术，真有过人的勇气，更不用说她还瞒着自己的丈夫不让他知道呢。当然这也从另一个侧面，说明了当时的外科医学所处的实际状况。

拿破仑战争期间战场上血淋淋的紧迫现实，推动着医学和药学科学的发展。战争使外科手术越来越大胆，心也越来越坚硬。就以给范妮做手术的拉雷医生为例，他曾在博罗季诺会战①结束后，于24小时内进行了200例截肢手术，为此得到了法兰西荣誉军团勋章。[2]不过，一旦战争冲突不那么严重了，人们便又开始认真动起脑筋来。当时的法国仍然处于全欧洲医学领域的总体领先地位，它在巴黎拥有出色的医院，坐落在塞纳河左岸的神所天主教会医院和火药局医院就是其中最出色的代表，无论在外科技术还是解剖学研究上都居全欧洲最高水平。格扎维埃·比沙（Xavier Bichat，1771—1802）和乔治·居维叶都在这些医院里享有崇高的声誉。然而，战

---

① 博罗季诺会战，于1812年9月17日发生在俄国的博罗季诺（Borodino），是拿破仑所进行的战争中最大和最血腥的一场。这场战争法俄双方共有超过25万士兵投入交战，造成至少7万人死伤。——译注

事使法国经济面临崩溃的前景，加上退伍伤残士兵对医药的需求，妨碍了医学和药学在这个国家的进一步发展。

这样一来，伦敦和爱丁堡的英国顶尖医院就得到了在国际上崭露头角的机会。一直关注着局势的约瑟夫·班克斯，打算利用这一对英国有利的时机，通过擢选皇家学会会员，巩固和提高英国医药界的优势地位。此举使医学和药学成了热门领域，医务系统里也涌现出一代有才华的医生、教师和学生；亨利·克莱因（Henry Cline，1750—1827，圣托马斯医院）、约翰·阿伯内西（John Abernethy，1764—1831，圣巴塞洛缪医院）、约瑟夫·亨利·格林（Joseph Henry Green，1791—1863，盖伊医院）、阿斯特利·库珀（Astley Cooper，1768—1841，盖伊医院）等人，就是其中的代表。

班克斯尽力将这些才干引进英国皇家学会。比如，1801年他在《英国皇家学会自然科学汇刊》上发表文章，赞扬阿斯特利·库珀以鼓膜穿刺的手术方式开创了内耳感染重症的外科治疗手段，吸引了医学界广泛的注意。[3] 在班克斯的努力下，库珀以这一成就入选英国皇家学会，并荣获著名的科普利奖章，时年39岁。1814年库珀还在盖伊医院指导过济慈。一些医学界人士与文学界也有密切交往。思想激进的亨利·克莱因便是约翰·霍恩·图克①和约翰·泰尔沃（John Thelwall，1764—1834）的朋友，甚至还为他们在1794年遭到叛国罪指控时②，以证人身份为他们的品德信誉担保。约翰·阿伯内西为柯尔律治医治过鸦片瘾。约瑟夫·亨利·格林也在1818年帮柯尔律治干过一段抄写工作。1816年，遭到放逐的拜伦选中刚从爱丁堡医院取得行医资格的年轻医师约翰·威廉·波利多里（John William Polidori，1795—1821）为自己的同行旅伴。波利多里私下与出版商约翰·默里③达成协议，一路上记下这位诗人的行止（这位医者看来是

---

① John Horne Tooke（1736—1812），英国语言学者与文献学家。——译注
② 图克和泰尔沃都是伦敦一个名为"伦敦通信学会"的社会团体的领导人物。该学会为一激进组织，因积极主张对英国议会体制进行重大改革而遭相当一批当权者痛恨。当局便借该学会反对与法国的战争，以及在学会内发现了英法战争期间为法国政府从事间谍活动的人而对他们起诉，但最后被无罪开释。——译注
③ John Murray（1745—1793），英国出版商，出版过浪漫时期有影响人物的大量著述，并因出版《默里家庭图书系列》（本书第十章提及）的诸多科学普及书籍，对提高英国民众科学素质起到了重要推动作用。——译注

不记得自己曾经以希波克拉底誓言宣誓过①）。

这些也都被消息灵通的班克斯得悉。在这些人中，他很快就看上了才能出众，但作风有些非正统的青年外科医生威廉·劳伦斯。他在圣巴塞洛缪医院约翰·阿伯内西手下工作。早在1802年，劳伦斯还只是个19岁的医学院学生时，班克斯就看中了他，并推荐给了英国自然历史博物馆馆长威廉·克利夫特（William Clift）。他在举荐信中说道："特请认识一下持此信的来人威廉·劳伦斯先生。他正在搞比较解剖学研究，希望有人介绍一下他的研究结果——也属意于获得有关信息。他很想研究一下大象和犀牛［的骨骼标本］，以及其他一些他觉得有用的多种收藏。"[4]就是这位劳伦斯，后来掀起了浪漫时期最激烈的科学争论之一，又成为1816—1820年间掀起的"活力论"大讨论的发起人。

1813年，班克斯经慎重考虑，支持将劳伦斯选入英国皇家学会，当时这名医生只有30岁，实在是名年轻会员。两年之后，即在1815年，劳伦斯又被英国皇家外科医师学会聘为解剖学教授，从此处于能够影响公众的地位。当时，医药界从业人员能否升迁，基本上是上司说了算。因此，劳伦斯的这一聘任，是他的老板约翰·阿伯内西给他活动来的。阿伯内西自己就长期担任这一教授职务，如今举荐他，表明了从私人角度对他的巨大信任。有了阿伯内西的照应，劳伦斯的前途可以说肯定会鹏程万里。

此时的约翰·阿伯内西有权有势，是个笃定的强大靠山。他生于1764年，先是在爱丁堡有世界级水平的医学院校学习，继而又南下来到伦敦，师从外科巨擘约翰·亨特学艺，在大风磨街（Windmill Street）亨特建立的阴森森的解剖室里埋头工作。（一个世纪后，在这座解剖室的原址上建起了英国第一家脱衣舞厅，真有些万变不离其宗的意思。）再往后，他干起

---

① 希波克拉底誓言，俗称医师誓言。西方医学界的传统之一，是医生学业期满取得行医资格开始工作前在特定仪式上当众宣读的一篇誓词。该誓词据信为古希腊医生、被誉为西方"医学之父"的希波克拉底（Hippocrates）所拟，其中列出了一些医务工作者应当遵守的特定伦理规范。今日的医学界虽不再采用原始的希波克拉底誓词原文，也不承认其法律效力，但该誓词对现代医学界依然有着很大的影响。其中的许多内容今天仍被认为是正确的（比如不泄露病人的私密，不与病人发生性行为等）。——译注

了外科，事业上取得了成功，在梅费尔①区段开起了一家收入颇丰的内科咨询事务所，又在1815年被任命为圣巴塞洛缪医院的外科专家，就此在他51岁时登上了事业的顶峰。此外，他还担任着英国皇家外科医师学会的解剖学教授一职。

阿伯内西是爱尔兰人，粗壮的五短身材、一头浅棕色头发，有虔诚的宗教信仰，说话有些粗俗，对社交一向"视为畏途"，而在病人面前却以脾气大、没礼貌闻名。[5]他在加尔文派的宗教教义熏陶下长大，不肯花时间去学温文尔雅。他认为来找他看病的富人，如果肯节制饮食、停止酗酒，再加上诚心祈祷，大多数会健康起来。他不但这样想，也从不隐瞒这一观点。1812年，柯尔律治找他看病，诉说自己为多种胃部不适所苦，还经受着神经方面的古怪折磨（如总做噩梦等），他立即断定这只不过是鸦片成瘾后表现出的一种症状。这对四年后柯尔律治去海格特②找内科医生詹姆斯·吉尔曼（James Gillman）戒瘾是一种间接救助。[6]

在圣巴塞洛缪医院学习的大多数学生，都十分推崇阿伯内西开讲的课程。当然，这也与他在讲课时粗话多、怪话妙不无关系。因此，当他当上了英国皇家外科医师学会的解剖学教授、即将向公众发表1814年度的亨特医学讲演时，大家都很关注。他为自己选择的讲演内容，涉及当年这位教过他解剖学的亨特老师的启发，题目是《探讨亨特先生的生命理论的可能性与合理性》。

这个题目有些出乎人们的意料。亨特这个人的名声，一是建立在他作为外科医生所表现出来的医术水平之上——既实用又吓人；二是建立在他所掌握大量的比较解剖学的精湛知识之上。他的代表性著述之一是，他去世后发表的最后一篇论文《血液、炎症和枪伤》（1794）。亨特生前建成了一个比较解剖学标本库。当他于1793年去世后，英国政府便买下了这些数量既大种类又多的标本，继而在1800年委托新成立不久、坐落在伦敦律师会广场（Lincoln's Inn Fields）的英国皇家外科医师学会经管，这就是亨特博物馆的由来。时至今日，它还在发挥其功能。从某种意义上说，该收藏

---

① Mayfair，大伦敦市下属威斯敏斯特自治市（Westminster）的一个地段，当时为富人住宅区。——译注

② Highgate，伦敦市北郊一个很大的地带，当时是农牧场区。——译注

不啻一枚精神定时炸弹。这些按照复杂程度高低而分门别类陈列的标本，认真的人仔细看了就会注意到，人的骨骼（头骨、手骨、足骨等）和内部器官（心脏、肝脏、肺脏等）的构造，都是由形态"低等"的动物演化而来的。它们提供了不容忽视的证据，表明生物中存在着生理学方面的"演变"即进化，明显地证明着人类直接源自动物界，并不是什么特定的"神创"结果。

然而，阿伯内西并没有选择这一内容。他当年的老师亨特老迈之后，也同许多走近生命终点的科学家一样，脑子里出现了种种难以名状的古怪念头。阿伯内西就在他的手稿中，从内容混乱、纸页上沾有解剖动物血迹的文稿中，发现了好几种含混不清的有关"活力论"的臆想。"活力"也称"生命本原"，是当时突然引发人们极大关注的东西。亨特认为，这种"生命本原"是一种有自主运动能力的存在，与人的生理机制有关，并凭借某种原因得以发挥作用。心脏的搏动、血液的循环、伤口愈合时的炎症、男性的性冲动、女性的羞赧忸怩等，莫不与这种"活力"息息相关。他特别相信，"活力"的秘密存在于血液中："就是我们认为最简单的这种构体内，蕴含着生命的根本——生命本原"。[7]

阿伯内西从亨特的这一臆想出发，提出了一个半玄秘的"生基"概念。他认为，这种"生基"是生理性的，也是普遍存在的。血液本身并不足以解释生命现象，但它却能够承载"生基"。而这一存在是"难以捉摸的、可以运动的不可见存在，加之于可见的肌肉或动植物的其他形态的可见构体之上，正有如磁性之于铁、电之于可与其发生关联的物体一样"。阿伯内西还进一步设想，既然"生基"是可以附加的，因此一定还存在着执行附加功能的作用，而这种作用是超然于人的能力之外的。这就是说，这一理论恰为灵魂这一为神学认定的存在提供了证明，至少是提供了证据。[8]

阿伯内西将"活力"与电进行了类比。他还为自己找来了重大奥援，这就是祭起大权威戴维在英国皇家学会举办的贝克年度系列讲座中的内容。当时有许多科学界人士，对伏打电池的功用寄予了种种厚望，阿伯内西也是其中的一个。他希望通过这种设备揭示出电与"动物磁力"和人的运动能力的关联。从这种意思上说，电简直就如同生命一般。"以我之见，汉弗莱·戴维先生的实验，对于活与死之间的关系，提供了重要的知识关联。他向人们证明，化学的吸引作用取决于不同物质的构成原子的电学性质，这便解决了一个隐藏了多年的神秘作用……通常看上去怠惰的物体，偶尔会表现出强大的动作来。汉弗莱·戴维先生的实验令我们相信，此类令人惊诧莫名的现象，也是由于电的作用引起的，只不过其行事与积累的方式，还有待于今后的进一步理解。"[9]

阿伯内西的讲演在医学界引起了注意，但并未能影响到公众。但很快地，这一状况就在1816年发生了改变——不过是令他未曾预料到的改变，而且令他又气又恼。阿伯内西得知，自己钟爱非常的有关"生基"的见解，他的有关电会使"怠惰的物体"动作起来的新颖设想，不但遭到了严正的批评贬抑，批评者竟然又是与他有同一解剖学教授职衔的人，更何况还是他最年轻有为的弟子、年方33岁的威廉·劳伦斯！

虽然阿伯内西事后也表示说，他早就知道在圣巴塞洛缪医院里，这个劳伦斯一向好在自己背后发表些"不信不敬"的言语，但他受到的打击还是来得太突兀了。[10]对此他是耿耿于怀的。劳伦斯从16岁起就在阿伯内西手下做事，先是辅助生，1803年到圣巴塞洛缪医院任助教，并任此职至1812年。在此期间基本上没离开过阿伯内西，而阿伯内西也一直在关照他。此外，阿伯内西还将劳伦斯招到自己家里住了三年，一直将他视为嫡亲弟子。

显然，劳伦斯这次发表自己的观点，是因为他认为科学真理高于一切，而且对这位老恩师的一套也日见其烦了。劳伦斯在很多方面都与阿伯内西相反。他高而瘦削，很有进取心，举止文雅，还有好口才。在他看来，医学是一门纯科学，在它面前人人平等。他的激进而奔放的思维是向整个欧洲开放的，而不单单是局限于不列颠。他熟读法国和德国的医学文献，既了解德国耶拿大学学术界的研究动态，也对居维叶和比沙的工作十分折服。他对生命的唯物观念相当赞同，虽不曾公开承认自己是无神论者，但也几乎从不参加任何传统的宗教活动。

威廉·劳伦斯还钻研过人类学知识，这在当时学医的英国学生中实属罕见，师从的还是班克斯的老友、德国格丁根大学的布卢门巴赫。他在学习中表现出了超众的聪明颖悟和大胆的学术精神。[11]布卢门巴赫建立了一种收集、测量和分类动物与人类头骨的全新体系，并在格丁根大学建立了一个很大的头骨收藏室，很有名气，人称"布博士的各各他"①。他经常写信给班克斯索求头骨标本。亚历山大·冯·洪堡在南非时，也曾钻研过颅相学和人种的分类标准。这一特别为德国人注意的研究内容，就是从这两个德国人这里作为学术研究的内容开始的。②[12]而就在这个领域，劳伦斯——时年24岁，圣巴塞洛缪医院阿伯内西门下的一个小助教，将布卢门巴赫1807年问世的重要著述《比较解剖学》译成了英语。

这本书吹响了理论争战的号角，提出了有关人种类型以及头骨形状、脑容量和智力高低的新问题，引发了人们的大辩论。布卢门巴赫提出人类共分为四个大种，即白种、黑种、黄种和红种。不过，他的理论中更关键的内容是，尝试对大脑的物理构造有所定义，并假设这种构造如何确定思维。他的结论接近于摒弃"灵魂"说，认为生命完全是以物质为唯一基础建立的。不过，此书的叙述十分专业化，读者面非常窄，因此在英国并没有立即引起广泛的注意，阿伯内西大概根本就不曾读过。

阿伯内西是在1812年为柯尔律治提供医学咨询的。其后不久，劳伦斯也在1815年7月接待了一位才华同样引人瞩目，而年纪更轻的文人。此人就是22岁的珀西·比希·雪莱。雪莱为一大堆神经性疾病所苦，如胃痉挛、肾区疼痛、书写障碍等，还是肺结核疑似病人。劳伦斯以自己的文化修养、激进观念和广泛游历，很快便赢得了这位诗人的信任。"在劳伦斯的关怀下，我的健康已大有起色，"雪莱一个月后在信中说道，言下之意颇有些自己都不敢相信，"目前，我已经大大摆脱了原来受到的不断折磨，可以全心全意地钻研，不致受到打断，效果也更明显了。"[13]又过了一个月，即到了1815年9月，雪莱便开始撰写以旅行和自省为题的长诗《阿拉斯特》，以及"论来世"等一系列探讨生命与死亡本质的文章。[14]

从此，雪莱便定时找劳伦斯求医，直至1818年与年轻的妻子玛丽共赴意大利时才告一段落。这三年正是"活力论"大讨论的高潮期间。他们在这段时间的交往，不但结出了医学果实，也自然而然地有了文学成果。劳

---

① Golgotha，耶路撒冷附近的一座山坡名，传说耶稣就在此被钉在十字架上。这里原是处决犯人的地方，因此有很多死人头骨，故又名髑髅地。——译注
② 可参看蒂姆·富尔福德、黛比·李和彼得·基特森所著《浪漫年代的文学、科学与探索活动》。——作者原注

伦斯将晴朗温暖的意大利气候作为"医药的一部分"推荐给雪莱,而这位对法、德两国的实验医学有深入了解的医生,还把雪莱夫妇共同的科学探讨之路引向了更富争议的方向。[15]

在当时的英国,多数医生并不喜欢太多地接触理论,也不愿意过多地沿这个方向思考。但劳伦斯显然不属此列,他在欧洲大陆上的思想导师们无疑也不持这种态度。杰出的法国博物学家乔治·居维叶认为,所有的生命都是物质演化过程的一部分。著名的法国医学教授格扎维埃·比沙也在自己的讲稿《生命与死亡的生理学研究》(1816年有了英译本)中提出,人的肉体与思维都完全是物质性的。他给生命下的定义相当低调,是"抵抗死亡的所有功能的表现之和"。

法国生理学家朱利安·德·拉美特里(Julien de la Mettrie)的观点更为激进。他提出了"人是机器"的说法。他认为,神学家搞的那一套都"朦胧晦涩",没能得出任何有关灵魂的像样结果,只有医生处在能够研究有关证据的位置上:"只有这些人,通过对人类灵魂的冷静探查,在不知不觉中成百上千次地接触到它,既发现了它的缺憾,也看到了它的美好;但并不因其缺憾而鄙视之,也不因其美好而顶礼之。"[16]

对于"活力",威廉·劳伦斯早就有了自己的定见,只是它过于激进,因此决定等待公开发表的适当时机。1816年春,这位被新任命的解剖学教授接受了一项分内工作:在英国皇家外科医师学会做公众讲演,而且是接阿伯内西的班。当时发表亨特医学讲演的人有一个由来已久的习惯,就是凡在自己正式开讲前,都要对前一位讲演者恭维一番。劳伦斯在进入讲演厅后,倒是也先讲了几句堂而皇之的门面话。然而,正式开讲后,他便全面地批评起阿伯内西的理论来。他老实不客气地指出,所谓神秘的"生基"其实根本就不存在,人完完全全地只是物质构成的复杂构体。他在阐明这一点时说了一句引起了轩然大波的话,就是他认为,就生物的生理学构体而论,它的发展变化是可以在"从蚌到人"的系列中连续观察到的。[17]

劳伦斯越往下说,对阿伯内西的评语也就越来越激烈、越来越不客气了:"为了使这套东西听上去显得更有学问些,这个'生基'还被与磁作用、电作用、电化学都扯到了一起。它还被归结到氧气上。还说它'像骆驼,像鲸鱼,说什么就像是什么……'"这最后一句话是引用了莎士比亚的《哈姆雷特》剧本中主人公讽刺愚蠢的波洛涅斯的台词①。他还引用了英国诗人亚历山大·蒲柏和约翰·弥尔顿的诗句为自己的演讲大壮行色。[18]

劳伦斯最后又进一步扩大了自己的进攻范围。他告诉人们说，科学应当是个让人们客观地、无须担惊受怕地表述观点的地方，不应受到宗教或者行政的干预。"无论是害怕和憎恨的乌云，还是企盼和热望的彩云，最好都应避开为是。"要紧的是"清楚地了解事物"，重要的是不要陷入"智力的迷雾"，切记的是应排开神秘思绪，驱散"荒诞不经"的传说。[19]科学研究是一个彻底独立的领域。"有关灵魂及与其独立于肉体的神学教义，同从生理学角度研究人的思想是风马牛不相及的……在那个泛着血污和冒出秽物的解剖室里，是不可能找到不朽的和纯精神的灵魂来的。"[20]

在结束讲演前，他又指斥了阿伯内西属意推介的带有宗教色彩的臆想，批评它带上了使事物陷入神秘化的非科学本性："在我看来，说它为假说也好，是虚构也好，总归都认为存在着一种看不见的东西，并由它激发着生物体那看得见的机体发生动作，实现其功能。其实，它只是人们头脑中想当然的一个例子。有了这样的说法，人们在遇到原因不明的现象时，就会将这个被赋予地位更高一层的神秘想象物祭起来，作为解释的缘由。"②[21]

随着这一争论不断公开化，劳伦斯被攻讦为忘恩负义之徒和不信神敬神的宵小。在从1817年到1819年的几年里，他与阿伯内西一直在英国皇家外科医师学会的各自讲演中彼此攻击，语言也越来越不客气。学生们也形成了对立的两派。阿伯内西的地位固然高出一头，但劳伦斯也绝不相让。

---

① 《哈姆雷特》，第三幕，第二场，原话是对云朵形状的评论。波洛涅斯是剧中的一名身居高位的大臣，愚蠢而又固执，经常受到哈姆雷特的嘲讽。——译注
② 此番见地在科学上颇有影响。现代人物、美国哲学家丹尼尔·丹尼特（Daniel Dennett）和英国动物行为学家理查德·道金斯（Richard Dawkins）都曾引用过它，并取得了很好的语言效果。但也有科学家做过与这番话含义相反的表述。汉弗莱·戴维就是其中一位。他在讲演中曾提到，对生命的"神秘感"是一种必要的和重要的感觉。20世纪的美国大物理学家理查德·费因曼（Richard Feynman）在他逝世后于1999年出版的《这个不科学的年代》（*The Meaning of it All*，有繁体中译本，吴程远译，台北，天下远见出版公司，1999年）一书中，也提出了类似的观点。费因曼并不笃信宗教，但他相信，使科学进步的推动力，是怀疑的探寻和无法名状的神秘感这两者间的不断对话。一旦这两者中无论哪一个占了上风，科学也就不成其科学了。可参看詹姆斯·格莱克（James Gleick）所著《理查德·费因曼与现代物理学》（有关原书信息见参考文献部分。——译注）一书。——作者原注

他将有关的讲演编成了一本专著，就是广为人知并遭到许多人咒骂的《人类自然史》（1819）。

很明显，这一争论并非是存在于学术界内的文人相轻的表现，而是对人类生命的本性表现出不同的站位，而这无疑是有社会意义和政治影响的，还可能引起宗教混乱。就连大英帝国的科学地位，也被认为受到了国外影响的重大冲击。"活力论"是第一个引起英国公众广泛关注的重要科学理论，它为后来达尔文的自然选择的生物进化理论做了铺垫，这恰好是40年后的事情了。

二　盘根错节的"活力论"

应当说，这一轮有关"活力论"的争论，折腾了超过一代人的时间。自从浪漫时期的医学科学在18世纪90年代开始取得新发展以来，这一理论就开始引发有关生命本性的种种重要思考。有机物（"活物"）与无机物（"死物"）之间的区别是由什么造成的呢？植物与动物之间又有什么不同呢？自然界中是否存在着某种形式的可以造成自主活动的力量呢？如果这种力量的确存在，它是否又与电同源或者与之相类似呢？由此深入下去，必然又会涉及一个根本的问题，就是思维、精神，以及被沿用了多少年的"灵魂"（soul）概念，到底是可以用科学内容予以解释和定义呢，还是应当就此摒弃呢？

此类问题一向是神学家与哲学家的领地，而如今却受到了来自其他领域的越来越多的关注。关注者中有医生，有科学作家，还有研究探讨被柯尔律治称之为"精神科学"的人，等等。[22] 在欧洲，这些人已经开展了种种有意义的科学实验，并由此导致对意大利的路易吉·伽伐尼的发现和在法国风行的弗朗茨·安东·梅斯默的医术等成果的更热烈的探讨。1792年，经亚历山德罗·伏打证明，伽伐尼当初认定与"磁力"有关的青蛙实验，原本上就有方向性错误：使青蛙肌肉收缩的神秘的"活力电流体"，其实并非来自青蛙本身，而是进行实验时发生在盛着青蛙腿的金属盘处的化学作用。

类似地，法兰西科学院也在1784年成立了一个科学委员会，由富兰克林和拉瓦锡——两人都对电的现象很有研究——领导，专门研究所谓"动物磁力术"。该委员会设计了一系列机巧的"盲试"性实验，让相信"动物磁力术"的人从种种物体中指认不久前刚刚浸过所谓"活力电流体"——泡过树木的水之类——的物体，这些人几乎都没能成功。接下来，委员会成员又审察了病人接受所谓"动物磁力疗法"的效果。富兰克林仍像他以前报告蒙戈尔菲耶的热气球实验时一样，将评审结果详告班克斯。这一报告以出色的准确性做出结论认为，部分接受这一疗法的病人，健康状态确实有明显好转，然而这与"磁力"影响或"活力电流体"无关，完全是由于这些人相信自己会有所好转所致。①

然而在德国，有关"活力"的种种探讨仍在活跃进行。一批年轻文人聚集在耶拿大学，集中探讨弗里德里希·谢林（Friedrich Schelling，1775—1854）的哲学思想，特别是他所归纳的自然玄学②。根据他的理念，大自然中含有一种玄秘成分，整个自然界是一个由多种无从视见的力量或说"玄

---

① 这很可能是科学文献中提及"安慰剂效应"这一重要心理作用的首个例子，尽管安慰剂的定义和合乎标准的实验到20世纪50年代才真正形成。据该报告指出，有超过三成的病人表现出此种"受慰"效果，其中患抑郁症、心脏病和长期肌肉疼痛的占了大多数。考虑到当年的试验存在设计缺陷（没有设立对照组），"明显好转"的说法也因此带有很强的主观性（如抑郁症得到治疗的结论应当由谁下，判断疼痛由重度减为中度的衡量标准又是什么等），因而有可能造成偏差，导致近年来有人对这一比例数字提出了质疑——很像是戴维在关于氧化亚氮的报告中描写的氧化亚氮造成的感觉后其遭遇到的类似情形。虽然存在上述不足之处，该委员会的报告仍正确指出了"活力论"给科学造成的严重问题，也使人们去注意思想与肉体相互作用这个神秘的课题——这正是柯尔律治后来所提到的"身心双重"。这位诗人曾在自己的笔记本里写下了一段优美的文字，设问人为什么会脸红，女人为什么会乳头硬挺。雪莱也写过一首有启发性的短诗《催眠女与病人》（1822）。托马斯·德·昆西也在1834年的一期《泰特杂志》（*Tait's Magazine*）上发表过一篇分析性很强的文章：《动物磁力术》，探讨了这一问题及其与之有关的"另类医学"的问题。——作者原注

② 自然哲学在最初形成时，是以探讨宇宙从宏观到微观世界，包括物质和精神在内的所有运动规律为宗旨的学科。在其发展过程中，以牛顿为代表的自然科学家，渐渐地使这一名词成了"自然科学"的同义语（以牛顿的名著《自然哲学的数学原理》为代表）；而在德国，它在很长时间内仍包括大量涉及精神、灵魂、演化层次等被认为是独立于物质以外的内容（著名的"时代精神"概念——*zeitgeist*——就是德国自然哲学的产物）。这两种含义，作者在书中都多次涉及，而对前者直接地用英文natural philosophy表述；而在后一种情况下，则用的是这一词语的德文原文Naturphilosophie。这两个名词，国内哲学界一向均以同一个中文词语表示，但针对本书的特殊情况，为使读者能够区分出作者用不同说法的用意，译者将后者译为自然玄学。祈请理解与注意。——译注

力"构成的体系,并如同电那样,表现为"相反极性"的运动。他的理论还提出,世界上处处都存在着精神类的"玄力",亦即"灵能",而所有的物质都受其"激发"而进入较高的状态。各种"灵能"中又有一种"世界灵能",不停地将包括有生命的和无生命的所有物质"点化"成更高的生命形式和"知觉状态",这便使整个自然界都具有向更高状态进发的趋势。

比如,谢林便认为,碳会"受激"而变成金刚石,植物会"受激"而成为动物,动物又会"受激"而升为人,人则会在"受激"后上升为"时代精神"。在他的这个体系里,进化观念、理想主义思潮、电学概念和"活力论"臆想,都一股脑儿地掺杂到了一起。正因为如此,当时耶拿大学的文化界中不少富有想象力的文人,如德国文坛人物诺瓦利斯(Novalis)、席勒和歌德等,都对谢林的自然玄学很感兴趣,而诸如约翰·威廉·里特尔(Johann Wilhelm Ritter,1770—1810)这样的实验生理学家也对其十分关注。[23] 它之所以具有强烈的吸引力,不单单是因为其乐观精神,以及对自然世界的尊重态度,也因为它包含着不少既聪明又糊涂的观念。北欧地质学家亨德里克·斯特芬斯(Henrick Steffens)也是一位信奉自然玄学中所说的"激发"行为的人。据传他说过这样一句话:"金刚石是上流的碳。"另一位地质学家——可能是苏格兰人约翰·普莱费尔,则对此给出一个绝妙的回答说:"那么,水晶一定是发了疯的金刚石啦!"[24]

欧洲大陆上的这些思潮,都渐渐越过英吉利海峡传到了英国。它们自然逃不过班克斯如炬慧眼的注意。对于"活力论",班克斯是不相信的。1793年1月,激进的英国作家约翰·泰尔沃在著名外科医生亨利·克莱因的支持下,在盖伊医院进行了一场以抨击"动物生机"为题的公开讲演,引起一片争论声。这一内容引起了医学学生的极大兴趣,致使他们进行了五场讨论,争论一场比一场激烈,火药味也一场比一场浓。[25] 泰尔沃被英国人指斥为"公民泰尔沃"①,被攻击为企图抹杀种种权威,受到了各

---

① "公民"一词本是源于古希腊民主政治时期的一个概念,后因出现独裁统治而成为历史名词。法国大革命期间,这一名词再次复活,并成为与君主政体对立的一种表示平等的称谓。但因与法国的长期敌对,更因对法国大革命的极端暴力和此期间内"法国革命军"接连三次与英军交战的反感,使"公民"的称呼在英国带上了强烈的痛恨与不信任的意味。——译注

种形式的谩骂。第二年，也就是在1794年的5月，他被判处政治颠覆重罪，面临死刑的结局。总算靠着克莱因和年轻的阿斯特利·库珀的努力，这才逃脱了上绞架的命运。①[26]

泰尔沃在批评亨特的理论含有玄秘成分时，也同时立场鲜明地提出了一个非常唯物的观点，就是不存在什么神圣的"生机火花"，灵魂也不是由任何外来力量赋予的。他不相信亨特等人的"生命本原"形成于血液通过肺脏之时的说法，而是提出"精神无论有多么精妙，归根结底仍然是物质性的"这一观点。可是，精神这个东西，如果不是来自血液，也非神明所赐，归根结底又会是个什么呢？

就这样，泰尔沃提出了一个为浪漫时期的整整一代"活力论"者苦思冥想的问题："这个归根结底的根子——'活力素'，究竟是个什么？是包围着一切的空气吗？肯定不是……实验已经证实，在活动物和活人的动脉里，并没有找到空气。那么，这个根子看来就应当是存在于空气中的某种既强大又精美，还很微妙的东西。"[27]

泰尔沃得到无罪开释后，便同妻子一起，于1797年避到了英格兰的西南地区。他在新地方仍然继续推敲这个神妙而又顽强的"根子"。一些青年诗人也很关注这个概念，他们曾来到泰尔沃家同他一起探讨。不过，诗人们侧重的多在心理学方面，而泰尔沃则更注意生理学内容。柯尔律治在他的一系列谈话诗中抒发了自己认为所有的生命形式都统一在一起的"天人同一"观。华兹华斯也在《廷腾寺》这首诗中以优美的文笔探讨了他得到的体验："庄严地感到，仿佛有某种流贯深远的素质，寓于落日的光辉。"②这两位诗人都处在生命中最冲动的年龄段，在涉及人和整个自然界中的"精神类玄力"时，所提出的任何设想中都不曾明指上帝。这种似提又似不提的方式，恐怕也只有诗词才能做到吧。

在泰尔沃的那番讲演之后又过了十年，所有有关"活力论"的臆想，

---

① 前文提到，他（和图尔）受审的原因主要是卷入了"伦敦通信学会"的间谍案，参见本章第一节的正文与译注。——译注
② 廷腾寺，英格兰西南部一处中世纪修道院，在华兹华斯的时代早已倾圮。诗人面对废墟发表感慨，并以它为标题写成一首名诗。此诗有多个中译本，诗题也不尽相同，如《丁登寺》《丁登寺赋》等。这里的译文引自《华兹华斯抒情诗选》，杨德豫译，湖南文艺出版社，1996年。——译注

又再度大张旗鼓地纷纷登场。这是由1803年1月17日在伦敦公开进行的一系列惊人的野蛮实验导致的。此事就连班克斯听到后都大为不快。干出这种事来的是名意大利人,系博洛尼亚大学教授,名字叫作乔瓦尼·阿尔迪尼(Giovanni Aldini,1762—1834)。还在头一年,班克斯事先就得到了查尔斯·布莱格登的报告,说这个阿尔迪尼在巴黎用伏打电池"拿动物做实验",说阿尔迪尼搞了些"死而后动"的实验,具体内容就连伽伐尼学会的人看了都感到心悸。布莱格登还称这些实验"极度浮夸做作"。[28]不过是否属实,班克斯还是半信半疑。如今阿尔迪尼将实验演示到了伦敦,好奇的公众都亲眼得见,阿尔迪尼用电击法,试图让一个在纽盖特监狱被处以绞刑的谋杀犯——托马斯·福斯特(Thomas Forster)在死了6个小时后再度活过来。

这一实验得到了报刊绘声绘色的描述:"在第一次施以[电]弧击打时,死尸的下巴开始抖动起来,附近的肌肉都又抽搐又绞动,左眼也真的张开了……演示人又向耳朵和直肠部位给电,这些地方的肌肉的动作更为猛烈……两臂交替地一起一落……双手紧握成拳,猛力地击打尸体所躺的桌面,自然的呼吸也在人工作用下出现了……燃着的蜡烛有好几次在放到他嘴边时也被吹熄……也许有其他许多更隐蔽的因素没有被考虑到,不过看来活力可能是被完全恢复了,尽管是不应当如此的。"[29]

那段尸体睁开一只眼的叙述,虽然只是一带而过,却令人觉得恶心。就是这个细节,看来唤醒了一位青年小说作者的想象力。在用犯人尸体进行电击实验后,阿尔迪尼又用牛头、无头的狗身子进行演示,接下来又动用了另外一具人尸,据说它在受电击后不但笑了,还行走了起来。有关报道最终引起了公众的强烈反感,致使此类实验受到禁止,阿尔迪尼也不得不在1805年离开英国。

三 各派力量纷纷卷入

自然,有关"活力论"的大讨论,很快就在1816年阿伯内西与劳伦斯恶言相向的冲突中再度复活,而且还采取了新的表现形式。虽然其间发生了种种的不愉快,但对于这一讨论能够引起公众如此广泛的注意,英国皇家外科医师学会一定还是感到高兴的。有关争辩与讨论的内容，就连出版态度一向严肃的文学性杂志，如《爱丁堡评论》和《季刊杂志》等也都竞相刊登。其实所有的争论都源于同一个神学问题，即这种特别被称为"活力素"的东西，如果它的确存在，那么是否就是精神抑或灵魂，担当着肉体与精神之间的"中介"，又是否为某种形式的"有活性的"电流体呢？1819年时，随着阿伯内西当年的讲演和劳伦斯的《人类自然史》都得到出版，有关"活力论"的争论也带上了很浓的政治色彩，由重人情、敬神明的英国科学，鏖战下手狠、还原性强、无神论气味浓的法国科学。

保守性刊物《季刊杂志》是以劳伦斯本人为目标展开进攻的："我们要在《季刊杂志》上问几个问题：这位劳伦斯先生为什么总要甜言蜜语地让大家都信他的那一套呢？他究竟是怎么啦？一个人和一只蚌之间，难道只有表现在身体器官发育程度高低上的唯一不同吗？人的卓绝的推理、良好的反应、出色的想象、优良的记忆——种种以弥尔顿、牛顿和洛克为代表的能力，难道只是叫作大脑的、放在一起只有区区几磅重的东西的功能吗？劳伦斯先生觉得，即使是具备世界上最美妙禀性的人，也无非只比猩猩或者猿猴'有更大的两个大脑半球'吗？噫！劳伦斯先生下了好大气力，只是为了证明人没有灵魂乎？……劳伦斯先生居然无比自信地宣布，说思想也好，说精神知觉也好，都只是由'脑子里跟脊髓同属一类的物质'产生的！"[30]

这些唤起公众想象的问题，也引起了作家和艺术家的注意。产生了较大影响的是被称为"湖畔派"的一群诗人（后来得名为"伦敦佬派"的另一批诗人也加了进来）。这些人都反对由一切科学引致的进步，而且这种态度几乎是同时出现并渐渐成形的，构成了"浪漫派诗人"（这一名称是后来才出现的）反对科学的基本信条。1817年12月时，画家兼作家本杰明·海登（Benjamin Haydon，1786—1846）在自己位于伦敦北部的工作室举办的一场宴会，似乎就标志着文艺界这种反对科学的态度。事后有人将这次宴饮称为"千古盛宴"——其实无非是一场开了很长时间的供应酒水的午餐会。这场聚会被一些人认为，代表着浪漫派诗坛与科学界中所存在的久远的、立场鲜明的和根深蒂固的对抗。然而，实际情况恐怕远非如此。

出席海登这场招待会的诗人有威廉·华兹华斯、查尔斯·兰姆和约翰·济慈。但重要的事实是，柯尔律治、拜伦和雪莱都没有参加。主人的用意是，要庆祝自己的油画《基督进入耶路撒冷》第一阶段创作的结束。为创作这一巨幅油画，海登已经花费了三年光阴，要全部完成还要再用上三年。海登创作此幅作品的用意，是要表现宗教拥有管治艺术与科学的权力。海登用来举办宴会的长餐桌，就摆在这块巨大长方形画布的正下方。画面上，蓄着胡须的年轻基督以胜利者的神态，骑着坐骑，在一群热情的信徒的簇拥下，于黄昏时分进入古城耶路撒冷。画面上的人群形成了一股从后方往前涌到观画者面前的感觉。不过，在右方的一个角落里还有几个人物，从面貌上判断，无疑就是华兹华斯、牛顿和伏尔泰等人。牛顿在这里代表从分析出发的科学，伏尔泰代表不信神明的法国怀疑哲学派，华兹华斯则代表英国崇尚大自然的思想流派。海登本来是华兹华斯的老朋友，在画面上他却给他穿上了一件有如修士穿的长袍，想是故意要这样来表现吧。在这三个人的后面，还有另外一个很值得注意的人物，就是年轻的约翰·济慈。画面上的这位诗人从一根柱子后露出侧脸，张大着嘴巴，一副惊奇不置的模样。

这幅油画引起出席者在餐桌上讨论起理性与想象的重要性来。讨论越来越热烈，聚会也越来越喧闹。这些人不住地讥讽科学观念会起到破坏和简化作用。兰姆很能火上加油，他给牛顿抹了不少黑，说他"就连三角形，也得在看到它的三条边后才相信它真有三条边"。济慈也来帮腔，说这个牛顿"用他的棱镜，完全毁掉了彩虹的诗意"。海登对这场宴会的结果大为得意，他在日记里这样写道："这些人的话头挡都挡不住，大家纷纷举杯，'既祝牛顿在天之灵安息，又愿数学前去见鬼'。"[31]

济慈则是处理得相当聪明。他在话里提到的是，牛顿在他的《光学》一书中讲述的一个经典实验。对于这项实验，歌德早就写文章大大地评论过一番了。该实验是让一束日光射进一块棱镜，结果是散开成为一道同彩虹一样的光谱。其实，这一实验的重点是，当让这形成彩虹的光谱中的每种光都**各自分别**通过第二块棱镜后，它们都仍然保持原来的色彩（用现代科学术语说，就是仍然保有自己原来的频率），**不会**回复为原来的白色日光。天上的彩虹并**不是**用一块玻璃棱镜变的什么科学戏法，而是确实存在于自然界中的美丽现象,太阳光通过许多雨滴起到的天然"棱镜"的作用后,进入人们的眼帘。它并不是以实体的形式存在于天空的,因此不同的人们会在不同的位置看到不同的彩虹。济慈未必知道这一点。也许他虽然知道,但不想(在大庭广众下)点破,只是告诉人们说,牛顿通过证实彩虹并不是某种超自然的神力在空中给出的标记,一如《圣经·创世记》中上帝所说的那样:"我把虹放在云彩中,这就可作我与地立约的记号了。"① 从而更增加了这一现象的诗意。

这群闹哄哄兼醉醺醺的诗人攻击科学的还事物以本来面目作用的说辞,说的人其实未必完全当真,但宗教信仰根深蒂固的海登却都一一将它认真地记入了自己的日记。他热诚地信奉基督教,对《圣经》中的一字一句都深信不疑。在他看来,凡相信了科学,大抵会早晚不再信神,还可能沦为亵渎神明之徒。读一下华兹华斯的诗作《转折》,就会看到海登的影子:

> 自然挥洒出绝妙篇章,
> 理智却横加干扰。
> 它毁损万物的完美形象——
> 剖析无异于屠刀。②

"剖析无异于屠刀"这一句,真是诗人的很有影响力的评语。后来骚塞在1801年写给柯尔律治的信中,就戴维显然已经不再写诗的事实进行评论时,便引用了这句诗。在这封信中,对"屠刀"的指责已从物理学转到了医学领域,而在后一领域中,"毁损"显然更适合一般人心目中对这一学科的印象。特别是解剖学,人们并不理解亨特工作的特点,只觉得它就像是阿尔迪尼搞的那一套。诚然,解剖总要涉及对尸体的切割(对于这一行为,人们心中总会抱着种种禁忌与避讳),其实,手术刀的切割并不是这一工作中最主要的步骤,真正重要的器具是夹钳、探针和医生自己的手

---

① 《圣经·创世记》,9:13。——译注
② 《华兹华斯抒情诗选》,杨德豫译,湖南文艺出版社,1996年。——译注

指。这个极其重要的过程，是最花时间的事情，即将诸如心脏、乳房、生殖器等组织与器官一一分开，使它们得到暴露与分离，以供认真研究之用。解剖的另一个目的，是要绘制出这些部分的精确图样（不过，这样做也会引起人们的恐惧）。

其实，剖析也可以看作是对大自然表示尊敬与关注的行为。约翰·阿伯内西就是这样看待他当年的老师约翰·亨特的工作的。"他会一动不动地站在那里，有如一尊雕像，有时一站就是几个小时。他全身只有两只手在动，每只手各握着一把夹钳，为的是将与某个器官或者组织连着的部分剥离开……他像预言家一般耐心，也如先知般全神贯注，以此保证真理的必然实现。而真理也往往如同灵感一样，会在一瞬间来临，使黑暗中的智力突然得到光照。"[32]

华兹华斯的这首短诗比"千古盛宴"差不多早了二十年，写作时并没有贬抑牛顿的用心，恰恰相反，他后来还将牛顿作为在知识的海洋中破浪远航的英雄形象，写进了他的长诗《序曲》。倘若柯尔律治或雪莱也前去赴海登的这场宴会的话（他们当时也都在伦敦），恐怕席上的讨论就会是另外一种样子了。雪莱以前曾有意逗引过海登，令后者"宗教迷信心理"大发作。雪莱还发过"基督教是最可厌的宗教"的议论，并始终站在维护进步科学的立场上。[33] 柯尔律治在湖区生活时，也曾自己用棱镜进行过折射试验，由此明白了为什么会形成彩虹——他是从科学和诗情两个角度了悟的，既弄懂了它是阳光在雨滴排成的帘幕内折射的结果，也觉得可以将它视为神学上一个有影响力的象征。

柯尔律治并不认为这两个不同的视角之间有什么矛盾之处。在这一点上，他与自己心目中的文学偶像、17世纪的内科医生兼散文作家托马斯·布朗（Thomas Browne）立场相同。柯尔律治在《个人笔记》中这样写道："天上的冰雾过往匆匆，而彩虹稳稳不变。这是狂风急雨的瞬息万变与神妙永恒的何等结合，又是图像与感觉的何等结合！它真是暴风雨的女儿——产生自狂暴的安详啊。"在这里，柯尔律治既接受了科学说法，承认彩虹产生于"冰雾"内的折射，但同时也指出，这一在急剧的动荡中**给观察者造成**的美丽而稳定的表现，具有强大的象征作用，会影响人们的心理，唤起人们的诗情。至于他所提到的"女儿"，作者认为可能是指代莎士比亚的剧作《李尔王》中李尔王的小女儿科迪莉亚。还可以更进一步设想，认为科迪莉亚当其父亲在荒野中悲愤交加地呐喊时现身为大量泪水折射出的彩虹，以爱的光辉给他以心灵的慰藉呢。①

寓居于伦敦海格特的柯尔律治，决定同自己的医生兼朋友詹姆斯·吉尔曼一起，积极地介入当前的这场有关"活力论"的大讨论。他们合作撰写了一篇文章，题为《有关一个生命新理论的札记》，旨在给两个南辕北辙的取向找到共同点。柯尔律治极力要做的是，将生命这个神圣的概念与科学调和到一起。他的看法是，"魂魄"的确是存在的，但并不能用"电"与之类比。他不相信生命为纯属物质性的表现，但也不认为存在什么神秘的"活力素"。对此他以一种颇带无奈的幽默感说："对于所有的流体和以太的观念，无论是磁的、电的、万有的，或者是别的什么经过九蒸九晒而成的超缥缈的设想，我都绝对不肯苟同。"[34]

柯尔律治还同他的另一位学识渊博的朋友、英国皇家外科医师学会会员约瑟夫·亨利·格林讨论了这个问题。格林是位眼科专家，当济慈在盖伊医院求学时，他是那里的助教。让这位年轻的学生与已入中年的柯尔律治相见，就是这位格林干成的大事。1819年春的一天，他们三人在伦敦结识，结果一道去汉普斯特德原生态公园（Hampstead Heath）和坎伍德（Kenwood）之间"曼斯菲尔德伯爵府花园附近的通幽曲径"散步。在这次长距离的漫步中，他们讨论了许多东西，而济慈记得最清楚的，一是夜莺这种可爱的鸣禽，一是对"第一知觉与第二知觉"的探讨。②[35]

格林医生后来当上了柯尔律治的全职文书，帮助他更新和补充自己那篇有关"活力论"的文章《有关一个生命新理论的札记》，还与他探讨"活力论"大讨论所起到的作用。不过柯尔律治从此时直到去世，都再也

---

① 理查德·道金斯在他颇为值得拜读的研究科学与浪漫主义的著述《解析彩虹：科学、虚妄和玄妙的诱惑》（有关原书及中译本信息见参考文献部分。——译注）中，赞赏了柯尔律治的这段文字，认为这是"好科学"。道金斯用了第三章"星球上的条形码"中很大的篇幅，生动地评了海登的这场宴饮。这位有着"促进公众理解科学"的教授学衔的人物，显然是很希望自己能有机会得到这一邀请的——作者本人也颇有此意哩。——作者原注

② 这些都是济慈在不久后所创作的他最著名的颂诗组（共六首，即《丽人颂》《闲逸颂》《夜莺颂》《希腊古瓮颂》《忧郁颂》和《秋日颂》）中的吟咏题材。——译注

没有发表过任何作品。他对生命的看法一直没有改变，认为"生命本原"无疑是存在的，但与生理学没有任何关联。这个"生命本原"中包含着一个固有的功能，就是所谓的"个性化"，其表现是造成生命向创造链条的高端移动，并最终导致"人"这个具有独特"自我知觉"的生物的出现，而"自我知觉"中又包括了道德观念和精神的自我感——也就是"灵魂"。

这种观念自然只是完全出自理性思考的结果，而且是谢林的自然玄学的推演，与医学并不相干。不过，在将人们有关"活力论"大讨论的重点集中到"知觉"所具有的神秘本性上——它如何开始形成，又如何发展，有哪些与动物相通的部分，人死后又何去何从等，这样的观念还是发挥了重要作用的。至于知觉何以在物质性的大脑中出现，柯尔律治认为，这不是他应当考虑的内容。然而，对于这个问题，格林是一直关注的，而且直到柯尔律治去世多年后也没有放下。后来，在他当上英国皇家外科医师学会会长后，还将柯尔律治的一些想法整理出版，书名叫作《精神哲理》（1865）。

"知觉"的本性一直是科学长期未能破解的秘密，也是现代神经科学面对的一个重要课题。法国生理学家皮埃尔·卡巴尼斯（Pierre Cabanis）是威廉·劳伦斯敬佩的人物，同时也受到阿伯内西的贬抑。据他认为，"脑脏就和胃脏、肝脏等会产生特定分泌物的器官一样，也有自己的特殊分泌物。这个分泌物就是思想。健康的脑脏分泌出的是健康的思想"。[36] 柯尔律治不同意这样的见解，认为它过于机械，他觉得自己在《有关一个生命新理论的札记》中所提出的生命理论的最大特点是，触及人类智力的进化。对于其他不涉及人的智力的臆想，他一概斥之为"胡扯八道的猩猩理论"。

实事求是地说，即便到了今天，读一下柯尔律治有关生命的见解，也仍然会清楚地看出，他确实称得上是他那个时代的杰出人物。他在写给华兹华斯的信中给出的剖析就是明证："我知道，你是将人类视为不变之体的，因此断然反对蒲柏在《人论》①中给出的观点，也不赞同［伊拉斯谟·

---

① 蒲柏本打算写一部关于人、自然和社会关系的巨著，但只完成一部序言，这就是《人论》。它以诗体写成，完成于1734年。它并不是德国哲学家恩斯特·卡西雷尔（Ernst Cassirer，1874—1945）以英文写于1944年的同名著述（后者有中译本）。——译注

达尔文和所有一大批信奉者，包括其中的基督徒（真有些难以置信吧）所相信的人是猩猩变来的认识。这就是说，你认为它们是荒唐的，与所有的历史相悖的，与所有的宗教相抵触的，真正体现出某种意义上的堕落——可这不正是《圣经》中所提到的吗？"[37]

1816年和1817年，济慈在盖伊医院师从阿斯特利·库珀和约瑟夫·亨利·格林攻读了两年医学，在此期间，他记下了大量解剖学与生理学笔记。（这里得再提一句，除了笔记，他还在纸页边缘的空白处，信笔画了不少花朵和人头。）由此可推知，他肯定是掌握了不少医学、化学和解剖学知识的。自然地，他也必定知道不少有关"活力论"大讨论的内容——肯定要比出席海登那场宴会的其他客人知道得多。他说了那番有损牛顿工作意义的隽语，无疑表现出自己是个有丰富学识的聪明医科学生。

济慈后来更进了一步，在他写于1820年的文藻华美的叙事诗《拉米亚》里，指斥科学一是残忍，二是"淘去了神秘感"。这一作品在立意上，可是与他早些时候写的赞美赫歇耳，称他为"守望着苍天"的十四行诗大相径庭了。《拉米亚》取材于罗伯特·伯顿①写进《解剖忧郁》中的一个医案，是说一个本性喜好挑逗异性的漂亮女子，被一位名叫阿波罗尼奥斯的医生兼科学家的智者识破了本相，原来是一条成了精的骇人大蛇。据伯顿在书中说，这一来便在新婚之夜及时拯救了被蛇精蛊惑的新郎官卢修斯，这使"蛇精泪水涔落，怨阿波罗尼奥斯多此一举"②[38]。

济慈对伯顿的这段记载做了许多细节上的改动。比如，他让那位新郎卢修斯为失去心爱的人——也许应当说是心爱的蛇，然而即便是蛇，也仍然为他一心所爱——失意之至，非但不去感谢感谢阿波罗尼奥斯，反而心碎欲绝地病卧床榻，还被作者在诗的结尾给了一个死去的结局。在全诗的终篇处，济慈写进了一段极富震撼力的文字，将科学研究批评为"冷酷思想"的冰冷触摸，所到之处，自然界的一切美好事物的神秘之美便荡然无存。上自天上的彩虹，下至由蛇化成的美女——

---

① Robert Burton（1577—1640），英国学者。《解剖忧郁》是他以医学教科书体裁写成的一本包罗面很广并带有哲学探讨意味的著述。——译注
② 这里和后文数处《拉米亚》的译文均引自《夜莺与古瓮——济慈诗歌精粹》，屠岸译，人民文学出版社，2008年。——译注

>……是不是所有的魔法一旦
>触及冷静的哲理就烟消云散?
>一次,可畏的彩虹在天上升起:
>我们知道彩虹的密度和质地,
>她列在平凡事物可厌的编目里。
>哲学将会剪去天使的羽翼,
>会精密准确地征服一切奥秘,
>扫荡那精怪出没的天空和地底——
>会拆开彩虹,正像它不久前曾经
>使身体柔弱的拉米亚化为一道虚影。[39]

然而,这条又是蛇又是人的存在,能够算是大自然的造物吗?要不要将它视为人造的、危及生灵的异类生命体呢?事实不是已经证明,它到头来害了人,特别是害了那位受了蒙蔽的年轻新郎吗?济慈看来似乎在诗的结尾提出了这些问题。面对表现出诱惑力的欺骗人的破坏力量,科学——(现形为严厉的智叟阿波罗尼奥斯)应当如何发挥保护人类的作用呢?

据济慈本人声称,《拉米亚》比其他作品更令他"耗费判断力",这就是说,让他一再动用自己的分析能力。诸如性吸引力的本性,以及生命体的繁育和发展的能力无比强大的原因等难以回答的智力问题,在这首诗中可说是比比皆是,对化学和外科手术过程的叙述也多处可见。诗中另有一段文字(远不如前面给出的一段有名),说的是蛇精在变体为女子前的状况。此时它并不是一条体粗如斗、目光如炬的大蟒(一如洪堡在亚马孙丛林里曾见识到的那种),则像是某种奇特的化学与生物学的新成果的结合,呈现出一种诱人的全新生命之光——

>她状似色彩缤纷的难解的结,
>一身斑点,或朱红,或金碧,或蓝色;
>身上的条纹像斑马,斑点像豹,
>眼睛像孔雀,全是深红色线条;

> 浑身是月亮的银光，她呼吸的时刻，
> 银光就溶化，或增强，或把光泽
> 同幽暗的织锦画面交织在一起——
> 于是，身体像彩虹，带一点忧悒，
> 她立刻变得……
> 她的头是蛇的，但是，啊，苦辣的甜味！
> 她有女人的嘴，满口的珠贝[40]……

这副奇特的样子，既夺目诱人，又无疑可怖，诡异十足。文中提到了蛇身的色彩有如彩虹，说不定就是这位诗人又回想起自己当年拿牛顿说事的故智呢。济慈在诗中创造了一个神秘的**生物形彩虹**①，既艳丽无比，又鬼气森然。在诗中的一些地方，作者还写进了与医学和科学有关的字句，如亨特用来证明"生命本原"存在的"炎症说"②，再如当卢修斯绝望地握住蛇精冷得**让人心悸**的手时，"一种不自然的热气，以种种疼痛直刺入他的心脏"[41]。

要说在这首长诗中，最值得记住，也最令人触动的内容，是蛇精由蛇变体为"十分艳丽而娇小"的美丽女子这一段。诗人对这一变体过程，就像是在观察实验室里进行的一场激烈的化学反应，或者是旁观一次外科手术（类似于当年范妮·伯尼接受的那种），或者是目睹阿尔迪尼电击尸体的演示那样，用的是半科学式的语言。这一段文字给读者以窒闷的感觉。蛇精那盘曲的长身子开始抽搐，血液在它全身"疯狂地流转"；它口喷白沫，"甜而剧毒的"嘴口沫四溅，所沾之处莫不化为焦土；"受到剧毒的折磨，两眼凝固"；"睫毛全枯"，瞳孔不停地又放又缩，"闪烁着磷光和火星"——

> 色彩透过她全身燃烧成炽红，
> 她因深重的痛苦而抽搐，扭动，

---

① 值得注意的是，"虹"这个汉字有个"虫"字的偏旁，莫非当年造这个字的华夏古人也有类似的设想？——译注
② inflammation，炎症，在英文中有"燃烧"的意思。——译注

火山喷发般深深的黄色取代
　　她周身银月般优美的色彩；
　　当火山熔岩踩躏草地的时候，
　　全毁了她的银甲和金色的刺绣，
　　使她的斑点、条纹全变得暗淡，
　　蚀她的蛾眉月，舔去她的星星焰……[42]

　　读了这些字句，读者不会忘记这一新生的艰难，也将记住蛇精为了变成人而付出的代价。济慈笔下的这个生物，实在是他的一大发明，也许算得上是他一应叙事诗中最能引起人们思考的产物。它涉及有关"活力论"、生命本性和人的知觉等诸多道德层面。而最重要的一点是，它提出了这个美丽的蛇精是否有灵魂的问题。

四　文学吹起科学号角

　　从纯文学角度对"活力论"大讨论做出最强烈反应的单篇作品，是玛丽·雪莱的怪异小说《弗兰肯斯坦》(1818)。小说的情节梗概是其他作家提供的，可能是沃尔特·司各特，或可能是威廉·戈德温，或可能是珀西·雪莱——都系男性，是说用人工方法，创造了——或不如说是恢复了人的生命，但只在一定程度上成功，而这个人原来的"灵魂"或"精神"却无可挽回地遭到了破坏。

　　玛丽·雪莱对这一题材的最初构思很早便形成了，萌生于1812年被父亲威廉·戈德温领着去英国皇家研究与教育院听汉弗莱·戴维的公开化学讲演时，那一年她只有14岁。故事的主人公是个年轻医生，名叫维克托·弗兰肯斯坦，本是个怀着理想主义精神的医学院学生。他在德国的因戈尔施塔特（Ingolstadt）听了一位沃尔德曼教授（虚构人物）的一番讲演，从此便陷入不拔的深渊。玛丽·雪莱后来在动手写这部小说时，还直接从由戴维的著名讲演印刷成单行本的《化学演义初探》中引用了这样一句话："人们在探寻自然的奥秘时，将使用有力的手段……而且会以主人的身份、主动的态度和自己发明的手段进行。"[43]

小说中的沃尔德曼教授在他的化学讲演中，更扩大了戴维的设想，从而强烈地感染了年轻的维克托·弗兰肯斯坦医生——

> "研究这门科学的古代学者们曾经许下诺言，要完成人力所不及的事情，结果一事无成。现代科学家们很少许愿，他们深知金属是不能互相转化的，而所谓长生不老药只是幻想而已。但是，现代科学家们，尽管他们的双手似乎生来便要与泥土打交道，他们的双眼也只是盯着显微镜和坩埚。然而，他们却创造了多少人间奇迹。他们潜入大自然的幽深之处，揭示出她隐藏着的神秘活动。他们冲上九重天宇，他们发现了血液循环的规律以及我们所呼吸的空气的特性。他们获得了新的力量，几乎无所不能；他们可以驾驭空中雷电，模拟地震，甚至以幽灵世界的幻影幽灵嘲笑了幽灵世界。"
>
> 这就是教授的一席话——可我还不如说，这是命运之神对我的死刑宣判。在他继续往下讲的时候，我似乎觉得自己的灵魂正与一个活生生的敌人做殊死搏斗；与此同时，在我的机体中，一个个键被揿下，一根根弦被拨动，发出声响；瞬息之间，我整个头脑便被一个想法、一个欲念、一个目的所占据。前人取得的成就如此之多，而我——弗兰肯斯坦的灵魂在此大声呼喊——一定要取得更大的成就，远远超越他们！我将沿着前人的足迹走下去，走出一条新路，探索未知的自然力，向世界揭示生命创造的讳莫如深的奥秘。①[44]

1814年，玛丽随雪莱私奔——先到了法国，再来到瑞士。他们在两人共记的日记中，记下了有关创造人工生命的探讨。当囊中空空后，他俩便乘轮船沿莱茵河下行，最后又回到英国。他们乘坐的是公共客轮，有其他搭客。其中有几个德国工人，都是大块头，外貌凶恶。这引起了他们的议论。他们还注意到沿途经过了一座破败的城堡，名叫"弗兰肯斯坦堡"。[45] 两人回来后，雪莱便开始撰写自己融思考与本人生平为一体，

---

① 本书中所引用的这部小说的文字，均转引自上海译文出版社2007年的中译本《弗兰肯斯坦》，刘新民译。为与本书作者的叙述更好地呼应，个别字句有所改动。——译注

并在思考中将心理学与科学观念结合到一起的系列散文。他给这些散文分别起了诸如"论思维之科学""论做梦现象之类别"和"论生命"等标题。人们对这些内容都是存在争议的。而他在构思这一系列文章时，无疑都同玛丽一起探讨过，而且据玛丽所记，在写其中一篇时，雪莱竟中途辍笔，觉得"越想越惊恐，写不下去了"。[46]

玛丽是位很有头脑的姑娘。她看出，丈夫在散文中涉及的很有分量、多数还相当令人瞩目的问题，是可以通过更有启发性、更富想象力，甚至不妨带些娱乐性的方式介绍给人们的。这就是说，她想到以阴柔的手法来处理这些阳刚的内容，具体地说就是以"假想或说虚构"的形式写作。对于这种形式，威廉·劳伦斯在他的讲演中曾提到过，并表示不以为然。事实上，玛丽将要采用的会是一种全新的虚幻小说形式——科学幻想小说，而题材则是设想"活力论"发展到极致的结果。可以说，她是将阿尔迪尼被迫放弃了的实验拾了起来，继续做下去，并有进一步的发展。有关"活力"的概念、争论和反宗教异见，都将在她的笔端延续下去。以玛丽之见，"活力"就如同电一样，可以从外部输入死人的身体使之恢复生命，但这还不是全部。她打算走得更远——远到天边。她设想的是从没有生命的物质中，"创造出"簇新的活人。**她想到的实现途径是外科手术，是对尸体下手，但不是解剖，而是与之反向的过程**。她又构思到构筑一个实验室，将死人的肢体、内脏和其他器官及组织集中到一起，但不是销毁，而是凑到一起，缝合成形，再通过"强大装备"——伏打电池也好，别的什么也好——的作用使之"活起来"。[47]如此这般，有机体便有了，活力也有了，但这样的生命有没有灵魂呢？这可不是玛丽打算回答的问题。

1816年夏天，玛丽开始在日内瓦湖（Lake Geneva）湖畔的迪奥达蒂别墅动笔写这篇另辟蹊径的幻想小说了。此时的这座别墅是一派度假气氛，时常有宴饮聚会和彻夜清谈，只是情调与海登的"千古盛宴"大不相同。宾主间的交谈思路很快，充满睿智、质疑、嘲讽和打趣。据玛丽·雪莱所记，她、雪莱和拜伦顺着波利多里（当时他只有22岁）的话头，讨论起阿尔迪尼的电化学实验和伊拉斯谟·达尔文有关人造生命的种种臆想来。在此之后，便是在座的这几个人之间进行的那场颇为闻名的"鬼魅故事作文比赛"。

拜伦写的是一段探险家死前的经历，题目就是这个人的名字《奥古斯特斯·达维耳》（1816年6月17日完成）；雪莱完稿了一篇无神论的短诗《勃朗峰》；波利多里一挥而就，编了一个短篇哥特小说《吸血鬼》，后来又假托为拜伦所写（好让出版商愿意买下来出版）①。玛丽·雪莱也是参加者，不过她动笔的速度可要慢多了，一直写了14个月才告完成。全书共9万字，情节复杂而枝蔓，又几易其稿后才基本定型，并起名为《弗兰肯斯坦》——还有个副标题，合到一起的全名是《弗兰肯斯坦，或现代普罗米修斯》。定稿后，她在1817年8月将手稿送到了莱金顿与艾伦出版公司。又过了三个星期，他们夫妇俩的女儿克拉拉（Clara）出生了，时间为9月2日。

玛丽创作这本书的真实情况，大多可以根据她本人的日记得到相当可靠的推断。她的这部分日记，部分是在瑞士时所记，部分是回到英国后住在泰晤士河畔的大马洛县（Great Marlow）时所记。所无法详细推知的有两点，一是这部小说的基本情节和素材究竟是由谁人提供的；二是她又如何想出了书中的两个鲜活的主角——弗兰肯斯坦医生和他的"怪物"。一种可能是，这个没有姓也没有名，却是全书中最丰满的角色，完全是玛丽凭一己的天才驰想出来的。而德国医生维克托·弗兰肯斯坦，是她所编的一个缩影式的人物，代表了当时的一代科学家；发现"火爆性空气"——氢气的普利斯特利、脾气古怪到极点的卡文迪什、年轻有为的戴维、心术不端的阿尔迪尼、富于个人魅力而不因循守旧的威廉·劳伦斯，都可能为创造这个人物提供了元素。

应当说，弗兰肯斯坦医生是个代表着整个欧洲的形象。他来自日内瓦（Geneva），可能祖上在德国生活，有犹太血统，并在德国的因戈尔施塔特学医。[48]从医学上有重要地位的地点考虑，以及当时已经开展有关实验的情况看，德国都适合取来做故事的发生地。对此，珀西·雪莱在为此书的1818年初版序言（未署名）的第一句中便做了交代："达尔文博士及德国的一些生理学著作者曾经认为，构成这部小说的事件，并非完全不可思议。"

这个弗兰肯斯坦医生，玛丽·雪莱又是以谁为蓝本的呢？以当时的

---

① 事实上倒也不是完全拉大旗做虎皮，拜伦对故事的梗概是有所建议的。——译注

英国科学界的识见。在比较知名而又年轻的德国生理学家中，最突出的是约翰·威廉·里特尔。自世纪初起，班克斯便要求定时了解他在耶拿大学的工作情况。[49]1804年，只有28岁的里特尔已被选为巴伐利亚（Bavaria）科学院院士，嗣后便离开耶拿，来到巴伐利亚州首府慕尼黑工作。从此，班克斯对他的兴趣更是有增无减。里特尔抢在戴维前面，对伏打电池进行了改进，接着发明了一种干电池，继而又在赫歇耳在阳光中发现红外辐射后，于1803年进一步发现了紫外线。这使戴维也特别密切地注意起他的研究进展来。此外，他对动物进行的若干范围不同的电化学实验，也给他带来了一定的知名度，得到了英国皇家学会的评介，只不过属于颇不以为然之列。[50]然而，他在耶拿大学的同事们却认为里特尔是个有特殊本领的人。青年诗人诺瓦利斯就公开为他鼓噪说："里特尔这是在搜寻自然界中真正的'世界之魂蕴'！这一魂蕴已经得到一些揭示，而他就是要将它们破译，以解释'更高端的精神类玄力'。"[51]

1803年9月，班克斯接到一份密报。呈送人是英国皇家学会会员、1803年科普利奖章获得者、化学家理查德·切尼维克斯（Richard Chenevix）。他是在德国进行科学访问期间从德国城市莱比锡（Leipzig）发出这一密报的。据切尼维克斯说，里特尔正在耶拿大学进行着"极为值得关注"的工作，涉及用功能强大的伏打电池取得"最重大的成果"，他的实验会对"动物机体产生巨大影响"，但又不致破坏"哪怕是最脆弱的器官"。该报告中并没有提供细节，显然是打算另文报告。切尼维克斯还对班克斯补充说："在向**英国科学中枢**呈报的同时，有关这些实验的情况也将立即通过一定的途径知会伦敦的其他哲人。我相信戴维先生会特别感兴趣。"[52]

然而，到了第二年8月时，切尼维克斯再度报告里特尔——此时他已在慕尼黑工作——的情况时，口气已经完全不同了："电化学家里特尔是我认识的人中唯一有真正才干的人。但他现时无论在头脑上还是在道德意识上，都已经成了谢林的新哲学理念的俘虏。我已经公开表示反对此种荒诞不经的套路。"[53]1804年11月7日，切尼维克斯发出了他的最后一份报告，对里特尔的才能固然还是赞许有加，但对他的工作却表示出公开的嘲讽。报告的结尾处有一段文字，看上去显得十分不安，似乎是看到了什么可怕的东西，致使他惊骇得一时找不出适当的表述词语来："大人想必还记得，我曾提到过里特尔用电池进行的实验……里特尔担任试验主任——这里的人还管他叫'新天界的看门人'。他重复自己的实验时我曾在场，结果看来是令人信服的。至于其中是否藏了花头，做了手脚，我则无从得知……里特尔在耶拿大学有一大批追随者，有教授，也有学生。他来到巴伐利亚后，也让这里领教了那个大学里的东西。他们所追求的理解人的思想的方式真是可厌，真是令人蒙羞。"[54]

切尼维克斯这里所说的"追求"，很可能就是小说中那位弗兰肯斯坦医生的作为。在普鲁士政府管辖下的耶拿大学，有些实验属受禁之列，然而，当里特尔来到学术气氛一直比较自由的慕尼黑后，这些实验又得以恢复进行。考证一下里特尔死后发表的不很连贯的回忆录《一名物理学家青年时期的生平片断》（1810）可以知道，里特尔在到了慕尼黑以后，便一头栽进了自然玄学的最狂热的实践者弗朗茨·冯·巴德尔（Franz von Baader）的阵营而不能自拔。他先后搞了许多实验，先是用灵测术①进行地质测绘和探矿，然后又用过电的方式尝试使死动物复活，而"真是可厌，真是令人蒙羞"的部分，可能就是试图让死人复生的实验——不过并没有找到确凿的证据证明这一点。不管怎么说，里特尔这样搞来搞去的结果，使他在新地方的同事们都与他疏远起来，也不受学生们待见了。他的精神状态日见不稳定，连家庭也不管不顾起来（他有三个孩子），只是终日将自己关在实验室里，越来越不与人交流，也越来越钻牛角尖。1810年，这个本来有着大好前程的人就这样逝去了，时年33岁，死时一文不名，神志不清。在许多方面，他的那本回忆录，活脱儿映出了青年时代的维克托·弗兰肯斯坦医生的影子。[55]

里特尔的悲惨人生，班克斯和戴维无疑都是知悉的，已经结束了在格丁根师从布卢门巴赫学习的劳伦斯大概也会知道。至于波利多里是否知道，如果知道，又是不是在1816年时向雪莱夫妇提起过这个人，目前尚在

---

① 灵测术，文艺复兴时期在德国一带出现的一种用来测知地下水或者矿产的迷信方法。最常见也最原始的做法是，实施者手中持握一个Y形树枝的两端，在认为地下"有货"的地方走动，一旦另外一个自由的枝端转向地面方向，就表明此处的地下蕴藏着所需资源。——译注

未知之列。不过，他们显然是从"德国的一些生理学作者"的资料中知道的。此外，这部小说还与德国有另外一层关联，就是玛丽·雪莱的这本小说的情节，无论是弗兰肯斯坦医生用通电造成复活，还是以人充当上帝的角色创造生命，都放在了哥特小说的典型环境中，而这种环境，虽然不见于英国皇家学会收到的那些就事论事的报告，却大量存在于德国的民谣和民间传说中。

  11月的一个阴沉的夜晚，我终于看到了自己含辛茹苦干出的成果。我的焦虑不安几乎达到了顶点，我将制造生命的器具收拢过来，准备将生命的火花注入躺在我脚边的这具毫无生气的躯体之中。当时已是凌晨1点，雨点啪嗒啪嗒地敲打在玻璃窗上，平添了几分凄凉感。我的蜡烛将要燃尽了，就在这时，借着摇曳飘忽、行将熄灭的烛光，我看到那具躯体睁开了一只暗黄色的眼睛，正大口地喘着粗气，只见他身体一阵抽搐，手脚开始活动起来。

  我披星戴月，吃尽千辛万苦，却造出这么个丑巴巴的东西，我现在真不知怎样描绘他的模样；目睹这一凄惨的结局，我现在又该怎样诉说我心中的感触？

  他的四肢长短匀称，比例合适；我先前还为他挑选了漂亮的五官。漂亮！我的天！他那黄皮肤勉强覆盖住皮下的肌肉和血管，一头软飘飘的黑发油光发亮，一口牙齿白如珍珠。然而，尽管他的乌发皓齿漂亮，可配上他的眼睛、脸色和嘴唇那可真吓人！那两只眼睛湿漉漉的，与它们容身的眼窝颜色几乎一样，黄里泛白；他脸色枯黄，两片嘴唇僵直着成直线，黑不溜秋。[56]

五　小说提出根本问题

  随着故事情节的不断发展，玛丽·雪莱也开始考虑起这样几个问题来：弗兰肯斯坦医生创造的这个新"家伙"，应当不应当算作是人？它应当不应当说话？应当不应当具备道德意识？应当不应当有人的感情与心境？它应当不应当有一个灵魂？（请不要忘记，玛丽在1817年时正处在妊娠期。）

劳伦斯在解剖室工作期间萌生的不少玄妙的驰想和有关大脑进化的理论，看来在《弗兰肯斯坦》中都有迹可循，有些段落甚至就出现在这部小说中。根据她丈夫在整个1817年春天常找劳伦斯医生看病这一点推断，估计夫妻俩有时会一道去，这样一来，这三个人便又有机会讨论一些很专业的有关内容了。[57]

玛丽·雪莱对思维本性的看法同劳伦斯是一致的，即认为它完全是物质化的大脑自身发展进化的结果。1817年劳伦斯在英国皇家外科医师学会发表的那几次引来一些人不快的讲演中，也表述了同样的观点："不过，让我们来看一下'思维'这个为人类所特有的巨大权利吧！当人还在母体中时，'思维'会在哪里呢？刚刚出生的婴儿，'思维'又会在哪里呢？难道大家看不出来，它就是通过五官的作用和人体内部功能的不断发展，而渐渐积累起来的吗？难道不应当追踪溯源，认定它是通过从婴儿到孩童的不断成长，才在成人期形成充分能力的吗？……"[58]

弗兰肯斯坦医生创造的这个怪物，肉体是具备了成年人的一应条件的，所有的器官和组织都达到了成年人的标准。然而，它的思维却完全处于婴儿的未凿阶段。它没有记忆、没有语言、没有是非观念。它是以完全野性的动物状态开始自己的生命的，一如一头大猩猩、一只类人猿。它是否具备性感觉、会不会用强力满足性需求，此时尚不得而知。诚然，电击的火花让它有了自主动作，但没能得到上天的"灵性火花"。对于这样的生命，也许可以用曾是医学院学生的济慈的词语来形容，称之为一个"待填入灵魂的空谷"。

它最早的有意识的认知行为，发生在从实验室里黉夜逃脱，在一片树林里第一次看到月亮时。这一天体在它心里唤起了一种强烈的敬畏感，当然，它说不出自己看到的是个什么事物——

> 我心头一惊，站起身来，看见一轮光环从树丛中冉冉升起①。我带着几分惊奇，目不转睛地望着它。只见它移动缓慢，但它照亮了我面前的小路……我仍然感到周身很冷……我脑袋里乱作一团，没

---

① 玛丽·雪莱在书中此处加了一个脚注"即月亮"。——作者原注

有任何明确的想法。我感觉到了亮光、饥饿、口渴和黑暗；数不清的声音在耳边响起，各种各样的香味，从四面八方钻进我的鼻孔。……有时，我试着模仿鸟儿那清脆悦耳的歌声，可总是学不像。有时，我想以自己的方式表达内心的各种情感，可我发出的声音却刺耳难听，含混不清，吓得我再也不敢出声了……头脑里接受的新事情与日俱增。[59]

从这时起，这个怪物便迅速经历了原始人的所有进化阶段。在这一点上，玛丽的叙述几乎像是人类学的研究记录，堪比班克斯当年之于塔希提人的工作。首先，它学会了使用火，掌握了做熟食的技巧，又懂得了阅读。接下来，它又通过阅读普卢塔克①、弥尔顿和歌德的作品，对欧洲的历史与文明有了认识。它还以潜身树林中偷听村民聊天的方式，领会了诸如战争、奴役、暴政等概念。这使它萌生了道德观和公正理念。而最重要的是，它发觉自己需要同伴，需要得到同情和关爱，然而，它却一样也得不到，原因只是因为它丑陋得吓人——

群星讥讽地泛出惨淡的寒光，光秃秃的树枝在我头顶上随风晃荡，四周一片岑寂，只有鸟儿不时发出几声清脆悦耳的鸣叫……而我却像魔王撒旦，心头压负着一座燃烧着的地狱，遭受痛苦的煎熬。我看不到这儿会有谁同情我，真恨不得把林中的树木连根拔起，将周围的一切全部毁掉，然后再坐下来对着这一片废墟悠然自得地幸灾乐祸。[60]

它在阿尔卑斯山脉（Alps）法国部分的冰海冰川（Mer de Glace）边缘处，向自己的创造者乞求同情与爱的赐予——

---

① Plutarch（约46—125），生活于罗马时代的希腊历史学家与作家，一生博览群书，著述丰富。据其子为其著作所辑之目录，篇名有227项之多。现存传世之作包括50篇希腊、罗马著名人物传记的《希腊罗马名人传》和由60余篇杂文组成的《道德论集》。（这两本书均有多个中译本，译名不尽相同，前者中有些为节选本。）——译注

我因为遭受痛苦和不幸，才如此心狠手辣。所有的人都恨我，回避我，难道不是这样吗？你——我的缔造者，竟要把我撕成碎片，然后再欢庆你的胜利；这你总没忘记吧？……唉！我的造物主，给我幸福吧。让我为你的一次恩惠感激你吧！让我亲眼看到，我总算是激发了一个活人的同情心，千万不要拒绝我的请求。[61]

　　玛丽·雪莱这部小说的第二部①文字中，处处都充满了这种刻骨铭心、逼人崩溃的孤独感。在这种感觉的驱使下，这个怪物去破坏，去杀戮。它也曾试图理解自己暴力行为和矛盾感情的理由，结果认为出路在于争取得到异性伴侣上。作者在这里将故事背景放到了冰海冰川，它恳请弗兰肯斯坦医生给自己创造一个妻子，说这会给它带来人性，带来幸福，而这才应是医生研究的中心。这段内容无疑是在阐明，完美的人类"灵魂"只有通过友谊和爱情的打造才能实现——

　　如果你同意[给我创造出一个妻子来]的话，从今以后，无论是你还是任何其他人，都不会再见到我们——我将去南美的茫茫荒原，我的食物与人类为生的食物不同，我无须捕杀小羊羔、小山羊什么的以饱口福；各种橡子和野果就能为我提供足够的营养。我的伴侣也将与我具有同样的习性，也会满足于同样的食物。我们将以枯叶为床，太阳普照人类，也将哺育我们，也将使我们的作物成熟。我向你描绘的这幅图景是宁静祥和而又富有人情味的，你一定会感到，只有你残酷无情，胡乱使用手中的权力，才会拒绝我的请求。[62]

这个怪物提出，它愿意远赴南美或者太平洋地区，在那里过一种库克船长和班克斯当年远征时所见识到的原始的无忧无虑的生活。它和它的妻子将当素食者，不杀生，不举火，不筑屋，不采用任何形式的欧洲文明成果。这就是说，它们将成为两个"高尚的蒙昧人"。

---

① 这部小说最初出版时分为两部，但后来的版本便不再分部，全文各章统一编号。原来的第二部分是从第11章开始的。——译注

为了满足这一要求，弗兰肯斯坦医生去到伦敦（不是欧洲大陆的巴黎），研究最新的外科技术。他还向当时"这个闻名遐迩的大都会"里"最杰出的自然科学家"求教（但书中没给出具体姓名）。[63]接着，他又在苏格兰建起了第二间实验室，地点选在偏僻的奥克尼群岛（Orkney Islands），计划创造出第二条生命来，这一回是一个雌性。如果造出了这一个，怪物就会得到伴侣。

但是，弗兰肯斯坦医生产生了严重的疑虑——

> 即使它们离开欧洲，去美洲的大沙漠中安身，它们仍然会渴望获得对方的同情与慰藉。其结果，首先便是它们后代的出世。代代妖魔便会在地球上繁衍，从而危及人类的生存……我难道有权为了自身的利益，而将这种祸患强加于子孙后代？[64]

他最后决定要销毁自己的创造。这一节可说是全书最阴郁凄凉的部分。他的实验室是一幅惨不忍睹的恐怖景象——

> 我壮着胆子将实验室门上的锁打开。那具刚完成了一半就被我毁掉的躯体，其残肢断臂歪七斜八地躺在地板上，我几乎觉得自己好像肢解了一个活生生的人体。……我用战抖的双手将那些化学仪器搬出房间……又将那些残肢断臂装进一只箩筐里，又在上面压上许多石头。[65]

这些石块下面是些死了的东西。其实，有另外一样东西死得更彻底，就是被弗兰肯斯坦医生埋葬的对科学的希望。

怪物又伤心又愤怒，便向弗兰肯斯坦医生实施报复。它先是弄死了医生的朋友克莱瓦尔，接着又在他新婚当日害死了新娘伊丽莎白。从这时起，医生和怪物便都处心积虑地设法消灭对方。到了最后，他们来到了北极的一处冰封之地——与温暖的太平洋海岛乐园恰恰相反。可以说，此时这两者都是没有灵魂的生物，仿佛弥尔顿的《失乐园》里所描绘的图景：不停的破坏和永远的孤独，使得这两个堕落的存在注定死亡。弗兰肯斯坦医生在临死前却挣扎着表示并不后悔——

> 我的全部事业和希望都是毫无价值的，如同那个渴求无上权威的天使长一般，我也被永久禁锢在了地狱之中……我自己就是被这些希望给毁了，而别的什么人还可能会步我的后尘。①[66]

至于那个怪物，最终也对自己有所认识，甚至表现出自责之意——

> 回顾那一系列令人震惊的罪行，我简直无法相信，以前的我竟也有过超凡脱俗的美好境界，也曾渴望过卓尔不群的高尚情操。即便如此，堕落的天使还是成了邪恶的魔鬼。上帝和人类的敌人纵使处境悲惨，也还是有朋友和伙伴，而我却始终形单影只、孤苦伶仃……那个给了我生命的人已经与世长辞，而当我不复存在之时，人们很快便会将我俩抛于脑后。……我不会再看到日月星辰，也不会再感到风儿拂弄我的双颊。[67]

六　无心栽柳柳成荫

维克托·弗兰肯斯坦医生创造灵魂的实验以灾难告终。小说《弗兰肯斯坦》问世后也无声无息，第一版行销量还不足500本，不过这只是暂时的。又过了几年，当进入20年代后，这部小说便被搬上了舞台，而且在本年代里便出现了不下五个不同的改写版本。这使它一下出了名，甚至是出了恶名。围绕它展开的争论将许多人都卷了进来。以《弗兰肯斯坦》为题材的第一轮演出，是1823年7月在伦敦河岸街的英国歌剧院推出的，剧目定名为《恣意妄为：弗兰肯斯坦的命运》。这是一场话剧，它献演伊始，便在公众中引起了轰动。宣传海报是这样说的——

> 欲去歌剧院看此恐怖怪剧的人务请当心：慎勿带太太同去！慎

---

① 着重号为本书作者所加。——译注

勿领女儿同观！！慎勿携任何家里人同看！！！此剧系根据俚俗小说《弗兰肯斯坦》改写，有明显之非道德倾向，主题涉及胎死腹中之邪念，并含不可能真实出现之内容！为防止此类具危险性内容贻害观众，导致不良后果，剧院特从友朋中延请德劭之士郑重修改，并敦请海报设计者注意宣传侧重以免误导。[68]

写这份海报的人很精明，故意卖关子，不说"恐怖怪"一角由谁饰演。这一来可让它的饰演者托马斯·波特·库柯（Thomas Potter Cooke）出了名，虽然这位演员患有严重的痛风。后来在电影中扮演这一角色的鲍里斯·卡洛夫（Boris Karloff）也很轰动①。在随后的四年里，伦敦、布里斯托尔、巴黎和纽约的舞台上前后共有十四个剧团献演此剧。

《恣意妄为：弗兰肯斯坦的命运》的剧本，对原作进行了几处重大的改动，但都未曾事先征得玛丽·雪莱同意，也没有付给她任何报酬。有意思的是，玛丽对这两件事看来都不很在意。她在1823年9月去看了一场演出后表示非常喜欢："嘿，看呀！我发觉自己出了名啦！英国歌剧院上演的话剧《弗兰肯斯坦的命运》取得了巨大成功……库柯先生饰演的'无名怪'真是妙到极点。看他对想找出发出声音来源的处理有多精彩呀！他的一举一动都设想得很合理，演得也很完美，在观众中造成了屏住呼吸的紧张……在早些时的演出中，所有的女观众都昏晕了过去，惹出好大一场乱子来！……这出话剧现在还在上演呐。"[69]

然而，话剧的这一改动，可以说影响到了以后所有以这部小说的主线有关的戏剧和电影的改编。小说中的科学内容和道德阐发都被删去或更改了，弄成了一部阴森鬼魅剧和黑色闹剧的混合体，并且从此定了型。维克托·弗兰肯斯坦医生被改写成一个颇具特色的科学家，既疯狂又邪恶，自创造出他那个怪物起就一直站在它的立场上。而在原著中，这个人是怀着浪漫情操与理想主义气质的，本性并不邪恶，非但如此，还有着济世之志，只是因迷恋上错误的目标难以自拔而已。话剧中大加渲染医生所建立

---

① 以玛丽·雪莱这部小说的内容为主线的电影拍过多部（有的媒体资料统计，截止到2015年底时共有48部），这里是指1931年拍摄的黑白有声片，也是继1910年的同名无声影片之后的第一部同题材有声片。——译注

的鬼气森森的实验室,将咝咝有声的发电机、咕咕吐泡的储槽和猛烈的爆炸都搬上舞台,而这些都是小说中没有的。观众看到的弗兰肯斯坦医生站在手术台前,凑着摇曳的烛光切切割割,还用着一个德国助手,一个叫弗里茨的丑角式人物,更加重了演出的诡异气氛,而这个助手也是小说中不曾写进的。弗兰肯斯坦医生基本上是单枪匹马工作的,专注得像位艺术家,也孤独得像位艺术家。

不过,这些改变还不是最重要的,最重大的改变是,玛丽·雪莱的这个无姓无名的生物,被改造成了一个不会说话的"怪物"。它连一个字也说不出来。而在小说中,它却是伶牙俐齿,甚至可说是巧言令色的——

> 那么,我究竟算什么呢?我是怎样被造出来的?这个缔造者又是谁?对此我全然不知。……我一文不名,无亲无友,没有严父在儿时保护我,没有慈母用微笑和爱抚关心我……我所有的,只是这副畸形、丑陋、遭人厌恶的躯体。我甚至连人都不是。……我环顾四周,从未见过,也从未听说过有谁像我这样。如此说来,我岂不是个魔鬼,一个人世间大煞风景的丑类?一个谁见了都逃之夭夭,谁都否认与之有任何关系的怪物!这些想法给我心灵带来的极度痛苦,我简直无法向你描述……唉!要是我永远待在当初那片树林里,除了饥渴和冷暖之外,什么感觉也没有,那该有多好![70]

七 人类社会渗透政治

威廉·劳伦斯的尝试,是以完全不同于弗兰肯斯坦医生的结果告终的。他在英国皇家外科医师学会和其他若干医学机构的施压下后退了。1819年末,他撤回了《人类自然史》的投稿。不过,他仍继续呼吁给科学研究以自由:"借此机会,我用最强烈的语言表示抗议……抗议以制造有害压力的做法窒息实事求是的探索,抗议出自反社会的目的,制造对科学与文学的歪曲,将本会有利于人们加深相互接近的这两个门类,变成煽动与延长种族偏见与敌对的工具。"[71]

1822年,劳伦斯同意借激进的出版商理查德·卡莱尔(Richard

Carlile)之手,以地下方式出版自己的《人类自然史》。结果是此书前后共印行了九版。(这个理查德·卡莱尔还成功发行了雪莱的长诗《麦布女王》的盗印本。)该出版商在他自己撰写的小册子《致语科学界中人》(1821)里发出呐喊,敦请劳伦斯和其他学界人士保持自己智力上的独立。他还表示自己死后的遗体将提供给劳伦斯解剖用,作为对后者的最后一次支持。这一遗赠在当时可说是世界之罕见。[72]

新成立不久的医学期刊《手术刀》有个精明能干的编辑托马斯·瓦克利(Thomas Wakley),此人也站到了支持劳伦斯的立场上。他写了若干生动活泼的文章,抨击英国皇家外科医师学会那些传统的卫道士,特别是嘲讽了阿伯内西等人在外科医学领域祭起神学虎皮的伎俩。瓦克利讽刺这些人说,每当他们解剖出血的器官或者搏动的血管时,都会"以眼观天,撮起嘴唇,无比虔诚地诵读:'诸公请观,此乃神器也夫!'"[73]

1829年,当威廉·劳伦斯面临入选英国皇家外科医师学会这个以保守著称的顶级学术机构的可能时,他平静地表示放弃自己原先所持的激进的"唯物观念",接着又去拜会了既是恩师又一度誓不两立的约翰·阿伯内西——不过见面地点可不是弗兰肯斯坦博士和怪物见面的那个冰海冰川。一番长时间讨论后,劳伦斯得到了原谅,并再次取得了当年恩师的全力支持。劳伦斯以全票入选。托马斯·瓦克利前来皇家外科医师学会,代表《手术刀》抗议这一结果,劳伦斯竟亲自出手,将这位原来的战友拖出了会见室。威廉·劳伦斯最后被维多利亚女王任命为英国军医总长,还得到了从男爵的封号。不过,他看来是失掉了自己的灵魂。

第八章
既是巨人又是凡人

一 "夫妻走两极"

1811年春,汉弗莱·戴维在都柏林进行了一轮地质讲演并大获成功后,回到了英格兰。到了夏天,他去西部钓鱼休闲。殊不知,当他在瓦伊河(River Wye)甩钓时,自己的心却被钓了去。钓上他的是位肤色黧黑、充满活力的小个子苏格兰美女,名叫珍妮·阿普利斯。戴维是生平第一次体验到震撼心魄的恋情,也感受到了比科学更强烈的吸引力量。

珍妮曾在爱尔兰听过戴维的讲演,对讲演人的印象至少是蛮不赖。她在1811年3月4日写给一个亲戚兼朋友的信中说:"戴维先生为人亲切。时髦的装束和名人的光环,都没能损害他那自然和友好的态度。据说,爱尔兰贵族女子的活泼举止是更强大的力量,或许可以用来烧掉他的一些一本正经——就算不能刺穿他的心房,至少也能将它炙烤一下吧?"[1]

这一年珍妮31岁,丈夫已死,给她留下不少遗产。她在爱丁堡知名度颇高,有着颖悟和俏丽佳人的名声。她懂得穿着打扮,谈吐不俗,举手投足之间似乎释放出一股电力——而戴维是爱电的。珍妮去过欧洲的许多地方,能够流利地讲法语和意大利语,能够阅读拉丁文书籍,还很喜欢听各种讲演。她是个聪明而自信的人,此外还表现出为她本人所特有的气质。

除了安娜·贝多斯,戴维在来到英国皇家研究与教育院之后的十年时间里,凭着所取得的事业成功和表现出的个人魅力,又得到了其他不少女子的青眼。投送给他的大量情诗就证明着这一点。[2] 不过,从他写给其母亲的信中可以看出,在遇到珍妮·阿普利斯之前,他从不曾认真考虑过婚姻大事，而且一直认为成家与立业不能相提并论。他总觉得自己已经结了婚了，而新娘就是科学。不过，看来他的科学独身主义是会改变的。

珍妮这位浪漫女性本是苏格兰凯尔索（Kelso）人氏，父亲叫查尔斯·克尔（Charles Kerr），当年在加勒比海地区的安提瓜岛（Antigua）发了家，给女儿留下了一笔可观的遗产。她可能有加勒比海原住民的部分血统，而这无疑在她的气质中有所表现。她19岁第一次结婚，嫁给了一个有威尔士从男爵头衔的垂垂老者，名叫沙克伯勒·阿什比·阿普利斯（Shuckburgh Ashby Apreece）。她的婚后生活很不如意，也没有子息。据她自己说，这段婚姻生活带给她的最大好处是，丈夫经常带她出国旅游。她在日内瓦结识了德斯戴尔夫人①，两人成了好朋友。当后者的言情小说《柯琳》（1807）出版后，珍妮告诉人们说，她自己就是书中那个最后在热带南方找到爱情的孤独女主角的原型。

珍妮还结交了其他一些文坛人士。她认识悉尼·史密斯（Sydney Smith，1771—1845）和霍勒斯·沃波尔，还曾在伦敦与威廉·布莱克同席共餐。她是柯尔律治主办的哲学性周报《朋友》的订户。沃尔特·司各特既是她的远房表兄，也与她十分要好，两人曾在1810年夏季一起赴苏格兰高地和赫布里底群岛旅游。司各特对自己这位表妹的印象是有主见、好钻研，而且不怕事。两人的关系处得不错，也像表亲之间通常会做的那样不时开开玩笑，不过当表兄的显然有些怕这位表妹。据他在日记里所写，他觉得珍妮"虽是英国人，却更有法国派头，还混杂进了热带人的那种奔放的活力与韧性"。最后这句评语是什么意思不大清楚，也许是说珍妮脾气大，又好挑逗异性。她还无疑是个喜欢向上爬的女人。正如有人在对她打算与拜伦接近时所发的评语那样："她抛出手中的套索，有如一个猎狮人。"[3]

不过，珍妮又是个有头脑的精明角色，凡事很有主见。她在1809年居孀后，便在爱丁堡的赫里奥特街（Heriot Row）办起了一处文化沙龙，以此打进了苏格兰的知识界。她特别下力结交科学界人士。据传，一位名叫

---

① Madame de Staël（1766—1817），本名安娜·路易丝·热尔梅娜（Anne Louise Germaine），祖籍瑞士，法国小说家，以其所发挥的对文学的传播作用在当时享有较大名气。——译注

约翰·普莱费尔的教授不但是位数学家,还曾写过一本《图解赫顿的地球理论》的书,并以此书将赫顿的地质学著述通俗化后推向世界,他便在爱丁堡最豪华的普林西斯街(Princes Street)向这位有贵族头衔的女子求过婚。聪明过人,也担任过英国皇家研究与教育院讲演人的悉尼·史密斯同样为她着迷,并一直津津乐道于谈论她的种种逸事。认识她的人都认为,在她那活跃与友好的外表下,有着一颗"不一般的心"。

珍妮·阿普利斯无疑是个闲不住的人,也是个招来不少风言风语的主儿——她的一生都是如此。不过有关她的生平,可资考证的文献远不如戴维丰富,而且这样一位美人竟无肖像传世,也实在难以理解。[4]她早年的通信看来都已散佚无传,所幸还留下了戴维寄送给她的90多封书简。[5]戴维是在与她一同参加瓦伊河上的一次水上野游会后,于1811年8月开始与她书信往来的。当时他住在英格兰的德纳姆(Denham),一面钓鱼,一面准备秋天的讲演,而珍妮已经返回了苏格兰。打从一开始,戴维写给她的信,就是科学与情感的混杂体:"从我写作的窗前向外望去,眼前就是科恩河(Colne)。清澈湍急的河水在如茵的绿草地上流过,河面上生长着种种美丽的水生植物,在阳光下绽放着光彩夺目的花朵……我真想永远留在这个时刻,只是更希望你以水仙女的形象出现在我面前。然而,我却知道你此刻正现形为林仙子,出没于高高的山林之巅,不屑一瞥我这里的低地田园。"[6]收到珍妮的回信,又令他"比吸入笑气更觉舒畅。你能允许我进入与你有关的科学领域,与你共同探索,寻找带来欢愉的化学结果吗?"[7]

奇怪的是,戴维竟去征求当年的情人安娜·贝多斯对自己欲与珍妮·阿普利斯交好的意见。虽说安娜曾在爱尔兰与本族人盘桓时,在社会场合与珍妮见过面,但戴维居然去动问她,也真是百无禁忌了。结果是他得到了一番带刺的恭维:"贝多斯夫人告诉我说,'我对阿普利斯夫人相当佩服。我认为她能讨人喜欢,人又能干。我还有一种感觉,就是如果我能了解她的话,是会喜欢上她的——至少我认为会达到超过她喜欢我的程度'。"[8]

秋天来到之后,珍妮离开爱丁堡来到伦敦,住进了伯克利广场街(Berkeley Square)16号。这是一处很考究的住所,更兼有着"战略重要性"——步行10分钟可达英国皇家研究与教育院。[9]戴维开始送书给她了——艾萨克·沃尔顿的《垂钓高手》自然是少不了的,此外还有阿那克里翁①等著名抒情诗翁的经典诗作。接下来,他又送去了自己的化学讲演集——"改写过了",以使其更通俗些,再往后则是他自己写的若干首十四行诗。珍妮这一边做出表示,开始去听戴维的秋季讲演,声称自己"有着出色垂钓者须具备的稳坐本领",又起劲儿地找人教自己"掌握化学知识"。

珍妮也开始向戴维回赠诗文了,只是这些东西都未能保留下来。对于珍妮的文字,戴维很认真地评论道:"你是为了作诗而作诗的。想得太多、感觉到的也太多,放到一起就不成其为诗了。"读过骚塞和华兹华斯的诗歌的戴维,斗胆对珍妮的作品提了些看法,认为若以浪漫时期的标准衡量,她的东西未免斧凿痕重了些:"真正的大诗人所做的,就是在自然景象中加入些人的情感。"[10]珍妮很大度地表示接受。

整个秋天,戴维都起劲儿地将珍妮介绍给英国科学界的重要人物。著名化学教授查尔斯·哈切特(Charles Hatchett,1765—1847)陪着她去听戴维的讲演("我俩都为能有效劳的机会感到荣幸")。戴维领着她参加有威廉·赫歇耳出席的聚会,与这位天文学家共进晚宴,并一起讨论最远的星体究竟会有多么遥远。[11]戴维还向珍妮引见了罗伯特·骚塞,又将柯尔律治与华兹华斯之间出现不和的文坛传闻说给她听。

戴维与柯尔律治的关系已经不如以往亲密。1809年3月,柯尔律治还因为戴维不肯在英国皇家研究与教育院为他活动、争取支持他主办的《朋友》周报,闹到了几乎打起来的地步。他告诉人们说:"戴维的态度伤害了我。"在他看来,戴维和他曾经有过"九年多的亲密时光",但名气已经冲昏了这个人的头脑,听不进朋友的话了(其实也许是出于谨慎而不肯轻易表态)。他还告诉人们,他刚刚完成一首赞扬戴维的"天才与为人类做出的伟大贡献"的长诗——"这些年来我唯一的诗作";然而,有鉴于此,他已经无意发表了:他认为戴维正如他以前曾预料过的那样,已经被自己的名气弄得不知天高地厚了。[12]

---

① Anacreon(公元前570—前488),古希腊抒情诗人,善吟咏爱情和醇酒。——译注

不过，目前占据戴维头脑的，不是名气而是爱情。从他写于11月1日的一封信来看，他写给珍妮的信比以前更加炽热有力，浪漫的科学家已经变成了浪漫的钓鱼翁："伊拉斯谟·达尔文在《动物生理学》中提到了一条与感觉有关的规律，也许可称之为'连续与对照律'。举例来说，在长时间注视一个眼前的粉色亮点后，这一形象会持续一段时间，然后又会变成绿色的。我在离开你后，眼前也会看到你的粉色的光，心里也留着玫瑰色的感觉，但如今也都变成了绿色，不过不是嫉妒所致，而是懊丧降临。"[13]

12月里，戴维去都柏林讲演，身处异乡，更使他情思倍增。他的讲演备受赞扬，人也得到了都柏林大学圣三一学院颁发的荣誉博士头衔。崇拜者们举办的招待会和宴会更让他"应接不暇"。然而，面对这种种的热闹场面，他却只想着珍妮·阿普利斯，对她的追求也进一步公开化，也更直截了当。面对赢得公众欢迎的胜利，戴维的心思却只用在润色示爱的语言上。他在1811年12月4日自爱尔兰皇家学会写给珍妮的信中倾诉道："从15岁起，我便表现出很强的在梦中构想美丽图景的能力。近来我梦到与你置身于苍翠的林间，在阳光透过枝叶洒在起伏草地上的光柱间漫步复漫步。我听到夜莺在歌唱，它的欢快曲调偶尔会被打断，而打断它的，就是你的欢快声浪。这些声音现在仍萦绕在我的耳中。或许你会觉得我的幻象可笑，将这一情感称为浪漫。可要知道，如果没有浪漫，生命也就没有多少价值了……没有它，生命的曲调就只会像是风弦琴上发出的声音：时断时续、原始未凿、无法逆料，一如使它鸣响的旷野上的风：始于无意，终于无果……再次见到你，是我最强烈的心声。"[14]在这些信里，可是泛着柯尔律治诗文的意境呢。

回到伦敦英国皇家研究与教育院后，戴维继续向珍妮展开富有科学色彩的攻心战："你是给我指点方向的磁石（只是并没有相斥的极性）。"到了1812年3月时，他的信中又出现了这样的语句："我生活中只有一个目的——你……你的幸福就是北极星，指示着我今后的航向。"[15]与此同时，珍妮的贵族背景，又令戴维有所踌躇。她的富有看来也使戴维不无胆怯。他还可能有一点未曾公开表露的担心，就是珍妮的出众才气和对社交生活的喜好，有可能影响到自己在实验室的有条不紊与精神高度集中的工作。对此，他找了不少辙，说服自己相信他将来不会受此影响，更说服自己相信珍妮不会在这方面妨碍他。

珍妮这一边也非常看重戴维的才智，喜欢他那带些孩子气的英俊外貌，欣赏他以著名讲演者的身份赢得的响亮名气。此时她身边有着不少追求者，但没有一个像戴维这样执着，这样热烈——也许更应当说，没有一个像戴维这样认真。其实，认真可能反倒是一个问题；说不定珍妮私下里还会讪笑戴维在信中长篇大论式的倾诉衷肠，讲演式的说教重过缱绻的呢喃哩。要知道，戴维的情书里的确会不时看到类似如下的表示，"你的道德光芒永远照亮着我前进的道路，升华着我的人性理念"，说者不厌其烦，一本正经，可对方才不在意自己的"道德光芒"呢。

有一次，珍妮拿戴维打趣，说他对自己的浪漫心意太重，戴维没有悉尼·史密斯的那种俏皮作答的机智，结果是没有送去一向的甜蜜诗句或优美散文，而是寄去了一份郑重其事的论说文："如果说这是浪漫，那这就是在科学领域内向目标挺进的浪漫；是将情感紧紧系于思维的浪漫；是热爱美好、欣赏智慧、脱离低俗、走向高尚的浪漫。"[16]

珍妮可能还对戴维来自康沃尔这种小地方的背景有所顾虑。其实在这一点上，可以说她本人其实也有着类似的家世与出身。她还担心化学可能会占据对方的身心，而且会是自己的唯一对头。这一点倒是料得很准。戴维自己也曾无意中说漏了嘴："与你的交谈给了我乐趣，但也挡了我科学工作的道路。"不过又赶快找补了一句："不过，我的所得可是远远大于所失。"[17]

然而，双方的朋友却都对这两个人的前景并不看好。珍妮的天职是在人群中周旋，而戴维却是为着实验室而生的。对于两人的交好明显表现出嫉意的悉尼·史密斯，想到了利用化学实验室的情景劝说珍妮将戴维除名。他在12月29日的一封信中对珍妮说："求求你了，保持单身，别跟任何人结婚……一旦成为人妇，你就不再是你了。本来一个是碱，一个是酸，都是活泼的存在，到了一起却变成了中性的盐类。你自己也许会觉得更幸福了些，但你目前的所有男士朋友可就都惨咯。"[18]

面对这一形势，珍妮·阿普利斯采取了敷衍拖宕的战术（要是简·奥斯汀知道了，一定会大加赞赏——她此时正在写她那本《傲慢与偏见》呢①）。她曾两次拒绝戴维的求婚，称病待在伯克利广场街的家里闭门谢

---

① 确切些说应当是改写。简·奥斯汀的这本小说本写于18世纪末，但为书信（转下页）

客。不过，戴维的既温柔也出人意料的表示，却令她大吃一惊："我有生以来第一次希望成为女儿身，为的是有机会守在你的病榻边；我还希望当初不曾放弃医药行当，不然我就有可能当上医生。你或许会觉得我未必称得上是个很够格的情人，但一定会看出我是个最尽职的护士。"[19]看来，这番情意绵绵的表示，打消了她的顾虑。戴维做出重大决定，不再担任英国皇家研究与教育院的全职讲演人（其实他早有此意，只是一直没有提出来而已），而珍妮也同意戴维以自由人身份继续他的化学研究，并担保以自己的财力供两人到处旅游。两个人都认可这个方案。

戴维还有一张吸引珍妮的科学王牌：他告诉她，由于对化学的贡献，自己很有把握能在即将来到的摄政王（乔治三世长子）生日庆典上，被册封为骑士。他将是这一摄政时期得到册封的第一名科学界人士，更是自艾萨克·牛顿受封成为骑士以来的第一名科学家。这样，当珍妮同他一起赴豪门大户的宴请时，就不会因为自己有头衔而戴维只有一个光秃秃的姓氏感到难堪了。因此，当戴维第三次求婚时，珍妮·阿普利斯终于答应了。这让戴维欣喜若狂："我大喜过望，一夜无眠。我觉得自己的生命就是从几个小时前开始的……今后我的重大使命，就是为你谋求幸福……我的幸福将完全掌握在你的手中。"[20]

人们前来恭贺这桩姻缘。约瑟夫·班克斯爵士很高兴，这样一位美貌女子，又十分富有，会愿意嫁给这个年轻高足："她爱上了科学，嫁给了这个人，从此也和科学有了缘分。此事将给科学界增添新的光彩——淑女们的加盟，实在大大有助于让科学更具人气。"[21]班克斯又拿新郎大大打趣了一番："戴维就要步入阿普利斯贵族女士的殿堂了。该女士一年少说也有4000镑的进项，其中至少一半直接来自她本人名下。戴维保证自己永远不会离开科学。我告诉他说，她可是会将自己的丈夫活动到议会去，让他在那里当摆设的呀。结果如何，我们将拭目以待哟。"

戴维并无意进入政坛，他也相信珍妮会充分尊重自己与科学的关系。事实上，班克斯也很看重珍妮，希望她能在英国皇家学会发挥作用，也许

（接上页）体，不被看好，后在1811年（也就是戴维和珍妮相互示好的期间）经重大修改，并由另外一家出版社出版后，才大获成功。——译注

还能发挥管理作用:"倘若她有意统领文献部,当一名'文坛女王',我们都愿接受她的调遣。我认为,以她的聪明与干练,督理此事自是游刃有余,我们这里便可天下太平。"须知班克斯平素可是颇有些信奉"女子无才便是德"之说的,可见她对珍妮的确青眼有加。[22]

戴维也往彭赞斯写了家书,高兴地将婚事禀明母亲。他在信中着实得意地表白了一番,告诉母亲说,除了珍妮,他不会与任何人结婚。他在1812年3月也给弟弟约翰写了一封信,信文虽短,但表露出一股感人之情——

亲爱的约翰:

多谢你上次的来信。我前一阵心情很坏。我在人世间最关爱的女子病得不轻,不过她已经康复了。这使我又幸福起来。

阿普利斯夫人已经同意嫁给我。结婚之后,就是给我天王老子的位置,我也将不屑于理会了。

不要陷入爱河,此河危险太多!……

最深切爱你的哥哥

汉·戴维[23]

这一浪漫过程有条不紊地进行着。1812年4月,戴维在英国皇家研究与教育院做了最后一轮讲演。讲演结束后,他被授予名誉教授学衔,并获准继续使用院里的所有研究设施。4月8日,他受摄政王册封成为贵族。三天之后,即在4月11日,他与珍妮举行了婚礼——阿普利斯夫人成了戴维夫人。

作为结婚礼物,戴维除了送给珍妮贵重的首饰外,还有一件很有象征性的馈赠。他事先搜集整理了这十年内他在英国皇家研究与教育院的讲演,结集成为一本书,名为《化学科学精要》。这本书归纳了他在早期科学研究中所涉及的化学知识,彰显了科学进步的作用,强调了科学所具备的"研究与控制自然"的力量。此书于6月1日出版,扉页上写明题献给命妇珍妮·戴维。[24]

《化学科学精要》的内容过于专业化,没能吸引来广大读者。不过,此书中对化学的发展历史有着十分精彩的介绍。它将化学推到了当时整个科学领域的前沿地位。他在同一时期还写了一本农业化学方面的书,这本书就受欢迎得多,在十年内多次再版。这两本书给他带来了1000几尼的版税(比司各特写诗的收入高多了[①])。英国有了戴维,化学遂变成了与天文学比肩的大众科学。[25]戴维本人也成了一种象征,代表着通过"浪漫科学"将整个人类领往更美好未来的希望与抱负。珀西·雪莱就是这样看待戴维的。这位年轻诗人将戴维的观念糅合进自己的诗文中。第一篇这样的作品,是他写于1812年的带有唯物色彩的憧憬世界未来的长诗《麦布女王》。他还从科学角度为诗句加上了长长的散文注解。[26]

雪莱是从1812年7月起开始在德文郡林茅斯创作《麦布女王》的。29日,他填写了一份图书订购单,上面的书目有玛丽·沃斯通克拉夫特的《女权辩护》[②],戴维·哈特利[③]的《人之观察》,还有戴维的《化学科学精要》——真是烘托出了诗人的性格与追求:激进的政治观念、怀疑论的哲学思想,加上对新科学的兴趣。在长诗中杂以解释性的普通文字(历史的或者科学的)是当时的文学时尚,始自于伊拉斯谟·达尔文的《植物园》,后经骚塞在《摧毁者萨拉巴》一诗中使用(戴维曾参加过此诗的出版编辑)。22岁的雪莱更在《麦布女王》中出色地使用了这一形式。这一诗文搭配的形式也说明一个体裁上的问题,就是科学内容究竟能与诗歌有效地结合到什么程度。(卢克莱修曾把这两者结合在一起。)托马斯·德·昆西(Thomas De Quincey,1785—1859)后来也发表过见解,认为文学应当分为"知识的文学"和"力量的文学"两大类。有人认为,雪莱的《解放了的普罗米修斯》[④](1820)是英国文学中最后一部将科学与诗歌成功地结合在一起的作品。[27]

戴维的《化学科学精要》以一篇综述整个化学领域的优美短文作为引

---

① 沃尔特·司各特最早是专心写诗的,也颇有名气,但自认才气不如同时代的拜伦,便转向小说写作,从而首创英国历史小说的新体裁,为英国文学提供了三十多部历史小说巨著。最早的一部历史小说《威弗莱》(*Waverley*)出版于1814年,晚于戴维的这两部著述。——译注
② 有中译本。——译注
③ David Hartley(1705—1757),英国哲学家、联想心理学派的创建人。《人之观察》是他最重要的著述。——译注
④ 《解放了的普罗米修斯》是雪莱以诗的体裁写的一部剧本,共4幕11场,包含众多角色,多个天体也作为角色上场。此诗剧有中译本,中译名为《解放了的普罗密修斯》,邵洵美译,人民文学出版社,1957年、1987年。——译注

言，标题是《化学发展的历史回顾》。[28]他从古埃及和古希腊时代谈起，一路提到中世纪炼金术士走上的"歧路"，接着又说到英国皇家学会于17世纪初对化学做出的重大贡献，然后又对启蒙时代的化学在以普利斯特利、卡文迪什和拉瓦锡为代表的三十年间达到的巅峰状态大加讴歌。戴维也提及了自己在电化学领域的发现。他强调这一领域的迅速发展，是与欧洲大陆，特别是与法国和北欧的大批化学家如拉瓦锡、贝托莱和盖-吕萨克等人的努力分不开的。他又以令人信服的铺排，描绘了将整个欧洲科学界调度到一起共同努力的动人前景。他还插进了不少新鲜零碎，如证明阿拉伯人的化学曾是何等出色的史料，埃及艳后可能为了炼制春药而自己当上了"实验化学家"的合理推断，有关"发明新仪器设备"（如伏打电池）对推动研究所起到的关键作用的阐发，牛顿将自己的天才用于"光学、力学和天文学"，结果好事变成坏事，妨碍了化学的进步，等等。[29]

最令人佩服的是，戴维以直接而又非专业化的方式吸引读者的本领。这篇短文的开场白部分的语言有如诗歌一般简洁："树木被砍伐后，它的枝叶在空气的作用下渐渐地枯萎，但速度缓慢得几乎难以察觉；将木柴丢入炉火，它则会迅速烧尽。这两者都是化学过程。《化学科学精要》一书的目的，就是要确定所有此类现象的原因，并找出支配这些现象的规律。掌握这一门知识的目的是，给自然界中的各种物质找到新的用途，给人们带来更舒适、更欢愉的生活，并让人们领略到体现在地球体系设计上的有序、和谐与睿智。"[30]

从此，化学便同天文学和生物学一样，加入了业余爱好者发生兴趣和切身参加的现代科学领域，成为通往认识宇宙间所存在的"睿智设计"的又一扇大门。证明着这一形势的是，在皮卡迪利商业区的大小商店里，出现了被商家称为"袖珍化学实验室"的商品，售价从6几尼到20几尼不等。[31]戴维后来还告诉人们说，化学实验其实可以只用不多的几件设备即可进行。[32]种种与简·马尔塞所写的化学科普书同类的初等化学读物和指南类书籍也大量出现。柯尔律治当时便在笔记中记下了这样的感叹："无论是什么人，在第一次听到化学讲演或者现代化学家〔拉瓦锡、帕金森（Parkinson）①、汤姆

---

① 此帕金森的全名与生平不详。——译注

第八章　既是巨人又是凡人　　395

森①或是布兰德（William Thomas Brande，1788—1866）]的简介课时，即便不做实验，只是**粗粗领略**一下，就当知道，原来煤气灯的火焰和在河里流淌的水，竟然都含有同样的东西（元素），只不过当一个有如AB+B，而另一个就是AB时，就会感受到智力得到了**拓展和解放**。"[33]

柯尔律治还在对德国神秘主义者雅各布·伯梅（Jakob Böhme）所描述的世界原理的著述进行评论时，插入了一段题外发挥，提到科学研究有澄清智力的作用："就'精神科学'而论，汉弗莱·戴维在自己的实验室里所做的，很可能超过了从亚里士多德到哈特利的所有哲学家。"[34]他后来还表示担心，觉得戴维正在成为"只拘泥于原子论研究的人"。尽管如此，也尽管他们两人的私人交情开始变淡，他还是承认戴维的"化学革命"起到了重要作用，也高度评价戴维关于运动的大自然观。对于这两者，他的看法从来不曾改变过。附带提一下，他对戴维的这一点担心并没有成为事实。[35]

从诸多方面看，1812年春是戴维早年生涯的巅峰期。这个来自彭赞斯的寂寂无名的青年男子，在33岁时便成了全欧洲科学界的知名人物，既有名誉教授的学衔，又有贵族的封号，还实现了一桩辉煌的婚姻。他本应当同戴维夫人一起回康沃尔省亲，也曾答应这样做，却始终没有兑现。这是不是因自己出身寒微感到自卑所致呢？

婚礼之后，夏天接着便到了。他们去苏格兰度蜜月，这个蜜月可有些与众不同。戴维的弟弟约翰也到苏格兰来与兄嫂会合，他是本家族中唯一与珍妮见过面的成员。这一年约翰22岁，不久前在爱丁堡开始学医。他的举止得体，很得珍妮赞许。他们三人一起旅游，去湖边赏雾、流连古堡。他们在乘敞篷马车兜风时，戴维会不断地突然跳下车，拿着渔具钻到什么地方不见了——原来是去某条河边垂钓去了。照看车马的责任和与珍妮盘桓的任务，就都落到了约翰肩上。这种安排倒也不错，嫂子和小叔都很快活，有时反倒让戴维落了单。第二年珍妮和丈夫再出门旅游时，情况便不再是这样，对比之下，倒弄得珍妮有些兴意索然。

---

① 此汤姆森可能是指苏格兰化学家托马斯·汤姆森（Thomas Thomson，1773—1852）。他是道尔顿原子理论的积极支持人，比重计的发明者和化学元素硅（Silicon）的命名者。——译注

说起来，戴维夫妇的这个假期是去钓鲑鱼和打松鸡的，但实际上却处在与名流的不停酬酢中。作为国内最出名的科学家，他一路上都受到高规格的招待，斯塔福德侯爵啦，戈登公爵啦，阿瑟尔公爵啦，曼斯菲尔德伯爵啦，都要尽一尽地主之谊。对于这些应酬，珍妮既喜欢，也能应付裕如，戴维也很热衷于此，并渐渐谙于此道了。9月里，珍妮扭伤了一只脚，结果使这一盛大旅游提前结束。戴维也另如所愿，打到了一头公鹿。[36]

这对夫妇彼此很是恩爱，但没有结出爱的果实。戴维也没有回康沃尔家乡省亲，只是给母亲写了信去，对弟弟在旅游时的行止大大夸奖了一番。他还提出每年给约翰提供60镑的学习资助。大概是听从了珍妮的主张，他在这件事上做得很得当，没有直接把钱给弟弟："我担心直接将钱给约翰，会有伤他的独立感，看来还是请妈妈出面比较合适。"他又这样提到了珍妮："她让我问候全家人。凡是人们希望得到的幸福和舒适，我相信我们俩现在都已实现；回想往昔，我们无可追悔；前瞻将来，我们希望无穷。"[37]

也许是他最后的半句话里有些想当然，不过，既然以往的一切都如此美好，这对年轻夫妇的面前，自然也应当有灿烂的前景。戴维很快就要心情愉快地回到自己的实验室工作了，而计划中的下一次旅游，很快又会在第二年春天进行，而且可能是前往意大利——珍妮最喜欢的地方。

二　名师收高徒

如今的戴维，在科学事业上已经有权完全自主。他的第一个这样进行的研究项目，是为大英帝国的对外战争服务的，也因此得到了英国皇家学会的全力支持。这个项目就是对一种炸药的研究，有关这种炸药的信息是法国物理学家安德烈·安培（André-Marie Ampère，1775—1836）提供给他的。戴维并没有在皇家研究与教育院搞这项研究，而是去肯特郡汤布里奇（Tonbridge）的一家保密工厂里秘密进行。他打算对现有炸药加以改进，向英国工程兵部队提供更高效的炸药，以在半岛战争①中用更具威力

---

① 1808—1814年在欧洲发生的重要战役，因交战地点在伊比利亚半岛（Iberian Peninsula）而得名。交战的一方是西班牙-葡萄牙-英国联军，另一方是拿破仑统治下的法国。战事最后以法国失败结束。——译注

的地雷和炸药包，加强对拿破仑入侵西班牙军事力量的打击。这一研究带有相当大的危险性，安培便曾提请戴维注意安全，说有一名法国化学家就在研究这一炸药时炸瞎了一只眼，还炸掉了一根手指[①]。约瑟夫·班克斯也支持戴维搞这项研究，但并没有公开表示。

1812年11月，戴维在一支试管内混合氯与硝酸铵时发生了爆炸，碎玻璃刺穿了他的一只眼睛的角膜，险些将这只眼弄瞎，他的面颊也被割伤了。戴维告诉班克斯和英国皇家学会说，他发现了一种非常强力的炸药，而这场事故，就是由一粒小得"有如草芥"的这种物质造成的。他并没有指出这一发现对科学进步的威胁，也未提及这是用法国人的科学成果去打击法国人。他还试图不让珍妮得知自己受伤的严重程度，只在11月2日轻描淡写地告诉她说，他这里出了场"小事故"，"这种事故是免不了的，就像凡是人都会牙疼一样"。其实，他的这只眼睛的视力有许多个星期都严重不正常，就连给英国皇家学会的报告，都得找人帮忙抄写。[38]

事故发生后，出现了一些古怪的传闻。伦敦有名的"传话筒"威廉·沃德（William Ward）——他后来有了贵族头衔，成了达德利勋爵（Lord Dudley），就在当年12月写给朋友的信中煞有介事地说道："我去拜望汉弗莱·戴维爵士了，他的一只眼受了伤。有人说他是在造一种会放出许多气的新型油液时出的事。据我看，这是说给皇家学会和[法兰西]帝国学会[②]听的，想让它们相信真有这么一档子事儿。也有人说，是他在汤布里奇开办的火药厂出了事故。还有人说，是他太太吃醋抓破了他的脸——这可是小道消息。"[39]

倒是还有另外一些传闻，给这对伉俪增加了一抹牧歌情调。他们结婚数月后，一名与湖畔派诗人颇有交情、曾经做过《泰晤士报》驻外国记者的亨利·克拉布·鲁滨逊（Henry Crabb Robinson），在伦敦的一次为华兹华斯举行的文学餐会上，见到了戴维夫妇。这位饶舌的先生在自己1813年5月的一页日记上，写下了这样几句话："见到了汉弗莱爵士夫妇。她和爵爷看

---

① 实际上是炸掉了两根手指。这一事故就发生在发现这一有爆炸性物质三氯化氮（NCl_3）的化学家皮埃尔·路易·杜隆（Pierre Louis Dulong，1785—1838）身上。——译注
② 指法国的最高学术领导机构，包括法兰西科学院、法兰西文学院和法兰西艺术院在内的法兰西学会，当时因处于拿破仑·波拿巴治下的第一帝国而称帝国学会。——译注

上去似乎仍在度蜜月一般。［苏格兰剧作家］乔安娜·贝利（Joanna Baillie）小姐对华兹华斯说：'咱们可是见证了如画的幸福场景哟！'"[40]其实，这场餐会不也是戴维能够不费吹灰之力，便造成文学圈、科学圈和富贵圈都套扣在一起的幸福场景的明证吗？

因爱国而一度受伤至半失明程度的戴维回到伦敦后，便极力敦请希望迅速得到协助，以继续自己的试验。他发现，在他离开伦敦的期间，英国皇家研究与教育院实验室的情况变得糟糕起来。笔、墨水、毛巾、肥皂都不知道哪里去了。大型的伏打电池也得不到维护保养。"实验室天天是又乱又脏……我要用笔和墨水，却是无论哪里都找不到。"[41]此时的戴维严格说来已经不是研究与教育院的人，但他还是坚决开除了院内一名酗酒的实验室助理威廉·佩恩（William Payne），开始另外找一名化学助手。3月1日，一名年轻的订书匠前来英国皇家研究与教育院申请，戴维与他见了面。这个青年人，父亲是伦敦的一名铁匠；得到的雇主评语是准时、整洁和不饮酒。他叫迈克尔·法拉第（Michael Faraday，1791—1867），时年21岁。

法拉第曾读过简·马尔塞的《化学谈》。这本别开生面的科普书，是以"唤醒年轻人的头脑"、让他们接触到科学方法和自然世界的种种奇妙事物为目的而写的，还特别面向年轻的女读者。书中对戴维的工作大书特书了一番。[42]此书的初版（1806）详细而又慎重地介绍了戴维用"氧化亚氮、又称'兴奋气'（但有人吸后有暴力行为，有人甚至变得不可理喻……本书无意导致此类结果）"进行的研究。此书于1811年再版时，这位女作家又加进了对戴维的贝克年度系列讲座的褒奖："只凭着个人的无人可及的一己之力，在区区两年时间里，使化学有了新的面貌。人们以往从未见识到，而且有可能永远隐藏在坚固伪装下的东西，如今却已现形于光天化日之下。"[43]

受到此类书籍的感染，法拉第弄到了免费入场券，从1812年开始去听戴维的讲演。他做了详细的听讲笔记，文字工整、画图精细，还在业余时间里，在他当装订工的离伦敦牛津街（Oxford Street）不远的作坊里装订成册。他这次因求职来见戴维时，便将他装订好的听讲笔记一起带了来，这既是个人简历的一部分，也是说明自己迷恋程度的一个证明。结果他得到了这份工作，可以住在教育院的阁楼上，以一份免费的晚餐、取暖的煤和照明的蜡烛，外加每周25先令作为微薄的薪酬。戴维对法拉第的印象是"活跃、开朗，举止中透出一股灵气"[44]。

在雇用了法拉第后，戴维就去康沃尔钓鱼了，为的是尽快康复。他在1813年3月9日从朗塞斯顿（Launceston）写信告诉珍妮说："亲爱的，天气一直好极了。我们沿着源自德文郡（Devonshire）的一条溪水上溯，一直来到它的岩石群的源头（就是人称'扎枪头'的地方）。河水真是清澈，有一种亮蓝色。"[45]不知道他是否在这次旅游中回彭赞斯看望过母亲，反正信中没有提起。

到了下个月，戴维又开启了另一番钓鱼行程，这次是去汉普郡。在这个季节里，一到近黄昏时，河面上就会有大群苍蝇起劲儿地飞舞，引得鱼儿从水中跃出捕食，令钓鱼迷们"来了就不想走"。戴维在4月14日从怀特彻奇（Whitechurch）写信给珍妮，讲了一番自己为她编造的遁世神话："我会与水仙女们不时亲昵一番，而你是我永远的女神。在我的心中，你是林间的树精、御水的河神、巡岳的山灵、飞天的云仙……这是人类最早的宗教。"不过，他又加了一句话，说自己已经钓到了5条鳟鱼，而同行的朋友只钓到一条——未免冲淡了刚才的那番不食人间烟火的情调。[46]第二天，戴维又给珍妮寄出一封信，信中写进了更强烈的表白："想到与你已然分开两天，不禁对着信纸浩叹。亲爱的，我的亲爱的，爱情造成的空虚是任何兴趣和娱乐无法填补的……我只好以历久弥新的爱来补偿你——让我爱得无以复加的珍妮！"[47]

话说得甜蜜蜜，但戴维往河边跑的趋势可是越来越明显了。而珍妮无论是在伦敦，还是在别的地方，她总是不断地"折腾"，没完没了地参加喧闹的聚会之类。这时被实验室工作弄得精疲力竭的戴维变得"爱上火"起来，愿意往户外跑。情况正如他自己在埃文河流经福丁布里奇（Fordingbridge）的一段水域垂钓时所承认的那样，置身于"流淌的水和变幻的天"这样的单纯环境中，人会觉得清爽起来。

有时候，戴维希望珍妮也同自己一道去户外活动。他认为在河畔溪边，"人会觉得变成了自然的一部分，会忘掉种种操心、件件杂事，七情六欲也会蛰伏起来……此时的人将处于返璞归真的状态，只受大自然基本定律的管辖，一应俗务和烦恼都将消失，留下的只有作为生命本体存在的种种高尚情感。而对于我来说，这些情感就是实现我的最高的、永远不会消失的目的。而你是知道我的目的的"[48]。不过，对于戴维的"大自然基本定律"，看来珍妮有自己的想法。她认为户外活动就意味着消耗体力的甩钓、信口吹牛侃大山与河边不求讲究的野炊。

结果反倒是珍妮将戴维拉到了自己喜欢的社交上。1813年春，赶时髦的珍妮在伦敦向戴维介绍了一位名人，就是拜伦勋爵。当时，这位青年诗人刚刚从近东旅行回来，又发表了长诗《恰尔德·哈洛尔德游记》①的前两篇（1812）和《阿比多斯的新娘》（1813）。他在文艺社交界和淑女圈里都掀起了旋风，虽然只是短短的一阵。珍妮兴高采烈地写信给爱丁堡的一位朋友说："拜伦勋爵如今还在这里，以诗人的情感和浪迹天涯者的心境，与我们谈起了希腊。他即将在这里进一顿安静的早餐，并有意见一见埃奇沃斯小姐……我期望着两个人的见面，一位代表着想象力，一位代表着才具，这后一位就是我的瑰宝［戴维］。他们的见面，必定会是一场智力的盛宴。"[49]拜伦和戴维见面后相谈甚欢，这出乎一些人的意料。后来，当这位贵胄诗人自我放逐到意大利后，只肯见为数不多的几个故国来人，戴维就是其中的一个。他还将戴维写进了自己的长诗《唐璜》（1819—1824）②。

对在伦敦参加的社会活动，戴维以只身一人外出垂钓的方式予以平衡和抵消。他有时竟会不声不响地跑到远方的故乡康沃尔去。1813年4月15日，他在发自博德明（Bodmin）的一封长信中，向珍妮娓娓诉说了自己于日落时分在一条僻静的小河边的情思："当此你将坐到餐桌前用饭之时，我正站在艾伦河（Allan）一个分岔处的小桥上，凝望着这个阒无人迹的河谷，太阳的最后余晖投在湍急的河面上那紫色的光影。在渐暗的天幕上，一颗星星已经明亮可见了。"这里似乎隐含着一丝责怪之意，却又透着一股浪漫蒂克的理解情调。只要可能，戴维总是将一些鱼，有时是鳞片泛着色彩光亮的虹鳟鱼，有时是肉质鲜嫩的鲴鱼，放入碎冰中冷藏，然后雇马车当夜送往伦敦——也许又是在以此表示和解吧。[50]

---

① 有中译本，杨熙龄译，上海译文出版社，1990年。——译注
② 有多个中译本。——译注

三　旅游兼科研

在远离伦敦高等社交场所的英格兰北部地区，另外一类事件正在出现。1812年5月24日，达勒姆郡（County Durham）[①]的费灵煤矿发生重大矿难，大大震惊了距该煤矿很近的大镇森德兰。矿难发生时正在这个煤矿的矿井里工作的92名矿工全部罹难，而且死得极其惨烈：一些人肢体不全，一些人"烧得焦干如木乃伊"，一些没了头颅的尸身"像霰弹似的"从竖井冲出落到地面。地下煤层燃起大火，火势熊熊，燃烧了多日，人们等了六个多星期，才可能下井找回遇难矿工的遗体。[51]在此之前，费灵煤矿一直是一座优秀煤矿，从来不曾出过事故。这场灾难震动了英格兰东北部的整个煤炭业，其他深井煤矿也爆料说曾经出过矿难。据统计，在此之前的五年时间里，共有300多名矿工死亡，而原因几乎都是同一个：瓦斯爆炸。瓦斯是一种藏在煤层里的危险气体，会因掘进到新煤层而被释放出来。当时的科学认为，它是类似于氢气的东西，一旦与空气混合，就会因遇到矿工携带到井下的照明用火而迅速燃烧引起爆炸。[②]

事故发生后，一个安全委员会受命成立，负责人为诺森伯兰公爵（Duke of Northumberland，Hugh Percy）和达勒姆主教（Bishop of Durham，Shute Barrington）两人。该委员会的主要目的是，找出可行的方式，避免此类灾难再次发生。贾罗地区（Jarrow）的教区牧师约翰·霍奇森（John Hodgson），还有后来任布里斯托尔主教的罗伯特·格雷（Robert Gray）博士，都积极参与了发动力量寻找解决方案的工作。采矿专家们提出了种种设想，有的建议加大通风量，有的设计出安全矿灯。当地的一名在矿山工

[①] 此郡位于英格兰东北隅，历史上长期是煤矿聚集地。英国历史上著名的煤都纽卡斯尔市和这里提到的费灵煤矿的所在地费灵镇（Felling）都在这个郡内。20世纪初，此郡东北部被划出成为新郡，名泰恩-威尔（Tyne and Wear），纽卡斯尔和费灵都归属此郡。——译注

[②] 达勒姆郡斯彭尼穆尔市（Spennymoor）达勒姆矿业博物馆的档案室里，存有1812年费灵煤矿矿难的详细资料，可以通过该博物馆的网站（http://www.dmm.org.uk）查询到。资料中包括所有92名遇难矿工的姓名和年龄。根据这些资料可以得知，其中有20多人死时只有14岁甚至更小，最小的一名当时只有8岁。全部罹难者的姓名，以及能够找到的埋葬地点，都作为煤矿工人们的忠诚和情感力量的不渝见证，分列在"纪念"一栏中（Memorials）。——作者原注

作的工程师乔治·史蒂文森（George Stephenson，1781—1848）便提出了一种方案。一位在森德兰行医的威廉·克兰尼（William Clanny，1770—1850）医生也以业余时间设计出了另外一种方案。不过，所有的设计方案，看来不是效力不够，就是不很可靠。安全委员会可是犯了难。1813年12月，费灵煤矿发生了第二次爆炸。此次又有22名矿工殒命，形势已是十分紧急。委员会经过几次会议后决定，将矿山安全问题作为国家一级重要事务向职业科学界请求咨询。委员会还决定派格雷博士专程赴伦敦正式知会汉弗莱·戴维。不过，当委员会的信函于这一年的一个冬日里送达伦敦的英国皇家研究与教育院时，戴维和珍妮已经前去法国了。[52]

  1813年10月13日，汉弗莱·戴维爵士与珍妮·戴维命妇——两人都很在意自己的贵族头衔和国籍，乘着自备马车，开始了为期18个月的欧洲大陆之旅。迈克尔·法拉第也作为随从前往。这个年轻人对于随从的职司很不熟悉，对上流社会也十分陌生，不过仍尽心尽力地想让戴维夫妇满意。法拉第出身于一个教徒数目稀少的桑德曼教派①信徒的家庭，虔信《圣经》的基本教义，养成了严于律己的精神，对公众怀有强烈的责任感和乐于服务的意识，而且简直强烈到近于不谙世事的地步。戴维倒还像平素在实验室里那样，视之为科学助手和出色的青年门生，待之以随和。而对以往与戴维兄弟在苏格兰的快乐游历记忆犹新的珍妮，可就对这个随从没有什么耐性了。法拉第从来不曾踏出过伦敦的市界，法语和意大利语都一概讲不来，为人又羞赧口讷。除此之外，他还可能被珍妮的派头和明显的性感镇得更加反应不灵了。

  珍妮这一方面也很可能因为法拉第其貌不扬，甚至令人观之不快而不喜欢他。法拉第外貌属于矮小横宽的一类，身高不足5英尺4英寸，却又生着一颗硕大的头颅，大得似乎让身躯无法承受。他的脸盘又宽又大，又生着一头不听话的卷发，还在正中间分成两半（这一发式他保持了一生未变）。他的眼睛又大又黑，而且总是圆睁着，使他带上了一种奇特的动物般的天真神情。他说起话来一口伦敦土腔（也是带了一辈子），不会发卷舌音，他自己也承认说，他在向别人自我介绍时，总将自己的姓氏说成

---

① 基督教的一个小分支，18世纪初起源于苏格兰，后被创始人的女婿罗伯特·桑德曼（Robert Sandeman，1718—1771）在英格兰传播开，故被称为桑德曼教派。该派信徒认为尘世名利是有害的。——译注

"法纳第"，跟珍妮的那种苏格兰贵族声调一起听，实在形成了反衬。然而事实却是，这些都不曾妨碍他最终成为那一代人中最出色的讲演者之一，但珍妮却显然不待见他。[53]

珍妮从不曾认真地与法拉第交谈过任何事情，只是将他视同跟班与仆役。她坚持要法拉第坐在马车外面，与行李和化学仪器待在一起。戴维夫妇的欧洲大陆之行虽然得到了法国和意大利科学界的很高礼遇，戴维本人对此也很得意，但这也是一次艰难的行程。法拉第也许是出于但求自保的目的，旅行一开始便记起日记来（这些日记都保留下来了），还与自己的朋友、伦敦市哲学学会的本杰明·阿博特（Benjamin Abbott）有频繁书信往来，原来法拉第写起信来，文笔竟十分幽默哩。[54]

11月2日，戴维在巴黎接受了法兰西学会授予他的拿破仑奖（奖金部分有6000利弗）。戴维明白，当此英法交恶之时，接受这一奖项会让他在英国有失人望，但他理解班克斯在英国皇家学会对他的授意，知道科学高于国家之间的冲突。正如他对汤姆·普尔所说的那样："有些人说，我不应当接受这一奖项；报纸上也有一些类似的蠢话。其实，打仗的是两个国家或者说两个政府，科学界中人是不存在战争的。如果搞科学的人也打起仗来，那将会是最严重的一种。这些人在战争中应当做的是，用自己手中的研究，缓和国家之间的对立情绪。"[55]

这一立场可不大能得到国人支持。《泰晤士报》便指责戴维在战争期间出访法国不是爱国之举。就连站在开明立场上的作家利·罕特（Leigh Hunt，1784—1859），也于1813年10月24日在《检察者》周报上发表了一篇长长的评论，在赞同科学不分国界的同时，指斥戴维沉醉在享受法国捧场者提供的"无聊虚荣"中。在罕特的尖刻而富于想象力的笔下，戴维被描绘成在巴黎的大道上接受法国人欢呼的人物："来看大科学家戴维嘿！""瞧瞧这位爵爷好有风采哟！"[56]

事实上，戴维是想出了避免觐见拿破仑的办法的，不但如此，他还轻蔑地称这个当朝皇帝为"科西嘉（Corsica）强盗"。[57]珍妮也拒绝穿戴巴黎时下的流行服饰，在逛图依勒雷花园时还因戴了一顶小小的英国式女帽，受到了在场法国群众的讥嘲。他们在卢浮宫（当时已更名为"拿破仑博物馆"）参观时，看到法国竟从国外劫掠来如此大量的艺术品，两人都很震惊，于是只肯做出赞美"精美的画框"的表示。不过，参观巴黎大植物园和法国国家图书馆，的确给戴维留下了深刻印象，认识到英国没有等量齐观的设施。

他受到了居维叶、安培和贝托莱的热情接待。与此同时，在有关居先权的问题上，他同天才的年轻法国化学家约瑟夫·盖-吕萨克之间起了龃龉。盖-吕萨克与戴维同年出生，因进行过气球飞天而在法国十分知名。在有关钾和钠的实验上，他也与戴维咬得很紧。戴维到了法国后，法兰西科学院给了这两个人一项新委托，就是分析一种新发现的物质。这是一种紫色晶体，是不久前在火药生产中得到的副产品。很显然，法兰西科学院意在以此举鼓起这两个人的竞赛劲头。戴维可资利用的设备，只是他随身所带的一些轻便装置，但他依然毫不迟疑地同意了。他将预定行程推迟了一个月，和法拉第两个人在他们下榻的旅馆里，关起门来工作。这一来，旅馆里便弥漫着种种酸的气味和"黄中带翠绿色的气体"，弄得法拉第很高兴，珍妮很生气，旅馆方面则很提心吊胆。[58]

到了12月，戴维和盖-吕萨克的打擂台式的分析结果，几乎是前后脚地送交给了法兰西科学院。两份报告都认定这一晶体是一种存在于海草中的新元素。盖-吕萨克的论文较短，是最先发表的，时间为12月12日。戴维事先不知情，得知此事后吃了一惊，便将自己的论文在12月13日送呈法兰西科学院，但脸不红心不跳地将日期倒填为12月11日，就这样发表在法兰西科学院的高端刊物《物理学报》上。戴维告诉人们说——这可能是事实，他早就将自己的一些想法同盖-吕萨克交流过。[59]他还给班克斯写信，声称这一发现完全是自己的成果，并使英国皇家学会迅速发表了一份全过程的报告。这样一来，他被普遍接受为这一元素的发现者，他给这一元素所起的名称——碘——也得到多数人的认可。但法国人对此有不同看法，而且至今还在争论着居先权的所属。

戴维对"居先权"的特别关注，法拉第是注意到了的。但在写给本杰明·阿博特的信中谈及此事时，他却仍然回护着戴维，说这并不是为了声名，而是出于爱国心："爵爷在实验化学上可一直没有闲着……他让巴黎的那些化学家忙得不亦乐乎……他的第一步，是证实它〔碘〕是一种单质。他将这种东西与氯气和氢气混到一起，后来又加入氧气，这样总共生成了三种新的酸……这便证实了爵爷先前的看法，说明法国化学界在这项研究中工作做得不够精确。"[60]

1814年初春时分，戴维一行人来到了比利牛斯山系（Pyrenees）南部的地区。戴维在中途考察了一些死火山，还借此机会绕了个弯儿，参观了阿维尼翁（Avignon）、蓬迪加尔（Pont du Gard）、尼姆（Nîmes）和蒙彼利埃（Montpellier）等几处法国南部名城。蒙彼利埃大学是"活力论"的发源地之一。在这所古老的大学，戴维作为贵客访问了一个月，在此期间继续进行有关碘的实验，还写了几首吟咏法国南部风光的诗篇，有的写沃克吕兹省（Vaucluse）溅起飞沫的湍急河流，有的写卡尼古山麓（Canigou）变幻的光影，有的写种植在蒙彼利埃大学里的地中海松树，等等。他在参观蓬迪加尔附近的古罗马帝国时代的水道工程遗址时，以这一伟大的石制工程为题，以诗句祭奠当年完成这一伟业的工匠们的英灵——

> 出色的民族、能干的匠人，
> 完成的不朽丰碑至伟绝伦。
> 古罗马人曾造就一个帝国，
> 强大复昌盛，浩气满乾坤。
> 更以影响千秋万代的思想，
> 实现了真正的万古长存。①[61]

在结束了对法国南部的访问后，这一行人又沿着地中海岸折回，穿过蔚蓝海岸地区（French Riviera）——没过多久，英国富人便纷纷来这里纳福了，再翻过阿尔卑斯山，来到了意大利，准备在这里消夏和赏秋。他

---

① 古罗马人在这一工程中所实现的不可思议的精确度，是令戴维赞叹的一个重要方面。这段从于泽斯（Uzes）铺到尼姆的工程共包括6条水道，长度超过50公里。而为了使水平稳地从北向南流动，各段水道的坡度均控制在每公里10—25厘米，表明无论在测量上还是施工上，都达到了神乎其神的地步。水道建成后，每天输往尼姆的水量达5万立方米，如此每天不断，使用了凡三百年。这条水道是在屋大维皇帝（Gaius Octavius Thurinus）当权时，在不到一代人的时间内建成的，修成后便在整个欧洲广为人知。然而，领导这一工程的工匠究竟是谁，到戴维访问时仍未能考证出来。这对戴维一定很有触动。——作者原注

们在热那亚乘上一艘敞舱船,在前往莱里奇(Lerici)时遭遇了一场风暴,他们的船只险些倾覆。(雪莱八年后也是在这个莱里奇溺水而亡的。)法拉第不无快意地注意到,戴维夫人可是让大浪吓坏了,只顾着紧盯海面,不再说三道四,如此则让他心静了不少。他们还在米兰(Milan)拜会了伏打,一同探讨了有关电的越来越多的奥秘。戴维对伏打的印象是,"视角有限,但极有见地"。

在佛罗伦萨(Florence),戴维是托斯卡纳大公(Ferdinand III, Grand Duke of Tuscany)的座上客。他为这位大公做了一场令人难忘的演示,向他证明钻石这种最贵重的物品,同大自然中在最普遍过程中形成的产物是同一类东西。经公爵同意,戴维向佛罗伦萨自然博物馆借来一块巨大的放大镜,用它将阳光聚集起来,长时间地打在一块未经加工的钻石坯料——金刚石上。结果这块东西突然一下烧了起来,留下一堆细细的黑色炭粉,由是证明人们的习见是错误的,这种看上去无色、透明、坚硬而又闪闪发光的晶体,其实正无异于一块煤。两者都是以碳的存在形式,也都是久埋地下之物。

可能正是有关的联想,使戴维在日记里记下了长长一段文字,谈到了当时科学研究的局限性。这段文字其实只是写给自己看的。值得注意的是,他的思考范围恰恰都是当时处于领先地位的学科:天文学、化学与地质学。这一段文字前注明的日期为1814年3月,同一页纸上还画了些鸟儿戏水的速写——

> 我们将科学定位在研究自然的种种形式上。然而,我们却人为地将其中最重要的形式——生命,置于科学之外的更高位置上。天文学家声称自己的学科已因能够确定7颗行星和22颗卫星的运动而臻于完美,却对同在太阳系的彗星和陨星无能为力;况且这个太阳系又只是巨大空间内的一个小小粒子,更有众多的太阳和更多的世界,目前的科学都还力所不逮。
>
> 我们的学科[化学]只与地球有关,但就在这个地球上,可以研究的地方便多得无穷无尽:我们对它的内部并不知晓,而火山就是内里的原因造成的。我们只刚刚了解到地球表面的一点皮毛,而在它的下面,更有广大无比的天地。至于地质学,目前充其量只能

说是表面地质学。[62]

此番议论也许是与法拉第这位年轻弟子讨论后的结果，并不是公开发表的文字。这里表露出一种对科学知识的质疑，同他在《化学科学精要》里所表现出的确信口吻，有着很大的不同。尽管如此，他仍然相信，由赫歇耳开创的恒星天文学和由赫顿建立的深度时间地质学，都将取得重大进展。

戴维一行人也访问了罗马，这座城市的角斗场及其古建筑在月光下的景象令戴维十分着迷。他们又去到那波利，登上了仍在以烟尘威胁着人们的维苏威火山（Vesuvius）。他们在威尼斯（Venice）小心翼翼地体验了一下刚朵拉平底船。这几处地方，后来都再次出现在戴维的最后一本著述《旅行的慰藉：一名哲人的最后时日》中，但都奇怪地变了形。夏天到了。为了避开溽热，这一行人又向北折回，先后在瑞士、巴伐利亚和奥地利境内的阿尔卑斯山区消暑。戴维又在这里找到了僻静的急流，当起鳟鱼和鲑鱼的钓翁来。他很留恋这里，表示以后还要再来。在巴尔干半岛（Balkan Peninsula），他看中了有着美妙名声的伊利里亚。在这些地方旅行时，戴维和法拉第一直在进行种种化学实验，与碘、氯、种种染料、气体打交道，也频频用俗名叫作"电鱼"的鳗鱼进行实验。这种鱼是不是天然的伏打电池呢？是不是可以从这种生物身上发现有关"活力论"的线索呢？这两个问题一直让戴维为之伤神。

1814年秋，他们再一次按辔徐行，南下重游意大利，并打算在罗马过冬。10月间，他们在乘马车游历佛罗伦斯省（Province of Florence）时，听到有人提起一件怪事，就是在离卢卡不远的一处叫皮特拉马拉（Pietra Mala）的地方，会有天然气从附近的亚平宁山（Apennines）的石罅里冒出来。他们便前去研究此事。这一行人在路上遭遇了一场猛烈的秋风秋雨（就是后来雪莱在《西风颂》里吟咏的那种）。对这段经历，法拉第有一段洋洋洒洒的记载，说他与戴维在瓢泼大雨中蹚行了好几个小时，珍妮则在马车里耐心地等候他们。他们发现这种神秘的气体潜藏在泥沼里，用棍子一搅就会逸出，遇火便会燃着，就连在大雨中都能如此。这种火的火苗带有一种美丽的蓝色，但"火色暗淡"，有如燃着的工业酒精或白兰地。这让戴维忘掉了一切。

他俩一直站在大雨中，着迷地盯着脚下燃烧着的暗淡的蓝色怪异火苗。法拉第注意观察着戴维如何开动自己的敏捷头脑，通过观测和使用排除法而迅速做出推断——这是一种燃烧起来发热量不大的气体（因此不大会从外界消耗大量氧气）；它没有什么气味（因此不同于氢气[①]）；它与火山喷发时放出的气体也大不相同（而这里的人却都认为它来自火山）；戴维由此设想，它可能并非形成于当地，而是产生于地下深处（很可能"来自变成化石的森林"），一点点渗透过"长长的距离"从地面逸出。推断之后还有一个步骤，就是做出郑重告诫："所有这一切都是推测，都仍有待于研究。"[63]

他们设法将这些气体充入瓶中，一路带到了佛罗伦萨城。他们再次成为大公的客人。在与大公共进晚餐（戴维夫人很满意这一款待）之后，戴维请求使用一下大公的实验室，随即迅速离开了餐桌。他成功地证实了，他们带回来的气体就是甲烷，与被称为"瓦斯"的、造成英国煤矿矿难的气体十分相像。一个事先被预言到的发现就这样做出了。这番研究正烘托出戴维在他的《化学科学精要》里详细阐明的三段式科学推演过程：观察、实验与类推。

戴维这一期间所记的日记，还反映出他此时已形成了一种新的哲学推断的方式，这种方式几乎与德国谢林的自然哲学相近。柯尔律治应当是能够看出其中的一些特点的："渴望永生，这是思想的追求，恰如未长出羽毛的雏鸟，也会扑棱自己的秃翼一样。"[64]其他文字则更贴近具体的实验室工作。比如，他在考虑科学"类推"时，便设想到是否这一过程涉及某种更基本的原理："对**世界万物**是不是都可以如此类推呢？鱼的尾鳍都分成两叉，是不是可以由此向其他类似生物推演？经过长长一段时间的交结，最后是否能联系上有两条腿的人呢？我们也可能最终发现，生存在**行星系**中的人类，是有可能最终与某种有更高智慧的存在关联到一起的；因此，**精气**或灵魂，也应经历着不断进步的过程。"[65]

在以后的岁月中，戴维还将回到人类朝着宇宙未来的智慧存在之进化这一问题上来。而此时，他在日记中还提到了往昔，认为过去会时时与当

[①] 氢气本身并无任何气味，燃烧时也不会发出气味，但制取氢气时通常会伴有其他气体生成，这些杂质气体会在燃烧时发出浓烈气味。——译注

前的某一部分联系在一起:"发生于以往的事件,会如同沉没在近海的船只,不时送一些残片遗骸到岸上来——也许是由于它们相对较轻,也许是由于摆脱了海草的缠绕:这就是说,它们被保存下来,直到恰能合乎某个历史学家的兴趣或者需要时,于是乎便有了历史。"[66]

在这次赴欧洲大陆的整个行程中,法拉第一直保持着与自己在伦敦的朋友本杰明·阿博特的书信联系。这次旅行为他提供的"光荣机会"使他无限欢欣:"时时同爵士在一起,使我得以接触到知识的无穷来源。"不过,在他生动地讲述他同戴维的种种经历,包括攀登维苏威火山的历险和雨夜中采集可燃气体的经过之外,法拉第也开始吐露,这几个月来与戴维夫人的相处,感受并不愉快。他在1815年1月的一封信中这样写道:"如果只是同爵士一起旅行,或者如果戴维夫人能同爵士一样的话,我是不会有什么不痛快的;可夫人有脾气,动不动就跟我过不去,跟爵士过不去,也跟她自己过不去。她傲慢得不得了,也自以为是得不得了,还特别喜欢对手下人显威风。"至于法拉第在整个青年时代都一直沉默寡言、不喜欢外国的食物、对政治和建筑都没有兴趣,而且始终不能讲法语和意大利语(虽然他也学过),是不是也与珍妮对他的态度有关,这就不得而知了。他也承认自己是个有些上不得台盘的人,应当努力"了解世上的种种接人待物的方式",还应当学会"对她的折腾一笑了之"。不过,戴维夫人跟他过不去,是不是因为嫉妒他与自己的丈夫关系太密切了呢?法拉第自己可从来不曾往这个方面想过。[67]

法拉第在2月底发出的另一封信,对他当时的处境做了一点小有不同的揭示。原来,戴维夫人给他造成诸多不快,盖起因于戴维不肯如珍妮所要求的那样,在旅行过程中再雇用一个随从——"因为他早已养成了自己为她做事情的习惯"。珍妮其实已经用了一名女仆,但仍然要利用戴维的顺从摆谱。她愿意"支使人",更是"特别喜欢"用种种令人难堪的命令"折腾"法拉第。也许在珍妮看来,她这样做的用意只是故意向为人实在到极点的法拉第"逗闷子"。不管怎么说,在他们之间发生了几次争执乃至"争吵"后(法拉第自认每次均以自己的胜利结束),珍妮变得"温和了些"。[68]到旅行结束时,这两个人看来已经达到了相安无事的程度,法拉第也不再如他原先一度秘密盘算的那样(他告诉过本杰明·阿博特),

干脆放弃化学研究,"回去干我装订书的老本行"。戴维看来对于这些个人问题所知无多,因此只是试图**"保持中立"**——不知法拉第为什么这样形容,反正未必是他们之间关系的好兆头。

1815年3月,拿破仑逃离厄尔巴岛(Elba)的消息传来,本还打算前往希腊和土耳其的戴维闻讯后,便决定返回英国。其实,结束这一为时已达17个月的"大游荡",未始不是一件好事。他们于1815年4月23日回到伦敦。戴维做出了切实的安排,让英国皇家研究与教育院聘法拉第(现年23岁)为正式员工,职务为实验室助理,年薪75镑。戴维还鼓励法拉第去伦敦市哲学学会开讲化学,并力主他开始发表科学论文。这一切,都标志着法拉第在戴维的培养下,取得了长足的进步。戴维自己也被任命为副院长,仍在实验室工作,并不挂名地继续给法拉第以实际指导。

可就在戴维培养起了这样一名高徒时,却又少了一个并肩战斗者。他钟爱有加的弟弟,时年25岁的约翰,决定不再做医学研究工作,从军当了一名医官。他后来被派往海外驻扎,有很长一段时间在地中海一带服役,一去便是二十年。戴维也曾下了不少功夫,想让他回到自己身边来一道工作,但心愿始终未能实现。约翰一直是哥哥最信赖的人,也是将他与家乡彭赞斯和往昔的无忧岁月联系在一起的纽带。弟弟一走,这种联系又弱了一层。

戴维夫妇在伦敦置下了一所漂亮的新家,坐落在格罗夫诺街(Grosvenor Street)23号,地处梅费尔区段的中心。搬过来后,他们便定期邀班克斯和皇家学会的其他会员前来做客,他们也频频得到他人的邀请。6月里,刚刚搬进新家的戴维,接待了一位来自美国马萨诸塞州(Massachusetts)剑桥市(Cambridge)的学者。这位知晓英国的贝克年度系列讲座的客人名叫乔治·蒂克纳[①],受到了主人排场很大的款待——

> 1815年6月8日,伦敦。早上,我与汉弗莱·戴维爵士共进早餐。我在美国便久闻这位爵士大名。他如今大概是33岁,但看上去英气勃勃,像是只有25岁的样子,而且是我看到的英国人中最英俊的。他的

---

① George Ticknor(1791—1871),美国史学家,主攻西班牙史。——译注

精力极其旺盛,说话很快,而且用词非常精确。他对我们交谈的内容很有兴趣,以至于他兴奋起来时,简直有些神经质地不耐烦,因此不停地动来动去。不久前他刚刚访问过意大利,很喜欢谈起这个地方。

这位著名的化学家居然如此年轻(事实上他那一年已有36岁),如此精力旺盛,真是这位来客完全没有预想到的。而他对意大利艺术和文化的喜爱,更令这位客人感到意外。"他竟然会对与自己的专长领域并不相及的遥远领域的东西有如此强烈的喜好与品位,真是大大地不同凡响。"

也许这位乔治·蒂克纳是个地地道道的书呆子,因此看来没能觉察出来,戴维在与他聊天时,有时也会拿他打打趣:"他告诉我,他认识的一位当代最出色的化学家,其实是**以钓鱼为业**的,此人觉得,如果不去垂钓,也不去探讨哲学,只搞他选定的工作,那可未免太枯燥、太死板了。得知此事真让我大吃一惊。"珍妮根本没有出来见客,只是礼数周到地让人转告蒂克纳,说她"人不舒服"。后来,他在另外的场合见到了珍妮,觉得这位肤色黧黑的女子长得很美,还认为她"言谈得体"。[69]

戴维以深思的笔调,写下了一首酝酿着哲理的新诗篇:《支撑地球的巨柱》。在探讨了人类的生存条件后,他提出看法说,既然热力学第一定律表明,物质世界中的一切只会发生转化,而永远不会消失,那么,从某种精神意义上说,人自身也必然是不朽的。戴维当年便相信康沃尔人中普遍信奉的说法,认为星光是为万物提供能量的来源,这一思想如今又在这首诗中得到了清新的表述——

> 广袤苍穹的光焰,
> 来自遥远的星辰,
> 几经途中的弯折,
> 终在地球上降临。
> 亘古不变的规律,
> 将至伟至睿的设计保存,
> 含蕴于混乱中的秩序,
> 带领万物进入神圣之门。

> 无感觉的物质不会消失，
> 有生命的思想也当永存，
> 甚或会以进一步的融合，
> 创生出不朽不灭的精神！[70]

妙不可言的是，在此首诗的第一阕中，戴维竟写出了后来才为爱因斯坦（Albert Einstein）在其广义相对论（1915）中所预言，又经阿瑟·爱丁顿（Arthur Eddington）在1919年通过对日食时对来自恒星的光芒的测量所证实的内容，即光线会被重力弯曲。不过，在科学领域里，此类偶然说中的话是不能太当真的，多半有着针对当时的某种形势所发的寓意。戴维在此诗中真正要表述的理念，是人们心中的一种更传统的观念，就是人们会产生一种顿悟，即突然相信宇宙是被以良善和有序的方式统领着的。事实上，他在这里提出的理念，如物质的不生不灭、无毁无伤，宇宙间存在着"至伟至睿的设计"，以及万物最终都将归于神圣等，都与平素他在日记中所记下的带有怀疑论色彩的文字在一些地方不尽一致，体现出了一种介于泛神论与自然神论①之间的观念；前者是在浪漫时期成熟的，后者则是启蒙时代的产物。

应当说，戴维从来不曾认为个人也应当永生。对此，他在自己的工作志中常会提及。他也从来不曾认为人也应当去创造灵魂，特别是当同血与肉等物质性的存在"掺和"到一起时，就更未必该当如是。这首诗中值得注意的是，戴维突然表现出了一种福音派的基督教徒所具有的自信精神，诗的格调也很像此类人常常吟唱的赞美诗，倒像是出自约翰·卫斯理②或者艾萨克·瓦茨③笔下呢，只不过戴维在斟酌用词时，避免了"上帝"和"灵魂"等字样而已。应当认为，此诗不会是纯粹为抒发自己的见解或感悟而发，倒更像是特意为拿到别人面前诵读的应酬之作。也许，此时的戴维正打算遁入神学研究，一如他已经跨入上流社会那样吧？不过，科学是

---

① 可参阅前文对泛神论（第六章第十一节，注释）和后文对自然神论（第十章第四节，正文）的简介。——译注
② John Wesley（1703—1791），18世纪的英国神职人员和基督神学家，为循道宗的创建人。这一教派也因他的姓氏而称卫斯理宗。——译注
③ Isaac Watts（1674—1748），英国圣诗作者，一生创作了大约750首圣诗，被称为"英文圣诗之父"。他的许多圣诗至今仍被广泛传唱。——译注

不打算听任他待在任何一道门里不出来的。

四 "戴维灯"问世

1815年7月,戴维和珍妮来到了苏格兰高地,享受又一个垂钓休闲的假期——或许是为了重温新婚蜜月期的欢好体验吧。8月初,他们在梅尔罗斯附近亚罗河谷的休憩,被接连收到的煤矿安全委员会成员罗伯特·格雷博士——两年前重大矿难发生后,他便打算到伦敦向戴维求援——寄来的几封求助信打断了。信中的语气一封比一封急迫。当时的煤矿形势又变得严峻起来——6月间,纽博特尔(Newbottle)的萨克塞斯煤矿又出了57条人命的事故。历数英国的各位"科学界中人士",当属汉弗莱·戴维爵士最具"以丰富的化学知识创造实用效果的能力",向他求助当然是很自然的。

戴维于8月18日复信,提出马上去距离纽卡斯尔不远的沃尔森德镇(Wallsend),在那里的煤矿察看一番,以了解一下这种致命瓦斯的现场情况。这一次,他要运用自己总结出的方法——观察、实验与类推——解决问题。他取消了去约克郡看望在乡间别墅消夏的班克斯的安排,又将珍妮送上回伦敦的归程——"当一把单身行客",随即便来到与该镇同名的沃尔森德煤矿。8月24日,他同这座煤矿的采矿主任工程师约翰·巴德勒(John Buddle,1773—1843)详细讨论了煤矿瓦斯的问题。[71]

巴德勒是出身于约克郡的一条硬汉子,信奉新教,滴酒不沾,有着丰富的人生阅历。他既不是挖煤的矿工,也不是雇用工人的矿主,地位介于劳资双方之间,凭着自己的技能保持着独立地位,并十分以此为傲。据他说,矿工们曾成功地推举他为劳方代表;他很能为矿工着想,但也有一次被工人糊成纸人当众焚烧以发泄对他的不满。此公打了一辈子光棍,从不曾饮过任何酒类,在姐姐家寄居,晚上以拉大提琴自娱。在不少方面他都颇像汤姆·普尔,但对来自南边的戴维这个耍弄科学的"爵爷",他一开始可是非常信不过。

戴维来到后便全力以赴。他知道,英国皇家研究与教育院负有为英国工业界提供科学帮助的责任,也知道以科学为人道主义服务是班克斯的一个重要理念。不过,这次他在沃尔森德煤矿遇到的是一场特别的挑战。他年轻时曾同现已物故的好友格雷戈里·瓦特一起去锡矿参观过，对矿区的情况和矿工对矿山的忠诚感有所了解；他也从不缺乏大胆实验的勇气，况且当年在布里斯托尔时，又积累起不少与危险气体打交道的经验；还曾同法拉第在亚平宁山那里同瓦斯交过手。不过，他最大的动力是来自他自己所认识到的，这一研究是他实现自己、一展重大抱负的重要机会，即以此向人们证明，搞科学的人，不但是些天才人物，也能够为推进人道主义事业出力。

在英格兰东北部的矿井里，初来乍到的戴维会陷入何种环境，当地的一名记者做过归纳："在这个地方，只有最坚强的人才能克制住惧怕感。对一切都得准确地观察和镇静地审视。巨大的深度——有时可达600英尺，数不清的弯曲巷道，一堆堆黑色的废弃矸石，都令人怵惕难遏，引发恐惧的想象。"①[72]

巴德勒后来这样回忆说："我同汉弗莱·戴维爵爷谈了许久。对我们这个矿的情况，他方方面面都问到了，也询问了我们都需要什么。就在我们分手前，他注视着我说，'我认为我能为你们做些什么'。我觉得这里面涉及的事情太多了，真是难以实现，因此脸上露出了不以为然的表情。我当时真的是这样认为，根本没辙。可他还是微笑着对我说，'不要失去希望。我认为我能为你们做些什么，而且不需要很久'。"[73]

打从一开始，戴维解决这一难题的每一步，都表现出极大的独创性，进展速度也是惊人的。按照安全委员会的最初设想，为了防止瓦斯爆炸，最根本的对策是设计更好的矿井通风系统。戴维当年就曾为纽盖特监狱进行过类似的设计。巴德勒的设想则是，向矿井里送入某种能中和瓦斯的气体。可是戴维迅速地抓住了更基本的关键：实现安全的井下照明。

矿工无论到井下什么地方去，都得靠光亮视物，或者是用蜡烛，或

---

① 今天我们如若去约克郡距离韦克菲尔德市（Wakefield）不远的英国国家煤矿博物馆参观一下，便可以形成对19世纪初英国煤矿的印象。该馆复原了400米长的一段煤坑供游人参观（幽闭恐怖症患者禁入）。当时工作条件的恶劣、采煤工具的原始，以及矿工的健康与平均寿命因此受到的严重影响（他们多数是从小便以童工地位下井挖煤的），都在这段地下的环境中得到了清楚的反映。汉弗莱·戴维来到沃尔森德矿区（如今是纽卡斯尔市的宁静郊区），无疑会卷入种种带有敌意的社会文化的、行为的甚至语言的冲突。而他竟能在这里建立起信任的情感来，特别是能与约翰·巴德勒交上朋友，真可以算得上是他毕生事业中最出色的一笔。——作者原注

者是用油灯。如何才能既点火照明,又不让火焰引燃瓦斯夺去生命,再进而使人们不再时时处在担心爆炸的恐怖之中呢?解决方案必须是简单易行的、花费低廉的、不易损坏的,更得是绝对可靠的。这就是发明一种安全矿灯。而就从这个出发点起,戴维就是独辟蹊径的。其他想发明安全矿灯的人,都将注意力聚焦在灯上,而戴维却是想到了瓦斯上。因此,他迈出的第一步并不是有关灯具本身的技术,而是对瓦斯进行完全科学的分析,了解它的所有性质。巴德勒则负责安全地将瓦斯采集起来并充入瓶中,然后封装送往伦敦分析。

一连三个星期,戴维都不见踪影。在伦敦这里,除了法拉第,就连珍妮和戴维的所有朋友都不知道他的去向。原来他在达勒姆郡跑了一大圈,在那里察看了多处煤矿,与矿工和工头交谈,观察井下的作业情况,然后逐一分析,深入思考。他还向威廉·克兰尼医生借来他发明的带手压式风箱的矿灯研究了一天,但觉得并不实用。①接下来,戴维似乎是突然有了主意。他匆匆赶回伦敦,一头钻进了英国皇家研究与教育院的实验室(时间为1815年10月9日)。他通知本院的仪器技师约翰·纽曼(John Newman),让他造些"有防爆性能的"玻璃器皿和金属仪器,又将法拉第叫来协助自己。[74]

这两个人将自己关在设于地下室的实验室里,几乎与世隔绝地干了三个月。除了马不停蹄地、一个接一个地做实验之外,就是不断地向英国皇家学会报告进展情况。据法拉第说,戴维只批准他在参加每周一次的市哲学学会例会时离开实验室。当他们的研究成功之后,法拉第谦虚地回忆道:"安全矿灯是一个接一个想法和实验的产物。我是这个渐进的美好发展过程的见证人。"[75]

戴维在实验室里进行的第一项工作是,认真地分析这种气体的性质。他很快就判断出,它是一种"略有碳化的氢气"(甲烷),燃烧时有明显的特点。他发现,这种气体只会在浓度达到某个临界值——大约占到空气的九分之一——后才有可能爆炸。一旦达到此种状态,只要遇到火源——

---

① 克兰尼发明的矿灯是用密封玻璃将火焰与矿井里的空气隔开,通过手压式风箱向灯内打入空气,让它经过水的过滤后供给火焰。这就导致灯体笨重,又需要有专人操作风箱,而且瓦斯(甲烷)在水中的溶解度也不高,因此水也得频频更换,否则仍会有很大危险。——译注

一个小小的火舌即可，就会迅猛燃着；火情会飞快扩大，并在温度上升到临界程度时爆发，形成凶猛的爆炸。戴维注意到，发生爆炸的临界温度相当高，大大高于装充气球用的氢气。

而另一方面，当处于另外一些环境时，瓦斯也能老老实实地燃烧，并不会扩大为爆炸。根据这一发现，戴维又开始查验和测试它在种种密闭容器中的燃烧情况。如果甲烷气是充入玻璃管内的，一旦遇火就会立即爆炸；而如果将玻璃换为金属，它就只会平静地燃烧，发出暗暗的蓝色幽光——正是他在亚平宁山麓那里看到的现象。这使他相信，不至于爆炸的原因是金属管子能够较好地传热。如果管子足够细（"不超过八分之一英寸"），就能有效地将燃烧产生的热传导走，保持甲烷不至于处在过高的温度环境中，因此不会上升到爆炸所需的临界温度。

得出分析结论后，戴维便开始设计灯具了。他想出的第一个安全矿灯的方案是，一种不让空气随意进入灯芯附近的半密封式的设计。他让灯芯部分罩在一个直立的玻璃套筒里，空气只能通过灯座下方的若干细金属管子进入燃烧区域。这样，混在空气中的甲烷便不会在管内爆炸了。戴维粗粗画出灯具的草图，法拉第再根据它制出精细的工艺图，然后交给研究与教育院里的一位脾气阴晴不定的技师约翰·纽曼，由他在附近的莱尔街（Lisle Street）的车间里连夜加工，好让戴维第二天一大早就能放到充有瓦斯的大玻璃容器里检查效果。然而"制成的灯具多次让我们失望"，还发生了几次严重的争吵，后来总算有了几种可以用于检测的灯具。这种由不止一个人共同进行的边试边改的工作方式，对于戴维是一种新的体验。在此过程中，出现了一些摩擦，但重要的是，他和法拉第通过这一方式实现了高效工作，并且能够使若干设想同时并举。[76]

虽说在研制过程中也出现过几次可怕的爆炸，但到了10月底时，戴维已经能够拿出至少三种"安全灯"的试验样品了。这三种样品都是半密封式的，但所用的金属进气管——它们被称作"滤火道"——不同。10月27日，戴维给班克斯修书一封，总结了自己的这一工作。又过了一周，他又将这些灯具送到英国皇家学会，并附上一篇详尽的科学论文，在11月9日正式宣读。他还将该总结的一份抄本送交煤矿安全委员会的格雷博士，并说明此抄本系"私人交流"，不应外传。[77]然而，至少有一种灯具的设计情况还是传了出去——这在当时也不足为奇，并被纽卡斯尔的大小报纸披露。这在后来便导致了对戴维所提出的防爆机制原理在细节方面的理解莫衷一是，还引发了对立情绪严重的居先权之争。

班克斯闻讯后非常兴奋。他在10月30日从林肯郡的里夫斯比修道院（已经改建为乡间别墅）写给戴维的复信，是他平生辞藻最华丽的信函之一，而且许多用词全部都用大写，突显出写信人的油然赞许之情。班克斯表示，戴维的"辉煌"发现，给他带来了"无法言传的喜悦"。英国皇家学会也将因之"享盛誉于整个科学界"。戴维本人在此发明上所获得的个人成就也同样堪称伟业："当学会亟需有人完成此保护人道之艰巨任务，却苦于再无他人堪承此任之际，是君挺身而出，施展得自启蒙时代之智，终得成此防范手段［矿灯］，即将施之于人众，护助其免受此等可怕复日见严重之威胁。学会必力挺发现者之功，以助汝得到民众感铭，亦令学会更孚人望，不致复处一向之难得无识公众理解之势。君之华文，十中有九可望于学会会期首日宣读焉。"[78]

然而，班克斯未必祝贺得早了些。戴维在发表总结报告之后进行的进一步试验中已经发现，他的这几只通过细管进气的灯具，并不能真正保证安全，只是比根本不用时好一些。也正是在这种形势下，他作为天才科学家的禀赋得到了淋漓尽致的发挥：目标远大、锲而不舍，再加上无穷的干劲与出色的想象。戴维不肯休息，也不让法拉第休息，简直像中了邪似的，一直苦干到12月，连圣诞节也几乎没有休息，只是与助手搅在一起。这让珍妮明显地表现出失望与不满。到了12月底——也许是1月初，他终于取得了进一步的技术突破。他再一次迅速向英国皇家学会报捷，时间是1816年1月11日。[79]

他的新突破就是在这一点的发现上，即细密的铁纱网能比金属细管更有效地防止瓦斯爆炸。除此之外就是弃而不用半气密的玻璃灯罩（它很容易打碎）。这一圈密密的网孔（"每平方英寸上有784个"）就相当于数百个金属冷却管道。金属纱网是从金属细管"类推"的结果，而这一点是其他与安全矿灯打交道的所有人都不曾想到的。

甲烷气可以不受阻挡地穿过铁制的细纱网，来到燃着的灯芯处着火并当即烧掉。"火苗的下方是绿的，中间是紫的，上端是蓝的。"不过，纱网内的瓦斯气不可能以高温状态再窜到纱网外面来，因此不会引燃矿坑内的瓦斯气。即使纱网处于红热状态时也不会如此。更进一步地，如果用铁纱网将灯芯部分完全包住，原来起隔离作用的玻璃罩也就根本用不着了。这就使新结构可靠了许多，成本也大为降低，成为又便宜、又耐用的灯具。对此，戴维大大地比兴了一下，说这是"将这个祸害关起来，有如将鸟儿关进笼子"[80]。如果将一片铁纱置于一个本生灯的火焰上方，就会看到出乎意料的情况——火焰只出现在纱网下方，根本不会钻到另一面去。这一演示如今已被列为中学化学课的一项基本实验内容。司空见惯之下，很容易忘记人们在第一次见识到此种情况时的惊诧感觉。

安全矿灯的最后设计真是出奇的简单，也出乎人们意料的小巧。这是一种标准的非密封式油灯，高约16英寸，灯芯是可调的，外面高高地围着一圈细密的铁纱网。令人惊奇的是，除了这圈纱网，灯上没有其他任何防护设置。戴维后来又做了一些改动，但主要都是为了更好地适应矿井下的不利环境。

这一灯具所应用的基本原理——火焰不会穿过铁纱——听上去实在匪夷所思，与人们的直觉唱了反调。因此，戴维不得不努力向大家一步步地讲清楚其中的道理。就这样，他又实现了一种新的科学讲演方式。实验室工作中出现的种种不确定性和一开始时的方向性错误，他在讲演中都不再提起。从存留下来的法拉第所画的灯具图可以看出，戴维最初是想出了若干种灯具设计的，有的带有活塞式送风器，有的带有弹簧阀门及合页，但戴维在讲演中都一概略去不谈，[81]只是专注于一条主线，使这一发现看上去是一个通向必然的渐进过程——

> 我先是试了我的第一种灯，就是通过管子进气的一种。我发现，将它放在有爆炸性的混合气体中时，用起来是安全的。但是这些管子得弄得很短，数量也得很多，不然火焰就得不到充足供气……我得到的结论是，使用金属网，再薄也不要紧，再密也没关系，都能提供足够的冷却表面，并让空气和光通过，由是建起了一道阻止爆炸发生的屏障……用这样一圈围成柱状的细纱网将火苗罩起，放入有瓦斯的环境后，我看到火焰无声无响地渐渐充满了整个纱网内部，网的上方很

快便呈红热状，而直至此时也未发生爆炸……这显然是应当采用的方案。我立即进行了若干实验，以进一步改进这一发明……我将燃着的灯具放入一个以玻璃制造的大容器，再通过气量计向容器内通入来自煤矿的瓦斯气，通过自主的或快或慢的调节，使进入灯具的气体带有或多或少的不同爆炸性。结果发现，铁纱网……在所有情况下都是安全的……于是便得到采用，成为准备用于煤矿的防爆灯具，并迅速于1816年1月进入煤矿。它如今已得到普遍使用。[82]

戴维还在重新提交的论文中写进了如下的话："每一步都有实验为依据，都以归纳为前导。根本不存在任何偶然机会，由是最终形成了可用于最复杂环境的最简单而又最有效的结合。"[83] 他在这里坚持使用了培根所总结的逐步的、合乎逻辑的科学归纳方法。这实际上也就无形中承认了当初曾设计过"复杂的"灯具，但通过实验被扬弃了。

戴维否认这是"赶巧了"，否认只是偶然机会所致。在这一点上，他的立场同坚持认为发现天王星与运气无关的威廉·赫歇耳是一致的。柯尔律治曾以此为哲学探讨的重要对象，探讨了这个与科学研究有关的问题，并发表了一篇题目会令一些人不快的文章：《傻瓜能交好运吗》，发表在1810年的一期《朋友》的周报上。他在这篇文章中提到了戴维，半开玩笑地称他为"现代炼金术之光辉鼻祖"，但也毫无保留地盛赞他所做出的种种重要发现。柯尔律治不赞同在科学研究中指望"偶然事件"，即所谓"好运气"上门。不过，这也就带来了另外一个棘手的问题，就是戴维做出这样的科学成就，其中有没有"天才"和"灵感"的因素在内呢？[84]

柯尔律治的这篇文章写于1809年，当时是有感于戴维用伏打电池取得的一系列成果而发的。文章指出，戴维的发现始终是凭借"出自他本人智力的……预定安排"，根本不含外来的偶然成分。戴维的科学方法一向是事先有预定方向的、设计巧妙的、精心安排的，是渊深学识和丰富经验的结果。不过，此文也引起了人们考虑起有关科学研究的其他一些问题来。从柯尔律治对科学实验过程的描述中，可以隐隐看出他的一点不安。化学实验，用火进行也好，用电完成也罢，都要用到某种强力。这就是说，戴维进行实验的目的，是要"将大自然捆送至'理性'这一宗教裁判所，按照事先准备好的盘诘表逼问甚至拷问，以期得到一致的供词"。柯尔律治还质疑科学是否当真能够"鞫问"出自然界中的一切。他举例问道，为什么牛顿定律能够说明月亮的运动情况，却无从确定云朵的运动和形状呢？"数量的巨大和种类的繁多，挡在了我们计算的道路上。因此，天空在某个时刻究竟为晴为阴，也就无从预知了。用日常语言描述这一情形，就是发生了'偶然事件'。"[85]

五　不是象牙塔

戴维矿灯——戴维为公众做出的最大贡献——很快就在全英国乃至整个欧洲得到了使用。第一盏金属纱网式安全矿灯在1816年1月成功试用于沃尔森德、海勃恩（Hebburn）和其他几个地区的煤矿后，于当月25日送呈英国皇家学会。[86]

约翰·巴德勒曾目睹过好几次发生在他所工作的沃尔森德煤矿的瓦斯爆炸，对此种灾难的惨烈程度深有体会，完全了解在地下600—1000英尺深的巷道里，矿工们是怀着什么样的恐惧硬着头皮工作的。他对自己第一次试验戴维搞成的这种新矿灯的体验是永世难忘的："我相信［戴维的］权威，毫不犹豫地提起这盏灯，进入了有爆炸性混合气的环境。我先在地面上试了一把，然后便提起它进入矿井；当我将它在巷道内挂起来，看到它变成了红热状态时，真是又惊又喜，兴奋得无法形容。就是目睹妖魔鬼怪被打败，我的激动也当不过如此。我对周围的人们说：'我们终于征服了这个恶鬼啦！'"[87]

3月里，戴维来到诺森伯兰郡（Northumberland），要看一看安全矿灯在煤矿里的使用情况，并研究一下如何改进。改进之一，是加了一根白金环圈，用以在灯芯因遇到纯甲烷气而熄灭时再行点燃（法拉第认为，这一发明是"化学实验史上最优美、最神妙的一笔"）。另外几项改进分别是：增加铁皮防风罩、顶部改为双层纱网，以及加了一个铁制外框，以防止灯具被不小心碰坏或因掉到地上受损。

戴维来到沃尔森德煤矿的G号井，去井下察看了大约2个小时。据巴德勒说，他还在井下发表了大约15分钟的即兴讲演，谈的是这种灯应当如何使用。他特别强调说，应当尽量不要在井下风很大或者煤尘很多的地方使用，在这两种情况下，还是有可能发生意外爆炸的。他还告诉矿工说，从火焰的外观上，就可以判断巷道内是否存在瓦斯，甚至能知道瓦斯的多少，这就是说，他的发明不仅是一盏灯，还是一只金丝雀哩。①[88]

来访期间，戴维与一个由矿主组成的代表团见了面。团员们送呈他一封公开信，感谢他的这一发明，并称之为"矿业史上无与伦比的发现"。信中希望"此一罕有其匹的伟大发现，保护了我们的矿工弟兄，理应得到国家级的认可"[89]。1816年9月，一群煤矿工人也送来了一封署名感谢信。在这封有着"具体人名感谢的怀海文煤矿矿工"的信，称戴维的"安全矿灯是无比宝贵的发现，是我们的救命灯"。信中还谦恭地表示，他们还希望不仅仅"只是在纸上感激一番而已"。从信中的措辞看，应当是某个工头之类的人写的，但签名无疑都是出自不同人之手。信的末尾共有82个签名，其中有47个是画"X"代表的，表明这些人都不识字。这张被揉搓得皱巴巴的纸，肯定是令戴维感动的。[90]

如今的约翰·巴德勒，对戴维已经佩服得五体投地。他也希望戴维能得到物质回报。到了8月间，沃尔森德煤矿所有各矿井已经用上了144盏安全矿灯，"矿工们每天都在用"。[91]整个东北地区的煤矿很快就都用上了这一发明。巴德勒极力建议戴维为此一发明申请专利，说这样做不但会挣来一笔收入，还能够控制安全矿灯的制造质量。但戴维始终不肯这样做，尽管他也知道，他的同行威廉·沃拉斯顿（William Hyde Wollaston，1756—1828）早已因为申请了加工白金环的方法的专利而富了起来。不过，对于自己的这一成就，戴维是极为自豪的，而且并不掩饰这一感觉。1817年，在班克斯的建议下，戴维被英国皇家学会授予朗福德奖章。翌年，他又被摄政王册封为准男爵。戴维给自己设计了盾徽纹章，图形上有一盏安全矿灯，外面围着一句拉丁文*Igna Constructo Securitas*，意为"我的光是安全的"。[92]

他的声名如今已是国际性的了。阿尔萨斯（Alsace）、佛兰德、奥地

---

① 金丝雀对甲烷和一氧化碳都非常敏感，因此在安全矿灯发明前会被矿工带到井下，根据它们是否表现正常以估计瓦斯的有无与多少。——译注

利、波兰等地的煤矿工人都向他致意。几年后，俄国沙皇亚历山大一世（Alexander I of Russia）送给他一只硕大的银质高脚酒樽。在本国，《爱丁堡评论》刊登了一篇盛赞他的洋洋洒洒的文章，而撰文者恰是当年据说追求过珍妮·阿普利斯的数学家约翰·普莱费尔教授："恐怕可以认为，无论是从工艺角度而论，还是从科学内容考虑，它都是人人希望能由自己做出的发现。"普莱费尔认为，戴维的发现完全是科学归纳的成果："与偶然根本不搭界"，"非但重要，而且美好"，无疑具有历史意义。"这正是应当完全归功于培根的成果。如果培根能够再次来到人世间，我们将献给他一只指南针，以彰明自他指出哲学应当遵循的前进方向以来，这一学科业已取得的进步。①"这段文字中所说的"哲学"，按照普莱费尔所下的定义，是指"迅速而不断地与实验相对照"，也就是专指现代意义上的自然科学。[93]

1818年，戴维对自己的这一发明写出了一份出色的总结，这就是他发表的《论煤矿用安全灯，兼论对火焰的研究》。这一在当时匆匆写成以送呈英国皇家学会的一系列论文的基础上进一步加工形成的著述，堪称英国浪漫主义文学的出色成果，将他在1815年末至1816年初在英国皇家研究与教育院实验室里狂热的，甚至往往纠结在一起的工作，梳理成有范本水平的科学讲义，条理明晰，重点突出，并时时有诗情的闪光。

戴维的这一著述的开始部分，对英格兰北部近几十年来发生的煤矿爆炸，以及爆炸给人们带来的种种灾难和矿区因此蒙上的恐怖阴影，做了实事求是的介绍。"灾难通常几乎都是一样的：矿井一下子变得犹如爆炸的火药库，矿工们或者是立即丧生，遗体同井下的役马与设备一起被抛出竖井飞到空中，或者是被封在瓦斯烧过后只有碳酸气（二氧化碳）和硝气（氮气）的巷道里一点点地活活窒息而亡，死得更是痛苦。即便是虽然有人能活下来，但因受到烧伤或其他伤害，从此丧失劳动能力，永远无法享受健康带来的欢乐。这在表面上似乎比前两者好一些，但实际上最为残酷。"[94]

接下来，戴维便谈到了自己在伦敦的实验室里进行的种种试验，叙述得有条不紊、有声有色，俨然是在娓娓铺陈一则侦探故事。他提起了克兰

---

① 这句话除了赞誉培根的《新工具》一书具有指南针一样的指明方向的作用之外，还呼应着培根在此书中所认为的极大地改变了世界的三种发明——印刷术、火药和指南针。——译注

尼医生和史蒂文森工程师在这方面的先行工作，说到了他与法拉第在亚平宁山麓的所见，[95]又介绍了他在实验室组装起的种种设计，小心翼翼地进行——高度危险哩——的化学分析，火焰在缓慢燃烧和猛烈爆炸时的种种形态，以及最终看到的胜利景象：罩在金属纱网里的第一盏灯，在充满致命甲烷的大广口玻璃瓶里安静地发出明亮的光芒。

这一著述是戴维完成的一场最出色的"讲演"。他所谈到的是，科学能够带来希望，能够解决人类面对的困难。他向人们证明，有了科学，人类社会中会形成从未有过的伟力，能够渐渐地拯救人类于大悲大苦之中。他明显地与当年的拉瓦锡一样，呼应着培根的观点，指出科学知识可以大大为善："我相信，此等努力的结果将会证明，即使是看来最抽象的哲学真理，也可用来满足生活中的日常需要和达到实用性的目的。科学事业将因此而发展。获取知识固然本身可令有志于此者有所满足，然而，人们获取知识应当有一个更高的目的，就是知道它们可以付诸实用。人们应当让它们有用武之地，以帮助我们的同类，消除其悲苦，增加其安适。"[96]这一认识成了戴维之后的下一代青年科学家的信条，而厉行最笃的，就是戴维的弟子迈克尔·法拉第。[97]

然而，这一发明还从另外一个方面说明了未来科学的面貌。戴维的高姿态所引来的，却是一场有关居先权的恶仗。就在纽卡斯尔北面不远的基灵沃思镇（Killingworth）有一处煤矿。1816年春，该矿的工程师乔治·史蒂文森对戴维的成果提出异议，指斥他剽窃了自己的研究成果——人称"乔治灯"的安全矿灯。"乔治灯"是由玻璃和金属制成的，呈上窄下宽的圆锥形，造得十分结实。他经过多次现场试验，制成了通过管子和气孔进气的灯具，并于1815年10月21日在自己工作的矿井正式试验了最终的定型样灯。当他在11月从纽卡斯尔的报纸上看到有关戴维最早制成的"管子灯"的报道时，自然认为它涉嫌剽窃。

这两种灯在外形上的确十分相近，而戴维的纱网灯当时还没有公开——其实应当说还没有问世。1815年12月5日，在纽卡斯尔文哲社召开的一次会议上，克兰尼医生的风箱式安全灯和史蒂文森的锥形安全灯（据《纽卡斯尔编年报》的一篇报道开玩笑地形容，那盏锥形安全灯看上去像是一个大酒升），都受到了审查，居先权和抄袭剽窃的争议也第一次浮上了水面。

在这件事情上，纽卡斯尔文哲社表现出可贵的客观立场，在1816年2月6日请巴德勒出示了他当初在沃尔森德煤矿进行试验时所用的纱网灯。这样一来，凡是不持偏见的人，都会一眼看出，史蒂文森的安全灯，同戴维的结果是很不相同的。然而，这并不能阻止相当一部分公众闹事。这些人又是向报纸投书，又是散发言辞激烈的传单和小册子，又在杂志上发表各种各样的评论。这些举动中有一部分是不支持戴维的，无疑证明着在英格兰还存在着南北对立情绪。

森德兰有一个叫J. H. 霍姆斯（Holmes）的律师，还兼职干着记者的营生。自从1815年7月以来，他一直在《纪事晨报》上发表有关矿难的文章。他写了几种言辞激烈的宣传小册子攻击戴维。有一个希顿煤矿，其矿长詹姆斯·希顿（James Heaton）也在一个工艺学会里进行了一场演示，就是向一盏"戴维灯"接连抛撒细煤粉，结果弄得它发生了爆炸。[98] 也有不少人对争闹的双方都不客气地进行挖苦。报纸也收到了没有披露真实姓名的来信，尽是用些诸如"阿拉丁的神灯"或"纱网灵"之类的署名。[99]

1817年，史蒂文森散发了2份小册子，陈述了自己对安全矿灯的贡献，但语气是平和的。他给出了这两种灯具的详细结构图。他告诉人们，他的安全灯是运用"机械学原理"的结果，而戴维的灯具则是利用"化学原理"——因此两者间有着相当的差异。他还指出，他本人不在伦敦，无福用上汉弗莱爵爷能拥有的种种昂贵设备和"美妙的仪器"——这再次表明存在于南北之间与阶级之间的对立情绪。史蒂文森最后在署名前的落款是"'细微管子灯'的发明人"——还是带些愤愤然的味道。[100]

这位乔治·史蒂文森是个天分很高的人，靠自学成了工程师。早期的铁路蒸汽机就是他设计的，因此得名为"史蒂文森火车头"，并使他名扬四海。他是名副其实的大发明家，也是一位诚实君子，从来不做欺世盗名之事。著名工业传记作家塞缪尔·斯迈尔斯（Samuel Smiles）后来（1857）为他作了传记。看来，他完全是受了报纸在1815年11月份发表的有关戴维的安全灯具的过早报道的误导。事后他承认，他并不明白分析甲烷的作用，也不了解戴维最后在灯具上采用铁纱网的目的。他只是坚持说，自己的"管子灯"是从实用角度出发、经过实验与纠错的反复（机械）过程的结果。他的这一结果出现得比戴维早，使用安全，造价低廉、坚固耐用，已经被纽卡斯尔地区许多煤矿工人采用，并因为是出自本地，更格外受到喜爱，被亲切地称为"乔治灯"。

对于出现的这番居先权之争，戴维怀着满腔的愤怒，但他努力抑制着不表现出来。1817年2月，他在写给巴德勒的信中，说史蒂文森"卑鄙地偷窃，又在传单中无耻地扯谎和闪烁其词"[101]。后来，当他见到史蒂文森的灯具时，又轻蔑地贬斥说："这个**会碎会裂**的玻璃东西，跟我的那个能透光又能透气，却不透火的纱网，根本就不是一回事嘛！"[102]还在上一年末时，他已经让人将其他人发明的几盏安全矿灯送回英国皇家研究与教育院，存放在地下室里留作证据。（它们至今仍还在那里。）[103]然而，他无意同史蒂文森直接打交道，也从不曾承认是当初报纸上过早报道初期样灯捅了这样的大娄子。

从戴维在法国时对碘进行研究的作风上，就可以看出他急于建立自己科学权威的心理。这一心理也在戴维与史蒂文森的争议中起了火上浇油的作用。在这场口水战中，戴维没有表现出宽厚的职业风度。他一心追求的是，被矿工们仰视为唯一的救世主。1817年9月，他在纽卡斯尔的一次讲话中表示："我一生不渝的最高企盼是，无愧于'人道之友'的誉号。"这正印证了他的这一用心。[104]

就连政界也卷入了这场居先权之争。坚决站在戴维一边的是，贝多斯当年的学生、又曾在布里斯托尔结识了戴维的矿主兰布顿子爵（Viscount Lambton, John George），他是一名辉格党人。而当地的一些支持托利党的矿主，则都决定支持史蒂文森，还给他颁发了一只镌了字的大银杯和1000英镑。纽卡斯尔地区的许多矿工也都支持史蒂文森，称他是"自己人"。①

---

① 对这一居先权之争进行过周密调查的弗兰克·詹姆斯（Frank James）说："这场纷争，从一开始就注定了必会发生。对立早已存在了，有贵族与平民之间的，有化学家与工程师之间的，有专家与工匠之间的，有理论与实践之间的，还有大城市与小地方之间的。"可参阅这位詹姆斯所写的《洞眼究竟有多大？汉弗莱·戴维和乔治·史蒂文森在摄政王时代后期发明的安全矿灯所引发的科学得到实际应用的若干问题》一文，收入《纽科门学社文集》（有关原书信息见参考文献部分。——译注）。类似的形势也曾同样导致约翰·哈里森的天文钟之争。（指木匠的儿子哈里森为解决远程航海测定经度急需的精准钟表，先后造成两只性能优异的航海钟表，但都受到以皇家天文学家马斯基林为首的鉴定委员会吹毛求疵和食言不发奖金的对待。本书第二章第七节中曾经提到。——译注）进入现代科学社会后，"科学居先权"更成了众矢之的。（转下页）

对戴维的这一发明,法拉第比其他任何人都更了解真情。在这场居先权和原创性之争中,他始终忠诚而坚定地站在戴维一边。如果说他有可能瞒了些什么,那只可能是他自己在有关实验中的作用,以及自己为在英国皇家研究与教育院建立起一支具有献身精神的团队都做了些什么,[105]但这是永远不可能确知的了,因为戴维没有留下任何原始的实验室记录。这在重大研究的场合是难得出现的。[106]不过,他的确在自己1818年的那本《论煤矿用安全灯,兼论对火焰的研究》的引言中,提到了法拉第的贡献:"我本人在实验中得到了迈克尔·法拉第先生的良多帮助。"这是戴维第一次以文字形式提到法拉第。这是具有重要意义的,有效地为法拉第的科学生涯打开了大门。[107]

1817年10月,戴维在沸沸扬扬的争议声中走向了胜利。在纽卡斯尔名为"女王陛下"的旅馆专门为他举行的宴会上,他接受了一只价值2500英镑的大银盘和一幅纪念肖像作品。兰布顿子爵发表了热情洋溢的致辞,盛赞这位"杰出天才"和给他带来"不朽声名"的发现。为了不让话题一边倒,这位发言人也同时提到,靠着科学的能力,"矿主的产业"和"矿工的安全"就都得到了保障。在过去的两年间,戴维的安全矿灯已经保护了"地球上最危险所在的上百名煤矿工人",并无一例伤亡。(其实还是有的,那是因为有一个傻大胆儿,竟然将烟斗捅到纱网里面点火造成的。[108])

戴维的答词很是动人,表现出——但并非总能成功——一派谦谦君子的风度:"在座的诸位一再如此褒奖,实在令我汗颜。大家实在是言过其实了。在诸位的事业上,我能加上一把力,实在应归功于我踏上了先哲们指出的实验与归纳之路……神秘正是在对种种类推和实验方法的摸索过程中变成科学的。我也正是在遵循这一过程的努力中,幸运地发明了安全矿灯。"[109]

(接上页)剑桥大学的弗朗西斯·克里克(Francis Crick)和詹姆斯·沃森(James Watson)同英国帝国理工学院的罗莎琳德·富兰克林(Rosalind Franklin)在判明DNA结构上的竞争,就是其中的一个例子。对此,沃森在其经典著述《双螺旋:发现DNA结构的故事》(有关原书及中译本信息见参考文献部分。——译注)中是提到了的;布伦达·马多克斯(Brenda Maddox)在其传记作品《罗莎琳德·富兰克林:不为人知的DNA女科学家》(有关原书及中译本信息见参考文献部分。——译注)中也有所涉及。卡尔·杰拉西(Carl Djerassi)在他创作的话剧《氧》(有关原书信息见参考文献部分。——译注)中,出色地描写了18世纪初普利斯特利、舍勒(Karl Wilhelm Scheele,1742—1786)和拉瓦锡之间的居先权冲突。——作者原注

可是，对于史蒂文森一事，他还是骨鲠在喉，禁不住要向他和他的支持者们回敬一下。此时他的确做到了言为心声："一心想要救人性命，不让他们遭受苦难，到头来却横遭敌意，遇到有人声称自己有类似之物，这在我真是新的体验。"[110] 这番话说不定是另外一场不幸体验的预兆——在这场争议中，珍妮并没有在煤矿区与丈夫相濡以沫，而是同自己的一帮朋友跑到了疗养地巴斯，只从报纸上对丈夫那边的情况扫上一两眼。

班克斯站出来为戴维说话了。1817年11月20日，《泰晤士报》和其他一些报纸都发表了他从索霍广场自己府邸送出的公开信。这封信上除了署有班克斯的姓名外，还有英国皇家学会的三名会员，都是著名化学家——威廉·沃拉斯顿、查尔斯·哈切特，以及威廉·托马斯·布兰德。信中告诉人们，他们审查了史蒂文森发表的所有声明，研究了他的灯具，又检查了戴维所做实验的每一步骤，还分析了戴维的灯具。在所有这些工作之后，他们做出结论认为，戴维是他所出示的安全矿灯的唯一发明人，"与其他任何人无关"。写这封信的人中，有来自学术地位与戴维相当的人物，显然要表明这是权威性的断语，有一言九鼎的分量，下面的鼓噪可以休矣。这让戴维十分满意，认为这不啻"消灭在黑暗中作祟的蝙蝠和猫头鹰的重炮"[111]。不过，在科学界里久经阵仗的老将班克斯恐怕心里清楚，知道在写信人的威信的影响下，争执声会停歇片刻，但以后还会死灰复燃，恐怕还会无尽无休地纠缠下去呢。[112]

在这场争议中，纽卡斯尔文哲社表现出可敬的客观性，拒绝片面支持本地人史蒂文森。出于息事宁人的良好愿望，它在1817年12月2日的会议上，一致将戴维和史蒂文森两人都选为本会的名誉社员。[113]

至于约翰·巴德勒这位轻易不相信他人的约克郡强悍汉子，一直是戴维的最忠心耿耿的支持者，并与他结下了终生友谊。他每次从纽卡斯尔到伦敦来，都会住到格罗夫诺街戴维的府上。在巴德勒初识戴维之后的第20个年头，他作为重要证人，出席了英国议会特别矿山事故调查委员会1835年度的重要会议。[114] 乔治·史蒂文森也到场参加，并以有力有理的证据证实了自己的贡献，但不再指责戴维有剽窃行为。该委员会拒绝承认任何一方有绝对的居先权，而是提出了建设性的新看法。它认为，戴维发明的金属纱网式矿灯，由于未申请专利，故后来得到了种种改进，出现了诸如照明范围大为扩展的厄普顿-罗伯茨矿灯①（既有玻璃罩子，也有置于罩子内的金属纱网）等产品。[115]它还认为，正是戴维的天才，使他成为第一个将纯粹的科学研究引领进工业领域的人。具体到安全矿灯方面，委员会则认为从某种角度着眼，它应当被视为一项共同性的发现。委员会的措辞或许并不完全科学，却极富外交水平："看来**可以认为**，克兰尼和史蒂文生（原文如此）事先便已了悟到有关机理，后来又经戴维以出众的能力最终攻克，这才出现了如今的器具，并使后者的姓氏长久流芳。"[116]

英国议会特别矿山事故调查委员会的1835年度报告，还结出另外的果实。其中的重要一点，就是揭露出矿井里雇用着所谓"戴维崽"，即在煤矿里看管安全矿灯的童工，而原来他们是在掌子面里干更重的体力劳动的。该委员会惊讶地得知，许多孩子还不到8岁。这就是说，戴维发明的矿灯从另外一条渠道帮助了这些童工。这真是从这种灯里打出的一道不曾预想到的新光芒。从维多利亚时代开始的禁止使用童工的规定，就是从这一委员会发布报告开始的。[117]

六　旅游加浪漫

戴维在这场纷争中固然得胜，但也弄得精疲力竭，因此决定同珍妮一起去欧洲周游两年。这一安排也不无进行一次挽救两人婚姻裂痕的最后一番努力的用意。他们之间早已存在着龃龉，而且变得日益严重。戴维的成功与声名，更是在夫妻之间揳入了新的紧张，致使他们在社交宴会上屡屡反目，还公开表现出醋意，弄得沸沸扬扬。悉尼·史密斯就很俏皮地形容说，这两个人的婚姻正在经历着"分解反应"，戴维夫人这边的"坩埚里有再多的钱"也于事无补。他还认为，珍妮显然对戴维缺乏个人的"化学亲和力"感到失望与恼怒。他们的表现，连沃尔特·司各特都看不下去了："她有脾气，他也有脾气，而两人的脾气又不在一路上，结果便是打得不可开交。如果只是关起门来吵闹倒也罢了，可他们弄得尽人皆知，这就很

---

① 发明此灯的是两个人，分别姓厄普顿（Upton）和罗伯茨（Roberts），但全名与事业均不详。——译注

不像话了。"然后他还补充了一句话："不过，话也说回来了，珍妮怪可怜的，她很不快活。"[118]

对哥哥忠心耿耿的约翰此时正随军驻扎在希腊的科孚岛（Corfu），因此帮不上什么大忙。他此时也已经认识到，哥嫂之间的婚姻，其实是建立在空中楼阁上的："他们如果根本不曾见过面，反倒可能对双方都是好事。"他们谁都不大尊重私德，脾气也都很急。珍妮与戴维结婚前还在自己家里时，就是动辄发火的主儿，而且随心所欲，颐指气使，"她太有钱，弄得她认为谁都不用靠，想干什么就能干什么"。公众面前，她能光彩照人；对于朋友，她能慷慨大度；社交场合，她能八面玲珑；然而，在约翰看来，她绝不可能成为贤惠的内助。

对于哥哥的缺点，约翰说得比较少。其实，戴维也远非完美之人——他难以接近、听不进别人的意见，脾气急躁，干起科学研究来就将其他一切置诸脑后，对贵族圈子里的活动过分积极，又喜欢没完没了地跑到野外去休闲。此外，他又变得热衷于得到人们的赞誉和推崇。约翰提到了一个问题，就是哥哥和嫂嫂没有孩子，这使两人都不快活。他认为——这想法未免主观，其实未必——如果能够有了后代，这桩婚姻就会美满起来："哥哥是个很有爱心的人，又很喜欢孩子。他需要得到爱的回报，需要被爱、需要感到幸福——又有谁不是如此呢？"这一番代哥哥设想的需要，真的在戴维自己走到生命的终点时表现出来了。[119]

显然，此时的戴维希望离开伦敦，借旅行、观光和社交得以排遣，并得到与珍妮重新建立起和谐关系的机会。此外，他还做出安排，准备在旅行中完成几项科学研究，其中包括完成一项外来委托，就是通过化学手段，将从赫库兰尼姆①出土的已遭钙化的纸草书卷重新打开并识别字迹。戴维觉得，当此调整夫妻关系之际，承揽这一研究会提供一个很好的机会。[120]

1818年5月26日，戴维和珍妮再次登上了他们自备的马车，开始了为期两年的行程。这一次，法拉第没有随同二人前往。珍妮坚持带上了一名与科学毫不相干的女仆同行。他们来到了意大利。这一次，他们悠闲地沿

---

① Herculaneum，意大利的一座古城，距维苏威火山很近，公元79年同庞贝城一样，被该火山的猛烈喷发所毁，埋在20米深的火山灰下，后经发掘，出土大量文物。今在遗址上辟有博物馆。——译注

着莱茵河下行，穿过奥地利边境线上的阿尔卑斯山，从东部进入这个国家。戴维的声名和他的安全矿灯的功能早已不胫而走，这使他们在中途就受到了佛兰德地区和德国的几处煤矿的热情款待。戴维还检验了一个有关水温与河面上产生雾气的理论，这使他在许多河岸独自流连了不少时光。

珍妮曾希望在维也纳（Vienna）逗留几周时光，但没能说动戴维。他们又南下进入奥地利的蒂罗尔州（Tyrol）。在这里，戴维得到了去位于奥地利和意大利边境的伊利里亚和施蒂里亚（Styria）实地考察一番的机会。伊利里亚是一处已被今人淡忘，却曾出现在莎士比亚爱情剧中的地方①，对戴维有着奇特的吸引力。他在美丽的阿尔卑斯山区，找到了一处边远山谷，这里芳草萋萋、林木幽深，且河水湍急得有如特劳恩河②，他可以在这里尽情甩钓、打猎和骑马。不过，他的名气甚至也传到了这个地方，在路过施蒂里亚州的一个叫巴特奥塞（Bad Aussee）的地方时，他被当地的一座不久前发生过地下爆炸，致使数名矿工丧生的岩盐矿请了去。戴维找来矿上的工程师，亲自督查这个人马上行动，在井下安装了几盏金属纱网式安全矿灯。全矿对此"又是惊喜，又是感谢"。从此，这里再也没有发生过爆炸。[121]

就是这个巴尔干半岛上夹在奥地利、意大利和斯洛文尼亚之间的似乎被历史遗忘了的角落伊利里亚，成了戴维最中意的休憩天堂。它的首府叫作莱巴赫（Laibach）——就是如今的斯洛文尼亚国都卢布尔雅那（Ljubljana），地处萨瓦河（Sava River）畔，为群山与茂密的森林环绕。莱巴赫有一家极出色的体育旅舍。这是一个家庭旅舍，由一家姓德泰拉（Dettela）的人经营着。来这里的英国人很少，使戴维少受了不少搅扰。城里还有一座小型近代歌剧院、一家建于1701年的美轮美奂的音乐厅，并以这两者为中心形成了一个社交场所，因此珍妮也还中意这里。夫妻两人在这里逗留了数周，看上去都各得其所。这种状态一直持续到戴维渐渐陷入一种神秘的感觉而难以自拔之时。

这种感觉是他对店主德泰拉先生的女儿约瑟菲娜（Josephina）产生

---

① 伊利里亚，莎士比亚喜剧《第十二夜》的地理背景地。——译注
② Traun River，奥地利上奥地利州的一条河流，为多瑙河（Danube）的上游，也是著名的甩钓区。——译注

的。约瑟菲娜当时15岁，性格活泼，温柔可爱，眼睛亮晶晶，双颊红扑扑，一头栗色秀发。她在餐厅服务，也帮忙收拾房间。[122]戴维觉得，她总是让自己联想到某个多年前相识的女子，可又回忆不起究竟是谁。这种奇怪的联想一直令他不安。终于他自认找到了答案，相信是源自一种幻觉。1808年，他在进行第二轮贝克年度系列讲座时曾经染病卧床，一度相当严重，在发烧时曾产生过幻视。事后他觉得此事无关紧要，大概便没有向珍妮提起过。"这场高烧后又过了十年，我自己都差不多将这场幻视忘光了，却在伊利里亚旅行时，又被邂逅的一个14岁或者15岁、举止娴雅的妙龄少女唤起了。不过应当说，这个印象并不非常强烈。"[123]对于戴维的反应，珍妮很可能都看在了眼里，也许早就对此类事情见多不怪了。无论是否如此，当秋季来临，他们动身南行，去拉韦纳（Ravenna）访问拜伦，然后又到那波利过冬时，她大概还是松了一口气。他们是同雪莱一家人前后脚到达那波利的。

试图复原从赫库兰尼姆出土的纸草书卷的工作没能成功，不过他们趁此机会去维苏威火山和帕埃斯图姆（Paestum）观光了一番。戴维对火山的形成和喷发从理论上臆想了一番。若干年后，他以略带小说的虚构风格，记叙了他们此行看到的荒凉气象和其他种种陌生见闻。这就是他的《旅行的慰藉：一名哲人的最后时日》。1819年春，他们又取道北上，再次造访亚平宁山区。这一段路走得比较急促。戴维在中途巴尼-迪卢卡（Bagni di Lucca）逗留时，还构思了几首出色的小诗，并给它们起了个总标题：《萤火虫》。他到巴尼-迪卢卡来，名义上是要检测一下此地矿泉水中过氧化物和含铁氧化物的含量，但出现在诗中的情景，却大多是在夜间和月光之下。从诗句中分析，可以想见他曾在晚饭后沿着塞尔基奥河（Serchio）长久地独自徜徉过。

不过，诗中的情调并不都是忧郁的。在昏黑河面上飞舞的萤火虫，虽然只能生存短短的一瞬，但它们带给戴维的，却是满心的欢欣，甚至还让他联想到了自己发明的安全矿灯——

> 你们是会飞的星辰，
> 黑暗中移动的灯笼。

舞在水泽，蹈在草丛，
飞过古老的栗树，
翻过高高的山岭，
更掠过白浪翻腾的溪涧，
到塞尔基奥河面上欢腾！
发出明亮萤光，光色持之以恒，
有如望日之夜，一轮皓月当空！
穿梭树丛之间，上下翻飞不停，
点缀此山彼谷，装点近树远藤，
试看卢卡这里，一片欢舞升平！……

这大片的萤火虫，景象令人难忘。伊拉斯谟·达尔文也曾在诗中提到过这种昆虫，并说它们的发光，是由于受了"爱的驱遣"。此时的戴维也同样受着这种力的作用。当此之时，他的心是孤独的，"被病痛弄弱，因悲伤而寒"，不过仍"不曾破碎，不曾灰心"。更重要的是，他还寄希望于月亮，希望借它的力量，继续使自己感到年轻，感到能继续有所作为，再赐给自己以"新的创造能力与力量"。

此时的戴维已经年交不惑。如同所有的科学家和每位诗人一样，他希望进入成熟期后，仍然会取得开拓性成果，仍然会得到"灵感的助力"。对于自己的未来企盼，他仍然抱着纯粹的浪漫时期的观念，还念念不忘大约在二十年前他与安娜月光下漫步埃文河畔时的情怀——

自从你的美丽震撼了我的神经，
几经风雨后心中仍有你的形影。
犹如青春年华时经历血脉贲张，
像是时时怦然难收的心潮奔涌。
你恰如为我的灵魂而设的姊妹，
给我带来努力奋斗的辉煌目标，
以旺盛精力唤醒我沉睡的灵感，
踌躇满志寻求人生的崇高使命。

> 让我重入青春年华的金色黎明，
> 再去充满幻想的世界海阔天空。[124]

这些诗句并不很纯熟优美，但有意思的是，如果与雪莱在差不多同一时期写自那波利、比萨（Pisa）和巴尼-迪卢卡等地的诗歌相对照一下，是能够得到不少启发的。当时已经决定永远离开英国的雪莱，远不像戴维那样得到公众认可。他为人性格褊狭，好走极端，然而，他对意大利的风光与戴维是有共鸣的，内心的希望与绝望交织的情感也是相通的，这就使得雪莱创作出了几篇最优美的短诗，如《无题：写在那波利附近心情抑郁时》《致月亮》和《阿乔拉》等。将戴维吟咏爱、美和对性的渴求的诗文与雪莱的《灵之灵》（1821）对照一下，也能看出这两个人在用词上的惊人相似——

> 在我青春年华的金色黎明时期，
> 在充满幻影的海阔天空想象里，
> 我的灵魂时常会遇见一个形影……
> 然后我跳出我多梦青春的洞穴，
> 像是穿上插着火焰双翼的凉鞋，
> 扑向我最重要心愿的辉煌目标，
> 像眩晕的扑灯飞蛾，像在夜枭
> 活动时分的幽辉中飞行的落叶……①[125]

据目前所知，这两个人从未谋面。如果当真如此，恐怕是一件十分遗憾的事。

戴维夫妇折回威尼斯后，租下了一处枕着大运河的豪宅。他们在这里又与拜伦再度晤面。拜伦将戴维夫妇引见给他在威尼斯的新情人、丰胸美女特雷莎·圭乔利（Teresa Guiccioli）。对此番引见，拜伦说了这样一段有趣的逸事："我告诉她说，戴维可是个神人，他摆弄过多种气体，发

---

① 《雪莱抒情诗全集》，江枫译，湖南文艺出版社，1996年。——译注

明了安全矿灯,还将粘连到一起的赫库兰尼姆纸草书书卷分开。'你管他叫什么"家"来着?'她问我。'化学家,大化学家,'我告诉她。'那他能干什么呢?'她又问。'简直无所不能,'我说。'噢,那么我亲爱的,请你求求她,让他给我鼓捣出点东西来,好把我的眼睫毛染成黑的成不成!'"拜伦还补充道,这样的请求,至少比英国的那帮好掉书袋的女人的言语听起来可爱些。[126]

戴维的兴致勃勃的谈吐——包括他那番安全矿灯的自夸,拜伦很是听得进去。他在自己的讽刺长诗《唐璜》的第一章里,写进了不少科学界的人物:芒戈·帕克、北极探险家威廉·爱德华·帕里等。戴维也被他作为时代的代表人物写了进去——

> 在这专利的年代,一切新发明——
> 不管是拯救灵魂,或者杀死肉体,
> 都被宣传得那么尽善尽美!
> 戴维爵士的安全灯真能规避
> 采煤的危险,只要是依法操作。
> 两极的探险,廷巴克图的游历,
> 于人类都是有益的,一点不错,
> 类似也许还有,滑铁卢的扫射。[127]

戴维这里也开始逐一领悟拜伦的诗作。他发现,拜伦的作品行文华美,又带有一种对人间万事玩世不恭的态度,比他在青年时代读过的柯尔律治和华兹华斯的诗文更对他的口味。当他品诗兴致正浓时,却被珍妮打断了。她说旅行的时间太长了,她累坏了,又生了病。她坚持要去巴黎将养,戴维陪她前去,到了巴黎,随即便听说,约瑟夫·班克斯爵士也病倒了。

第八章 既是巨人又是凡人

第九章
门墙内外新老之间

一 班克斯老骥伏枥

此时的约瑟夫·班克斯爵士已入衰迈之年。老病侵寻，令他活得很艰难。1816年夏，这位73岁的老人在一场痛风病严重发作后，在休养地林泉苑向来人抱怨说："看来我以后的日子大半要趴着度过了……在过去的年月里——少则十二年，多则十四年，我的双腿一到晚上就是肿的……我可以说就是在床上过日子的。就连让人将我抬下楼放在躺椅上靠一会儿，医生都不允许。"他后来又以黑色幽默的语气表示说："我以后应当改个名字，不叫约瑟夫，而叫'药锁夫'咯！"[1]其实，班克斯还坚持在索霍广场他的家里举行科学早餐会，每周都不止一次，他本人执意坚持参加，班克斯夫人简直没法管住他。[2]

他的老朋友们也病的病、死的死、走的走了。气球飞天员约翰·杰弗里斯回到了美国，人也不再飞天了。非洲学会固然还不断派人去尼日尔河，沿着芒戈·帕克当年的路线武装探险，但帕克本人却只是他生前所写的《非洲内陆之旅》和《非洲内陆再度行》中的一个影子；汉弗莱·戴维看来越来越喜欢住在国外。1820年1月，班克斯收到了戴维从那波利写来的一封信。信写得很长，但杂七杂八，十分纷乱，班克斯将信中的内容归纳了一下，告诉查尔斯·布莱格登说："维苏威火山自他到达之日起便处于喷发状态，这让他有机会对液态熔岩进行多种化学实验"——"火山"其实很可能是指戴维夫人呢。不过，班克斯接下来又一本正经地说，戴维的火山喷发理论"看来是偏向于'火成论'说的"。[3]

班克斯也很少能见到威廉·赫歇耳了。这位上了年纪的天文学家仍然住在斯劳，但他更愿意陪伴着自己的那台40英尺望远镜。班克斯不赞成他"活得像个隐士"。[4]值得欣慰的是，他的儿子约翰·赫歇耳在剑桥大学的学业十分出色，什么奖都有他的份儿，还在1813年的数学三联考中名列第一。约翰的第一篇学术论文是1812年10月在《尼科尔森杂志》上发表的，内容是涉及"解析表达式"的，发表于他过了20岁生日后不久——倒是与戴维相仿的经历。班克斯马上尽自己长辈的责任，第二年便让这名年轻人入选为英国皇家学会会员[5]——他这是在为英国的未来开拓道路呢！

对其他的有为后辈，如查尔斯·沃特顿等人，他也表现出更多的关爱。当这位37岁的动物学家即将再次赴南美探险考察时，班克斯已是叮嘱多于鼓励了："得知你将**第九度**面临圭亚那的既无大路亦无小径的密林，我再也无法用以往的满意来表示了。你已不再是当年的精壮后生……俗话可是说'瓦罐不离井上破'呢。作为你的老朋友，我祈求上天保佑你无灾无难地回来！"[6]这可不是他当年评论芒戈·帕克的非洲之行时所说的那番意气风发的话语了。

班克斯一再叮咛，要沃特顿平安归来，而且以后别再外出探险，得好好坐在家里，写写自己"东奔西跑的历程"。他说，这样的书籍会"极大地拓展"自然科学的疆域，并"让公众进入你的发现"。班克斯日益认为，对自己的发现进行梳理和解释，并通过发表使之成为公众生活的一部分，实为科学界人士的最重要的职责之一。沃特顿将班克斯的希望付诸实施，写出了一本出色的科普读物《南美漫记》(1825)。然而正是在这一点上，班克斯自己没能以身作则——近五十年前的《奋进航海志》一直没能整理为书籍出版。[7]

随着欧洲和平在1815年得到恢复，国际性的交流也随之改善。科学报告又开始源源不绝地递送到索霍广场班克斯的家中。从报告中可以看出，技术和应用科学得到了重视。伦敦开始敷设煤气管道（在地上），威斯敏斯特大桥（Westminster Bridge）和议会都被新问世的煤气灯照得通明。对此，班克斯满意地表示："真是亮堂哟。"[8]河面上也出现了以蒸汽为动力的小火轮。从此，船只在泰晤士河上可以逆流行驶，英法之间的轮渡也变得风雨无阻。

这些新的技术成果开始成为特纳的作画目标。就连柯尔律治也在他晚期创作的一首题为《青春和老境》的伤感诗文中，动情地道出了班克斯已经看出的这一形势——

> 这活的屋宇，非人手所造，
> 这形骸，到如今病痛交加，
> 那时却多么轻捷灵巧，
> 越过沙碛，又翻过高崖——
> 像翩翩快艇，前所未见，
> 在弯弯的湖中，茫茫的河上，
> 不靠帆，不靠桨，飞驶向前，
> 怕什么风暴或怒潮冲荡！
> 这形骸，当青春与我同住，
> 对风霜雷电它全不在乎。① [9]

从远近不同的许多地方，都传来了气候变化的消息。格陵兰岛外围的巨大冰圈有所融化，阿尔卑斯山区的雪冠在缩小。整个欧洲处处都出现了史无前例的河湖水位提升和规模空前的洪涝灾害。面对种种奇异的气候现象，班克斯倒是没有惊慌："我们中有些人觉得很高兴，认为气候会有所改善，而且有可能回到过去的时光，这时，我们这里也能够种植葡萄了。"[10]

事实上，导致这一阶段种种气候变化的原因，主要是印度尼西亚的活火山坦博拉峰②在1815年4月发生的喷发，将火山灰大量送入大气上层四处传播。其结果是使全欧洲在1816年都经历了一个"无夏之年"，天空在大白天里蒙着一种令人不安的红色雾气，日落时更是一片骇人的血红。这一

---

① 《柯尔律治诗选》，杨德豫译，广西师范大学出版社，2009年。——译注
② Mount Tambora，印度尼西亚爪哇岛以东一个小岛上的活火山，又是印度尼西亚的最高山峰之一。1815年在此发生了人类历史上最大规模的火山爆发，并在4月达到顶峰，共释放超过1000亿立方米的喷发物。这一轮爆发造成全球气候异常，远至北美洲和欧洲的气候也深受影响；北半球农作物普遍歉收，家畜死亡，导致19世纪最严重的饥荒。喷发地点附近现已发掘出火山爆发所掩埋的文化遗迹。——译注

喷发固然令主张"火成论"的地质学家们高兴，但更如同1755年的里斯本大地震（卡罗琳·赫歇耳当年在德国曾有过对这一大灾难的恐怖体验）那样，让人们更加注意大自然的威力和奥秘。

人们在意大利看到天空中飘下粉红色的雪花；法国、德国和英国的农业都大大歉收。从英国出走的拜伦，与雪莱在日内瓦湖度过了这个"无夏之年"。他所写的《黑暗》一诗，便呼应着威廉·赫歇耳后期有关宇宙学的文章，描绘了他由此联想到的宇宙间发生灾难的可能性——

> 不知道是不是在梦境中，
> 明亮的太阳熄灭了光焰，
> 星星流离失所在永远黑渺的虚空，
> 无光、无路的地球万里冰封，
> 在无月的天空下无目的地运行……[11]

班克斯仍然如以往一样，保持着与全世界各地科学家的定期通信联系，而且科学方面的事情无所不谈，澳大利亚南部的谷物种植、埃及的古代文物搜集、北极极区冰层情况的测绘、纽芬兰犬的选育，乃至在斯堪的纳维亚半岛附近的海域捕捉巨大的海蟒（丁尼生后来还写了《海中怪兽》一诗描绘此举），都是他们的交流内容。他还能找出时间来，用心缜密地安排些树立形象的活动，如派日夜兼程的马车去巴黎、给刚刚因再婚而成为朗福德伯爵夫人的原拉瓦锡夫人送去些草莓种子："这种草莓名叫罗斯伯里草莓，是我最喜欢的一种，产量高，味道也佳妙。"另外有一次，他又给这位拉瓦锡夫人——班克斯似乎很愿意联络这位名媛——送去一盆香气袭人的"艾尔郡（Ayrshire）攀缘玫瑰"，而且亲自"精心装入一只花篮"。[12]

班克斯一向特别喜欢聪明的女性。卡罗琳·赫歇耳能够得到英国王室发放的固定薪酬，班克斯起了很大的作用。他的不肯流俗的妹妹索菲娅（她喜欢搜集钱币、卡片和气球飞天纪念品）1818年以74岁高龄死于马车事故，也令他这个年长两岁的哥哥难过至极。他很久以前在塔希提的风流往事，如今也间或会浮上他的脑海。比如说，当他因社交名媛萨默塞特夫人（Duchess of Somerset, Charlotte Seymour）拿自己一位女友的情事说事表示不以为然时，大概也联想到了自己的当年。班克斯——已经70多岁、德高望重的班克斯，就在一封私人信函中愤愤然地表示道："这帮**女圣人**，总是想着对一些走错一步而偏离了正道的人狠狠处罚……要知道，这可是比立即处死更残酷的手段呀！"[13] 他此时是不是想到了当初为他张罗过多少次愉快的聚餐会的那位不愿受社会习见约束的萨拉·韦尔斯女士呢？

但总的来说，看来班克斯还是不可避免地走上了日趋保守的道路。他一直不同意在英国皇家学会吸收女会员。而且，他对才女们也开始不耐烦起来了（戴维夫人就是他不耐烦的一个）。他对年轻的拜伦其为人与浪漫多情作风的态度就很有代表性。无论对拜伦的贵族出身，还是对他的自由精神，班克斯自然都很喜欢；又得知他曾参加过英国皇家学会的一次公开会议，旁听一份涉及大量活体解剖内容的生理学论文的表现，之后更是大为嘉许。

这篇论文的内容听起来十分瘆人——"一些动物被［威尔逊博士］解剖的经过，听着令人反胃"。许多听众都离席走开了，可拜伦一直听到结束，听时表情平静，一言未发。但在结束后，他径直走到班克斯面前，公开表示了自己的反对意见。"有些人离开了会场。当晚获准也来旁听的拜伦勋爵来到我面前说：'爵爷，这绝对是**太过分了**。'"[14] 班克斯欣赏这样的谈话风格：彬彬有礼却又坚定不移。当拜伦于1816年愤愤离开英国后，班克斯还特别关照巴黎的一位姓加利尼亚尼（Galignani）的出版商，托他将拜伦新发表的诗歌悉数寄来。[15]

不过，当他看到拜伦于1819年发表的长诗《唐璜》的第一章后，却很愤怒地批评道："我从来不曾读过如此放荡的东西。这里的女士们是不会有人敢承认读过它的。迄今为止，他还只是被视为有另类道德观念的无神论者，现在看来，恐怕还得给这位勋爵加上一顶帽子，就是花花公子了。"[16] 不过，倘若班克斯能够活到这一长诗的第十章发表时（1821），或者会读着诗人将牛顿的发现，同亚当和夏娃在伊甸园的故事放在一起打趣的诗句而发笑吧——

> 据说牛顿看见一只苹果坠落，
> 就灵机一动，找到了一个论据——

（据说如此，我可不能活着担保
任何圣人的信条或金科玉律）
证明地球是本着自然的旋转
而旋转的，叫作什么"万有引力"；
这倒是自亚当以来的第一个人
将苹果与下落作了一番理论。①

接下来，拜伦又以他特有的优美中带着俏皮的风格，赞扬了科学在牛顿之后的年代里取得的成就——

假如果有其事，那么，人和苹果，
一起下落，又和苹果一起复兴。
因为该承认，在那蛮荒的天穹，
牛顿能在星球之间开辟出路径，
真不知抵消了人间多少苦痛！
而从那以后，不朽的人就又发明，
各种造福于人的机器，而且不久
将会有蒸汽机把他送上月球。

而最值得一提的是，在紧接着的下面一节，拜伦举重若轻地将当代科学的发现，与当代诗歌的创作联系在了一起。因为这两者有着共同之处，那就是都属大胆无畏的创造之举，也都在"乘风破浪"——

为什么要有这篇开场白呢？——
你看，正当我拿起这张破稿纸，
我忍不住心血沸腾，情思起伏，
我内心的精灵欢跳个不止；

---

① 诗人这里将《圣经》中所说的亚当与夏娃因苹果而**堕落**与牛顿发现的苹果**坠落**，都用了同一个词fall来指代，翻译为中文时只能用一个比较含糊的"下落"来勉强兼顾这两者。——译注

> 尽管我知道，我远远赶不上
> 那些使用蒸气和玻璃镜片，
> 而乘风破浪发现星体的人，
> 我还是希望能驾诗歌而凌云。[17]

班克斯的保守还在其他方面有所表现。拿破仑战争的结束，使英国面临着一个新的问题，就是如何使科学在扩张中的大英帝国及其各属地发挥作用。科学能不能用于加强人们对帝国的忠诚呢？战争期间，凡当英国需要时，班克斯始终是将爱国主义摆到明面上的。他坚持将国家利益和商业效益置于优先地位，但也相信这样的政策会导致科学优势的形成。他特别赞成在澳大利亚的悉尼湾（Sydney Cove）一带开辟流放殖民区，以将英国的犯人移至这里生活，基本出发点是他相信，殖民区的严酷环境会对移民起到有益的改造作用，从而最终使大英帝国得益。但他同时也认为，开发殖民地的另一结果，将是大量的科学数据和植物标本源源不绝地被送抵英国。这一点也的确在拉克伦·麦夸里（Lachlan Macquarie）、马修·弗林德斯、威廉·布莱（William Bligh）等一批英国探险家和英国派驻澳大利亚官员的努力下实现了。

尽管班克斯自己就去过南太平洋群岛，也了解芒戈·帕克在西非的经历，但他任内的英国皇家学会并没有支持过废除在非洲贩卖与役使黑人的主张。事实上，他还对废奴主义者多少持有嘲讽态度。他曾告诉自己的亲信查尔斯·布莱格登说："那位'圣威尔伯福斯'①刚刚［从大洋洲］回来，还带了四个'屡试不爽'的活人样板来，据称他们个个无论以任何宗教标准衡量都够上天堂的人物哩。"[18]

不过他又有些乱弹琴，从另外一个角度支持废奴主张——但只是出于纯商业立场的考虑。英国是同法国竞争的，而法国在其所属的西印度群岛辟有巨大的糖业生产基地，那里的情况证明，"自由人"的生产效率要高

---

① 指威廉·尔伯福斯（William Wilberforce，1759—1833），英国国会下议院议员、慈善家、废奴主义者，还是本书正文中提到的英国首相小威廉·皮特的密友。他领导国会内的废除奴隶行动，对抗英帝国的奴隶贸易，并于1807年见证了《废除奴隶贸易法案》的通过。班克斯这里加上一个"圣"字，含有不以为然的讽刺意味。——译注

于黑人奴隶。因此班克斯认为，鉴于奴隶劳动的效率以科学尺度衡量是低下的，因此奴隶买卖应当予以禁绝。他强调这与道德考虑无关："奴隶制必须废除，哪怕在此过程中发生不亚于地震的乱子也当如此。但废除它不是出于道德原因——我认为这不足以成为充分的依据。我是从商业角度看待这一问题的，而在所有人的头脑中，无论其道德标准为何，商业发展都同样重要。"[19]

正因为如此，当西印度群岛的黑人通过革命在海地建立独立政权后，班克斯便在1815年写信给那位他称之为"圣威尔伯福斯"的众议员，重新抖擞起当年的浪漫精神，兴奋地表示说："如果我还是登上库克船长的战船时的25岁年纪，绝对会一天都不耽搁地跳上开往海地的船只，以亲眼看到从奴隶制中涌现出的一批'超人'，以最迅速的步伐实现美好的文明。这将是给我的最美妙的精神食粮。"[20]恐怕在他心目中，"超人"中最"超"的一个，便是新登基的海地国王，而这"最美妙的精神食粮"，就是从这个岛国源源不绝地向伦敦皇家植物园送来的植物，和向约瑟夫·班克斯爵士发出的以国宾身份前来访问的邀请吧！

二 龃龉后父子同途

还是在25岁时，班克斯便已知道自己作为男人所应选择的前途，但约翰·赫歇耳并不是这样的人。1813年11月，21岁的约翰与父亲威廉爵士之间，发生了一场严重的龃龉，原因出于对约翰的事业选择。

约翰在剑桥大学的学业一片辉煌。他的姑妈卡罗琳是这样在日记里夸奖自己的这个亲侄子的："从一进大学，到毕业离校，所有的奖项他一个也不曾漏过，而且项项都拿第一。"[21]卡罗琳对约翰一直信心十足，侄子也热心地将姑妈介绍给自己的大学朋友们。这些朋友也多是杰出人物，如未来的卢卡斯特设学衔教授①、数学家查尔斯·巴贝奇，来自兰开夏郡（Lancashire）、后来成为剑桥大学圣三一学院院长的地质学家威廉·休厄

---

① 卢卡斯特设学衔教授是英国剑桥大学的一个荣誉职位，授予对象为与数理学科相关的研究者，此职务只设一个，由与剑桥大学有渊源的国会下院议员亨利·卢卡斯（Henry Lucas, 1610—1663）的遗嘱与遗赠而设。牛顿和霍金都有此职衔。——译注

尔等。她是约翰21岁生日宴会上的贵宾,并在席上接受了侄子送给她的一条"非常精致"的银项链。不过她没有留下来,一如既往地转手便送给了一个后辈女孩子。"我老了,不适合戴这种东西了。"她笑眯眯地说。[22]

约翰和巴贝奇在1812年共同创建数学分析学社一事,更使卡罗琳对侄子刮目相看。该学社的宗旨,是以在欧洲大陆通行的微积分形式,取代牛顿发明的流数形式。卡罗琳记得,当年二哥威廉就与大哥雅各布在汉诺威的斗室里争论过这个问题。如今,侄子已经当选为英国皇家学会会员,这在姑妈的眼中,已经是功成名就的表现了。

不过,这个被父亲当成宝贝疙瘩的神童独生子,却觉得自己很难与父母沟通。他在写给巴贝奇的信中悄悄透露心曲说:"上帝做证,我多么希望能有10条生命,或者10倍地能干,好将每分每秒都再**劈成小段**利用上,用一生的光阴毕10个人生的事业。有些人可就有这种本事呐。"[23]

1813年圣诞假期到来之前,约翰终于鼓起勇气,从剑桥给在斯劳的父亲写了一封长信。他在信中明确说明了自己对未来的设想:要么在剑桥大学一直干下去,从事纯数学研究工作,要么去伦敦当个律师。他相信,如果去干律师这一行,他会有足够的业余时间——晚间和律师假期间——搞些应用科学研究,主要在化学和地质学领域。他知道自己可能会继承一笔可观的遗产;有母亲的,也有父亲的。但他认为自己应当自立,因为"男儿当自强,或者劳心,或者劳力,为自己谋得衣食之道"。

儿子的这番开诚布公的表示,令威廉·赫歇耳十分失望。他回信责怪约翰不明事理,放着大好机会"居然不想利用"。对儿子的两种前途设想,威廉一样也不赞同,特别是对当律师的想法:"这种行当不讲诚信、事务纷杂,收入也没有保障……你搞过的研究可要比这个高尚呀。"他特别强调说,认为从事法律工作可以为业余时间搞科学提供"充分的时间保障"的看法,"真是大错而特错"。老赫歇耳还隐隐露出对剑桥大学的不以为然来:"你说剑桥大学为你建立了与同龄人的社会关系,还培养了你自己的思维方式,可你要知道,我亲爱的儿子,年长的人更有经验,看事情更准,想问题的方式也往往与你们不一样。有这些人在你身边,与你交换意见,可能会更好地指点方向呢。他们才是你应当时时虚心求教的。"

在回信的结尾,父亲极力主张儿子选择神职,说这是他最好的事业机会。这封动情却又东鳞西爪的长信,最后却落在劝他去当个教士上,一定令约翰惊诧不已。不过,这位年轻人也许从这一建议中体味到了父亲于不自知中表露出的心情,就是进入教会供职,会有许多机会——许多一般人越来越看重、越来越看好的机会,对此,当父亲的都在信中一一历数给儿子听:"当上教士……会有时间涉猎文学、诗歌、音乐、美术和博物学中种种优美的部分,可以享受短期出行的快乐,能够了解自己国家的法律、历史、政经、数学、天文学和哲学的精髓,还有机会……本着自己的特长从事某一领域的著述。"[24]

约翰很快便又给父亲复信反驳,说他对英国教会的种种说教不以为然,而且已将此观点完全公开。面对儿子的这种老实不客气的反感,老子也毫不让步:"你说为了维护自己的教义适用于所有人的说法,教会就必须持续地在一种自我毁灭,甚至在更不堪的永久机制中运行。然而,最真诚的教士可以在完全可信的道德规范内布道,并不会引起任何人对神学教义的质疑。"

这种坚持惹得约翰不耐烦起来,给父亲的回信更加直率,几乎到了指斥他虚伪的地步。于是乎,威廉的态度也从失望变成了气恼:"你说[你]不可能不以敌对的眼光对待教会提供种种待遇的来源,这种情绪中有一种可怕的倾向呀!它反映出的偏见与傲慢实在令我不敢置信。"于是乎,父子间出现了严重的对立,这在当时还并不多见。不过再过一代人的时间,这种长幼之间意见相逆的形势,便成了英国维多利亚时代相当普遍的现象。

这位已达75岁高龄、越来越力不从心的天文学家,思前想后地琢磨了四天后,突然对现实有所了悟,就是他面临着父子反目、覆水难收的前景。也许他回忆起了自己多年前在汉诺威与家人的争执,也许卡罗琳向他提醒了这段往事。不管是什么原因,总之是他又给约翰写了一封信去,口气可是温和得多,也体谅得多了。他告诉儿子,自己先前所说的一切,都不是"意在挑理找不是",只是打算听一听"你对这个问题的所有想法"。无论儿子会怎么样,当父亲的是永远爱他的。"你和你的学究老爸是以真切的感情纽带连接在一起的。对此我不怀疑。我会以同样的感情回报你。"约翰的母亲也在最后附了几句打圆场的话,向儿子保证说,他爸爸并没有"真生气",最后还可怜巴巴地央求:"你能回家吃圣诞晚餐吗?你要能回来，我们都会开心的。"[25]

最后，约翰同意从剑桥回家，就自己的未来事业同父亲开诚布公地长谈一番。老赫歇耳向他保证，说自己与他之间并没有太大的分歧，还小心翼翼地提到，自己在以前寄出的信中，有一封特意只字未提宗教，"就是希望你有充分自主考虑的自由"。他认为在宗教一事上，父子俩会达成一致，因为他们是"两个都不持偏见的人，又都天生明白事理"。事实上，对于英国国教的种种教义，他自己也并不比约翰更笃信多少。

威廉最终明智地决定先不去干涉儿子，以后再相机行事。就这样，约翰没有走上宗教之路，而是同巴贝奇一起去了伦敦。在那里，约翰一面参加英国皇家学会的定期会议，一面在林肯律师学院体验律师这一行当。结果正如父亲所料，他在伦敦的法律圈子里并没有待多久。不久后，他又返回剑桥大学，在圣约翰学院任数学辅导员，继而又取得了正式教职。"我是铁了心了，"他在1815年3月写给巴贝奇的一封信中绝望地表示，"这份职业是我拗着父母的意愿自主选择的，所以我得认认真真地干下去。"[26]但没能真正抛下人生之锚，使他的心里很不快活。

1816年夏，约翰同已经77岁高龄的父亲一起外出度假。他们去的是德文郡海滨充满田园风光的小镇道立什。父子俩在星光下一起度过了几个夜晚，在头顶上明亮的仙后星座（它代表着神话中好折腾的埃塞俄比亚皇后卡西欧佩亚①）的照耀下，心平气和地讨论大事。最后，约翰接受了父亲的建议，做出了影响自己一生的重大决断。威廉·赫歇耳再一次以平心静气的方式达到了自己的真正目的：让约翰回到家里来，全心全意地为科学工作。在这一前提下，老赫歇耳同意马上开始给儿子提供一份优厚的报酬，让他有条件从事自己心仪的任何纯学术研究。约翰则心甘情愿地同意帮父亲研究天文，将40英尺望远镜的研究任务从年迈父亲的手中接下来，也同

---

① Cassiopeia，古希腊神话中的埃塞俄比亚国王后，因不断炫耀自己的美丽，得罪了海神波塞冬之妻安菲特里忒，对她兴师问罪，强令她将女儿安德罗墨达用铁索锁在一块巨石上。英雄珀耳修斯见到后，表示甘冒生命危险救她，条件是事成后娶她为妻。卡西欧佩亚当时同意，但事成后又反悔，遂引起一场恶斗，最后以卡西欧佩亚被惩罚永远绕着北极圈转，而且要时时头朝下倒着吊起来作为收场。卡西欧佩亚就是离北极星很近，且与北斗七星（大熊星座）相对的仙后座，安德罗墨达则是距之不远的仙女座。珀耳修斯则成为在仙女座另一侧的英仙座。——译注

时接下了斯劳的这个天文台的整个摊子。

无论约翰做出什么选择,卡罗琳总是全力支持的。回到斯劳后,约翰经常在下午到姑妈的住处去,一边品茶放松,一边讨论与当前科学发展有关的重大问题。夜幕降临后,父亲、儿子和当彗星侦探的姑妈,3个人便在那尊大望远镜的架台下聚齐,开始一夜的工作。1819年12月,约翰在向英国皇家学会提交的第一篇论文中,纠正了牛顿对光的偏振现象原因的错误解释。约瑟夫·班克斯注意到,这一成果引起了物理学界的震动,也"让研究偏振现象的人大感兴趣"。一颗新的科学之星正在冉冉升起。[27]

三 诗人为科学呐喊

这时,威廉·赫歇耳的名声在年轻人中已十分响亮。珀西·比希·雪莱在伊顿公学和牛津大学读书时,除了满脑子的激进思想外,还对科学相当着迷。18岁时,雪莱写了一份宣传小册子《无神论的必要性》并印行散发,结果为此被学校开除。21岁时,他接触到了威廉·赫歇耳的著述(还同时阅读了威廉·戈德温以及几位法国哲学家的著作),随后便写下了一系列充满自由思想的散文,并作为附注加在他的史诗之作《麦布女王》中,发表于1813年。这种在诗中加入大段枝蔓评注的手法,雪莱是从伊拉斯谟·达尔文的《植物园》中学来的,但往往写得愤愤然,一副好斗的架势。

雪莱以赫歇耳所揭示的正在扩展的太阳系和他设想的十分难理解的扩展性宇宙设想为根据,对宗教观念展开了攻击。他的论据是:科学业已揭示出,宇宙中毋庸置疑地存在着成千累万个不同的星系,因此就会存在比这多出千百倍的可以供人类生存的行星,这样一来,认为只存在一个全能救世主的观念,无非就只是一个褊狭的宗教设想而已。试问,既然宇宙中有着如许多的"堕落"世界有待于救赎,那么每一个世界上就得各有一个上帝降生,各有一个基督被钉上十字架——这岂不荒唐?这正如雪莱尖锐指出的:"他的创造之手给他自己造成了反证。"《麦布女王》中有这样一条有关"世界的多元性"的特别有力的评注——

> 宇宙的无限广袤,真是最令人难以设想的震慑……根本不可能

相信,漫及这整个无涯体系的冥冥之灵,竟会选中一名犹太女子①充当其子的诞育者……他的创造之手给他自己造成了反证……据信,天狼星离地球有54万亿英里之遥……我们周围存在的其他太阳有亿亿万万个,而它们都拥有无数多个自己的世界。所有这一切,都安稳地与和谐地各得其所,维持着必由之路而亘古不变。②[28]

雪莱后来的散文至今仍不大为世人所知,但他的这些作品,依然都在宣传着唯物论观念,仍然以饱满的热情和犀利的言辞,探索着当代科学研究的意义。他在《论来世》(1819)一文中认为,来自科学和传闻的种种证据都确凿地表明,人死之后,精神和肉体的所有功能都会停止。死亡是最终的定命,因此所谓的"来世"**其实**并不存在。[29]

在带有嘲讽意味的另一篇文章《论独鬼与群鬼》中,雪莱引证了赫歇耳和拉普拉斯的著述,对相信"地心说"的人进行了讽谏:"莫非地球或者木星就特别值得魔鬼光顾?……"赫歇耳一直相信太阳上有生命存在的想法,让雪莱觉得委实有趣,因此提出设问道,如果当真如是,那里才真要算是最可怕的地狱了。③[30]雪莱创作于1819—1821年间的诗篇中,也有不少涉及其他科学观念的内容,其中尤以《解放了的普罗米修斯》为最。赫歇耳的新宇宙设想、戴维的化学发现,都大张旗鼓地出现在这一长诗中。

在这部诗剧的第一幕中,地球讲起了自己形成时的艰难,以及自己见证到的银河系的其他部分——

> 当时只见那大千世界在我们周围
> 燃烧和转动:他们的居民看到了
> 我滚圆的光亮在辽阔的天空消失……④[31]

---

① 指圣母玛利亚。——译注
② 《麦布女王》中译本,邵洵美译,上海译文出版社,1983年。——译注
③ 进一步讨论可参阅莎伦·拉斯顿(Sharon Ruston)的《雪莱与"活力论"》(有关原书信息见参考文献部分。——译注),第208页,以及迈克尔·克罗的《1750—1900年期间的外星生命争论》,第171页。——作者原注
④ 雪莱此诗句的译文均摘自邵洵美的中译本(中译本有关信息参见本书第八章第一节译注),个别字句有所变动。——译注

在第二幕里，阿西亚①描绘了人类在地球上刚刚出现时的艰难处境。这与戴维在讲演中对科学带来希望之前的描述非常接近——

>……他颠倒着季候的次序，轮流地降下了
>狂雪和猛火，把那些无遮无盖的
>苍白的人类逐进了山洞和岩窟；
>他又把强烈的欲望、疯狂的烦恼、
>虚伪的道德，送进他们空虚的心灵……
>普罗米修斯见到了，便把瞌睡着的大队希望唤醒。[32]

第四幕里有一段潘堤亚②描述电能的独白，简直就像是在解释当时还没有被悟出的原子的核式模型——

>一个星球像旋风般高歌和狂奔，
>它正同千千万万星球一样，仿佛是
>结实的水晶，它的固体好比一个
>来去无阻的空间，流动着音乐和光明。
>成千累万个圆球互相缠绕，互相混杂，
>有青的，有紫的，也有白的和绿的，
>还有金黄色的；星球里头又有星球；
>星球和星球中间，每一个空隙
>都挤满了奇形怪状的东西……[33]

而全诗剧中最令人称奇的部分，或许当推月亮向地球吟唱的爱之曲。这本是一首纯系表现爱慕之情的传统格调的浪漫诗歌，却美妙地嵌入了重力影响下的行星轨道、潮汐因引力的形成和磁场的作用等科学内容。非但如此，月亮的吟唱字句中还带有一种有如催眠的哼鸣效果，给人以感到物

---

① 一个海洋女神的名字。——译注
② 一个水仙女的名字。——译注

质粒子在空间旋转的音响感觉——

你环绕着太阳急急地转，
大千世界中可算得最辉煌，
一个碧绿又蔚蓝的星球，
散发着无比神圣的光流，
你是天上最亮的一盏灯，
给上天带来了生命和光明；
我原是你纯洁的情人，
长着一对磁石般的眼睛，
北极的天堂给我一种力量，
使我夜夜陪伴在你身旁：
我是一个热爱狂恋的姑娘，
她那颗柔嫩弱小的心灵上，
过重地载负着深情和蜜意，
如痴如醉地侍候着你，
正像一个新嫁娘，从下到上、
从右到左，百看不厌地对你端详……①[34]

四　老套路难以为继

随着"浪漫科学"的新浪潮冲击到摄政王朝的各个角落，班克斯将注意力更多地集中到了保持英国皇家学会的崇高名望上。多年来，他始终致力于保持英国在科学领域中的高水平地位，并一直力图阻止建立新的专业学会。比如，对英国地质学会和英国皇家天文学会的成立（分别建于1807年和1820年），他都做出了反对的表示。反对的原因正如他在1818年的一

---

① 这段吟咏未必应看作是雪莱对威廉·赫歇耳和他的忠诚的助手妹妹卡罗琳的歌颂。不过不妨提一下，诗人在这里所设想的从月亮上看到的"碧绿又蔚蓝的星球"，的确与阿波罗宇航员在月面上所见的地球景象一致。他们于1968年12月在月球上所拍摄到的经典照片《地出》，正印证了诗人的这一想象。——作者原注

份书面材料中所指出的:"很简单,我认为,所有这些花样翻新的种种学会,到头来都会起到从英国皇家学会里分家出去的作用,结果是让老家长连家底儿都保不住。"[35]英国地质学会成立时,推举他为荣誉会长,他当时接受了,但两年后便坚决辞谢了这一头衔,以此明确表示不能接受该学会的独立宗旨。

班克斯意识到,新成立的英国皇家天文学会势必会以在天文学领域做出的新发现,抢去英国皇家学会的风头。因此,当他一得知萨默塞特公爵爱德华·阿道弗斯·圣莫尔(Duke of Somerset, Edward Adolphus St. Maur)接受了该天文学会首任会长的聘任后,便马上请这位贵族来自己家里用早膳,说服了这位有着翩翩公子名声的人物,结果是他未曾走马上任,便已挂印辞官。班克斯施展种种手段,使皇家学会的多数会员都会在接到该天文学会的邀请函后,不但以书面方式表示回绝,还会将回复的副件呈递给这位大会长。[36]

其实,班克斯这是在阻挡历史的大潮。然而,年轻人却是要弄潮的。正因为如此,将天文学家们从英国皇家学会召唤出来的,就是来自剑桥的两名青年——约翰·赫歇耳和查尔斯·巴贝奇。科学的分科化和科学界人士的职业化,已经开始在大学里形成,而且很快就成为维多利亚时代科学的普遍现象。班克斯也没有料到,最早察觉到这一新趋势,并抓紧机会写进一本篇幅不大然而重要的书中的,竟然是一名女性。这本书是《物理科学各科之间的联系》(1834),作者是玛丽·萨默维尔,一名英国皇家学会会员的妻子。这位女性享寿91岁,牛津大学的一所学院在她去世后以她的姓氏命名以志纪念。只是有一样,她一直未能入选英国皇家学会。

班克斯始终保持着带有启蒙时代特征的理念,那就是科学是一个统一的整体。然而,他在具体行事时,浪漫的本能却越来越多地被保守的政策所滞碍。在他领导下的英国皇家学会的选举已经一步步流于形式。此外,会员中神职人员的比例超过了十分之一(其中有一大批是主教级人物),又有将近五分之一的会员是有产业的贵族。而在学会的领导机构理事会里,这两类人更占到了四成。[37]诚然,这些人中未始没有称职的科学界中人,但在年青一代的会员中,已经有越来越多的人感到呼吸不畅、格格不入和受到排斥。这可是与当时的社会环境很不协调一致的。

认为学会的所作所为与社会形势背道而驰的看法，在伦敦以外的地方性学术机构里更是强烈，特别是在制造业发达的中部和北部大城市里。令约翰·赫歇耳和巴贝奇难以接受的是，曼彻斯特的化学家约翰·道尔顿，居然没能入选皇家学会，迈克尔·法拉第也没有因取得的成就荣膺奖励。相当一批年轻会员尖刻地称班克斯是"信差"。不过，当巴贝奇打算向爱丁堡大学申请一份数学教授的工作，却因自己并非苏格兰人而觉得棘手，找到班克斯头上请他写一封推荐信时，班克斯不但写了这封信，而且给巴贝奇的回信还写得十分恳切和真诚："再见，亲爱的先生。请相信我的一片真诚。热切地希望你能取得成功。谨致敬意。"[38]

班克斯已经感到了年龄的压力，身体日见虚弱，行动日益艰难，也察觉到自己已失去部分人望，因此想到了是否还应当接着干这个会长。他私下里也向一些人交底儿说，他的眼睛连看显微镜都困难了，痛风造成手臂关节火烧火燎地疼痛；尿酸在肾内形成结石，经常会随小便排出；腰部和背部也总是一抽一抽地痛得厉害。1819年11月，他写信给亲信布莱格登，诉说自己的犹豫："会里又要选举了。想到要不要接着当这个会长，心里很不得劲儿。如果我再次当选，就将是我的第四十二任了。我觉得，无论是什么人，当到了这种程度，就是抱负再大的人，也会感到满足了。"布莱格登注意到，这位老会长连算术都不大灵了——他目前担任的，可是第四十轮会长呀。[39]

选举的结果却是仍非班克斯莫属，他被"一致推送到会长席上"。然而，这一年的冬天在英国很不好过。"寒冷和天气与我过不去。我可以说是什么科学活动也无缘参加了。老国王[乔治三世]逝去了，乔治四世身体又严重违和，结果是一切都裹足不前。"[40]

其实，班克斯还在同自己的得意弟子一起筹划，共同憧憬，力争让英国的科学事业继续前进。他安排海军上尉威廉·爱德华·帕里取道巴芬湾（Baffin Bay）赴北极探险，途中再次探查打通从大西洋取道北冰洋进入太平洋的海上通路——即所谓西北航道①——的可能性。28岁的帕里勇气

---

① 西北航道，又称西北水道，是北欧沿海诸国多年寻求的能够穿越北冰洋连接起大西洋和太平洋的海上航道。包括书中这里提到的北极探险家帕里在内的多人都曾试图开辟航道而未能成功。最后的胜利是1903年由挪威探险家罗阿尔·阿蒙森（Roald Amundsen，1872—1928）取得的。——译注

十足地压下对探险前景的忐忑，应召前来索霍广场32号赴班克斯那远近闻名的早餐会。从他对这次晤面留下的生动叙述，可以看出班克斯是强打精神，硬充健康的——

> 刚交10时，班克斯夫人和［索菲娅·］班克斯女士就先过来了。我们没有等爵爷出来，我先按正式礼节被引见给夫人。（爵爷5分钟后来到——是坐在轮椅上被推进来的。）我们就座用餐，爵爷亲切地同我握手，告诉我，他对我当内科医生的父亲有极高的敬意，也很高兴认识他的儿子。对我被选中担当此西北探险重任，他表示很感欣悦。早餐用毕，我推着他的轮椅进入与书房相连通的接待室。他开门见山地切入正题，展开一幅地图，那是他自己刚画的。北冰洋的形势都在图上一一标出——就连格陵兰东海岸边不久前才消失的巨大冰区也都在上面……他告诉我，他愿意我常来看他，什么时间想来都可以（"越常来才越好"）；他的藏书，只要是我觉得有用的，尽管拿走去读。他还非让我将他的那幅地图带走……有了他的许诺，我以后肯定会不讲客套地来他这里看书了。我有机会肯定会来……[41]

班克斯在他人生的最后一个春天里，一直焦急地等待着来自"咱们的北极探险家们"的报告和有关这一活动的进展情况。帕里为这一探险目的而专门打造的"海克拉号"军舰，"既结实又适用，凡用木料和铁材能做到的，这条船都做到了"。它在北冰洋海冰区行驶了两年，这便使班克斯未能等到自己的弟子回来。帕里是历史上第一位乘船通过危险的兰开斯特海峡（Lancaster Sound）的航海家。他将海峡尽头处濒临波弗特海①的一座冰封的小岛命名为班克斯岛（Banks Island），以志对这位大人物的纪念。[42]

班克斯在他生前拟订的最后一批计划中，有一项是他特别积极的，就是物色一位出众的青年天文学家到南半球去，在那里建起一座大型天文

---

① 波弗特海的英文为Beaufort Sea，以在气象学领域科学地将风力分级（蒲福风级）的弗朗西斯·蒲福的姓氏（Beaufort）命名，但由于译法的不统一而在地理学中沿用至今。——译注

台,对南天的星空进行观测,一如威廉·赫歇耳对北半球的星空所做过的那样。他一直在寻找适合的人选,但始终未能找到,而这个人其实一直就在他的眼皮底下。[43]

1820年春,班克斯患了黄疸病,而且非常严重。他最后的几封信是从索霍广场家中写给当时在巴黎的布莱格登的。其中一封写得很短,最后也没有签名,只写了"匆草"两个字。不过从信中可以看出,他一向的广泛兴趣并未稍微减退。他对一种用于测定酒精含量的便携式测量计发表了看法,评论了一通含有鸦片的大名鼎鼎的野药"兰开夏黑水灵"——"据信作用类似于吗啡,也同样会导致抑郁情绪";还提到他弄来了两条非常可爱的纽芬兰犬幼崽,就是送给布莱格登的,准备一找到合适的人,就乘邮车给他捎到巴黎去。

然而,这两条狗没能见到它们的新主人。两个星期后,查尔斯·布莱格登在与贝托莱和拉普拉斯一道喝咖啡时猝然死去。班克斯闻讯悲怆不已,这可能是丹尼尔·索兰德这位曾与自己一道乘船远行、并肩研究科学的老朋友离他而去之后,对他的最大打击。[44]

1820年5月末,约瑟夫·班克斯爵士从索霍广场家里写信给英国皇家学会,请求辞去自己的会长职务。信中的字迹还是清楚工整的,他说自己"听力和视力都严重下降",到了无法发挥会长职能的地步,但学会一致决定请求班克斯留任。他批阅的最后一封信,可能是格拉斯哥(Glasgow)的植物园园长寄来的。信中附有一份他们那里最受欢迎的稀有植物品种的名单,其中至少有10种是列入与他的姓氏有关的拔克西木属①的。也许班克斯并没有子息,但他有无数的植物果实延续着他的姓氏。

约瑟夫·班克斯爵士于1820年6月19日与世长辞。在他长期患病期间,他的妻子不辞劳苦地照拂着他。[45]在英国皇家学会里一连担任了逾四十年会长的人离去了,这使人们感觉到英国科学的一个特别的时期已经结束。不出几年,这种感觉进一步强化为一种不确定感和危机意识。

---

① 拔克西木属的英文为Banksia,从班克斯的姓氏(Banks)变化来的。"拔克西"也是"班克斯"的讹音。目前已发现属于此属的植物有170多种,主要生长在大洋洲。——译注

五　失败的新任会长

如今谁是英国皇家学会最适合的会长人选呢？初步意向集中在汉弗莱·戴维爵士身上。1820年6月16日，亦即班克斯去世的前3天，从欧洲漫游了一番的戴维闻讯赶回伦敦。会长的位置现在空了下来，而戴维也觉得，得到这一地位是通向自己职业生涯的自然顶点。他在写给母亲的家信中正是这样说的。他还送给母亲一条漂亮的意大利披肩，给几个妹妹送了珊瑚项链，都是打包寄到康沃尔的。在这个重要时刻，他只身一人待在伦敦，珍妮决定留在巴黎。他们都很明白，刚刚结束的第二次欧洲大陆之旅，并没能弥合他们婚姻的裂痕。

当此皇家学会遴选会长之际，戴维比以往任何时间都更需要与珍妮达成某些协议。戴维催促珍妮赶快回到英国来，而且不应再提起离婚之事，当然，这主要是因为事关英国皇家学会。结果是双方都同意在公共场合仍然一起露面，而私下里和旅行时都各随己便。就这样，这两个人都被社交的需要捆到了一起，真是够别扭的。在达成这样的协议后，他们随即就在初夏时节卖掉了格罗夫诺街的住所，买下了公园街（Park Street）一处更大的豪宅。这里与格罗夫诺街毗邻，位于格罗夫诺广场（Grosvenor Square）西端更加时尚的位置，海德公园就在近旁。这所房子设计有多组套间，每组套间里都有不止一个房间，楼梯也不止一组。在这里，珍妮和戴维都可以更独立地各自过活，同时给外界造成英国"科学第一夫妻"双飞共栖的假象。

戴维将自己的全部精力，都投入到游说学会会员们推选他为会长上。他又是写信活动，又是不事声张地请人赴宴。他的老朋友戴维斯·吉迪干起了事实上的竞选组组长。他的高知名度、他的贵族头衔，以及他发明的安全矿灯为他在国内外博得的声名，使主张选他当会长的呼声很高。但也出现了不赞成他当选的声音：贵族中有些人鄙视他出身于康沃尔这种小地方的背景（与班克斯又是伊顿公学、又是牛津大学的履历无法相提并论），一些年轻人则有另外一种顾虑，就是他的社会地位的功利心已经淹没了他的科学进取精神。

除了戴维，另外还有一名会长候选人，此人便是脾气温和、为人谨慎、不喜欢出头露面、对事业无比投入的化学家威廉·沃拉斯顿。（班克斯去世后，他被指定为临时会长。）激进的年青一代大多拥戴他，特别是剑桥大学的一批年轻人，如巴贝奇、休厄尔和约翰·赫歇耳等人。人们有一种感觉，就是沃拉斯顿是英国化学最纯正的代表，而戴维虽则大名鼎鼎，却是个颇有争议的人物。约翰·赫歇耳在1820年6月写给巴贝奇的一封私人信件中，以其激烈的态度表示说："反对戴维入选的理由应当集中在一点上，就是以个人品性而论，他并不适合担当这一职务。听说此人狂傲至极，听不得他人提出反对其科学观点的意见。像这样的人，一旦有了权力，就会用来压制反对他的力量，置他所不感兴趣的研究于不顾，更会使英国皇家学会卷入与欧洲其他学术机构的带有个人意气的争斗。"

他的这一指斥，明显地针对着两类事情，一类以戴维对待法拉第的态度为代表，一类以为争居先权与盖-吕萨克和法兰西科学院闹得不可开交为佐证。[46] 当时，约翰·赫歇耳与戴维并没有任何私人交往，都是根据传闻做的结论。而沃拉斯顿正是对这两类事情都避之唯恐不及的人，想到当会长，就必然不得不与科学界中的人士发生争执，这令他不寒而栗。结果他突然宣布退出竞选，并表示希望戴维入主学会。选举日期定在1820年11月。

不久前从新加冕的国王乔治四世那里得到了贵族头衔的沃尔特·司各特，邀请戴维和珍妮前往苏格兰共度夏末（夏末在苏格兰是猎松鸡的季节），他们都接受了。两人来到司各特的名叫阿伯茨福德庄园的家——各人走各人的路前来。不过，两人都很喜欢与苏格兰贵族的周旋，也都喜欢与文人们相处。司各特的两个文人女婿，岳丈去世后为他作传的约翰·洛克哈特（John Lockhart）和写过小说《性情中人》的亨利·麦肯齐（Henry Mackenzie）都深受珍妮吸引，在无尽无休的出猎途中，一直在马车里陪伴着她。戴维的白天时光多以在湿地打猎打发，晚上则在司各特的吸烟室里消磨。司各特还施展了些外交手腕，将沃拉斯顿也邀了来。沃拉斯顿钓鱼的本领也不低，这使他和戴维很快有了交情，拿彼此的垂钓秘诀打趣。

洛克哈特后来还绘声绘色地写了一段记叙这段时光的文字。他说，戴维会一大早就穿齐甩钓的全套行头，戴上白色的宽边帽，大帽檐上挂了不计其数的鱼钩，一双绿色橡胶套靴高得连最谨慎的苏格兰渔翁都不会蹚上。不过，这位渔翁可是会坐在湿地边的野餐席上，一面啜着威士忌，一面凭记忆背诵司各特的《最末一个行吟诗人之歌》中的诗句呢。洛克哈特说，陪伴他们同行的苏格兰向导，听到戴维和司各特在篝火旁"口若悬河"，直到子夜都谈兴不减，不禁向洛克哈特发表感想说："我的天爷爷呀！今儿个咱可是开了眼咯！都是人物哟！"然后，他向上翻起眼睛，神情活像一只鸟儿，又说道："要是莎士比亚跟培根碰到一块儿，会不会也这样你一句我一句地较劲儿呢？"[47]

戴维回到伦敦后，便一帆风顺地当上了英国皇家学会的新会长，时间是1820年11月。从他12月的就职演说中能够看出，他是很想弥合学会内存在已久的不同歧见，并向全体会员奉上一幅"科学的进步与前途"的美好图景的。他在回顾了始自胡克和牛顿，又一直延续到威廉·赫歇耳和卡文迪什的"科学的实验、发现、推断"这一伟大传统后，又郑重地表示说，面对自己可说是相当于"将军"的领导职责，"我将一直乐于尽科学大部队中一名列兵的职责"。听众中恐怕有人是冷笑着听这番表白的吧。

戴维对几个科学研究领域——天文学、极地探险、热与光的物理学、电学与磁学、地质学，以及植物生理学和动物生理学的发展做了预言。在这几个领域里，人们后来确实都做出了特别令人鼓舞的新发现。他还注意特别提到了沃拉斯顿、道尔顿、约翰·赫歇耳、苏格兰青年物理学家与科学作家戴维·布儒斯特（David Brewster，1781—1868），以及几位法国化学家和他们的成果。他敦请会员们以培根与牛顿为精神榜样，在研究中谨慎地遵守"归纳推理原则"行事，研究中要冷静，但也要有热情，"将人类的能力提升到新的高度"。最后，他又发布了一纸训令，文字中既有挑战色彩，也有警告意味："让我们一起奋力工作，不懈努力，去实现我们的抱负——或许是我们最崇高的抱负：让我们去获取，去得到有可能对人们有用的东西。**切勿让后人指责，说我等在帝国处于光辉伟大的顶峰之际，却使她的科学走向了衰落……**"[48]这最后一句话，后来成了令学会时时不安的思想包袱。

戴维在上任之始，是想重新争取到青年一代人的支持的。这可以从好几个方面看出来。比如，他请约翰·赫歇耳（现年28岁）来公园街他的宅邸款待他以求结识，又同意拨款给查尔斯·巴贝奇，帮助他研制著名的第一台"差分机"即计算机。1821年，他批准将科普利奖章授予小赫歇耳，以表彰他有关偏振光的研究成果（当年则是班克斯批准，将同一荣誉授予了发现天王星的老赫歇耳）。戴维还在颁奖仪式上发表了动人的讲话："你眼下风华正茂、事业只是刚刚起步，有实现在物质世界中开拓与加深种种知识的禀赋，也有实现此等目标的条件……你已功成名就，唯愿更上一层楼。"在讲话结束时，他又提到了老赫歇耳爵士的成就。他说，这位老人已经几乎成为一位传奇式人物。他希望约翰"以自己的父亲为光辉榜样。他有着漫长卓越的事业和诸多的荣誉，看到你事业有成，必感无限欣喜。他也必定希望他的名字和你的名字，双双荣列科学史籍，父子共同流芳"。这番话固然心长，但在约翰听来未免会觉得语重。巴贝奇听到耳里，又可能会认为有些不伦不类。[49]

还有一件怪事发生，就是戴维对既是他的前任，又一直很关照他的约瑟夫·班克斯爵士做了一件很"不上路"的事。在此类场合，戴维本应对这位前任大大称颂一番的，更何况无论在举办贝克年度系列讲座上，还是在研制安全矿灯上，他都得到过班克斯的鼎助呢！然而，他却莫名其妙地传发了一份对班克斯大有不满之意的提要："他在植物学上有一定成就，对博物学也有多方面的知识。他是个自由派的好好先生，说起话来天马行空。他不常读书，所涉亦往往不深。他一向愿意帮助科学界中人更好地进行研究，但总要站在保护人的位置上，听起奉承话来更是多多益善。对于自己当年的旅行，他谈起来会乐此不疲。他天生适于趋奉丹墀，也因此深得上一朝国王的倚重。他在英国皇家学会的行事方式太像在家里，又将自己的家弄得有如一个朝堂。"[50]

戴维就这样将班克斯贬成了一个老族长式的人物，而且还是个外行族长。老会长一手建立起来的庞大的科学网络，如今却得不到新会长的承认，班克斯为使英国的科学在战争期间仍旧保持活力未曾与世界脱节所做的贡献，也成了不足他戴维挂齿的区区小事。最要不得的是，戴维对自己向他所负的个人人情债竟然只字不提；班克斯与病痛和身体的种种不便勇敢地抗争，在戴维的眼里也没有丝毫的价值。不知道他这样做，是不是出于在此时为自己迅速建立个人权威的急切用心？又是不是想要以此邀得为科学界中年轻一辈人代言的资格？不论他的居心如何，这份东西起到的作用是很有害的，又是令人难解的。

当选会长后的第一个夏季，戴维回到了故里彭赞斯，此举颇有衣锦荣归的味道。当地市长为他举行了公众宴会，又是会见，又是祝酒，还举行了一场舞会，遍请全郡名流前来参加，可让戴维的老母亲乐坏了。新成立不久的英国康沃尔地质学会请他赴会，并被新推举出的第一任常务秘书、生性诙谐的约翰·艾尔顿·帕里斯奉为上宾（这位上宾也有大大的慷慨回报）。这位帕里斯还可能借此机会向戴维表示了将来为他作传的心愿。这个机灵人不会不注意到，戴维夫人根本不肯陪着丈夫回家看望婆婆和小姑们。① 戴维这一年42岁，开心地扮演着富贵还乡的角色。他在寄往萨默塞特郡的一封信中，以如在梦中的感觉对自己的老朋友汤姆·普尔说："我正在享受大自然的壮美，又一次回到童年和少年时光……我也正在恢复原先的种种联系，并尽量将感情集中到当年的几件简单的事物上。"[51]

当上皇家学会会长的戴维，一度觉得自己已经实现了人生的最大理想。然而，这位在实验室里言出法随的天才，也将自己的专断施之于学会的理事会，变成了那里的大独裁者。结果是三年之后，他心灰意懒地注意到，尽管他在公众心目中的形象依然崇高，但在学会里却没有什么人望。他对地位的热衷和他的势利眼，经常是人们的讥讽对象。加之他又不具备发现人才的本领，结果就正如约翰·赫歇耳担心的那样，没有涵养，处处树敌。

他的缺点在对迈克尔·法拉第的态度上表现得尤为鲜明。法拉第是戴维手下的出色人才，如今已29岁。他交了一位女友，经过两年交往，包括互赠了不少情意绵绵的小诗后，在1821年幸福地结为连理。[52] 新娘名叫萨拉·巴纳德（Sarah Barnard），也是桑德曼派信徒，面容姣好，说起话来

---

① 彭赞斯民众一直对戴维夫人印象不好。或者这与她从不曾降尊纡贵，到他们这个边远的沿海地区来看一眼不无关系。在彭赞斯的集有市场街，立着一尊很大的戴维石像。我不止一次地听人指着石像身上缺了一枚纽扣的外套对我说："他的太太不是个好妻子，丈夫的纽扣掉了都不管缝上！"——作者原注

细声慢气。结婚后，她高高兴兴地住进了丈夫在英国皇家研究与教育院的陋室，为的是不影响他在下面实验室的繁重工作、讲演及撰写论文。通过工作，法拉第与法国科学界建立了密切联系，与皮埃尔·阿谢特①和安德烈·安培的关系尤为亲密。[53]

可是，法拉第的薪水却没有增加。1823年，戴维竟做了一件荒唐事，就是反对法拉第入选皇家学会。在此之前，法拉第已被推举为佛罗伦萨科学院和法兰西科学院院士。戴维反对的理由是，法拉第照抄了沃拉斯顿的某些电磁实验手段，还谎称自己有居先权，导致沃拉斯顿的很大反感。而事实是，法拉第早就在这一研究领域确立了自己的权威地位（而且不久后就实现了这一领域的革命）。退一步说，在涉及居先权之类的事情上，法拉第也一向小心谨慎，因此即便当真出现过此类情况，也肯定不会是有意如此。更何况沃拉斯顿在此事上也表示希望息事宁人呢（这是他一向的行事准则）。看来戴维就是无法接受法拉第在科学界的崛起。

而在越来越多的支持法拉第的人看来，戴维就算不是故意如此，至少也是下意识的反应——他实在是太嫉妒自己当年的这个手下人了。也有一些人认为，当初有关安全矿灯居先权的种种不愉快经历，使他形成了对此类事情过分敏感的心理。另外又有人更往糟糕的方面设想，觉得这位爵爷中了夫人的毒，也将法拉第视同仆役，并更走向了极端。因此，约翰·赫歇耳曾表示过的担心再次被证实了。法拉第的入选一事，随着在学会内部的不断争论，上升为学会的一桩大尴尬。到后来，支持法拉第入选的人中不但包括约翰·赫歇耳、巴贝奇和查尔斯·哈切特等，也有戴维在布里斯托尔气疗诊所工作时的相知彼得·罗热、钓鱼发烧友托马斯·巴秉顿、戴维竞选会长时充当啦啦队小头目的戴维斯·吉尔伯特等。就连沃拉斯顿本人也站到了支持法拉第的一方。

就这样，法拉第的入选问题，前后表决了至少有11次，在英国皇家学会的历史上是空前的。1824年1月，这场旷日之争终于尘埃落定，法拉第得以入选。皇家学会的会议记录表明，仍有一人投反对票，由于选举是不

---

① Pierre Hachette（1769—1834），法国数学家，对画法几何有重要贡献，并培养出了相当一批数学家。——译注

记名的，因此无从确知，但显然系戴维所投。在这件事上，这位会长到头来落得了一个孤立的丢脸下场。[54]

甚至还有传闻说，戴维故意怂恿法拉第进行一项有生命危险的化学实验，结果险些造成法拉第失明。据传，在1823年3月的一个星期六晚上，戴维来到英国皇家研究与教育院位于地下室的实验室看法拉第工作。他以不经意的口气，建议后者将氯酸钾与硫酸混合起来，放入玻璃试管内密封加热，以进一步分析氯的结晶情况。（氯酸钾可用来制取医用纯度的氯，而氯正是戴维的重大发现之一。①）戴维走后，法拉第便照他说的做了，结果是发生了爆炸。对这一事故，法拉第本人是这样说的，"玻璃碎片像子弹似的射到了窗外"，将他的脸都划破了，玻璃碎屑都迸进了双眼。妻子萨拉整整一晚上都在看护他，细心地用海绵蘸着冷水洗拭伤口。

这一阴毒手法越传越有人信。此事过了十三年后，还有人向法拉第问起此事，而法拉第也并没有断然为自己当年导师的清白辩解。戴维肯定是熟知氯酸钾的性质的。也许他当初对法拉第说这番话，是为了让他吃一堑长一智——挑明了说，就是弄个圈套让他钻；也许他是想让法拉第知道，他在化学方面与自己相比还差得很远。"爵爷没有告诉我他的预期结果，因此我没有思想准备。他看来是早就有所考虑的，而我当时并没有往深处想。也许他不点明，是为了考查一下我的能力。"[55]

这样的解释并不令人足信，但即便果真如此，也说明戴维的人格有问题。看来他的确不怀好意来着。不过，这也从另外一方面说明，已经结了婚（并已31岁）的法拉第，仍然自视为戴维的小徒弟，觉得师傅自然有权考查自己的"能力"。法拉第还没有告诉人们，他的这一实验其实持续了好几天，其间发生了不止一次爆炸。第一次爆炸并不剧烈，是有惊无险的一次。这使他意识到了危险的前景，但还是继续按照原方式试验。撼动了整个实验室，也险些使他失明的爆炸是第三次。如今在实验室里工作的人，都要按规定佩戴防护眼镜，但在那个时候却并非如此，法拉第和戴维工作时都不戴它们。此事反映出当时正在科学界中开始形

---

① 氯是瑞典化学家舍勒发现的，但没有意识到它是一种元素，而这正是戴维的贡献。——译注

成一种重要的人际关系，具体而言就是导师与助手、老师与学生、师傅与学徒之间的关系。①[56]

戴维在英国皇家学会以外的活动要成功得多。他结交了不少新朋友，最重要的是政坛新星、时任内政大臣的罗伯特·皮尔（Robert Peel）。戴维也同自己的前任班克斯一样，致力于促成英国政府对科学与技术作用的认识。由于皮尔的促成，他当选为大英博物馆理事，并以这一身份行事，为——将该博物馆迁至大拉塞尔街（Great Russell Street）新址，以及将乔治三世的珍贵藏书连同藏书室建筑纳入博物馆，使之成为此馆的著名部分——国王藏书室出了力。除了书籍，这批收藏中还包括若干古希腊和古埃及雕塑，它们给雪莱、济慈和利·罕特都带来了灵感，写出了若干优美而又深刻的十四行诗，吟咏大自然、时间和古老的国度。雪莱的十四行诗《奥西曼达斯》，就是以看到拉美西斯二世②的巨大胸像石雕为由头而作。此诗发表后不久，雪莱便离开英国，前往意大利居住。看来，这首作品很可能是因有感于帝国的强横傲慢而发。[57]

戴维希望大英博物馆能更多地反映科学领域的内容，还希望它更进一步向广大公众开放。他提出建议，认为应当将全馆分为三个大单元，管理上各自独立。这三个单元分别是："一个出色的公共图书馆、一个美术馆，以及一个科学馆"。经过博物馆理事会历时四年的无尽无休的开会讨论（这可不是戴维的强项），还是没有什么进展。他在1826年写下了这样

---

① 这种界限不明的关系仍存在于今天的研究队伍中。也就是说，是助手还是合作者，其间的界限往往并不分明。对此，《自然》（Nature）杂志等一些科学刊物，以及英国的许多大学已经做出规定，要求指导教师必须将参加项目的研究生作为合作者在论文上署名。不过不正常的现象仍然存在。目前有人认为，埃德温·哈勃所发表的有关红移的历史性论文中，有很大一部分工作是他的非常擅长恒星摄影术的助手米尔顿·赫马森（Milton Humason）完成的，但并没有得到应有的承认。威廉·劳伦斯与阿伯内西，以及盖-吕萨克与贝托莱，都是类似的例子。也许这一现象在卡罗琳·赫歇耳与她哥哥之间表现得最隐蔽，也最复杂。——作者原注

② Ramses Ⅱ（公元前1297—前1213），古埃及第十九王朝法老，其执政时期是埃及新王国最后的强盛年代。据说他迫害犹太人，遂使摩西带着犹太人出埃及。这就是《圣经·出埃及记》中记叙的内容。奥西曼达斯是他的另一称法，系希腊人当时对他的称呼。大英博物馆收藏有他的巨大石雕胸像。原雕像为全身坐姿，立于埃及古城底比斯拉美西斯二世的陵庙入口处，先是拿破仑入侵埃及时打算将它掳至法国，但未能成功（为此目的还将胸像右部凿出一个洞眼），后被英国人弄到伦敦。此胸像高2.7米，重7.25吨，由一整块花岗石凿就。——译注

一条感慨:"我去过大英博物馆了。科学馆的情况实在让我绝望。理事会的脑袋里只装着美术一件事,因为只有这一类是能赚钱的。"①[58]

戴维还接过了班克斯生前最热衷实现的项目之一,即建立伦敦皇家动物学会。他与斯坦福德·拉弗尔斯爵士②一起筹划,找好了地点,并准备在摄政公园里辟出一块地方来饲养动物。戴维和皮尔都同意将这个地方办得能与巴黎大植物园相匹敌,重点是从全世界搜集来动物,再进而找到使这些动物适应北方气候的驯养方法。设想到这里,这位爱打松鸡的人忍不住在计划里加了一句话说,这样就可能搜罗到"8—10种松鸡"。他还接过了班克斯对极地探险的热情,连班克斯的探险传人帕里也"接收"了过来。1826年7月,应邀在公园街戴维府上做客的玛丽亚·埃奇沃斯,在从卧室出来吃早餐时,看到了"脸上兴奋地放光的爵爷,他急不可耐地告诉我说,帕里船长已经受命,马上就要进行一次新的极地探险"[59]。

戴维还与其他一些人一起,创建了只吸收男性会员的"智慧俱乐部"。他参加这里的活动,既躲开了太太,又不影响自己的面子。由于这家俱乐部也设在学会所在地萨默塞特大厦里,对戴维就格外方便了,简直像是会长的另一处书房。他向俱乐部的另一名创建人、托利党议员、海军总长约翰·威尔逊·克罗克(John Wilson Croker)建议说,凡参加这一俱乐部的

---

① 馆址设在伦敦南肯辛顿(South Kensington)的英国自然历史博物馆于1881年开放。科学博物馆则于1885年落成。大英图书馆迁至伦敦尤斯顿路(Euston Road)的新馆于1996年投入使用后,国王藏书室也一并搬入新址,并成为中心建筑的主体部分,设计成主楼正中心的一个六层楼高的巨大玻璃书架形状。值得注意的是,新的大英图书馆基本上体现了戴维当年的设想,辟有科学阅览室和人文阅览室,而且都有多间。此外还辟有珍本室、地图室和手稿室。馆内还开设了两个艺术馆,陈列内容不时更换。主楼梯旁安放着法拉第的青铜塑像——但是没有戴维的。在馆前的庭院内,可以看到爱德华多·保洛齐(Eduardo Paolozzi)创作的巨大牛顿全身像(1995)。这座雕像是铁制品。牛顿被表现为坐姿,身体向前方探出,用一只圆规度量着世界。这一作品将几个对牛顿的不同认识奇妙地融合到一起:一个是启蒙时代对牛顿的推崇,观之使人联想起罗丹(Auguste Rodin)的《思想者》;一个是反映着站在对浪漫年代持否定立场的威廉·布莱克1797年的版画作品,即认为牛顿的工于计算造成了恶ích;它还令人隐隐想到弗兰肯斯坦医生的邪恶创造。——作者原注
② Sir Thomas Stamford Bingley Raffles(1781—1826),英国贫苦出身的著名政治家,长期在亚洲开拓殖民地。归国后被选入皇家学会,对建立伦敦动物园和创立伦敦动物学会出力甚多,建成后任前者的首任园长和后者的首任会长。——译注

科学界成员，都必须兼有文学与艺术的修养；而在它吸收的会员中，皇家艺术研究院会员与英国皇家学会会员应当数目相当。约翰·赫歇耳就是经他推荐加入这一俱乐部的。

但就是在学会之外，戴维也会搞小动作。在他的建议下，迈克尔·法拉第被指任为俱乐部的第一任常务秘书。此举使法拉第觉得，这是自己终于得到了承认的表示。然而，他很快就发现，这个"常务秘书"是个既没有什么地位又很耗费时间的工作，只是相当于一名办事员，干的无非是誊写名单、粘贴邮票什么的，拿的也是办事员的薪酬——100英镑。于是，他便一声不吭地再也不去了。这位当年的导师是何居心，实在是难以揣度，真不知道此举是有意提携还是故意羞辱。这也许导致法拉第觉得，老师这个人实在是捉摸不透。不管他是怎样想的，总之这使法拉第决定从此分道扬镳，靠自己的能力去打天下。

戴维与自己弟子的关系就一直这样扑朔迷离，也一直这样僵而不化，直至法拉第在1825年被提名为英国皇家研究与教育院院长为止。到了这一步，汉弗莱·戴维才不得不表示同意，快快地签署了委任状。至此，这位谦逊、敦厚，与自己的老师截然不同的迈克尔·法拉第，终于得到了应得的对待。而不久之后，他便在这一岗位上发出了灿烂光芒。

六 传奇兄妹的归宿

对约翰·赫歇耳来说，父亲和父亲的那台硕大的40英尺望远镜，都在自己头上投下了巨大的阴影。进入1820年后，约翰明白无误地看出，父亲确实是不行了。81岁的老人，已经摆弄不动那台大望远镜，写起科学论文来，也力不从心，提笔忘字了。儿子离开身边的时间稍长一些，他就会着急，就会发脾气。1821年，约翰同巴贝奇一道去欧洲大陆做第一次长期旅行，在法国和意大利从7月一直逗留到10月。在这段时间里，老爸简直是坐卧不安，度日如年。

约翰和巴贝奇在巴黎见到了亚历山大·冯·洪堡，听他讲述了自己于1799—1804年这五年期间在南美洲山林中的传奇式探险经历，从中受到了激励。洪堡记叙这段经历的《新大陆热带地区旅行记》问世后，很快便被译成欧洲多国文字。书中讲述了他对壮阔的亚马孙河流域的印象，和在攀登高度为20700英尺的钦博拉索山（Mount Chimborazo）时险些丧生的经历（他只登临到19309英尺处）等。更令这两人难忘的是，洪堡对科学所持的动态观点："要从迅速变化的现象中发现显现其中的伟大而恒定的自然规律，并由之推演出种种物质力之间的相互作用——也许说成相互竞争更适当些，因为事实就是如此。"[60]

此时的洪堡，已经成为普鲁士科学院这一重要科学研究机构的核心人物，而普鲁士科学院也是赫歇耳和巴贝奇心目中的蓝本。对老赫歇耳的成就，洪堡是很了解也很钦佩的，对小赫歇耳则很想考查一下。"依我之见，约翰·赫歇耳在创见上，看来不如集天文学家、物理学家，并又有诗人情怀的宇宙学家于一身的乃父……有关宇宙的科学，必然应当始自对种种天体的描述及对宇宙整体格局的基本了解，也就是说，应当给宇宙画出一张草图来。而威廉·赫歇耳就是勇敢地这样做了的人。"[61]不过，52岁的洪堡也以长者之风友好地接待了约翰，向他表述了自己对英国科学的仰慕之意，还提到当年曾在伦敦聆听过约瑟夫·班克斯讲述自己于1768—1771年环球旅行事迹的讲演。浪漫精神就这样在新老两代人之间传递着。[62]

在瑞士时，赫歇耳和巴贝奇将地质考察变成了登山冒险。他们攀登了阿尔卑斯山，来到了小说《弗兰肯斯坦》中医生与自己创造的怪物见面的地点——法国沙莫尼（Chamonix）山区的冰海冰川。他们还研究了山地风暴与云的形成等气象课题。在攀登每座山峰时，他们都会带上望远镜、温度计、地质锤，还有一只被称为"高山气压计"的仪表——据信有预警风暴的能力。[63]

约翰返回斯劳后发现，卡罗琳姑妈已经独自一人承担起了威廉的日常观测任务，而且也只有她，才能听懂威廉用越来越含混的口齿所交代的科学要求。她还帮助约翰归纳出能够有效使用那台笨重的40英尺望远镜"扫观"星空的程序。从这个时候起，她又一次担当起了天文助理的角色，而且依然能够彻夜在望远镜的高大木架上工作，让约翰好生钦佩。1820年，约翰与查尔斯·巴贝奇共同创建了英国皇家天文学会。他们为学会特聘的第一名荣誉会员就是卡罗琳。此举在卡罗琳和约翰之间结下了牢不可破的友谊。约翰一直坚决主张科学应当向女子打开大门，而他创建的学会所特聘的第二位荣誉会员也是一名女士——玛丽·萨默维尔。

到了这时,斯劳的天文观测站已不再有人使用。仪器设备遭到闲置,论文也堆积起来无人整理。威廉终日待在书房里——其实这个房间如今只是他在白天里闲待着的地方。他还不时地让卡罗琳修正某项计算,或者修改某篇曾投递给《英国皇家学会自然科学汇刊》的论文,其实都是无益之举。她自己也能做这些事,但都是十分吃力的事情,哥哥的折腾劲儿更是令她头痛。

如今,威廉和卡罗琳的健康都成了问题。漫漫长夜霜侵露浸的观测,使威廉罹患了严重的关节炎以致难以行走。卡罗琳的一只眼睛受了感染,找当地的一名医生(不是詹姆斯·林德)看了之后,下了肯定会失明的结论。这让卡罗琳煎熬了好几个星期,基本上将自己关在住处,严严地拉上窗帘,为将来再也无法观天望星而苦恼。然而她却渐渐恢复了视力,又能向望远镜里凝视了。这件事令她很受震动,让她意识到了自己的与世隔绝状态。其实基本上可以肯定,她的眼疾只是当时正在泰晤士河谷地区的穷人区肆虐的眼炎。就在不多的几年前,住在离斯劳不远处泰晤士河谷对岸大马洛县的珀西·雪莱,也在频繁地给穷人周济衣食的辛劳中,患过这种病。[64]

威廉·赫歇耳在他生命旅程的最后几个月里,身体越来越虚弱,行动也日益不能自主,可他仍不愿意离开星空。夏天时分,他用颤抖的手写了一张便条——他留下来的最后文字记录之一:"琳娜:一颗大彗星过来了。你过来帮帮我。你白天过来,跟我一起吃晚饭。如果你能在1点钟过来,我们还会有时间准备好星图和望远镜。我昨天就看了看这颗彗星的情况——它有一根长尾巴。"卡罗琳小心翼翼地将这张便条收藏起来,过了好几年后,她又在这张纸上用清秀的字体一丝不苟地附了一句话:"我将这张纸视为文物!纸上的每一画都是我亲爱的哥哥亲手所写,每个字我都视为珍宝。"[65]

即将走到人生终点的威廉,还让卡罗琳将他的最后一篇有关恒星的论文找出来,再加上他那台40英尺望远镜的一幅图片,送给一位好友留做最后的纪念。他告诉妹妹说,这是他那位朋友提出的请求。卡罗琳忍着泪水,跑到哥哥的书房,在凌乱的纸堆中努力寻找。好一番搜寻后,她总算在纷纷扬扬的灰尘中找到了这份东西。但一看题目,她的心又乱了:"这份从书架上找到的东西,我真不能再看第二眼。**说什么都不能!**"她这样回忆道。她将这笔记论文交到哥哥手中。"他用微弱的声音问我,这是不是他那篇谈及**银河系会有终结一天**的文字,我告诉他说:'是的!'他听了后现出满意的神色。这是他最后一次让我去书房为他找他的文章。"[66]

1822年8月25日,受册封为贵族、又得到全世界学术团体尊崇的威廉·赫歇耳爵士,逝世于斯劳家中可以俯瞰他那台巨大的40英尺望远镜的房间里。他被安葬在阿普顿的圣劳伦斯小教堂里,那里也是他当年举行结婚仪式的地方。下葬时只举行了非常简单的仪式。正如他生前担心的那样,爱子约翰当时在国外,没能与他见上最后一面。不过约翰回来后,在姑妈的催促下,写了一篇长长的墓志铭,并请伊顿公学校长将全文译成漂亮的拉丁文,刻在一块大理石碑上,安放于父亲的墓台。铭文中有这样一句隽语:*Coelorum perrupit claustra*,意为"他冲破了天堂外的障碍"。约翰用英文写的铭文草稿没能保存下来,在后来将拉丁文回译过来时,这句话又被一位朋友改译为"他跨过了挡在星辰前的栅栏"。[67]

《泰晤士报》上刊登了一篇悼念威廉·赫歇耳的长篇祭文,写得可谓名动一时。这篇文字也以四栏的篇幅刊于《绅士文摘》杂志当年的9月号上:"作为天文学家,他是本时代中无出其右的佼佼者;就其研究的深度与观测的广度而论,大概也堪直追不朽的牛顿。"《绅士文摘》还加了一句实事求是的评论:"在观测和由观测导致的烦冗计算上,他得到了其妹卡罗琳·赫歇耳小姐这位优秀人物的帮助。她以不知疲倦、不怕艰难的献身精神,完成了不适合女子天性的工作。对此无论如何称颂都不为过。"这样的评论,卡罗琳应当是满意的——当然,她不会接受天文学"不适合女子天性"的说法。[68]

就在这一篇祭文的下面,还登出了另外一则简短的讣告,说霍舍姆(Horsham)地区一名辉格党地方议会议员的儿子珀西·比希·雪莱,"据信因风暴死于意大利维亚雷焦(Viareggio)附近的海上……雪莱先生因其不道德的小说与诗歌而声名不佳。他公开标榜自己信奉无神论。现将他的著述标题列于下文:《被困缚的普罗米修斯》(原文如此)……"[69]。伦敦的《信使日报》也以差不多同样的态度告诉人们说:"专司放荡酸诗的雪莱溺水而亡——他如今该知道到底有没有上帝了吧！"[70]

十多年前在布赖顿见到过威廉·赫歇耳的诗人托马斯·坎贝尔，在《新月刊杂志》当年的10月号上发表了长篇文章，盛赞这位重要人物的一生。他在文中谈到，赫歇耳使普通民众对宇宙有了新的认识，知道了太阳系比牛顿设想的更大、含有更多的秘密；知道了星体会在无比广袤的空间和无限漫长的时间内产生，而且这一过程从不曾停止和中断；知道了太阳系所在的银河系，可能无非只是同一类存在中的一个，而这样的存在又数以百万计，因此人类所栖身的银河系，只相当于宇宙大海中的一个"宇宙岛"；知道了这个"宇宙岛"——人类在空间的美丽家园，也会如同蜉蝣和昙花一般，难逃衰落和消亡的结局。坎贝尔在用词上十分谨慎，避免与神学教义直接冲突，而以引用已经作古又时时疯癫的国王乔治三世对赫歇耳发表的评论的方式含糊对待之（尽管未必符合国王的本义）："赫歇耳不应当将宝贵的时间再用来'爬五道楼梯，逗弄小蝌蚪'。"[71]

在威廉得到的诸多荣耀中，有一项是将他与一个新星座联系到了一起。有人建议将它命名为"赫歇耳之镜座"①，并被天文学家詹姆斯·米德尔顿（James Middleton）画入了他于1843年编纂的绘制精美的《星图集》。该星座处在与双子座α星和双子座β星各有10°角距离的地方，很接近赫歇耳当年第一次看到天王星时的位置。

卡罗琳似乎觉得飘无所依起来，因此突然决定返回汉诺威，而且说走就走。约翰怎么劝都无济于事。于是，离开故园已将近50载、年龄已经72岁的卡罗琳，将自己的一切都迅速安排停当，并指定约翰为自己的遗嘱执行人。[72]哥哥去世前，曾为她安排好了一笔100英镑的终生年金，但她马上便转到了约翰名下，并指定后者按季度领取。看来，卡罗琳是打算将自己在英国的一切都迅速画上一个句号。

她告诉约翰说：唯一有可能使她留在英国的理由，是觉得自己还能作为天文助理，"给你——我亲爱的侄子，再添上一把力"。然而，她认为自己已经年迈，添不上这把力了。[73]她带着一张舒适的英国式大床、若

---

① 又称反射式望远镜座，但现已废止不再使用，所在位置上的星体被划归御夫座，在北天星空上。另外，在南天星空上有一个望远镜座，如今仍是一个正式的星座名称，但得名与赫歇耳无关。——译注

干天文学书刊，还有一只威廉在1786年给她打磨成的漂亮的7英尺"扫观镜"，"它将安放在我的房间里，是我的纪念物——正如那台40英尺望远镜是你父亲的纪念物一样"[74]。

10月16日，在伦敦的贝德福德广场（Bedford Square）为卡罗琳举行了最后一场纪念仪式以示告别，由威廉·赫歇耳夫人和约翰·赫歇耳主持。查尔斯·巴贝奇特意从剑桥前来参加，还差一点没能赶上。卡罗琳给他的临别嘱托——时间太紧，没能顾上说话，只以手势表示——是关于约翰的："我连说一句话的时间也没有了，只是拉着他的手，向我侄子的方向指了一下（同时喃喃说了些自己事后也记不清的什么），意思是**再一次**希望他们继续保持友情。"[75]

卡罗琳注定了要尽享天年——她又活了26度春秋，而且头脑一直清楚，记忆力也始终明晰，有时还会以相当尖刻的语言表述出来。她有一次这样说道："我没有给我哥哥做过什么，只是像一条训练出来的狗那样做事，也就是说，他要我做什么，我就做什么。"[76]她开始撰写与整理材料，将它们从汉诺威寄回英国。这就是《卡罗琳·赫歇耳回忆录与书信集》的初版。她是从威廉去世的1823年开始向前回溯的。这一工作进行得很慢。在此期间，卡罗琳始终不向自己在德国的亲友披露有关内容，只将写成和整理好的东西悄悄地分批寄到英国给约翰一个人看。即便如此，她还是犹豫再三，还要反复叮咛。她在信中坦率地告诉约翰："我的整个心思都用到了回想过去上，写出来的东西就如同跟你用纸*说话*一样，而且不想让［汉诺威这里］我周围的人知道。因为我清楚，这里没有人理解我，我眼前不断浮现的、心里所想到的和已经做过的事情，也都同他们没有关系。不过将这些都告诉给我亲爱的侄子，总不会有什么不妥吧？"[77]

卡罗琳和约翰之间经常有书信往来，并一直保持了二十年。卡罗琳间或也会吐露一些个人情感，但这种时候不多，不过毕竟会时有一闪，有如云朵会在适合观测的夜间突然消散片刻。"我比6个月前清瘦了不少。看着我的两只手，就又想起了你父亲的手。我们两人下双陆棋时，他的手就在我眼前不停地抖颤。"[78]

约翰在英国皇家学会发表的论文，卡罗琳一旦得到，就会马上阅读，一篇也不漏过。她从侄子的不断的成就中得到巨大的欣慰，仿佛从中感受到他亲爱的哥哥仍然活在世上。她将德国的新技术书籍及论文源源送给约翰，还特别建议他阅读谢林的著述："你想从德国得到什么出版物，一定得让我弄给你，而且不准你提钱的事。"要是约翰没能及时回信，卡罗琳也会像许多上了年纪的人那样大为光火。

卡罗琳解释自己为什么慷慨时所说的话会表明自己的性格："我时不时地有必要将用不完的钱花掉一些……为的是与我'女太常寺卿'的地位相称……在汉诺威这里，人们不但盯着我看，甚至还跟着我看。"[79] 她为约翰结集了一份新的大部头《星表图册》，其中收入了2500处星云，都是经过重新计算的。她希望当约翰有机会进行他最向往的旅行，在南半球的星空下看到新的星辰时，将它们添入这部图册。在赫歇耳和巴贝奇的努力下，英国皇家天文学会同意向卡罗琳颁发本学会1828年的最高奖项——英国皇家天文学会金质奖章。在颁发给她的这枚漂亮的奖章上，她的全名镌刻在以威廉·赫歇耳的40英尺望远镜为背景图案的下方，上方则是该学会的箴言的拉丁文 *Quicquid Nitet Notandum*——"凡发光者，切莫放过。"[80] 只是如今的卡罗琳，却已经不大可能亲自看天上的发光者了："每周都有两个或者三个晚上浪费在应酬上。再说也**看不到多少天空**——一排排的房子，屋顶都高高的。"[81]

当约翰来汉诺威访问时，发现卡罗琳的精神比以前还要足。由于多年来一直在夜里观天，她如今还大体保持着"日落而作，日出而息"的习惯。"她陪我在市里逛，上楼梯时一步两磴地跨。早上她神情怠倦，中午前一直发蔫，可越往后，她的精神就越足；而到了晚上10点钟时，简直就**神采奕奕**了，会不断地唱老歌，有时竟还跳舞呐！看到她这样，大家都很高兴。"[82]

倒是卡罗琳自己有事情挂心，她担心的是**约翰**的身体。她叮嘱侄子，叫他不能为了科学而不顾健康，更不要为了科学便不理会其他的一切。显然是由于回想起了哥哥当年的情况，使她劝告约翰说："我常常希望能看着你做事情，为的是能够（在必要时）提醒你，别像你父亲那样干得过了头。我希望能听到你从那台40英尺的大家伙的台子上安全走下来的声音……我知道，在一连2天或3天彻夜工作后，人会觉得何等疲劳和难受。我担心你在那台20英尺望远镜上工作得太拼命了……我很是担心——是为你担心，担心我等不到看到你幸福地结婚……你要能遇上一位既漂亮，脾气又好，还知道体贴的年轻姑娘，那可该有多好！请你在这方面动动心思，可别等到人也老了，脾气也怪了时再说。"[83]

七　用笔墨续讲科学

1823年，戴维本着自己提出的提高科学在国民中形象的宗旨，接受了英国皇家海军的委托，尝试解决一个重要的新问题。皇家海军新近装备了蒸汽机推动的战舰。然而，这些战舰上用铜皮包蒙的船壳，不但会在海水中迅速锈蚀，还招致海草和藤壶等生物附着其上。这两种影响结合到一起的结果是，新船投入服役后不久，航速就大大地降低，操作性能也很受影响。为解决这个问题，皇家海军大范围公开招标，戴维便主动承揽起来，希望也能像1815年冬天发明安全矿灯时那样，取得又一个让公众知晓的巨大成功。

这一次，戴维没有找法拉第协助自己。他迅速解决了这一锈蚀问题，而且解决得很出色。他从分析盐分对铜的锈蚀（氧化）过程研究起，经过一系列的实验，发现如果沿着船的走向在船壳上放置一些铸铁小块，由于铁块的氧化进行得更快，致使铜壳会带上"负电性"，便不致受到氧化了。他兴奋地写信给弟弟约翰，告诉他自己的这一"最漂亮和最不容置疑的"成果。[84]1824年1月，戴维在英国皇家学会宣读了有关这一发现的论文，随之又登上安装有由蒸汽机驱动明轮的最新型皇家海军战舰"彗星号"，一直驶向斯堪的纳维亚半岛，以检验改进结果。当他返回时，受到了报纸的热烈赞誉。

为了进一步彰显自己的这一成就，戴维又很洒脱地宣布，对于这一发现，他也如同发明安全矿灯时一样，不申请专利权："对这一发现申请专利，会给我带来巨大财富，但我愿将它献给我的国家。在所有关乎利益的方面，我都要坚决做到一点，就是活着时干干净净，走时也不留下污点。"[85]这就是说，如果科学不能无国界，他还是要以科学为英国效力。

然而，戴维的这一新成果公布得未免心急了一些。没过几个月，英国皇家海军便发现，不再受到锈蚀问题搅扰的船壳，却会更快、更多地附着上海草和藤壶等生物。到了当年10月时,朴次茅斯①的大小报刊上都披露了这一问题,《泰晤士报》上也刊出了讽刺文章。这使海军方面大为不满,英国皇家学会十分尴尬,大小媒体口诛笔伐,戴维这里好生丢脸——而且也像船壳上附着的海洋生物似的,贴上就难以摆脱掉了。此外,戴维在皇家学会里的人望也进一步下降。[86] 此外,人们还注意到,当戴维在军舰上驶往斯堪的纳维亚时,他的妻子却在欧洲大陆上的德国跑来跑去,还在魏玛(Weimar)的一次聚会上,向年迈的歌德搔首弄姿,而这次聚会的举办者,正是珍妮的那个有"传话筒"名声的贵族朋友达德利勋爵。

说来委实可惜,戴维的研究结论其实在科学原理上是完全正确的,但在付诸应用时却出了纰漏。经过了历时数年的进一步海上试验,在对原来的附加铸铁块的技术做了改进后,皇家海军的铜皮船壳就干干净净的了。戴维性急地将不成熟的研究结果过早发表,以及对名声越来越大的胃口,是导致他走到这一地步的主要原因。此外,纯科学研究与应用科学的不同,也与形成这一局面有关。实验室中取得的成功,并不能保证实际场合下也能有效。戴维在写给他母亲的解释信中提到了这一点。信写得很动情,但仍表白自己的正确无误:"别去理会报纸上的胡言乱语……说我有一项实验失败了。所有的实验都是**成功的**,而且超过了我的预想。"[87]

但实际情况却是戴维的名声越发不堪了。那个经常对他发出尖刻讥嘲的罗伯特·哈林顿,又写了一份广为流传的小册子,说戴维"以大力神赫拉克勒斯自诩……其实却是骑坐在约瑟夫·班克斯爵士肩上"[88]。1824年,问世不久的杂志《约翰牛》也向他发起攻击,在讽刺系列连载文章《当代牛皮客》中,讥讪他并不是科学家,而是个一心向上爬的势利小人(名列第一号的是托马斯·德·昆西,"亚军"是一名教会知名人士,戴维位居第三)。"此君自诩是年轻女子们的香饽饽,一同她们搭讪时,就把华丽的大尾翎打开炫耀……忽而谈新版小说,忽而聊鉴赏瓷器,忽而说花边式样,忽而侃服装剪裁,天南海北,就是不提化学。噫!**此君诚天才也,然断难称其为大哲人哉!**"[89]

---

① 朴次茅斯地处英国东南海岸,历来是英国最重要的海防重地。英国皇家海军成立后一直以这里为最重要的港口,其最重要的海军基地亦设在此。——译注

戴维还继续拉拢皇家学会中的年轻会员，以巩固自己的会长地位。他已经在1824年任命约翰·赫歇耳为学会的两位常务负责人之一。然而，他随即又破坏了这一改革趋势，不肯将另外一个位置指派给查尔斯·巴贝奇。炮仗脾气的巴贝奇便指责戴维玩权术、搞平衡，而戴维也公开表明，他认为这样的重要职务，如果都交给剑桥大学的数学家来担任，就会将英国皇家学会一向的组成比例破坏掉。岂不知赫歇耳和巴贝奇都希望通过担任常务负责人，打破学会中——养着一大批"光吃饭不干事者"——传统的构成比例呢。

怒气冲冲的巴贝奇想起了戴维在就职演说中的那句有忧患意识的话："勿使英国的科学走向衰落。"这可真是个做文章的大题目呀！不过这一"衰落"又该怎样**通过归纳法**证明呢？比如说，可不可以根据各个皇家学会会员**实际**发表的论文份数和讲演次数来证明呢？对《英国皇家学会自然科学汇刊》进行统计的做法，以往还从来不曾有人想到过，虽然这样做有些不讲情面，但的确有实用价值。要知道，至少他和约翰·赫歇耳都各自发表了不止50篇论文了呀。[90]

为皇家海军研究过锈蚀问题之后，戴维一连三年的大部分夏季时光，都是跑到伦敦以外的地方度过的，不是打猎，就是垂钓；威尔士、湖区、爱尔兰、苏格兰都跑遍了。他还参加了不少名流的家宴与聚会，但很少与珍妮同往。华兹华斯和司各特这些老朋友都注意到，戴维的健康状态已不如从前。他不如原先那样好动了（虽则还攀登过赫尔韦林山），话可是比以往多了，酒量也比以前高了。

1826年9月，戴维的母亲格雷丝短病一场后逝于彭赞斯。这对戴维是个不小的刺激，致使他再也未能彻底走出这一阴影。从他在博莱斯医生的药房当学徒时起，母亲就一直真情地关注着他的每一步成就。母亲的离去，使他因不幸婚姻而空荡荡的内心没有了支柱。他回到彭赞斯，同几个妹妹参加了母亲的葬礼。弟弟约翰也从科孚岛赶回来为母亲送葬，但珍妮留在伦敦没有前来。戴维的朋友和亲属都认定珍妮太没有人情味，但事实恐怕十之八九是戴维不同意她出席。他们大概早就讲定了，彭赞斯这里的一切都只与他戴维一个人有关。

就是从这个时候起，戴维开始感到疲劳，肩膀痛，右臂也痛。他自己认为是风湿。此外,他的喉咙也出现跳痛感觉。事实上,他是患上了进行性心衰。这是戴维家族的遗传病,曾让不少男性成员都未能尽享天年。10月间,他在最后一轮贝克年度系列讲座中承认,自己有关船体铜壳防护的研究并未能取得迅速成功。[91]在那一年的英国皇家学会的年度例会上,他汗出如浆,勉强支撑着读完了会长的讲稿,旋即回到公园街休息,连会后的宴席也未能参加。

1826年12月,他在萨塞克斯郡(Sussex)与一位盖尔勋爵(Lord Gale)一起围猎时突然中风,而且接连发作了数次,结果是右半身偏瘫,令他惊恐万状。他被送回公园街,此时珍妮正在家中(她总是在伦敦过圣诞节的)。她很尽职地请来医生诊治,又找来护士护理。这一年,戴维才只有48岁。他清楚地记得,父亲也是在这个年龄上早逝的。他的朋友兼医生巴秉顿嘱咐他要加强锻炼和注意饮食。渐渐地,他的健康有了起色,右臂的功能开始恢复,右腿虽然还不大听使唤,但也能有所活动。到了1827年1月时,他又能够写字了,更让他高兴的是,他还能继续甩钓,使起猎枪来也没有太大的问题。不过,他现在动辄疲惫,而且总不开心,还爱发脾气。巴秉顿建议他去欧洲大陆疗养较长一个时期。

次年1月,戴维在自己的马车里安放了书籍和打猎的装备,还带上了几条狗,便同弟弟约翰一起出发了。珍妮是否与丈夫同行,是决定他俩未来的关键一步。然而,当年在苏格兰高地的柔情蜜意,已是不可能再度体验到的了。无论哪一方都不可能再让时光倒流,即使在目前的特殊情况下也不能够。珍妮做出决定,既然同丈夫出行不会愉快,索性就留在伦敦,代戴维在公园街料理诸般事宜,维系学会里站在丈夫一边的会员们,同时继续在自己的贵族朋友圈子里打转。这一次可是只有约翰一个人同哥哥一起翻越积雪覆盖的阿尔卑斯山,一起在拉韦纳的海边漫步。他一直陪着哥哥,暮春时分才在科孚岛军事长官的宣召下回去。这次分别,兄弟俩都是难舍难分。

在此之后,戴维的生命历程大起变化,而且再也没能回复到原来的状态。他在心理上越来越接近自己在康沃尔的原野里四处游荡的青少年时期。他清楚自己病情严重,又是不治之症,意识到随时可能一瞑不起,真是可怕的无奈呀!他还清楚自己的心理状态不佳,慢性抑郁症、酗酒、吗啡上瘾，其实就是一个原因：绝望。他实在没有多少可值得留恋的事物了，只有一样是他仍然念念不忘的，这就是科学。

对于哥哥的心理状况，约翰是很了解的。他后来这样动情地评论道："在这样的情况下，天生的意志能力究竟强大与否，就能清楚地看出来了。完全凭借自己的力量，没有朋友听你的倾诉，没有谁人可以依靠，只身孤影漂泊异国他乡，身边甚至连能出出主意的医生都没有；远离社会能提供的种种娱乐消遣，得不到家庭的种种温馨……月复一月，他就这样打发着光阴，在一条条河溪边徜徉，在一道道山谷间徘徊，在一片片湖畔踯躅……寻找到好天气、又觉得还有力气时，便向猎枪和钓竿寻快乐，不然便在文字堆里寻寻觅觅以求排遣。"[92]

是年7月，戴维在康斯坦茨湖（Lake Constance）畔写了一封还算达观的信说："我康复的唯一希望，就寄托在彻底休息上。目前我连鱼都不去钓了，只以胡思乱想和偶尔写点什么自娱。我还读一点有关鱼类的博物学书籍。虽然形影相吊，倒也不觉悲凉……我现在已改戴绿色养目镜，每天一杯酒的习惯也戒掉了。"[93]

在拉韦纳，戴维构思了几首思考人生哲理的小诗，起的总题目是《思绪》。他特别注意不让思路陷入自我麻醉的幻想这一容易滑落的捷径，而是将科学请出来帮助。这几首诗的文字是严肃的、质疑的，并带有冷峻的哲学意味。当年反映在他那首充满赞美诗情调的《支撑地球的巨柱》里的矜持的自信和肯定的宣叙，已经不复见于这几首作品中。然而，他自己的声音仍然是清晰明了的——

> 当有事物混杂在一起，
> 我们便从中寻找类比。
> 从最不相同的事物中，
> 发现关系，找出联系，
> 这给我们带来欣喜。
> 我们将生命类比为光焰，
> 然后便称它会永恒不息，
> 然则即使是顶光极耀之物，

只要存在于地球上，
都注定要归于死寂。

不过，戴维有时也允许自己宣泄一下情感，呐喊出对生命的留恋和爱情的企盼——

> 缪斯女神乌拉尼亚，请你来到我这里！
> 我已经别无所爱，只求与你在一起。
> 我青春的冠冕上也曾装点过其他花朵，
> 然时节已令它们悉数枯萎。
> 有你相伴，我或许还能找到一块自己的空间，
> 让智慧之光再次照拂这块田地，
> 与你为伍，我或许还能再次体验青春之乐，
> 用诗人的眼光寻找自然的韵律。
> 让头脑中的崇高思想自发升起，
> 混合进大山的雄浑、急流的动力。
> 有如急流奔涌的蔚蓝色利马河（Lima River），
> 从长满栗树的山坡，巨石嶙峋的谷地，
> 汇合进泛着白沫的塞尔基奥河水，
> 合并起各自的神圣之力……[94]

他就靠着大量的此类诗歌，让自己泛入忘忧之河。后来，戴维又决定写一本谈钓鱼的书——其中也不无排遣晚间时光的用意。他打算模仿艾萨克·沃尔顿的风格，记叙种种河畔经历、水上故事和钓鱼翁们的闲谈。此外，他还打算加上些博物学知识和与垂钓有关的民间传说。他给这本腹稿中的书起名为《甩钓九日谈》。

戴维的科学文章一向出色：质朴、切题，直截了当；而作演讲时则另有特色，以睿智的类比和启发的综述见长。对此，戴维本人也相当自许。而这一次他所写的，却是不同类型的另外一种东西，又有对话，又有不同观点的对比。为此，他给自己的作品中创造了四个垂钓者，将他本人和若

干位朋友的形象糅合到这几个虚构人物之中。因此，在这些人物中，可以看出他的忠诚朋友兼医生巴秉顿、皇家学会的沃拉斯顿，还有柯尔律治和司各特的影子。这四个人物分别是：对鸟类很有研究，熟知种种乡间户外活动的奥尔尼瑟；文学修养很深，且热爱大自然的波耶艾蒂斯；对钓鱼不很在行，但博物学知识十分丰富，对哲学也有兴趣的菲斯克斯；甩钓能手海利尤斯。

这是戴维对此类作品的第一次尝试，结果说不上成功。前面三个人的性格特点并不分明，很容易彼此混淆，结果是给了海利尤斯这第四个人炫耀其博物学知识的机会，让他一个人口若悬河。不知道这是不是戴维的本心，反正这个海利尤斯活脱是一名科学老夫子的模样。不过，认真读一下就可以看出，这本书中有不少启发人们思考的内容和意料不到的题外插曲，特别是其他三个人与海利尤斯突然产生歧见时。在书的开始部分（"第一天"），戴维探讨了鱼是否有记忆力的问题。他认为，这与人类的记忆力一样值得注意，也一样神秘。他在书中举例说，将上钩的鳟鱼放回水中后，它会记得自己曾被钓竿提出水面吗？它会记得被钩住时的疼痛吗？鱼类有没有疼痛的感觉？能不能记住这种感觉？如果是肯定的，那么钓鱼是不是一种残忍的行为？这是一个人们在进入现代社会后提出的问题，却也是会时时唤起已经被戴维和柯尔律治遗忘的疼痛感和麻醉作用的经历。

自认懂得很多、说话斩钉截铁的海利尤斯，认为这一想法实属荒唐，根本无须探讨："如果人人都是毕达哥拉斯派的信徒，或者都是虔诚的婆罗门教徒，自然会认为**任何形式的**杀生都是残忍的。可如果认为鱼天生就是为了供食用的呢……"这番话听来就像是戴维本人说的。而接下来，喜欢哲学的菲斯克斯表示了异议："不过，难道你认为鱼钩造成的痛苦、捕捉导致的害怕、鱼竿下的可怜挣扎，都是根本无所谓的吗？"对此，海利尤斯又试图从解剖学角度解决争议，说鱼唇部位是没有感觉的。然而菲斯克斯换了一个角度回敬道："鱼虽有嘴而不能发声，又做不来乞求的姿态，在这一点上，它们比鸟和兽都更可怜……"[95] 就这样，戴维以辩论的形式，比较了两种不同的感觉标准，达到了出人意料的效果。他还以这种间接方式提出了其他若干哲学问题。此书就沿着这一脉络铺排开来。

希望继续有所作为、打算给后人留下一份科学遗赠的想法，在戴维心中的分量越来越重。他在《甩钓九日谈》("第四天")中，提到数年前的一天，在苏格兰高地的马里湖（Loch Maree）钓鱼时的一番见识。他看到一对成年老鹰，在湖面上空教它们的雏鸟飞翔。它们在湖面上兜着圈子飞，圈子越来越高，越来越大，"最后已无法在耀眼的阳光下看清"。[96] 他还将这一所见进一步加工后，写成了一首最有冲击力和最富寓意的短诗——《鹰》。在此之前，柯尔律治曾多次向普尔谈及大自然赋予鹰的寓意（傲岸、强大、独立等），还悲叹自己这只雄鹰已不再展翅翱翔。戴维的这首诗却延伸向另外一个方向：代表开始，代表习练。

诗中的他着迷地看着两只成年灰尾鹰，在耀眼的阳光下飞翔，还有2只雏鹰尾随。这番情景随之切换为戴维作为科学界中人，愿着力帮带青年弟子实现更重大发现的表白——

> 强壮的大鸟还在盘旋，
> 缓慢、稳健，向上高飞。
> 时时稍停，让幼鹰能够尾随，
> 仿佛又在教它们适应强光，
> 并时时记住太阳的方位。
> 凝望使我眼睛刺痛，
> 无法以目光相追；
> 但稍过片刻再看时，
> 它们已消失在明亮的天际。
>
> 伏枥老骥的这番回忆，
> 呼唤我再向太阳的方向飞起，
> 指引年轻的翅膀去热望高飞，
> 飞到我无从达到的苍穹，
> 从它们的高翔中得到欣慰。
> 而洒满我全身的金色阳光，
> 就是对我最好的奖励。[97]

诚然，这样的立意未免有言不由衷之嫌。戴维的最出色的弟子——诗中所说的雏鹰——可是迈克尔·法拉第呀。然而，这个弟子并未受到他的呵护，如今是在独立奋翼高飞。也许，戴维是在为自己这样做进行辩解吧？因为在《甩钓九日谈》这本书里，那位无所不知的海利尤斯发过这样的议论："这一物种（鹰），我只见到这两只。我知道，雏鹰一旦能够自立，就会飞到别的地方去。这种鸟不是群居性的，它们自己的活动与生存需要很大的地域，因此不会允许自己的下一代分享，就连待在附近都不允许。"[98]

这本书写来不易。"我正在写作时，一条水蛭从我的太阳穴掉到纸上①，将书稿弄脏了。"他说。[99]后来，他到了伊利里亚后，又住进了莱巴赫市德泰拉先生的那家旅舍，写作过程就顺利多了。约瑟菲娜如今已经是25岁的少妇，出落得让戴维几乎辨认不出。不过，她的蓝眼睛依然明亮，仍然是一头栗色头发。"我的稿纸恰好是粉红色的，希望这是个好兆头。"他这样开着玩笑说。[100]

八　向浪漫寻找寄托

1827年11月，戴维回到伦敦小住。他是回来请辞英国皇家学会会长职务的。后来，他回顾了自己的科学事业，对自己不再抱有新希望的一番话说得十分动情："在我年轻时，每当我以年富力强之身前来伦敦，都会偕满腔的欢乐与希望同行。在我看来，这座城市是智力活动的巨大舞台，为每一种努力和创造提供着空间，堪称事业、思想和行动的大都会……如今，我再一次进入这座伟大的城市，但情绪却远不同于往昔，是一种凝滞着不再化解的忧郁……健康已离我而去，新的抱负不复萌生，功成名就亦不再令我激动。我最眷恋的［母亲］也已不在人世……盛在我的生命之杯中的，不再是飞舞着泡沫的醇酒……已经跑了气，走了味。"

在提到自悲自叹的"生命之杯"时，戴维还从科学角度加了一句很妙

---

① 水蛭即蚂蟥，在当时利用其吸血本能为病人放血，以降低血压。太阳穴是常用的吸血部位。——译注

的解释，说是杯中酒的变化，其实就是化学上的发酵过程所致，原来本是"葡萄汁"，但经历了一段时间后，就发生了氧化，继而又会酸化，从而不复醇美。[101]

圣诞节期间，戴维并没有同珍妮一起过节，而是去下斯托伊看望老朋友汤姆·普尔。戴维到达普尔的住处莱姆街（Lime Street）后，忍着疼痛从马车里挪动出来，向普尔凄凉地微笑着说："我来了——或者说，我的残余部分来了。"[102] 不过，没过多久，当年在布里斯托尔所度过的幸福时光的回忆——与贝多斯、骚塞、格雷戈里·瓦特和柯尔律治在一起的回忆，就又在他俩的脑海中复活了。戴维表示有意在附近的匡托克丘陵（Quantocks）一带置一处乡间大别墅，好在那里过退休生活。于是，他和普尔就抱着这个目的，前去拜望一个叫安德鲁·克罗斯（Andrew Crosse）的人。此人住在一个叫法恩坪（Fyne Court）的地方，离布鲁姆街（Broomstreet）不远，就在匡托克丘陵的东坡上。克罗斯是个富有的单身汉，脾气古怪，将自己的大部分钱财花在制造"一台有巨大科学功能"的机器上。他后来还声称，自己用这台机器造出了有生命的形体。有人认为，此人是玛丽·雪莱的小说中那位弗兰肯斯坦医生的又一个原型。

克罗斯的实验室就在一楼，原来是间舞厅，又大又乱，堆放着不少硕大的电容器，用铜电线搭接到室外的树木上。这样做的目的是为了吸收大量存在的"大气电荷"。最大的一只电容器上写有一句拿上帝开涮的警句："不要摸我"——当然是提醒人们要谨防电击，但这也是《圣经》中的一句名言，是耶稣复活后向抹大拉的马利亚所说的第一句话。①

普尔注意到，这是自戴维来到他这里后，第一次表现得精神勃勃，神采飞扬。"我们在这所宅子的各处走了走，人感到很倦。这时，一扇门打开了。我们来到了实验室。他只瞥了一下，眼睛便有了神采，不停地东张西望，连脸上都放出光来。他又是戴维——我们所熟悉的那个二十年前的戴维了。"[103] 戴维没有买下这所宅子，但在这里完成了对《甩钓九日谈》

---

① 据《圣经》记载，这名女子在被耶稣治好疾病后，便随耶稣及其12门徒四处布道。后当耶稣遭审判时，门徒都逃走了，但她始终没有离开，最后还跟耶稣到十字架下，看他受难。耶稣复活后，她又是第一个看到这一奇迹的人。耶稣对她说："不要摸我，因我还没有升上去见我的父。"（《圣经·约翰福音》，20：17）——译注

的最后润色。他告诉普尔说:"我个人并不在乎是不是还再活下去,但我还有些想法要付诸进一步考虑。如果上帝肯垂顾令我延寿,那将有益于科学和人类。"[104]

1828年春,戴维再次前来阿尔卑斯山和下奥地利州(Lower Austria)休养。这一次仍然按约定没有偕夫人同行。他写作、钓鱼,还服用吗啡。整个一夏一秋,他都不断地给珍妮写一些难解的信,除了谈及自己的健康和科学研究,还总会闪烁其词地提起曾两度相遇的店主女儿约瑟菲娜·德泰拉。[105]是年6月,他从莱巴赫写信说:"这是我自生病以来日子过得最快的一个月——简直有些太快了。天气实在宜人。打猎打得我心满意足……我研究候鸟的迁徙,在这个博物学课题上业已取得了一些值得注意的新成果。我还得提一句,我一直得到我的'伊利里亚女仆'的照料和关心。这种照拂既是精神上的,也是起居中的。依我之见,要能幸福地活着,就得适度地接受诱惑,并承认心灵高过头脑。应当说,理性固然是青年人时钟上的摆锤,但它却是附在过来人身上的累赘。"[106]

7月里,戴维来到意大利的底里雅斯特海湾(Trieste),搜集一些会放电的鳐鱼标本。此时,他对"活力论"和神秘的"动物电"的兴趣又复苏了。但没过几天,他要急急返回莱巴赫,以几乎是捉弄的语气写信对珍妮说:"在底里雅斯特海湾生活了半个月后,我刚刚返回原来的住处,又来接受我那可爱的伊利里亚小看护的照拂了……我按原计划完成了电鳐的项目。我还认为自己找到了一条有关电的种类的新原理。这将是自然科学领域的一项[收获]。"[107]

他将这一年的整个夏季都用在了这一工作上,并努力说服自己相信健康已经恢复。他在莱巴赫一直住到深秋山顶上开始降雪的时候。11月就要到了,他不得不移居罗马过冬。人尚未动身,便开始筹划明年再来。他坦率地告诉珍妮说:"我在莱巴赫一直住到了10月30日,我真不愿离开那个地方。关心是照耀着病人的阳光,而这种关心并不因为来自一位普普通通的善良女仆而减少价值,我将永远感谢我的可爱的伊利里亚小看护。"[108]这时的戴维承认自己情绪低落,"没有见人的心情",而且特别想念约瑟菲娜:"恐怕在现在的这个地方,找不到像伊利里亚小看护这样的人,这使我的忧郁无法像在莱巴赫那里一样得到排遣。"[109]12月间,他的情绪又有所好转，在寄给驻扎在科孚岛上的弟弟约翰的信中明白地写道："到了春天，你或许能到底里雅斯特海湾来看我，再陪我去伊利里亚住上一阵子。我会带你见一见我那可爱的小看护，自生病以来我能享受到的有限的幸福，基本上都是拜她所赐。"[110]

说来有些怪，在很长一段时间里，珍妮居然对这些暗示没有反应。不过，新年来临时，她终于有所表示了。她以轻松的口气问了一个问题：伊利里亚的这个美妙地照拂他的山林"小仙子"，究竟是真还是假？珍妮接着又告诉戴维——这时她可是一本正经的了，她是见到过年轻女人追着年老的歌德不放的。戴维看来很愿意回答她的这个问题："如果你是指我在莱巴赫的小护士和朋友，我很愿意为你们俩相互引见。她使我的生命过得比我应当应分的更加愉快。她的名字叫约瑟菲娜，又名芭琵娜。"[111]约翰后来也提到了这位女子，不过说得很谨慎："莱巴赫是个对他有着特殊吸引力的地方……不妨认为那是他在这一地区游历时的大本营。最吸引他的是此地靠近一条美丽的河流……特别有吸引力的……店主的女儿、一位好脾气的看护。"[112]

莫非这些都只是一个将死之人的幻念？1828年夏的某段时间里，在莱巴赫居住的戴维将两首短诗送给了约瑟菲娜。这两首诗都是情诗，也都是草稿，是从戴维做科学笔记的本子上裁下来的，共有3页纸，其中的大部分都是写了以后又划掉了，因此很难辨认。这些诗句对这两人的关系多少有进一步的揭示。他给第一首诗起名为《莱巴赫，1827年8月16日，致约瑟菲娜·德泰拉》。在诗中，他将约瑟菲娜亲热地称为"芭琵娜"。开头的几句诗文是这样的——

> 请吻我，芭琵娜，请再吻我！
> 你的亲吻将成为报晓鸡，
> 唤醒我的热切希望，
> 虽非当年所怀，却深扎在心底……

戴维以前从不曾以这样直截了当的字句写情诗。不过，也许正是这种带有童稚气术讷直接的手法，反倒使它多了几分感染力。它是在公开地盼求温柔的爱情。然而，这首诗里并没有用到"爱"或"恋"字，提到的只是"希望"。在下一节诗文中，戴维道出了一系列希望：有"所幸孩子有出息"的父亲之希望，有"深感手足情谊"的男子之希望，还有"上苍晓谕"的虔诚信徒之希望。接下来的一段又说——

> 当我看到你天使的体态，
> 注视一下那明朗的笑靥，
> 再凝望明亮的蓝色双瞳，
> 就确知你是无比的纯洁。

> 来自你温热双唇的轻吻，
> 不会诱发不洁的欲念，
> 只带来天上才配有的希望，
> 让我仍能生存在人间……

后面还有五行字，但差不多都被划去后改写了，不过原来的意思还是能明显看出的："有了你的吻……我变得能够分享……我会不时流泪……那是幸福的泪水……看来我分享到了你的无邪……无疑分享到了你的幸福。"

  第二首诗只有五行，基本上都是划掉后重写的，有的重写后又划掉了。诗题就是短短的《再致》。戴维在这首诗里再次申明自己的感情是纯洁的。诗中吟咏的对象是约瑟菲娜双眸中的"贞洁之火"。戴维称这是一种宁静的、纯洁的、"绝不会透过泪水射出"的"圣洁之光"。它是"能带来天堂欢乐的源泉和希望"。最后一行只有一个字："吻"。写到这里，这第二首诗便戛然而止。在此之后，从1828年戴维的笔记本中，便再也找不到"芭琵娜"这几个字了。不过，根据他的书信判断，大概可以认为他从来没有停止过对这个女子的思念，也没有打消过重访伊利里亚之心。[113]

  约翰·戴维肯定知道这两首诗的存在，但始终不曾将它们公开发表。自然可以认为，这两首诗都没有什么重要内容，也没有好好润色过，甚至还没有完成，更何况并不涉及任何重要情感，因此没有必要收入书中。然而，它们确实表明戴维很需要得到亲切的关爱，也对约瑟菲娜有同样的回报。至于关爱的具体形式，则有种种不同的可能。"芭琵娜"是在从乔治三世到维多利亚时代之间的摄政时期流行的俚语，有赞美女子胸部的意思。也许诗中那句"虽非当年所怀"说明他有所耿耿于怀，但也表明他的心境，那就是自康沃尔的少年时代起，他就怀着一个期望、一个追求，但始终未能真正实现。

戴维在他生命旅途的最后一个夏季里，很可能与约瑟菲娜一起住到了别的地方。他始终对珍妮说，他住的是莱巴赫的一家旅舍，但根据一个半世纪后的调查证实，他实际上在市区边上的一个小村庄里租了一栋小屋住下。"为了钓鱼，他在刚进入斯洛文尼亚地界的波德科伦（Podkoren）租下了一栋小屋，附近就是武尔岑关隘（Wurzen Pass）。那栋房舍的前面如今立了一块纪念标志牌，用英文和斯洛文尼亚文两种语言说明了这段历史。波德科伦是个小村庄，这处房舍是村里最讲究的住处，但也绝不是什么豪宅，也就相当于彭赞斯那里的医生有能力住进的房屋。房前是一片开阔地，后面是一片山毛榉小树林和几条小溪，当年戴维一定在这里散过步。再走远一点便是萨瓦河，是他喜欢甩钓的地方。当年映入他眼帘的尤利安山（Julian Alps）——阿尔卑斯山的一支，一定也是目前的样子。"①[114]

戴维是永远不会忘记阿尔卑斯山里的这块地方的。这里有令人振作的景物，有唤醒生命的力量，有以往的诸多回忆。"美丽的景色从所有方向拥抱着这个村庄，用积雪的山坡与入云的山峰将其环绕。萨瓦河的源头就在这里，是一泓清澈的蓝色湖泊，四下是一片片树林和草地。草木翠绿得如在4月时分的意大利，或者是5月里的英格兰。"[115]

九 "哲人的最后时日"

就在1828年戴维赴阿尔卑斯山区休养期间，《甩钓九日谈》在英国出版了。戴维夫人以表妹身份托情，找司各特在《季刊杂志》上对这本书大大赞扬了一番。珍妮的确懂得心理学，明白此时提供一些正面的文学评

---

① 这是斯洛文尼亚科学院亚内慈·巴蒂斯（Janez Batis）教授的考证文字。——作者原注

价,对戴维会是很大的慰藉。果不其然,戴维大受鼓舞,结果是又开始撰写一本内容更广泛的著述。他意识到这将是他最后的著述,因此属意于对自己一生的思绪与信念做一个总结。这就是他的《旅行的慰藉:一名哲人的最后时日》。对自己的这本最后作品,他无意于题献给任何一个贵胄之交或提携之人,而是给自己的老朋友、他在英格兰西南地区时结下的知交汤姆·普尔。他将自己对这本书的期望告诉了普尔:"我写了不少字,谈了不少哲理,都放进了一本快要完成的书里,这本书的立足点要高[于《甩钓九日谈》]……此书我拟题献给你。书中写进了我的最基本的科学观,还收入了我诌撰的一些诗文之类。它也和《甩钓九日谈》一样,聊为养病时打发长日,但也不无'更上一层楼'的用意。①我有时会想起埃德蒙·沃勒②的两句诗来,觉得它们说得真是太对了——

'灵魂的寓所已经朽旧,
不如请时间大师另起新楼'"。[116]

戴维在书中所用到的"慰藉"两字,典故出于罗马帝国时代后期的一本最有影响的散文体裁的著述《哲学的慰藉》,作者是波伊提乌③,谈的是他临死前对世界的认识。戴维在自己的这本"慰藉"书中,将哲学、自传、很有特色的科学幻想情节、想象出的旅行经历、不同的历史、种族与社会观,以及为科学作用进行辩解的很有分量的阐述,都融入这本书中。除此之外,书中还出乎意料地写进了一些有关进化本性和人类前景的

---

① "更上一层楼"真是一点都没说错。到1883年时,戴维的这本书已经再版九次,还出了法文译本,由著名的法国科学作家卡米耶·弗拉马里翁(Camille Flammarion)编辑,并将书名改为《一名哲人的最后时日:探讨自然、科学、地下与天上的质变、人性、人心以及永生》(*Les derniers Jours d'un Philosophe. Entretiens sur la Nature, les Sciences, les Metamorhphoses de la Terre et du Ciel, l'Humanité, l'Ame, et la Vie eternelle*)——长是长了些,却是将书的主旨说全了。——作者原注
② Edmund Waller(1606—1687),英国诗人与政治家。——译注
③ Boethius(? 480—524),罗马帝国后期的执政官及作家、哲学家。《哲学的慰藉》(有多个中译本,但请注意也有其他人的同名著述和译作)是他最重要的著述,写于狱中,不久便被执行死刑。全书共5卷,起到了将古希腊罗马时期的古典哲学与中世纪的经院哲学连接起来的承启作用。——译注

臆想。

戴维的这本《旅行的慰藉》共有六章，每一章都是一组完整的对话。还有一个第七组对话，但没有完成，只写了一部分。与《甩钓九日谈》中那些不够自然的对话相比，这本书大有改进。尽管书中的人物都还是半虚构的，但内容都与他自己的实际生活密切相关。前面的几章是他对1818—1820年间游历罗马、那波利、维苏威火山若干地方有感而发，将罗马城月光下的角斗场和帕埃斯图姆的废墟等名胜都写了进去。后面几章的情感更加真切，是以1827—1828年间在奥地利和伊利里亚度过的两个长夏的体验为基础写成的。这本书的内容远远超过了游记的范围，阅读时可以感觉到一种既充满激情，又坦诚相见的气氛，而无论在科学研究中还是在宗教探讨上，这种气氛对求索真理都是必要的。

戴维时时意识到自己大限将至，属于他的不多的时间正在一点点地流逝。他开诚布公地告诉珍妮说，他要将这最后一本书写成自己的"巅峰之作"，而且不在乎将真话说出来——"只要对精神和智力是重要的"，免得因他之死而湮没无闻："我相信，一个精神正常而又智力健全的人，会在生命的最后时刻里，对未来有所展望。我不敢说事实必定如此，但这的确是我的看法。"[117] 他所说的确实是他心里所想的。但问题是，由于他此时大量服用吗啡，结果可能使他不再是能正确运用理性的"智力健全的人"。[118]

戴维在这本书里写进了大量奇异的想象情节和幻想式的旅行场面。有一章在地球上开始，结束时则来到了土星上。从这本书的一份早期手稿里可以发现，戴维本打算创造出一个以美女面目出现的精神向导，由她引导自己一步步完成科学写作和思考的全过程［有可能是模仿但丁的《神曲》中引导主人公的俾德丽采（Beatrice Portinari）①］。不过，到了最后定稿时，戴维将她简化为一个无形体的声音，但仍像是发自一名女子："一个甜美的声音出现了；声音不洪亮，但十分清晰，乍听来有如发自一架竖琴。"[119]

这种以美女形象出现的引路人的构思，在戴维19世纪20年代的诗作中曾出现数次。雪莱在《灵之灵》（1821）一诗中也采用了同样的手法。他

---

① 俾德丽采是但丁青年时代的恋人。在《神曲》里，为第一人称的主角引路的是古罗马时代的大诗人维吉尔，但这是应了俾德丽采的请求而为的。——译注

还在1819年春寓居罗马时，将月光下的角斗场选为自己一部幻想性作品的背景。当时，包括歌德、洪堡、拜伦、爱德华·约翰·特里劳尼[①]、玛丽·雪莱、沃尔特·萨维奇·兰多尔[②]和济慈在内的浪漫时期的整整一代文人，都曾到意大利来寻求健康、爱情和创作灵感，戴维和雪莱只是其中的两个。

第一章，也即第一组对话，有一个副标题"幻象"。这一部分文字开始不久，就出现了戴维在月光下的古罗马角斗场里经历的一场幻境。同行的两个伙伴将他独自留在空场上时，他发觉有个看不见的存在——"我就称之为'天启'吧"——与他搭话，与他谈到了一个说法，听起来有如"科学创世纪"，也就是人类通过"盗火"——掌握控制物质的知识——实现了对地球的驾驭。从这一起点开始，原始人的群体便有了艺术和技术，从此脱离了野生动物的阵营，并逐步加以发展，形成了世界范围的化学、工程、医药实践，再加上印刷术这一"威力无比"的发明，造就了先进的西方文明。[120]

这位"天启"还提到了种族，说"白种人是优秀的"，不免让人们联想起布卢门巴赫的门徒起劲猛唱的优生学高调。此外，"天启"还针对殖民过程发布了一句前景不妙的预言，班克斯要是听到了，想必会有所领悟："这个世界上的征服者们，一向是将黑人种族赶来赶去的。美洲的当地土人，即红番，更是被大批杀戮。可能再过几个世纪，就再也找不出纯血统的个体了吧。"[121]

到头来，这一系列令他不安的幻景，更进一步化为去土星和木星上的外星社会的游历。由彗星充当的往返飞船将他送去送回。这种往返式运载工具的设想也曾在更早些时伏尔泰的短篇小说《知宏又见微的巨人》[③]（1752）中出现过。而乘彗星在空间出没的提法，也使人们回想起当年马斯基林以此为题与卡罗琳·赫歇耳谈笑的话头。戴维看到月亮和星星从飞

---

① Edward John Trelawny（1792—1881），英国传记作家，雪莱和拜伦的友人。——译注
② Walter Savage Landor（1775—1864），英国作家、诗人。——译注
③ 《知宏又见微的巨人》的原文 *Micromégas* 是由"微"与"宏"的两个法文词头合在一起的。讲述一个生活在天狼星上的巨人到处游历的见闻，穿插了不少当时的科学知识，特别是对宏观世界与微观世界这两个极端尺度都有所涉及。——译注

船外掠过，"给我的感觉是，我伸出手去，就能摸到它们……看来我已经到了太阳系的边缘地区"。看着土星的双道光环①，又令戴维想起"曾听到赫歇耳多次表示希望自己是最早看到它的人"。[122]

戴维告诉读者说，土星上生活着智力更为发达的生物。其中"有一种叫'髓精'，都长着地球上只有牛顿这样的人才具备的思维器官……目前在这颗行星上正占据优势，从某种纯粹的源头吸收智慧，有着几近于无限的思维能力"。这些智慧生物长着翅膀，它"是极薄的膜片……形状各异……颜色有蓝有青，十分美丽"。它们在戴维周围飘浮、飞舞，有如天使，又似海马。它们告诉戴维说，整个太阳系包括火星和金星在内，到处都有生命的存在，即使在远如天王星那里也是如此。当一个人的躯体死去后，人本身会被转变为其他行星上"或高或低"的生命形式，其高低状态取决于转化前"对知识或智力的喜爱程度"。[123] 得知这一情况，令戴维——自然还有读者——大感吃惊与不安。[124]

第二组对话发生在维苏威火山的巅峰，时间是在一个夜晚。热烈地讨论涉及地球上的种种宗教。谈话人对基督教、犹太教和伊斯兰教的信仰进行了比较。他们认为，比这几种宗教年代更久远的信仰都比这三种宗教残酷："在最高支配者的眼中，上百万人的死去，只不过是许多灵魂更换一下居所，恰如满池塘的孑孓，蜕离外面的皮囊，飞入空中成为蚊蚋。"[125]

戴维自己的看法更乐观些。他的观念比较接近自然玄学，认为地球上存在着某种形式的精神进化过程。他还认为人类的前途恰如"一只候鸟"，会本能地移向更高的存在。这是很有希望的前景，说明人类尚处于年轻阶段。"根据地质学的现实和神圣的历史都可以确知，人类是这一星球上的新近物种。"[126]

戴维的那位"女向导"在第二章里再次出现。对话者之一菲勒里息

---

① 这是当时的天文学观测所见，认为土星的光环由内外两部分构成，中间以一道黑暗的圆带［以于1675年发现这一情况的天文学家乔瓦尼·卡西尼（Giovanni Cassini）——本书正文中提到的雅克·卡西尼的父亲——的姓氏得名卡西尼带］分开。后来的观测发现，土星环是由非常多的同心圆环组成的，都以缝隙分开，只是最早发现的这道环缝特别明显而已。——译注

斯[1]——他显然就是戴维的化身——告诉其他人，他曾在二十多年前的一次发烧引起的梦呓中第一次见到过她，但又否认她与实际生活中的任何女子有关。然而，从戴维对此向导的描述来看，又明白无误地表明这就是约瑟菲娜·德泰拉。另外两个谈话人都拿菲勒里息斯打趣，说他当时遇到天使了，但菲勒里息斯又坚持说他的印象是实实在在的，而且对他是重要的——

> 菲勒里息斯：我与这位幻象中的女子的所有感情和谈话，都完全是属于智力层面的，而且进行得文质彬彬。
> 奥努弗里欧[2]（菲勒里息斯的朋友之一）：那是自然的。你当时病着嘛。
> 菲勒里息斯：不许你拿我开心……她的关爱和照拂，我是终生都应感激的……当时我虽然身体虚弱，然而却有一种感受，就是当初我认为已经从我生命中永远消失了的魔力，如今又重新出现了。我无法不将这位人间天使，视为我在青年时代生病时出现的保护神。
> 奥努弗里欧：我敢打赌说，在你那场病中，无论是谁来看护你，只要是个女的，人又年轻，都会在你的记忆中造成同样的印象。哪怕她的眼睛不是蓝的而是浅褐色的，头发不是棕色的而是淡黄色的……[127]

只可惜，有关这位女子的谈话，到这里就没了下文。

第三组对话中发生的环境是，帕埃斯图姆古城薄暮时分的神庙遗迹。有一个新人加入了对话。书中称此人为"未名者"。他一身粗布旅行装束，头戴大檐儿帽，手持长手杖，在遗迹中徜徉徘徊。他脖子上还挂着一个小瓶，里面装着有预防沼泽热作用的氯气——它的元素身份正是戴维判定的。这位既有学者风度，又带着神秘色彩的未名者，同样是戴维用来代表自己的角色——一个走上最后探险历程的科学家。

---

① Philalethes，此词源自希腊语，意为"爱真理者"，曾为亚里士多德和普卢塔克等人用作笔名。——译注
② Onuphrio，此词源自古埃及语，意为"老好人"。——译注

这一组对话的中心内容是，地质学和有关地球演化的若干概念。值得注意的是，戴维在大谈特谈赫歇耳的"深度空间"概念时，又认为难以接受赫顿提出，继而为查尔斯·赖尔（Charles Lyell, 1797—1875）发展的"深度时间"概念。对此，书中那位生性不肯相信他人的奥努弗里欧，更是认为很难接受"荒诞、含糊、否认神之存在的"地质进化理论。然而，他对这一理论的表达却是简单扼要至极："经过几百万代的时间，鱼长出了四条腿，再变成两条腿的人。而在此过程中，生命系统**以自身的固有能力**，**使此变化与宇宙体系的物理变化一致地发生。**"[128]

他们的对话就这样漫无边际，而又引人入胜地进行着。后来的话题转到了鬼怪、幻觉和梦魇上。有些字句看来反映出戴维对自己病况是恐惧的，因此梦到一群杀人强盗无声无息地冲入卧室，其中一人甚至还"把手伸到我的嘴里，以此判断我是不是正常地睡着"[129]。约翰·戴维后来告诉人们，他哥哥在其生命的最后几个月里，有一个挥之不去的无法理喻的痛苦念头，就是害怕自己会被活埋入土。

未名者对人们会在梦中回顾一生经历大事的现象发表了看法。他谈到了决战前夜布鲁图①在帐篷中所做的梦。"我也引证了普卢塔克所记载的锡拉库萨的迪翁②死去之前的类似例子，说当他在宫殿里的柱廊内休息时，有一个身形巨大的女子——要么是命运女神，要么是愤怒女神，有意在他面前显形。我觉得，这与我曾在幻象中遇到那位一直在我身边守护、使我得以康复的美丽女郎的情况是差不多的。"[130]这样的话语表明，他是一个心里有不安念头的人，原先对自己理性能力的信心正在动摇。

第四章应当视其为戴维的自传，只是在形式上有所遮掩而已。戴维在这里提到生病，提到母亲不久前在康沃尔的去世。他还讲述了不久前在奥地利的阿尔卑斯山区和在伊利里亚的游历，[131]其中有一段很有戏剧性：他在特劳恩河上钓鱼时，乘坐的小筏子失去控制，被翻涌着白色泡沫的湍急河水

---

① Marcus Junius Brutus（公元前85—前42），布鲁图又译勃鲁托斯、布鲁特斯等，晚期罗马共和国的元老院议员，原为公元前末期古罗马独裁者凯撒的部下，组织并参与了对凯撒的谋杀。战败后自杀身亡。书中所说在帐篷中做梦一事，据传即发生于这次战争前。——译注

② Dion of Syracuse（公元前408—前354），古代地中海城邦国家锡拉库萨的统治者，被暗杀身亡。——译注

卷向下游，向特劳恩大瀑布的方向冲去，人也失去了知觉。"……我立即被瀑布的巨大溅水声吓坏了，眼睛在黑暗中也闭了起来。"他醒来时发现，不知怎么搞的，他居然来到了河岸。"我很想推证一番……研究一下我在水中时，力气是怎样耗尽的，是不是经历过一段**短暂死亡**的时光。"[132] 戴维本人是否真的体验过书中的这段叙述，支持或者否定的佐证都没有。然而，这段经历看来是有象征意义的，表明戴维的整个生命正在被卷向死亡。

如果给这一组对话加上这样的科学标题："有关'生命本原'的本质和与电的类比，以及对'活力论'的全面讨论"，倒可能颇为贴切哩。戴维还认为，阿基米德、培根和伽利略等科学家，对文明的发展所起的作用，远远地超过了政治家、宗教领袖和艺术家。这一观点，戴维也是在自己后期的讲演中时常强调的。在这一点上，他公开地表示了与柯尔律治的不同。柯尔律治曾说过，"五百个牛顿才能抵得上一位莎士比亚"，而戴维则坚决认为，以给人类造福而论，培根是远在莎士比亚之上的，牛顿也要大大地高于弥尔顿。他曾在讲演中明确说过："培根所造就的是一个智力的新世界，莎士比亚所塑造的是一个想象力的新天地。至于谁对社会的进步起到的作用更大——莎士比亚还是培根、弥尔顿抑或牛顿，我的选择是毫不犹豫的。"①[133]

---

① 柯尔律治的原话如下："我的观点是这样的：深刻的思想只可能出自有深厚情感的人。所有的真理都是通过揭示被知晓的。我越对艾萨克·牛顿爵士的工作有所了解，就越有信心宣称……我相信……要造就一位莎士比亚或者弥尔顿，得需要用到500个牛顿的心智……在牛顿的体系里，思维始终是被动的，只是消极地观看外部的世界。如果思维不是被动的，如果这种能力也是上帝按照自己的形象赋予人类的，那么，人类也应当有最卓绝的思维——造物者的思维能力。因此，这就值得怀疑了。任何建立在被动思维基础上的体系，都必然不会是真实的体系。"[1801年3月23日，《柯尔律治书信选》(有关原书信息见参考文献部分。——译注)，卷2，第709页。] 柯尔律治的这一席话，惹得科学界大为不快。即便到了2000年，在英国皇家学会于11月间在会长阿龙·克鲁格(Aaron Klug)的主持下召开的为期一天的——对科学和人文学科中创造性的认识——专题讨论会，也引起了同样问题的争论。理查德·道金斯、马修·里德利(Matthew Ridley)、卡尔·杰拉西、乔治·斯坦纳(George Steiner)、莉萨·贾丁，以及伊恩·麦克尤恩等20位著名人士，都是这一讨论会的与会人物。柯尔律治当年的这番话，引起了最高的不满声浪。一位与会的著名科学家（不在上述名单内）竟愤愤然地表示说："这简直是荒谬绝伦至极！……这样的胡说八道，根本不值得理会。"后来，还是有人猜测，认为"500个"的说法，可能只是柯尔律治开了个数学玩笑，会场的气氛才恢复正常。——作者原注

第五章的标题是《化学哲人》。在这一组对话中，戴维道出了对化学的期待。他相信科学是为善的进步力量，并将这样的信念在这一章中告诉给了人们。科学的为善作用表现在两个方面，一是带来实用的成果，二是砥砺人们的心智。这两大作用，都被下一代青年科学家们奉为金科玉律："化学研究在获得深入知识的同时，既不会压抑想象力，也不会减弱真实的情感。化学在通过对事实的尊重养成精确思维作风的同时，也同样会造就出类推的能力。化学固然要与物质的细微结构打交道，但也要为着自身的终极目的，去着眼于自然界中的宏大存在……因此，对于人类智力需要不断进步的本性而言，化学真是最完美地与之契合着……可以说，现代化学发轫于提供愉快，在增长知识的过程中不断进步，而其目的则在于获知真理和提供实用。"[134]

戴维将化学放到了"通才教育"的首要位置上。他认为，要成为合格的化学家，首先要具备数学、基本物理、语言（有趣的是，戴维在语言类里列入了拉丁文、希腊文和法文）、博物和文学这几方面的基本知识；其次，在将实验结果撰写成文字形式时，要做到"结构和文笔都尽可能简单"。但在想象力方面，合格的化学家则"必须以积极、主动和有创见的方式进行类推……还绝对需要有广泛和持久的记忆能力"[135]。他还没有忘记再给化学家加上一条不惮冒险的标准："在实验室里摸爬滚打，往往会与危险直面遭遇。自然界中的种种力量，尽管有如魔术师魔棒下的听话的仆从，但也会像小说中难对付的精灵那样，不时挣脱咒语的约束，给化学哲人带来威胁。"[136]

在第六章，也就是最后一组对话（标题为《在普拉①谈时间》）的最后一部分，戴维写了一段难解的文字，是关于天外智力的，读来颇有威廉·布莱克的味道。出现在最后两页的这番话，是对赫歇耳的永远运动、永远变化的宇宙观的顶礼盛赞："根据天文学观测，有大量理由可以认为，在被称为由恒定星体构成的天界系统中，发生着巨大的变化。威廉·赫歇耳爵士看来坚信，他在星云和其他可见物质中，看到了太阳一类星体的形

---

① Pola，欧洲伊斯特拉半岛最南端的滨海城市，现属克罗地亚，城中和周围有许多古罗马时代的文物古迹。它也被写为Pula。——译注

成……我不知道,这究竟属于哲学观念,还是诗意的推测,反正我无法摒绝一个想法,就是在这些体系中,应当存在着聪明而又友善的智力生命,而且可能是有着永恒不灭的思维能力的智力生物。"[137]尽管戴维认为这种存在有着永恒不灭的思想,但它仍是"生物"而不是神,足见他仍保持着缜密的思维能力。

这本半是哲学、半是科幻的奇特著述问世后,对生活在维多利亚时代的下一代青年科学家产生了惊人的影响。究其原因,可能是在各个科学学科中,化学是最能引起敬畏感、最能导致人们驰想的一门学科,也是"通过研究掌握大自然的终极力量"的一门学科。[138]这本书中的内容经常被查尔斯·巴贝奇、约翰·赫歇耳,以及查尔斯·达尔文等人引用。它表现出来的是一个本来有很强理性的人,在走到生命的最后阶段时,形成了强烈的神秘意识。但它也表现出真实的人性和希望。乔治·居维叶在一篇悼文中,形容这本书"堪称柏拉图的遗言",虽然不免过誉,但也不无根据。[139]

《旅行的慰藉:一名哲人的最后时日》一书的出现,不失时机地向人们强调了科学代表人类"永恒不灭的思维能力"的进步性,还强调了科学家所应具备的特定素质(有些是天生的,有些是后天培养成的)。对于戴维的个人经历——童年、家世、妻子,以及围绕着迈克尔·法拉第出现的问题等,书中都不曾谈及。不过可以看出,书中表现出一种时时浮现的事业压力感,而这种情绪既是取得杰出成就,又陷入重大失望的形势所共同造成的。应当认为,此书是在英国出现的第一部科学家自传,它无疑与华兹华斯的《序曲》(1805—1850)①、柯尔律治的《文坛人传记》(1816),以及托马斯·德·昆西的《瘾君子自白》(1821)等作品一样,都是浪漫时期的以各不相同的新体裁写成的回忆录。

戴维的这段最后时日是在孤寂中熬过的,只有几条狗经常陪伴在他身边。不过,他还用了一名男仆,并不无苦涩地戏称这个仆人是自己的凯列

---

① 此诗长达45年的创作时间,是由于诗人从1805年开始写,但生前一直不曾发表,并一直不断地改写与增添内容,该作品颇有自传的味道。诗人于1850年去世后,才由他夫人整理发表,就连诗题也是他的夫人代拟的。——译注

班[①]。另外，他的教子约翰·托宾（John Tobin）——他的朋友、曾在布里斯托尔与他在共过事的詹姆斯·托宾的儿子，当时是医学院学生，也被他找来同住，看来其主要工作是晚上给他读书听。这一任务并不轻松，要读的东西很杂，既有现代小说，又有大量的诗歌（拜伦的作品尤其多），还读过《天方夜谭》，有一次还读起了莎士比亚——而据托宾说，他在这个晚上一口气读了九个小时。

托宾干起速记和其他种种杂事来还是挺能干的，但他可没有法拉第的科学禀赋。不过他也同法拉第一样，觉得这位离群索居、脾气阴晴不定的雇主不好伺候："爵爷……大多情况下愿意一个人用膳。他在骑马、钓鱼和打猎时，都只让仆人跟着。在行程中，他有时会一连几个小时都不说一句话，还经常是一副因心思用得太苦而疲惫不堪的模样。"[140]

他的夫人一直不在身边，这很引人注意。有迹象表明，戴维对珍妮的态度比先前和缓多了。他给她不断地写了不少信，词句越来越温和。珍妮也将这些信件保存了起来。这样的信，她至少保留了48封，还用缎带扎束起来。[141]戴维在一封信中这样写道："我想，你会注意到我在许多方面起了变化：一颗看重仁爱并知道回报的心、一颗愿意重返十五年前我生命中靓丽时光的心、一颗虽然不可能再起熊熊大火却仍会温情脉脉的心。愿上帝保佑你！眷恋你的汉·戴维。"[142]

戴维已经不再动辄以自己以往的成就自矜，反而是更多地感慨于这些发现并未能得到应有的认可："公众将我用得有多苦！我尽心尽力地为他们效力，为了他们的福祉，我的身体和脑力受到了多大的毁伤（想想我为安全矿灯、战舰铜壳和皇家学会都出了多少力吧……）！"[143]

直到此时，"活力论"仍然是戴维关心的重点。即便在目前的身体状况下，他还坚持向英国皇家学会提交了又一篇有关电鳐体内生有"动物电池"的论文。这篇文章发表于1828年11月20日，是他在学会发表的第四十六篇论文。很久以前，他在这个学会发表的第一份论文是关于伏打电池的，时间是1801年6月。最享盛名的那篇有关安全矿灯的文字发表于

[①] 莎士比亚剧作《暴风雨》中的人物，作为仆人的他，在剧中陪伴被放逐到荒岛上过孤独生活的贵族主人。——译注

1816年。他不希望以这篇电鳐为题的论文作为收束，便还接着研究"动物电"的秘密，以及这一存在与宇宙间生命普遍原理之间的关联——约翰·赫歇耳要是看到这篇论文，肯定会大感兴趣。戴维将电鳐视同一组伏打电池，并据此设问这种会放电的鱼类是否能够随心所欲地施放这种"最奇妙的能量"。他还在文中提出一个臆想，就是人脑可能也是一组"时刻不停运作的电池"。[144]

大自然还为戴维提供了另外一个类推的素材。他在1828年深秋的一段日记里，写下了这样一段话："蜜蜂和黄蜂等一类大概应归于蜂科的有翅昆虫，不停地在每一朵花上飞来飞去，从花朵中采集花蜜，看上去都很辛苦。这是一个晚上，太阳虽然还很明亮，但已颇有寒意了。在我看来，有些蜂子是在进食最后一餐花蜜时死去的。它们是幸福的……"[145]他是不是在希望，自己将在莱巴赫这里得到像这些蜜蜂一样的归宿呢？

但他到头来还是不得不离开对他有魔力的伊利里亚和芭琶娜，到罗马去过冬。他感到自己日渐虚弱，但仍断断续续地撰写《旅行的慰藉：一名哲人的最后时日》的最后部分。1829年2月，他又患了一次中风，情况十分严重。他给弟弟捎信去，要他来罗马一趟。此时的约翰在马耳他当军医，得讯后立即请准假，登上英国皇家海军的一艘护卫舰，一路驶到那波利，再骑马赶到罗马。

戴维确信自己即将撒手人寰，因此向珍妮发出请求，恳请她从伦敦前来诀别。她终于表示同意，希望"此行不会毫无意义"。由于自己身体状况也不佳，她在中途耽搁了几天。为此她先寄了一封信给戴维，信中的措辞拘泥得古怪，先是向戴维表达"自己一向的信任与挚爱"，继而又徒劳地对两人之间早已荡然无存的亲密情愫寻觅了一番。信的结尾是这样一句话："你的声名是你的财富，你的记忆是你的荣耀，你的生命仍然存在希望。我无法再给你增添其他任何内容。"[146]

4月初，珍妮总算到了罗马。她做了一件令戴维大喜过望的事，就是从她随行带来的大大小小的箱包中，煞有介事地拿出一本《甩钓九日谈》。这是此书经过增补和修改的第二版，不久前才发行，书中还从头至尾添加了多幅漂亮的钢版雕印画——新技术的产物。此时再也没有比看到这本书更令他开心的东西了。这是他取得了文坛地位的证明啊！他马上打开这本书重新翻阅起来。[147]

戴维仍在坚持不懈地继续写那本《旅行的慰藉：一名哲人的最后时日》——由他口述，约翰记录。他有时会发烧，脉搏达到每分钟150跳。解剖电鳐的工作也由约翰接了过来。他们一起探讨"动物电"究竟是生命的本源，还是用于自卫或者使猎物失去运动能力的生理机能。"我大部分时间都坐在他的床边，读他写好的这些对话，偶尔也停下来，讨论一下其中的某些内容。他的情绪很好，心态也平静，思路很清晰，态度又友好，真是好极了……他那原先人们熟知的动不动就发火的脾气，如今已经不见了……这样一个躯体濒临崩解的人，却还掌握着如此强大的思维力量，从医学角度衡量，这两者几乎是不可能共存的。"[148]

4月末到了，戴维闻到了从罗马平原吹送来的春天气息。他表示希望在告别人世前再旅行一次。在约翰的安排下，戴维躺进一辆马车，慢慢北行向瑞士进发。一路上，他们频频停下车子，欣赏春天的田园，凝望河流和瀑布。珍妮很高明地选择了先行官的角色，先到日内瓦去安排住处。1829年5月28日，戴维来到日内瓦，住进了库罗纳大饭店。从房间里可以俯瞰宁静的日内瓦湖——拜伦和雪莱曾经泛舟于此，弗兰肯斯坦医生也曾在书中提及到此一游。他在房间里用了茶点，透过窗子凝望了落日，又向饭店的侍者仔细询问了日内瓦湖中都有哪些鱼类，还满怀希望地微笑着告诉约翰说，他"真想去甩一竿"。晚上到了，他服下了当晚定量的吗啡，在约翰的阅读声中入睡。是夜3时，汉弗莱·戴维从男爵在又一次中风中与世长辞。

戴维没有子女。他遗赠给没见过几面的外甥汉弗莱·米利特（Humphry Millett）一笔不小的财产。他的所有科学论文，都传给了友悌的约翰；至于所有家信和私人日记，都交给了夫人珍妮。约翰没有同嫂子再多盘桓，旋即便返回军营，继续从事冒险加行医的事业。他先后去过爱奥尼亚群岛（Ionian isles）、锡兰①和西印度群岛等许多地方，入选英国皇家学会，成了家，后来又定居在湖区的安布尔赛德（Ambleside），还当上了华兹华斯家族的家庭医生。

---

① 锡兰是斯里兰卡的旧称。——译注

珍妮不想将戴维的任何文字公开发表，自己也无意撰写任何与戴维有关的东西。不过，她在饭桌上与人们的谈话中，讲了"亲爱而又可爱的爵士"的不少逸事，而且断断续续地讲了二十年。约翰则在华兹华斯的支持下，花了二十五年以上的时光，辛苦地整理哥哥留给他的论文。1836年，针对英国康沃尔地质学会的约翰·艾尔顿·帕里斯所写的不尽属实的戴维"传记"（双卷集，1831年出版），他匆匆编成了一套双卷集著述《汉弗莱·戴维爵士生平》；1839年时又整理出版了6卷集的《汉弗莱·戴维选集》，并将重新写过的《回忆哥哥汉弗莱·戴维》作为序言放入第一卷内。后来他又将这一选集增为九卷集。当他定居湖区后，又编了一本《零星拾遗》（1858）。这本书篇幅不很大，却揭示了一些深层内容。戴维的诗作大都收入在这本书内，但没有涉及他的论文、信函和日记。然而，约翰所写的有关自己在湖区的垂钓生活的另外一本书——《渔翁和他的朋友》（1855），颇像是给哥哥的在天之灵，送去了一份很好的慰藉与怀念。

汉弗莱·戴维从男爵在遗嘱中说明，他将部分财产捐赠给英国皇家学会，以设立名为"戴维奖章"的奖项，并由学会决定得奖人选。他还将一笔款项捐给彭赞斯文法学校，以供修缮之需。为感谢此举，该校特别设立了"戴维节"以志纪念，至今还逐年庆祝。余下的遗产，除戴维嘱咐赠予奥地利伊利里亚莱巴赫的店主的女儿约瑟菲娜·德泰拉以100英镑之外，余下的都留给珍妮。1829年3月，即戴维去世前数周，他又对遗嘱有所修改，加赠芭琵娜50英镑。戴维夫人被要求执行这一遗赠，她也不折不扣地照办了。不过，她始终不曾发表自己对戴维的回忆录，虽经表兄沃尔特·司各特多次敦劝也未起作用。不过，她的无为倒也可能说明了，与科学家一起生活，特别是与知道自己是天才人物的科学家一起生活，究竟是什么滋味。

第十章
青年英才继往开来

一　英国科学正在走下坡路

在19世纪20年代里，英国科学界失去了三位国际级巨匠。他们的名声曾是响彻全欧洲的。先是约瑟夫·班克斯于1820年逝世，继之是威廉·赫歇耳在1822年物故，而后是汉弗莱·戴维在1829年客死。他们在自己所处的时代，构筑起了拥有先进科学的英国，而且这一构筑行动，又出自班克斯的设计与实施。然而，随着这几位人物的离去，英国的科学前景变得不明朗起来，前途似乎失去了保障。在新一代年轻科学家中，将由谁肩负起带领英国科学前进的责任呢？又将由谁从经济上保证科学活动的进行呢？此时真是难以预料。正如《泰晤士报》所挑明的那样，科学巨匠的时代已经结束。[1]

问题变得越来越直截了当了：英国皇家学会是否尽到了自己应尽的职责呢？与法国和德国相比，英国的科学是否已然裹足不前了呢？科学是否对公众负有社会的与道德的责任呢？此类责任是否得到了普遍认识呢？自"活力论"大讨论出现之后，此类问题已不再只为知识界和专门人士的小圈子注意。科学的作用，已经得到了公众的广泛注意。抱着挑战目的来到爱丁堡，并蓄须以明此志的托马斯·卡莱尔①，1829年春在《爱丁堡评论》上发表了第一篇有影响的文章《时代特征》，从此奠定了自己杂文作家和激进的社会评论家的地位，时年34岁。他在这篇几乎占去这一期杂志全部

---

① Thomas Carlyle（1795—1881），苏格兰评论家、讽刺作家与历史学家。——译注

篇幅的文章中，宣告了浪漫主义的消亡，以及"机器时代"的无情崛起。

卡莱尔的这篇文章，以人在现代科学环境中的作用为中心议题进行探讨。他认为，功利主义、统计学和"机械科学"的出现，使人性受到了忽视与扼杀，将一向充满艺术、诗歌和宗教的世界，打造成实验室的天下。他虽然不曾直接指斥英国皇家学会或英国皇家研究与教育院，但也只差指名道姓了："牛顿当初是靠着冥思苦想，根据苹果的落地，发现了世界体系。如今则不同了，一些并没有牛顿水平的人物，来到了知识的殿堂，进入了科学研究馆所，摆弄着一大堆曲颈甑、浸煮釜、电池等劳什子，用它们狠狠地'逼大自然吐口'，然而，大自然却不打算听喝。"[2]四年后他又旧话重提，明确地批评说："科学的进步……就是要摧毁美妙，代之以测量和读数。"①[3]

1829年，英国皇家学会推选下一任新会长。约翰·赫歇耳是候选人之一。他本人虽然自认为不堪胜任，却得到了青年一代科学家的普遍认可。这一年他37岁，已被公认为多面手型的科学家，而且正处在创造力旺盛的时期。他担任学会的常务负责人已经五年，发表的论文数目超过了一百篇，范围涵盖了从天文学到动物学的诸多领域。他还因提出"纯粹归纳科学"的哲学概念②，被认为是培根归纳理论的传人。此外，他还颇为富有，又在这一年的3月听从姑妈的规劝结婚成了家，妻子是位既聪明又美貌的苏格兰人，名叫玛格丽特·布罗迪·斯图尔特。当然，他的天平盘里还有

---

① 一种新思潮就在这时开始出现，认为大自然有如受到强行查体的女子，羞涩、不安、不情愿但又无可奈何，而科学就是无所顾忌地询问甚至无处不触摸的男人。它渐渐地取代了原先形成于浪漫时期的理念，即大自然是好挑逗的神秘仙女或者地位更高的女性神祇，比想要接近她的人类强大得多。此种认为"科学"是对自然的非礼、狠亵、占有甚至霸占的思潮，贯穿在整个19世纪里（起初并未被明确意识到），进入20世纪后更是明确上升为保护女权式的呼吁。有意深入了解这一思潮的读者，建议阅读安妮·科思特拉尼茨·梅勒（Anne Kostelanetz Mellor）的《从女权角度对科学的批判》，收入《玛丽·雪莱：生平、小说、怪物》（有关原书信息见参考文献部分。——译注）。针对这一主题，又有其他形式的艺术创作结果问世，有的有助于这一概念的普及，也有的将其庸俗化。19世纪末由法国艺术家路易-埃内斯特·巴里亚斯（Louis-Ernest Barrias）创作的两尊接近真人尺寸的青铜雕像《大自然在科学面前展示真容》（1890），是获得1905年世界博览会大奖的作品。这两尊雕像都表现为女性，其中一个身上还有些遮蔽，另外一个已经全裸。——作者原注
② 有关这一"纯粹归纳科学"的概念，作者在本章第三节介绍约翰·赫歇耳的著述《自然哲学知识精讲》中有进一步阐述。——译注

一个大砝码，就是他是威廉·赫歇耳的儿子。

然而，没过多久，约翰·赫歇耳便意识到自己被拖进了公开争论的旋涡，争论的内容是品性和科学管理。这种公开争论可是他父亲在世时从不曾经历过的。不够世故的迈克尔·法拉第不喜欢这一套，说什么也不肯参与角逐。查尔斯·巴贝奇被认为太过活泛，因此可靠性差，不是合适的人选。沃拉斯顿和托马斯·杨①又都已不在人世；另外还有一名候选人，是身为英王乔治四世之弟的萨塞克斯公爵奥古斯塔斯·弗里德里克亲王（Prince Augustus Frederick, Duke of Sussex），为人很有魅力，但办事效率不高。此贵胄不懂科学——几乎可以说是一窍不通，但在一些喜欢传统方式的学会会员看来，这也许正是一大优点呢。

在经过一番"明是一盆火，暗是一把刀"的争斗（弄得约翰·赫歇耳以退出竞争为抗争手段）后，萨塞克斯公爵当选为会长，时间是1830年。他的这个会长是以微弱多数当选的，赞成票有119张，反对票为111张。巴贝奇对选举过程进行了统计，大为失望地看到，参加这次选举的会员，还不到总数的33%。对选举结果的不满，导致一批青年科学家聚集在约翰·赫歇耳的周围，提出要完全踢开英国皇家学会，建立一种新的、完全不同的组织体制，使之成为属于"圈外"科学家——包括女科学家在内的团体，并使之兼顾地区性，而不单只看重首都伦敦。消息传出后不久，赫歇耳便被封为骑士，看来很有可能是以此笼络他。许多人揣测，册封他的主意就是萨塞克斯公爵提出来的，目的就是安抚一下这位对手。如果这是册封他的初衷，那可是打错了算盘。

从1829年到1831年，约翰·赫歇耳和他的朋友查尔斯·巴贝奇，以及来自苏格兰的科学家与作家戴维·布儒斯特（就是对偏振光进行过出色研究的那位物理学家），一直针对着"英国科学正在走下坡路"这一引起公众热烈争议的问题进行调查研究。这一问题先是得到了若干重要刊物的反响，然后迅速成为英国皇家学会会内热烈讨论的内容，后来更扩大成事关民族

---

① Thomas Young（1773—1829），英国全能型的科学家。他以医生为职业，在物理光学、材料力学和医学的若干不同的专科领域都有建树，还是一位语言学家和埃及学学者。物理上的双缝干涉实验是他对科学最重要的贡献，材料力学中的杨氏模量也是为纪念他在材料力学领域的工作而定名的。——译注

文化与科学家在社会中所起作用的讨论。也就是在这一时期,英国举国上下围绕着《大改革议案》①展开了激烈的,甚至引发暴力的政治斗争。这两项都涉及英国人反躬自省的运动发生在同一时期,绝非事出偶然。

二 《英国科学衰落之我见》

　　第一枚重磅炸弹是查尔斯·巴贝奇丢下的。他在1830年春发表了一部篇幅不长,却精确制导的著述,单看题目就很让英国人气滞,即《英国科学衰落之我见》。两年前,巴贝奇被聘为剑桥大学的卢卡斯特设学衔教授——当年牛顿就得到了这一职衔。1817年时,他曾在英国皇家研究与教育院开讲过天文学,很得威廉·赫歇耳爵士的好评。他的研究也得到了汉弗莱·戴维的支持,这些都使他很有影响力。他相当富有,在伦敦的多塞特广场(Dorset Square)有一所大宅邸。他那著名的机械式计算机"差分机-1号"就是在这里研制的。这台机器用了25000个黄铜齿轮。为造出这台机器,他自己掏腰包花了1.7万英镑(可是一笔巨款哟)。可以想见,他十分希望类似于此的项目,能够得到政府的资金支持。说是加油也好,说是点火也好,总之,这一愿望使他对英国科学现状的攻击带上了更强的火药味。

　　后来,巴贝奇的机械式计算机研究被推崇为维多利亚时代科学的一桩传奇,同时也被列为政府不能有效地为科学提供财政支持的典型。当他为了这项研究在1832年将个人的钱包掏空时,已经造出了原计划的那台"差分机-1号"上的一个完整的单元部分,共包括2000个黄铜零件。这一单元构件如今还完好存在,可以用作一台自动计算器,计算效果十分出色。接下来,他又构想出一台更复杂的计算机器,起名为"分析机",用穿孔卡执行输入功能,以5万个黄铜齿轮"存储"数据——完全相当于现代电子计算机上的随机存储器。设计是搞出来了,但根本就没能投入具体制造,因此无从得知能否工作。不过,1991年,英国科学博物馆按照巴贝奇在

---

① 《大改革议案》是一项扩大下议院选民基础的议案。它反映了工业革命后英国人口大量流动、形成工业城市、从而要求代表权的努力。该议案于1832年通过,因此也称为《1832年改革法案》,从此改变了下议院由保守派独占的状态,加入了中产阶级的势力,是英国议会史上的一次重大改革。——译注

1840年设计的"差分机-2号"真的将机器造了出来，共用了4000个黄铜齿轮，对原设计只做了若干不大的改动，结果它直到现在仍能工作，计算精度达到了小数点后31位，真是出色的计算能力！这台计算机器重3吨，造价30万英镑，如果折合成当年币值的话，实际还低于预算估价呢。①[4]

巴贝奇这本直言不讳的书，雄辩地道出了英国的科学管理机构所存在的能力薄弱和漠视研究的问题。他将英国的这两方面的现状，与欧洲大陆上法国和德国的两个国家科学院对科学研究的支持与辅助做了对比。他说，虽然英国在"机械制造的质量和独创性方面明显占了上风"，但在纯科学研究领域却"低于其他国家"到了该当脸红的程度。诚然，他是以尊敬的口气提到了汉弗莱·戴维和威廉·赫歇耳的成就，但言下之意却是说，如今的英国，已经与那个时代相去甚远了。

他以实例证明了本国政府对研究工作缺乏财政支持。他还说，就连法拉第这样杰出的科学家和蒲福这样出色的气象学家，都得不到国家给予的应有荣誉；道尔顿和沃拉斯顿的出色化学成果也得不到应得的认可。他又批评了英国大学里科学教育的薄弱（只有在他所从事的数学研究领域，有关的教育水平是个明显的例外）。再有就是，英国皇家学会既不能有效地资助重大的科学项目，也不曾加深英国公众对科学的了解。虽然学会的会徽上镌刻着一句动人的拉丁铭文*Nullius in Verba*——勿信道听途说，但在旨在形成得到普遍认同的科学哲学这一工作上吃了败仗。

在这本书中，巴贝奇对英国皇家学会的态度更是轻蔑。他发问道：瑞典有白则里，德国有洪堡，丹麦有奥斯忒（Hans Oersted，1777—1851），法国有居维叶，而英国可以等量齐观的人物却在哪里呢？[5]他告诉人们说，英国皇家学会的会员们是一群自高自大的无知懒人，成日价最关心的

---

① 巴贝奇的"计算机器"与哈里森的天文钟、赫歇耳的望远镜或者戴维的伏打电池有所不同，当时是找不到现成的实际应用的。当时的科学管理部门也设想不出它会有什么实际用途。然而，巴贝奇却想出来了，而且都说中了。这些用途包括对数演算、绘制星表、工程模型计算、地图绘制和航海计算等。柯尔律治曾经说过，完全新型的诗歌"一定要能够创造出赢得欣赏的品位"，或许巴贝奇相信，完全新型的科学也应当有这样的特点吧？参阅珍妮·乌格洛与弗朗西斯·斯帕福德（Francis Spufford）合作撰写的《长期用发明与技术影响文化的巴贝奇》（有关原书信息见参考文献部分。——译注）。——作者原注

就是去俱乐部美餐。他还将刚萌生不久的统计学用到了自己的攻击行动中，指出在学会的所有700名会员中，入会后发表过两篇和两篇以上科学论文的只占10%。[6]他还讽刺英国的科学学术团体的接纳标准，说他已经算过了，虽然水平只是科学票友，但只要交纳"10镑9先令9便士半"，就可获准在自己姓名的后面缀上"英国皇家学会会员"之类的尊称，"一如彗星的长尾巴，以40个字母为限"。[7]

巴贝奇将英国皇家学会的工作效果比作赫歇耳的观测所见——"当其他国家观看英国科学的朦胧地平线时，只能看到弱暗的星云"，而"明亮的星辰"却连一颗也没有。[8]他还敦促对"实验数据的发表"采取严格的审理措施和必要的业内评审，而现有的此类措施不是没有，就是缺乏公正。他还给学会的作风加上了一大串尖刻的评语："哄骗、胡编、乱造、掺假"，而且还不客气地表示将不停地使用这些词语。[9]

巴贝奇在这本书的最后，对沃拉斯顿和戴维两人的科研风格进行了一番**探讨性**的比较。他认为，前者是一位慎重而耐心的科学家，只是埋头于自己的研究，既不与人争锋，也无追逐世俗利禄之念。他最大的关注是，得到排除了种种偏差与错误的精确结果。而后者则是急切而热忱的科学侦察兵，无论做什么都雷厉风行，都要做出成绩来；他还特别长于通俗地向大众解释自己的工作，又对追求和确立真理怀有不懈的热情，**更不惜为成为最出色的人物付出任何代价**。巴贝奇的结论是：沃拉斯顿是纯粹的圣人式的科学家，而戴维是公关大使和展望巨匠："沃拉斯顿肯定永远不会成为诗人，而戴维却有可能成为诗圣。"巴贝奇的这句话的意思看来是认为，英国的科学事业，对这两种人物都是需要的。[10]

巴贝奇还在书中写进一段额外的文字，讲述了约翰·赫歇耳在斯劳的实验室里分析夫琅和费①"在太阳的光谱中看暗线条"的工作。②巴贝奇特

---

① Joseph von Fraunhofer（1787—1826），德国物理学家，分光仪的发明者。他在太阳光的光谱中发现了许多对应着阳光所经过的物质空间的暗黑竖线条，为摄谱学这一重要的领域打开了大门。这些线条便被称作夫琅和费线。——译注
② 在光谱中发现夫琅和费线——这些暗黑的直线条，很像是超市货物包装上打出的条形码，是导致摄谱学这一学科形成的第一步。它们使天体物理学家得以了解星体的化学成分。不同的元素在星体所发出的光谱中占有不同的位置，因此会被空间远处看到这些光的人得知，而且可以在宇宙的任何地方得知。摄谱学所发挥的作用，（转下页）

别写进这一内容，可能是属意于让年青一代人对科学研究的特点有所认识吧。他是这样讲述的：当他本人第一次在约翰·赫歇耳那里，通过棱镜观察来自太阳的光谱时，虽然看得很认真，也知道夫琅和费线就应当在这条光带里，但就是看不到这些发暗的线条。对此，赫歇耳告诉他说："存在的东西往往不被人们看到，但原因并不是视觉感官存在缺陷，而是**不知道如何看到**……我来告诉你该如何看吧。"[11]在花了一段时间重新聚焦和重新观察后，巴贝奇就能够清楚地看到它们了。这段叙述的用意，是要说明科学绝对不只是对现象的单纯观看或者对数据的简单读取，而是包含着对观测技术的主观训练，以及对观测结果的自我检验与解释。这样的训练才是完整的。同样道理的话，其实威廉·赫歇耳在四十年前便说过了——虽则他表述的具体内容只是学会怎样用望远镜进行观测。

最后，巴贝奇还是要再蜇刺一下英国皇家学会。他在书后添加了一个附录，大大地赞扬了一番普鲁士科学院1828年召开的大会。他本人是出席了这次会议的。许多著名科学家都曾与会，普鲁士科学院院长洪堡便是其中一位，并在会上发言，对歌德大加称颂，并对未来进行了信心十足的展望。在告诉人们该科学院的下一届会议将于1831年在维也纳召开后，巴贝奇便提出一项建议，希望英国也学一学人家，建立一个新的"科学机构的联合体"，而且将年度例会移到伦敦以外的城市轮流召开。如果皇家学会肯劳玉趾，也不妨派人参加。但这样的联合机构是什么呢？巴贝奇的这一篇向皇家学会挑战的宣言，导致了英国的另外一个科学机构在1831年的成立。这个机构就是英国科学促进会。[12]

迈克尔·法拉第不愿意卷入这场纷争。他通过一位荷兰化学家格拉尔德·默尔（Gerard Möll），向巴贝奇表达了批评意见，但口气相当温和。默尔表示，"作为一名旁观的外国人"，他觉得"英国已经有了不少敌人，有自然界的，也有国外政界的，难道还要再在自己人之间就科学问题打内战不成……法兰西学会的那帮贵族老爷们可要高兴啦……作为一名中立的外国人，我不无遗憾地注意到，英国人竟会对本国的一些本应自豪的事物嗤

（接上页）理查德·道金斯在《解析彩虹：科学、虚妄和玄妙的诱惑》（1998）一书的第三章《星球上的条形码》中有出色的讲解。此书作者还在这一章的结尾处引用了詹姆斯·汤姆逊的诗作《纪念艾萨克·牛顿爵士》（1727）中长长的一段。——作者原注

之以鼻"。[13]

约翰·赫歇耳不是那种会被爱国呼吁和君子风度拘束住的人。他与自己的朋友巴贝奇站在同一立场上，却采取了一种不同的方式——一种平和的方式，这就是描绘出进步的英国科学所应表现出的面貌，勾勒出使英国再次进入黄金时代的可能前景。

三 《自然哲学知识精讲》

约翰·赫歇耳为《拉德纳家庭百科丛书》①写了一本《自然哲学知识精讲》。这本书所用的语言心平气和，却流露出一种权威的自信。它是作为这套大众化丛书第一套中的一种出版的。为了抵消巴贝奇的那本《英国科学衰落之我见》一书的火药味，这本书选了个很低调的标题，不过仍然大受欢迎，成了维多利亚时代早期的畅销书，出了一版又一版。

据约翰·斯图尔特·穆勒②在他的《约翰·穆勒自传》中回忆，他因神经衰弱，一度靠阅读大量华兹华斯和柯尔律治的诗歌静养。他在1837年读了赫歇耳的这本书后，竟发觉自己的解悟能力已经恢复："在休厄尔的思想所引起的冲动下，我又一次拜读了约翰·赫歇耳的《自然哲学知识精讲》。它给了我极大的帮助，使我能够测知自己思维能力进步的程度。"[14]

在这本书中，赫歇耳先对科学在"浪漫时期"所取得的种种伟大胜利做了一番回顾——不但提到了英国的情势，也理所应当地兼顾到法国和德国。他还提请公众理解英国社会对"职业科学"的需要。将科学作为职业的想法，是培根在认为应当保证科学研究不受政治、宗教等人为因素的影响而自由进行的基础上率先提出的。[15] 赫歇耳将这一职业的涵盖范围定在了发展迅速的学科上，即原有的数学、天文学和光学这三个古典领域，再加上新近的电学、化学、磁学、地质学、生物学和气体学研究领域。[16]

---

① 《拉德纳家庭百科丛书》，由爱尔兰科学作家迪奥尼修斯·拉德纳（Dionysius Lardner，1793—1859）为鼓励有一定文化程度的人提高修养而结集名人的著述，从1829年起出书到1846年出齐，共5大类，133种。——译注
② John Stuart Mill（1806—1873），一译密尔，英国著名哲学家和经济学家。代表作为《论自由》(1859)。此书和他的自传均有不止一种中译本。——译注

他认为，在这些学科的研究中，都会涉及一种三段式的"归纳"方法。这就是说，先通过观测与实验准确地搜集到定量化的数据，继之根据这些数据提出带有普遍性的"假设"，然后再次通过实验和观测检验这一假设，以查知是否会将其否定。[17]这一归纳原理是研究所有科学的核心方法，借助于它，人们将自由研究指向了科学的第一个目标——了解未知。"我们在各个理论领域中给自己提出的最直接的目标是，分析种种现象，掌握自然隐秘行事过程的知识，从而有能力跟踪这些过程。"[18]自然一直是深藏不露的和神秘莫测的，通过种种"过程"行事，并在行事过程中表现出强大的力量。不过，赫歇耳在用词上十分注意。面对大自然表现出的"一个又一个奇迹"，他不去涉及谢林在其自然玄学学说中提到的概念，也避免对维持着自然界中种种活动的"力量与睿智"的本性做任何臆想。[19]

赫歇耳的这本新书受到热烈欢迎，被誉为自弗朗西斯·培根以科学研究中的归纳法为题写出他那通俗读物《新工具》（1620）以来的第一次同类尝试。在此书的扉页上印着培根像，还有一台显微镜和一台望远镜——正是"知宏又见微"之谓，正文则以西塞罗①的一句名言开始：*In primis, hominis est propria veri inquisitio atque investigatio*，意为"人之所以崇高，是因为其有求索与解悟真理的要求"（真是一条值得认真体味的箴言）。这句引言用的是拉丁文原文，但全书都用英语写就。赫歇耳除了采用传统的将全文分为若干章的写法，还聪明地更细分为带编号的许多小节。事实证明，小赫歇耳与他的老爹不一样，有通达的写作本领，并时有想象力的出色闪光。（他受教于剑桥大学的成效之一，就是能写出很出色的滑稽小诗来，而且一直都在写。他后来还将维吉尔的巨著《埃涅阿斯纪》译成了英文。）他在讲述其中一节有关明确与精准地使用科学术语的内容时，简直就像是在吟诵一首诗篇，真是前无古人的手法——

比如说，方、圆、百，这几个词语都足以完整地唤起人们头脑中对它们所代表的含义的全部理解，因此大大不同于其他词语。我

---

① Marcus Tullius Cicero（公元前106—前43），罗马共和国晚期的哲学家、政治家、律师、作家、雄辩家。因其演说口才及说服力被认为是古罗马最好的演说家。——译注

们用此类词语时,都知道用到了它们的全部含义。而当涉及的是天然存在的事物和涉及此类事物的关联时,情况就大为不同了。

不妨以"铁"这一事物为例。不同的人会对这一词语形成不同的概念。一个不知磁为何物的人,对铁的印象会与知道的人颇不一致;寻常百姓会相信这种金属不会燃烧,而见到过它猛烈燃烧的化学家等人,却会认定它是自然界中最能与氧气起反应的物质;诗人会将它视为坚硬的象征,而它却会在铁匠和工程师手中化为绕指柔;提到铁,犯人会想到对自由的障碍,而电工则可能只想到通信联络的手段……同一个用语,会导致种种不同的概念,而每一种概念都是不完全的。

诸如此类的词语,就像是一道彩虹——每个人看到的都不是同一个,但又都会认为人人所见略同。[20]

最后一句有关"每个人"所看到的彩虹的评语,既将牛顿对彩虹的研究结果告诉给了人们,也将华兹华斯、济慈和歌德对彩虹的认识进行了概括。①

赫歇耳接着又提到,掌握好看待世界的真正科学的观念,会带来何等巨大的智力价值乃至精神收益。一旦做到这一步,自然界中的一切都会是有意思的和有意义的,不值得关注的事物将不复存在。哪怕是诸如肥皂泡、苹果和卵石这样的"自然界中最最司空见惯之物",都会揭示出自然

---

① 歌德在《色彩理论》(Theory of Colours,1810)一书中批评牛顿对彩虹的分析是"机械的",这使他成为德国自然玄学的标志性人物,但也引起了英国科学界的抵触。不过应当承认,歌德在这本书中,确实提出了一些很有启发性的东西,如"颜色对感官和道德观的作用","植物盘旋生长的趋向",以及天气状况(多云、晴朗、气压变化等)对情绪的影响等。歌德坚持认为,对科学和对艺术的感觉应当结合到一起。他本人也在这方面做得十分出色,曾写过一篇题为《经验性观察与科学》(1798)的论文,探讨获取数据时对"客观性"与"主观性"的均衡兼顾。文中有这样的话:"观察者的眼睛永远不会只看到纯粹的现象。他们所看到的,在很大程度上会取决于当时的情绪、感官的状态、光照环境、空气质量、天气状况、观察对象本身的物理状况、观察方法,以及不胜枚举的其他因素。"可参阅《歌德选集》第12卷《科学研究》(Collected Works: Scientific Studies,1988年英文版)。洪堡也对歌德发出赞叹,说他"在完成充满诗意的伟大想象作品的同时,也能闯入自然的神秘殿堂驰骋"(在柏林科学院1828年会议上的发言)。——作者原注

规律来（分别是空气静力学的、重力的和地质学的）。

> 对哲人来说，大自然中不存在不重要或次要的事物……人们一旦领略到科学探寻的滋味，就接近了供其思考的无穷源泉，他们会不断地体验纯正的兴奋与激动。正如莎士比亚笔下所形容的那位不断思考的人所发现、也自然是莎士比亚本人所认为的——
> "可以听树木的谈话，溪中的流水便是大好的文章，一石之微，也暗寓着教训；每一件事物中间，都可以找到些益处来。"①
> 而同样处在奇境中的人，如果是既不知情，也不探寻的一类，那就会既分辨不出新，也感受不到美。[21]

值得注意的是，赫歇耳这里引用的莎士比亚戏剧《皆大欢喜》中的这两句台词（第二幕、第一场），是在一处无比美好而又有魔力的环境中——一个名叫亚登森林（Forest of Arden）的地方说出的。赫歇耳显然认为，喜欢思考的科学家们所生活的环境，自然就相当于提供这种奇境、眼界和转变，因此就是在"每一件事物中间，都可以找到些益处来"的地方。在举例说明当代科学所取得的胜利时，赫歇耳给出了几个虽然简单，却又极大地改善了人们的安全状况的科学发现与技术发明的实例，其中就有避雷针、螺纹透镜②、安全矿灯、碘酒与含氯消毒剂——最后三种都与戴维有关。[22]

约翰·赫歇耳也同戴维一样，将化学定为浪漫时期最有代表性的学科。这门从炼金术和燃素理论等种种错误中脱胎而出的科学，已经"成为一种精确科学，也就是说，能够称量、测度，并用数字表现出来的学科"。化学已经在医药、农业、机械制造、气球飞天、气象预报等各个领域得到了实际应用。不但如此，它还通过对氧气的作用、潜热的存在、原子量、电的极性、元素（当时已掌握了逾50种）等知识的掌握，使基础科学得到

---

① 《皆大欢喜》，朱生豪译，上海古籍出版社，2002年。这番感想是一个被弟弟篡夺了头衔并被赶出领地的公爵在流浪时所发。——译注
② 螺纹透镜，又称菲涅耳透镜［因其发明者、法国物理学家奥古斯丁-让·菲涅耳（Augustin-Jean Fresnel, 1788—1827）得名］，此种透镜孔径大、焦距短、重量轻、体积小，透光性又很强，特别适用于装在当时对航海无比重要的灯塔上，对保证行船安全有极大贡献。——译注

了进步。此外，化学还是在多国范围内取得发展的学科，其代表人物拉瓦锡、布拉克、道尔顿、白则里、盖-吕萨克和戴维等化学大师，是来自不同国家的。[23]

在这本书中，约翰·赫歇耳用了十几页的篇幅（第368节—第377节），对国际上从富兰克林和伽伐尼起，一路到戴维和奥斯忒的近五十年内对电的研究，进行了明晰得令人钦佩甚至拍案叫绝的综述。他告诉读者说，对电这个东西，人们最早只是根据霹雳、极光，以及摩挲猫咪背部时看到的"跳火"，设想自然界中存在着一种"作用奇妙"的神秘流体。接下来，他带领读者领略了人们通过实验逐渐准确把握电流、导体、极性、电池、电荷、放电、"动物电"（"一个不幸的称法"）、神经电回路、化学亲和性（戴维引发的"全新革命"）等一系列复杂概念的过程。他还提到了当时仍有待于进一步了解的"奇妙的电磁现象"。[24]

从赫歇耳的叙述中可以觉出，他预感到对电与电磁现象的研究，还将进一步揭示出许多秘密，而且将引领一个新的时代。事实正是这样，而且是由法拉第完成的。在赫歇耳的笔下（第376节），这一研究被比作在探索的大海上进行的伟大远航，"使我形成一种信念、一种有如当年哥伦布坚信新大陆必定存在的信念。这一美好发现的全部历史，将教会人们相信，平行科学领域之间的类推，可以揭示出本不直接相关的事物的真知"[25]。

约翰·赫歇耳所认为的科学是一个巨大网络或说关联体系的概念，是此书的点睛之笔。它反映出这是当时正在形成为独立哲学思想和文化意识的理念。他还以同样的支持态度指出，科学结论尽管往往与人们的常识或直觉相抵触，但实际效果是使人们的想象力得到扩展，接受以往不可能设想到的有关运动和尺度的观念。对此，他举出了星光的传播速度、蚊虫飞舞时翅膀扑动的迅捷，以及光波的极高频率的例子。他又在终篇处宣扬了科学对促进道德意识的作用。这本书堪称思路明晰、启迪智力之力作，还在当时缺乏安宁的艰难时世中发挥了定盘星的作用（但学界对这后一说法不无争议）。总之，约翰·赫歇耳是在尽力为"科学界中人"呐喊，为这批人争取其从不曾得到过的中心位置——不仅在英国皇家学会里，更在整个英国社会中。

法拉第从英国皇家研究与教育院写了一封长信给约翰·赫歇耳，热情洋溢地盛赞他的这本书:"拜读了你讲述自然哲学知识的大作,本人与其他读者一样欣喜。我将它看作为哲人提供的教科书。它使我成为更有效的推理者,实验能力得到了提高,行事方式也有所改进。说句自我标榜的话,它让我成了一个更好的哲人。"[26]

持这种读后感的大有人在。剑桥大学有一个大学生,将此书视为命令自己拿起武器投入战斗的征召令:"洪堡的《新大陆热带地区旅行记》和赫歇耳的《自然哲学知识精讲》,在我心中燃起了炽热的激情,愿为建造自然科学的崇高大厦略尽绵薄之力。能像它们这样唤起我如此强烈情感的,应当说十本书中未必会有一本。"这个大学生就是22岁的查尔斯·达尔文,而他的"绵薄之力",就是那本《物种起源》①(On the Origin of Species,1859)。[27]

四 英国科学促进会的诞生

继约翰·赫歇耳之后,为此目的努力的是戴维·布儒斯特(David Brewster)。他是一名物理学家,在爱丁堡受的教育,专业领域是应用光学,从事过对螺纹透镜的研制。万花筒这种玩具也是他发明的。此外,布儒斯特还为不少科学刊物和百科全书写过东西。科学记者的职业更是始自于他。布儒斯特出身于加尔文派信徒家庭,但后来决定不再与教会沾边。为了科学他成了一个自然的布道者。他还认为,有一种为科学呐喊的方式比写书更有效,这就是组织起一个新的全国性的科学团体,并通过该团体在若干刊物(如《季刊杂志》)上发表文章。为此他在1830年2月写信给巴贝奇,向他强烈吁请道:"希望你能拨冗10分钟一阅此简……请考虑是否有必要组织起一个机构,以保护和促进使科学为人们的**实际物质福祉**服务。目前已经有部分有影响的贵族和议员表示,愿为实现这一目的提供可观的支持。"[28]

他还设想,这样的机构应当组织年度性会议(巴贝奇已经先走一步,根据德国人的经验提出同样的建议),会议地点应当在各个郡治城市举行,不宜在伦敦这个英国皇家学会的大本营召开。机构成员主要应来自大学、

---

① 有多个中译本。——译注

议会下院,以及北方城市中的地方性"文学与哲学"学社。曼彻斯特是第一个成立这种地方性学社的城市。当班克斯于18世纪80年代就任英国皇家学会会长时,此类机构还不到10个,而且只建在曼彻斯特、德比和纽卡斯尔等几个重要城市;到了戴维坐上会长交椅的19世纪20年代,这一数目已经上升到30个左右;而当查尔斯·达尔文于1836年结束赴加拉帕戈斯群岛的考察回到英国时,学社的数量更是增加到了近70个。科学在维多利亚时代的历史性发展就是从这时开始的。[29]

在英国是否应当成立这样一个全国性机构的问题上,1830—1831年间出现了不少讨论、争议和游说。巴贝奇、布儒斯特和休厄尔分别是伦敦、爱丁堡和剑桥三地的支持派领袖。从休厄尔的一封信就可以看出他在此运动中所起的作用:"我相信,这样一个机构可以大有作为:气象学就是这样一个可以通过它实现诸多领域密切合作的领域,在这方面,我希望道尔顿能够……塞奇维克(Adam Sedgwick,1785—1873)也正在威尔士为此事奔忙。达尔文……眼下正在争取以博物学家身份随同菲茨罗伊船长(Robert FitzRoy)赴美洲最南端考察的机会。愿他能顺利到达合恩角……"[30]

法拉第在这个问题上的态度仍然不明朗,而约翰·赫歇耳——不要忘记,他可是英国皇家学会的常务负责人之一——也通过一封长得不一般的信函,明智地说自己只能表示"真诚的祝愿,希望它发挥职能,获得成功";但他也指出,他认为:"以这个国家以及科学界的目前现状而论,都需要一个能促进科学发展并予以导航的有权威的科学探索中心。"[31]到1831年秋天时,争论双方都希望能争取到有更多的"科学'雄狮'站在自己一边以左右形势"。

1831年10月,在历经种种艰难后,英国科学促进会终于成立了,成立大会在约克市(York)召开。与会人士畅所欲言地讨论了大量内容:彗星、铁路、地层构造、极光、有袋类动物的交配习惯,还特意举杯纪念约瑟夫·普利斯特利——不啻向英国皇家学会掴了一掌,并感谢接纳他的美国。[32]促进会的第一任主席威廉·罗恩·哈密顿①发表了言辞犀利的主旨

---

① William Rowan Hamilton(1805—1865),爱尔兰数学家、物理学家及天文学家。他最大的成就在于发现了四元数,并将之广泛应用于物理学的理论研究。——译注

讲话，发表了他的英国科学发展观。不过，他的这席话，远没有起到洪堡继1828年在普鲁士科学院柏林年会上发言后，又于1831年在维也纳年会上的发言所达到的效果。在维持聚餐会和讲演会——有人称之为"开饭与开讲"的适当比例上，会里也发生了激烈争执（并持续了多年）。不过，由于没有像法拉第和赫歇耳这样一等的重量级人物，媒体并没有太予理会。

1832年，呱呱坠地不久的英国科学促进会在牛津大学召开了第二届年会。威廉·巴克兰（William Buckland，1784—1856）有关他的地质学与原始爬行动物研究的报告引起了一定的注意。这一次，《泰晤士报》则是降尊纡贵地派人来会上采访，然而只是高高在上地发了些诸如"有如一次只陈列不讲解的哲学玩具展览"的评论，还批评巴克兰在讲演时会冒粗口，是对"在场淑女"的唐突。[33]

然而，到了1833年6月召开第三届年会时，英国科学促进会实实在在地引起了英国举国上下的注意。这次年会是在剑桥大学召开的——地点本身就带有颠覆意味，标志着它得到了英国理性与进步思想大本营的拥戴。剑桥大学本是牛顿一飞冲天的地方，还是以圣约翰学院和圣三一学院为首的强大科学阵营的所在地。几乎所有即将成为维多利亚时代早期科学明星的人物都出席了这届会议——迈克尔·法拉第、约翰·赫歇耳、约翰·道尔顿、查尔斯·巴贝奇、戴维·布儒斯特、亚当·塞奇维克、威廉·休厄尔、托马斯·查默斯、托马斯·马尔萨斯①、威廉·萨默维尔②等。唯一没有前来的著名科学家只有查尔斯·达尔文一人——彼时他可是在进行第二次远程航行的"贝格尔号"船上，会议期间他正在乌拉圭采集生物标本呢。[34]

"淑女"中也有人积极要求与会。玛格丽特·赫歇耳和玛丽·萨默维尔等几位著名科学家的夫人便在此列。她们或者以接待人员的面目出现，或者以帮忙拟定菜单为名，进入会场后便到讲演厅后面旁听，而且还要记笔记和发表评论（包括评头品足）。在这届会议上，引来最广泛注意的课题是极光的本性。这一课题的确很适合当作促进会的议题，因为它涉及气

---

① Thomas Malthus（1766—1834），英国人口学家和政治经济学家。他提出的人口理论，即"马尔萨斯人口论"受到不少片面理解甚至故意曲解。——译注
② William Somerville（1771—1860），英国医生、英国陆军医学委员会督察长、皇家学会会员，玛丽·萨默维尔的丈夫。——译注

象、光学、电学、磁学、极地探查，以及太阳天文学等诸多领域。会场定在国王街（King's Parade）上的大学行政楼，这里是剑桥市的中心点。主餐厅设在圣三一学院内，每餐为600人提供冷餐冷点。就餐者可以举着酒杯，穿过广场，到牛顿像前致意一番。会议期间还燃放了焰火。一只被人们称为"植物船"的小艇不停地游弋在卡姆河①上。会议还邀来了一位著名人物，他虽然病弱侵寻，却睿智不让当年。他就是塞缪尔·泰勒·柯尔律治，时年60岁整。

柯尔律治在会议期间寄住在圣三一学院的一位朋友家。他将自己的床生动地形容为"几乎可以说是捆到一起装满土豆的几只口袋……我晚上躺下时是个人，转天起来时简直就是一大块瘀血"。有人认为这与他的鸦片瘾有关，但也可能是他每天不到下午时分不起床的习惯造成的。不过，他在床上堆满了书，"将人围了起来"。这次年会他出席了三天，参加了不少专题会议。他走到哪里，都会被前来攀谈的大学师生团团围住。他的确是一只雄狮，只是属于一个正在消逝的时代。

在这次年会上，柯尔律治当年对科学的热情又重新迸发出来。他迅速深入到会议讨论的具体内容之中，老实不客气地宣称"赖尔提出的地质系统只对了一半——只少不多"，笛卡儿的"涡旋说""并不能说是**假说**，因为它根本没有以事实为根据②……什么微妙的流体，纯属无端想象"。然后，他又突然冒出了一句让听众大为欣赏的笑话："那位老好人、贵格派教徒出身的哲人道尔顿，看上去可真像万灵学院的哟。"在剑桥大学说这样的话，绝对是在拿牛津大学打趣呢。③[35]

---

① River Cam，也译剑河，是音译。剑桥大学就因距离建在该河上的一座名叫Cambridge的桥较近，而得此混合式的中文译名。中国在20世纪20年代初的著名诗人徐志摩（1897—1931）用了另外一种混合译法，将此桥称为康桥，并因写有一首著名的短诗《再别康桥》，被广为传诵并谱为歌曲传唱，遂使康桥的译法也得以沿用至今。——译注
② 假说（hypothesis）的含义，是对特定事实做出的解释在得到实验确证其正确与否之前的存在阶段，柯尔律治便据此认定笛卡儿的"涡旋说"因为并不是从事实出发，故不能称为假说。——译注
③ 牛津大学和剑桥大学是英国两所最著名的学府，地理上又很接近，因此彼此间竞争激烈，也常有一些摩擦发生，并往往以针对对方而发的无伤大雅的笑话与漫画幽默地表现出来。万灵学院是牛津大学成立很早并特别有名的学院之一，但也因年深日久而在召开这次会议期间颇显残破。诗人在剑桥大学拿这位为人不修边幅的道尔顿形容这一学院，自然得到"剑桥派"者会心的欣赏。——译注

小赫歇耳在那本《自然哲学知识精讲》中涉及的内容，柯尔律治都很了解，而且能掌握最新动态。他对归纳法理论中"理论或者假设"的作用，有一番出色的讲解："理论对**实际科学**的用处，是帮助研究者从与之有关的所有已知部分得出全面观念。'理论'（theory）一词源自希腊文 $\theta\varepsilon\omega\rho\iota\alpha$，意思是使所有的已知内容**合到一起**成为结果，也就是'合观念'。自然，如果还有任何未能掌握的事实，也就不可能有真正可靠的理论；每一个新发现的事实，都必然会导致所有原来各已知部分之间的关系发生变化。这就是说，理论仅有助于研究工作，**但它既不能发现，也不能发明。**"[36]

看来是由于回想起自己年富力强时在布里斯托尔与汉弗莱·戴维的交往之故，柯尔律治与年轻的迈克尔·法拉第相处甚欢。在这一点上，柯尔律治可不像戴维夫人。法拉第那神色开朗的面孔、不驯的卷发、圆睁的眼睛中投出的凝视，以及谦逊而又不失坚定率直的举止，都给诗人留下了深刻印象。"我真是特别看上了法拉第。在他的身上，我看出了天才人物才会具备的气质。他是那种在成年后仍然留有青年——也许说成童年更恰当些——时代的活力和清新的人。"

这一判断标准是柯尔律治在十七年前撰写《文坛人传记》一书时在第四章中提出的。他认为，不因年龄增长而淡化或改变的旺盛精力，是文学天才的禀赋。他在评述华兹华斯的诗作时是这样说的："将童年的感觉带入发挥作为的成年时期，将孩提的好奇感与探寻欲施之于因近四十年的耳濡目染而显得司空见惯的事物——**日月星辰**、**男女老少**，凡此等等，是天才人物的特征与优势，也是与一般达人有所区别的标志。"[37]如今，他又将这一标准从文学界扩展到了科学界。他在最后一部发表的著述《论教会与国家的构成》（1830）中，创造了clerisy（传智界）这个名词，用以表示思想家、作家、教师，以及其他建立出民族与国家文化基本特色的种种知识分子的总称，并将在科学领域工作的人员纳入了这一范畴。[38]

柯尔律治还在威廉·休厄尔主持的一个会议上，被一场涉及语义学的热烈讨论深深吸引。讨论内容是有关给"**在实际科学**"——"实际科学"也是他采用的原说法——领域工作的群体确定一个准确的**称谓**。对于这场在英国科学促进会会议期间进行的讨论，休厄尔在1834年的一期《季刊杂志》上做了介绍——

"渊博者"一词包含的范围太广，涵盖了一切知识领域，既是数学家，又是语言学家，还通晓物理，懂得考古，这样的全才如今已经不可能出现了……在去年于剑桥召开的英国科学促进会大会上，与会者已经体会到了这一无从用一个共同的词语代表共同努力的这些人的困难，以及解决这一困难的紧迫性。

人们对"哲人"一词的感觉是覆盖面太宽，也似嫌虚渺。大家同意兼语言学家和哲学家为一身的柯尔律治先生的建议，不再使用这一表示。"智者"一词带有高高在上的傲慢气，又是从法国传来的用法。一些高识者（其实就是休厄尔本人）提议使用从"艺术家"（artist）一词类推得到的新词——"科学家"（scientist）。提出这一建议的人还补充说，以"家"和"者"（-ist）代表专业人士的词语已经出现了不少，如"经济学家"（economict）和"无神论者"（atheist）等。但这一提法并没有得到普遍接受。[39]

休厄尔这一从"无神论者"的类推，自然不能引来什么好的反响。亚当·塞奇维克便是大为光火的一个："与其跟[无神论者]这个代表没有信仰的一帮蛮子坐一条板凳，勿宁站立而死！"然而，从这时起，"科学家"这一词语迅速得到了广泛的沿用，而且在1840年便进入了最全面和最权威的英语词典——《牛津英语词典》。塞奇维克后来对这个词的反应也安分多了，还为自己当初让人们长久难忘的那一表态打起圆场来："凡在出现重大发现的关头，都会出现类似的词语命定问题，一如新王朝开始时为授勋而出现的大费周章。"[40]

从区区"科学家"一个词语所引发的争议，便不难想见英国科学在1830年至1834年间的关键过渡时期，总体上所经历的纷争是多么严重。表面上看是语义上的歧见，但反映的却是一种担心，担心这新一代职业"科学家"，究竟是会巩固人们的宗教信念，还是煽起弱化宗教的危险倾向。在此之前，威廉·赫歇耳是持自然神论观念的，戴维也是如此（至少是在讲演中有这种表示），因此，他们虽然强调理性，但也都掩盖了天文学和地质学研究所遇到的问题，也规避了雪莱提出的有力质问。

浪漫时期的许多科学家是笃信"智能设计论"的。就短时期而论，这种信念非但不会造成宗教与科学的冲突，反而会形成一种认识，即科学是上帝——说成天意也未尝不可——给人类的厚赐，是一类工具，用以向人类揭示造物设计世界的*神妙*。而这正是自然神论的核心内容，正如威廉·佩利（William Paley，1743—1805）在《自然神学》（1802）一书中所提到的，将上帝比作无比卓绝的钟表匠师的著名观点。正是这一信念，支持芒戈·帕克从第一次尼日尔河探险中生还。也正是这一信念，使得迈克尔·法拉第在1832年7月担任了一座桑德曼教派教堂的执事。

不过，一个人的内心信仰，往往未必与其在公众面前的表现一致。读一下戴维的著名讲演，再看一看他的诗稿和他死后发表的《旅行的慰藉：一名哲人的最后时日》等文稿，就会从中发现一抹否定基督教教义中所宣扬的上帝，甚或否定任何造物主的科学神秘主义色彩。其他一些科学家也是如此。威廉·赫歇耳一向相信存在着一位仁爱的创世者，但只是一位远远置身于大自然的种种演化之外的创世者，而且，他的这种观念不但出自他的直觉，也导致他有意地规避着认真的自省。诚然，他的工作是观天，也就是深入尽头——既涉及远得可怕的距离，也涉及虚渺的时间和空间，那么，他心目中的创世者自然也不会更近些。他的妹妹卡罗琳也从不曾在日记和工作志中提到过上帝——一次也不曾。[41] 至于约瑟夫·班克斯和他的妹妹索菲娅，也都对宗教没有很高的热情。

然而，随着公众掌握了越来越多的天文学和地质学的新知识，相信了"深度空间"和"深度时间"的确实存在，仍然抱定《圣经》中的字面说法，相信创世过程是在六天之内完成的人自然日渐稀少了。不过，科学还没有形成自己的创世理论（或创世神话）——牛顿版的《创世记》。正因为如此，达尔文的《物种起源》几经拖宕而终于在1859年问世后，仍然引起了轩然大波。风波的出现，不是因为它将《圣经》中所说的世界在六天中形成的说法回归为神话，而是因为赖尔和其他地质学家已经完成了这个任务的很大一部分。这本书所告诉人们的是世界的存在，根本不需要有神明以任何形式的介入。无论是蝴蝶的美丽翅膀、猫咪的瞳孔，还是鸟类的啭鸣，都与神的创造风马牛不相及。这一学说用"自然选择"的过程，取代了任何一种超自然的"智能设计"设想。可以认为,达尔文即是写就这本新的"《创世记》"的作者。①

在随后的五年间,由于第八代布里奇沃特伯爵(8th Earl of Bridgewater, Francis Henry Egerton)肯慷慨解囊,一套由当代重要科学家撰写的小册子先后分8册出版,目的是说明英国的科学研究与发现,都无误地为所谓"未得到证明的假设"——"创世过程所表明的上帝的善"提供着佐证,由此证明着基督教,特别是圣公会这一英国国教的正确。编写这一套吃力不讨好的《布里奇沃特文集》(1830—1836)的任务,便交由宗教信仰浓厚的人去完成了,其中包括查默斯(天文学分册)、谈吐诙谐的巴克兰(地质学分册)、休厄尔(数学分册)和查尔斯·贝尔②(解剖学分册)。另外几册作者的知名度略小一些。这些作者除了从出版社得到的收益外,每人还得到了布里奇沃特伯爵1000英镑的慷慨馈赠。[42]

玛丽·萨默维尔读过巴克兰所写的地质学分册后,发表了一句悲观的

---

① 1844年时,即比《物种起源》的问世还要早一些时,也曾有一位作者匿名发表过一本有关"进化"的著述,书名是《自然历史中的创世踪迹》(*Vestiges of the Natural History of Creation*),出版后也轰动一时。[此书作者为苏格兰出版商罗伯特·钱伯斯(Robert Chambers,1802—1871)。——译注]这两本书的不同之处在于,达尔文是遵循着约翰·赫歇耳所总结出的纯粹归纳方式行事的,他一直在搜集大量的准确数据(如麻雀等雀科的鸟喙的进化),直至最简单也最令人信服的假说出现。正因为如此,这才将当时为多数科学家信奉的主流观念——自然神学和智能设计论做比对,使之成为没有必要存在的观念。进化论在维多利亚时代信神的科学家中所引起的精神震荡,在英国诗人与作家埃德蒙·戈斯(Edmund Gosse)的著名回忆体著述《父与子》(*Father and Son*,1908)中有出色的记叙。而更早还有一波来自地质领域的精神冲击,冲击面也广泛涉及普通民众。丁尼生将这一形势写进了他的组诗《悼念集》(*In Memoriam A.H.H.*,1833—1850)中(第56节和第102节)。诗人创作这组诗的原意和灵感,来自他在剑桥大学的朋友阿瑟·哈勒姆(Arthur Hallam)的早逝(他就是于英国科学促进会在剑桥大学召开第三届年会的同年去世的)。

  "难道我关心物种吗?""不!"
  自然从岩层和化石中叫喊:
  "物种已绝灭了千千万万,
  我全不在乎,一切都要结束。"
            《悼念集》,第56节。——作者原注

(诗句的译文引自《英国维多利亚时代诗选》,飞白译,湖南人民出版社,1985年。——译注)

② Charles Bell(1774—1842),苏格兰外科医生与解剖学家。——译注

评论:"有些存在可真是顽固至极。"一生都恪守桑德曼教义的法拉第拒绝对这套书发表任何意见。查尔斯·巴贝奇放出狠话,说要给这套书的8本之外再添上第九本,将全套书大大地讨伐一番,只是此事未能完成。①[43]

柯尔律治的老朋友、但丁著作的英译者威廉·索思比(William Sotheby),对在剑桥召开的英国科学促进会第三届年会以十分特殊的方式表示祝贺,那就是题献了一首花哨的诙谐长诗,题为《1833年英国科学促进会第三届年会有感》。他在诗中玩了一个新花样,就是对所有的大科学家逐一"点名"。被他以这种方式致意的人有培根、牛顿、威廉·赫歇耳、沃拉斯顿、戴维、法拉第、道尔顿、约翰·赫歇耳、巴贝奇、彼得·罗热、赫顿、普莱费尔和赖尔。他只提到了一名女科学家,但不是卡罗琳·赫歇耳,而是玛丽·萨默维尔。而她被点名的原因说来也十分有趣,就是她没有被列入与会者的名单——

> 学高八斗的萨默维尔,
> 你用字字珠玑的著述教化大众,
> 却为何榜上寂寂无名?……
> 才富五车的玛丽,
> 剑桥大学的牛顿广为人知,
> 其中有你的多少努力!……[44]

英国科学促进会以后的几次年会,都按计划分别在各个重要的郡治城市召开,但一直绕开了首都伦敦。促进会渐渐有了国际名声,召开地又得到了促进地方经济的好处,致使各大城市都竞相要求成为主办地。爱丁堡被选中为1834年的会址,1835年是当时还在英国版图内的都柏林,随后几届分别为:1836年,布里斯托尔;1837年,利物浦;1838年,纽卡斯尔;

---

① 这部"未能完成"的著述于1837年作为单行本出版,书名为《布里奇沃特文集第九分册:待完成》。从书中目录看,是有序言、十四章正文、结束语和一篇附录的完整结构,而且出版时间距巴贝奇去世还有三十多年,其间他除了进行差分机的研发等大量实践外,还撰写成了四部著述,但内容都与这本书无涉。不知他称此著述为"待完成",究竟是属意于自己将来还将做重大补充,还是期待他人再为此文集增加新的分册,怕要有待于有关学者的考证了。——译注

1839年，伯明翰；1840年，格拉斯哥。到了1840年时，与会参加者已达2000人，正式会员总数也超过了1000人。媒体的报道也十分积极。

然而，在促进会成立后的最初几年，媒体对促进会的态度——媒体的影响在时下的英国已变得日益重要——一直明显地很不友好，表现出种种等级和文化上的戒备。在从1832年到1835年的几年里，《泰晤士报》的头头们每年都会对促进会讨伐一番："这真是'时代精神'的必然产物……哗众取宠、廉价的胡诌和面向下里巴人的意向，导致以有限的水浇太多的田，还不管浇水的效果。我们敢断言，这个促进会很快就会寿终正寝。"[45] 这份报纸在第一次报道法拉第时出了错，将他的姓氏Faraday拼成了Farraday，但还死撑面皮，一直将错就错地故意这样错拼了许久。

前文提到过的那份《约翰牛》杂志，也在1835年加入了与促进会过不去的大合唱："在当今这个非同一般的教化年代，哗众取宠的胡说八道可谓俯拾皆是，而堪称无出其右的牛皮客，就是一个叫作英国科学促进会的劳什子……它靠着开音乐会、举办舞会、燃放焰火，再加上漂亮女人和上等好酒，将一帮老夫子们弄得忘乎所以。"[46]

狄更斯从这些攻讦中嗅到了好题目，便在1838年的《本特利文萃》①杂志上发表了一组讽刺文章，标题是《"瘴沼镇万事促进会"第一届会议全面报道》在此之前，狄更斯所创作的《博兹特写集》②因得到了有才华的插图作者乔治·克鲁克香克（George Cruikshank）所配的漫画更得锦上添花之妙，这次也仍是两人合作。在这组文章里，狄更斯发明了几类早期科学家的形象，有呼噜教授、瞌睡专家、哮喘博士等，不过虽然不是正面人物，总还强过那个弗兰肯斯坦医生，心术不那么不正，行事结果也不那么恶劣。[47]

五　电气时代取代蒸汽时代

尽管外面的口水战打得火热，迈克尔·法拉第却只是不声不响地在英

---

① 《本特利文萃》是一份英国文学月刊，因出版商为理查德·本特利（Richard Bentley，1794—1871）得名，从1836年起发行。狄更斯曾为此杂志最初若干年的编辑与撰稿人。博兹（Boz）是狄更斯当时的笔名。——译注
② 有中译本，陈漪、西海译，上海译文出版社，1992年，1998年，2013年。——译注

国皇家研究与教育院里埋头搞实验。戴维投在他头上的阴影已经消失,但此人的工作精神仍在激励着他。法拉第勤勤恳恳地工作:1829年在英国皇家学会举办了首次贝克年度系列讲座,随后便被英国皇家军事学院聘为化学教授。他扩大了电磁学的研究范围,并开始制造最早的交流发电机。在这种发电机之后出现的是直流发电机。它的出现使工业发生了如同当年詹姆斯·瓦特发明的蒸汽机一样伟大的革命。第一次成功的实验,是法拉第在1831年8月29日,用若干线圈和一台(可以无须触动而偏转的)检流计,在英国皇家研究与教育院的实验室里实现的,从此一举开创了"电气时代",而"蒸汽时代"也由此结束。①[48]

法拉第还从戴维手中接下了向公众传授科学知识的重要接力棒。他在1826年开讲自己的系列讲座——《周五夜谈》,向公众献上了一个又一个选材广泛、准备精心、形式生动的科学讲演。在这一讲座的基础上,法拉第又推出了《圣诞儿童讲座》。这或许是他最重要的创新,至今仍会逐年举行(而且升格为电视节目)。其中的《蜡烛的故事》系列②已经成为经典,显示出他的叙述不但条理清楚,还有出色的创造。该系列讲座从当年曾令少年戴维发生兴趣的火和氧化这一简单概念谈起,通过美妙的铺排,一步步将人和动物的呼吸、植物的生长,以及全球的碳循环等种种发生在自然界中的过程做了全面介绍。法拉第的讲述安详沉静,解释和蔼耐心,内容令人信服,间或还会发出兴奋的感叹。"呼吸造成了气体的改变,在人们看来这无法再供世人呼吸第二次的有害的东西,却实实在在地正帮助维持着地球表面上的植物和蔬菜的生存。这是多么的*神妙*啊!"[49]

《蜡烛的故事》或许是法拉第对他的既伟大又平庸的导师的最好的献词。它还可列入"浪漫科学"的最后一批出色文献。1850年,狄更斯将它改编后,刊登在他自己编辑出版的家庭杂志——《家常话》中。这一次,他可是一句讽刺话都没有说。

---

① 詹姆斯·汉密尔顿(James Hamilton)对法拉第当初的这一实验有生动的讲述,可参阅他所撰写的《迈克尔·法拉第的一生》(有关原书信息见参考文献部分。——译注),第245—第252页,书中对早期的线圈和发电机的构造有出色的解释。——作者原注
② 《蜡烛的故事》共6讲,后来经法拉第本人整理,成为单行本出版。(有中译本,一种是作为一篇文字收入《圣诞科学讲座》一书,黎金、谈镐生译,湖南教育出版社,1999年;另一种是单行本,黎金译,上海少年儿童出版社,1962年。)——译注

六　科学进入千家万户

在科学写作的领域中，还有其他一些重要著述引起了注意。其一是戴维·布儒斯特为牛顿这位巨匠编撰的第一部传记。作者的写作目的，除了要解释牛顿的工作，还属意于分析这位伟大人物的思想与品性（但有一定的分寸）。其二是玛丽·萨默维尔这位英国皇家学会会员威廉·萨默维尔的妻子，也致力于科学普及写作。她的第一部作品，是在1831年将拉普拉斯的《天体力学》译成英文并有所改写，还加上了科学界对此书持不同见解的人的总体归纳与评介。

1830年，地质学家查尔斯·赖尔开始陆续推出3卷集经典著述《地质学原理》[①]。这套书以来自科学领域的证据，批驳了从居维叶和佩利起，到布丰和巴克兰等诸多权威人士根据《圣经》所描写的说教，即地球是在很短时间内形成的。赖尔提出的"深度时间"概念，正对应着威廉·赫歇耳在宇宙论领域的"深度空间"概念，并最终为自己的挚友查尔斯·达尔文提出的自然选择的理论提供了必要的先决条件。

不过，在从1829年到1834年这段发生热烈争论的五年间，对阐发科学家的所作所为和应作应为起了最大作用的，是出版界推出的四部带有文学色彩的著作。这4本书都是以向普通公众介绍时下观念为目的的普及性著作，也都是以进入诸如《默里家庭图书系列》等丛书的形式问世的。它们的出现，反映出民主思潮的涌动，表现出承认民众知情权的意识，即民众有权了解社会上以服务民众名义的所作所为。公众对科学的最初认识和对科学家正面与负面的印象兼而有之，就是在这几本书的大力烘托下建立起来的。

汉弗莱·戴维影响颇广的《旅行的慰藉：一名哲人的最后时日》，就是这四种书中的一部。戴维去世后，这本书的增订版被纳入《默里家庭图书系列》。1831年此书出版后，吸引了远远超过以前版本的大量读者，成为最畅销的合自传与思考为一体的科普书，被视为虽然有些出格，却使人耳目一新的书，揭示出科学家的想象力会启发人意料不到的潜藏的能力。

---

① 有中译本，徐韦曼译，北京大学出版社，2008年。——译注

1833年5月，乘"贝格尔号"考察的查尔斯·达尔文，从南美洲的拉普拉塔河（Río de la Plata）上写信给妹妹，请她将这本书给他弄来。他同时还索要了赫顿的地质学著作、威廉·斯科斯比①有关北极地区的著述，以及保罗·斯克罗普②的火山研究资料。[50]

戴维在书中发表的有关社会进化本质的见解，可以说奇特而出人意料。他的有关人类会作为物种存在于行星体系的臆想，令一些人深思，又使另外一些人震惊。当这本书在美国出版时，出版社谨慎地在文中凡是表现出不符合正宗神学教义的地方，都一一加上了宗教味道浓重的脚注，并一概添上了与其对照的"标准参考"文字。查尔斯·巴贝奇和约翰·赫歇耳都在自己的著述中大量地引用了戴维的这本书的文字。赖尔也在《地质学原理》的序言中提到了戴维的种种科学臆想，但又认为科学的迅速发展，已经使得这位"杰出化学家"的地质学观念严重地过时了。[51] 又过了数年后，安妮·勃朗特③在她的小说《女房客》（1848）的第15章里，就提到一所住宅的起居室的桌上放着戴维的这本书，显现了它当时的确受到了普通家庭的注意。

戴维·布儒斯特的《艾萨克·牛顿爵士的一生》是英国第一部重要的科学传记，也是"默里家庭图书系列"中的一种，出版于1831年。此书是特别选来在全国民众中树立英国科学的高大形象的。书中的牛顿被描绘成圣徒、"科学界的大主教"，还是一位无所不能的天才。书中特别强调了童年时代对启迪他的创造能力所起的重要作用，大书特书了他的独特思维方式，并且慎重地没有提到威廉·斯蒂克利④在1727年讲述的那个苹果从树上掉下，引致牛顿发现万有引力定律的美妙故事。1814年布儒斯特特意去伍尔斯索普（Woolsthorpe）⑤参观了那处与这个故事有关的果园，更将那株

---

① William Scoresby（1789—1857），英国极地探险家与科学家。——译注
② Paul Scrope（1797—1876），英国地质学家，当代的火山研究权威。——译注
③ Anne Brontë（1820—1849），英国女作家，著名的勃朗特作家三姐妹中的小妹妹。有两部长篇小说传世。这里提到的小说《女房客》为第二本，有多种中译本，译名也不尽相同，如《怀尔德菲尔山庄的房客》《荒野庄园的房客》等。——译注
④ William Stukeley（1687—1765），英国文物学家，牛顿的朋友。——译注
⑤ 英格兰林肯郡有两个伍尔斯索普，为严格区分起见，时有各自以与其相邻的较大村庄的名称相傍。可参阅序言部分第二节有关"牛顿与苹果"内容的作者原注中的说明。——译注

苹果树瞻仰了一番，甚至还想得到树上的一个接芽。然而，他还是实事求是地将这一并不科学的拔高传闻处理为一则脚注。只是又过了若干年后，即到1860年时，随着这则故事变成了大概应能算是英国科学史上最光辉却也最误导人的传闻时，他又在这部传记的增补版中浓墨重彩地渲染了这段逸事。[52]

通观全书，布儒斯特一直强调着科学在文化中的重要性。在第一章里，他介绍了对在英国国土上所做出的科学发现的调查结果。名单上的最后一位是威廉·赫歇耳。他指出，赫歇耳的情况证明，出色的大脑只要给予应得的承认和必要的经济支持，即便其根子在国外，也能在英国开花结果。他还强调了传记的重要性，认为此类作品有助于人们理解"得到普遍推崇的人物在成功探寻的科学之路上摸索的真实过程"[53]。

也许这本传记的最大成就是使牛顿的一句话家喻户晓。这就是那句有关科学发现过程的名言："我不知道世人对我有什么看法，我只是觉得自己有如一个在海边玩耍的孩子，偶尔因发现一枚光滑些的卵石或好看些的贝壳而自娱，而对整个真理的大海仍一无所知。"这句话勾勒出了一个谦逊而又伟岸的形象。去海滩嬉戏和在海里游泳，是维多利亚时代时兴起来的度假方式。有多少孩子——还有孩子的家长，在放假去海边时，会想起这句话呀。[54]

玛丽·雪莱的小说《弗兰肯斯坦》也发挥了重大影响，虽说有些姗姗来迟，但作用却日见彰显，又恰与前两本书背道而驰。这本书明显地将科学放到了为恶的位置上。此书于1831年再版时，是以本特利标准本小说①的形式出现的单行本，卷首印着一幅版画，弗兰肯斯坦医生在实验室里创造的那个形象狰狞的生物就出现在画面上，肢体强壮但畸形而不合比例，头部前倾而又半歪着长在肩膀上，面部表情表现出对自己这副可怕相貌的恐惧与嫌恶。

---

① 一种将小说以单行本方式装订的形式，由英国出版商、前文提及的《本特利文萃》杂志的出版人理查德·本特利最先采用。它改变了过去英国传统的每三部小说装订成一册发行的做法（因当时的装订成本较高），这便使小说不再搭配出售，既利于低购买力的公众购买，又有效地遏制了苍蝇附骥式的捆绑出售，更因加大了公共图书馆的借阅流通量，而进一步促进了文学作品的普及。——译注

在弥尔顿的长诗《失乐园》中，亚当有这样一段著名的哀叹：

> 造物主啊，难道我曾要求您，
> 用泥土把我造成人吗？难道我
> 曾恳求您将我从黑暗中救出……？[55]

这一版《弗兰肯斯坦》第一次收入了玛丽本人所写的序言，谈到了她在1816年时与拜伦和雪莱在迪奥达蒂别墅对科学的探讨、对伊拉斯谟·达尔文的实验的评论，以及将她突然惊醒、萌生创作此书念头的噩梦。序言写得相当精彩，却有一种令人不安的情调。然后，玛丽又加进了一点说明，就是对书中怪物活起来的那段引起许多争议的文字做了自我述评。她告诉读者说，怪物的产生，乃是科学上的**自以为是**所导致的可怕的、亵渎的和无法逆转的结果——

> 在我的设想中，那个面色苍白、胆大妄为的尝试者会跪在自己拼到一起的一个"东西"旁边。那个"东西"多少有点像人，但是丑陋至极。我又设想它平躺在地上，随后在一台强大机器的作用下动了起来——是活物的那种动法，但又不完全是，而且动得很艰难。这一场面必然是令人怵惕的——凡夫俗子竟要学步造物主的伟大行止，难道还不可怕吗？尝试者取得的成功应当吓着了他自己，致使他魂不附体地逃离自己的恶劣之作。他随后还应当抱着一线希望，唯愿那个东西会因为接受的是不完美的激励，因之生机火花会自动熄灭，过一段时间后便会回归为死物。他还相信，当他一觉醒来后，就会发觉这只不过是大梦一场，而想创造生命的念头也将冰消雪融。我还设想他的确睡了一觉，然而，当他睁开眼睛时，那个怪物却站在他的床头，将床帐掀开来，用浊黄的水泡眼瞪着他呢。①[56]

---

① 此书问世后的这一百九十年以来，弗兰肯斯坦医生所创造的怪物给世界带来威胁的故事，给人们造成了巨大的影响。电影和通俗杂志等形式更是从中大大地推波助澜。可以想见，到了纪念此书出版二百周年的2018年时，有可能会发生一场小小的"地震"。不妨提请人们注意一下，在目前有关转基因食品的讨论中，虽然这种食品（转下页）

三年后，一位与玛丽·雪莱大不相同的女性进入了文坛，站到了维护科学的立场上。此人就是玛丽·萨默维尔。她写了一本《物理科学各科间的联系》，于1834年作为《默里家庭图书系列》中的一种出版。该书以威廉·赫歇耳所画的星云为卷首图。作者在书中以比其他同类作品更急切而热烈的笔调，做了一项重要的尝试，那就是将天文学、物理学、化学、植物学和地质学等各领域内的种种新发展糅合到一起。她写道："现代科学在近期内，特别是在最近五年内取得的进步，表现出一种趋势，就是将反映自然的种种定律简而化之，并通过普适的原理使分立的领域得以合并。"[57]

　　此类带有普适性的规律，正是约翰·赫歇耳的求索目标，也是萨默维尔在此书中探讨的中心议题。比如她指出："光、热、声波与流体的波动，都受着同一类反射定律的制约。特别值得一提的是，有关这些行为的理论，实际上都极为一致。"[58]就在同一理念下，她将太阳、雨水、霜露、蒸汽、云朵、蒸汽机、乐器，甚至"将水从海绵中挤出"等事物都放入同一章中讨论，而这一章的总题目是《热》。[59]

　　牛顿也是统领《物理科学各科间的联系》全书脉络的主角。此外，赫歇耳父子、法拉第和戴维的工作，也都占了不小的篇幅。欧洲大陆上的一些科学家，也被作者纳入了"科学的大圈子"。[60]其中得到突出介绍的人物有亚历山大·冯·洪堡和拉普拉斯——［不要忘了，几年前将拉普拉斯的《天体力学》翻译为英文并加以改写（1831），译名为《天之道》，从而使这本艰深之著述得到普及的，就是这位玛丽·萨默维尔女士本人］。但是，拉瓦锡、拉马克、白则里、林奈、布丰和居维叶等相当一批欧洲大陆大科学家，却没有出现于书中，甚至连索引中都不见踪迹，这不能不说是可悲的失误。这造成了一种印象，就是科学是属于英国的。

　　总体看来，《物理科学各科间的联系》全书广泛体现了萨默维尔女士虔诚的宗教信仰，认定科学已经揭示出存在"第一推动"和"至伟至高"证据的文字在书中多处出现。不过，也有一些段落却可能使读者产生疑

（接上页）对保障全球农业收成和减少对农药与化肥的依赖十分重要，但它还是往往被称为"弗兰肯斯坦的食品"［比如，2008年4月号《田园生活》（Country Life）杂志的重头文章中便是这样说的］。英国《卫报》（The Guardian）的著名专栏"科学为恶"，还以这个怪物的形象为其图符哩。——作者原注

窦。她对恒星天文学部分的叙述便属此种情况，字里行间回应着威廉·赫歇耳的观念。她语气平和地指出："不但人类，还有人类栖身的星球——甚至这一星球作为微不足道的一员所从属的整个体系，都可能会不复存在。而这一结局是不曾纳入创世的宏伟蓝图中的。"[61]这句话会令读者发问："因何不曾纳入呢？是上帝忘了纳入，还是根本就不存在这个制定蓝图的上帝？"

再如，在涉及《圣经》对地球年龄的断言所造成的传统看法时，书中只是轻描淡写地提了一下，说地质学家——特别是赖尔——正不断地提出与"特创论"①不相一致的"极为古远的蛛丝马迹"，并又扼要地提到地球"与其他各行星是同时代的生成物"。对此，她只是有意轻描淡写地表示说，看来"一天也好，一千年也好"，在造物主眼中是没有什么区别的。[62]

还有一段特别值得注意的文字，所涉为"感觉的错误"。萨默维尔对科学与直觉并不一致的本性进行了阐述。看来她甚至倾向于认为，即便将人的种种感知能力加到一起，也无从提供有关对宇宙的任何终极的客观了解，因此科学是站在怀疑论这一哲学学派一边的："我们研究自然的最重要的结果之一，就是我们的感官所会产生的谬误的知觉。这个研究告诉我们，由于象差的存在，其实物体并不在我们所看到的位置上；颜色也只是物体与光发生作用的效果；至于光、热、声等，也无非都是我们的神经对某些作用的感受结果，并不是真正的存在。因此，人的躯体可以被视为一个有弹性的系统，其各个不同的部件都可以……既与任意个数的叠加起来的振动共振，又完全保持着各自独立的效应。在这一点上，我们的知识也只能到此为止，至于物质对思维的神秘影响，恐怕是人类永远无从得悉的。"[63]

进入维多利亚时代后，人们的宗教信仰也出现了危机，这同样是产生于人们急于求知的心理。萨默维尔的这本书也隐约地反映出这一点。尽管如此，宗教信仰十分诚笃的威廉·休厄尔仍然高度评价此书，它也多次再

---

① 特创论，又称神创论。它认为世界由唯一的神明创造，故而由该神明制定的法则所主宰，是有序协调、安排合理、美妙完善且永恒不变的。在科学发展的不断冲击下，这一理论的信奉者虽然也放弃了原来的部分教义，但至今仍以种种说辞维护着其基本理念。——译注

版。使此书出名的原因之一，是作者为一女性，但又不是**专为**妇女与儿童所写，由是使妇女在科学界中仍未得到平等地位的问题尖锐起来。虽说这一问题此时尚未得到解决，但女性在向公众解释和介绍科学这一特定范围内的作用，却是有目共睹的。

直到1853年，英国科学促进会才正式接纳了第一位女性会员——这样做有尝试的目的，但也并不完全如此。还在该促进会于1832年在牛津大学召开第二次年会之前，查尔斯·巴贝奇便在一封信中诙谐地提醒收信人："我觉得，有些团体本就应当允许**女士**入围——还记得你在约克市时看到的那些黑亮的妙眼和美丽的面庞吗？还记得我们这些往往心不在焉的哲人，在听到有人形容她们的迷人笑靥时不禁发出叹息？……如果你能在牛津大学组织一场有女士参加的茶话会，我就设法在剑桥大学发起一场舞会。如何？"①[64]

1834年10月号的《绅士文摘》杂志似乎颇有代表这个时期的资格——既登出柯尔律治的辞世讣告，也第一次对英国科学促进会的年会进行了全面报道。它所报道的是在爱丁堡召开的第四届年会。这届会议取得了重大成功，与会者多达1200人，其中包括400名妇女，不过会议组织者只允许她们进入部分被认为对女人适合的会场。地质学家亚当·塞奇维克教授在全体大会上所做的有关科学将在未来发挥作用的报告，有多处被这一期《绅士文摘》扼要引用。围绕着几大主要学科（天文学、地质学、化学、物理学、植物学与统计学）举办的种种公开报告会，共持续了一个星期。这些报告会并不枯燥，但与以往的讲座相比，已经表现出维多利亚时代的专业特色。会议期间还穿插了音乐会、舞会、体验新事物火车和观看焰火表演等节目。戴维·布儒斯特还向人们介绍了自己不久前制成的科学玩具——万花筒。地质学家巴克兰教授又以古生物化石为题，做了精彩讲演，其中说上帝在创世之举中表现出幽默感的部分，尤其令听众津津乐

---

① 在1832年于牛津大学召开的第三届英国科学促进会年会上，17岁的美丽女植物学家保莉娜·杰明（Paulina Jermyn）邂逅了地质学家沃尔特·特里维廉（Walter Trevelyan），两人相爱并结为夫妇。他们的恋爱故事，应当有更多的人知道。可参阅戴维·伍斯特（David Wooster）所著的《保莉娜·特里维廉传》（有关原书信息见参考文献部分。——译注）。——作者原注

道:"他一个接一个的如珠妙语……真让听众笑痛了肚子。"[65]

七 "贝格尔"接续"奋进"宏图

1827年秋,伊拉斯谟·达尔文的孙子查尔斯·达尔文进入剑桥大学,在圣约翰学院就读。在最初的一段时间里,这位年轻人的举止颇有些装腔作势,但实际上他对自己的发展方向颇感茫然,而且极力想要摆脱某位著名的爷爷所带来的压力。不过没过多久,他就受到辅导老师、好脾气的植物学教授约翰·史蒂文斯·亨斯洛(John Stevens Henslow)的影响,开始研究起微小的植物花粉来。渐渐地,他接受了自己所在的圣约翰学院以及圣三一学院等学府的青年科学家团体的影响,又同有多方面建树的威廉·休厄尔交上了朋友。他还参加了身强力壮、体态魁梧的基督徒亚当·塞奇维克(此人十分景仰诗人华兹华斯)所组织的赴威尔士北部的地质考察之行。

塞奇维克在英国地质学会上坚决表态说:"任何观点,只要有道理,都不会被我们视为邪说。我们都明白,假的东西彼此会各不相同,但真理之间是不存在冲突的。因此我在这里郑重宣布,诚实归纳的道路尽管辛苦,但它却安全可靠。只要是遵循着这条道路探求,就没有什么可害怕的。"[66]达尔文在他以后的三十年工作中,始终没有忘记这一准则,为了求索自然选择的意义而苦苦奋斗着。

达尔文与亨斯洛一起领会查尔斯·巴贝奇和约翰·赫歇耳的著述,一点点地吃透了归纳法的精微之处,也明白了他们对英国皇家学会极度失望与不满的原因。在赫歇耳的《自然哲学知识精讲》一书中,有一段很长的文字:"那么,我们又有什么不能企盼……凭借有本领的头脑的努力钻研,再加上前人积累起来的知识……又有什么是无从期待的呢?"他在这一大段话的下方重重地画上了粗线。[67]

不过,达尔文此时最想做的事情是,乘船去热带海域游历一番。他了解了当年布干维尔、库克船长和班克斯的航行历程,又详细钻研了亚历山大·冯·洪堡的《新大陆热带地区旅行记》。1831年是他在剑桥大学求学的最后一年,到了这年的4月时,他在学校里实在待不下去了,一心只想出走。他在写给姐姐卡罗琳(Caroline)的信中吐露心曲说:"我在写这封信时，脑子里对热带的念想就一直没有停过。我会一大早去暖房看椰子树，一看就是许久；回家以后，我又会阅读洪堡的书籍，而且读着读着就热血沸腾起来，简直都快坐不住了……我一天不亲眼看到特内里费岛（Tenerife）[①]上的山峰和巨大的龙血树，就一天也踏实不下来。出现在我脑海里的，一会儿是一望无际的沙土平原，一会儿是寂静的森林。"[68]就这样，22岁的查尔斯·达尔文追随着约瑟夫·班克斯的脚步，登上了英国皇家海军的船只"贝格尔号"，时间是1831年12月。

八　小赫歇耳奋战南天

约翰·赫歇耳于1829年结婚成家，落实了姑妈卡罗琳的一再叮嘱，自己的情感上也有了归宿，从此过上了小家庭的独立日子。不过，他在科学上的雄心并没有因此稍微减退。在妻子玛格丽特照管着他们不断壮大的小家庭的同时，赫歇耳继续规划着向南半球发展天文观测的征程，而且将自己的妻子儿女都纳为必然的远征成员。1832年，他本着避免重蹈芒戈·帕克第二次远征覆辙的宗旨，不肯成为大英帝国的政治棋子，因此多次拒绝了政府为远征出资的表示。

他也直截了当地拒不接受英国皇家学会为他支付部分远征费用的建议。他的愿望是"完全自主地为这次远行承担全责"，并始终掌握着"按我个人心愿随时进行或者终止的绝对决定权"。他甚至表示只要英国不同其他海上强国宣布进入战争状态，他就不会搭乘英国皇家海军的舰只前去南半球，而此时的政治形势是不大会爆发战争的。"不过话又说回来，要是真打起仗来，英国的船只恐怕忙战事都忙不过来，哪里还会顾得上将几个观天客送到天涯海角？！"[69]

如今的约翰·赫歇耳也同班克斯一样，有着富人能享有的自主权。十年前，他父亲给他留下了25000英镑遗产，1832年他又从去世的母亲那里承继到了房地产。[70]他很自信地将这股财力投入了自己的这一项目，怀着实现班克斯和洪堡夙愿的雄心，去南半球建立一座天文站。在南美洲和

[①] 此岛位于大西洋，属西班牙，靠近非洲，西班牙全国的最高峰就在此岛上。——译注

南部非洲考察了一番后，他最后决定在南非建立一座功能齐全的天文台。

1833年11月13日，约翰带着全家人离开英国港口朴次茅斯，打道开普敦（Cape Town）。他的那台20英尺望远镜被分拆开来，放进几只防震包装箱运到船上。他告知外界，说自己要进行一次天文大远征，观测南天星空并编入星图，一如他的父亲威廉·赫歇耳曾对北天星空所做的那样。也许约翰的此举，就是要实现约瑟夫·班克斯爵士生前最后几个月里仍念念不忘的遗愿吧！

赫歇耳同全家人在开普敦生活了四年，在这座城市的山顶上观测星辰与星云、进行分类，并一一标绘到星图上。他们还进行植物的采集与研究。从留下的大量笔记可以看出，这一家人都参与了科学活动，并对逐日不辍的气象观测、对动物学和植物学资料的搜集等，做了大量的记录，他们精心绘制了上百张高水平的植物图谱——是在投影扫描仪[①]的辅助下完成的。[71] 在旅居南非的这段时间里，他们一直保持着与卡罗琳的联系。约翰告诉姑妈，在南非的这几年，是他一生中最快乐的时光。约翰的充满活力的年轻妻子也经常给丈夫的姑母写信，也称她为"姑妈"。上约翰这里做客的科学家不少，她都尽自己女主人的职责招待他们，并会骄傲地频频提起公公威廉·赫歇耳爵士和公公的那位"特别有主见的德国矮妹妹"[72]。

年轻的查尔斯·达尔文是客人中名头最响的一位。他是从加拉帕戈斯群岛返回的途中，于1836年6月来到南非的。他在"贝格尔号"停泊于好望角期间写信告诉妹妹说："这位〔赫歇耳〕的古怪然而好客的脾气，我早就有所耳闻，因此很希望见一见这位大人物。"结果他的确没有失望。[73] 达尔文对任何与众不同的事物都有兴趣，其中也包括人在内。他慕名来拜望约翰爵士，来到了一处"远绝尘嚣的好所在"。它坐落在距欧洲移民中心区6英里的僻静所在，是林间清出的一块空地，四周环绕着杉树和橡树，那台20英尺望远镜就架在空地中心，傲然矗立，直冲云霄，有如一根祭天神柱。

---

① 一种光学设备，可将物体外形聚焦到画布或纸张上成像，有如将像成在磨砂玻璃上的老式相机，只是光路更复杂些，进行了若干拐折而已。有了这种设备，绘画者便可"描红"，将物体的形状精确而快速地画出来。发明者就是前文提到的英国科学家沃拉斯顿。——译注

赫歇耳却和他所处的环境不一样，是位安静不下来的人物。他总是忙个不住，手里不知道有多少个观测项目，心里不知道装有多少个行动计划，确实毕肖乃父。在人们的眼里，他是位"想干什么都能找出时间"的大能人，甚至有工夫去搜集罕有的鳞茎植物标本，还自己打了些木制家具哩。达尔文一向是欣赏多思少动型人物的，因此刚与约翰接触时，难于适应对方忙来忙去的作风，觉得"好不自在"。然而时间一长，他便感觉到，这位大人物其实"脾气好得不得了"，他的妻子更是亲切的化身，至于这里进行的工作，那简直是妙不可言。这一番经历令达尔文感到，能在自己的事业初起之际结识约翰·赫歇耳，真是"应当永志不忘的好运气"。[74]

赫歇耳选择到南非工作的方式，使达尔文认识到保持独立地位对研究的重要。这一认识对他产生了终生影响。当他考察结束回到伦敦后，朋友查尔斯·赖尔在信中这样忠告他："但凡有可能，不要接受任何官方任命——但你可不要说出来这一建议是我提的哟……问题的关键是应当考虑到，这些团体让你费去的时间，能否抵得上它们给你带来的好处？想一想，去开普敦工作的赫歇耳，与如果当上皇家学会会长的赫歇耳，这两者会有什么不同——而他不是险些没能逃脱掉这后一结局吗！……你应当只为自己和科学工作……千万别不知轻重陷进官方壳中，结果不论是得到荣誉还是遭际敌对，一概都会麻烦缠身。"[75]

九　非洲之角连着全世界

多少年来，卡罗琳·赫歇耳——已是年逾80的老妪卡罗琳，总是想象着自己带着那台7英尺望远镜，乘船来到约翰这里，与这家亲人聚首的情景。她多么希望能"甩掉三十年岁月，前来陪伴你的事业征程"呀！倘若真能如此，那她会觉得又回到了当年在巴斯与哥哥在一起的时光。她的这种惆怅，是以一种故意掺着一部分德文的形式写到纸上的，造成了她似乎真的让时光倒退，回到了当年刚刚来到英国时的趣味效果。[76]

卡罗琳还发现自己的一种新本领，就是搞宣传。她想到以讲故事的形式给汉诺威的地方报刊写些来自开普敦的消息。她写得很好，没过多久，这些故事便传到了世界的不少地方。于是，赫歇耳的工作就相当于在整个欧洲得到了跟踪报道。她对宣传的功用，或许是在与约瑟夫·班克斯爵士这位老朋友的相处中领会到的吧？《泰晤士报》在1834年6月27日发表了她最早写成的一鸣惊人的故事之一——

> 《汉堡通讯报》……上刊登了来自汉诺威的这样一则消息。它会令喜欢天文学的朋友们欣喜：约翰·赫歇耳爵士从好望角写信给寓居汉诺威的姑母卡罗琳·赫歇耳女士，说他的各种天文学仪器，特别是其中的20英尺望远镜，均已安装妥当，并开始进行观测……爵士住在桌山（Table Mountain）附近的乡间，距开普敦5英里许。他将家安在一个幽美的山谷内，住宅外面种植着美丽的花卉，四周是奇异的灌木与高大的乔木。他凝望着晴朗无云的天空上数不清的繁星，他充满信心，希望做出重要发现，这是他前来这里的崇高目的。[77]

不过，报纸有时也会对卡罗琳所写的内容加以发挥。在卡罗琳发表此类故事的第二年即1835年，美国《纽约太阳报》8月25日的一期上刊登了一篇惊人至极的报道，说约翰·赫歇耳最终证实了他父亲的最大胆的天文学臆想——"赫歇耳发现月球上存在生命"！这一极其轰动的内容被这家报纸在头版头条位置宣传了4天，致使销量翻了一番，并在这个国家掀起了举国一致的狂热。《纽约太阳报》每一天都会披露若干赫歇耳观测到的细节内容：环形山口内的大片森林啦，奇异的植物品种啦，怪模怪样的鱼啦，外形像水獭的兽类啦，等等（而且由于月球上的重力很小，这些生物都长得硕大无比）。后来还刊出文章说，月亮上生活着猿猴模样的动物，体态不大，生着聪慧的面孔和有如蝙蝠的灵活翅膀，在稀薄的月球大气中飞翔。[78]

这一"月球大发现"的西洋镜很快就被戳穿了，但在此之前，美国中西部地区的一名牧师已经发起了一场募捐活动，号召向得不到上帝指引的可怜月球人赠送一大箱《圣经》。在巴尔的摩（Baltimore）生活的美国作家埃德加·爱伦·坡（Edgar Allan Poe），也由此构想出了小说的一种新体裁——假事真写的科学故事。（在他产生出这一想法的第二年，他又写了一篇同一体裁的故事，叙述第一只飞越大西洋的气球探险，写得活灵活现，但情节纯属虚构。）[79] 对于《纽约太阳报》的此类报道，约翰·赫歇耳视之为"胡拉乱扯"。他在给巴黎天文台台长弗朗索瓦·阿拉戈（François Arago）的信中，以严正的态度给予了冷静的批驳。这封信发表在《智慧神殿》杂志①上。[80]

在玛格丽特·赫歇耳看来，这样的报道真是挺有趣的。她认为这几篇故事都编得"很聪明，很有想象力"，还以赞许的口吻在写给卡罗琳的信中说："全文写得**煞有介事**，所有的细节都像模像样……弄得那些纽约人在足足48小时内都信以为真。但这不能怪他们，要怪也只能怪**此事没能当真发生**。如果后辈要超过前人的成就，**恐怕还真的做出惊人之举不可呢**。"[81]

从一定角度来看，约翰·赫歇耳的南非之行，也恰如查尔斯·达尔文的"贝格尔号"之行一样意义重大。此行确定了他作为当代最杰出的天文学家和其他科学领域内的出色代表的地位。当他1838年5月返回英国时，便被册封为从男爵，并以此身份出席了维多利亚女王在威斯敏斯特教堂的加冕仪式。接下来，他又被选为英国皇家学会会长，并荣获第二枚科普利奖章。进入19世纪50年代后，约翰·赫歇耳已经成为维多利亚中期英国科学界的领军人物。朱莉娅·玛格丽特·卡梅伦②为他拍摄的著名头像，特别突出了他那有如光环围绕的满头白发的慈祥的长者形象。③ 不妨提一下，摄影术的出现和发展，也有他的功绩在内呢。④

---

① 欧洲曾有过若干种同称此名的刊物，这里是指英国的一份格调很高的期刊，1828年在伦敦创刊，发行近一百年后停止发行。——译注
② Julia Margaret Cameron（1815—1879），英国著名女摄影师，以人物摄影著称，曾为许多当代名人拍摄过头像、半身像和全身像。——译注
③ 约翰·赫歇耳在这张照片上的形象既慈祥而又多少带些怪异，恰恰真切地反映出维多利亚时代的人们对科学家持有的普遍印象。后来世人给阿尔伯特·爱因斯坦拍摄的一些多少带有超现实情调的照片（如骑自行车的、吐舌头的等），也表达出20世纪的人们心中的科学家概念。当今的人们对斯蒂芬·霍金的印象——聪明、瘫痪，很不舒服地坐在轮椅里，很可能更准确地归纳出了当今世界对科学所持的不确定态度。霍金的轮椅使人们联想到电影《畸爱博士》（*Dr Strangelove*）里那个面对即将来临的毁灭全球的核对抗前景，却兀自扬扬自得地宣告自己的预言结果的科学博士，但也令人回想起约瑟夫·班克斯爵士在最后时日里坐着轮椅，在自己家中的工作早餐会上与年轻科学家"共商造福全人类"的新科学计划的场面。——作者原注
④ 约翰·赫歇耳也对摄影技术的发展做出诸多贡献，用海波（学名：硫代硫酸钠）使显影的感光胶片和感光纸上的图像固定成为永久形象的定影方法就始自于他。许多与摄影学有关的术语也是由他定名的。——译注

十　惜别老"40"　迎接新时代

威廉·赫歇耳生前一直使用的那台硕大的40英尺望远镜，在他逝去后也还留在斯劳，但只是纪念着往昔岁月的一处遗迹。况且一到冬天起风时，老旧的木架就会摇摇晃晃，嘎吱作响，有如风暴中的船只，因此人们决定将它拆除。1840年的除夕夜，拆卸工作终于结束。

约翰·赫歇耳从男爵没有忘记这架仪器所代表的种种希望，没有忘记与它有关的一应重要人物，没有忘记它曾经唤起的种种激情。当脚手架被安全清除后，他将已经残旧的巨大镜筒平放在霜冻的草坪上，在筒内点起蜡烛，备上酒水与点心，又开了一次烛光欢庆会。[82]

他向这台望远镜告别的方式，并非是进行一番优美的天文学数学计算，而是编了一首告别的歌曲《惜别老"40"》，让大家热热闹闹地传唱——

　　　　坐进这老旧的望远镜筒，
　　　　往昔景象一一浮现心中。
　　　　我们又唱又敲，
　　　　辞旧迎新、惜别心重；
　　　　人人载歌载舞，
　　　　老镜也同我们一起欢声咚咚！

结束语

作者在54岁那一年,第一次得到了在英国皇家研究与教育院发表讲演的荣幸。那是一个星期五,正是该院举办每周一次的常规晚间讲座的日子,地点就在该院所在地伦敦阿尔伯马尔街。听众都是事先得到邀请的,全部身穿晚礼服出席。我也按要求穿上了我很不适应的黑色大礼服,打上了领结。我的讲演题目是《柯尔律治实验》,旨在与听众一起探讨汉弗莱·戴维在结束1808年的贝克年度系列讲座不久后,因邀请柯尔律治来英国皇家研究与教育院讲演引发巨大争议的历史。柯尔律治讲演的题目是《诗歌与想象》,共14讲。这位诗人当时正深陷鸦片瘾难以自拔,又经历着严重的婚姻危机,而前来听讲的又多是科学界著名人士。因此,戴维找他来发表演讲,实在是冒着自己名誉受损的很大风险。我本人发表这一讲演的用意是要介绍一下,柯尔律治虽然引起了一大堆乱子,但也激发出若干出色的见解,而这些见解又都影响了有关创造性的现代观念和"想象跃迁"这一概念的形成。①

走进这一有着历史意义的讲演厅之前,我在通往它的门前站了片刻。听到透过这道双扇门传来的听众的嗡嗡交谈声,意识到马上会登上戴维、法拉第和柯尔律治都曾站过的讲台,不禁有些股栗。静静站在我一侧的院长轻声说着些鼓励我的话。说着说着,他随口提及一件事:我跟你说过讲演厅里那座原子钟的事情吗?没有哇,我回答他。

---

① 作者本人的这次讲演,已收入《大不列颠皇家研究与教育院文集》(The Proceedings of the Royal Institution of Great Britain),第69卷,1998年。——作者原注

院长对我解释说，讲演厅里有一座原子钟，讲演满50分钟时，它就会大声地发出嗡嗡的鸣响。而讲演就应当随之结束。这可让我真正紧张起来了。我既像是自言自语，又像是向院长提出建议地说，似乎应当安设某种"预警系统"，以提醒那些说起话来忘了时间的人。院长认为我说的不无道理，不过这里涉及一个问题，就是**科学本身就应当是精确的**，也就是说，这里的传统一向是要求讲演人使自己的发言符合**不长不短恰好50分钟**的标准，做到钟响时恰好讲毕。

说到这里，院长带着探究的眼神，打量着我带来的一堆不很规整的附条。他大概是在担心，怕柯尔律治那个谈起来就收不住话头的著名毛病，至今仍然作为这所研究院的集体意识没有被消除。他接着又说了几句话，告诉我据他所记忆，来这里讲演的著名科学界人士，大多数都是在原子钟发出信号时恰恰说完最后一句话的。开讲—鸣响—讲毕—鼓掌——当然会以鼓掌结束，这是多么出彩的过程啊！说到这里，院长便利落地将宽大的双扇门打开。我的面前出现了一排排由低而高排列得很陡的座椅，就座的一张张期待的面孔，还有那座以一阵响声宣告讲演开始，随后就安静下来，无声地显示着时间流逝的原子钟……

其实，在科学领域中存在着一个特殊问题，就是确定科学的终点。一桩桩科学故事的结尾都在哪里呢？科学是连续的接力跑，每一项发现都会传到下一代人手中。即便有某一扇门关上了，在此之前也会有另外的门扇匆然洞开。本书所涉及的内容也正是这种情形。伟大的维多利亚时代的科学即将开始，讲述新故事的接力棒将递到迈克尔·法拉第、约翰·赫歇耳、查尔斯·达尔文等一位又一位科学家的手中……现代科学的世界就这样向我们这些人大步奔来。

今天的科学正在不断改写昨天的历史。它会向过去追溯，重新发现自己的起源，曾经存在过的传统和业已取得的成就。与此同时，科学也在回顾着自己的不确定性所曾引起的争议和犯过的错误。在评论科学时，倘若忽视了多少个世纪之前的古代希腊、古代阿拉伯世界和古代中国，科学史就不是完整的。近年来，欧洲、大洋洲和美洲的许多大学都成立了科学哲学与科学史系，这并不是事出偶然。率先这样做的学府是英国的剑桥大学和美国的加利福尼亚大学伯克利分校。巴黎第十大学（法国）、墨尔本大学（澳大利亚）、悉尼大学（澳大利亚）、多伦多大学（加拿大）、印第安纳大学（美国）、加利福尼亚理工大学（美国）和布达佩斯大学（匈牙利）也随之跟进。在我看来，在探讨科学当前面临的许多问题，如环境、基因工程、新型药物、外星生命、知觉的本性，乃至上帝存在与否时，也存在着类似的形势，即如果不知道这些问题与浪漫时期的人们心中所怀的希望与担心有什么联系，也就无法达到透彻的了解。

不过，就目前的需要而言，人们面临的最重要的任务，是形成对科学家作为一个群体所对社会发挥作用的新的重视与尊敬，并认识其对社会贡献的特有能力。人们应当知道，对促进文化的任何进步，对实现年青一代人——以及对已经不年轻的几代人的教育，对让人们认清地球这颗行星的现状及未来，科学家群体都起着日益不可或缺的重要作用。我相信，为了认清这些，人们应当以新的方式面对科学并重新审视之，而且不但是从科学史的角度，还要从更切进的视角和更富想象力的高度钻研科学家的个人传记。（出于这一目的，我在书后所附的参考文献部分，提供了若干此类资料，并归入"背景知识"一类。）从这一点入手，人们通常遇到的因所谓"两类文化"①间的隔阂，特别是因涉及数学知识而遇到的困难，就不是不可逾越的了②。人们需要了解科学形成的实际过程，还要了解科学家思

---

① "两类文化"是英国学者斯诺（Charles Percy Snow，1905—1980）于20世纪50年代提出的概念，要点是科学和人文学是两类不同的文化，其间存在着深深的鸿沟，阻碍着有关学科的彼此沟通。他的这一理论最早是以讲演形式发表的，后来又以《两种文化与科学革命》为题写成专著印行。此书有中译本，译名为《两种文化》，陈克艰、秦小虎译，上海科学技术出版社，2003年。——译注

② 使作者感到鼓舞的是，本人的恩师乔治·斯坦纳教授，也从不同的前提出发，得出了与作者本人相近的结论："因此我确信，即便是艰深的数学概念，如果从**历史的**角度阐发，也是容易想象和论证的……人类思维的伟大历程和艰难跋涉充满了激情与跌宕，还往往存在大量的竞争与敌对，探险的船只会被困在困难之冰面上无法前进甚至沉没。这就是我们这些不是数学专业的人对数学的印象——一个至高无上、权威无比的王国……下决心钻研一番……就会发觉面前打开了'思想海洋'的巨大世界，比世界上的其他任何领域都更深刻、更丰富。"参阅《我想写的七本书》（有关原书信息见参考文献部分。——译注）中"学期"一章。看了这段佳妙的文字，会自然联想起两颗文化硕果，一是浪漫时期的诗人华兹华斯在其长诗《序曲》（The Prelude）中对牛顿的评价，一是德国画家卡斯珀·戴维·弗里德里克（Caspar David Friedrich）的油画《冰海》（1825）。探险者的美好然而渺小的船只被硕大无朋的北极冰体困住，固然眼下行动不得，却仍有生存的希望。——作者原注

考、感觉和断言的方式。人们还需要探究决定科学家、诗人、画家、音乐家等人富有创造能力的因素有哪些。这些便是本书的着眼点。

我们一向将科学与宗教、科学与艺术、科学与传统道德伦理理念严格区分开来分别认识的做法，到了今天已经不适用了，是将这些做法抛开的时候了。我们需要更广阔、更普遍、更富想象力的视角，而其中最为关键的，也是对保证科学文明能继续存在下去最最不可或缺的，是这样的三点：保持探求精神，保持实现希望的意志，以及保持对世界未来的信心——一种审慎而不盲目的信心。以这样几句话收束本书，看来似乎是适宜的。

参考文献

背景知识

（按出版年份排序）

托马斯·库恩（Thomas Kuhn）:《科学革命的结构》(*The Structure of Scientific Revolutions*)，芝加哥大学出版社，1962年（有中译本，金吾伦、胡新和译，北京大学出版社，2004年）

阿尔贝·贝泰（Albert Bettex）:《发现自然》(*The Discovery of Nature*)（内有482幅插图），泰晤士与哈德孙出版社，1965年

詹姆斯·沃森（James Watson）:《双螺旋：发现DNA结构的故事》(*The Double Helix: A Personal Account of the Discovery of the Structure of DNA*)，1968年、2001年（有中译本，刘望夷译，化学工业出版社，2009年）

阿瑟·凯斯特洛（Arthur Koestler）:《创造行为》(*The Act of Creation*)，麦克米伦出版社，1969年

雅可布·布洛诺夫斯基（Jacob Bronowski）:《人之上升》(*The Ascent of Man*)，1973年（有中译本，任远等译，四川人民出版社，1988年）

阿德里安·德斯蒙德（Adrian Desmond）、詹姆斯·穆尔（James Moore）:《达尔文》(*Darwin*)，企鹅出版社，1992年（有中译本，焦晓菊、郭海霞译，上海科学技术文献出版社，2009年）

刘易斯·沃尔珀特（Lewis Wolpert）:《科学的不自然的本质》(*The Unnatural Nature of Science*)，费伯出版社，1992年

詹姆斯·格莱克（James Gleick）:《理查德·费因曼与现代物理学》(*Richard Feynman and Modern Physics*)，万神殿出版社，1992年

迈克尔·克罗（Michael J. Crowe）:《从赫歇耳到哈勃的种种现代宇宙观》(*Modern Theories of the Universe from Herschel to Hubble*)，芝加哥大学出版社，

1994年

盖尔·克里斯蒂安松（Gale Christianson）：《星云世界的水手：哈勃传》（*Edwin Hubble*：*Mariner of the Nebulae*）FSG出版社，1995年（有中译本，何妙福等译，上海科技教育出版社，2000年）

彼得·惠特菲尔德（Peter Whitfield）：《勾勒天穹》（*The Mapping of the Heavens*），石榴艺术出版社与大英图书馆联合出版，1995年

约翰·凯理（John Carey）（编辑）：《了解科学》（*The Faber Book of Science*），费伯出版社，1995年

珍妮特·布朗（Janet Browne）：《查尔斯·达尔文传》，卷1，《航海考察行》（*Charles Darwin*：*Volume I*：*Voyaging*）、《查尔斯·达尔文传》，卷2，《地点的作用》（*Charles Darwin*：*Volume II*：*The Power of Place*），皮姆利科出版社，1995年、2000年

迈克尔·肖特兰德（Michael Shortland）、杨瑞才（Richard Yeo）（编辑）：《科学界的名动人物》（*Telling Lives in Science: Essays in Scientific Biography*），剑桥大学出版社，1996年

达娃·索贝尔（Dava Sobel）：《经度：一个孤独的天才解决他所处时代最大难题的真实故事》（*Longitude*：*the True Story of a Lone Genius Who Solved the Greatest Scientific Problem of His Time*），第四产业出版社，1996年（有中译本，肖明波译，上海人民出版社，2007年、2015年）

罗伊·波特（Roy Porter）：《造福人类的伟业：古今医学史》（*The Greatest Benefit to Mankind: A Medical History of Humanity from Antiquity to the Present*），柯林斯-哈珀出版社，1997年

约翰·加斯科因（John Gascoigne）：《为帝国效力的科学》（*Science in the Service of Empire*），剑桥大学出版社，1998年

理查德·道金斯（Richard Dawkins）：《解析彩虹：科学、虚妄和玄妙的诱惑》（*Unweaving the Rainbow*：*Science, Delusion and the Appetite for Wonder*），企鹅出版社，1998年（有中译本，张冠增、孙章译，上海科学技术出版社，2001年）

莉萨·贾丁（Lisa Jardine）：《独到的求索：科学革命的形成》（*Ingenious Pursuits*：*The Building of the Scientific Revolution*），里特与布朗出版社，1999年［有繁体中译本，中译名《显微镜下的科学革命：一段天才纵横的历史》，陈信宏译，究竟出版社（台北），2001年］

乔纳森·贝特（Jonathan Bate）：《地球之歌》（*The Song of the Earth*），麦克米伦出版社，2000年

柳德米拉·乔达诺娃（Ludmilla Jordanova）：《1660—2000年间的科学巨匠与

医学泰斗肖像》（*Defining Features: Scientific and Medical Portraits 1660–2000*），英国伦敦国家肖像馆出版社，2000年

帕特里夏·法拉（Patricia Fara）：《不世天才牛顿》（*Newton: The Making of a Genius*），麦克米伦出版社，2000年

玛丽·米奇利（Mary Midgley）：《科学与诗歌》（*Science and Poetry*），劳特利奇出版社，2001年

托马斯·克伦普（Thomas Crump）：《从科研手段发展的角度纵观科学史》（*A Brief History of Science as Seen Through the Development of Scientific Instruments*），康斯特布尔与鲁滨逊出版社，2001年

奥利弗·萨克斯（Oliver Sacks）：《钨丝舅舅：少年奥立佛·萨克斯的化学爱恋》（*Uncle Tungsten: Memories of a Chemical Boyhood*），麦克米伦出版社，2001年［有繁体中译本，廖月娟译，时报文化出版企业股份有限公司（台北），2003年］

卡尔·杰拉西（Carl Djerassi）、罗阿尔德·霍夫曼（Roald Hoffmann）：《氧》（*Oxygen*）（两幕话剧），约翰·威立出版公司（纽约分公司），2001年

安妮·思韦特（Anne Thwaite）：《菲利普·亨利·戈斯传奇人生一瞥》（*Glimpses of the Wonderful: The Life of P.H. Gosse*），费伯出版社，2002年

布伦达·马多克斯（Brenda Maddox）：《罗莎琳德·富兰克林：不为人知的DNA女科学家》（*Rosalind Franklin: The Dark Lady of DNA*），柯林斯-哈珀出版社，2002年［有繁体中译本，中译名《DNA光环后的奇女子：罗莎琳德·法兰克林的一生》，杨玉玲译，天下远见股份出版有限公司（台北），2004年］

彼得·哈曼（Peter Harman）、西蒙·米顿（Simon Mitton）编：《剑桥科学伟人》（*Cambridge Scientific Minds*），剑桥大学出版社，2002年（有中译本，李佐文等译，河北大学出版社，2005年）

阿诺德·威斯克（Arnold Wesker）：《经度》（*Longitude*）（两幕话剧），琥珀巷出版社，2006年

纳塔丽·安吉尔（Natalie Angier）：《定律：科学的美丽基石》（*The Canon: The Beautiful Basics of Science*），费伯出版社，2007年［有繁体中译本，中译名《科学的九堂入门课：每个人都该懂的，以及不再畏惧科学的九种简单理解》，郭兆林、周念萦译，大块文化出版股份有限公司（台北），2009年］

沃尔特·艾萨克森（Walter Isaacson）：《爱因斯坦：生活和宇宙》（*Einstein: His Life and Universe*），西蒙与舒斯特出版社，2007年（有中译本，张卜天译，湖南科学技术出版社，2009年）

乔治·斯坦纳（George Steiner）：《我想写的七本书》（*My Unwritten Books*），韦登菲尔德与尼科尔森出版社，2008年

1760—1830年间科学研究与智力探索的基本状况

彼得·阿克罗伊德（Peter Ackroyd）：《牛顿》（Newton），兰登书屋，2006年

麦迪逊·斯马特·贝尔（Madison Smartt Bell）：《共和历第一年的拉瓦锡：萌生于法国大革命期间的新科学》（Lavoisier in the Year One: The Birth of a New Science in the Age of Revolution），诺顿出版集团，阿特拉斯出版社，2005年［有繁体中译本，中译名《革命狂潮与化学家——拉瓦锡、氧气、断头台》，黄中宪译，时报文化出版企业股份有限公司（台北），2007年］

迈克尔·克罗（Michael J. Crowe）：《1750—1900年期间的外星生命争论》（The Extraterrestrial Life Debate 1750—1900），剑桥大学出版社，1986年

安德鲁·坎宁安（Andrew Cunningham）、尼古拉斯·贾丁（Nicholas Jardine）：《浪漫主义与科学》（Romanticism and the Sciences），剑桥大学出版社，1990年

伊拉斯谟·达尔文（Erasmus Darwin）：《植物园》（The Botanic Garden, A Philosophical Poem with Notes），1791年

埃尔米奥娜·德·阿尔梅达（Hermione de Almeida）：《约翰·济慈笔下的浪漫时期医学》（Romantic Medicine and John Keats），牛津大学出版社，1991年

阿德里安·德斯蒙德（Adrian Desmond）：《进化的政治观念：英国在激进时期的形态学、医药学与变革》（The Politics of Evolution: Morphology, Medicine and Reform in Radical London），芝加哥大学出版社，1989年

帕特里夏·法拉（Patricia Fara）：《要和男人一样的女人：启蒙时代的妇女在科学领域显示力量》（Pandora's Breeches: Women, Science and Power in the Age of Enlightenment），皮姆利科出版社，2004年

佩内洛普·费茨杰拉德（Penelope Fitzgerald）：《蓝花》（The Blue Flower，小说），柯林斯–哈珀出版社，1995年（有中译本，鲁刚译，新星出版社，2010年）

蒂姆·富尔福德（Tim Fulford）编：《1773—1833年期间的浪漫主义与科学进取》（Romanticism and Science, 1773-1833），5卷文集，皮克林出版社，2002年

蒂姆·富尔福德（Tim Fulford）、彼得·基特森（Peter Kitson）编：《1780—1830年期间的浪漫主义与殖民主义：文坛与帝国》（Romanticism and Colonialism: Writing and Empire, 1780-1830），剑桥大学出版社，1998年

蒂姆·富尔福德（Tim Fulford）、黛比·李（Debbie Lee）、彼得·基特森（Peter Kitson）：《浪漫年代的文学、科学与探索活动》（Literature, Science and Exploration in the Romantic Era），剑桥大学出版社，2004年

约翰·加斯科因（John Gascoigne）：《约瑟夫·班克斯与英国的启蒙运动》

(Joseph Banks and the English Enlightenment)，剑桥大学出版社，1994年

詹姆斯·格莱克（James Gleick）：《牛顿传》(Isaac Newton)，万神殿出版社，2003年（有中译本，吴铮译，高等教育出版社，2004年）

约翰·沃尔夫冈·冯·歌德（Johann Wolfgang von Goethe）：《科学研究》(Scientific Studies)（道格拉斯·米勒编集），收入德文"苏尔坎普经典版"(Suhrkamp edition) 歌德全集的英译本，第12卷，纽约，1988年

简·戈林斯基（Jan Golinski）：《作为大众文化一部分的科学：英国1760—1820年间的化学研究与启蒙运动》(Science as Public Culture: Chemistry and Enlightenment in Britain 1760-1820)，剑桥大学出版社，1992年

理查德·汉姆布林（Richard Hamblyn）：《云的命名：一个业余气象学家怎样创造天空的语言》(The Invention of Clouds: How an Amateur Meteorologist Forged the Language of the Skies)，麦克米伦出版社，2001年

彼得·哈曼（Peter Harman）、西蒙·米顿（Simon Mitton）编：《剑桥科学伟人》(Cambridge Scientific Minds)，剑桥大学出版社，2002年（有中译本，李佐文等译，河北大学出版社，2005年）

约翰·赫歇耳（John Herschel）：《自然哲学知识精讲》(A Preliminary Discourse on the Study of Natural Philosophy)，1832年

约翰·埃德蒙·霍奇森（John Edmund Hodgson）：《英国飞天史》(History of Aeronautics in Great Britain)，牛津大学出版社，1924年

佩内洛普·休斯–哈利特（Penelope Hughes-Hallett）：《千古盛宴》(The Immortal Dinner)，企鹅出版社，2001年

德斯蒙德·金海勒（Desmond King-Hele）：《伊拉斯谟·达尔文与浪漫派诗人》(Erasmus Darwin and the Romantic Poets)，麦克米伦出版社，1986年

戴维·奈特（David Knight）：《浪漫时期的科学》(Science in the Romantic Era)（散文集），艾施盖特出版社，1998年

戴维·奈特（David Knight）：《科学与灵学》(Science and Spirituality)，劳特利奇出版社，2003年

特雷弗·哈维·莱维尔（Trevor Harvey Levere）：《大自然中的诗意：柯尔律治与19世纪初期的科学》(Poetry Realized in Nature: Coleridge and Early Nineteenth-Century Science)，剑桥大学出版社，1981年

艾伦·穆尔黑德（Alan Moorehead）：《致命进犯：欧洲人在1767—1840年间对南太平洋地区的破坏》(The Fatal Impact: An Account of the Invasion of the South Pacific, 1767-1840)，哈米什·汉密尔顿出版社，1966年、1987年

阿尔弗雷德·诺伊斯（Alfred Noyes）：《高擎火炬者的赞歌》(The

Torchbearers: An Epic Poem)，1937年

威廉·圣克莱尔（William St Clair）：《浪漫时期的出版与阅读》（The Reading Nation in the Romantic Period），牛津大学出版社，2004年

詹姆斯·西科德（James Secord）：《维多利亚时代的一本轰动书：〈自然历史中的创世踪迹〉》（Victorian Sensation: The Extraordinary Publication of Vestiges of the Natural History of Creation），芝加哥大学出版社，2000年

珍妮·乌格洛（Jenny Uglow）：《月光族：1730—1810年间的一批开创未来的志同道合者》（The Lunar Men: The Friends Who Made the Future, 1730-1810），费伯出版社，2002年

珍妮·乌格洛（Jenny Uglow）、弗朗西斯·斯帕福德（Francis Spufford）：《长期用发明与技术影响文化的巴贝奇》（Cultural Babbage: Technology, Time and Invention），费伯出版社，1996年

约瑟夫·班克斯

约瑟夫·班克斯（Joseph Banks）：《"奋进号"工作志（1768—1771）》（The Endeavour of Journal 1768-1771），手稿，澳大利亚，新南威尔士大学，网络版

《约瑟夫·班克斯爵士的"奋进号"航海志》（The Endeavour Journal of Sir Joseph Banks），约翰·考特·比格尔霍尔（John Cawte Beaglehole）编，澳大利亚，新南威尔士州，公共图书馆，1962年

《约瑟夫·班克斯书信选集》（The Selected Letters of Joseph Banks），尼尔·钱伯斯（Neil Chambers）编，英国自然历史博物馆，2000年

《约瑟夫·班克斯科学通信集》（The Scientific Correspondence of Sir Joseph Banks, 1765-1820）（6卷集），尼尔·钱伯斯编，皮克林与切托出版社，2007年

赫克托·卡梅伦（Hector Cameron）：《约瑟夫·班克斯爵士传》（Sir Joseph Banks），1952年

哈罗德·卡特（Harold Carter）：《约瑟夫·班克斯爵士生平》（Sir Joseph Banks 1743-1820），大英博物馆，英国自然历史博物馆，1988年

瓦妮莎·考林里奇（Vanessa Collingridge）：《库克船长》（Captain Cook），埃布里出版社，2003年

《库克船长航海志集》（Journals of Captain Cook）（3卷集），约翰·考特·比格尔霍尔（John Cawte Beaglehole）编，剑桥大学出版社，1955—1974；企鹅出版社经典分社，菲利普·爱德华兹编，1999年

威廉·柯珀（William Cowper）：《任务》（The Task），第一篇，1785年

帕特里夏·法拉（Patricia Fara）：《约瑟夫·班克斯：情史、植物学史与帝国缔造史》（*Joseph Banks: Sex, Botany and Empire*），皮姆利科出版社，2004年

约翰·加斯科因（John Gascoigne）：《约瑟夫·班克斯与英国的启蒙运动》（*Joseph Banks and the English Enlightenment*），剑桥大学出版社，1994年

乔斯琳·哈克福斯-琼斯（Jocelyn Hackforth-Jones）："阿迈"（Mai）（插图散文），收入《夹在两个世界当中》（*Between Two Worlds*），英国国家肖像馆出版社，2007年

约翰·霍克斯沃思（John Hawkesworth）：《南半球探险行》（*Voyages Undertaken in the Southern Hemisphere*），1773年

埃娃·拉克（Eva Lack）：《约瑟夫·班克斯爵士的探险历程》（*Die Abenteuers des Sir Joseph Banks*）（内附稀有鱼类和罕见植物的插图和哈丽雅特·布洛塞的肖像），维也纳和科隆，1985年

詹姆斯·李（James Lee）：《植物学导论》（*Introduction to Botany*），罗伯特·桑顿（Robert Thornton）作序，1785年、1810年

埃里克·霍尔·麦考密克（Eric Hall McCormick）：《阿迈》（*Omai*），牛津大学出版社，1978年

理查德·玛贝（Richard Mabey）：《吉尔伯特·怀特传》（*Gilbert White*），世纪出版社，1986年

艾伦·穆尔黑德（Alan Moorehead）：《致命进犯：欧洲人在1767—1840年间对南太平洋地区的破坏》（*The Fatal Impact: An Account of the Invasion of the South Pacific, 1767-1840*），1966年、1987年

帕特里克·奥布赖恩（Patrick O'Brian）：《约瑟夫·班克斯传》（*Joseph Banks*），哈维尔出版社，1987年

悉尼·帕金森（Sydney Parkinson）：《南太平洋海域行记》（*A Journal of a Voyage to the South Seas, in His Majesty's Ship, the Endeavour*），1773年

罗伊·波特（Roy Porter）：《异域加艳遇》（"The Exotic as Erotic"），收入《启蒙时代的猎奇》（*Exoticism and the Enlightenment*），G.S.鲁索（Rousseau）和罗伊·波特编，曼彻斯特大学出版社，1989年

爱德华·史密斯（Edward Smith）：《皇家学会会长约瑟夫·班克斯爵士生平》（*The Life of Sir Joseph Banks, President of the Royal Society*），1911年

丹尼尔·索兰德（Daniel Solander）：《丹尼尔·索兰德书信选》（*Collected Correspondence, 1753-1782*），爱德华·迪克（Edward Duyker）和佩尔·廷布兰德（Per Tingbrand）编，斯堪的纳维亚大学出版社，1995年

威廉·赫歇耳和卡罗琳·赫歇耳

安格斯·阿米蒂奇（Angus Armitage）：《威廉·赫歇耳爵士》（Sir William Herschel），双日出版社，1962年

海伦·阿什顿（Helen Ashton）：《手足情深》（I Had a Sister），洛瓦特·迪克森出版公司，1937年

约翰·邦尼卡斯尔（John Bonnycastle）：《天文学信札》（Introduction to Astronomy in Letters to a Pupil），1786年、1788年、1811年、1822年

克莱尔·布罗克（Claire Brock）：《扫观彗星：卡罗琳·赫歇耳的天文学志向》（The Comet Sweeper: Caroline Herschel's Astronomical Ambition），英国，剑桥，标志出版社，2007年

《拜伦诗选》（Selected Poems of Lord Byron），A. S. B. 格洛弗（Glover）编，企鹅出版社，1974年

《柯尔律治书信选》（Coleridge Collected Letters），6卷集，E.L.格里格斯（Griggs）编，牛津大学出版社，1956—1971年

迈克尔·克罗（Michael J. Crowe）：《现代宇宙理论种种》（Modern Theories of the Universe），多佛出版社，1994年

伊拉斯谟·达尔文（Erasmus Darwin）：《植物园》（The Botanic Garden, A Philosophical Poem with Notes），1791年

詹姆斯·弗格森（James Ferguson）：《用牛顿定律诠释天文学》（Astronomy Explained），戴维·布儒斯特（David Brewster）作序，1811年

《威廉·赫歇耳与卡罗琳·赫歇耳兄妹年史》（The Herschel Chronicle），康斯坦丝·卢伯克（Constance Ann Lubbock）（威廉·赫歇耳之孙女）编，1933年

《卡罗琳·赫歇耳回忆录与书信集》（Memoir and Correspondence of Caroline Herschel），玛丽·康沃利斯·赫歇耳（Mary Cornwallis Herschel，约翰·赫歇耳的三儿媳）编，默里出版社，1876年；剑桥大学出版社，1935年

《卡罗琳·赫歇耳自传》（Caroline Herschel's Autobiographies），迈克尔·霍斯金（Michael Hoskin）选编，科学史出版社，剑桥（英国），2003年

《威廉·赫歇耳爵士科学文选》（Scientific Papers of Sir William Herschel），包括首次公开印行的早期论文，J. L. E. 德雷尔（Dreyer）编，双卷集，英国皇家学会和英国皇家天文学会，1912年

迈克尔·霍斯金（Michael Hoskin）：《威廉·赫歇耳及其天界构造臆想》（William Herschel and the Construction of the Heavens），诺顿出版社，1963年

迈克尔·霍斯金（Michael Hoskin）：《恒星天文学》（Stellar Astronomy），科学

史出版社，剑桥（英国），1982年（有中译本，陈道汉译，译林出版社，2013年）

迈克尔·霍斯金（Michael Hoskin）:《卡罗琳·赫歇耳自评与威廉·赫歇耳的天文学合作》(*The Herschel Partnership as Viewed by Caroline*)，科学史出版社，剑桥（英国），2003年

德里克·豪斯（Derek Howse）:《内维尔·马斯基林传》(*Nevil Maskelyne*)，剑桥大学出版社，1989年

埃德温·哈勃（Edwin Hubble）:《星云世界》(*The Realm of the Nebulae*)，康斯特布尔出版公司，1933年

《约翰·济慈诗作全集》(*Complete Poems of John Keats*)，约翰·巴纳德（John Barnard）编，企鹅出版社，1973年

亨利·梅休（Henry Mayhew）:《詹姆斯·弗格森传》(*James Ferguson*)，1817年

《雪莱散文》(*Shelley's Prose*)，戴维·李·克拉克（David Lee Clark）编，第四产业出版社，1988年（有中译本，徐文惠、杨熙龄译，人民文学出版社，2008年）

彼得·赛姆（Peter Sime）:《威廉·赫歇耳传》(*William Herschel*)，1890年

亚当·斯密（Adam Smith）:《哲学论文集》(*Essays on Philosophical Subjects*)，天文学史出版社出版并提供插图，爱丁堡，1795年

弗朗西丝·威尔逊（Frances Wilson）:《多萝西·华兹华斯的生命之歌》(*The Ballad of Dorothy Wordsworth*)，费伯出版社，2008年

爱德华·杨（Edward Young）:《夜思》(*Night Thoughts on Life, Death and Immortality*)（诗作），1744年

专业人士述评

J. A. 贝内特（Bennett）:《威廉·赫歇耳的望远镜》("The Telescopes of William Herschel")（附图），《天文学史》(*Journal for the History of Astronomy*)（期刊），第7辑，1976年

迈克尔·霍斯金（Michael Hoskin）:《现代天文学史的撰写》("On Writing the History of Modern Astronomy")，《天文学史》(*Journal for the History of Astronomy*)（期刊），第11辑，1980年

迈克尔·霍斯金（Michael Hoskin）:《卡罗琳·赫歇耳的彗星扫观镜》，《天文学史》(*Journal for the History of Astronomy*)（期刊），第12辑，1981年

西蒙·谢弗（Simon Schaffer）:《赫歇耳的物质理论与行星演化说》("Herschel on Matter Theory and Planetary Life")，《天文学史》(*Journal for the History of*

Astronomy）(期刊），第11辑，1980年

西蒙·谢弗（Simon Schaffer）：《天王星与赫歇耳的天文学》（"Uranus and Herschel's Astronomy"），《天文学史》(Journal for the History of Astronomy)（期刊），第12辑，1981年

西蒙·谢弗（Simon Schaffer）：《频发奇想的赫歇耳：自然史与恒星天文学》（"Herschel in Bedlam: Natural History and Stellar Astronomy"），《英国科学史杂志》(British Journal for the History of Science)，第13辑，1986年

西蒙·谢弗（Simon Schaffer）：《星云假说述评》（"On the Nebular Hypothesis"），收入《历史、人性与进化》(History, Humanity and Evolution)，J. R. 穆尔（Moore）编，剑桥大学出版社，1988年

气球飞天人

托马斯·鲍德温（Thomas Baldwin）：《空瞰图文集》(Airopaidia)，1786年（讲述他乘卢纳尔迪的气球探险的经历，书中有从气球吊篮上画得的第一批空中俯瞰大地的速写图）

亨利·博孚瓦（Henry Beaufoy）：《詹姆斯·萨德勒从哈克尼升空记》(Account of an Ascent with James Sadler, from Hackney)，1811年，大英图书馆藏书，藏书号B.507（I）

亨利·博孚瓦（Henry Beaufoy）：《亨利·博孚瓦1783—1843气球剪贴册》(Two Balloon Scrapbooks of Henry Beaufoy, 1783-1843)（两本），美国，普林斯顿大学，麦科马克个人收藏，藏品第57号

大卫·布儒瓦（David Bourgeois）：《飞的艺术》(L'Art de Voler)，巴黎，1784年

《著名气球印刷图片及绘图集》(Catalogue of Well-Known Balloon Prints and Drawings)，苏富比拍卖行拍卖品，1962年

泰比利厄斯·卡瓦略（Tiberius Cavallo）：《浮飞活动的历史与实践》(The History and Practice of Aerostation)，1785年

威廉·柯珀（William Cowper）：《任务》(The Task)（长诗），收入《信札与诗章》(Letters and Poems)一书

《梦之始》(Le Départ du Rêve)，巴黎大皇宫美术馆藏品，巴黎，1985年

伊拉斯谟·达尔文（Erasmus Darwin）：《植物园》(The Botanic Garden, A Philosophical Poem with Notes)，1791年

奥杜安·多尔菲斯（Audouin Dollfus）：《德罗齐尔传》(Pilâtre de Rozier)，法

国科学促进会，巴黎，1993年

雷蒙·方丹（Raymonde Fontaine）：《乘气球飞越拉芒什海峡》（*La Manche en Ballon*），巴黎，1982年

《绅士文摘》杂志（*Gentleman's Magazine*）上刊载的讲述1784—1785年间卢纳尔迪和1810—1817年间萨德勒的气球飞天事迹

查尔斯·吉利斯皮（Charles Gillispie）：《蒙戈尔菲耶兄弟》（*The Montgolfier Brothers*），普林斯顿大学出版社，1983年

詹姆斯·格莱舍（James Glaisher）、卡米耶·弗拉马里翁（Camille Flammarion）、威尔弗雷德·德丰维尔（Wilfrid de Fonvielle）、加斯东·蒂桑迪耶：《空中行》（*Travels in the Air*），伦敦，1871年

查尔斯·格林（Charles Green）：《气球飞天到魏尔堡》（*The Flight of the Nassau Balloon*），1836年

理查德·汉姆布林（Richard Hamblyn）：《云的命名：一个业余气象学家怎样创造天空的语言》（*The Invention of Clouds: How an Amateur Meteorologist Forged the Language of the Skies*），麦克米伦出版社，2001年

乔吉特·海尔（Georgette Heyer）：《弗雷德丽卡》（*Frederica*）（小说，书中描写气球上升的情节极为出色），1965年

约翰·埃德蒙·霍奇森（John Edmund Hodgson）：《英国飞天史》（*History of Aeronautics in Great Britain*），牛津大学出版社，1924年

约翰·杰弗里斯（John Jeffries）：《向英国皇家学会呈交的两次与布朗夏尔共同进行的飞天记事》（*Narrative of Two Aerial Voyages with M. Blanchard as Presented to the Royal Society*），1786年

文森特·卢纳尔迪（Vincent Lunardi）：《我的英伦上空行》（*My Aerial Voyages in England*），1785年；《苏格兰上空五度放飞》（*Five Aerial Voyages in Scotland*），1785年

托马斯·蒙克·梅森（Thomas Monck Mason）：《浮飞行记》（*Aeronautica*），1838年

亨利·梅休（Henry Mayhew）：《记一次气球飞天》（*An Account of a Balloon Flight*），1855年

埃德加·爱伦·坡（Edgar Allan Poe）：《气球大骗局》（"The Great Balloon Hoax"）（故事），《纽约太阳报》（*New York Sun*），1847年

加文·普雷托尔·平尼（Gavin Pretor-Pinney）：《观云指南》（*The Cloud Spotter's Guide*），权杖出版社，2006年（有繁体中译本，中译名《看云趣》，黄静雅译，台北远流出版事业股份有限公司，2008年）

莱昂内尔·托马斯·卡尔韦尔·罗尔特（Lionel Thomas Caswall Rolt）：《气球飞天人》（The Aeronauts），朗门出版社，1966年

詹姆斯·萨德勒（James Sadler）：《一次空中旅行的如实报道》（An Authentic Account of the Aerial Voyage），1810年

詹姆斯·萨德勒（James Sadler）：《飞越爱尔兰海峡》（Across the Irish Channel），1812年

詹姆斯·萨德勒（James Sadler）：《浮升飞天》（Aerostation），1817年

塞奇夫人（Mrs Letitia Ann Sage）：《第一女飞天塞奇夫人信中忆乘卢纳尔迪的气球飞天》（A Letter by Mrs Sage, the First English Female Aerial Traveller, on Her Voyage in Lunardi's Balloon），1785年，大英图书馆藏书，藏书编号1417.g.24

加斯东·蒂桑迪耶（Gaston Tissandier）：《著名气球与著名气球飞天人》（Histoire des Ballons et Aeronauts Célebres 1783-1890），双卷集，巴黎，1890年

芒戈·帕克

威廉·菲弗（William Feaver）：《约翰·马丁的绘画》（The Paintings of John Martin），牛津大学出版社，1975年。占了整个页面的《萨达克寻找救命水》（Sadak in Search of the Waters of Oblivion），是一幅有强烈震撼力的画作。原作创作于1812年，现存英国南安普敦美术馆

蒂姆·富尔福德（Tim Fulford）、黛比·李（Debbie Lee）：《非洲探险》（"African Exploration"），收入《浪漫年代的文学、科学与探索活动》（Literature, Science and Exploration in the Romantic Era），剑桥大学出版社，2004年

《绅士文摘》杂志（Gentleman's Magazine）1799年8月号刊载的对帕克的《非洲内陆行》（Travels in the Interior of Africa）的长篇评述，文中附有詹姆斯·伦内尔（James Rennell）所画的北非地图

乔治亚娜·卡文迪什（德文郡公爵夫人）（Georgiana, Duchess of Devonshire）：《黑人曲》（A Negro Song），1799年

刘易斯·吉本斯（Lewis Gibbons）：《尼日尔河与芒戈·帕克》（Niger and Mungo Park），1934年

斯蒂芬·格温（Stephen Gwynn）：《芒戈·帕克探征尼日尔河》（Mungo Park and the Quest for the Niger），1932年

HB（无姓名全称）：《芒戈·帕克生平》（The Life of Mungo Park），1835年，大英图书馆藏书，馆藏号615.a.12

约翰·济慈（John Keats）的两首以尼罗河为题材的十四行诗，1818年

肯尼斯·勒普顿（Kenneth Lupton）：《非洲行客芒戈·帕克》（*Mungo Park, African Traveller*），牛津大学出版社，1979年

芒戈·帕克（Mungo Park）：《非洲内陆再度行》（*Journal of a Second Voyage*），双卷集，无名氏编集；书中还收入了《帕克最后旅程所记》（"A Journal of Park's Last Voyage"）和《阿马迪·法图米考察志》（"Amadi Fatoumi's Journal"）两篇文章，以及W. 维绍（Wishaw）所撰的回忆录，1815年

芒戈·帕克（Mungo Park）：《非洲内陆行》（*Travels in the Interior of Africa*），1799年、1860年；南瑟池出版社，2005年

吉拉·萨拉克（Kira Salak）：《最残酷的旅程：乘独木舟六百英里寻觅古城记》（*The Cruellest Journey: 600 Miles by Canoe to the Legendary City of Timbuktu*），兰登书屋，2005年

安东尼·萨坦（Anthony Sattin）：《非洲门户：寻找廷巴克图的发现与死亡之旅》（*The Gates of Africa: Death, Discovery and the Search for Timbuktu*），柯林斯-哈珀出版社，2003年

珀西·比希·雪莱（Percy Bysshe Shelley）：《阿拉斯特》（*Alastor, or the Spirit of Solitude*）（长诗），1815年；约翰·济慈的两首以尼罗河为题材的十四行诗，1818年

罗伯特·骚塞（Robert Southey）在长诗《摧毁者萨拉巴》（*Thalaba the Destroyer*）中所加的有关芒戈·帕克的附注，1803年

艾尔弗雷德·丁尼生（Alfred Tennyson）：《廷巴克图》（*Timbuctoo*）（诗），1827年

约瑟夫·汤姆森（Joseph Thomson）：《芒戈·帕克和尼日尔河》（*Mungo Park and the Niger*），1890年

查尔斯·沃特顿（Charles Waterton）：《南美漫记》（*Wanderings in South America*），1825年

威廉·华兹华斯（William Wordsworth）：《序曲》（*The Prelude*，长诗）中被作者写成后又删除的吟咏芒戈·帕克的段落，1805年

汉弗莱·戴维

托马斯·贝多斯（Thomas Beddoes）、詹姆斯·瓦特（James Watt）：《对将非天然气体用于医学的设想》（*Considerations on the Medical Use of Factitious Airs*），1794年，大英图书馆藏书，馆藏号B区489

亨利·布鲁厄姆（Henry Brougham）：《汉弗莱·戴维爵士》，收入《英王乔治

三世时期的哲人生平》(*The Lives of the Philosophers in the Time of George III*),伦敦,1855年

乔治·I.布朗(George I. Brown):《科学天才朗福德伯爵的非凡一生》(*Count Rumford: The Extraordinary Life of a Scientific Genius*),萨顿出版公司,1999年

乔治·戈登·拜伦(Lord Byron):《唐璜》(*Don Juan*),1819—1921年(有多种中译本)

F.F.卡特赖特(Cartwright):《英国医用麻醉领域的前驱人物》(*The English Pioneers of Anaesthesia*),辛普金·马歇尔出版公司,1952年

《柯尔律治书信选》(*Coleridge Collected Letters*)(卷1,卷2),E.L.格里格斯(Griggs)编,牛津大学出版社

《汉弗莱·戴维选集》(*The Collected Works of Sir Humphry Davy*),约翰·戴维(John Davy)编,共9卷,1839—1840年

汉弗莱·戴维(Humphry Davy):《零星拾遗》(*Fragmentary Remains*),约翰·戴维(John Davy)编,1858年

约翰·戴维(John Davy):《汉弗莱·戴维爵士生平》(*The Life of Sir Humphry Davy*),2卷,1836年

约翰·戴维(John Davy):《回忆哥哥汉弗莱·戴维》(*Memoirs of Sir Humphry Davy*),收入《汉弗莱·戴维选集》(*The Collected Works of Sir Humphry Davy*),卷1,1839年

索菲·福根(Sophie Forgan)编:《天才的科学工作与其他成果:汉弗莱·戴维》(*Science and the Sons of Genius: Studies on Humphry Davy*),科学述评有限公司,1980年

琼·富尔默(June Z. Fullmer):《汉弗莱·戴维的青年时代》(*Young Humphry Davy*),美国哲学会,2000年

詹姆斯·汉密尔顿(James Hamilton):《迈克尔·法拉第的一生》(*Michael Faraday: The Life*),柯林斯–哈珀出版社,2002年

哈罗德·哈特利(Harold Hartley):《汉弗莱·戴维》(*Humphry Davy*),英国开放大学出版社,1966年

理查德·霍姆斯(Richard Holmes):《柯尔律治的早期眼光》(*Coleridge: Early Visions*),霍德与斯托顿出版社,1989年

戴维·奈特(David Knight):《汉弗莱·戴维:眼光与能力》(*Humphry Davy: Vision and Power*),《布莱克韦尔科学传记丛书》(*Blackwell Science Biographies*),1992年

戴维·拉蒙-布朗（Davy Lamont-Brown）：《汉弗莱·戴维：不仅仅是安全矿灯的发明人》（*Humphry Davy: Life Beyond the Lamp*），历史出版社（英国），2004年

约翰·艾尔顿·帕里斯（John Ayrton Paris）：《汉弗莱·戴维爵士生平》（*The Life of Sir Humphry Davy*），2卷，1831年

罗伊·波特（Roy Porter）：《造福人类的伟业：古今医学史》（*The Greatest Benefit to Mankind: A Medical History of Humanity from Antiquity to the Present*），柯林斯-哈珀出版社，1997年

尼古拉斯·罗乌（Nicholas Roe）编：《塞缪尔·泰勒·柯尔律治及生命科学》（*Samuel Taylor Coleridge and the Sciences of Life*），牛津大学出版社，2001年

W.D.A.史密斯（Smith）：《混氧笑气麻醉应用史》（*Under the Influence: A History of Nitreous Oxide and Oxygen Anaesthesia*），麦克米伦出版社，1982年

《罗伯特·骚塞生平暨书信集》（*The Life and Correspondence of Robert Southey*）（2卷），查尔斯·卡斯伯特·骚塞（Charles Cuthbert Southey）编，1849年

多萝西·斯坦菲尔德（Dorothy A. Stanfield）：《医学博士、化学家、内科医生和民主主义者托马斯·贝多斯》（*Thomas Beddoes MD: Chemist, Physician, Democrat*），赖德尔出版社，波士顿，1984年

托马斯·索普（Thomas Thorpe）：《集诗人与哲人为一身的汉弗莱·戴维》（*Humphry Davy, Poet and Philosopher*），1896年

安妮·特雷尼尔（Anne Treneer）：《快步不停的化学家：汉弗莱·戴维爵士传》（*The Mercurial Chemist: A Life of Sir Humphry Davy*），梅休因出版社，1963年

安全矿灯及它引起的争端

纽卡斯尔报刊有关安全矿灯的来稿档案，伦敦，1817年，大英图书馆藏书，馆藏号8708区i2

汉弗莱·戴维（Humphry Davy）：《煤矿用防爆安全灯》（*On the Safety Lamp for Preventing Explosions*），伦敦，1825年（内含有关安全矿灯在欧洲大陆应用情况的附录）

汉弗莱·戴维（Humphry Davy）：《煤矿用安全灯的开发与对火焰的研究》（*On the Safety Lamp for Coal Miners with some Researches on Flame*）（含6篇论文），伦敦，1818年。《汉弗莱·戴维选集》中有经过修改的这些论文的内容，卷6，1840年

J.H.H.霍姆斯（Holmes）：《近20年来在达勒姆和诺森伯兰地区发生的煤矿瓦斯爆炸的报告》（*A Treatise on Coalmining of Durham and Northumberland and the Explosions of Firedamp in the last 20 Years*），伦敦，1816年，大英图书馆藏书，馆藏

号726.e.37

弗兰克·詹姆斯（Frank James）:《洞眼究竟有多大？汉弗莱·戴维和乔治·史蒂文森在摄政王时代后期发明的安全矿灯所引发的科学得到实际应用的若干问题》（"How Big is a Hole? The Problems of the Practical Application of Science in the Invention of the Miners' Safety Lamp by Humphry Davy and George Stephenson in Late Regency England"），收入《纽科门学社文集》（*Transactions of the Newcomen Society*）第75编，2005年，第175—第227页

约翰·普莱费尔（John Playfair）:《汉弗莱·戴维的安全矿灯》（Sir Humphry Davy's Safety Lamp），刊于《爱丁堡评论》（*Edinburgh Review*），1816年，第51期，第230—第240页

《煤矿事故特别委员会的报告》（Report of the Select Committee on Accidents in Mines），收入《英国议院文编》（*Parliamentary Papers*），1835年，卷5，1835年9月，大英图书馆（科学部）

塞缪尔·斯迈尔斯（Samuel Smiles）:《乔治·史蒂文森传》（*The Life of George Stephenson*），1855年

《史蒂文森的矿灯（现存基灵沃思）与汉弗莱·戴维的矿灯的比较》（*Stephenson's Lamp now at Killingworth compared to Humphry Davy's Lamp*）（含2本宣传本册），伦敦，1817年，大英图书馆藏书，馆藏号8708.i.2（5）

弗兰肯斯坦医生与灵魂

约翰·阿伯内西（John Abernethy）:《探讨亨特先生有关生命理论的讲学》（*An Enquiry into Mr Hunter's Theory of Life Lectures*），1815年

约翰·阿伯内西（John Abernethy）:《评述亨特先生的生理学观点》（*A General View of Mr Hunter's Physiology*），1817年

约翰·阿伯内西（John Abernethy）:《1819年度亨特医学讲演》（*The Hunterian Oration for 1819*），1819年

约翰·阿伯内西（John Abernethy）:"1814—1822年间给乔治·克尔的信函"（"Letters to George Kerr 1814-1822"），刊于《圣巴塞洛缪医院期刊：1930—1931》（*St Bart's Hospital Journal, 1930-1901*），卷38，A.W.富兰克林（Franklin）编

格扎维埃·比沙（Xavier Bichat）:《生命与死亡的生理学研究》（*Physiological Researches on Life and Death*），F.戈尔德（Gold）英译，1816年

弗雷德·博廷（Fred Botting）编:《弗兰肯斯坦——新的案例》（*New Casebooks: Frankenstein*），帕尔格雷夫出版社，1995年

德吕因·伯奇（Druin Burch）：《逝者讲述的故事：阿斯特利·库珀的生平与他所处的时代》（*Digging up the Dead: The Life and Times of Astley Cooper*），兰登书屋，2007年

《范妮·伯尼日记与书信集》（*Journals and Letters*），彼得·索伯（Peter Sobar）编，企鹅出版社经典分社，2001年

理查德·卡莱尔（Richard Carlile）：《致语科学界中人》（*Address to the Men of Science*），1821年

F. F. 卡特赖特（Cartwright）：《英国医用麻醉领域的前驱人物》（*The English Pioneers of Anaesthesia*），辛普金·马歇尔出版公司，1952年

塞缪尔·泰勒·柯尔律治（Samuel Taylor Coleridge）：《旨在更全面探讨生命理论的札记》（*Notes towards a More Comprehensive Theory of Life*），1816—1819年，与詹姆斯·吉尔曼（James Gillman）和约瑟夫·亨利·格林（Joseph Henry Green）合撰；塞思·B. 沃森（Seth B. Watson）编，1848年

诺拉·克鲁克（Nora Crook）、德雷克·吉东（Derek Guiton）：《雪莱唇枪舌剑的吟咏》（*Shelley's Venomed Melody*），剑桥大学出版社，1986年

汉弗莱·戴维（Humphry Davy）：《农业化学精要》（*Elements of Agricultural Chemistry*），1814年

埃尔米奥娜·德·阿尔梅达（Hermione de Almeida）：《约翰·济慈笔下的浪漫时期医学》（*Romantic Medicine and John Keats*），牛津大学出版社，1991年

托马斯·德·昆西（Thomas De Quincey）：《瘾君子自白》（*Confessions of an English Opium Eater*），1821年

托马斯·德·昆西（Thomas De Quincey）：《动物磁力术》（"Animal Magnetism"）（短文），1840年

阿德里安·德斯蒙德（Adrian Desmond）：《进化的政治观念：英国在激进时期的形态学、医药学与变革》（*The Politics of Evolution: Morphology, Medicine and Reform in Radical London*），芝加哥大学出版社，1989年

乔治·德奥伊利（George D'Oyly）：《探讨亨特先生的生命理论的可能性》（"An Enquiry into the Probability of Mr Hunter's Theory of Life"），刊于《季刊杂志》（*Quarterly Review*），1819年，卷43，第1—第34页，还作为附录B收入《牛津世界经典读物丛书》（*Oxford World's Classics*）之一的《弗兰肯斯坦》（*Frankenstein*）一书

蒂姆·富尔福德（Tim Fulford）、黛比·李（Debbie Lee）：《浪漫时期的激进理论》（"On Romantic Racial Theories"），收入《浪漫年代的文学、科学与探索活动》（*Literature, Science and Exploration in the Romantic Era*），2004年

让·戈林斯基（Jan Golinski）：《作为大众文化一部分的科学：英国1760—

1820年间的化学研究与启蒙运动》(*Science as Public Culture: Chemistry and Enlightenment in Britain 1760-1820*),剑桥大学出版社,1992年

卡尔·格拉博(Carl Grabo):《诗人眼中的牛顿:雪莱在〈解放了的普罗米修斯〉中引证科学》(*A Newton Among Poets: Shelley's Use of Science in Prometheus Unbound*),北卡罗来纳大学出版社,1931年

约翰·济慈(John Keats):《拉米亚》(*Lamia*)(长诗),1820年(有中译本,收入《夜莺与古瓮——济慈诗歌精粹》,屠岸译,人民文学出版社,2008年)

约翰·弗里德里希·布卢门巴赫(Johann Friedrich Blumenbach):《比较解剖学简论》(*A Short System of Comparative Anatomy*),威廉·劳伦斯英译并加引言,1807年

威廉·劳伦斯(William Lawrence):《比较解剖学引论两讲》(*An Introduction to Comparative Anatomy: Two Lectures*),1816年

威廉·劳伦斯(William Lawrence):《人类自然史讲义》(*The Natural History of Man*)(生理学与动物学讲演稿),1819年

威廉·劳伦斯(William Lawrence):《生命》("On Life"),《里斯氏百科全书》(*Rees's Cyclopaedia*)词条,1819年

威廉·劳伦斯(William Lawrence):《人》("On Man"),《里斯氏百科全书》(*Rees's Cyclopaedia*)词条,1820年

特雷弗·哈维·莱维尔(Trevor Harvey Levere):《大自然中的诗意:柯尔律治与19世纪初期的科学》(*Poetry Realized in Nature: Coleridge and Early Nineteenth Century Science*),剑桥大学出版社,1981年

海伦·麦克唐纳(Helen MacDonald):《人的躯体:解剖学与解剖学史》(*Human Remains: Dissection and its Histories*),耶鲁大学出版社,2006年

安妮·科思特拉尼茨·梅勒(Anne Kostelanetz Mellor):《从女权角度对科学的批判》("A Feminist Critique of Science"),收入《玛丽·雪莱:生平、小说、怪物》(*Mary Shelley: Her Life, Her Fictions, Her Monsters*),劳特利奇出版社,1988年

彼得·马德孚德(Peter Mudford):《威廉·劳伦斯》("William Lawrence"),刊于《观念史学报》(*Journal of the History of Ideas*),第29期,1968年

罗伊·波特(Roy Porter)、G.S.鲁索(Rousseau)编:《知识造成动荡》(*The Ferment of Knowledge*),剑桥大学出版社,1980年

尼古拉斯·罗乌(Nicholas Roe):《约翰·泰尔沃探讨"动物生机"的文字》("John Thelwall's Essay on Animal Vitality"),收入《自然的权术》(*The Politics of Nature*),帕尔格雷夫出版社,2002年

莎伦·拉斯顿(Sharon Ruston):《雪莱与活力论》(*Shelley and Vitality*),帕

尔格雷夫出版社，2005年

玛丽·雪莱（Mary Shelley）：《弗兰肯斯坦，或现代普罗米修斯》（*Frankenstein, or, The Modern Prometheus*），1993年翻印的1818年第一版，1992年翻印的1831年第二版，1818年（若干种版本）；莫里斯·欣德尔（Maurice Hindle）编，企鹅出版社（此书有多种中译本，但均根据第二版译出，有的版本只有正文部分）

珀西·比希·雪莱（Percy Bysshe Shelley）：《论生命》（"On Life"）、《论爱情》（"On Love"）、《论梦境》（"On Dreams"）、《论来世》（"On a Future State"）、《论独鬼与群鬼》（"On the Devil and Devils"）、《论基督教》（"On Christianity"）——均为1814—1818年间所写散文，收入《不喑预言号角的雪莱散文》（*Shelley's Prose, or The Trumpet of a Prophecy*），戴维·李·克拉克（David Lee Clark）编，第四产业出版社，1988年（雪莱最著名的散文均被收入中译本《雪莱散文》，徐文惠、杨熙龄译，人民文学出版社，2008年）

沃尔特·韦策尔斯（Walter Wetzels）：《约翰·威廉·里特尔：浪漫时期的德国物理学研究》（"Johann Wilhelm Ritter: Romantic Physics in Germany"），收入《浪漫主义与科学》（*Romanticsm and the Sciences*），安德鲁·坎宁安（Andrew Cunningham）和尼古拉斯·贾丁（Nicholas Jardine）编，剑桥大学出版社，1990年

导师与弟子；青年科学家

查尔斯·巴贝奇（Charles Babbage）：《英国科学衰落之我见》（*Reflections on the Decline of Science in England: And on Some of Its Causes*），1830年

戴维·布儒斯特（David Brewster）：《艾萨克·牛顿爵士的一生》（*Life of Sir Isaac Newton*），《默里家庭图书系列》（*Murray's Family Library*），1831年

《英国科学促进会的早期会议》（*The British Association for the Advancement of Science: Early Correspondence*），杰克·莫雷尔（Jack Morrell）与阿诺德·撒克里（Arnold Thackray）编，卡姆登学社，1984年

珍妮特·布朗（Janet Browne）：《查尔斯·达尔文传》，卷1，《航海考察行》（*Charles Darwin: Volume I: Voyaging*）、《查尔斯·达尔文传》，卷2，《地点的作用》（*Charles Darwin: Volume II: The Power of Place*），皮姆利科出版社，1995年、2000年

甘特·布特曼（Gunther Buttman）：《在巨大的望远镜下：约翰·赫歇耳传》（*In the Shadow of the Telescope: A Biography of John Herschel*），路德沃斯出版社，1974年

《查尔斯·达尔文书信集，卷1，1821—1836》（*The Correspondence of Charles*

Darwin：Vol I, 1821-1836），弗里德里克·伯克哈特（Frederick Burkhardt）与悉尼·史密斯（Sydney Smith）合编，剑桥大学出版社，1985年

查尔斯·达尔文：《乘贝格尔舰的旅行（1831—1836）》（*The Voyage of the Beagle, 1831-1836*），珍妮特·布朗（Janet Browne）与迈克尔·尼夫（Michael Neve）编，企鹅出版社经典分社，1989年（有多个中译本，译名不尽相同）

《查尔斯·达尔文自传》（*The Autobiography of Charles Darwin*），迈克尔·尼夫编，企鹅出版社经典分社，2002年（有中译本，中译名《达尔文自传》，曾向阳译，江苏文艺出版社，1998年）

汉弗莱·戴维（Humphry Davy）：《旅行的慰藉：一名哲人的最后时日》（*Consolations in Travel, or The Last Days of a Philosopher*），《默里家庭图书系列》（*Murray's Family Library*），1829年与1831年两种版本

《迈克尔·法拉第书信集，1811—1831年》（*Correspondence of Michael Faraday 1811-1831*），卷1，弗兰克·詹姆斯（Frank A. L. J. James）编，电力工程研究所（英），1991年

玛丽·博厄斯·豪尔（Marie Boas Hall）：《终于都称科学家了：19世纪英国皇家学会的结构转变》（*All Scientists Now: The Royal Society in the Nineteenth Century*），剑桥大学出版社，1984年

詹姆斯·汉密尔顿（James Hamilton）：《迈克尔·法拉第的一生》（*Michael Faraday: The Life*），柯林斯–哈珀出版社，2002年

约翰·赫歇耳（John Herschel）：《自然哲学知识精讲》（*A Preliminary Discourse on the Study of Natural Philosophy*），1831年

《约翰·赫歇耳在开普敦期间的书信与日记》（*Herschel at the Cape: Letters and Journals of John Herschel*），戴维·埃文斯（David S. Evans）编，得克萨斯出版社，1969年

理查德·霍姆斯（Richard Holmes）：《不断求索的雪莱》（*Shelley: The Pursuit*），韦登菲尔德与尼科尔森出版社，1974年

杰克·莫雷尔（Jack Morrell）与阿诺德·撒克里（Arnold Thackray）：《早期英国科学促进会中的科学界人物》（*Gentlemen of Science: The Early Years of the BAAS*），牛津大学出版社，1981年

史蒂文·拉斯金（Steven Ruskin）：《约翰·赫歇耳的开普敦之行》（*John Herschel's Cape Voyage*），艾施盖特出版社，2004年

詹姆斯·西科德（James Secord）：《维多利亚时代的一本轰动书：〈自然历史中的创世踪迹〉》（*Victorian Sensation:The Extraordinary Publication of Vestiges of the Natural History of Creation*），芝加哥大学出版社，2000年

玛丽·雪莱（Mary Shelley）：《弗兰肯斯坦》（*Frankenstein*），莱金顿与艾伦出版公司1993年作为《牛津世界经典读物丛书》（*Oxford World's Classics*）之一出版的1818年第一版翻印本

玛丽·雪莱（Mary Shelley）：《弗兰肯斯坦》（*Frankenstein*），第二版，《本特利大众图书丛书》（*Bentley's Popular Library*），1831年；1992年被收入《企鹅经典读物丛书》（*Penguin Classics*）翻印出版，莫里斯·欣德尔（Maurice Hindle）编，企鹅出版社

珀西·比希·雪莱（Percy Bysshe Shelley）：《解放了的普罗米修斯》（*Prometheus Unbound*），1819年（有中译本，中译名《解放了的普罗米修斯》，邵洵美译，人民文学出版社，1957年、1987年）

玛丽·萨默维尔（Mary Somerville）：《物理科学各科间的联系》（*On The Connexion of the Physical Sciences*），1834年

托马斯·斯普拉特（Thomas Sprat）：《英国皇家学会史》（*History of the Royal Society*），克辛格出版社，2003年

戴维·伍斯特（David Wooster）：《保莉娜·特里维廉传》（*Paula Trevelyan*），1879年

参考资料

缩称一览（尾注出处的缩称）

CHA —《卡罗琳·赫歇耳自传》，迈克尔·霍斯金编，科学史出版社，剑桥，英国，2003年

CHM —《卡罗琳·赫歇耳回忆录与书信集》，玛丽·康沃利斯·赫歇耳编，默里出版社，1879年

HD Archive — 汉弗莱·戴维的手稿与科研设施，英国皇家研究与教育院收藏，伦敦

HD Mss Bristol — 汉弗莱·戴维的手稿（布里斯托尔部分），萨默塞特郡档案室收藏，布里斯托尔

HD Mss Truro — 汉弗莱·戴维的手稿（在特鲁罗完成的部分），康沃尔郡档案室收藏，特鲁罗

HD Works —《汉弗莱·戴维选集》，约翰·戴维编，共9卷，1839—1840

JB Correspondence —《约瑟夫·班克斯科学通信集》，尼尔·钱伯斯编，共6卷，皮克林与切托出版社，2007年

JB Journal — 约瑟夫·班克斯的《奋进航海志》一书的手稿，新南威尔士大学（互联网资料）。《约瑟夫·班克斯爵士的"奋进号"航海志》，约翰·考特·比格尔霍尔（John Cawte Beaglehole）编，新南威尔士州公共图书馆，2卷，1962年。约瑟夫·班克斯：《奋进航海志》一书的手稿（复印件，伦敦图书馆）

JB Letters —《约瑟夫·班克斯书信选集，1758—1820》，尼尔·钱伯斯编，帝国学院出版社，自然历史博物馆与英国皇家学会，班克斯专题，2000年

JD Fragments — 汉弗莱·戴维：《零星拾遗》，约翰·戴维编，1858年

JD Life —《汉弗莱·戴维爵士生平》，约翰·戴维，2卷，1836年

JD Memoirs —《回忆哥哥汉弗莱·戴维》，约翰·戴维，1839年（并入《汉弗莱·戴维选集》卷1）

Park Mss —"与芒戈·帕克的最后一次探险有关的信件与资料"，大英图书馆，馆藏号37232.k、33230.f

WH Archive —有关威廉·赫歇耳的私人档案收藏，约翰·赫歇耳–肖兰，诺福克郡

WH Chronicle —《威廉·赫歇耳与卡罗琳·赫歇耳兄妹年史》，威廉·赫歇耳之孙女康斯坦丝·卢伯克编，剑桥大学出版社，1933年

WH Mss — 威廉·赫歇耳的手稿，剑桥大学图书馆，缩微胶卷，由英国皇家天文学会收藏的原始手稿翻拍，伦敦

WH Papers —《威廉·赫歇耳爵士科学文选》，包括首次公开印行的早期论文，J. L. E. 德雷尔编，2卷，英国皇家学会和英国皇家天文学会，1912年

尾注出处

序言

1. The notion of 'Romantic science' has been pioneered by Jan Golinski, *Science as Public Culture, 1760–1820*, CUP, 1992; Andrew Cunningham and Nicholas Jardine, *Romanticism and the Sciences*, CUP, 1990; Mary Midgley, *Science and Poetry*, Routledge, 2001; Tim Fulford, Debbie Lee and Peter J. Kitson, *Literature, Science and Exploration in the Romantic Era*, CUP, 2004; and Tim Fulford (editor), *Romanticism and Science, 1773–1833*, a 5-vol anthology, Pickering, 2002
2. Samuel Taylor Coleridge, *Philosophical Lectures 1819*, edited by Kathleen Coburn, London, 1949; and *The Friend* 1819, 'Essays on the Principles of Method', edited by Barbara E. Rooke, Princeton UP, 1969. See Richard Holmes, *Coleridge: Darker Reflections*, 1998, pp480–4, 490–4
3. Wordsworth, *The Prelude*, 1850, Book 3, lines 58–64
4. Coleridge, *Aids to Reflection*, 1825; see Holmes, op. cit., pp548–9
5. Plato's wonder as interpreted by Coleridge in 'Spiritual Aphorism 9', *Aids to Reflection*, 1825, p236

第一章

1. JB Journal, 18 October 1768
2. Ibid., 11 April 1769
3. JB letter to Pennat, November 1768; from Harold Carter, *Sir Joseph Banks*, British Library, 1988, p76
4. JB Journal, 14 April 1769
5. Hector Cameron, *Sir Joseph Banks*, 1952, p6
6. Vanessa Collingridge, *Captain Cook*, 2003, p158
7. JB Journal, 2 May 1769
8. James Cook, Journal, 2 May 1769
9. JB Journal, 2 May 1769
10. JB Journal, 'On the Customs of the South Sea Islands', pp120–50, essay dated August 1769
11. Patrick O'Brian, *Joseph Banks*, Harvill, 1989, p65
12. Ibid.
13. John Gascoigne, *Joseph Banks and the English Enlightenment*, 1994, p17
14. Ibid., p88
15. Lady Mary Coke, *Journals*, August 1771, p437
16. JB letter to William Perrin, February 1768, from Gascoigne, p16
17. JB Journal, 10 September 1768
18. JB Journal, p23
19. O'Brian, p65
20. White, 8 October 1768; from Richard Mabey, *Gilbert White*, Century, 1986, p115
21. JB Journal, 16 January 1769
22. Ibid., 25 March 1769
23. Ibid., 17 April 1769
24. Sydney Parkinson, *A Journal of a Voyage in the South Seas*, 1773, p15
25. JB Journal, 30 April 1769
26. Ibid., 29 April 1769
27. Ibid., 25 April 1769
28. Ibid., 22 April 1769
29. Ibid., 4 June 1769
30. James Cook, Journal, Tuesday, 6 June 1769
31. Parkinson, Journal, from Collingridge, p166
32. JB Journal, 10 May 1769
33. JB Journal, pp120–50, essay dated August 1769
34. JB Journal, 3 June 1769
35. Ibid., 28 April 1769
36. Ibid., 28 May 1769

37 Ibid., 29 May 1769
38 Ibid., 12 May 1769
39 Ibid., 10 June 1769
40 Ibid., 13 June 1769
41 Ibid., 14 June 1769
42 Ibid., 18 June 1769
43 Ibid., 24 June 1769
44 Ibid., 19 June 1769
45 Ibid., 22 June 1769
46 Parkinson, Journal, 1773, p32; and O'Brian, p101
47 James Cook, Journal, 30 June 1769
48 JB Journal, 28 June 1769
49 Ibid., 30 July 1769
50 Ibid., 29 June 1769
51 JB Letters, 'Thoughts on the Manners of the Otaheite', 1773, p332
52 JB Journal, 3 July 1769
53 Ibid., 12 July 1769
54 Ibid.
55 Ibid.
56 JB Letters, 6 December 1771, p20
57 Parkinson, Journal, 1773, p66
58 JB Journal, 'On the South Seas', August 1769, p124
59 Ibid., p128
60 Ibid., p132
61 Ibid.
62 JB Journal, (end) August 1770. Cook's entry of the same date describes the natives as 'in reality ... far more happier than we Europeans'
63 JB Journal, 3 September 1770
64 O'Brian, pp145–6
65 JB Letters, 13 July 1771, p14
66 Gascoigne, p46
67 O'Brian, p66
68 Lady Mary Coke, *Journals*, August 1771, from Edward Smith, *Joseph Banks*, p22n
69 O'Brian, p151
70 Robert Thornton MD, Preface to *An Introduction to Botany*, by James Lee, 1810, ppxvii–iii
71 Gascoigne, p17
72 Thornton, 1810, ppxviii
73 Cameron, p44
74 Ibid., p 45
75 Ibid., p46
76 James Boswell, *Journal*, 22 March 1772
77 John Hawkesworth, 'Tahiti', in *Voyages Undertaken in the Southern Hemisphere*, 1773; the section can also be found in Fulford, *Romanticism and Science*, vol 4, pp158–9
78 JB, 'Thoughts on the Manners of the Otaheite', 1773, JB Letters, p330
79 JB letter, 30 May 1772, from O'Brian, p158
80 Lord Sandwich to Banks, 20 June 1772, in JB Letters, Appendix V, p354
81 JB Letters, Appendix V, p355
82 Rev William Sheffield, letter to Gilbert White, 2 December 1772, from O'Brian, p168
83 Daniel Solander, 16 November 1776, *Collected Correspondence*, edited by Edward Duyker and Per Tingbrand, Scandinavia University Press, 1995, p373
84 Carter, p153
85 Gascoigne, p50
86 Tim Fulford, Debbie Lee and Peter J. Kitson, *Literature, Science and Exploration in the Romantic Era*, CUP, 2004, p49
87 O'Brian, p181
88 Reproduced in the exhibition catalogue *Between Worlds: Voyagers to Britain 1700–1850*, National Portrait Gallery, 2007

89 British Academy Conference, 2006, my correspondence
90 William Cowper, 6 October 1783
91 William Cowper, *The Task*, 1784, Book 4, 'The Winter Evening', lines 107–19
92 Ibid., Book 1, lines 654ff
93 John Byng, quoted in Beaglehole, *Journal of Sir Joseph Banks*, 2 vols, 1962, p114
94 Gascoigne, p52
95 Collingridge, *Cook*, 2002, pp405–15
96 Gascoigne, p46
97 Daniel Solander, 5 June 1779, *Collected Correspondence*, op. cit.
98 Gascoigne, p18
99 O'Brian, p308
100 Derek Howse, *Nevil Maskelyne*, 1989, p161
101 Patricia Fara, *Joseph Banks: Sex, Botany and Empire*, 2003, pp136–7
102 Coleridge to Samuel Purkis, 1 February 1803, *Collected Letters* vol 2, p919
103 JB Correspondence I, p331
104 JB Letters, 16 November 1784, pp77–80
105 Carter, p121
106 Gascoigne, p32
107 Baron Cuvier, 'Éloge on Sir Joseph Banks', 1820, from *Sir Joseph Banks and the Royal Society*, anonymous booklet, Royal Society, 1854, pp66–7

第二章

1 WH Chronicle, p1
2 Account from Herschel's Journal in CHM, p42
3 WH Chronicle, p73
4 Account from CHA
5 WH Papers 1; Armitage, p24
6 Michael J. Crowe, *The Extraterrestrial Life Debate, 1750–1900*, CUP, 1986, p63
7 WH Mss 6279; also WH Chronicle, p76
8 WH Papers 1, pxc; also WH Chronicle, p77
9 Herschel to Maskelyne, 12 June 1780, WH Papers 1, ppxc–xci
10 CHM, p41
11 CHM, p149
12 CHA, pp14–15
13 CHA, pp19–20
14 CHA, p14
15 WH Papers 1, pxiv
16 CHA, p24
17 CHA, p112
18 CHM, p24
19 CHA, p23
20 CHA, p21
21 CHA, p24
22 CHM, p7
23 CHM, p6
24 CHA, p41
25 CHA, p25
26 CHA, p30
27 CHA, p136
28 CHA, p26; CHM, p10
29 CHM, p12
30 CHM, p11
31 WH Papers 1, pxix
32 Angus Armitage, *Herschel*, 1962, p19
33 CHM, p11; also CHA, p108
34 CHA, p110
35 CHA, p109
36 Armitage, p19
37 CHA, p33
38 Helen Ashton, *I Had a Sister*, 1937, pp153–61
39 CHA, p33
40 CHA, p34; Ashton, p161
41 CHA, p37
42 CHM, p20

43 CHA, p37
44 CHA, pp29, 34
45 CHM, p17
46 WH Papers 1, pxvii
47 WH Archive, William and Jacob Mss Letters 1761–63
48 WH Archive Mss Letters March 1761; also WH Chronicle, p18
49 WH Archive Mss Letters May 1761; also WH Chronicle, p26
50 WH Archive Mss Letter October 1761; also WH Chronicle, p28
51 WH Chronicle, p24
52 WH Archive Mss Letter October 1761; also WH Chronicle, p28
53 WH Papers 1, pxc, letter to Nevil Maskelyne
54 Armitage, p21
55 Ibid., p22
56 Ibid., p20
57 CHA, p7
58 CHA, p113; CHM, p18
59 CHA, p36
60 Ian Woodward, 'The Celebrated Quarrel between Thomas Linley and William Herschel', pamphlet printed Bath (British Library catalogue L.409.c.585.1); also WH Chronicle, pp42–3
61 WH Papers 1, ppxx–xxi
62 Armitage, p22
63 Crowe, 1986, pp124–9
64 James Gleick, *Isaac Newton*, 2003
65 Derek Howse, *Nevil Maskelyne*, 1989, pp70–1
66 Howse, pp66–72
67 Michael Hoskin, *The Herschel Partnership*, p21
68 CHM, pp22–3
69 CHA, p24
70 CHM, p25
71 CHM, p27
72 CHM, p32
73 CHA, p53
74 CHA, p123
75 CHM, p33
76 CHA, p51; CHM, p35
77 WH Mss 6278 1/8/8, dated 1784. But the use of the diminutive 'Lina' first becomes evident in manuscripts dating from 1779
78 WH Mss 6290
79 CHA, p52; CHM, p35
80 CHA, p55
81 CHA, p52; CHM, pp36–7
82 CHM, pp37–8
83 CHA, p55
84 WH Papers 1, Introduction
85 WH Mss 6290
86 JB Correspondence 1; Hoskin, p46
87 I owe these acute observations to Dr Percy Harrison, Head of Science, Eton College
88 WH Mss, H W.2/1. 1f.i
89 WH Mss, 'Herschel's First Observation Journal', Ms 6280
90 Michael Crowe, *Extraterrestrial*, 1994, pp42, 74–5. Herschel eventually increased it to 2,500 by 1820, and Edwin Hubble to 17,000 by the mid-twentieth century.
91 Armitage, p22
92 WH Mss 6290 7/8, dated January 1782; also WH Chronicle, p73
93 WH Chronicle, p72
94 WH Mss 6278 1/8/5
95 CHA, p127
96 CHA, p128
97 CHA, p129
98 CHM, p40
99 WH Mss 6290
100 Michael Crowe, *Theories of the Universe*, 1994
101 James Ferguson, *Astronomy Explained*, 1756, p5; and discussed by Michael Crowe, *Extraterrestrial*, 1986, p60

102 Crowe, *Extraterrestrial*, p170; also Crowe, *Theories of the Universe*, 1994, p73
103 CHM, p42
104 CHA, p61
105 CHA, p61
106 WH Papers vol 1, plxxxvii
107 WH Mss W.3/1.4, drafted 1778–79; discussed Crowe, 1986, pp64–5
108 WH Mss 6280, Observation Journal, 28 May 1776; and Crowe, 1986, p63
109 WH Mss W.3/1.4, drafted 1778–79, from Crowe, 1986, p65
110 CHA, p61
111 WH Mss 6280, First Observation Book
112 CHA, p61
113 WH Mss 6280, First Observation Book
114 Ibid., pp31ff, 170ff
115 CHA, p62
116 Simon Schaffer, *Journal of the History of Astronomy*, vol 12, 1981
117 Howse, p147
118 Schaffer, 'Uranus and Herschel's Astronomy', *Journal for the History of Astronomy*, vol 12, 1981, p12
119 WH Papers 1, p36
120 WH Mss 6279; also WH Chronicle, p79
121 WH Mss 6279; WH Chronicle, p81
122 WH Papers 1; WH Chronicle, pp81–2
123 Howse, pp147–8
124 See WH Chronicle, pp78–80
125 WH Chronicle, p86, from Schaffer, *Journal of the History of Astronomy*, vol 12, 1981, 'Uranus and Herschel's Astronomy', p14
126 Watson, letter to Herschel 25 May 1781, in WH Chronicle, p85
127 Howse, *Maskelyne*, p149
128 WH Chronicle, p95
129 'A Letter to Sir Joseph Banks Bart. PRS', 1783, in WH Papers 1, pp100–1
130 WH Mss 6278 1/7, letter 19 November 1781; also JB Correspondence 1, p292
131 JH Mss 6278 1/1/57
132 JH Mss 6278 1/1/63
133 'Account of My Life to Dr Hutton', 1809, from WH Chronicle, p79
134 WH Chronicle, p95
135 John Bonnycastle, *Introduction to Astronomy in Letters to a Pupil*, 1786 (expanded edition 1811), pp354–7
136 Ibid., p241
137 Immanuel Kant, *Universal Natural History and the Theory of the Heavens*, 1755 (translation 1969, British Library catalogue 9350.d.649), Part I, p67. Kant also wrote: 'There is here no end but an abyss of real immensity, in the presence of which all the capability of human conception sinks exhausted, although it is supported by the aid of the science of mathematics.' Part I, p65
138 Erasmus Darwin, *The Botanic Garden*, 1791, Canto 1, lines 100–14, and Note to line 105; see also Canto 2, lines 14–82, and Canto 4, line 34'
139 WH Chronicle, p102
140 JB Correspondence 1, p299
141 WH Chronicle, p101
142 JB Correspondence 1, p307
143 WH Chronicle, pp103–4
144 CHM, p45
145 CHM, p46; Howse, p148
146 WH Chronicle, pp115–16
147 Peter Sime, *William Herschel*, 1890, pp259–61
148 WH Chronicle, p116

149 WH Mss 6278 1/8/6, 20 May 1782
150 CHA, pp66–7
151 CHM, pp48–9
152 Holmes, *Coleridge: Early Visions*, 1994, pp18–19
153 Coleridge, *The Ancient Mariner*, Part IV, lines 263–71
154 Andrew Motion, *Keats*, Faber, 1997, pp27, 39, 121
155 WH Papers 1, pxix
156 Herschel to Johann Bode at Berlin, 20 July 1785, WH Mss 6278/11, p134
157 WH Mss 5278 1/4
158 Lucien Bonaparte, Wikipedia
159 WH Papers 1, pxix
160 CHA, p82
161 Samuel Johnson, *Collected Letters*, edited by Bruce Redford, vol III, 25 March 1784, p144
162 CHM, pp50–5
163 Hoskin, pp74–5
164 WH Mss 6281, Observation Journal No. 5, 1782
165 WH Chronicle, p105
166 WH Mss 6268 3/11
167 Ibid.
168 CHM, p52
169 Ibid.
170 WH Archive
171 CHM, p52
172 WH Papers 1, pp261–2; and WH Chronicle, pp222–3
173 CHM, p52
174 CHA, p77
175 CHA, p76
176 CHA, p77
177 Ibid.
178 Ibid.; and CHM, p55
179 WH Chronicle, pp190–5: a risky claim perhaps
180 WH Papers 1, pp157–66
181 Ibid. Illustrated in Armitage and Crowe, 1996, excerpts
182 Michael J. Crowe, *Modern Theories of the Universe from Herschel to Hubble*, Chicago UP, 1994
183 WH Papers 1, p265
184 WH Papers 1, p223
185 WH Papers 1, p225, a phrase repeated at end of this paper, at p259. Other extraordinary descriptions of galaxies evolving like plants growing or humans ageing occur in 'Catalogue of a Second Thousand of new Nebulae', 1789, WH Papers 1, pp330 and 337–8. Also in 'On Nebulae Stars, properly so called', 1791, WH Papers 1, pp415ff. See discussion in Edwin Hubble, *The Realm of the Nebulae*, 1933; and Michael Crowe, *Theories of the Universe*, 1996
186 'On the Construction of the Heavens', 1785, WH Papers 1, pp247–8
187 Ibid., p27
188 Ibid., p25. See J.A. Bennett, 'The Telescopes of William Herschel', *Journal for the History of Astronomy*, vol 7, 1976
189 Bonnycastle, pp341–2
190 WH Papers 1, p256

第三章

1 JB Correspondence 2, p299
2 Exchange of Banks–Franklin letters, 1783, Schiller Institute, 'Life of Joseph Franklin' (internet)
3 WH Letters, p62, to Franklin, 13 September 1783
4 Ibid.
5 L.T.C. Rolt, *The Aeronauts*, 1966, p29
6 'Dossier Montgolfier (1)', Musée de l'Air, Le Bourget, Paris
7 Rolt, p 30

8. Schiller Institute, 'Life of Joseph Franklin' (internet)
9. Auduin Dollfuss, *Pilâtre de Rozier*, Paris, 1993, p26
10. Ibid., pp17–22
11. Marquis d'Arlandes's original account given in ibid., pp27–42; 'la redingote verte', p41. Discussed in Rolt, pp46–9
12. Rolt, p50
13. Dr Robert Charles's original account appears in Raymonde Fontaine, *La Manche en Ballon*, Paris, 1980
14. Dr Charles's original account in ibid. (photocopy)
15. 'Dossier Montgolfier (1)', Musée de l'Air, Le Bourget, Paris
16. David Bourgeois, *Recherches sur l'Art de Voler*, Paris, 1784, pp1–3
17. Ibid., p3
18. J.E. Hodgson, *History of Aeronautics in Great Britain*, OUP, 1924, p103
19. Rolt, p31
20. WH Letters, p67, to Franklin, 9 December 1783
21. Ibid., p62, to Franklin, 13 September 1783
22. Ms Album of balloon accounts, British Library catalogue 1890.e.15. See also WH Correspondence 2, p304, Blagden to Banks, 16 September 1784; and Hodgson, p97, footnote
23. Hodgson, p66
24. Samuel Johnson to Hester Thrale, 22 September 1783, *Collected Letters*, vol 4, pp203–4
25. WH Mss 6280, Watson, letter 9 November 1783
26. Horace Walpole, letter to H. Mann, 2 December 1783; see Rolt, p159 and Hodgson, p190
27. Joseph Franklin, letters to Banks, 21 November 1783 and 16 January 1784; see Rolt, p158
28. Gilbert White, 19 October 1784, in *Life and Letters of Gilbert White*, vol 2, pp134–6. See also Richard Mabey, *Gilbert White*, pp195–6. The solo pilot was in fact the Frenchman Jean-Pierre Blanchard
29. Charles Burney, letter, September 1783. See Roger Lonsdale, *Charles Burney*, p385
30. Rolt, p60
31. Horace Walpole, June 1785, from Hodgson, p203
32. Rolt, p65
33. Sophia Banks Ms album, BL 1890.e.15. See also Hodgson, p97, footnote, and broadsheet poem 'The Ballooniad' (1784)
34. Portrait of Lunardi reproduced in *Catalogue of Well-Known Balloon Prints and Drawings*, Sotheby's, 1962, p42. See also 'Le triomphe de Lunardi', a series of six allegorical paintings by Francesco Verini, c.1787, held at Musée de l'Air, Le Bourget
35. Account assembled from Vincent Lunardi, *My First Aerial Voyage in London*, 1784; see also Lunardi, *Five Aerial Voyages in Scotland*, 1785
36. Lesley Gardiner, *Vincent Lunardi*, 1963, pp53–60
37. Amanda Foreman, *Georgiana Duchess of Devonshire*, HarperCollins, 1998, p173
38. Gardiner, p56
39. Charles Burney, letter 24 September 1784, in Lonsdale, 1965, p365
40. Gardiner, p59

41 Johnson, 13 September 1784, *Collected Letters of Samuel Johnson*, edited by Bruce Redford, vol 4, p404
42 Johnson, 18 September 1784, ibid., p407
43 Ibid., p408
44 Johnson, 29 September 1784, ibid., pp408–9
45 Johnson, 6 October 1784, ibid., p415
46 The glamorous threesome were celebrated in a famous coloured lithograph by John Francis Rigaud, *Captain Vicenzo Lunardi, Assistant Biggin and Mrs Sage in a Balloon*, now held in the Yale Center for British Art. In the event, only two actually took off.
47 Mrs Sage, *A Letter by Mrs Sage, the First English Female Aerial Traveller, on Her Voyage in Lunardi's Balloon*, 1785. British Library catalogue 1417.g.24
48 Gardiner, p60
49 Ibid., p44. On p77 she also describes ascending through a snow cloud
50 Tiberius Cavallo, *History and Practice of Aerostation*, 1785
51 Gardiner
52 Kirkpatrick to William Windham, in Hodgson, pp147–8
53 Hodgson, pp143–4
54 Johnson, 17 November 1784, *Letters*, p438
55 Johnson's gift is confirmed in James Sadler's memoir, *Balloon: Aerial Voyage of Sadler and Clayfield*, 1810. See also Hodgson, pp150, 403n
56 See Foreman and Hodgson
57 John Jeffries, *Narrative of Two Aerial Voyages with M. Blanchard as Presented to the Royal Society*, 1786. 'The First Voyage', pp10–11 (the 'Second Voyage' being the historic Channel Crossing). British Library catalogue 462.e.10 (8)
58 Jeffries, *Two Aerial Voyages*, pp55–65
59 Ibid.; but also drawn from a slightly racier account published exclusively for American readers as 'The Diary of John Jeffries, Aeronaut: The First Aerial Voyage across the English Channel', in *The Magazine of American History*, vol XIII, January 1885, and supplied to me as a pamphlet reprint (1955) by the Wayne County Library, USA
60 Photograph supplied by Musée de l'Air, Le Bourget, Paris
61 Jeffries, Diary, p16
62 Jeffries, *Two Aerial Voyages*, p69
63 Jeffries, Diary, p21
64 Erasmus Darwin, *The Botanic Garden*, 1791, Part I, Canto IV (Air), lines 143–76, footnote on Susan Dyer
65 Rolt, p91
66 Darwin, *The Botanic Garden*, Part I, Canto IV (Air), lines 143–76
67 Rolt, pp 99–104
68 James Sadler, *An Authentic Account of the Aerial Voyage*, 1810; see Hodgson, p150
69 Reproduced in Henry Beaufoy, 'Journal Kept by HBHS during an Aerial Voyage with Sadler from Hackney', British Library catalogue B.507 (1); see also Hodgson, fig 36
70 James Sadler, *Across the Irish Channel*, 1812, p16
71 Ibid., p23

72 See Holmes, *Shelley: The Pursuit*, 1974, p149
73 Windham Sadler, *Aerostation*, 1817. British Library catalogue RB.23.a.23973
74 Windham Sadler, 'Progress of Science, while Ballooning neglected', an Appendix to *Aerostation*, 1817, p16
75 Richard Hamblyn, *The Invention of Clouds*, 2000, which includes beautiful illustrations of Howard's cloud paintings. Gavin Pretor-Pinney, *The Cloudspotter's Guide*, 2006, suggests cloud study as both a science and an entire philosophy of life
76 Carl Grabo, *A Newton Among Poets: Shelley's Use of Science in Prometheus Unbound*, North Carolina UP, 1931
77 Erasmus Darwin, 'The Loves of the Plants', 1789, from Part II of *The Botanic Garden*
78 Coleridge *Notebooks I*, entry for 26 November 1799; see Holmes, *Coleridge: Early Visions*, pp253–4
79 Wordsworth, *Peter Bell*, 1819, stanza 1, lines 5–6
80 Shelley at University College, Oxford in 1811, as recalled by T.J. Hogg in 'Shelley at Oxford', *New Monthly Magazine*, 1832; republished in his *Life of P.B. Shelley*, 1858

第四章

1 WH Mss W.1/5.1; and see 'Description of a Forty-Foot Reflecting Telescope', 1795, WH Papers 1, pp485–527 (with magnificent engravings of the telescope, the gantry, the moving mechanisms and the zone clocks and bells)
2 Michael Hoskin, *The Herschel Partnership as Viewed by Caroline*, Science History Publications, Cambridge, 2003, p79
3 J.A. Bennett, 'The Telescopes of William Herschel' (with illustrations), *Journal for the History of Astronomy*, 7, 1976
4 Hoskin, p79
5 WH Mss W.1/5.1; further details in 'Astronomical Observations' (1814), WH Papers 2, p536, footnote
6 Hoskin, p81
7 *Journal of Mrs Papendiek*, in WH Chronicle, p174
8 WH Chronicle, p145
9 WH Chronicle, p152
10 *Journal of Mrs Papendiek*, in WH Chronicle, pp145–6
11 Ordinance Survey map, Royal Berkshire, 1830, reproduced in Hoskin, p58
12 CHA, p81
13 WH Chronicle, p172
14 John Adams, April–May 1756, *Diaries and Autobiography*, edited by L.H. Butterfield, 1964
15 CHA, p83
16 Ibid.
17 CHA, p86
18 CHA, p89
19 Sketch of 'small' sweeper in CHA, p70
20 Michael Hoskin, 'Caroline Herschel's Comet Sweepers', *Journal for the History of Astronomy*, 12, 1981; and CHA, p70
21 WH Mss C1/1.1, 34–5; and CHA, p88
22 CHA, pp89–90

23 James Thomson, 'Summer', lines 1,724–8, from *The Seasons*, 1726–30
24 Claire Brock, *The Comet Sweeper*, Icon Books, Cambridge, pp150–1
25 WH Mss 6267 1/1/3, for 2 August 1786
26 WH Mss 6267 1/1.1. Memorandum made 2 August 1786
27 Hoskin, p85
28 CHM, p68
29 WH Papers 1, pp309–10
30 Howse, *Maskelyne*, p155
31 Hoskin, p83
32 Fanny Burney, *Diary*, September 1786, from WH Chronicle, p169
33 Ibid.
34 Ibid., pp169–70
35 Ibid.
36 Sophie von La Roche, *Diary*, 14 September 1786, from Brock, pp154–5
37 WH Chronicle, p252
38 Nevil Maskelyne, 6 December 1793; see CHA, p70
39 Pierre Méchain, 28 August 1789; see WH Chronicle, p219
40 Hoskin, pp103–7
41 WH Chronicle, p171
42 CHA, p91
43 CHM, p209
44 CHM, p309
45 Hoskin, p87
46 WH Mss 6278 1/5; and Hoskin, p88
47 CHM, p274; see Patricia Fara, *Pandora's Breeches*, 2004
48 Hoskin, p88
49 Ibid., p90
50 CHM, p209
51 WH Mss 6280; and Hoskin, p89
52 CHM, p211
53 Hoskin, pp88–90
54 CHA, p94
55 Ibid.
56 CHM, p308
57 WH Chronicle, p172
58 OS map from Hoskin, p58
59 *Journal of Mrs Papendiek*, WH Chronicle, p174
60 WH Archive: miniature on ivory of Mary Herschel by J. Kernan, 1805; also reproduced in Hoskin, p97
61 Hoskin, pp91–4
62 WH to Alexander, 7 February 1788, from WH Chronicle, p178
63 Hoskin, p92
64 *Journal of Mrs Papendiek*, WH Chronicle, p174
65 Ibid.
66 CHM, p178
67 WH Chronicle, p175
68 CHM, p79
69 CHA, p96
70 CHM, p79
71 WH Mss 6268 4/3
72 CHA, p57
73 CHM, pp78, 96
74 WH Chronicle, p177
75 Simon Schaffer, 'Uranus and Herschel's Astronomy', *Journal for the History of Astronomy*, 12, 1981, p22
76 Hoskin, p106
77 CHM, p83
78 CHM, p82
79 'Description of a Forty Foot reflecting Telescope' (June 1795), WH Papers 1, pp486, 512–26
80 Ibid.
81 WH Chronicle, p168
82 Ibid.
83 CHM, p168
84 Hoskin, p111
85 Ibid.
86 WH Papers 2 (1815), pp542–6

87 'Catalogue of a Second Thousand Nebulae', 1789, WH Papers 1, pp329–37
88 Simon Schaffer, 'On the Nebular Hypothesis', in *History, Humanity and Evolution*, edited by J.R. Moore, 1988
89 Hoskin, p167
90 Broadsheet cartoon by R Hawkins, Soho, February 1790; reproduced in Hoskin, p107
91 CHM, p95
92 Ibid.
93 CHM, p96
94 Ibid.
95 CHM, p98
96 CHA, p123
97 Barthélemy Faujas de Saint-Fond, *Travels in England and Scotland for the Purpose of Examining the Arts and the Sciences*, vol 1, 1799, pp65–78; see Brock, p173
98 WH Papers 1, p423
99 Erasmus Darwin, *Botanic Garden*, Part I, Canto IV (Air), lines 371–88
100 Ibid., note to line 398
101 Crowe, 1986, pp79–80
102 Pierre Laplace quoted in Simon Schaffer, 'On the Nebular Hypothesis', op. cit.
103 Quoted in Crowe, 1986, p78
104 'On the Nature and Construction of the Sun', 1795, WH Papers 1, pp470–84; and 'Observations tending to investigate the Nature of the Sun', 1801, WH Papers 2, pp147–80. See also discussion in Crowe, 1986, pp66–7
105 See Vincent Cronin, *The View of the Planet Earth*, 1981, p173
106 'On the Solar and Terrestrial Rays that occasion Heat', 1800, WH Papers 2, pp77–146; see Hoskin, p99
107 Humphry Davy to Davies Giddy, 3 July 1800, in J.A. Paris, *Davy*, vol 1, p87
108 Hoskin, p101
109 *British Public Characters of 1798*, 1801, British Library catalogue 10818.d.I
110 WH Chronicle, pp309–11; Beattie, *Life of Campbell*, 1860, vol 2, pp234–9; Sime, pp206–9
111 Hoskin, p106
112 CHM, pp259–60
113 CHM, p259
114 Gunther Buttman, *Shadow of the Telescope*, 1974, p8
115 This wooden plane can be seen in the Herschel House Museum, Bath
116 Buttman, op. cit., p11
117 WH Chronicle, p281
118 Michael Hoskin, *William Herschel and the Construction of the Heavens*, 1963, p130
119 WH Chronicle, pp278–9
120 WH Papers 2, 'On the Proper Motion of the Solar System'
121 WH Papers 2, pp460–97, with illustrations of different nebulae shapes
122 WH Papers 2, 'Astronomical Observations', 1811, p460; and discussed by Armitage, *Herschel*, pp117–20; and Hoskin, *Stellar Astronomy*, 1982, p152
123 WH Papers 1, 'The Construction of the Heavens', 1785; and WH Chronicle, p183
124 Byron, *Detached Thoughts*, 1821
125 Byron, *Letters*, to Piggot, December 1813; and Crowe, *Extraterrestrial*, p170
126 Bonnycastle, *Astronomy*, 1811, Preface, ppv–vi

127 Charles Cowden Clarke, *Recollections*, 1861; see also Andrew Motion, *Keats*, pp108–12
128 I owe this vivid suggestion to Dr Percy Harrison, Head of Science, Eton
129 The idea of a sacred, piercing moment of vision into the true nature of the cosmos is also traditional in earlier eighteenth-century poetry. See the strange prose poem by the Northumberland rector James Hervey, *Contemplations on the Night*, 1747
130 Simon Schaffer, 'Herschel on Matter Theory', *Journal for the History of Astronomy*, June 1980
131 WH Papers 2, pp520–41; and WH Chronicle, p287
132 WH Papers 2, p541
133 William Whewell, *On the Plurality of Worlds*, 1850, edited by Michael Crowe, 2001
134 Herschel to Banks, 10 June 1802, in JB Correspondence 5, p199, where Herschel offers the term 'asteroid' reluctantly – 'not exactly the thing we want' – from a suggestion by the antiquary Rev Steven Weston, though fully aware that the recently discovered Pallas and Ceres were not 'baby stars'. The usage is nonetheless dated to Herschel 1802 by the *OED*
135 Thomas Campbell quoted in WH Chronicle, p335
136 David Brewster, *Life of Sir Isaac Newton*, 1831

第五章

1 Sir Harold Carter, *Sir Joseph Banks 1743–1820*, British Museum, Natural History, 1988, p425; and Gascoigne, *Banks and the Enlightenment*, p19
2 JB Letters, p609n; and Hector Cameron, *Sir Joseph Banks*, 1952, p144
3 Cameron, p88
4 As described in Anthony Sattin, *The Gates of Africa: Death, Discovery and the Search for Timbuktu*, HarperCollins, 2003
5 *The Life of Mungo Park*, by HB (anon), 1835, p284
6 Sattin, pp134–6
7 Ibid., pp136–7
8 Mungo Park, *Travels in the Interior of Africa*, 1799, 1860. The edition used here is *Travels*, Nonsuch, 2005, p16
9 Sattin, p140
10 *Travels*, p19
11 Ibid., p31
12 Sattin, p143
13 Banks to Park, winter 1795, in ibid., p141
14 *Travels*, p95
15 Ibid., p98
16 Ibid., p138
17 Ibid., p141
18 Ibid.
19 *The Life of Mungo Park*, by HB (anon),1835, pp289–90; also Sattin, p168
20 *Travels*, pp168–9
21 Ibid., p169
22 Samuel Taylor Coleridge, *The Ancient Mariner*, 1798, Part IV
23 Joseph Conrad, *Geography and Some Explorers*, 1924, pp28–9
24 JB Correspondence 4, Banks to Sir William Hamilton, 14 March 1798, p540
25 Ibid., no.1484, Banks to Johann Blumenbach, 19 September 1798, p554

26 Ibid., no.1513, Blumenbach to Banks, 12 June 1799, p590
27 Walter Scott's meeting with Park 1804; described in *The Life of Mungo Park*, by HB (anon), 1835, 'Addenda'; and Sattin, p235
28 JB Letters, no. 78, Banks to Lord Liverpool, 8 June 1799, p209
29 Kenneth Lupton, *Mungo Park African Traveller*, OUP, 1979, p146. Lupton was the one-time District Officer at Boussa, and knew the African locations well
30 Ibid., p158
31 *Travels*, 'Journal of Second Journey', pp264–5
32 Ibid., p271
33 Park Mss, Martyn to Megan, 1 November 1805, BL Add Mss 37232.f63
34 *Travels*, 'Journal of Second Journey', p272
35 Park Mss, Park to Lord Camden, 17 November 1805, BL Add Mss 37232.f65; see also Park's letter to Allison Park's father, 10 November 1805, BL Add Mss 33230.f37; and Lupton, p175
36 *Travels*, p274
37 Park Mss, Park to Joseph Banks, 16 November 1805, BL Add Mss 37232.k.f64
38 Alfred Tennyson, 'Timbucto' (poem), 1827
39 Lupton, 'Appendix of Later Accounts' from Isaaco, Amadi Fatouma, Richard Lander and several subsequent Niger explorers
40 Thomas Park to Allison Park, dated Accra September 1827, from Joseph Thomson, *Mungo Park and the Niger*, 1890, pp241–2
41 Richard Lander's report 1827, reprinted in Stephen Gwynn, *Mungo Park and the Quest for the Niger*, 1932, p233
42 Percy Bysshe Shelley, *Alastor, or The Spirit of Solitude*, 1815, lines 140–9
43 Thomas Love Peacock, *Crotchet Castle*, 1830; see Holmes, *Shelley: The Pursuit*, 1974, p292
44 See William Feaver, *The Art of John Martin*, Oxford, 1975; and discussion in Tim Fulford (editor), *Literature, Science and Exploration in the Romantic Era*, 2004, pp97–107
45 '[Ritchie] is going to Fezan in Africa there to proceed if possible like Mungo Park', John Keats to George Keats, 5 January 1818; 'Haydon showed me a letter he had received from Tripoli… Ritchie was well and in good spirits, among Camels, Turbans, Palm trees and sands…', Keats to George Keats, 16–31 December 1818

第六章

1 Described in Davy's letters to his mother Grace Davy, in June Z. Fullmer, *Young Humphry Davy*, American Philosophical Society, 2000, pp328–32
2 JD Fragments, pp2–5
3 Thomas Thorpe, *Humphry Davy, Poet and Philosopher*, 1896, p10
4 Anne Treneer, *The Mercurial Chemist: A Life of Sir Humphry Davy*, 1963, p6
5 Local sources, author's visit to Penzance, May 2006
6 Ibid.
7 JD Memoirs, p68

8. There are various versions of this early poem in the HD Archive: see Paris, vol 1, p29; Treneer, pp4–5; or Fullmer, p13
9. Treneer, p16
10. John Davy quoted in ibid., p21
11. Ibid.
12. Introduction to *Humphry Davy on Geology: The 1805 Lectures*, pxxix, British Library catalogue X421/22592
13. HD Archive Box 13 (f) pp41–50, Mss notebook dated 1795–97
14. HD Archive Box 13 (f) p61
15. The whole poem, no fewer than thirty-two stanzas, is given in JD Memoirs, pp23–7
16. HD Works 2, p6
17. Jan Golinski, *Science as Public Culture: Chemistry and Enlightenment in Britain 1760–1820*, CUP, 1992, pp133–42
18. Ibid., p109
19. Johann Wolfgang von Goethe, 'Maxims and Reflections', from Goethe, *Scientific Studies*, edited by Douglas Miller, Suhrkamp edition of Goethe's *Works*, vol 12, New York, 1988, p308
20. Reprinted in HD Works 9
21. See Madison Smartt Bell, *Lavoisier in the Year One: The Birth of a New Science in the Age of Revolution*, Atlas Books, Norton, 2005. See also J.-L. David's famous romantic portrait, *Antoine Laurent de Lavoisier et sa Femme* (1788)
22. Preface to *Traité Élémentaire*, translated by Robert Kerr, 1790
23. *Consolations*, Dialogue V, in HD Works 9, pp361–2
24. JD Memoirs, p34
25. For the Watt family, see Jenny Uglow, *The Lunar Men: The Friends who Made the Future, 1730–1810*, Faber, 2002
26. Treneer, p24
27. From Beddoes notes made 1793, quoted in Golinski, p171
28. HD Mss Truro, Beddoes letter in Davies Giddy Mss DG 42/1
29. Ibid.
30. Dorothy A. Stansfield, *Thomas Beddoes MD: Chemist, Physician, Democrat*, Reidel Publishing, Boston, 1984, pp162–4
31. HD Mss Truro, Davies Giddy Mss DG 42/8
32. HD Mss Truro, Davies Giddy Mss DG 42/4
33. See Holmes, *Coleridge: Early Visions*
34. John Ayrton Paris, *The Life of Sir Humphry Davy*, 2 vols, 1831, vol 1, p38
35. See David Knight, *Humphry Davy: Vision and Power*, Blackwell Science Biographies, 1992
36. Richard Lovell Edgeworth 1793, quoted in Fullmer, p106
37. Treneer, pp30–1
38. HD Archive Notebook 20a; and Fullmer, p169
39. HD Works 2, p85
40. HD Works 2, p84
41. HD Works 2, pp85–6; see HD Archive Ms Notebook B (1799)
42. HD Archive Mss Box 13(h) pp15–17 and Box 13(f) pp33–47
43. See Fullmer, pp163–6
44. From author's visit and photographs, May 2006. See also John Allen, 'The Early History of Varfell', in *Ludgvan*, Ludgvan Horticultural Society, no date
45. Golinski, pp157–83

46 Reply from James Watt, Birmingham, 13 November 1799, in JD Fragments, pp24–6
47 HD Works 3, pp278–9
48 HD Works 3, pp278–80; on Davy's impetuosity and courage see Oliver Sacks, *Uncle Tungsten: Memories of a Chemical Boyhood*, Picador, 2001
49 Joseph Cottle, *Reminiscences*, vol 1, 1847, p264
50 HD Works 3, pp246–7; James Watt, Birmingham, 13 November 1799, in JD Fragments, pp24–6; equipment partly illustrated in Fullmer, p216
51 Treneer, p72
52 Fullmer, p213
53 Ibid., p214
54 HD Works 3, p272
55 HD, *Researches Chemical and Philosophical chiefly concerning Nitrous Oxide*, London, 1800, p461. See HD Works 3
56 JD Life 1, pp79–82
57 HD Archive Mss Box 13 (c) pp5–6; and Fullmer, p215
58 Treneer, p47
59 HD Archive Mss Box 20 (b) p118
60 HD Archive Mss Box 20 (b) p120
61 HD, *Researches*, 1800, p491
62 Ibid., p492; discussed in Cartwright, pp237–8
63 HD Works 9, pp74–5; comments by Physicus, Day 4, in *Salmonia*, 1828
64 Fullmer, p218
65 Cartwright on Anaesthetics, 1952, pp100–23; Treneer, pp40–8
66 HD Archive Mss Box 20(b) p208
67 HD Archive Mss Box 20 (b) p209
68 HD *Researches*, 1800, pp100–2
69 A premonition of Frankenstein! HD *Researches*, 1800, p102
70 Southey to Tom Southey, 1799, from Treneer, p44
71 *A Memoir of Maria Edgeworth*, edited by her children, 1867, vol 1, p97
72 Treneer, p45
73 Ibid., p43
74 Ibid., p54
75 Southey to William Wynn, 30 March 1799
76 'Unfinished Poem on Mount's Bay', in Paris, vol 1, pp36–9
77 JD Fragments, pp34–5
78 Ibid., pp37–9
79 JD Life 1, p119
80 Treneer, p44
81 Holmes, 'Kubla Coleridge', in *Coleridge: Early Visions*, 1989
82 'Detail of Mr Coleridge', *Researches*, 1800, and HD Works 3, pp306–7
83 Coleridge to Davy, 1 January 1800, *Coleridge Collected Letters*, edited by E.L. Griggs, vol 1; and see Treneer, p58
84 JD Memoirs, pp58–9
85 JD Fragments, p24; Fullmer, pp269–70
86 HD Works 3, pp289–90; and compare Fullmer, pp269–70
87 HD Archive Mss Box 20 (b) pp129–34, dated 26 December 1799
88 HD Archive Mss Box 20 (b) p95
89 JD Memoirs, pp59–66
90 Ibid., pp66–7
91 HD Works 3; Fullmer, p211
92 HD Works 3, pp1–3
93 JD Memoirs, pp54–5
94 Preface to *Researches*, 1800, HD Works 3, p2
95 Joseph Cottle, *Reminiscences of S.T. Coleridge and Robert Southey*, 1847

96 Treneer, p48
97 *The Sceptic*, anon, 1800, British Library catalogue Cup.407.gg.37
98 Golinski, p173
99 Ibid., p153
100 Treneer, p63
101 Paris, vol 1, p58
102 Trevor H. Levere, *Poetry Realized in Nature: Coleridge and Early Nineteenth Century Science*, CUP, 1981, p32
103 See Coleridge to Davy, six letters, 9 October 1800–20 May 1801, *Coleridge Collected Letters*, edited by E.L. Griggs, vols 1–2; see Treneer, pp67–8
104 Coleridge to Davy, 9 October 1800
105 Holmes, p247
106 Coleridge, letter to Davy, 15 July 1800, *Collected Letters*, vol 1, p339. He also added in a chemical vein: 'I would that I could wrap up the view from my House [Greta Hall] in a pill of opium, & send it to you!'
107 Southey to William Taylor, 20 February 1800; from Fullmer, p148
108 Southey to Coleridge, 3 August 1801; from ibid., pp148–9
109 JD Fragments, pp29–30
110 'On the Death of Lord Byron', 1824, Davy, *Memoirs*, pp285–6
111 HD Works 8, p308
112 Fullmer, pp328–32
113 The most revealing evidence is the unpublished letter Anna Beddoes wrote to Davy on 26 December 1806, HD Archive Mss Box 26 File H 9
114 Fullmer, p82
115 Ibid., p281
116 Verse fragments from HD Archive, Ms Notebook 13 J; Box 26 File H; and Fullmer, pp106–8
117 HD Archive Mss Box 26 File H 7
118 HD Archive Mss Box 26 File H 6, 13 and 14
119 HD Mss Bristol, Davy to John King, 14 November 1801, Ms 32688/33
120 HD Archive Mss Box 13 (g) p116
121 HD Archive Mss Box 13 (g) p158
122 See Stansfield, pp 234–5. Some more light is thrown on Anna's enigmatic and volatile character by A.C. Todd, 'Anna Maria, Mother of Thomas Lovell Beddoes', in *Studia Neophilologica*, 29, 1957
123 'Glenarm, by moonlight, August 1806', HD Archive Mss Box 13 (g) p166; printed in JD Memoirs, pp50–1
124 HD Archive Mss Box 26 File H 9 and 10
125 JD Fragments, p150
126 Coleridge to Southey, 1803; see Treneer, p114
127 Treneer, p78
128 JB Correspondence 4, letters 1290–6, cover an exchange between Banks, James Watt and the Duchess of Devonshire about the viability of Dr Beddoes's scheme in December 1794
129 HD Works 3, p276
130 F.F. Cartwright, *The English Pioneers of Anaesthesia*, 1952, p311
131 HD, *Researches*, 1800, p556; and HD Works 3, p329
132 Holmes, pp222–7
133 Coleridge to Davy, 2 December 1800, *Collected Letters*, vol 1, p648
134 Paris, vol 1, p97
135 Cartwright, p320
136 *Bristol Mirror*, 9 January 1847, from ibid., p317

137 JD Memoirs, pp80–1
138 *Philosophical Magazine*, May–June 1801, from Treneer, p78
139 David Knight, essay in the *Oxford Dictionary of National Biography*. It is curious that no essential improvement has taken place in the design of chemical batteries since the nineteenth century, and this is currently the greatest single obstacle to the efficient global use of solar energy from solar panels. (Conversation with Richard Mabey on the banks of the river Waveney, midsummer's day 2008.)
140 Dorothy A. Stansfield, *Thomas Beddoes MD: Chemist, Physician, Democrat*, Reidel Publishing, Boston, 1984, pp120, 234–42; also J.E. Stock, *Memoirs of Thomas Beddoes*, 1811
141 HD Mss Bristol, Davy to John King, 22 June 1801, Ms 32688/31
142 HD Mss Bristol, Davy to John King, 14 November 1801, Ms 32688/33
143 Ibid.
144 Coleridge, *Letters*, 1802
145 HD Works 2, pp311–26
146 Ibid., p314
147 Ibid. pp318–19
148 Ibid., p321
149 Ibid., p323
150 Ibid.
151 Ibid., p326
152 Preface, *Lyrical Ballads*, 1802. See discussion in Mary Midgley, *Science and Poetry*, Routledge, 2001
153 Maria Edgeworth, letter, 8 October 1802; from Lamont-Brown, p59
154 HD Archive Mss Box 13c p32; and Golinski, pp194–7
155 Coleridge to Southey, 17 February 1803, *Collected Letters*, vol 2, p490
156 Davy to Coleridge, March 1804; see Holmes, p360
157 Paris, vol 2, pp198–9
158 Ibid., p199
159 See Nicholas Roe, *Samuel Taylor Coleridge and the Sciences of Life*, 2001, pp142–4
160 Partly reprinted in HD Works 5 and 8; lucidly discussed in Harold Hartley, *Humphry Davy*, Open University, 1966, pp50–74; and Oliver Sacks, *Uncle Tungsten*
161 JD Memoirs, pp116–17
162 'Introduction to Electro-Chemical Science', originally delivered March 1808, HD Works 8, pp274–305
163 HD Works 8, p281
164 HD Works 8; see Hartley, pp50–4
165 Treneer, p111
166 HD Works 5, pp59–61
167 Hartley, p56
168 Beddoes, 17 November 1808, from Stansfield, p239
169 Henry Brougham, 'Three essays on Humphry Davy', *Edinburgh Review*, 1808, vol 11: first pp390–8; second pp394–401; third pp483–90
170 Coleridge to Tom Poole, 24 November 1807
171 Treneer, p104
172 JD Memoirs, p117; HD Works 8, p355
173 HD Archive, quoted in Holmes, *Coleridge: Darker Reflections*, p119
174 'Written after Recovery from a Dangerous Illness', printed in JD Memoirs, pp114–16
175 *Consolations in Travel*, 1830, Dialogue II, HD Works 9, pp254–5
176 Ibid., p255
177 JD Memoirs, pp394, 397

178 *Consolations*, Dialogue II, HD Works 9, pp254–5. The story of Josephine Dettela, 1827–29, will be continued in my Chapter 9
179 Stansfield, pp194–5
180 Davy to Coleridge, December 2008, *Collected Letters*, vol 3, pp170–1; Treneer, p113
181 Stansfield, p 247
182 HD Archive Mss Box 14 (i), note dated February 1829, Rome. See also Stansfield, p249
183 *British Public Characters, 1804–5* (1809), British Library catalogue 10818.d. 1
184 Anna Barbauld, 'The Year 1811' (1812)
185 Coleridge's note, 1809, in *Notebooks*, vol 2, entry no. 1855
186 HD Works 8, p354

第七章

1 Fanny Burney, 'A Mastectomy', 30 September 1811, in the *The Journals and Letters of Fanny Burney (Madame d'Arblay)*, vol 6, edited by Joyce Hemlow, Oxford, 1975, pp596–616
2 Ibid., p600, footnote
3 Druin Burch, *Digging up the Dead: The Life and Times of Astley Cooper*, Chatto & Windus, 2007, p179. Besides much else, Burch has a chastening section on concepts of pain endurance, anaesthesia and surgery at this period, pp172–82
4 JB Correspondence 5, no. 1616
5 Sharon Ruston, *Shelley and Vitality*, Palgrave, 2005, p39
6 See Holmes, *Coleridge: Darker Reflections*, 1998
7 John Hunter, 1794, from Ruston, p40
8 John Abernethy, *Enquiry into Mr Hunter's Theory of Life: Two Lectures*, 1814 and 1815, p38; and Ruston, p43
9 Abernethy, *Enquiry*, pp48–50
10 Ruston, p45
11 Gascoigne, *Banks and the English Enlightenment*, pp157–9
12 See Tim Fulford, Debbie Lee and Peter J. Kitson, 'Exploration, Headhunting and Race Theory', in *Literature, Science and Exploration in the Romantic Era*, CUP, 2004
13 Holmes, *Shelley: The Pursuit*, p 290
14 See *Shelley's Prose*, edited by David Lee Clark
15 Holmes, *Shelley*, pp286–90; also Ruston, pp91–100
16 Ruston, p193
17 William Lawrence, *Natural History of Man*, 1819, pp6–7
18 William Lawrence, *Introduction to Comparative Anatomy*, 1816, pp169–70; and Ruston, p50
19 William Lawrence: *The Natural History of Man* (Lectures on Physiology and Zoology), 1819, p106
20 Ibid., p8; and Ruston, pp15–16
21 Lawrence, *Introduction to Comparative Anatomy*, p174; and Ruston, p16
22 In his letters of 1797–98, and later Notebooks. See Holmes, 'Kubla Coleridge', in *Coleridge: Early Visions*
23 Hermione de Almeida, *Romantic Medicine and John Keats*, OUP, 1991, pp66–73
24 Holmes, 'The Coleridge Experiment', *Proceedings of the Royal Institution*, vol 69, 1998, p312

25. Nicholas Roe, 'John Thelwall's Essay on Animal Vitality', in *The Politics of Nature*, Palgrave, 2002, p89
26. Burch, *Digging up the Dead*, 2007
27. Thelwall, 'Essay towards a Definition of Animal Vitality', 1793, quoted in Nicholas Roe, *The Politics of Nature*, pp89–91
28. Blagden to Banks, 27 December 1802, JB Correspondence 5, no. 1704
29. G Aldini, *An Account of the Late Improvements in Galvanism ... Containing the Author's Experiments on the Body of a Malefactor Executed at Newgate*, London, 1803; see Fred Botting (editor), *New Casebooks: Frankenstein*, Palgrave, 1995, p125
30. *Quarterly Review*, 1819, from *Frankenstein*, Oxford World Classics, pp243–50
31. B.R. Haydon, *Diary*, 1817; Penelope Hughes-Hallett, *The Immortal Dinner*, 2000; Mary Midgley, *Science and Poetry*, pp50–5
32. Quoted by Burch, pp154–5. For a darker view of dissection see Helen MacDonald, *Human Remains: Dissection and its Histories*, Yale UP, 2006
33. Holmes, *Shelley: The Pursuit*, pp360–1
34. 'Theory of Life' (1816), in *Coleridge: Shorter Works and Fragments*, edited by H.J. and J.R. Jackson, vol 1, Princeton, 1995, p502
35. Holmes, *Coleridge: Darker Reflections*, 1998, p479
36. Hermione de Almeida, *Romantic Medicine and John Keats*, p102
37. Coleridge to Wordsworth, 30 May 1815, *Coleridge Collected Letters* 4, pp574–5
38. Richard Burton quoted in Andrew Motion, *Keats*, p430
39. John Keats, 'Lamia' (1820), lines 229–38
40. Ibid., lines 47–60
41. Ibid., lines 249–53
42. Ibid., lines 146–60
43. Davy's 'Discourse Introductory to Lectures on Chemistry, 1802, HD Works 2, pp311–26
44. *Frankenstein*, 1818, Chapter 2, Penguin Classics
45. *Mary Shelley's Journal*, 25 August–5 September 1814
46. In September 1815 at Great Marlow; see Holmes, *Shelley*, p296
47. Mary Shelley, 'Introduction' to *Frankenstein* 1831 text
48. *Frankenstein*, 1818, Chapter 1, Penguin Classics
49. JB Correspondence 5, no. 1804
50. J.H. Ritter as featured in www.CorrosionDoctors
51. Walter Wetzels, 'Ritter and Romantic Physics', in *Romanticism and the Sciences*, edited by Cunningham and Jardine, 1990. The best account of the extraordinary writer Novalis appears in Penelope Fitzgerald's inspired novel *The Blue Flower*, 1995
52. JB Correspondence 5, no. 1748, pp316–17
53. Ibid., no. 1790, p368
54. Ibid., no. 1799, p387
55. For a wider perspective see 'Death, Dying and Resurrection', in Peter Hanns Reill, *Vitalizing Nature in the Enlightenment*, California UP, 2005, pp171–6

56 *Frankenstein*, 1818, vol 1, Chapter 5, Penguin Classics, p56
57 These connections are further traced by Ruston, pp86–95
58 Lawrence, *Lectures*, 1817, pp6–7
59 *Frankenstein*, 1818, vol 2, Chapter 3, Penguin Classics, pp99–100
60 Ibid., Chapter 8, p132
61 Ibid., Chapter 9, pp140–1
62 Ibid., Chapter 9, p141
63 Ibid., vol 3, Chapter 2, p160
64 Ibid., Chapter 3, p160
65 Ibid., pp164–5
66 *Frankenstein*, 1831 text, pp178, 180, 186. My italics
67 Ibid., p189
68 Text from 1823 leaflet about *Presumption*; see Fred Botting (editor), *New Casebooks: Frankenstein*, Palgrave, 1995. The evolution and impact of the novel is brilliantly disclosed by William St Clair in *The Reading Nation in the Romantic Period*, OUP, 2004
69 Mary Shelley, *The Letters of Mary Shelly*, vol 1, edited by Betty T. Bennett, Johns Hopkins UP, 1988, pp369, 378
70 *Frankenstein*, 1818, vol 2, Chapter 5, Penguin Classics, pp116–17
71 Lawrence, *On the Natural History of Man*, 1819, p150
72 Ruston, p71
73 Adrian Desmond, *The Politics of Evolution: Medicine in Radical London*, Chicago, 1989, p112

第八章

1 Jane Apreece to Walter Scott, 4 March 1811, in 'Lady Davy's Letters', edited by James Parker, *The Quarterly Review*, January 1962; also Lamont-Brown, p94
2 For example: 'Whene'er you speak, Heaven! how the listening throng/ Dwell on the melting music of your tongue!…' (Valentine's Day 1805), HD Archive Box 26 File H II
3 Treneer, p119
4 See 'iconography' for Lady Davy (Jane Apreece) in *Oxford Dictionary of National Biography*. At the time of going to press I am still searching for a portrait, having exhausted all leads kindly provided by the National Portrait Gallery, London; the Scottish National Portrait Gallery, Edinburgh; and Christie's, London
5 HD Archive Mss Box 25, containing ninety letters from Lady Davy 1811–22
6 HD Archive Mss Box 25/1
7 HD Archive Mss Box 25/3
8 HD Archive Mss Box 25/2
9 Raymond Lamont-Brown, *Humphry Davy: Life Beyond the Lamp*, Sutton, 2004, p94
10 HD Archive Mss Box 25/3; 13; 18; 20
11 HD Archive Mss Box 25/6
12 Coleridge letter of 28 May 1809; also Treneer, p113
13 HD Archive Mss Box 25/5 (1 November 1811)
14 HD Archive Mss Box 25/11; and Treneer, p124
15 HD Archive Mss Box 25/25 (March 1812)
16 HD Archive Mss Box 25/4; also Lamont-Brown, pp96–7
17 HD Archive Mss Box 25/4
18 'Lady Davy's Letters', edited by James Parker, *The Quarterly Review*, January 1962, p81
19 HD Archive Mss Box 25/26
20 HD Archive Mss Box 25/24; further details Lamont-Brown, pp90–105
21 Thorpe, p162

22. Banks to John Lloyd FRS, 31 March 1812; from June Z. Fullmer, 'The Poetry of Sir Humphry Davy', in *Chymia*, 6, 1960, p114
23. Treneer, p126
24. HD Works 2
25. JD Fragments, p158
26. Holmes, *Shelley*, p153
27. Thomas De Quincey, 'The Poetry of Pope', 1848. He gave Newton's *Principia* as an example of Knowledge, and Milton's *Paradise Lost* as example of Power. De Quincey also published a number of essays on scientific subjects, notably 'Animal Magnetism' (1833), 'Kant and Dr Herschel' (1819) and 'The Planet Mars' (1819)
28. HD Works 4, pp1–40
29. Ibid., p20
30. Ibid., pp1–2
31. Golinski, p262
32. *Consolations*, Dialogue V, 'The Chemical Philosopher', HD Works 9
33. Coleridge in Notebook 23 (1812), quoted by Trevor H. Levere, *Chemists in Society 1770–1878*, 1994, pp363–4
34. Coleridge's Marginalia on Jakob Boehme (c.1810–11), from ibid., p357
35. See Coleridge's letter to Lord Liverpool, 28 July 1817, discussing Davy versus Dalton ('atomist'), *Collected Letters*, vol 4, p760
36. JD Fragments, p174
37. Ibid., p175
38. HD Archive Mss Box 25/31
39. Treneer, p134
40. Ibid., p133
41. Ibid., p137
42. Hamilton, pp119, 207
43. Jane Marcet, *Conversations in Chemistry*, 2 vols, 1813, vol 1, p342
44. Treneer, p138
45. HD Archive Mss Box 25/33
46. HD Archive Mss Box 25/27
47. HD Archive Mss Box 25/28
48. HD Archive Mss Box 25/36
49. Kerrow Hill, *The Brontë Sisters and Sir Humphry Davy*, Penzance, 1994, p16
50. HD Archive Mss Box 25/34
51. Paris, vol 2, pp59–72
52. JD Memoirs, p163
53. Michael Faraday, 'Observations on Mental Education', 1859; quoted in James Hamilton, *Faraday: The Life*, HarperCollins, 2002, p1. See also striking portraits and photographs of Faraday dated 1829, 1831 and c.1850 (National Portrait Gallery)
54. Lamont-Brown, pp110–26
55. Paris, vol 1, p261
56. Leigh Hunt, *Examiner*, 24 October 1813
57. JD Fragments, p190
58. Michael Faraday, *Correspondence 1811–1831*, vol 1, edited Frank A.L.J. James, Institute of Electrical Engineers, 1991, p127
59. Maurice Crosland, 'Davy and Gay Lussac', in Sophie Forgan (editor), *Science and the Sons of Genius* (essays), 1980, pp103–8
60. Faraday, *Correspondence*, p124
61. JD Memoirs, pp172–7; and Hartley, p107
62. Hartley, pp107–8
63. Faraday, *Correspondence*, p101
64. HD Works 1, p218
65. Ibid., p217
66. Ibid., p220
67. Faraday, *Correspondence*, p117

68 Ibid., 23 February 1815, p126
69 Treneer, p175; from Ticknor, *Memoirs*
70 HD Works 1, p235
71 Paris, vol 2, p79
72 J.H. Holmes, *Accidents in Coal Mines*, London, 1816, pp141–2
73 'Report of the Select Committee on Accidents in Mines', in *Parliamentary Papers*, 1835, vol 5, September 1835
74 Faraday, *Correspondence*, p136
75 Bence Jones, *Life and Letters of Faraday*, vol 1, p361
76 Paris, vol 2, p95
77 Ibid., p82
78 JB Letters, p317
79 Paris, vol 2, p97
80 Letter to John Hodgson, 29 December 1815, Northumberland Record Office; from Frank A.J.L. James, 'How Big is a Hole? The Problems of the Practical Application of Science in the Invention of the Miners' Safety Lamp by Humphry Davy and George Stephenson in Late Regency England', in *Transactions of the Newcomen Society*, 75, 2005, p197
81 Frank James, pp185–93
82 HD, *On the Safety Lamp, with Some Researches into Flame*, 1818; and HD Works 6, pp12–14
83 HD Works 6, p4
84 Coleridge, *The Friend* (1818 edition), in *The Friend*, vol 1, edited by Barbara E. Rooke, Routledge, 1969, pp 530–1
85 Coleridge, *The Friend* (1809 edition), no. 19, 1809; in *The Friend*, vol 2, edited by Barbara E. Rooke, Routledge, 1969, pp251–2
86 Frank James, p197
87 John Buddle's evidence (2nd day), Report of the Select Committee, 1835, pp153–4
88 HD Works 6, pp116–17
89 Lamont-Brown, p112
90 Thorpe, p203
91 Paris, vol 2, p111
92 'Igna Constructo Securitas...' Davy's coat of arms illustrated in *The Gentleman's Magazine*, 1829
93 John Playfair, 'Sir Humphry Davy's Lamp', in *Edinburgh Review*, no. LI, 1816, p233; also Thorpe, p204
94 HD Works 6, pp6–7
95 Ibid., p22, footnote
96 Ibid., p4
97 Hamilton, pp121–5; Lamont-Brown, pp128–33
98 James Heaton demonstration at the Society of Arts, 1817, described in Report of the Select Committee, 1835, p213
99 *A Collection of all Letters in Newcastle papers relating to Safety Lamps*, London, 1817. See British Library catalogue Tracts 8708.i.2
100 Letter from George Stephenson, ibid., Tracts 8708.i.2(5)
101 Treneer, p172
102 Lettter to Lord Lambton, October 1816, in Paris, vol 2, p120
103 Frank James, p203
104 Paris, vol 2, p123
105 See Hamilton, pp122–3
106 Frank James, pp183–95
107 HD Works 6
108 Paris, vol 2, p122
109 Ibid., p124–5; and from David Knight, *Davy*, p113
110 HD Works 1, pp209–10
111 Paris, vol 2, p129
112 Treneer, pp173–4; Thorpe, p208

113 Minute Book of Newcastle Literary and Philosophical Society, December 1817, from Frank James, p211
114 'Report of the Select Committee on Accidents in Mines', in *Parliamentary Papers*, 1835, vol 5, September 1835
115 Ibid., pviii
116 Ibid.
117 Davy boys described in ibid., pp97–108, 165–7. See also Samuel Smiles, *Life of George Stephenson*, 1859; and Newcastle Public Record Office
118 Walter Scott, *Journals* 1, 1826, p109
119 JD Fragments, pp141–3
120 Sun Fire Office insurance document, 4 June 1818, found through internet UK Archives Network
121 HD, *On the Safety Lamp for Preventing Explosions*, London, 1825, p151
122 *Consolations*, Dialogue II, HD Works 9, pp254–5
123 Ibid., p255
124 JD Life 2, pp114–15; and JD Memoirs, pp251–3
125 Shelley, *Epipsychidion*, 1820, lines 190–221 (extract)
126 Byron, letter to John Murray, April 1820; see Treneer, p182
127 Byron, *Don Juan* I (1819), stanza 132

第九章

1 JB Correspondence 6, p286
2 JB, August 1816, ibid., pp208–9
3 Ibid., p382
4 JB, November 1814, ibid., p152
5 Gunther Buttman, *In the Shadow of the Telescope: A Biography of John Herschel*, Lutterworth Press, 1974, p13
6 JB Correspondence 6, p375
7 Ibid.
8 JB Correspondence 6, 1819
9 Coleridge 'Youth and Age' (1825), in *Selected Poems*, Penguin Classics, p215
10 November 1817, JB Correspondence 6, p252
11 Byron, 'Darkness', written at the Villa Diodati, July 1816. See Fiona MacCarthy, *Byron: Life and Legend*, John Murray, 2002, p69; and discussed in *New Penguin Romantic Poetry*, edited by Jonathan and Jessica Wordsworth, Notes to Poems, p909
12 JB Correspondence 6, September and November 1819, pp355, 367
13 Gascoigne, p52
14 JB Correspondence 6, March 1818, p276
15 Ibid., November 1818, p325
16 Ibid., September 1819, p359
17 Byron, *Don Juan* (1821), Canto 10, lines 1–24. The 'glass and vapour' refer to telescopes and steamships, and also possibly balloons. The ringing phrase 'In the Wind's Eye' was used by modern editors as the title of vol 6 of Byron's *Collected Letters*
18 JB Correspondence 6, August 1816, p209
19 Gascoigne, p41
20 Ibid.
21 Buttman, p13
22 CHM, pp119–21
23 John Herschel to Babbage, October 1813, quoted in Buttman, p14
24 William Herschel to John, 10 November 1813, WH Mss 6278 1/11

25. Lady Herschel to John, 14 November 1813, ibid.
26. John Herschel to Babbage, March 1815, quoted by Buttman, p16
27. JB Correspondence 6, p375
28. Shelley, 'Notes to Queen Mab' (1812)
29. Ruston, p154
30. Further discussion in Ruston p208, and Crowe, *Extraterrestrial*, p171
31. Shelley, *Prometheus Unbound*, Act I, lines 163–6
32. Ibid., Act II, lines 52–9
33. Ibid., Act IV, lines 238–44
34. Ibid., lines 457–72
35. Gascoigne, pp257–9
36. JB Correspondence 6, various letters, 1820
37. Gascoigne, pp249–55
38. JB Correspondence 6, August 1819, p352
39. Ibid., November 1819, p367
40. Ibid., February 1820, p379
41. William Edward Parry to 'My Dearest Parents', December 1817; from O'Brian, p300
42. JB Correspondence 6, asking for news of Parry, 1818, pp251, 326, 377
43. Ibid., 20 December 1819, p374. The man was of course John Herschel
44. Ibid., Berthollet to Banks, 27 March 1820, pp383–4
45. See his Will, described in O'Brian, Chapter 12
46. Marie Boas Hall, *All Scientists Now*, 1984, p18
47. Lockhart, *Life of Sir Walter Scott*, vol 2, 1838, pp40–3
48. HD Works 7, pp5–15
49. Ibid., p21
50. JD Life 2, p126
51. Paris, vol 2, p185
52. Faraday, *Correspondence* 1, p183
53. Ibid., pp244–80 passim
54. Hamilton, p192
55. Faraday to Phillips, May 1836, Bence Jones, *Michael Faraday*, 1870, vol 1, pp335–9
56. Discussed in Bence Jones, pp335–9, and James Hamilton, pp186–9
57. Holmes, *Shelley*, p410
58. Hartley, p129
59. Ibid., p130
60. Humboldt, 'Lecture to the Berlin Academy of Sciences', 1805, quoted in Steven Ruskin, *Herschel's Cape Voyage*, 2004
61. Ibid., pp20–2
62. Ibid., p16
63. Many of these instruments, including the 'mountain barometer', in WH Archive; and see Ruskin, p21
64. 'The Garden Days: Marlow 1817' in Holmes, *Shelley*. If I had been a novelist I would have described Shelley and Mary making a night visitation to the great forty-foot, and getting Caroline to show them Andromeda and other distant constellations, and planning a comet-flight into deep space. See 'The Witch of Atlas', 1820
65. CHM, p131. The note is actually dated 4 July 1819
66. CHM, p137
67. WH Chronicle, p363. The second translation is mine
68. *Gentleman's Magazine*, September 1822
69. Ibid.
70. Holmes, *Shelley*, p730
71. Sime, pp259–61

72 WH Chronicle, p359
73 CHM, p163
74 CHM, p171
75 WH Chronicle, p366
76 CHM, p167
77 Caroline Herschel to John, April 1827, British Library Ms Egerton 3761.f45/60; and see J.A. Bennett, 'The Telescopes of William Herschel', in *Journal for the History of Astronomy*, 7, June 1976
78 CHM, p163
79 CHM, p 180
80 CHM, p193
81 CHM, p161
82 David S. Evans (editor), *Herschel at the Cape: Letters and Journals of John Herschel*, Texas, 1969, pxxi
83 CHM, p168
84 Thorpe, p222
85 Treneer, p208
86 Ibid., pp206–12
87 Ibid., p208
88 *The Harringtonian System of Chemistry*, 1819, quoted in Golinski, p217
89 'The Humbugs of the Age', in *John Bull Magazine*, 1, 1824, British Library catalogue PP.5950
90 Evans, pxxx
91 Treneer, p207
92 JD Memoirs, p346
93 JD Fragments, p289
94 JD Memoirs, pp334–6
95 HD Works 9, pp13–14
96 *Salmonia*, Day 4, HD Works 9, pp66–7
97 JD Fragments, p258
98 *Salmonia*, Day 4, HD Works 9, p66
99 HD Archive Mss Box 25/51
100 HD Archive Mss Box 25/61
101 *Consolations*, Dialogue IV, HD Works 9, pp314–15
102 Paris, vol 2, p306
103 Tom Poole to John Davy, c.1835, in Paris, vol 2, p307
104 Paris, vol 2, p309
105 HD Archive Mss Box 25/73, 74, 75. On 25 January 1829: 'I hope I may wear on till the spring & see May in Illyria. I have now constant pain in the region of the heart.' Box 25/84
106 HD Archive Mss Box 25/73; and Lamont-Brown, pp157–63
107 HD Archive Mss Box 25/90
108 HD Archive Mss Box 25/74, letter, 2 November 1828
109 HD Archive Mss Box 25/75, letter, 3 December 1828
110 HD Archive Mss Box 26, File B/17
111 HD Archive Mss Box 25/83
112 JD Fragments, p265
113 Davy's two unpublished poems to Josephine Dettela can be found in HD Archive Mss Box 14 (e) pp128–30
114 Based on local information provided by Professor Dr Janez Batis of the Slovenian Academy of Sciences, for David Knight, *Humphry Davy: Vision and Power*, Blackwell Science Biographies, 1992, pp180, 260
115 JD Fragments, p293
116 Thorpe, p232
117 HD Archive Mss Box 25/87a
118 Fullmer, p350
119 *Consolations*, Dialogue I, HD Works 9, p233
120 Ibid., pp233–6
121 Ibid., pp237–8
122 Ibid., p240
123 Ibid., pp239–47
124 Ibid., pp236–47, 266, 274
125 Ibid., Dialogue II, p266
126 Ibid., pp274, 254–6

127 Ibid., Dialogue III, pp302–3
128 Ibid., Dialogue II, pp304–8
129 Ibid., Dialogue III, p309
130 Ibid., p308
131 Ibid., Dialogue IV, p316
132 Ibid., pp320–1
133 Undated extract from Davy's lecture notebooks, JD Memoirs, p147
134 *Consolations*, Dialogue V, HD Works 9, pp361–5
135 Ibid., pp364–6
136 Ibid., pp365–6
137 Ibid., Dialogue VI, p382
138 Janet Browne, *Charles Darwin*, vol 1, 2003, p30
139 JD Memoirs, 1839
140 John Tobin, *Journal of a Tour whilst accompanying the late Sir Humphry Davy*, 1832, p5
141 JD Fragments, p268
142 JD Fragments, to Jane, September 1827, p296
143 HD Archive Mss Box 25/80, to Jane, 1 September 1828
144 John Herschel, *On the Study of Natural Philosophy*, 1830, pp342–4 and footnote
145 HD Archive Mss Box 14 (M) pp105–6
146 JD Fragments, Jane to Davy, late March 1829, p313
147 John Davy's affectionate account, in JD Memoirs, p412
148 JD Memoirs, p408

第十章

1 In a series of gloomy articles, e.g. *The Times*, 28 June 1832. See Marie Boas Hall, *All Scientists Now*, CUP, 1984
2 *Edinburgh Review*, 49, 1829, pp439–59; and Hamilton, p270
3 Thomas Carlye, *Sartor Resartus*, 1833
4 Anthony Hyman, 'Charles Babbage: Science and Reform', in *Cambridge Scientific Minds*, edited by Peter Harman and Simon Mitton, CUP, 2002
5 Charles Babbage, *The Decline of Science in England*, 1830, p102
6 Ibid., p152
7 Ibid., p44
8 Ibid., p102
9 Ibid., p174
10 Ibid., pp203–12
11 Ibid., p210
12 Ibid., p200
13 Hamilton, p229
14 J.S. Mill, *Autobiography*, 1870, p124
15 John Herschel, *A Preliminary Discourse on the Study of Natural Philosophy*, 1831, p4
16 Ruskin, pp117–21
17 *Natural Philosophy*, 1830, Part II
18 Ibid., p191
19 Ibid., p4
20 Ibid., p20
21 Ibid., pp14–15
22 Ibid., p55–6
23 Ibid., pp299–303
24 Ibid., pp329–40
25 Ibid., p340
26 Faraday to John Herschel, 10 November 1832, *Correspondence*, vol 1, p623
27 Charles Darwin to W.D. Fox, 15 February 1831, in *Correspondence Volume I, 1821–1836*, CUP, edited by Frederick Burkhardt and Sydney Smith, 1985, p118 footnote 2. See also Charles Darwin, *Autobiography*
28 *Gentlemen of Science: Early Correspondence*, Camden Society, 1984, p26

29 Jack Morrell and Arnold Thackray, *Gentlemen of Science: Early Years*, OUP, 1981, pp12–17
30 *Gentlemen of Science: Early Correspondence*, pp85–6
31 Ibid., pp55–8
32 Morrell and Thackray, pp180–201
33 *The Times*, 23 June 1832, p4, columns 3–4
34 *The Voyage of the Beagle*, June 1833
35 Coleridge, 29 June 1833; *Table Talk*, edited by Carl Woodring, 1990, vol 1, p392 and footnote
36 Ibid., pp394–5
37 Coleridge, *Biographia Literaria*, 1817, Chapter 4
38 Holmes, *Coleridge: Darker Reflections*, p555
39 *Quarterly Review*, 51, 1834, pp54–68. James Secord, *Victorian Sensation*, University of Chicago Press, 2000, pp404–5; see also Richard Yeo, 'William Whewell', in *Cambridge Scientific Minds*, 2000
40 Hamilton, p261
41 Unpublished comment by Mrs Margaret Herschel, in the holograph Introduction to the manuscript of Caroline Herschel's *Memoirs*, in WH Archive, John Herschel-Shorland. It is interesting that this comment was suppressed from the printed Introduction by her publisher John Murray
42 James Secord, *Vestiges of Natural Creation*, Chicago UP, 2000, p47
43 'Fragment of Bridgwater Treatise', Charles Babbage, *Collected Works*, vol 11
44 William Sotheby's poem is reprinted in Tim Fulford (editor), *Romanticism and Science, 1773–1833*
45 *The Times*, 4 September 1835, p3
46 *Gentlemen of Science*, p543
47 *Bentley's Miscellany*, IV, 1838, p209
48 The whole series of experiments is dramatically described in James Hamilton, *Faraday*, 2002, pp245–52, which beautifully explains the construction of early coils and dynamos
49 *On the Chemical History of a Candle*, 1861; *Faber Book of Science*, edited by John Carey, 2003, p90
50 Darwin, *Correspondence* 1, p324
51 Knight, *Humphry Davy*, pp176–7
52 Brewster, *Life of Newton*, 1831, Chapter XI, pp 148–50; and contrast 1860 edition
53 Ibid., Chapter III, pp35–7, and Chapter XI, p336
54 Ibid., Chapter XIX, p388
55 John Milton, *Paradise Lost*, Book 10, lines 743–5
56 'Author's Introduction to the 1831 Standard Edition', *Frankenstein, or The Modern Prometheus*, 1831, px. Introduction dated 15 October 1831
57 Mary Somerville, *The Connexion of the Physical Sciences*, 1834, p4
58 Ibid., p260
59 Ibid., 'Section 24'
60 Ibid., p432
61 Ibid., p2
62 Ibid., p432
63 Ibid., pp260–1
64 *Gentlemen of Science: Early Correspondence*, Camden Society, 1984, p137
65 'Report on the British Association for the Promotion of Science', in

The Gentleman's Magazine, October 1834
66. Janet Browne, *Charles Darwin: Volume 1: Voyaging*, Pimlico, 2003, p137
67. John Herschel, *Natural Philosophy*, pp350–3; and Adrian Desmond and James Moore, *Darwin*, Penguin, 1992, p91
68. Browne, vol 1, p135
69. Letter to John Lubbock FRS, 13 May 1833, quoted in Steven Ruskin, *John Herschel's Cape Voyage*, p51
70. Ibid., p47
71. WH Archive: John Herschel's notebooks, drawings and equipment are still preserved by John Herschel-Shorland, Norfolk
72. WH Chronicle, p177
73. Darwin, *Correspondence* 1, p498
74. Ibid., p500
75. Charles Lyell to Darwin, 26 December 1836, ibid., p532
76. Caroline Herschel, letter to John Herschel, British Library Ms Egerton 3761–2; also Claire Brock, *The Comet Sweeper: Caroline Herschel's Astronomical Ambition*, Icon Books, Cambridge, 2007, p205
77. *The Times*, Friday, 27 June 1834, quoted in Evans, *Herschel at the Cape*, p88
78. *New York Sun*, 25–30 August 1835, internet file
79. Edgar Allan Poe, 'The Great Balloon Hoax', 1836
80. Ruskin, *Herschel's Cape Voyage*, p97
81. Evans, pp236–7
82. Ibid., pxix

致　谢

　　作者非常感谢大英图书馆、剑桥大学图书馆、法国国家图书馆、英国皇家研究与教育院、英国皇家学会、英国皇家天文学会、英国科学博物馆、伦敦图书馆、剑桥大学惠普尔博物馆、巴斯市赫歇耳博物馆、英国国家煤矿博物馆、英国布里斯托尔市萨默塞特郡档案馆、英国特鲁罗市康沃尔郡档案馆、法国航空总局下属巴黎航空航天博物馆。它们都允许作者使用与引用其珍贵的手稿、珍本、孤本书籍和资料。承蒙澳大利亚新南威尔士大学向我开放有关约瑟夫·班克斯的《奋进航海志》中的原始资料。感铭皮克林与切托出版社同意作者引用尼尔·钱伯斯编集的《约瑟夫·班克斯科学通信集》中的内容。还要向剑桥郡的学史出版社蒙允作者引证迈克尔·霍斯金所编的《卡罗琳·赫歇耳自传》中的史料表示谢忱。英国皇家天文学会批准作者引证威廉·赫歇耳与卡罗琳·赫歇耳的手稿中的资料；英国诺福克郡哈尔斯顿（Harleston）的约翰·赫歇耳-肖兰先生同意作者援引约翰·赫歇耳的手稿内容，并令作者一睹他收藏的赫歇耳家族的其他资料。这里也一并表示衷心的谢意。

　　在了解多种科学学科专门知识的过程中，作者从下文所列的各位学者和作家的著述中（均已在参考书目部分详细列出）得到了真知与激励，特在此知会读者诸君。有关约瑟夫·班克斯以及太平洋探险部分：尼尔·钱伯斯、帕特里克·奥布赖恩和约翰·加斯科因；有关赫歇耳一家人的情况和对天文学的热情：迈克尔·霍斯金和西蒙·谢弗；有关汉弗莱·戴维与化学：戴维·奈特、安妮·特雷尼尔和弗兰克·詹姆斯；有关芒戈·帕克及其非洲探险：安东尼·萨坦与吉拉·萨拉克；有关维克托·弗兰肯斯坦医生、摄政王时代的医学以及"活力论"大讨论：罗伊·波特和莎伦·拉斯顿；有关"浪漫科学"的特点与此时期内科学在社会中开始发挥的作用：蒂姆·富尔福德、莉萨·贾丁和珍妮·乌格洛。此外，时任剑桥大学圣三一学院院长的阿玛蒂亚·库马尔森（Amartya Kumar Sen）和该学院的教授们，同意我以访问学者的身份，在那里度过了两个夏天（2000年和2002年）的学习时光，使我得到了向包括几位诺贝尔奖获得者在内的诸多数学家、化学家、天文学家和天体物理学家求教的机会，从而对科学的真谛有所感悟。

对东英格兰大学的乔恩·库克（Jon Cook）教授、凯瑟琳·休斯（Kathryn Hughes）教授和德吕因·伯奇医学博士（他还是医学研究生时听过我的课），剑桥大学圣三一学院的威廉·圣克莱尔、理查德·塞尔简岑（Richard Serjeantson）和普里亚·纳塔拉詹（Priya Natarajan），德国慕尼黑大学的克里斯托夫·博德（Christoph Bode）教授，剑桥天文台的罗德里克·温斯特洛普（Roderick Winstrop），彭赞斯市的药剂师吉姆·索尔特（Jim Saulter）和约翰·艾伦（John Allen），巴斯市赫歇耳博物馆馆长黛比·詹姆斯（Debbie James）女士，英国皇家研究与教育院的档案师，法国航空航天博物馆资料中心主任皮埃尔·隆巴尔德（Pierre Lombarde），曾在制药巨头葛兰素史克公司工作的保罗·巴罗内克（Paul Baronek）博士，英国广播公司曾负责制作与《弗兰肯斯坦》有关的三档广播节目——《弗兰肯斯坦医生的实验》（第三套节目，2002年）、《纸袋中的云》（第三套节目，2007年）和《麻醉剂》（第四套节目，2009年）——的蒂姆·迪伊（Tim Dee），作者本人现已故世的长辈、曾任英国皇家空军飞行中队队长，教会我装收音机、了解飞行原理，还偷偷将我带进他驾驶的轰炸机机舱参观（当时这架飞机上可没有装炸弹哟）的舅舅戴维·戈登（David Gordon），我都要敬表谢忱。西肯特郡的滑翔俱乐部与诺福克气球驾驶公司使我享受了在空中翱翔的快乐时光；伊顿公学的科学教务长珀西·哈里森（Percy Harrison）博士耐心指教如何在科学领域中避免错误，诺福克与诺里奇大学附属医院矫形外科的格拉斯哥（Glasgow）先生指点了麻醉过程的要点并让我亲自感受了这一过程。作者都在这里一并致谢。

作者有幸得到了柯林斯–哈珀出版社的一支富有事业心的尽职编辑队

伍的帮助：文字编辑罗伯特·莱西（Robert Lacey）、美术编辑索菲·古尔登（Sophie Goulden）、封面设计朱利安·汉弗莱斯（Julian Humphries）。特别幸运的是，作者得到了富有执着精神和业务眼光的编辑阿拉贝拉·派克（Arabella Pike）女士的协助。我相信，她如果参加当年班克斯领导的"奋进号"考察，也会干出同样出色的成果（况且所花时间还会比花在这本书上的少得多）。作者还要向本书的出版经纪人戴维·戈德温（David Godwin）专门致意，他从一开始便对这本未免枝蔓的著述给予了足够的支持。另外还有属于我本人亲密小圈子里的两批朋友——一批是多米诺斯（Domino）小组，一批是德兰西（Delancey）小组，也对此书给予了重要的、但他们未必能意识到的支持。最后还要向我的妻子罗丝·特里梅恩（Rose Tremain）说一声多谢。没有你，就没有我的书。

理查德·霍姆斯

新 知 文 库

01 《证据:历史上最具争议的法医学案例》[美]科林·埃文斯 著 毕小青 译
02 《香料传奇:一部由诱惑衍生的历史》[澳]杰克·特纳 著 周子平 译
03 《查理曼大帝的桌布:一部开胃的宴会史》[英]尼科拉·弗莱彻 著 李响 译
04 《改变西方世界的26个字母》[英]约翰·曼 著 江正文 译
05 《破解古埃及:一场激烈的智力竞争》[英]莱斯利·罗伊·亚京斯 著 黄中宪 译
06 《狗智慧:它们在想什么》[加]斯坦利·科伦 著 江天帆、马云霏 译
07 《狗故事:人类历史上狗的爪印》[加]斯坦利·科伦 著 江天帆 译
08 《血液的故事》[美]比尔·海斯 著 郎可华 译 张铁梅 校
09 《君主制的历史》[美]布伦达·拉尔夫·刘易斯 著 荣予、方力维 译
10 《人类基因的历史地图》[美]史蒂夫·奥尔森 著 霍达文 译
11 《隐疾:名人与人格障碍》[德]博尔温·班德洛 著 麦湛雄 译
12 《逼近的瘟疫》[美]劳里·加勒特 著 杨岐鸣、杨宁 译
13 《颜色的故事》[英]维多利亚·芬利 著 姚芸竹 译
14 《我不是杀人犯》[法]弗雷德里克·肖索依 著 孟晖 译
15 《说谎:揭穿商业、政治与婚姻中的骗局》[美]保罗·埃克曼 著 邓伯宸 译 徐国强 校
16 《蛛丝马迹:犯罪现场专家讲述的故事》[美]康妮·弗莱彻 著 毕小青 译
17 《战争的果实:军事冲突如何加速科技创新》[美]迈克尔·怀特 著 卢欣渝 译
18 《最早发现北美洲的中国移民》[加]保罗·夏亚松 著 暴永宁 译
19 《私密的神话:梦之解析》[英]安东尼·史蒂文斯 著 薛绚 译
20 《生物武器:从国家赞助的研制计划到当代生物恐怖活动》[美]珍妮·吉耶曼 著 周子平 译
21 《疯狂实验史》[瑞士]雷托·U. 施奈德 著 许阳 译
22 《智商测试:一段闪光的历史,一个失色的点子》[美]斯蒂芬·默多克 著 卢欣渝 译
23 《第三帝国的艺术博物馆:希特勒与"林茨特别任务"》[德]哈恩斯-克里斯蒂安·罗尔 著 孙书柱、刘英兰 译

24	《茶：嗜好、开拓与帝国》[英]罗伊·莫克塞姆 著　毕小青 译
25	《路西法效应：好人是如何变成恶魔的》[美]菲利普·津巴多 著　孙佩妏、陈雅馨 译
26	《阿司匹林传奇》[英]迪尔米德·杰弗里斯 著　暴永宁、王惠 译
27	《美味欺诈：食品造假与打假的历史》[英]比·威尔逊 著　周继岚 译
28	《英国人的言行潜规则》[英]凯特·福克斯 著　姚芸竹 译
29	《战争的文化》[以]马丁·范克勒韦尔德 著　李阳 译
30	《大背叛：科学中的欺诈》[美]霍勒斯·弗里兰·贾德森 著　张铁梅、徐国强 译
31	《多重宇宙：一个世界太少了？》[德]托比阿斯·胡阿特、马克斯·劳讷 著　车云 译
32	《现代医学的偶然发现》[美]默顿·迈耶斯 著　周子平 译
33	《咖啡机中的间谍：个人隐私的终结》[英]吉隆·奥哈拉、奈杰尔·沙德博尔特 著　毕小青 译
34	《洞穴奇案》[美]彼得·萨伯 著　陈福勇、张世泰 译
35	《权力的餐桌：从古希腊宴会到爱丽舍宫》[法]让－马克·阿尔贝 著　刘可有、刘惠杰 译
36	《致命元素：毒药的历史》[英]约翰·埃姆斯利 著　毕小青 译
37	《神祇、陵墓与学者：考古学传奇》[德]C. W. 策拉姆 著　张芸、孟薇 译
38	《谋杀手段：用刑侦科学破解致命罪案》[德]马克·贝内克 著　李响 译
39	《为什么不杀光？种族大屠杀的反思》[美]丹尼尔·希罗、克拉克·麦考利 著　薛绚 译
40	《伊索尔德的魔汤：春药的文化史》[德]克劳迪娅·米勒－埃贝林、克里斯蒂安·拉奇 著　王泰智、沈惠珠 译
41	《错引耶稣：〈圣经〉传抄、更改的内幕》[美]巴特·埃尔曼 著　黄恩邻 译
42	《百变小红帽：一则童话中的性、道德及演变》[美]凯瑟琳·奥兰丝汀 著　杨淑智 译
43	《穆斯林发现欧洲：天下大国的视野转换》[英]伯纳德·刘易斯 著　李中文 译
44	《烟火撩人：香烟的历史》[法]迪迪埃·努里松 著　陈睿、李欣 译
45	《菜单中的秘密：爱丽舍宫的飨宴》[日]西川惠 著　尤可欣 译
46	《气候创造历史》[瑞士]许靖华 著　甘锡安 译
47	《特权：哈佛与统治阶层的教育》[美]罗斯·格雷戈里·多塞特 著　珍栎 译
48	《死亡晚餐派对：真实医学探案故事集》[美]乔纳森·埃德罗 著　江孟蓉 译
49	《重返人类演化现场》[美]奇普·沃尔特 著　蔡承志 译

50	《破窗效应：失序世界的关键影响力》[美]乔治·凯林、凯瑟琳·科尔斯 著　陈智文 译
51	《违童之愿：冷战时期美国儿童医学实验秘史》[美]艾伦·M.霍恩布鲁姆、朱迪斯·L.纽曼、格雷戈里·J.多贝尔 著　丁立松 译
52	《活着有多久：关于死亡的科学和哲学》[加]理查德·贝利沃、丹尼斯·金格拉斯 著　白紫阳 译
53	《疯狂实验史Ⅱ》[瑞士]雷托·U.施奈德 著　郭鑫、姚敏多 译
54	《猿形毕露：从猩猩看人类的权力、暴力、爱与性》[美]弗朗斯·德瓦尔 著　陈信宏 译
55	《正常的另一面：美貌、信任与养育的生物学》[美]乔丹·斯莫勒 著　郑嬿 译
56	《奇妙的尘埃》[美]汉娜·霍姆斯 著　陈芝仪 译
57	《卡路里与束身衣：跨越两千年的节食史》[英]路易丝·福克斯克罗夫特 著　王以勤 译
58	《哈希的故事：世界上最具暴利的毒品业内幕》[英]温斯利·克拉克森 著　珍栎 译
59	《黑色盛宴：嗜血动物的奇异生活》[美]比尔·舒特 著　帕特里曼·J.温 绘图　赵越 译
60	《城市的故事》[美]约翰·里德 著　郝笑丛 译
61	《树荫的温柔：亘古人类激情之源》[法]阿兰·科尔班 著　苜蓿 译
62	《水果猎人：关于自然、冒险、商业与痴迷的故事》[加]亚当·李斯·格尔纳 著　于是 译
63	《囚徒、情人与间谍：古今隐形墨水的故事》[美]克里斯蒂·马克拉奇斯 著　张哲、师小涵 译
64	《欧洲王室另类史》[美]迈克尔·法夸尔 著　康怡 译
65	《致命药瘾：让人沉迷的食品和药物》[美]辛西娅·库恩等 著　林慧珍、关莹 译
66	《拉丁文帝国》[法]弗朗索瓦·瓦克 著　陈绮文 译
67	《欲望之石：权力、谎言与爱情交织的钻石梦》[美]汤姆·佐尔纳 著　麦慧芬 译
68	《女人的起源》[英]伊莲·摩根 著　刘筠 译
69	《蒙娜丽莎传奇：新发现破解终极谜团》[美]让-皮埃尔·伊斯鲍茨、克里斯托弗·希斯·布朗 著　陈薇薇 译
70	《无人读过的书：哥白尼〈天体运行论〉追寻记》[美]欧文·金格里奇 著　王今、徐国强 译
71	《人类时代：被我们改变的世界》[美]黛安娜·阿克曼 著　伍秋玉、澄影、王丹 译
72	《大气：万物的起源》[英]加布里埃尔·沃克 著　蔡承志 译
73	《碳时代：文明与毁灭》[美]埃里克·罗斯顿 著　吴妍仪 译

74 《一念之差：关于风险的故事与数字》［英］迈克尔·布拉斯兰德、戴维·施皮格哈尔特 著 威治 译

75 《脂肪：文化与物质性》［美］克里斯托弗·E.福思、艾莉森·利奇 编著 李黎、丁立松 译

76 《笑的科学：解开笑与幽默感背后的大脑谜团》［美］斯科特·威姆斯 著 刘书维 译

77 《黑丝路：从里海到伦敦的石油溯源之旅》［英］詹姆斯·马里奥特、米卡·米尼奥－帕卢埃洛 著 黄煜文 译

78 《通向世界尽头：跨西伯利亚大铁路的故事》［英］克里斯蒂安·沃尔玛 著 李阳 译

79 《生命的关键决定：从医生做主到患者赋权》［美］彼得·于贝尔 著 张琼懿 译

80 《艺术侦探：找寻失踪艺术瑰宝的故事》［英］菲利普·莫尔德 著 李欣 译

81 《共病时代：动物疾病与人类健康的惊人联系》［美］芭芭拉·纳特森－霍洛威茨、凯瑟琳·鲍尔斯 著 陈筱婉 译

82 《巴黎浪漫吗？——关于法国人的传闻与真相》［英］皮乌·玛丽·伊特韦尔 著 李阳 译

83 《时尚与恋物主义：紧身褡、束腰术及其他体形塑造法》［美］戴维·孔兹 著 珍栎 译

84 《上穷碧落：热气球的故事》［英］理查德·霍姆斯 著 暴永宁 译

85 《贵族：历史与传承》［法］埃里克·芒雄－里高 著 彭禄娴 译

86 《纸影寻踪：旷世发明的传奇之旅》［英］亚历山大·门罗 著 史先涛 译

87 《吃的大冒险：烹饪猎人笔记》［美］罗布·沃乐什 著 薛绚 译

88 《南极洲：一片神秘的大陆》［英］加布里埃尔·沃克 著 蒋功艳、岳玉庆 译

89 《民间传说与日本人的心灵》［日］河合隼雄 著 范作申 译

90 《象牙维京人：刘易斯棋中的北欧历史与神话》［美］南希·玛丽·布朗 著 赵越 译

91 《食物的心机：过敏的历史》［英］马修·史密斯 著 伊玉岩 译

92 《当世界又老又穷：全球老龄化大冲击》［美］泰德·菲什曼 著 黄煜文 译

93 《神话与日本人的心灵》［日］河合隼雄 著 王华 译

94 《度量世界：探索绝对度量衡体系的历史》［美］罗伯特·P.克里斯 著 卢欣渝 译

95 《绿色宝藏：英国皇家植物园史话》［英］凯茜·威利斯、卡罗琳·弗里 著 珍栎 译

96 《牛顿与伪币制造者：科学巨匠鲜为人知的侦探生涯》［美］托马斯·利文森 著 周子平 译

97 《音乐如何可能？》［法］弗朗西斯·沃尔夫 著 白紫阳 译

98 《改变世界的七种花》［英］詹妮弗·波特 著 赵丽洁、刘佳 译

99 《伦敦的崛起:五个人重塑一座城》[英]利奥·霍利斯 著　宋美莹 译

100 《来自中国的礼物:大熊猫与人类相遇的一百年》[英]亨利·尼科尔斯 著　黄建强 译

101 《筷子:饮食与文化》[美]王晴佳 著　汪精玲 译

102 《天生恶魔?:纽伦堡审判与罗夏墨迹测验》[美]乔尔·迪姆斯代尔 著　史先涛 译

103 《告别伊甸园:多偶制怎样改变了我们的生活》[美]戴维·巴拉什 著　吴宝沛 译

104 《第一口:饮食习惯的真相》[英]比·威尔逊 著　唐海娇 译

105 《蜂房:蜜蜂与人类的故事》[英]比·威尔逊 著　暴永宁 译

106 《过敏大流行:微生物的消失与免疫系统的永恒之战》[美]莫伊塞斯·贝拉斯克斯-曼诺夫 著　李黎、丁立松 译

107 《饭局的起源:我们为什么喜欢分享食物》[英]马丁·琼斯 著　陈雪香 译　方辉 审校

108 《金钱的智慧》[法]帕斯卡尔·布吕克内 著　张叶　陈雪乔 译　张新木 校

109 《杀人执照:情报机构的暗杀行动》[德]埃格蒙特·科赫 著　张芸、孔令逊 译

110 《圣安布罗焦的修女们:一个真实的故事》[德]胡贝特·沃尔夫 著　徐逸群 译

111 《细菌》[德]汉诺·夏里修斯　里夏德·弗里贝 著　许嫚红 译

112 《千丝万缕:头发的隐秘生活》[英]爱玛·塔罗 著　郑嬿 译

113 《香水史诗》[法]伊丽莎白·德·费多 著　彭禄娴 译

114 《微生物改变命运:人类超级有机体的健康革命》[美]罗德尼·迪塔特 著　李秦川 译

115 《离开荒野:狗猫牛马的驯养史》[美]加文·艾林格 著　赵越 译

116 《不生不熟:发酵食物的文明史》[法]玛丽-克莱尔·弗雷德里克 著　冷碧莹 译

117 《好奇年代:英国科学浪漫史》[英]理查德·霍姆斯 著　暴永宁 译